21世纪高等学校系列教材
Textbook Series of 21st Century

# 材料力学

主编　韩秀清　王纪海
编写　姚　敏　孙　艳
　　　张　凤　李华仲
主审　刘丽华

## 内 容 提 要

本书为21世纪高等学校系列教材，是根据材料力学教学大纲的要求，并结合当前时代特点，力求保留国内原材料力学教材的结构严谨、逻辑性强等特点，又突出实验与实践教学，编写时注重知识体系的完整性和实用性。增加了实验应力分析内容，增加了工程实际的基础训练习题与思考讨论题，其目的就是针对普通高等工科院校学生的特点，在对基础理论知识的理解和掌握的基础上，加强实践能力与试验技能的培养。全书共分12章，主要内容包括轴向拉伸和压缩、扭转、弯曲内力、弯曲应力、弯曲变形、应力状态和强度理论、组合变形、能量法、超静定结构、压杆稳定、动载荷、交变应力、实验应力分析等。本书内容选择合理，突出了基本原理和方法，语言简练，图文并茂。

本书适用于普通高等工科院校的各类专业，并可根据计划学时对书中内容进行选择。

**图书在版编目（CIP）数据**

材料力学/韩秀清，王纪海主编．—北京：中国电力出版社，2005.8（2023.3重印）

21世纪高等学校规划教材

ISBN 978-7-5083-2043-4

Ⅰ．材...　Ⅱ．①韩..　②王...　Ⅲ．材料力学-高等学校-教材　Ⅳ．TB301

中国版本图书馆CIP数据核字（2005）第080702号

中国电力出版社出版、发行

（北京市东城区北京站西街19号　100005　http://www.cepp.sgcc.com.cn）

三河市百盛印装有限公司印刷

各地新华书店经售

*

2005年8月第一版　2023年3月北京第九次印刷

787毫米×1092毫米　16开本　18.5印张　425千字

定价49.80元

# 前　言

材料力学是工科专业的一门重要技术基础课，它与工程实际有着密切的联系。通过学习本门课程，不仅可使学生构筑工程技术的理论根基，还可培养学生理论联系实际解决工程问题的能力。

随着现代科学技术的飞速发展，新材料、新技术、新方法不断涌现，所以对教师与学生也提出了新的更高的也非常切合实际的要求，为适应这种要求，我们在总结多年理论与实践教学经验的基础上，并汲取了国内许多优秀教材的长处而编写了本书。在编写过程中，认真依着材料力学教学大纲的要求，并结合当前时代特点，与时俱进，力求保留国内原材料力学教材的结构严谨、逻辑性强等特点，又突出实验与实践教学，增加了实验应力分析内容，增加了工程实际的基础训练习题与思考讨论题。其目的就是针对普通高等工科院校学生的特点，在对基础理论知识的理解和掌握的基础上，加强实践能力与试验技能的培养。本书适用于普通高等工科院校的各类专业，并可根据计划学时对书中内容进行选择。

本书主编韩秀清教授为国务院特殊津贴享受者，从事二十多年材料力学的教学工作，在这些年中主持与力学学科密切相关的国家级、省部级科研项目二十多项，并获省部级科技进步二等奖两项、三等奖一项。在进行科研时，通过将力学理论与工程实际紧密融合在一起，解决了许多工程技术难题，这对材料力学的教学工作起到了积极的促进作用。

本书由韩秀清、王纪海主编。全书共有十五章（含附录），内容包括绪论、轴向拉伸与压缩、剪切、扭转、弯曲、应力状态与强度理论、组合变形、能量法、超静定、冲击载荷、交变应力、压杆稳定、实验应力分析、截面几何性质等。韩秀清编写了第九章、第十章，并对全书各章节的内容进行了校改；第四章至第六章、第十二章、第十三章、附录A由王纪海编写；第七章、第八章由姚敏编写，第十一章由孙艳编写，第一～三章由张凤编写，第十四章由李华仲编写。刘丽华审阅了全书。

在本书的编写过程中，得到了刘风山老师的大力帮助，谨此表示致谢。

由于作者水平有限，书中难免有不妥之处，欢迎各位读者批评指正。

编　者

2005年4月于长春

# 目　录

# 第一章　绪　　论

## §1-1　材料力学的任务

材料力学的特点之一，就是它与众多的工程技术如机械工程、土木工程、航空工程、航天工程等都有着密切的联系，它是这些工程技术的理论基础。

各种机械或工程结构都是由许多零件或结构元件所组成，这些不可再拆卸的零件或结构元件统称为**构件**。在正常工作中，每一构件都受到一定的外力，例如提升重物的钢丝绳承受重物的拉力，桥墩要承受桥梁及桥上物体的重力等，这些加在物体上的外力统称为**载荷**。为保证机械或工程结构在载荷作用下能正常工作，在工程设计中常常需要考虑下列五个问题，即强度设计、刚度设计、稳定性设计、振动设计及断裂设计。对于某一具体的工程而言，由于需要不同，并不一定全部考虑五个问题。一般而言，前三个问题是比较基本的。而前三个问题正是材料力学所要研究讨论的问题，是材料力学的主要研究任务。

1. 强度

构件的强度是指构件抵抗其破坏的能力。工程构件应具有足够的强度，即要求构件在规定的载荷作用下不发生破坏。例如提升重物的钢丝绳，不允许被重物拉断。

2. 刚度

构件的刚度是指构件抵抗其变形的能力。构件在外力作用下总是要发生变形的。当载荷完全卸除后，变形能随之消失，这种变形称为**弹性变形**；当载荷超过一定数值，变形不能随载荷的去除而完全消失，遗留的变形称为**塑性变形**，或残余变形。许多工程构件除满足强度要求外，还要求有足够的刚度，即要求构件在规定的载荷作用下不发生过大的弹性变形。如桥式吊车梁，工作时不允许过大的弹性下垂，否则吊车不能正常行驶；机床的主轴工作时如变形过大，则要影响到零件加工精度。

3. 稳定性

构件的稳定性是指构件维持其原有平衡形式的能力，有些构件在特定载荷作用下有可能出现不能保持它原有平衡形式的现象。如一根受压的细长直杆，当沿杆轴方向的压力增加到一定数值时，若受到微小的干扰，杆就会由原来的直线状态突然变弯，这种突然改变其平衡状态的现象，称为丧失稳定，这也是工程实际中所不允许的。

构件的强度、刚度和稳定性，统称为构件的承载能力。提高构件的承载能力，往往需要用优质材料并加大截面尺寸，这与降低材料消耗、减轻重量和节省资金有矛盾。为使构件既能满足强度、刚度、稳定性的要求，又能达到节省材料和减轻重量的目的，需要选择适宜的材料，确定合理的截面形状和尺寸，材料力学就是在解决上述矛盾的过程中产生发展起来的。它研究在载荷作用下材料和构件所表现出来的力学性能（外力与变形、内力与应力的关系），从而建立强度、刚度、稳定性条件，以保证构件达到安全、经济、适用的要求。

20世纪以来，由于工业技术的高速发展，特别是航空和航天工业的崛起，各种新型材料（如高分子材料、纳米材料）的不断问世并应用于工程实际，导致新的学科如复合材料力学等应运而生。航天工业、原子能的和平利用及生产建设也提出了许多新的问题，随着实验设备的日趋完善，试验技术水平的不断提高以及应用计算机的新的计算方法层出不穷，材料力学所涉及领域更加宽阔、知识更加丰富，各种问题正在不断地解决，这不仅需要材料力学已有理论作为基础，同时也需要我们在已有的基础上创造性地发展这些理论，应用到各种新出现的问题中去。

## §1-2 材料力学的基本假设

材料力学要研究构件在外力作用下的变形和破坏，为此须将物体视为可变形固体，并采用一些假设对其加以简化。

1. 连续均匀性假设

所谓连续性假设就是认为物体在其整个体积内毫无空隙地充满了物质。根据这一假设，物体内的应力、变形等物理量可以表示为各点坐标的连续函数，从而有利于建立相应的数学模型。所谓均匀性假设就是认为组成物体的粒子到处都是一样的，各点处所表现出来的力学性质也是完全相同的。这种性质在材料力学中就是假如物体各个部分所受的力是一样的，那么变形就要一致。由于构件的尺寸远远大于物质的基本粒子及粒子之间的间隙，这些间隙的存在以及由此而引起的性质上的差异，在宏观讨论中完全可以略去。

2. 各向同性假设

认为物体内任意点沿各个方向的力学性质是相同的。实际物体例如金属是由晶粒组成，沿不同方向晶粒的性质并不相同。但由于构件中包含的晶粒极多，晶粒排列又无规则，在宏观研究中，物体的性质并不显示出方向的差别，因此可以看成是各向同性的。

连续均匀、各向同性的可变形固体，是对实际物体的一种科学抽象。实践表明，在此假设下建立的材料力学理论，基本上符合真实构件在外力作用下的表现，因此假设得以成立。

3. 小变形假设

认为物体几何形状和尺寸的改变量与原始尺寸相比是非常小的。工程中的大多数构件正常工作中均满足此假设，所以在考察这些构件的平衡问题时，一般将变形略去，仍按变形前的原始尺寸来考虑，这样可极大地简化计算过程，计算精度也足可以满足工程要求。工程中也有些构件变形过大，须按变形后的形状和尺寸来考虑，这属于大变形问题，不在本书的讨论范围之内。

在材料力学中，一般情况下认为材料是连续、均匀、各向同性，且为小变形问题。若非特别说明，下面所叙述的材料均符合上述三个假定。

## §1-3 内力、截面法及应力

材料力学在讨论强度和刚度等问题时，总是以某一构件作为研究对象，其他构件对此构件的作用力，就是它所受到的外力。在构件没有受到外力作用时，其内部各质点之间就存在着相互作用的力，以保持物体各部分间的相互联系和原有形状。而当构件受到外力作用，例如受一对拉力作用而产生变形时，其内部相邻各质点间沿外力作用方向的相对位置就要远离，从而引起相互作用力的改变，这种因外力所引起的相互作用力的改变量称为**附加内力**，简称**内力**。由于物体是连续均匀的，因此在物体内部相邻部分之间相互作用的内力，实际上是一个连续分布的内力系，而内力就是这分布内力系的合成（力或力偶）。这种内力随外力增大而增大，但对任何一个构件，内力的增加总有一定限度（决定于构件材料、尺寸等因素），达到某一限度时，构件就要被破坏。可以说对构件的强度、刚度和稳定性等问题的分析离不开讨论内力与外力的关系以及内力的限度，内力的计算是材料力学的基础。

为了显示和计算构件的内力，假想地用截面把构件切开成两部分，这样内力就转化为外力而显示出来，并可用静力平衡方程将它求出，这种方法称为**截面法**。

例如图1-1（a）所示构件受多个外力作用，处于平衡状态。若求任意截面 $m-m$ 的内力，可以假想将构件沿 $m-m$ 截面切分为Ⅰ、Ⅱ两部分［图1-1（b）］，此时Ⅰ部分的 $m-m$ 截面上将作用着Ⅱ部分对它的作用力，这种作用力是以分布形式布满 $m-m$ 截面上，利用Ⅰ部分的平衡可以求出这种分布内力的合力。同样如果以Ⅱ为研究对象，也可以求出Ⅰ部分对其作用的内力的合力。根据力的作用与反作用原理，这两组内力的合力等值而反向。这种截面上分布形式的内力的合力就是我们前面所说的内力。上述应用截面法的过程可归纳为以下四个步骤：

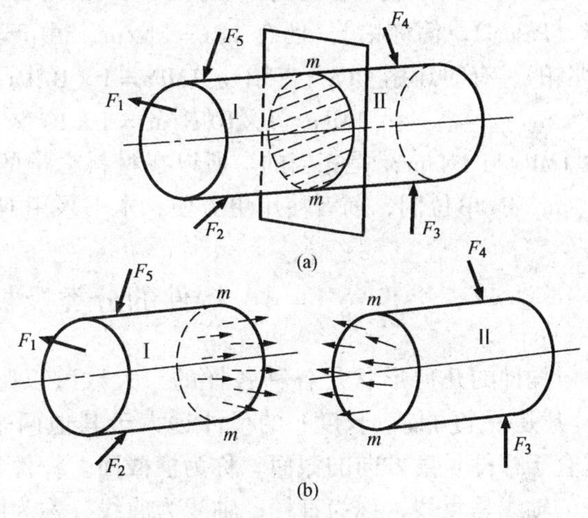


图1-1

（1）切：在需要求内力的截面处，将构件假想地切开成两部分；

（2）取：任意地留下一部分作为研究对象，并弃去另一部分；

（3）代：以作用于截面上的内力代替弃去部分对留下部分的作用；

（4）平：根据留下部分的平衡方程求出该截面的内力。

截面法是求内力的一般方法，也是材料力学中的基本方法之一。根据连续性假设，内力连续分布于整个被切截面上。一般地说，截面上不同点处分布内力的大小和方向都不同。如图1-2（a）所示，围绕 $C$ 点取微小面积 $\Delta A$，$\Delta A$ 上分布内力的合力是 $\Delta F$，$\Delta F$ 的大小和方向与 $C$ 点的位置和 $\Delta A$ 的大小有关。$\Delta F$ 与 $\Delta A$ 的比值为

$$p_{\mathrm{m}} = \frac{\Delta F}{\Delta A}$$

$p_{\mathrm{m}}$ 是一个矢量，代表在 $\Delta A$ 范围内，单位面积上内力的平均集度，称为平均应力。随着 $\Delta A$ 的逐渐缩小，$p_{\mathrm{m}}$ 的大小和方向都逐渐变化。当 $\Delta A$ 趋于零时，$p_{\mathrm{m}}$ 的大小和方向都将趋于一

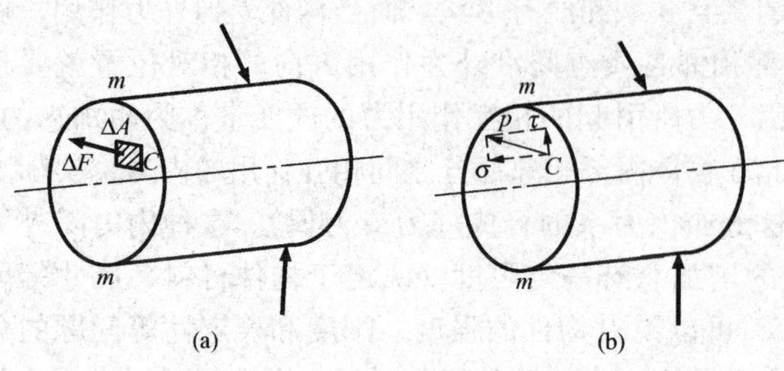

图 1-2

定的极限。这样得到

$$p = \lim_{\Delta A \to 0} p_m = \lim_{\Delta A \to 0} \frac{\Delta F}{\Delta A}$$

$p$ 称为 $C$ 点的应力，它是分布内力系在 $C$ 点的集度，反映内力系在 $C$ 点的强弱程度。$p$ 是一个矢量，一般来说既不与截面垂直，也不与截面相切。通常把应力 $p$ 分解成垂直于截面的分量 $\sigma$ 和切于截面的分量 $\tau$［图 1-2（b)］。$\sigma$ 称为**正应力**，$\tau$ 称为**切应力**。

在国际制单位中，力的单位为牛顿（N 或 kN)，$1\text{kN} = 1 \times 10^3\text{N}$。应力的单位是 Pa［帕斯卡（Pascal)，简称帕］，且有 $1\text{Pa} = 1\text{N/m}^2$。由于这个单位太小，使用不便，通常使用 MPa（兆帕)，有时还用 GPa（吉帕)。$1\text{MPa} = 1 \times 10^6\text{Pa}$，$1\text{GPa} = 1 \times 10^3\text{MPa} = 1 \times 10^9\text{Pa}$。注意到

$$1\text{MPa} = 1 \times 10^6\text{N/m}^2 = 1 \times 10^6\text{N/}(1 \times 10^6\text{mm}^2) = 1\text{N/mm}^2$$

故 1MPa 与 $1\text{N/mm}^2$ 是相当的。所以在材料力学的计算中，一般可用 N、mm、MPa 单位制或 N、m、Pa 单位制，前者使用更方便，本书采用 N、mm、MPa 单位制。

## §1-4 构件的分类及杆件变形的基本形式

构件的几何形状是各种各样的，大致可以归纳为四类，即杆、板、壳和块体（图 1-3)。凡是一个方向（长度）的尺寸远大于其他两个方向（宽度和高度）尺寸的构件称为**杆**。垂直于杆件长度方向的截面，称为**横截面**。杆件各横截面形心的连线，称为杆的**轴线**。如果杆的轴线是直线，称为直杆；轴线为曲线，称为曲杆。各横截面大小和形状均不变的杆，叫等截面杆，否则为变截面杆。工程中比较常见的是等截面直杆，简称**等直杆**，它是材料力学的主要研究对象。

如果构件两个方向（长度和宽度）的尺寸远大于第三个方向（厚度）的尺寸，就把平分这种构件厚度的面称为中面。中面为平面则称为**板**（或平板)，中面为曲面则称为**壳**。板和壳在石油、化工容器、船舶、飞机和现代建筑中应用广泛。

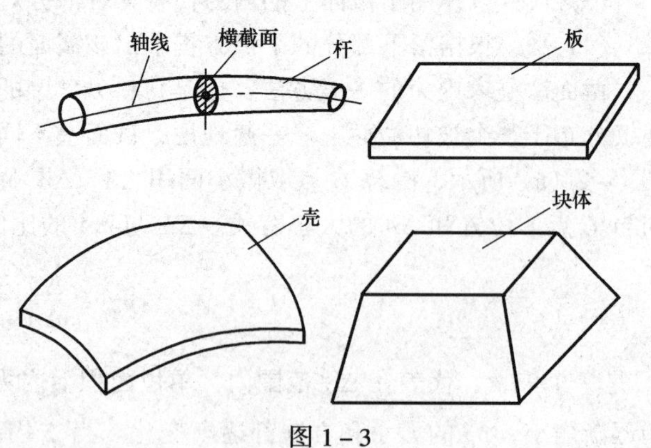

图 1-3

三个方向（长、宽和高）尺寸相差不多（属同量级）的构件，称为**块体**，如机械上的短粗铸件。

杆件受各种外力作用下，可能发生各种各样的变形。根据外力作用的特点，可抽象为四种基本形式：

（1）轴向拉伸（或压缩)：如图 1-4（a）所示简易吊车，在载荷 $F$ 作用

下，*AC* 杆受到拉伸，而 *BC* 杆受到压缩。

（2）剪切：如图 1－5（a）所示铆钉连接，在力 *F* 作用下，铆钉受到剪切。

（3）扭转：如图 1－6（a）所示的汽车转向轴 *AB*，在工作时发生扭转变形。

（4）弯曲：如图 1－7（a）所示的火车轮轴 *AB* 的变形，即为弯曲变形。

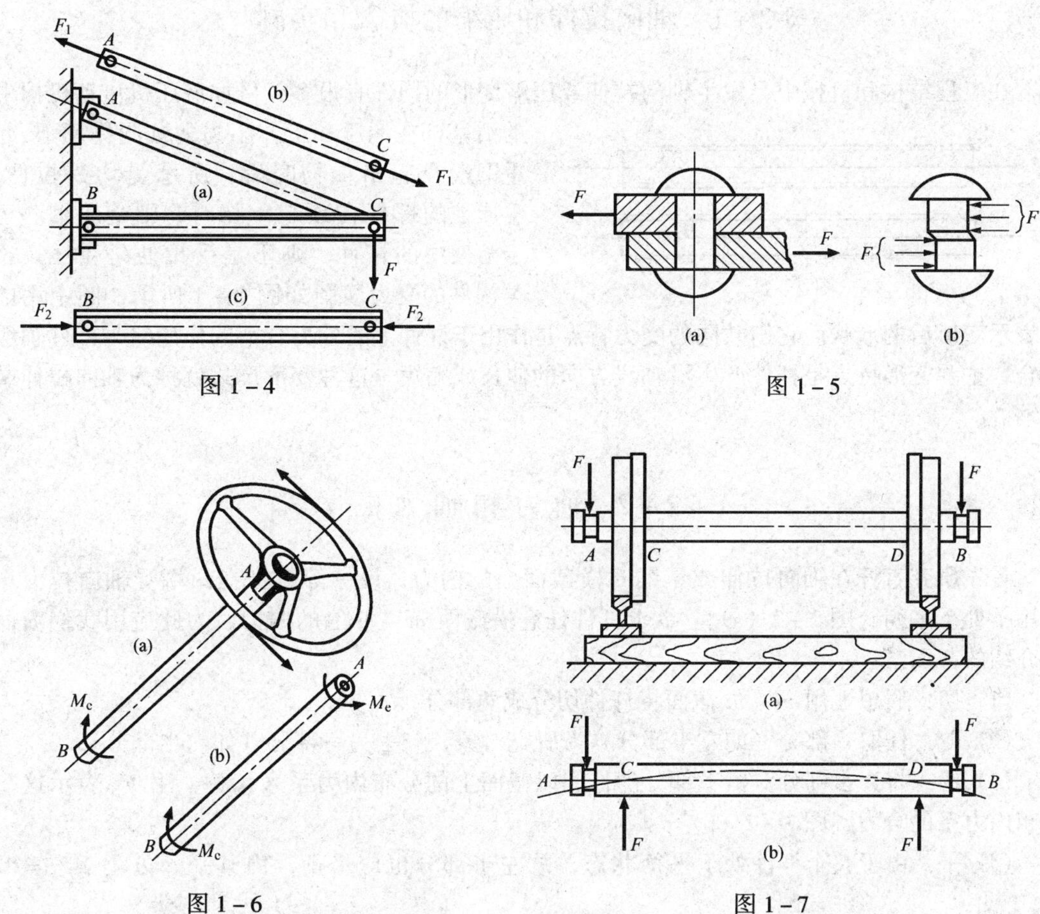


图 1－4　　图 1－5

图 1－6　　图 1－7

工程实践中，杆件的变形往往是复杂的。例如车床主轴工作时受到的是弯曲、扭转与压缩的组合，钻探机的钻杆受到的是扭转与压缩的组合等，对受力复杂的杆件总能抽象为几种基本变形的组合，这种情况称为组合变形。在本书中，首先将依次讨论四种基本变形的强度及刚度计算，然后再讨论组合变形。

# 第二章　轴向拉伸和压缩

## §2-1　轴向拉伸和压缩的概念和实例

在工程结构和机械中，发生轴向拉伸或压缩变形的构件有很多，例如液压机传动机构中的活塞杆在油压和工作阻力的共同作用下、起重钢索在起吊重物时等，所承受均为拉伸；千斤顶的螺杆在顶起重物时，则受压缩。至于桁架中的杆件，则不是受拉便是受压。这类构件的受力简图如图2-1所示，图中用虚线表示变形后的形状。它们共同的受力特点是作用于杆件上的外力合力的作用线与杆件轴线重合，主要变形特点是杆件产生沿轴线方向的伸长或缩短。这种变形形式就称为轴向拉伸或压缩。

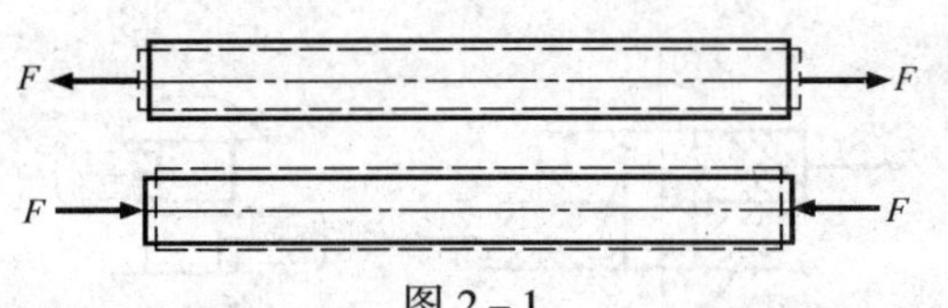

图2-1

## §2-2　轴力和轴力图

首先研究直杆在轴向拉伸或压缩时横截面上的内力，设一等直杆在两端受轴向拉力 $F$ 作用下处于平衡［图2-2（a）］。欲求杆件任意横截面 $m-m$ 上的内力，为此应用我们前面所介绍的截面法：

（1）切：假想地用 $m-m$ 截面将杆件切分成两部分；

（2）取：任取一部分（如左半部分）为研究对象，弃去另一部分（如右半部分）；

（3）代：将弃去部分对留下部分的作用以截面上的分布内力系来代替，用 $F_N$ 表示这一分布内力系的合力［图2-2（b）］；

（4）平：由于整个杆件处于平衡状态，故左半部分也应平衡，由其平衡方程 $\Sigma F_x=0$，得

$$F_N - F = 0, F_N = F$$

$F_N$ 就是杆件任意截面 $m-m$ 上的内力。因为外力 $F$ 的作用线与杆件轴线重合，内力系的合力 $F_N$ 的作用线也必然与杆件的轴线重合，故将 $F_N$ 称为轴力。

若取右半部分作研究对象，则由作用与反作用原理可知，右半部分在 $m-m$ 截面上的轴力与前述左半部分 $m-m$ 截面上的轴力数值相等而指向相反［图2-2（c）］，且由右半部分的平衡方程也可得到 $F_N=F$。

工程中常用内力图表示内力沿轴线变化情况。为了轴力图需要，区别拉伸和压缩，规定了轴力的正负号：当杆件轴向拉伸，轴力背离截面时，规定为正；当杆件轴向压缩，轴力指向截面时，规定为负。这样，无论取截面哪一侧为研究对象，求得的轴力符号都相同。

图 2－2（a）中的直杆只在两端受拉力，每个截面上的轴力都等于 $F$。如果直杆承受多于两个的轴向外力作用时，直杆的不同段的横截面上将有不同的轴力。对于产生轴向拉伸或压缩的等直杆作强度计算时，都要以杆的数值最大轴力作为依据，为此就必须知道杆的各个横截面上的轴力，以确定数值最大轴力。为了表明轴力随截面位置的变化，最好画出轴力沿杆轴线方向变化的图形，即轴力图，作法见下面例题。

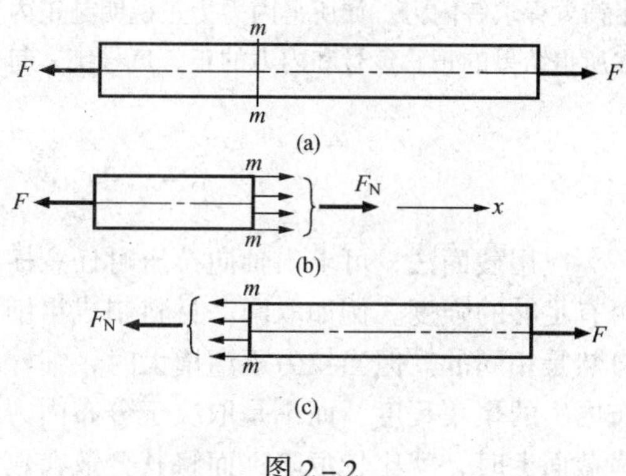

图 2－2

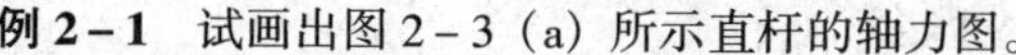

**例 2－1**　试画出图 2－3（a）所示直杆的轴力图。

**解**　此直杆在 $A$、$B$、$C$、$D$ 截面承受轴向外力，在 $AB$、$BC$、$CD$ 三段中，截面上的轴力是不同的。现在用截面法，根据平衡方程计算各段轴力。先求 $AB$ 段轴力，在 $AB$ 段内用任意截面 1－1 截开，考察左段，在截面上设出正的轴力 $F_{N1}$［图 2－3（b）］。由此段的平衡方程 $\Sigma F_x=0$ 得

$$F_{N1}-6=0, F_{N1}=6\text{kN}$$

$F_{N1}$得正号说明原先假设 $F_{N1}$ 为拉力是正确的，同时也表明轴力 $F_{N1}$是正的。$AB$ 段内任意截面的轴力都等于＋6kN。再求 $BC$ 段轴力，在 $BC$ 段内用任意截面 2－2 截开，仍考察左段，在截面上设出正的轴力 $F_{N2}$［图 2－3（c）］，由 $\Sigma F_x=0$ 得

$$F_{N2}-6+18=0, F_{N2}=-12\text{kN}$$

$F_{N2}$得负号说明该截面上内力的方向应与所设方向相反（应为压力），同时又表明轴力 $F_{N2}$是负的。$BC$ 段内任意截面的轴力都等于－12kN。同理，可以计算 $CD$ 段的轴力。在 $CD$ 段内用任意截面 3－3 截开，仍考察左段，在截面上设出正的轴力 $F_{N3}$［图 2－3（d）］，由 $\Sigma F_x=0$ 得

$$-6+18-8+F_{N3}=0, F_{N3}=-4\text{kN}$$

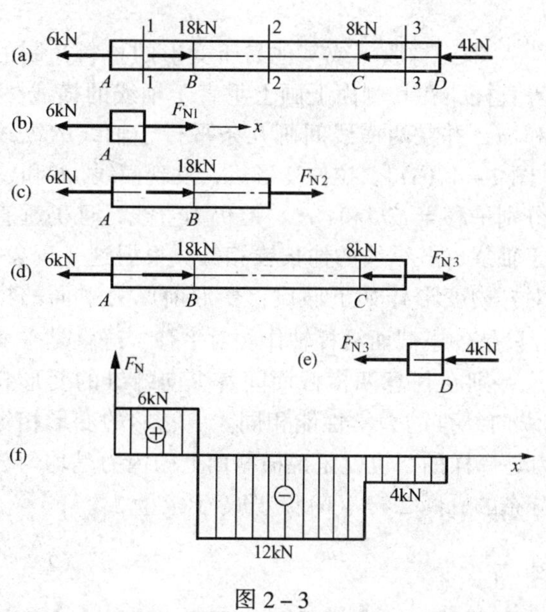

图 2－3

如果研究截开后的右段［图 2－3（e）］，在截面上仍设出正的轴力 $F_{N3}$，由平衡方程 $\Sigma F_x=0$ 得

$$-F_{N3}-4=0, F_{N3}=-4\text{kN}$$

所得的结果与前面相同，计算却比较简单，所以计算时应选取受力比较简单的一侧为研究对象。

下面绘制轴力图，用平行于杆轴线的坐标表示横截面的位置，用垂直于杆轴线的坐标表示横截面上的轴力，按适当比例画出轴力图［图 2－3（f）］。在轴力图中，将正值轴力绘于横轴上侧，负值轴力绘于横轴下侧。从轴力图中容易看出，$AB$ 段受拉，$BC$ 和 $CD$ 段受压，且 $F_{Nmax}$发生在 $BC$ 段内任意横截面上，其大小为 12kN。

注意在利用截面法画内力图时，我们一律使用设正法（总是先设所求截面上的内力为正），再用

平衡方程求解内力。如所得内力为正说明是正内力，如所得内力为负说明是负内力，这样就把平衡方程所得结果的正、负号和内力的正、负号统一起来了。

## §2-3 横截面上的应力

应用截面法，可求出轴向拉压时任意横截面上的轴力，但只根据轴力还不能判断杆件是否有足够的强度。例如取同一材料制成粗细不同的两根杆件，在相同的拉力下，两杆的轴力自然是相同的。但当拉力逐渐增大时，细杆必定先拉断，这说明构件的强度取决于截面上分布内力的聚集程度，而不是取决于分布内力的总和。在上例中，同样的轴力，聚集在较小的横截面上时，就比较危险；而将其分散在较大的横截面上时，就比较安全。因此必须用横截面上的内力分布集度即应力来判别构件的危险程度。

欲求应力，则必须知道横截面上的内力分布规律。内力是不能直接观察到的，但是构件在受力后引起内力的同时，总要发生变形，内力和变形之间是存在一定的物理关系的，因此可以通过观察变形的方法来了解内力的分布。

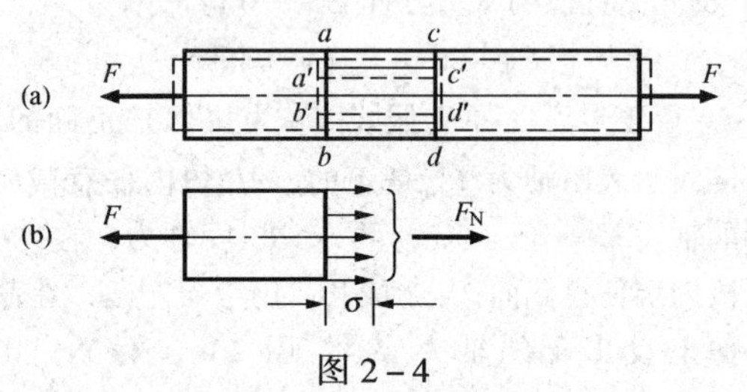


图 2-4

取一橡胶（或其他易于变形的材料）制的等直杆，在其侧面上画上垂直于轴线的横线 $ab$ 和 $cd$，并在两横线间画几条平行于轴线的纵线［图 2-4（a)］。拉伸变形后，发现横线 $ab$ 和 $cd$ 分别平移至 $a'b'$ 和 $c'd'$，但仍为直线，且仍垂直于轴线；各纵线的伸长皆相等。根据这一现象，对杆内变形作如下假设：变形前原为平面的横截面，变形后仍保持为平面且仍垂直于轴线，只是各横截面沿杆轴作相对平移，这就是平面假设。如果把杆设想为由无数的纵向纤维组成，则在任意两横截面间各纵向纤维的变形相同。因材料是均匀的（基本假设之一），所有纵向纤维的力学性能相同。由它们的变形相等和力学性能相同，可以推想各纵向纤维的受力是一样的，也就是说横截面上的内力是均匀分布的，则横截面上的正应力 $\sigma$ 也必然是均匀分布的［图 2-4（b)］，即等于常量

$$\sigma = \frac{F_N}{A} \tag{2-1}$$

式中：$\sigma$ 为横截面上的正应力；$F_N$ 为横截面上的轴力；$A$ 为横截面的面积。当轴力为正号（拉伸）时，正应力也得正号，称为拉应力；当轴力为负号（压缩）时，正应力也得负号，称为压应力。用式（2-1）计算应力时可只用轴力绝对值代入，而根据观察判断正应力的符号。但应注意，对于细长杆受压时容易被压弯，属于稳定性问题，将在第十一章讨论。这里所指的是受压杆未被压弯的情况。

当集中力作用于杆件端截面上，在集中力作用点附近区域内的应力分布比较复杂。式（2-1）只能计算这个区域内横截面上的平均应力，不能描述作用点附近的真实情况。那么对杆端截面采取不同的加载方式对杆件横截面上应力分布的影响又有多大呢？研究表明，只要外力的大小一样，杆端加载方式的不同，只对杆端附近截面的应力分布有影响，受影响的

长度不超出杆的横向尺寸。上述论断称为圣维南（Saint-Venant）原理，即杆端有不同的外力作用时，只要它们是静力等效，则对于离开杆端稍远截面上的应力分布没有影响。这一原理对于其他变形形式也适用。至于加力点附近的应力分布情况比较复杂，必须另行讨论。

## §2-4　斜截面上的应力

以上讨论了拉、压杆件横截面上的正应力，它是今后强度计算的依据。但不同材料的实验表明，拉（压）杆的破坏并不总是沿横截面发生，有时是沿斜截面发生。为此，应进一步讨论斜截面上的应力。对于斜截面上应力的研究，仍采用截面法。

（1）切：沿任意斜截面 $k-k$ 将受拉杆假想切开［图 2-5（a）］，将杆分成两部分［图 2-5（b）］。

（2）取：取左段为研究对象，弃去右段；设 $k-k$ 截面的外法线 $n$ 与轴线 $x$ 的夹角为 $\alpha$，并规定自 $x$ 轴逆时针方向转向 $n$ 时 $\alpha$ 为正号，反之 $\alpha$ 为负号。这里，横截面面积设为 $A$，$k-k$ 截面的面积设为 $A_\alpha$，则

$$A_\alpha = \frac{A}{\cos\alpha} \tag{a}$$

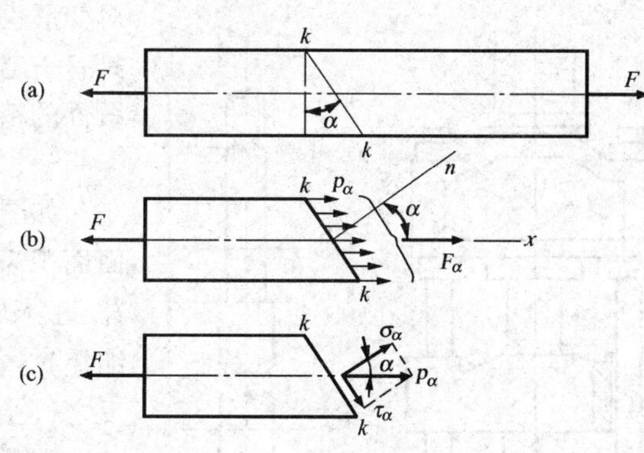


图 2-5

（3）代：仿照证明横截面上正应力均匀分布的方法，可知斜截面 $k-k$ 上有均匀分布的全应力 $p_\alpha$，用 $F_\alpha$ 表示这一分布内力的合力；

（4）平：根据平衡求 $p_\alpha$。

$$\Sigma F_x = 0, F_\alpha - F = 0, F_\alpha = F \tag{b}$$

$$p_\alpha = \frac{F_\alpha}{A_\alpha} = \frac{F}{A}\cos\alpha = \sigma\cos\alpha \tag{c}$$

此处 $\sigma = \dfrac{F}{A}$ 是杆横截面上的应力。现在，将全应力 $p_\alpha$ 沿 $k-k$ 截面的法线和切线方向分解［图 2-5（c）］，得斜截面上的正应力和切应力

$$\sigma_\alpha = p_\alpha\cos\alpha = \sigma\cos^2\alpha \tag{2-2}$$

$$\tau_\alpha = p_\alpha\sin\alpha = \sigma\sin\alpha\cos\alpha = \frac{\sigma}{2}\sin2\alpha \tag{2-3}$$

前面已经规定了正应力的符号（本章第 3 节），至于切应力的符号，按以下规则：若切应力对所在截面内侧任意点之矩为顺时针方向时，为正号，反之，则为负号。图 2-5（c）的正应力 $\sigma_\alpha$ 和切应力 $\tau_\alpha$ 均为正的。从式（2-2）、式（2-3）可以看出，$\sigma_\alpha$ 和 $\tau_\alpha$ 都是 $\alpha$ 的函数，即不同方位的斜截面上应力不同。当 $\alpha=0$ 时，斜截面 $k-k$ 成为垂直于轴线的横截面，$\sigma_\alpha$ 最大，且 $\sigma_{\alpha\max}=\sigma$；当 $\alpha=45°$ 时，$\tau_\alpha$ 最大，且 $\tau_{\alpha\max}=\dfrac{\sigma}{2}$。故轴向拉、压杆件的最大正应力

发生在横截面上，在与杆轴线成45°的斜截面上，切应力为最大值，最大切应力在数值上等于最大正应力的一半，因此，只要横截面上的正应力强度条件得到满足，其他截面则不必考虑，其道理见第七章强度理论。此外，当 $\alpha=90°$时，$\sigma_\alpha=\tau_\alpha=0$，这表明在与杆件轴线平行的纵向截面上无任何应力。

## §2-5 变 形 和 应 变

直杆在轴向拉力作用下，将引起轴向尺寸的增大和横向尺寸的缩小。反之，在轴向压力作用下，将引起轴向的缩短和横向的增大。工程结构中有些拉、压杆件，除强度应足够外，对变形也有限制。如图 2-6 所示，液压机立柱要求具有一定的刚度，如果锻压时伸长量过大，会影响锻件的精度，因此，必须研究拉、压杆件的变形。

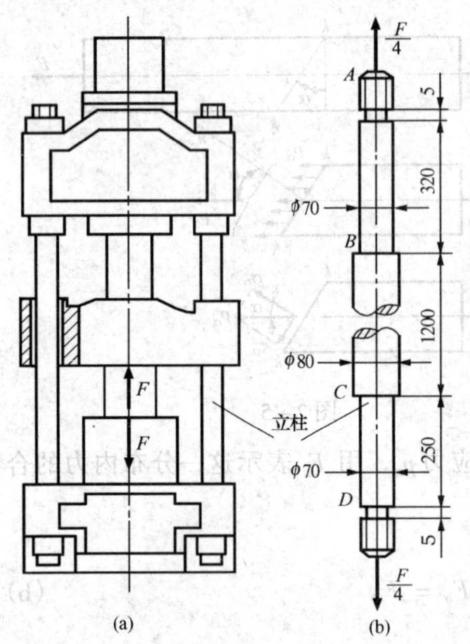


图 2-6

### 一、胡克定律

如图 2-7 所示，设等直杆原始长度为 $l$，横截面面积为 $A$，在轴向拉伸或压缩时，杆的长度变为 $l_1$，直杆的长度改变量 $\Delta l=l_1-l$ 称为绝对伸长（或缩短），它与杆的原始尺寸有关。当 $l_1>l$，$\Delta l$ 为正，反之，$\Delta l$ 为负。

实验表明，工程上使用的材料都有一个弹性范围，在此范围内轴向拉、压杆件的绝对伸长或缩短量，与轴力 $F_N$ 和杆长 $l$ 成正比，与横截面面积 $A$ 成反比，即 $\Delta l\propto F_N l/A$，引入比例常数 $E$，则得到

$$\Delta l=\frac{F_N l}{EA} \tag{2-4}$$

这是描述弹性范围内杆件承受轴向载荷时力与变形之间关系的**胡克（Hooke）定律**。式中比例常数 $E$ 称为弹性模量或杨氏（Young）模量。由上式可看出，乘积 $EA$ 越大，杆件的拉伸（或压缩）变形越小，所以 $EA$ 称为杆件的抗拉（压）刚度。注意此式适用于杆件横截面面积 $A$ 和轴力 $F_N$ 皆为常量的情况。

当拉压杆有两个以上的外力作用或为阶梯杆时，需要先画轴力图，然后按式（2-4）分段计算各段的变形，各段变形的代数和即为杆的总变形量

$$\Delta l=\sum_i \frac{F_{Ni}l_i}{E_iA_i}$$

将式（2-4）改写为 $\dfrac{F_N}{A}=E\dfrac{\Delta l}{l}$，其中 $\dfrac{F_N}{A}=\sigma$，在均匀伸长或缩短下 $\dfrac{\Delta l}{l}$ 表示杆件单位长度上的伸长或缩短，

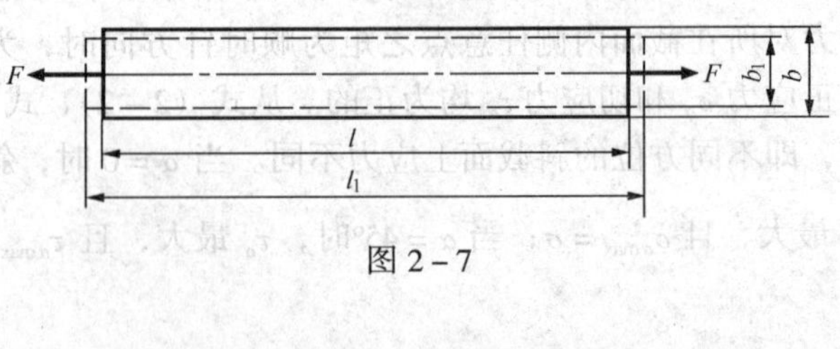

F F $b_1$ $b$ $l$ $l_1$

图 2-7

称为纵向应变或线应变（简称应变）$\varepsilon$，即 $\varepsilon=\dfrac{\Delta l}{l}$，则可得胡克定律的又一形式：

$$\sigma = E\varepsilon \tag{2-5}$$

式（2-5）表示，在弹性范围内，正应力与线应变成正比。由于应变 $\varepsilon$ 是量纲为 1 的量，故弹性模量 $E$ 的量纲与应力相同，$E$ 值随材料而异。

**二、泊松比**

设杆件变形前横向尺寸为 $b$，变形后为 $b_1$，设横向应变为 $\varepsilon_t$，则

$$\varepsilon_t = \frac{b_1 - b}{b} = \frac{\Delta b}{b} \tag{d}$$

试验结果表明：在弹性范围内，横向应变 $\varepsilon_t$ 与纵向应变 $\varepsilon$ 之比的绝对值是一个常数，即

$$\mu = \left|\frac{\varepsilon_t}{\varepsilon}\right| \tag{2-6}$$

$\mu$ 称为横向变形因数或泊松（Poisson）比，它是一个量纲为 1 的量。

注意到杆件轴向伸长时横向缩小，而轴向缩短时横向增大，所以 $\varepsilon_t$ 与 $\varepsilon$ 的符号相反。在弹性范围内有

$$\varepsilon_t = -\mu\varepsilon \tag{2-7}$$

同弹性模量 $E$ 一样，泊松比 $\mu$ 也是材料固有的弹性常数。表 2-1 中摘录了几种常用材料的 $E$、$\mu$ 值。

**表 2-1　　几种常用材料的 $E$ 和 $\mu$ 的约值**

| 材料名称 | $E$（GPa） | $\mu$ | 材料名称 | $E$（GPa） | $\mu$ |
|---|---|---|---|---|---|
| 碳钢 | 196～216 | 0.24～0.28 | 铜及其合金 | 72.6～128 | 0.31～0.42 |
| 合金钢 | 186～206 | 0.25～0.30 | | | |
| 灰铸铁 | 78.5～157 | 0.23～0.27 | 铝合金 | 70 | 0.33 |

**例 2-2**　图 2-8（a）为一简单托架。杆 $BD$ 为 8 号槽钢，杆 $BC$ 为圆截面钢杆，直径 $d=20$mm。若 $E=200$GPa，$F=60$kN，试求节点 $B$ 的位移。

**解**　三角形 $BCD$ 三边的长度比为 $BC:CD:BD=3:4:5$，所以 $BD=2$m。围绕 $B$ 点将 $BC$、$BD$ 两杆截开取分离体［图 2-8（b）］，这里假设杆 $BC$ 的轴力 $F_{N1}$ 为拉力，杆 $BD$ 的轴力 $F_{N2}$ 为压力，并令

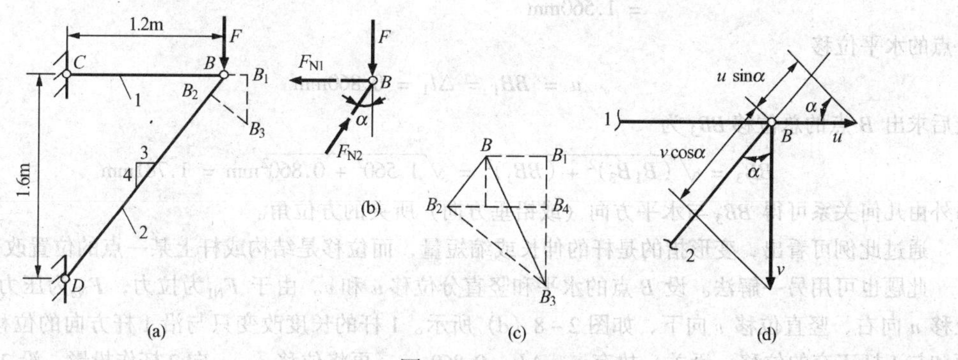


图 2-8

$\angle CDB = \alpha$，由节点 $B$ 的平衡方程

$$\left.\begin{array}{ll}\Sigma F_y = 0 & F_{N2}\cdot\cos\alpha - F = 0\\ \Sigma F_x = 0 & -F_{N1} + F_{N2}\sin\alpha = 0\end{array}\right\}$$

得
$$F_{N1} = \frac{3}{4}F = 45\text{kN(拉)},F_{N2} = \frac{5}{4}F = 75\text{kN(压)}$$

经计算或查型钢表得出杆 $BC$ 和杆 $BD$ 的横截面面积分别为

$$A_1 = \frac{\pi d^2}{4} = \frac{\pi\times 20^2}{4}\text{mm}^2 = 314\text{mm}^2, A_2 = 10.248\text{cm}^2 = 1024.8\text{mm}^2$$

由式（2-4）求出杆 $BC$ 和 $BD$ 的变形分别为

$$BB_1 = \Delta l_1 = \frac{F_{N1}l_1}{EA_1} = \frac{45\times 10^3\times 1.2\times 10^3}{200\times 10^3\times 314}\text{mm} = 0.860\text{mm}$$

$$BB_2 = \Delta l_2 = \frac{F_{N2}l_2}{EA_2} = \frac{75\times 10^3\times 2\times 10^3}{200\times 10^3\times 1024.8}\text{mm} = 0.732\text{mm}$$

这里 $\Delta l_1$ 为拉伸变形，而 $\Delta l_2$ 为压缩变形。注意上两式中力的单位为 N，长度的单位为 mm，$E$ 的单位为 MPa（$\text{N/mm}^2$），则 $\Delta l$ 的单位为 mm。

设想将托架在节点 $B$ 拆开。杆 $BC$ 伸长变形后变为 $B_1C$，杆 $BD$ 压缩变形后变为 $B_2D$。分别以 $C$ 点和 $D$ 点为圆心，$CB_1$ 和 $DB_2$ 为半径，作弧相交于 $B_3$。$B_3$ 点即为托架变形后 $B$ 点的位置。因为变形很小，$B_1B_3$ 和 $B_2B_3$ 是两段极其微小的短弧，因而可用分别垂直于 $BC$ 和 $BD$ 的直线线段来代替，这两段直线的交点即为 $B_3$。$BB_3$ 即为 $B$ 点的总位移。

可以用图解法求位移 $BB_3$。这时，把多边形 $B_1BB_2B_3$ 按比例放大如图 2-8（c）所示。从图中可以直接量出位移 $BB_3$ 以及它的垂直和水平分量。

也可用解析法求位移 $BB_3$。注意到三角形 $BCD$ 三边的长度比为 3:4:5，由图 2-8（c）可以求出

$$B_2B_4 = \Delta l_2\times\frac{3}{5} + \Delta l_1$$

$B$ 点的垂直位移

$$\begin{aligned} v = B_1B_3 &= B_1B_4 + B_4B_3 = BB_2\times\frac{4}{5} + B_2B_4\times\frac{3}{4}\\ &= \Delta l_2\times\frac{4}{5} + \left(\Delta l_2\times\frac{3}{5} + \Delta l_1\right)\times\frac{3}{4}\\ &= \left[0.732\times\frac{4}{5} + \left(0.732\times\frac{3}{5} + 0.86\right)\times\frac{3}{4}\right]\text{mm}\\ &= 1.560\text{mm}\end{aligned}$$

$B$ 点的水平位移

$$u = BB_1 = \Delta l_1 = 0.860\text{mm}$$

最后求出 $B$ 点的总位移 $BB_3$ 为

$$BB_3 = \sqrt{(B_1B_3)^2 + (BB_1)^2} = \sqrt{1.560^2 + 0.860^2}\text{mm} = 1.781\text{mm}$$

另外由几何关系可得 $BB_3$ 与水平方向（或铅垂方向）所夹的方位角。

通过此例可看出，变形指的是杆的伸长或缩短量，而位移是结构或杆上某一点的位置改变量。

此题也可用另一解法。设 $B$ 点的水平和竖直分位移 $u$ 和 $v$。由于 $F_{N1}$ 为拉力，$F_{N2}$ 为压力，故水平位移 $u$ 向右，竖直位移 $v$ 向下，如图 2-8（d）所示。1 杆的长度改变只与沿 1 杆方向的位移 $u$ 有关，而和与 1 杆正交的位移 $v$ 无关，故有 $u = \Delta l_1 = 0.860\text{mm}$。再将位移 $u$、$v$ 向 2 杆作投影，沿 2 杆方向的

位移分量 $v\cos\alpha$ 使 2 杆变短，而另一分量 $u\sin\alpha$ 使 2 杆伸长，又由于 $F_{N2}$为压力

$$\Delta l_2 = v\cos\alpha - u\sin\alpha = 0.732\text{mm}$$

故 $v = 1.560\text{mm}$，最后$\overline{BB_3} = \sqrt{u^2 + v^2} = \sqrt{0.860^2 + 1.560^2}\text{mm} = 1.781\text{mm}$。

**例 2-3**　设自由悬挂的直杆［图 2-9（a）］长 $l$、横截面面积 $A$ 及弹性模量 $E$ 均已知。试求杆由纵向均匀分布载荷 $q$（力/长度）引起的应力和变形。

**解**　在杆上距下端为 $x$ 处取一任意横截面 $m-m$，则此截面轴力 $F_N(x) = qx$，根据此式可作出轴力图［图 2-9（b）］，$F_{N\max} = ql$。$m-m$ 截面的应力为

$$\sigma(x) = \frac{F_N}{A} = \frac{qx}{A}$$

由此式可知 $\sigma_{\max} = \dfrac{ql}{A}$，此时悬挂端的轴力及正应力最大。

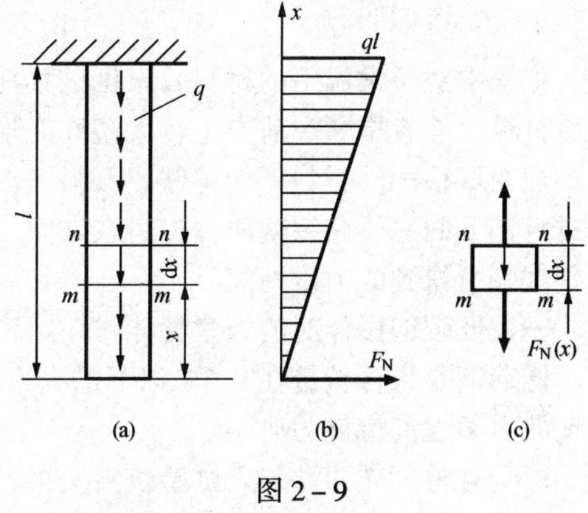

图 2-9

求整个杆伸长时，由于各横截面上轴力不等，不能直接应用公式（2-4），而应从长为 d$x$ 的微段出发。在 $x$ 处取 d$x$ 段［图 2-9（c）］，其伸长可写为

$$\Delta(\mathrm{d}x) = \frac{F_N(x)\mathrm{d}x}{EA}$$

整个杆件的总伸长

$$\Delta l = \int_0^l \frac{F_N(x)\mathrm{d}x}{EA} = \int_0^l \frac{qx\mathrm{d}x}{EA} = \frac{q}{EA}\int_0^l x\mathrm{d}x = \frac{ql^2}{2EA}$$

如考虑上端固定的杆件由于自重引起的伸长时，杆件自身重量就是一种均匀纵向分布力，此时单位杆长的分布力 $q = A\cdot 1\cdot\gamma$，此处 $\gamma$ 是材料单位体积的重量即容重。将 $q$ 代入上式得到

$$\Delta l = \frac{A\gamma l^2}{2EA} = \frac{(A\gamma l)l}{2EA} = \frac{F_G l}{2EA}$$

此处 $F_G = Al\gamma$ 是整个杆的重量。上式表明等直杆的自重伸长等于全部重量集中于下端时伸长的一半。

在工程中，通常可以略去自重引起的应力和变形，如果自重在总载荷中占较大比例时则必须计入。

## §2-6　材料在拉伸时的力学性能

在构件的强度、刚度设计中，为了合理地选用材料，需要研究材料的力学性能。所谓力学性能，是指材料从受力开始直至破坏的过程中，在强度与变形方面表现出来的性能，也是材料的机械性能。如材料破坏时的应力极限值、弹性模量 $E$、泊松比 $\mu$ 都属于材料的力学性能。材料的力学性能决定于材料的成分及其结构组织（晶体或非晶体），还与温度和加载方式等有关，需通过试验方法获得。

为了便于不同材料的试验结果进行比较，试验前应按国家标准做成标准试样，标准试样

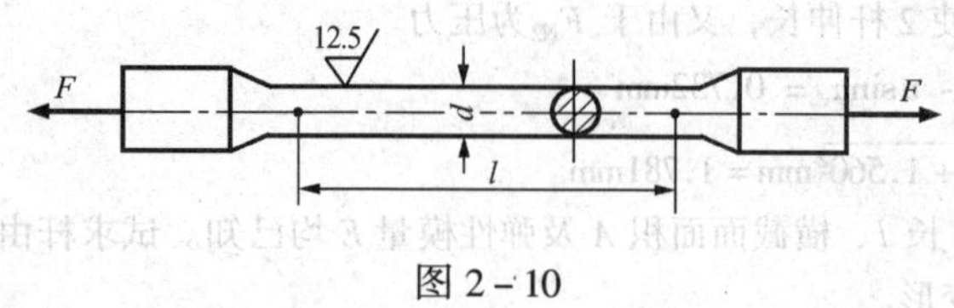

图 2-10

分为圆截面和矩形截面。在作拉伸试验时，对于一般金属材料通常采用圆截面试样，如图 2-10 所示。在试样等直部分的中段划取长为 $l$ 的一段作为试验段，$l$ 称为标距。对圆截面试样，标距 $l$ 与直径 $d$ 有两种比例，即

$$l = 10d \quad \text{或} \quad l = 5d \tag{e}$$

工程中对于常温下的材料，根据破坏前所发生的塑性变形的大小分为两类：塑性材料和脆性材料。前者指断裂前产生较大塑性变形的材料，如低碳钢及铜、铝等金属；后者指断裂前塑性变形很小的材料，如铸铁、石料、玻璃等。低碳钢和铸铁是工程中广泛使用的两种典型材料，下面主要介绍这两种材料在常温、静载（缓慢的加载速度）下的拉伸试验，及通过这些试验所得到的力学性能。

## 一、低碳钢拉伸时的力学性能

低碳钢是指含碳量在 0.3% 以下的碳素钢。这类材料在工程中使用较广，在拉伸试验中表现的力学性能也最为典型。

试验时将试样两端装入试验机夹头内，对试样加拉力 $F$，$F$ 由零缓慢增加，直至将试样拉断。将拉伸过程中的载荷 $F$ 和对应的标距段的伸长 $\Delta l$ 记录下来，就可画出如图2-11（a）所示的 $F-\Delta l$ 曲线，该曲线称为拉伸图。拉伸图中 $F$ 与 $\Delta l$ 的对应关系与试样尺寸有关，例如标距 $l$ 加大，由同一载荷引起的伸长 $\Delta l$ 也要变大。为消除试样尺寸的影响，把拉力除以试样横截面的原始面积 $A$ 得出正应力：$\sigma = \dfrac{F}{A}$；同时，把伸长量 $\Delta l$ 除以标距的原始长度 $l$，得到应变：$\varepsilon = \dfrac{\Delta l}{l}$。这样以 $\sigma$ 为纵坐标，以 $\varepsilon$ 为横坐标，由拉伸图改画出 $\sigma-\varepsilon$ 曲线［图 2-11 (b)］，此曲线称为应力－应变曲线。

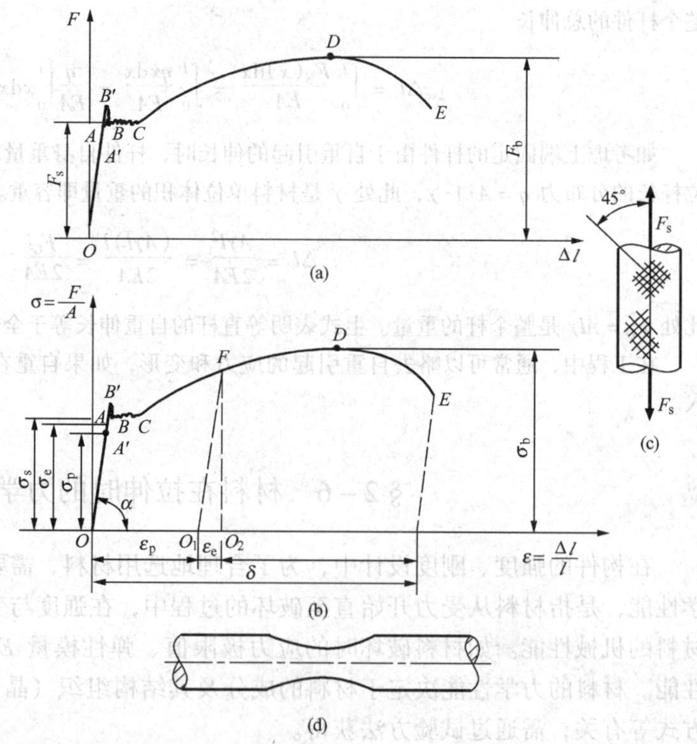

图 2-11

由低碳钢 $\sigma-\varepsilon$ 曲线可以看出，整个拉伸过程可分为以下四个阶段：

1．弹性阶段

这一阶段可分为两部分：

斜直线 $OA'$ 和微弯曲线 $A'A$。斜直线 $OA'$ 表示应力与应变成正比变化，此直线段的斜率为材料的弹性模量 $E$，即 $\tan\alpha=\frac{\sigma}{\varepsilon}=E$。直线部分的最高点 $A'$ 所对应的应力 $\sigma_p$ 称为**比例极限**。当应力不超过比例极限 $\sigma_p$ 时，材料服从胡克定律，此时称材料是线弹性的。

当试样应力小于 $A$ 点应力时，试样只产生弹性变形，$A$ 点的应力 $\sigma_e$ 是材料只产生弹性变形的最大应力，称为**弹性极限**。若应力超过 $\sigma_e$，则试样除弹性变形外还产生塑性变形，由于弹性极限与比例极限数值接近，工程上通常不作严格区分。

2. 屈服阶段

应力到达 $B'$ 点后，$\sigma-\varepsilon$ 图上第一次出现倒退，由 $B'$ 点倒退至 $B$ 点，而后应力几乎不变，但此时的应变却显著增加，这种现象称为屈服或流动。曲线上的 $B'C$ 段称为屈服阶段，此阶段产生显著的塑性变形。$B'$ 点应力值与试样形状、加载速度等因素有关，一般是不稳定的，而 $B$ 点应力 $\sigma_s$ 数值比较稳定，因此将它作为材料屈服时的应力，称为**屈服极限**。

表面磨光的试样屈服时，在试样表面将出现与轴线约成 45°的一系列迹线［图 2－11（c)］。因为在 45°的斜截面上作用着数值最大的切应力，所以这些迹线是材料沿最大切应力作用面发生滑移的结果，这些迹线称为滑移线。

3. 强化阶段

过屈服阶段后，材料又恢复了抵抗变形的能力，要使试样继续变形，必须增加外力，这种现象称为材料强化。由屈服终止的 $C$ 点到 $D$ 点称为强化阶段，曲线的 $CD$ 段向右上方倾斜。强化阶段的变形绝大部分是塑性变形，同时整个试样的横向尺寸明显缩小。$D$ 点是 $\sigma-\varepsilon$ 图上的最高点，$D$ 点的应力 $\sigma_b$ 称为**强度极限**或抗拉强度。

如果将试样拉伸到强化阶段内的任意点，例如图 2－11（b）的 $F$ 点，然后逐渐卸除拉力，在卸载过程中试样的应力应变关系沿着与 $OA'$ 近乎平行的直线返回到 $O_1$ 点，这表明材料在卸载过程中应力增量与应变增量成直线关系，即 $\Delta\sigma=E\Delta\varepsilon$，这称为卸载定律。载荷全部卸掉后达到 $O_1$ 点，这表明 $O_1O_2$ 所代表的是可消失的弹性应变，$OO_1$ 所代表的是不可消失的塑性应变。

对有残余应变的试样在短期内重新加载，则应力、应变关系基本上沿着方才的卸载直线 $O_1F$ 上升，到 $F$ 点后仍沿曲线 $FDE$ 直到断裂。这里看到，当 $\sigma=\sigma_s$ 时并不发生屈服，而是达到了 $F$ 点的应力后才出现塑性变形，所以，材料的比例极限提高了，但是断裂后的残余应变比原来的少了 $OO_1$ 这一段。这种在常温下经过塑性变形后材料强度提高、塑性降低的现象，叫做冷作硬化。冷作硬化现象经退火后又可消除。

当某些构件对塑性的要求不高时，可利用它来提高材料的比例极限与屈服极限，例如对起重机的钢丝绳采用冷拔工艺，对某些型钢采用冷轧工艺均可收到这种效果。但另一方面构件初加工后，由于冷作硬化使材料变脆变硬，给下一步加工造成困难，且容易产生裂纹，往往就需要在工序之间安排退火，以消除冷作硬化的影响。

4. 颈缩阶段

$D$ 点过后，试样开始发生局部变形，局部变形区域内横截面尺寸急剧缩小，这种现象称为颈缩［图 2－11（d)］。由于在试样颈缩部分截面面积显著缩小，因此使试样继续变形所需的载荷反而减小。在 $\sigma-\varepsilon$ 图中用原始横截面面积（不是颈缩处的截面面积）计算出的名义应力 $\sigma=\dfrac{F}{A}$ 随之下降，降至 $E$ 点时试样断裂。

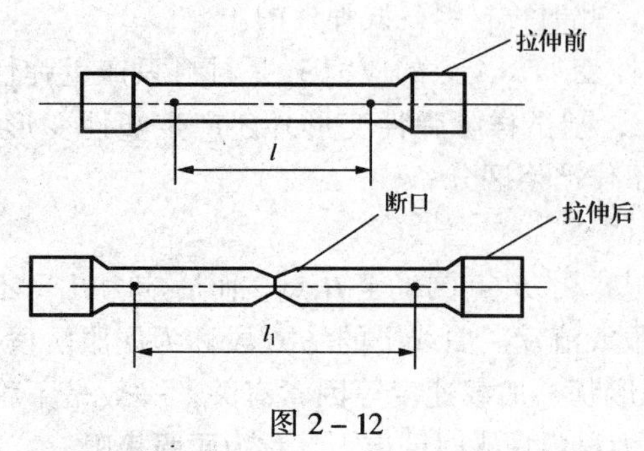

图 2－12

由上述的试验现象可以看出，当应力到达屈服极限 $\sigma_s$ 时，产生显著的塑性变形；当应力到达强度极限 $\sigma_b$ 时，材料会由于局部变形而导致断裂。这都是工程实际中应当避免的。因此，屈服极限 $\sigma_s$ 和强度极限 $\sigma_b$ 是反映材料强度的两个性能指标，也是拉伸试验中需要测定的重要数据。

工程上用试样拉断后遗留的变形来表示材料的塑性性能，常用的塑性指标有两个：一个是伸长率 $\delta$，即

$$\delta=\frac{l_1-l}{l}\times 100\% \tag{2-8}$$

式中：$l_1$ 为拉断后的标距长度（图 2－12）；$l$ 为原标距长度。另一个塑性指标为截面收缩率 $\psi$，即

$$\psi=\frac{A-A_1}{A}\times 100\% \tag{2-9}$$

式中：$A$ 为试件原横截面面积；$A_1$ 为拉断后断口处横截面面积。

$\delta$ 和 $\psi$ 都表示材料拉断时其塑性变形所能达到的最大程度。$\delta$、$\psi$ 愈大，说明材料的塑性愈好，故 $\delta$、$\psi$ 是衡量材料塑性的两个指标。

试验表明：$\delta$ 数值与 $l/d$ 比值有关。所以，材料手册上在 $\delta$ 的右下方注出这一比值，如 $\delta_{10}$ 即是用 $l/d=10$ 的标准试样得出的伸长率。而 $\psi$ 则与 $l/d$ 比值无关。

一般认为 $\delta_{10}\geqslant 5\%$ 的材料为塑性材料，$\delta_{10}<5\%$ 的材料为脆性材料。

## 二、其他塑性材料拉伸时的力学性能

工程上常用的塑性材料，除低碳钢外，还有中碳钢、某些高碳钢和合金钢、铝合金、青铜、黄铜等。它们的拉伸试验和低碳钢拉伸试验做法相同，但材料所显示的力学性能有很大差异。其中有些材料，如 16Mn 钢，和低碳钢一样，有明显的弹性阶段、屈服阶段、强化阶段和缩颈阶段；有些材料，如黄铜 H62（图 2－13），没有屈服阶段，但其他三个阶段却很明显；还有一些材

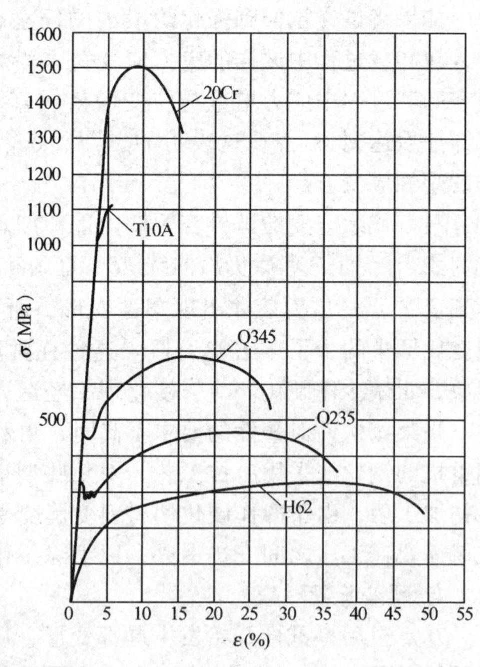

图 2－13

料，如高碳钢 T10A 没有屈服阶段和缩颈阶段，只有弹性阶段和强化阶段。对于没有明显屈服阶段的塑性材料，通常用能产生 0.2% 塑性应变的应力 $\sigma_{0.2}$ 作为名义屈服极限，如图 2－14 的应力应变曲线中 $B$ 点对应的应力。各类碳素钢中，随碳含量的增加，屈服极限和强度极限相应提高，但伸长率降低。例如合金钢、工具钢等高强度钢材，屈服极限较高，但塑性却较差。

铸铁是一种典型的脆性材料。图 2－15 是灰铸铁拉伸时的应力应变曲线。该曲线在很小的应力下就不是直线了，但由于工程中铸铁的拉应力不能很高，因而在较低的拉应力下，可近似地认为服从胡克定律。通常取曲线的割线代替曲线的开始部分，并以割线的斜率作为弹性模量，称为割线弹性模量。此外，铸铁无屈服和颈缩现象，在没产生明显的塑性变形时就突然断裂了，并且断口平齐，所以只能测得铸铁拉断时的最大应力即强度极限 $\sigma_b$，铸铁拉伸时的伸长率 $\delta < 1\%$。因为没有屈服现象，强度极限 $\sigma_b$ 是衡量强度的唯一指标。

铸铁等脆性材料的强度极限很低，不宜作为抗拉构件的材料。但铸铁经球化处理成为球墨铸铁后，力学性能有显著变化，不但有较高的强度，还有较好的塑性性能。

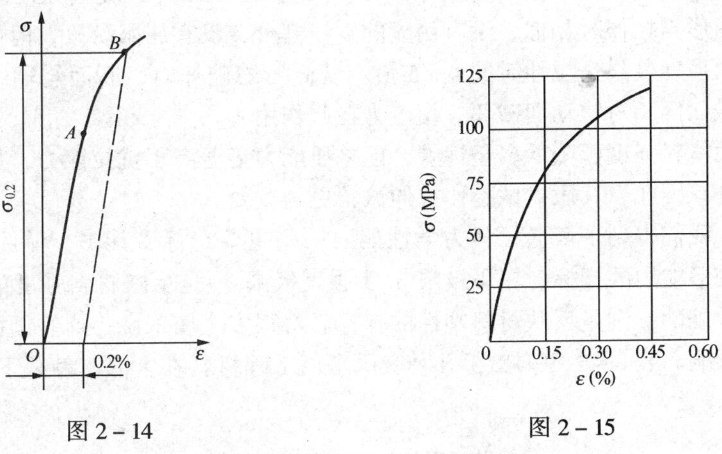


图 2－14　　图 2－15

## §2－7　材料在压缩时的力学性能

金属材料的压缩试样一般都做成高度为直径的 1.5～3 倍的圆柱形状，以避免试样在试验过程中因失稳而变弯。混凝土、石料等则制成立方形的试块。图 2－16 是低碳钢压缩与拉伸时的应力应变图。从图可知，在屈服阶段以前，拉伸与压缩时的 $\sigma-\varepsilon$ 曲线是重合的，因此低碳钢压缩时的弹性模量 $E$、屈服极限 $\sigma_s$ 等都与拉伸试验的结果基本相同。进入强化阶段后，试样的长度明显缩短，截面变粗。由于试样两端与试验机压头之间的摩擦作用，使两端横向外胀受到阻碍，试样被压成鼓形，随着载荷增加，试样愈压愈扁，不可能压断，故得不到材料压缩时的强度极限。

由此可见，低碳钢压缩时的一些性能指标，可通过拉伸试验测得，而不必做压缩试验了。类似情况在一般的塑性材料中也存在。但有些材料（例如铬钼硅合金钢）在拉伸和压缩时的屈服极限并不相同，因此，对这些材料需要做压缩试验，以确定其压缩屈服极限。

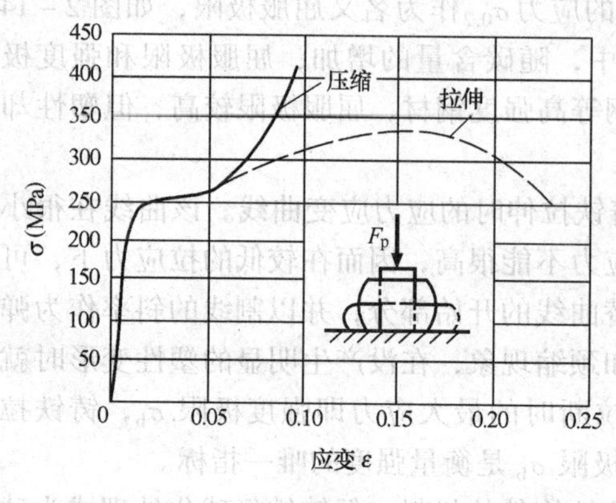

图 2－16

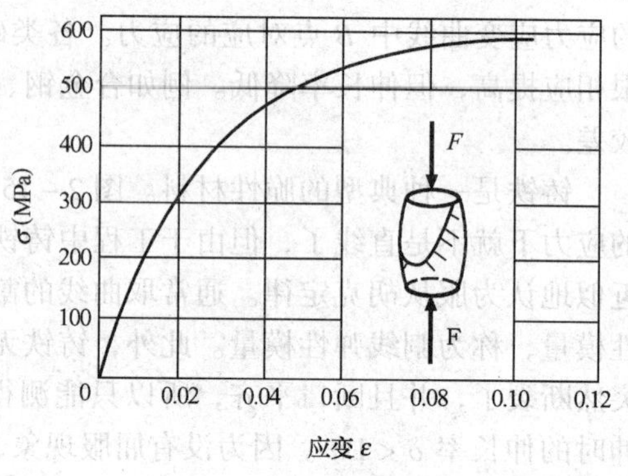

图 2－17

脆性材料在压缩时的力学性能与拉伸时有较大差别。图 2－17 是铸铁压缩时的应力应变图，压缩时的图形与拉伸时相似，没有明显的直线部分，没有屈服阶段，但伸长率 $\delta$ 比拉伸时大，压缩时的强度极限是拉伸时的 4～5 倍。试样压缩破坏时，断面与轴线夹角约为 45°，表明试样沿斜截面因相对错动而破坏（切应力在起作用）。

铸铁等脆性材料强度极限低，塑性差，但抗压能力显著高于抗拉能力，且价格低廉，宜于作为抗压构件。因此，其压缩试验比拉伸试验更为重要。

通过试验，我们得到了衡量材料力学性能的一些主要指标。其中，弹性模量 $E$ 是反映材料抵抗弹性变形能力的指标，屈服极限 $\sigma_s$ 和强度极限 $\sigma_b$ 是反映材料强度的两个指标，伸长率 $\delta$ 和截面收缩率 $\psi$ 则是反映材料塑性的指标。对很多金属来说，这些量往往受温度、热处理等条件的影响。表 2－2 中列出了几种我国常用工程材料在常温、静载下 $\sigma_s$、$\sigma_b$ 和 $\delta$ 的数值。

**表 2－2　　几种常用材料的主要力学性能**

| 材料名称 | 牌　号 | $\sigma_s$（MPa） | $\sigma_b$（MPa） | $\delta_5$（%） |
|---|---|---|---|---|
| 普通碳素钢 | Q235 | 216～235 | 373～461 | 25～27 |
| | Q275 | 255～275 | 490～608 | 19～21 |
| 优质碳素结构钢 | 40 | 333 | 569 | 19 |
| | 45 | 353 | 598 | 16 |
| 普通低合金结构钢 | 16Mn | 274～343 | 471～510 | 19～21 |
| | 15MnV | 333～412 | 490～549 | 17～19 |
| 合金结构钢 | 20Cr | 539 | 834 | 10 |
| | 40Cr | 785 | 981 | 9 |
| 碳素铸钢 | ZG270－500 | 275 | 490 | 16 |
| 可锻铸铁 | KTZ450－06 | 275 | 441 | 5 |

续表

| 材料名称 | 牌　号 | $\sigma_s$（MPa） | $\sigma_b$（MPa） | $\delta_5$（%） |
|---|---|---|---|---|
| 球墨铸铁 | QT450－5 | 324 | 441 | 5 |
| 灰铸铁 | HT150 | | 拉 98.1～274<br>压 637 | |

**注**　表中 $\delta_5$ 是指 $l=5d$ 的标准试样的伸长率。

## §2－8　许用应力和强度条件

### 一、许用应力及安全因数

在工程实际中，构件不能安全、正常地工作，就称为**失效**。引起构件失效的原因很多，强度不足、刚度不足、稳定性不足及加载方式不当和工作环境影响等都将导致构件的失效。由上一节的试验可知，对于塑性材料，当正应力达到屈服极限 $\sigma_s$ 时，会出现明显的塑性变形；对于脆性材料，当正应力达到强度极限 $\sigma_b$ 时，就会引起断裂。若构件工作时发生明显塑性变形或断裂，就已失效，这是由于强度不足而引起的失效。构件失效前所能承受的最大应力称为**极限应力**或危险应力，用 $\sigma^0$ 表示。

对于塑性材料

$$\sigma^0 = \sigma_s \tag{2－10}$$

对于脆性材料

$$\sigma^0 = \sigma_b \tag{2－11}$$

根据分析计算所得构件之应力，称为工作应力。在理想的情况下，为了充分利用材料，似宜使构件的工作应力接近于材料的极限应力。但实际上不是这样，原因很多：作用在构件上的外力常常估计不准确；构件的外形与所承受的外力往往很复杂，计算所得应力通常均带有近似性；实际材料的组成与品质等难免存在差异，不能保证构件所用材料与标准试样具有完全相同的力学性能（这种差别在脆性材料中尤为显著）等等。所有这些因素，都有可能使构件的实际工作条件比设想的要偏于不安全的一面。此外，为了确保安全，构件还应有适当的强度储备，特别是对于因损坏将带来严重后果的构件，更要给予较大的强度储备。由此可见，构件工作应力的最大允许值，必须低于材料的极限应力。对于由一定材料制成的具体构件，工作应力的允许值，称为材料的**许用应力**，并用［σ］表示。许用应力与极限应力的关系为

$$[\sigma] = \frac{\sigma^0}{n} \tag{2－12}$$

式中：$n$ 为大于 1 的因数，称为安全因数。如上所述，安全因数是由多种因素决定的。各种材料在不同工作条件下的安全因数或许用应力，可从有关规范或设计手册中查到。

### 二、拉（压）杆的强度条件

为了保证拉（压）杆在工作时不致因强度不足而失效，把许用应力［σ］作为构件工作应力的最高限度，杆内的工作应力不得超过许用应力［σ］。对于轴向拉伸或压缩的杆件，

应满足的条件是

$$\sigma = \frac{F_N}{A} \leqslant [\sigma] \tag{2-13}$$

式中：$\sigma$ 为杆件横截面上的工作应力；$F_N$ 为横截面上的轴力；$A$ 为横截面面积；$[\sigma]$ 为材料的许用应力。

式（2-13）就是轴向拉伸或压缩时的强度条件。对于等直杆，如其上同时作用几个轴向外力，全杆的最大正应力发生在数值最大轴力 $F_{Nmax}$所在截面上的各点，故应选择此截面来计算；对于变截面杆，$A$ 不是常量，$\sigma_{max}$并不一定发生于轴力极值 $F_{Nmax}$的截面上，这要综合考虑 $A$ 和 $F_{Nmax}$，寻求 $\sigma = \frac{F_N}{A}$的极值。

应用强度条件可以解决以下三类问题：

1. 强度校核

已知构件横截面面积 $A$、材料的许用应力 $[\sigma]$ 以及所受载荷，校核是否满足式（2-13）。若能满足，说明构件的强度足够，否则，说明构件不安全。

2. 设计截面

已知载荷及许用应力 $[\sigma]$，确定构件的横截面面积或相应尺寸。这时强度条件可变换为以下的形式：

$$A \geqslant \frac{F_N}{[\sigma]}$$

由此式算出需要的横截面面积，然后确定横截面尺寸。

3. 确定许可载荷

已知横截面面积 $A$ 和许用应力 $[\sigma]$，确定构件或整个结构所能承担的最大载荷。这时可按下式计算构件所允许的最大轴力：

$$F_N \leqslant A[\sigma]$$

从而确定整个结构的许可载荷。

下面举例说明强度计算的方法。

**例 2-4** 在均布载荷作用下的结构如图 2-18（a）所示，$q = 30\text{kN/m}$，斜杆 $BC$ 为圆截面钢杆，直径 $d = 30\text{mm}$，许用应力 $[\sigma] = 160\text{MPa}$，校核 $BC$ 杆强度。

**解**

1. 受力分析，列平衡方程求解轴力

将 $A$ 处铰链拆开，并围绕 $B$ 点将 $BC$ 杆截开得分离体，如图 2-18（b）。在这里假设 $F_N$ 为拉力，并设 $\alpha = \angle CBA$。列平衡方程如下

$$\Sigma M_A = 0 \qquad F_N \times 4 \times \sin\alpha - \frac{1}{2} \times q \times 4^2 = 0$$

注意到 $\sin\alpha = \frac{3}{5}$，则有 $F_N = 100\text{kN}$。

2. 校核强度

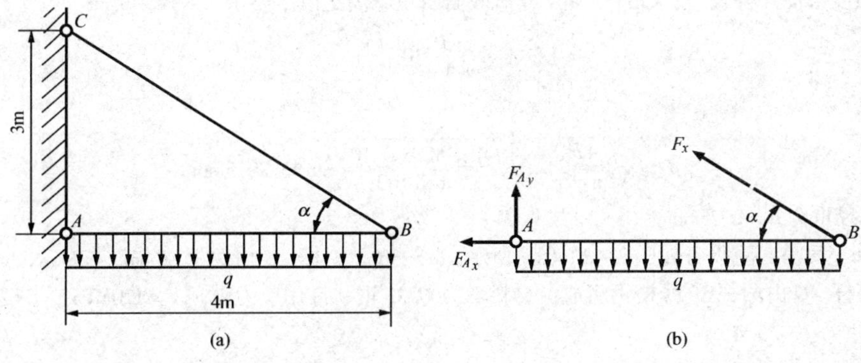


图 2－18

由式（2－13），得斜杆 $BC$ 的工作应力为

$$\sigma = \frac{F_N}{A} = \frac{100 \times 10^3}{\frac{\pi \times 30^2}{4}} \text{MPa} = 141.5\text{MPa} < [\sigma]$$

工作应力小于许用应力，所以强度足够。

在强度计算中，原始数据多为三位有效数字，故计算结果一般也为三位有效数字（当第一位为 1 时，按有效数字计算规则，可取四位）。

**例 2－5**　在均布载荷作用下的结构如图 2－19（a）所示，$q = 10\text{kN/m}$，$BD$ 为圆截面钢杆，许用应力 $[\sigma] = 160\text{MPa}$，试设计 $BD$ 杆直径。

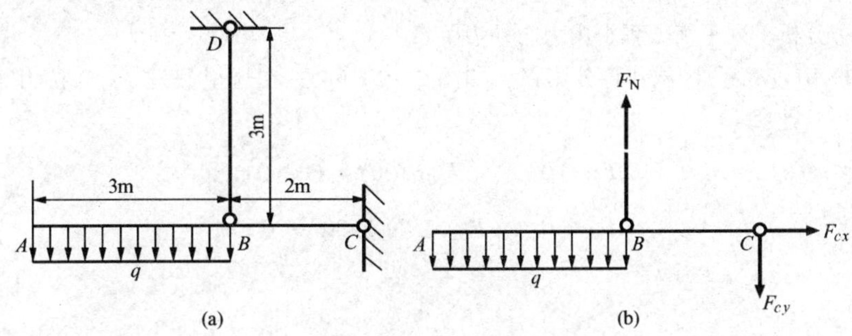


图 2－19

**解**

1. 受力分析，列平衡方程求解轴力

将 $A$ 处铰链拆开，并围绕 $B$ 点将 $BD$ 杆截开得分离体，如图 2－19（b）。在这里假设 $F_N$ 为拉力。列平衡方程如下

$$\Sigma M_C = 0 \qquad F_N \times 2 - q \times 3 \times \left(2 + \frac{3}{2}\right) = 0$$

得 $F_N = 52.5\text{kN}$。

2. 设计截面

根据强度条件［公式（2－13）］，$BD$ 杆横截面面积应满足以下要求

$$A = \frac{\pi d^2}{4} \geqslant \frac{F_N}{[\sigma]}$$

即

$$d \geqslant \sqrt{\frac{4F_N}{\pi[\sigma]}} = \sqrt{\frac{4 \times 52.5 \times 10^3}{\pi \times 160}} \text{mm} = 20.5\text{mm}$$

故 $BD$ 杆直径取为 $d = 20.5$mm。

**例 2－6**　简易起重设备如图 2－20（a）所示，$\alpha = 30°$，斜杆 $AB$ 由两根 80mm×80mm×7mm 等边角钢组成，横杆 $AC$ 由两根 10 号槽钢组成。材料均为 Q235 钢，许用应力 $[\sigma]$ = 120MPa。求最大起吊重量 $F$。

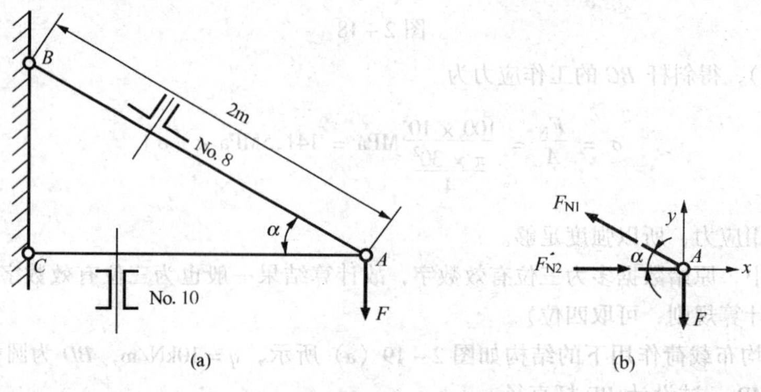


图 2－20

**解**　1. 受力分析，列平衡方程求内力与外力关系

围绕 $A$ 点将 $AB$、$AC$ 两杆截开得分离体，如图 2－20（b）。在这里假设 $F_{N1}$ 为拉力，$F_{N2}$ 为压力。列平衡方程如下

$$\left.\begin{aligned} &\Sigma F_y = 0 \qquad F_{N1}\sin30° - F = 0 \\ &\Sigma F_x = 0 \qquad F_{N2} - F_{N1}\cos30° = 0 \end{aligned}\right\}$$

求得

$$F_{N1} = \frac{F}{\sin30°} = 2F \tag{f}$$

$$F_{N2} = F_{N1}\cos30° = 2F\cos30° = 1.732F \tag{g}$$

2. 计算许可轴力 $[F_N]$

由书末附录的型钢表查得斜杆 $AB$ 横截面面积 $A_1 = 2 \times 10.860 \times 10^2\text{mm}^2 = 2172\text{mm}^2$，横杆 $AC$ 横截面面积 $A_2 = 2 \times 12.748 \times 10^2\text{mm}^2 = 2549.6\text{mm}^2$，由式（2－13）得许可轴力

$$[F_N] = A[\sigma]$$

于是

$$[F_{N1}] = (2172 \times 120)\text{N} = 260.6 \times 10^3\text{N} = 260.6\text{kN}$$

$$[F_{N2}] = (2549.6 \times 120)\text{N} = 305.8 \times 10^3\text{N} = 306.0\text{kN}$$

3. 计算许可载荷 $[F]$

将$[F_{N1}]$、$[F_{N2}]$分别代入式（a）、式（b），得到按斜杆 $AB$ 和横杆 $AC$ 强度计算的许可载荷

$$[F_1]=\frac{[F_{N1}]}{2}=\frac{260.6}{2}\text{kN}=130.3\text{kN}$$

$$[F_2]=\frac{[F_{N2}]}{1.732}=\frac{306.0}{1.732}\text{kN}=176.7\text{kN}$$

在 $A$ 点的载荷如果是 176.6kN，则横杆 $AC$ 内的应力恰好是许用应力，而斜杆 $AB$ 内的应力超过许用应力，故此结构的许用载荷应取 $[F]=130.3\text{kN}$。

## §2-9　应　力　集　中

等截面直杆受轴向拉伸或压缩时，在离加力处稍远的横截面上的应力是均匀分布的。但是在工程实际中，由于实际需要，有些零件必须有开孔、开槽、切口和螺纹等，导致在这些部位上截面尺寸急剧改变。由实验和理论研究证明，这些零件在截面突变处的应力数值骤然增大，而离开这个区域稍远，应力又趋于均匀。例如，在图 2-21（a）所示的带孔板条上，未受力前在表面画出许多细小方格。加轴向拉力后，可以看到 1-1 截面上，孔边方格比起离孔稍远的方格其变形程度严重得多［图 2-21（b）］，这表明 1-1 截面上孔边应力比同截面上其他处应力大得多［图 2-21（c）］，这种由于沿试样轴线截面急剧改变而引起的应力局部增大的现象称为应力集中。应力提高只是发生在孔边附近，在 1-1 截面上离孔稍远应力急剧下降而趋于平缓，所以应力集中表现出局部性质。对于有孔板条的拉伸，把 1-1 截面上孔边最大应力 $\sigma_{max}$与同一截面上认为应力均匀分布时的应力值 $\sigma$ 之比

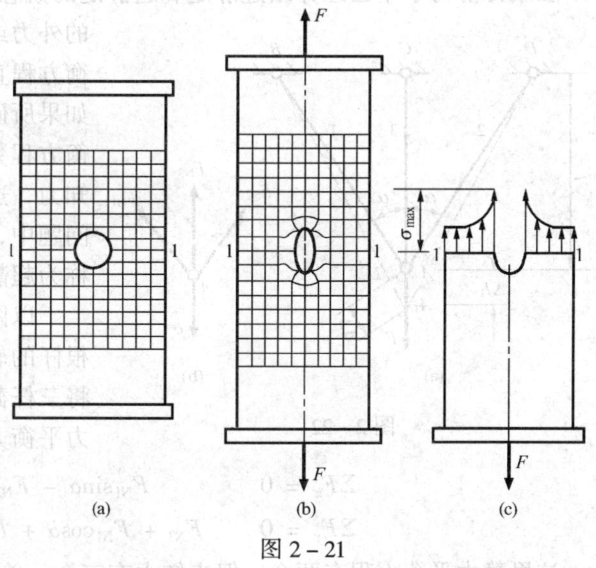

图 2-21

$$K=\frac{\sigma_{max}}{\sigma} \tag{2-14}$$

称为理论应力集中因数。它反映了应力集中的程度，是一个大于 1 的因数。

对于大多数典型的应力集中情况（如键槽、开孔、圆角、螺纹等），在各种不同变形形式下的理论应力集中因数已经定出，可在一些手册中查得，它们的数值一般是在 1.2～3 这个范围内。实验结果表明：截面尺寸改变得越急剧、角越尖、孔越小，应力集中的程度就越严重。因此，零件上尽可能地避免带尖角的孔和槽，在阶梯轴的轴肩处要用圆角过渡，而且应尽量使圆角半径大一些。还应指出，应力集中对于塑性材料和脆性材料的强度产生截然不

同的影响。脆件材料对局部应力的敏感甚强，即由脆性材料所制成的杆件在有局部应力集中时，容易毁坏或出现裂痕，所以对脆性材料必须考虑应力集中的影响，然而对铸铁材料，可以不考虑，因铸铁本身已经存在由气孔、砂眼、缩孔等铸造缺陷引起的应力集中。而塑性材料由于有屈服阶段，在有应力集中的地方，当最大局部应力的数值已达到屈服极限后，它将不再随载荷的增加而增大，只有尚未达到屈服极限的应力，才随载荷的增加而继续加大。这样，在危险截面上的应力就会逐渐趋于均匀，所以，局部应力对塑性材料的强度影响就很小。

当构件受周期性变化的应力或受冲击载荷作用时，不论是塑性材料还是脆性材料，应力集中对构件强度都有严重影响，往往是构件破坏的根源，这一问题将在第十三章中讨论。

## §2-10 拉伸、压缩超静定问题

### 一、超静定问题及解法

在刚体静力学中已经介绍过静定和超静定的概念。如果所研究的问题中，作用在杆件上的外力或杆件横截面上的内力，都能由静力平衡方程直接确定，这类问题称为**静定问题**；但如果所研究问题中的未知力数目多于独立的平衡方程数目，仅由平衡方程不可能求出全部未知力，这一类问题称为**超静定问题**。在超静定问题中，未知力数目与独立平衡方程数目之差称为**超静定次数**。

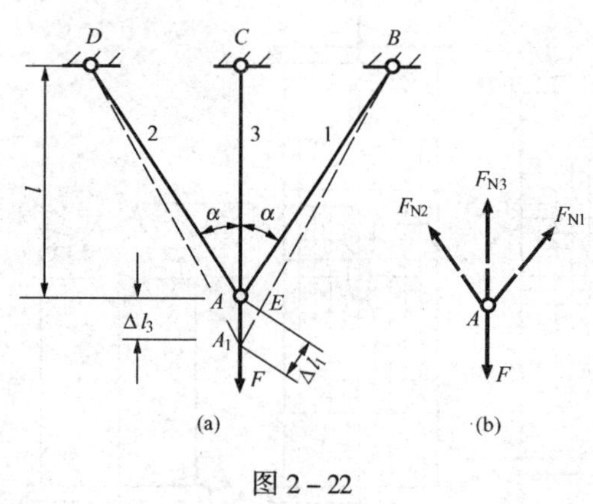

图 2-22

以图 2-22（a）所示三杆桁架为例，设三根杆的轴力分别为 $F_{N1}$、$F_{N2}$、$F_{N3}$，围绕 $A$ 点将三杆截开得分离体［如图 2-22（b）］，列静力平衡方程如下：

$$\left.\begin{aligned}\Sigma F_x = 0 \qquad & F_{N1}\sin\alpha - F_{N2}\sin\alpha = 0\\ \Sigma F_y = 0 \qquad & F_{N3} + F_{N1}\cos\alpha + F_{N2}\cos\alpha - F = 0\end{aligned}\right\} \tag{a}$$

这里静力平衡方程有两个，但未知力有三个，单凭静力平衡方程不能求出全部轴力，是一个一次超静定问题。

为了求出三根杆的轴力，除静力平衡方程之外，还必须寻求补充方程。设杆 1、2 的横截面面积及材料均相同，即 $A_1 = A_2$，$E_1 = E_2$；杆 3 的横截面面积为 $A_3$，弹性模量为 $E_3$。桁架变形是对称的，节点 $A$ 垂直地移动到 $A_1$，位移 $AA_1$ 也就是杆 3 的伸长 $\Delta l_3$。由于所研究的是小变形问题，可用垂直于 $A_1B$ 的直线 $AE$ 代替弧线，则 $BE$ 代表 $AB$ 杆的原长度且仍可认为 $\angle AA_1B = \alpha$。于是

$$\Delta l_1 = \Delta l_3\cos\alpha \tag{b}$$

这是杆 1、2、3 的变形必须满足的关系，只有满足了这一关系，它们才可在变形后仍然在节

点 $A_1$ 联系在一起，其变形才是协调的。所以，这种变形之间的几何关系称为变形协调方程。

另一方面，杆的伸长与轴力之间存在着物理关系，即由胡克定律得

$$\Delta l_1 = \frac{F_{N1} l}{E_1 A_1 \cos\alpha}, \Delta l_3 = \frac{F_{N3} l}{E_3 A_3} \tag{c}$$

将其带入式（b），得

$$\frac{F_{N1} l}{E_1 A_1 \cos\alpha} = \frac{F_{N3} l}{E_3 A_3}\cos\alpha \tag{d}$$

这是在静力平衡方程之外得到的补充方程。从式（a）、式（d）两式容易解出

$$F_{N1} = F_{N2} = \frac{F\cos^2\alpha}{2\cos^3\alpha + \dfrac{E_3 A_3}{E_1 A_1}}, F_{N3} = \frac{F}{1 + 2\dfrac{E_1 A_1}{E_3 A_3}\cos^3\alpha}$$

所得结果均为正，说明原先假定三杆轴力均为拉力是正确的。由这些结果可以看出，在超静定杆系中，各杆的轴力与该杆本身的刚度与其他杆的刚度之比有关。刚度越大的杆，其轴力也越大。

上述的求解方法对一般超静定问题都适用，可归纳如下几点：①根据静力学平衡条件列出应有的平衡方程；②根据构件各部分变形之间的关系列出变形协调方程；③根据力与变形间的物理关系将变形协调方程改写成所需的补充方程。

**例 2-7**　如图 2-23（a）所示，平行杆系 1、2、3 悬吊着刚性横梁 $AB$，在横梁上作用着载荷 $F$，假设三杆的横截面面积、长度、弹性模量均相同，分别为 $A$、$l$、$E$。试求 1、2、3 三杆的轴力 $F_{N1}$、$F_{N2}$、$F_{N3}$。

**解**　设在载荷 $F$ 作用下，横梁移动到 $A'B'$ 位置［图 2-23（b）］，则杆 1 的缩短量为 $\Delta l_1$，而杆 2、

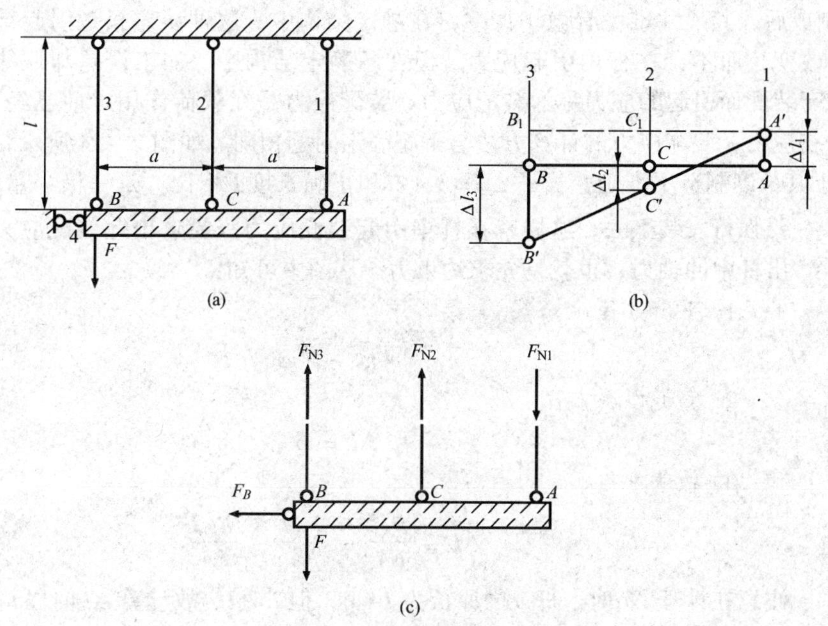


图 2-23

3的伸长量分别为$\Delta l_2$、$\Delta l_3$。取横梁$AB$为分离体，如图2－23（c）所示，其上除载荷$F$外，还有轴力$F_{N1}$、$F_{N2}$、$F_{N3}$以及$F_B$。由于假设杆1缩短，杆2、3伸长，故应将$F_{N1}$设为压力，而$F_{N2}$、$F_{N3}$设为拉力。

1．平衡方程

$$\left.\begin{aligned}\Sigma F_x = 0 \qquad & F_B = 0\\ \Sigma F_y = 0 \qquad & -F_{N1}+F_{N2}+F_{N3}-F=0\\ \Sigma M_B = 0 \qquad & -F_{N1}\cdot 2a+F_{N2}a=0\end{aligned}\right\}$$

三个平衡方程中包含四个未知力，故为一次超静定问题。

2．变形协调方程

由变形关系图2－23（b）可看出，$B_1B'=2C_1C'$，即

$$\Delta l_3+\Delta l_1=2(\Delta l_2+\Delta l_1)$$

或

$$-\Delta l_1+\Delta l_3=2\Delta l_2$$

3．物理方程

$$\Delta l_1=\frac{F_{N1}l}{E_1A_1},\Delta l_2=\frac{F_{N2}l}{E_2A_2},\Delta l_3=\frac{F_{N3}l}{E_3A_3}$$

将上三式联立求解，可得

$$F_{N1}=\frac{F}{6},F_{N2}=\frac{F}{3},F_{N3}=\frac{5F}{6}$$

由此例题可以看出：假定各杆的轴力是拉力、还是压力，要以变形关系图中各杆是伸长还是缩短为依据，两者之间必须一致。经计算三杆的轴力均为正，说明正如变形关系图中所设，杆2、3伸长，而杆1缩短。

## 二、装配应力

杆件制成后，其尺寸难免有微小误差，在静定结构中，这种误差只是引起结构的几何形状有微小改变，而不会在杆内引起应力。但在超静定结构中，加工误差却往往要引起应力。这种由于装配而引起的应力称为装配应力。装配应力是在载荷作用之前已经有的应力，因而是一种初应力，装配应力的计算方法与解超静定问题相同。如图2－24所示，两端固定杆$AB$，由于其长度制造不准确，长了$\Delta l=\delta$（$\delta$和正确长度$l$相比，是一极小量），但现仍要强行安装上去，这样就在杆中引起装配应力。要求出此装配应力，需先求出杆中的轴力，也就是先求约束力。从图中可知：

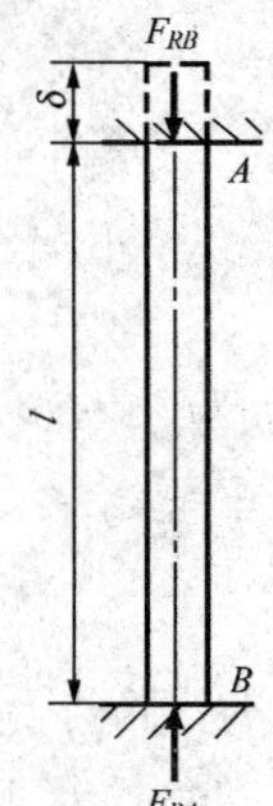

图2－24

1．平衡方程

$$F_{RA}=F_{RB}$$

2．变形协调方程

$$\Delta l=\delta$$

3．物理方程

$$\Delta l=\frac{F_N l}{EA}=\frac{F_{RA}l}{EA}=\frac{F_{RB}l}{EA}$$

注意在计算$\Delta l$时，杆3的原长为$l+\delta$，但$\delta\ll l$，故计算$\Delta l$时以$l$代替$l+\delta$。联解上三式可得

$$F_N = \frac{EA}{l}\delta$$

这里 $F_N$ 称为**装配内力**，则装配应力为

$$\sigma = \frac{F_N}{A} = \frac{E}{l}\delta$$

且是压应力。

**例 2-8**　图 2-25（a）中超静定杆系，杆 3 有加工误差 $\delta$，如将杆系强行铰在一起（节点为图中的 $A'$ 点），求此时各杆的内力。设杆 1、2 的长度、横截面积及材料均相同，即 $l_1 = l_2$，$A_1 = A_2$，$E_1 = E_2$；杆 3 长度为 $l$，横截面面积为 $A_3$，弹性模量为 $E_3$。

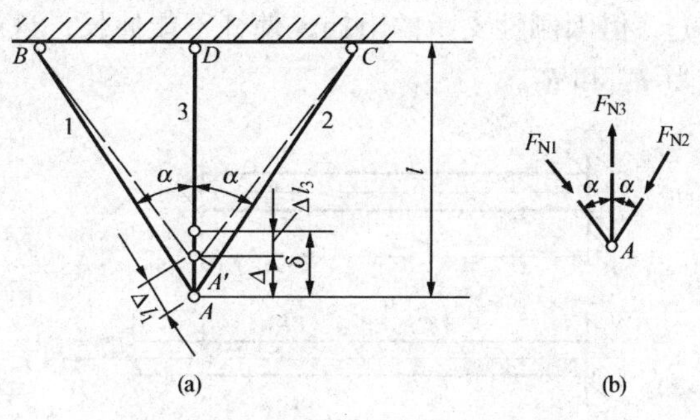


图 2-25

**解**　强行铰接后，杆 3 将产生拉应力，而杆 1、2 将产生压应力。若设杆 1、2 的压力为 $F_{N1}$、$F_{N2}$，杆 3 的拉力为 $F_{N3}$，作出受力图，如图 2-25（b）所示。

1. 平衡方程

$$\left.\begin{aligned}\Sigma F_x = 0 \quad & F_{N1}\sin\alpha - F_{N2}\sin\alpha = 0 \\ \Sigma F_y = 0 \quad & F_{N3} - F_{N1}\cos\alpha - F_{N2}\cos\alpha = 0\end{aligned}\right\}$$

2. 变形协调方程

从图 2-25（a）可以看出，$\Delta l_3 + \Delta = \delta$，其中 $\Delta l_3$ 为杆 3 的伸长，$\Delta$ 为装配后 $A$ 点的位移。此时，杆 1、2 的缩短 $\Delta l_1 = \Delta \cdot \cos\alpha$，故有 $\Delta = \Delta l_1/\cos\alpha$，于是变形协调方程为

$$\Delta l_3 + \Delta l_1/\cos\alpha = \delta$$

3. 物理方程

$$\Delta l_1 = \frac{F_{N1}l}{E_1A_1\cos\alpha}, \Delta l_3 = \frac{F_{N3}l}{E_3A_3}$$

将上三式联立求解，得到

$$F_{N1} = F_{N2} = \frac{\delta E_3A_3}{2l\cos\alpha\left(1 + \dfrac{E_3A_3}{2E_1A_1}\cos^3\alpha\right)}, F_{N3} = \frac{\delta E_3A_3}{l\left(1 + \dfrac{E_3A_3}{2E_1A_1}\cos^3\alpha\right)}$$

将 $F_{N1}$、$F_{N2}$、$F_{N3}$ 值分别除以该杆的横截面面积，即可得到三杆的装配应力。如果三根杆的材料、横截面面积都相同，$\delta/l = 1/1000$，弹性模量 $E = 200\text{GPa}$，角 $\alpha = 30°$，可以算出 $\sigma_1 = \sigma_2 = 63.5\text{MPa}$（压），$\sigma_3 = 112.9\text{MPa}$（拉）。

从以上计算中可看出，制造误差 $\delta/l$ 虽很小，但装配后可引起相当大的初应力，杆的应力是初应力再与由外载荷引起的应力相叠加，因此，装配应力的存在对于结构往往是不利的，这就要求足够的加工精度以降低装配应力。但有时也可以利用它，机械上的紧配合就是根据需要使其产生适当的装配应力。

## 三、温度应力

在工程中，结构或其部分杆件会遇到温度变化（例如工作条件中温度的改变），从而杆

件就要膨胀或缩短。在静定结构中，由于杆能自由变形，整个结构均匀的温度变化不会在杆内产生应力。但在超静定结构中，由于具有多重约束，温度变化将使杆内产生应力，即温度应力。温度应力的计算方法与解超静定问题相似，不同之处在于杆的变形包括由温度引起的变形和由力引起的弹性变形两部分。

如图 2－26（a）所示，$AB$ 为一装在两个刚性支承间的杆件。设杆 $AB$ 长为 $l$，横截面面积为 $A$，材料的弹性模量为 $E$，线胀系数为 $\alpha_l$。当温度升高 $\Delta T$ 以后，杆将伸长［图 2－26（b)］，但因刚性支承的阻挡，使杆不能伸长，这就相当于在杆的两端加了压力，设两端的压力为 $F_{RA}$和 $F_{RB}$。

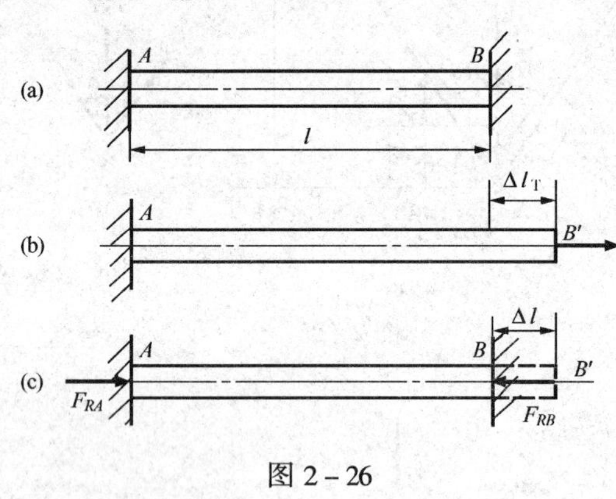

图 2－26

1．平衡方程

$$F_{RA} = F_{RB}$$

两端压力虽相等，但数值未知，故为一次超静定。

2．变形协调方程

因为支承是刚性的，故杆的总长度不变。杆的变形包括由温度引起的变形 $\Delta l_{\mathrm{T}}$ 和轴向压力引起的弹性变形 $\Delta l$ 两部分，故变形协调方程为

$$\Delta l_{\mathrm{T}} + \Delta l = 0$$

3．物理方程

设想拆除右端约束，允许杆件自由胀缩，当温度变化为 $\Delta T$ 时，杆件的温度变形（伸长）应为

$$\Delta l_{\mathrm{T}} = \alpha_l \Delta T \cdot l$$

然后计算杆件因 $F_{RB}$而产生的缩短

$$\Delta l = \frac{F_{RB} l}{EA}$$

联解上三式可得

$$F_{RA} = F_{RB} = EA\alpha_l \Delta T$$

应力是

$$\sigma_T = \frac{F_{\mathrm{N}}}{A} = \frac{F_{RB}}{A} = \alpha_l E \Delta T$$

设杆的材料是钢，$\alpha_l = 12.5 \times 10^{-6}℃^{-1}$，$E = 200\mathrm{GPa}$，则温度应力

$$\sigma_{\mathrm{T}} = (12.5 \times 10^{-6} \times 200 \times 10^3 \Delta T)\mathrm{MPa} = 2.5\Delta T\mathrm{MPa}$$

可见当 $\Delta T$ 较大时，$\sigma_{\mathrm{T}}$ 的数值便非常可观。所以在超静定结构中，温度应力是一个不容忽视的因素。在工程中常要考虑温度的影响：在铁路钢轨接头处，在混凝土路面中，通常都留有空隙；高温管道隔一段距离要设一个弯道，用以调节因温度变化而产生的伸缩等。

**例 2－9** 在图 2－27（a）中，设横梁的变形可忽略不计（即设为刚体）；钢杆的横截面面积 $A_1 = 100\mathrm{mm}^2$，长度 $l_1 = 330\mathrm{mm}$，弹性模量 $E_1 = 200\mathrm{GPa}$，线胀系数 $\alpha_{l1} = 12.5 \times 10^{-6}℃^{-1}$；铜杆的相应数据分

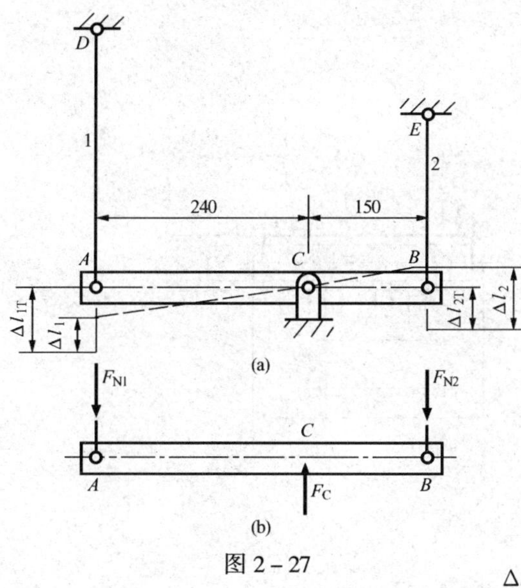

图 2－27

别是 $A_2 = 200\text{mm}^2$，$l_2 = 220\text{mm}$，$E_2 = 100\text{GPa}$，$\alpha_{l2} = 16.5 \times 10^{-6}℃^{-1}$。如果温度升高 30℃，试求两杆的轴力。

**解** 设想拆除钢杆和铜杆与横梁间的联系，允许其自由膨胀。这时钢杆和铜杆的温度变形分别为 $\Delta l_{1T}$和 $\Delta l_{2T}$。当把已经伸长的杆件再与横梁相连接时，必将在两杆内分别引起轴力 $F_{N1}$ 和 $F_{N2}$，并使两杆再次变形。设 $F_{N1}$ 和 $F_{N2}$的方向如图 2－27(b)所示；横梁的最终位置如图 2－27(a)中虚线表示，而图中的 $\Delta l_1$ 和 $\Delta l_2$ 分别是钢杆和铜杆因轴力引起的变形。这样得变形协调方程为

$$\frac{\Delta l_{1T} - \Delta l_1}{\Delta l_2 - \Delta l_{2T}} = \frac{240}{150}$$

这里 $\Delta l_1$ 和 $\Delta l_2$ 皆为绝对值。求出上式中的各项变形分别为

$$\Delta l_{1T} = (330 \times 12.5 \times 10^{-6} \times 30)\text{mm} = 123.7 \times 10^{-3}\text{mm}$$

$$\Delta l_{2T} = (220 \times 16.5 \times 10^{-6} \times 30)\text{mm} = 108.9 \times 10^{-3}\text{mm}$$

$$\Delta l_1 = \frac{F_{N1} l_1}{E_1 A} = \frac{F_{N1} \times 330}{200 \times 10^3 \times 100}\text{mm} = 0.0165 \times 10^{-3} F_{N1}\text{mm}$$

$$\Delta l_2 = \frac{F_{N2} l_2}{E_2 A_2} = \frac{F_{N2} \times 220}{100 \times 10^3 \times 200}\text{mm} = 0.011 \times 10^{-3} F_{N2}\text{mm}$$

把以上数据代入变形协调方程，经整理后，得出

$$124 - 0.0165 F_{N1} = \frac{8}{5}(0.011 F_{N2} - 109)$$

把作用在横梁上的力对 $C$ 点取矩，得平衡方程

$$240 F_{N1} - 150 F_{N2} = 0$$

从以上两方程中接出钢杆和铜杆的轴力分别为

$$F_{N1} = 6.68 \times 10^3\text{N} = 6.68\text{kN}, F_{N2} = 10.7 \times 10^3\text{N} = 10.7\text{kN}$$

求得的 $F_{N1}$和 $F_{N2}$皆为正号，表示所设方向是正确的，即两杆均受压。

## §2－11 剪切和挤压的实用计算

剪切和挤压的实用计算，与轴向拉伸或压缩并无实质上的联系。附在本章之末，只是因为这两种实用计算方法在形式上与轴向拉伸（压缩）有些相似。

在工程机械中，经常需要将构件相互联接，例如柴油机的活塞销联接［图 2－28（a)］、轴与齿轮间的键联接［图 2－28（b)］、电瓶车挂钩处的销联接以及木结构中的榫齿联接和钢结构中的螺栓、铆钉联接等等。在构件联接处起联接作用的部件，诸如铆钉、螺栓、键、销等，统称为联接件。这类构件的受力和变形情况可概括为如图 2－29 所示的简图，其受力特点是：**作用在构件某两相近截面**（图中的 $m-m$ 与 $n-n$ 截面）**的两侧面上的横向外力的合**

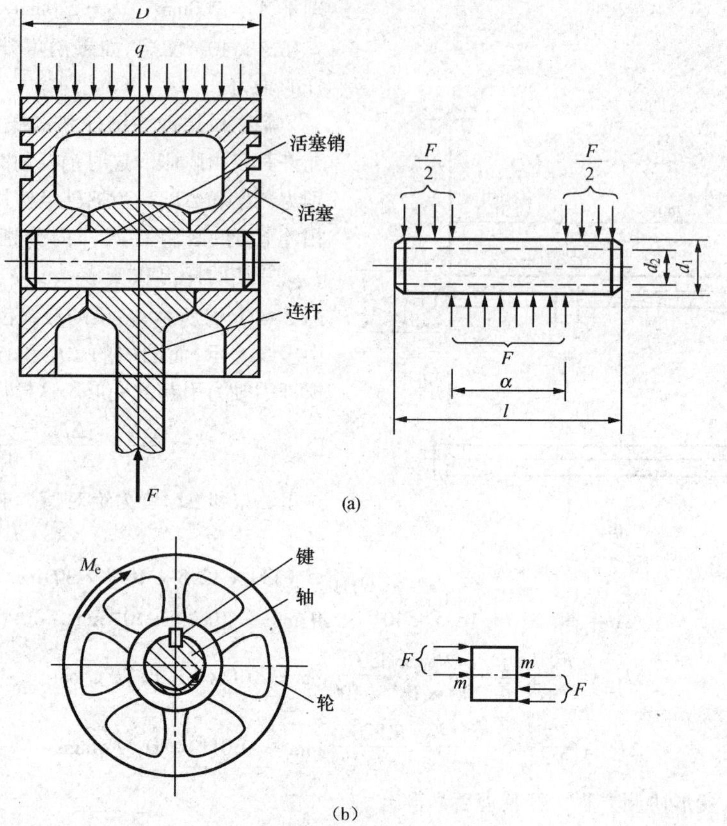

(a)

(b)

图 2－28

**力大小相等，方向相反，且相互平行**。在这样的外力作用下，其变形特点是：**构件的两相邻**截面发生相对错动，这种变形形式叫做**剪切**。

## 一、剪切的实用计算

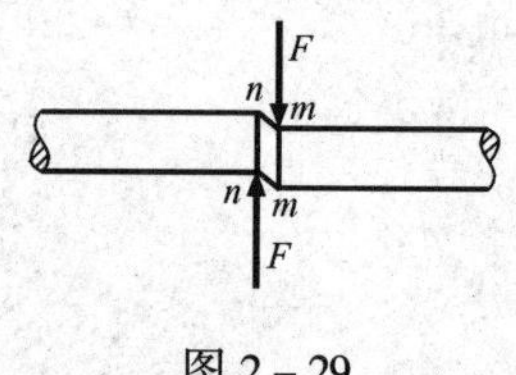

图 2－29

下面以铆钉联接件为例来讨论一下剪切的内力和应力。设两块钢板用铆钉连接，如图 2－30（a）所示，当两钢板受拉时，铆钉的受力情况如图 2－30（b）所示。如果铆钉上作用的力 $F$ 过大，铆钉可能沿着两力间的 $m-m$ 截面被剪断，这个截面叫做剪切面。剪切面在两相邻外力作用线之间，与外力平行。现在利用截面法来研究铆钉在剪切面上的内力。将铆钉假想沿 $m-m$ 截面切开，考虑上部分的平衡［图 2－30（c）］，可知 $m-m$ 截面上的内力 $F_Q$ 与截面相切，称为剪力，此剪力是截面 $m-m$ 上切应力的合力，且由平衡方程容易求得

$$F_Q = F \tag{a}$$

铆钉这一类短粗联接件，在剪切面附近的变形极为复杂，切应力 $\tau$ 在截面上的分布规律很难确定，要做精确的分析是比较困难的。为了计算上的方便，在剪切实用计算中，假设切

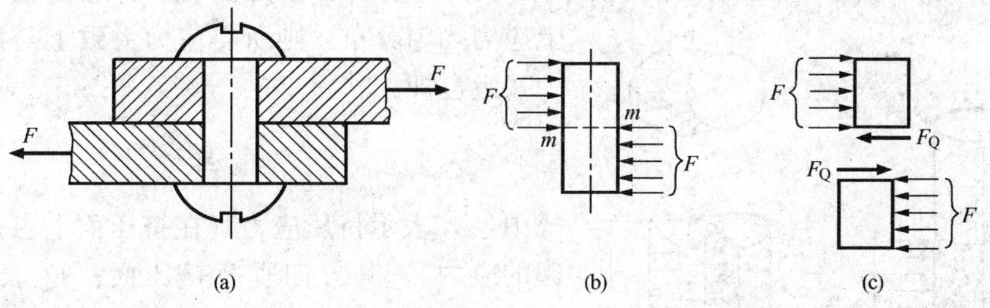


图 2-30

应力 $\tau$ 在剪切面上均匀分布。故应力可按下式计算：

$$\tau = \frac{F_Q}{A} \tag{b}$$

式中：$F_Q$ 为剪切面上的剪力；$A$ 为剪切面的面积。

为保证铆钉安全可靠地工作，要求其工作时的切应力不应超过某一个许用值，因此铆钉的剪切强度条件为：

$$\tau = \frac{F_Q}{A} \leqslant [\tau] \tag{2-15}$$

式中：$[\tau]$ 为材料的许用切应力。

剪切强度条件虽然是针对铆钉的情况得出的，但也适用于其他剪切构件。

在剪切强度条件中所采用的许用切应力是在与构件受力相似的条件下进行试验，同样按切应力均匀分布的假设，由破坏时的载荷计算出剪切面上相应的名义极限应力，除以安全系数即得该种材料的许用切应力 $[\tau]$。

由上所述，实用计算是一种带有经验性的强度计算。这种计算虽然比较粗略，但由于许用切应力的测定条件与实际构件的情况相似，而且其计算方法也相同，所以它基本上是符合实际情况的，在工程实际中得到广泛的应用。

**二、挤压的实用计算**

在外力作用下，联接件和被联接的构件之间，必将在接触面上相互压紧，这种现象称为挤压。作用在接触面上的压力称为挤压力，挤压力的作用面称为挤压面，挤压面与外力垂直。例如在图 2-30（a）所示的铆钉联接中，铆钉与钢板就相互压紧，这就可能把铆钉或钢板的铆钉孔压成局部塑性变形。图 2-31 就是铆钉孔被压成长圆孔的情况，当然，铆钉也可能被压成扁圆柱。挤压破坏会导致连接松动，影响构件的正常工作，所以对剪切构件应该进行挤压强度计算。对铆钉、螺栓、销钉类联接件而言，挤压应力分布一般比较复杂，在实用计算中，通常以圆孔或圆钉的直

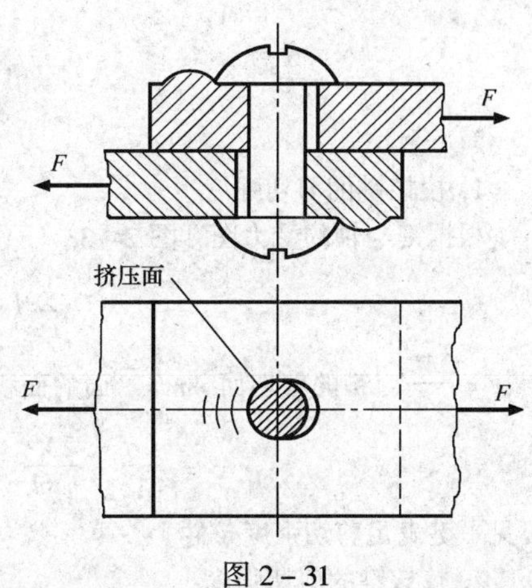


图 2-31

径平面面积 $\delta d$（即图 2－32 中画阴影线的面积）作为计算挤压面积，并假设在计算挤压面上应力均匀分布，则所得应力大致上与实际最大应力接近。即：

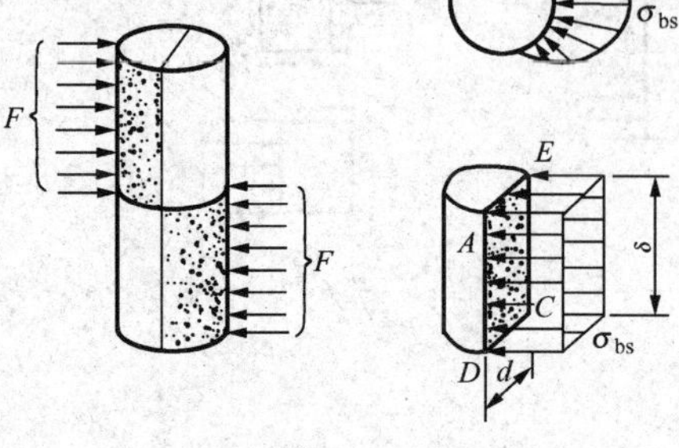


图 2－32

$$\sigma_{bs} = \frac{F_{bs}}{A_{bs}} \tag{c}$$

式中：$\sigma_{bs}$表示挤压应力（在挤压面上由挤压力而引起的应力），其方向垂直挤压面；$F_{bs}$表示挤压力；$A_{bs}$表示计算挤压面积。则相应的强度条件是：

$$\sigma_{bs} = \frac{F_{bs}}{A_{bs}} \leqslant [\sigma_{bs}] \tag{2-16}$$

式中：$[\sigma_{bs}]$ 为材料的许用挤压应力。

当联接件和被联接的构件的接触面为平面时，如图 2－28（b）中的键联接，以上公式中的 $A_{bs}$就是接触面的面积。

若联接件和被联接的构件材料不同，$[\sigma_{bs}]$ 应按抵抗挤压能力较弱者选取。

**例 2－10** 图 2－33(a)表示一传动轴，轴的直径 $d = 70\text{mm}$，键的尺寸为 $b \times h \times l = 20\text{mm} \times 12\text{mm} \times 100\text{mm}$，用平键传递的扭转力偶矩 $M_e = 2\text{kN}\cdot\text{m}$，键的许用应力 $[\tau] = 60\text{MPa}$，$[\sigma_{bs}] = 100\text{MPa}$。试校核键的强度。

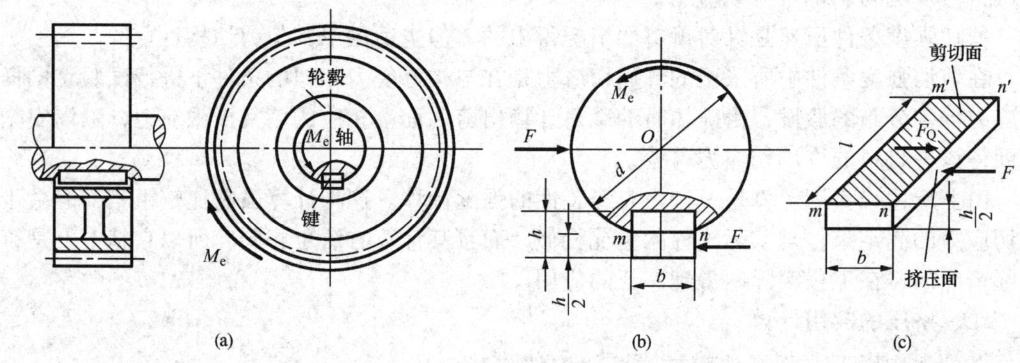


图 2－33

**解**

1. 校核键的剪切强度

根据键与轴的受力图［图 2－33（b）］，可写出平衡方程如下

$$\Sigma M_O = 0, \quad M_e - F \cdot \frac{d}{2} = 0$$

得 $F = \frac{2M_e}{d}$。键的剪切面 $mm'nn'$ 面的面积 $A = bl$，该面上的剪力 $F_Q = F = \frac{2M_e}{d}$，于是

$$\tau = \frac{F_Q}{A} = \frac{2M_e}{dbl} = \frac{2 \times 2 \times 10^6}{70 \times 20 \times 100}\text{MPa} = 28.6\text{MPa} < [\tau]$$

可见平键满足剪切强度条件。

2. 校核键的剪切强度

挤压力 $F_{bs}=F$，挤压面面积 $A_{bs}=\frac{hl}{2}$ ［图 2－33（c）］，于是

$$\sigma_{bs}=\frac{F_{bs}}{A_{bs}}=\frac{4M_e}{dlh}=\frac{4\times 2\times 10^6}{70\times 100\times 12}\text{MPa}=95.2\text{MPa}<[\sigma_{bs}]$$

故平键也满足挤压强度要求。

**例 2－11** 电瓶车挂钩由插销联接［如图 2－34（a）］。插销材料为 20 钢，许用应力 $[\tau]=30\text{MPa}$，$[\sigma_{bs}]=100\text{MPa}$，直径 $d=20\text{mm}$。挂钩及被联接板件的厚度分别为 $\delta$ 和 $1.5\delta$，其中 $\delta=8\text{mm}$，牵引力 $F=15\text{kN}$。试校核插销的强度。

**解**

1. 校核插销的剪切强度

插销受力如图 2－34（b）所示。根据受力情况，插销中段相对于上、下两段沿 $m-m$、$n-n$ 两个面错动。所以有两个剪切面，称为双剪切。这与前面的情况略有不同。由平衡方程容易求出

$$F_Q=\frac{F}{2}$$

插销剪切面上的切应力为

$$\tau=\frac{F_Q}{A}=\frac{\frac{F}{2}}{\frac{\pi d^2}{4}}=\frac{2F}{\pi d^2}$$

$$=\frac{2\times 15\times 10^3}{\pi\times 20^2}\text{MPa}=23.9\text{MPa}<[\tau]$$

故插销满足剪切强度要求。

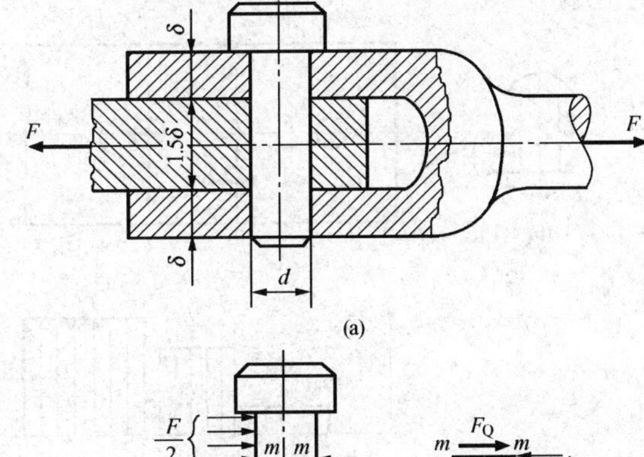

(a)

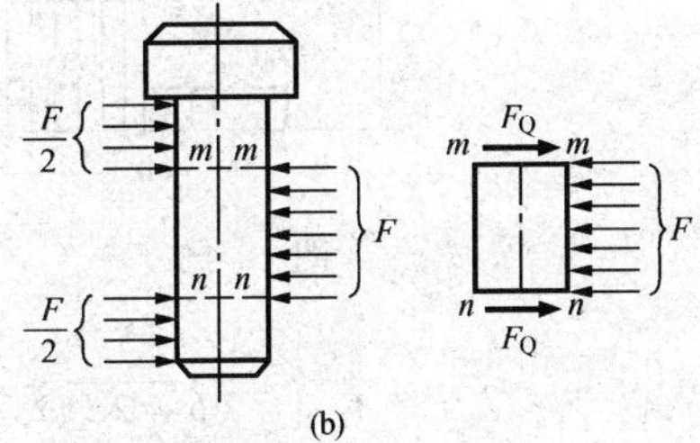

(b)

图 2－34

2. 校核插销的挤压强度

由受力图可看出，长度为 $\delta$ 的两段插销所承受的挤压力与长度为 $1.5\delta$ 的一段插销所承受的挤压力相同，而前者的挤压面积较后者大，所以应以后者来校核挤压强度。这时，挤压面上的挤压力

$$F_{bs}=F$$

计算挤压面积 $A_{bs}=1.5\delta d$，则挤压应力为

$$\sigma_{bs}=\frac{F_{bs}}{A_{bs}}=\frac{F}{1.5\delta d}=\frac{15\times 10^3}{1.5\times 8\times 20}\text{MPa}=62.5\text{MPa}<[\sigma_{bs}]$$

故插销也满足挤压强度要求。

**例 2－12** 一接头用四个铆钉来联接两块钢板如图 2－35（a）所示。钢板与铆钉的材料相同，铆钉直径 $d=16\text{mm}$，钢板的尺寸为 $b=100\text{mm}$，$\delta=10\text{mm}$，$F=90\text{kN}$，铆钉的许用应力 $[\tau]=120\text{MPa}$，$[\sigma_{bs}]=300\text{MPa}$，钢板的许用拉应力 $[\sigma]=160\text{MPa}$。试校核铆钉接头的强度。

**解** 铆钉联接的破坏方式有三种可能：①铆钉被剪断；②铆钉或钢板被压坏；③钢板被拉断。

1. 铆钉的剪切强度

因为铆钉是对称布置，故可假定每一铆钉承受 $F/4$ 力［图 2－34（b）］，即铆钉剪切面上的剪力 $F_Q=\frac{F}{4}=\frac{90}{4}=22.5\text{kN}$，切应力

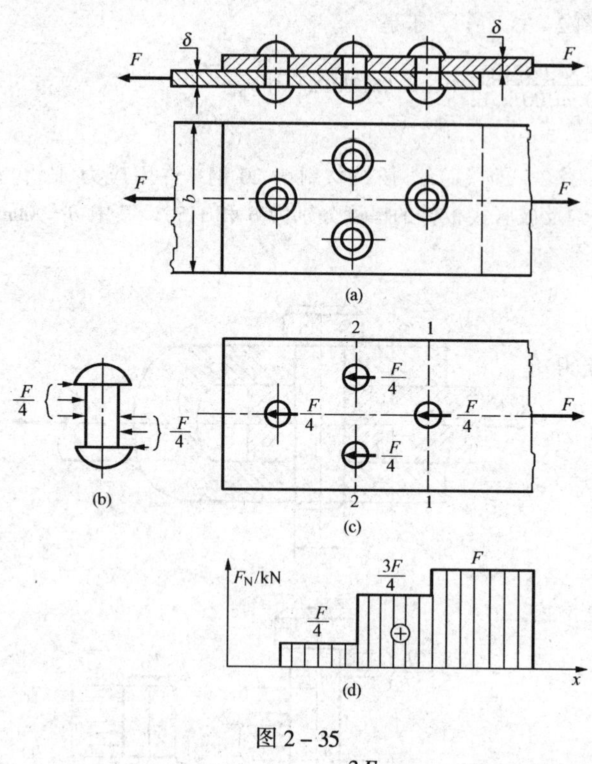


图 2-35

$$\tau=\frac{F_Q}{A}=\frac{22.5\times10^3}{\frac{\pi\times16^2}{4}}\text{MPa}$$

$$=111.9\text{MPa}<[\tau]$$

2. 铆钉的挤压强度

因为铆钉与钢板的材料相同，故只需校核铆钉或钢板的挤压强度

$$\sigma_{bs}=\frac{F_{bs}}{A_{bs}}=\frac{22.5\times10^3}{16\times10}\text{MPa}$$

$$=140.6\text{MPa}<[\sigma_{bs}]$$

3. 钢板的拉伸强度

钢板的受力及其轴力图如图 2-35（c）和（d）。显然对 1-1 截面应进行强度校核，截面 2-2 的轴力虽比截面 1-1 的轴力小，但 2-2 截面被两个钉孔所削弱，所以对 2-2 截面也应作强度校核。

$$\sigma_{1-1}=\frac{F_{N1}}{A_{1-1}}=\frac{F}{(b-d)\delta}$$

$$=\frac{90\times10^3}{(100-16)\times10}\text{MPa}=107.1\text{MPa}<[\sigma]$$

$$\sigma_{2-2}=\frac{F_{N2}}{A_{2-2}}=\frac{\frac{3F}{4}}{(b-2d)\delta}=\frac{90\times10^3\times\frac{3}{4}}{(100-2\times16)\times10}\text{MPa}=99.3\text{MPa}<[\sigma]$$

可见整个接头强度是安全的。

以上所述，皆为保证构件剪切的强度问题。但有时在工程实际中，也会遇到与上述问题相反的情况，就是利用剪切破坏。例如车床传动轴上的保险销，当载荷增加到某一数值时，保险销即被剪断，从而保护车床的重要部件。又如冲床冲模时使工件发生剪切破坏而得到所需要的形状，也是利用剪切破坏的实例。对这类问题所要求的破坏条件为：

$$\tau=\frac{F_Q}{A}\geqslant\tau_b \qquad (2-17)$$

式中：$\tau_b$ 为剪切强度极限。

**例 2-13** 如图 2-36 所示，钢板厚度 $\delta=5$mm，其剪切强度极限 $\tau_b=320$MPa，如用冲床将钢板冲出直径 $d=15$mm 的孔，需要多大的冲力 $F$？

**解** 冲孔的过程就是发生剪切破坏的过程，故可

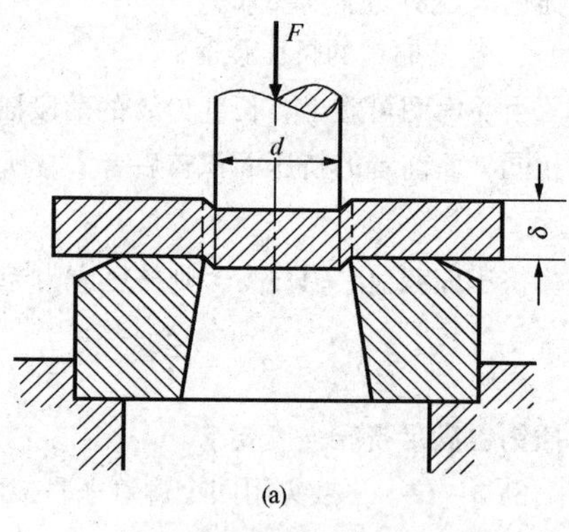


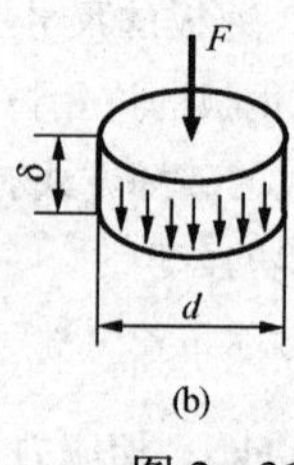


图 2-36

由式（2-17）求出所需的冲力。剪切面是钢板内被冲头冲出的圆柱体的柱形侧面，其面积为

$$A = \pi d\delta = \pi \times 15 \times 5\text{mm}^2 = 236\text{mm}^2$$

冲孔所需要的冲力应为

$$F \geqslant A\tau_b = 236 \times 320\text{N} = 75.5 \times 10^3\text{N} = 75.5\text{kN}$$

故冲力 $F$ 至少需要 75.5kN。

## 思 考 讨 论 题

2-1　指出下列概念的区别：

(1) 内力与应力；

(2) 变形与应变；

(3) 弹性与塑性；

(4) 弹性变形与塑性变形；

(5) 极限应力与许用应力。

2-2　一杆如图 2-37 所示。用截面法求轴力时，是否可将截面恰恰截在着力点 $C$ 上，为什么？

2-3　相同尺寸的钢和橡皮在相同轴向拉力 $F$ 作用下伸长，橡皮的伸长量比钢的伸长量大，由 $\sigma = E\varepsilon$ 可知，橡皮横截面上的应力 $\sigma$ 比钢横截面上的应力大。这个结论是否正确？为什么？

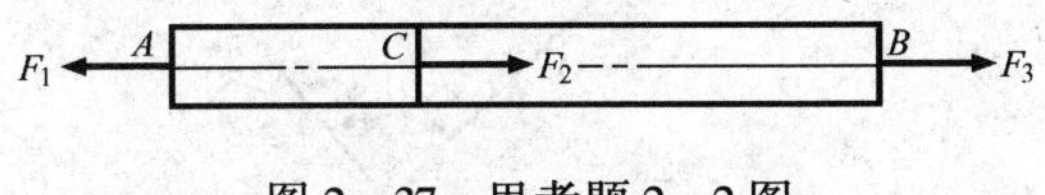


图 2-37　思考题 2-2 图

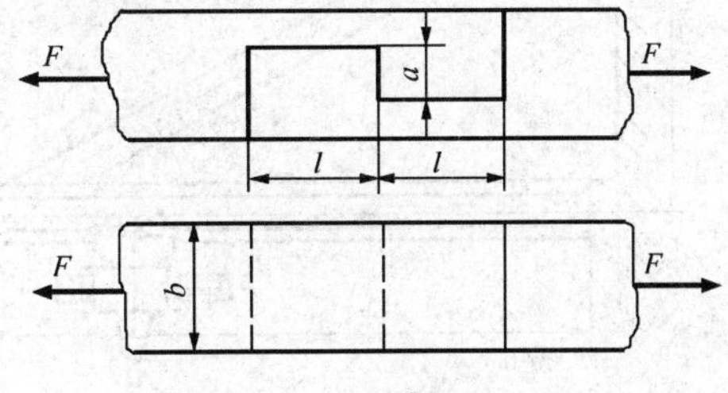


图 2-38　思考题 2-6 图

2-4　钢的弹性模量 $E = 200\text{GPa}$，铝的弹性模量 $E = 71\text{GPa}$。试比较在同一应力作用下，哪种材料的应变大？在产生同一应变的情况下，哪种材料的应力大？

2-5　在低碳钢拉伸的应力-应变曲线上，试样断裂时的应力反而比颈缩时的应力低，为什么？

2-6　图 2-38 中构件的剪切面面积和挤压面面积各为多少？

## 习　　题

2-1　求图 2-39 所示各杆 1-1、2-2、3-3 截面上的轴力，并作出各杆轴力图。

2-2　在题 2-1（c）中，若 1-1、2-2、3-3 三个横截面的直径分别是：$d_1 = 15\text{mm}$，$d_2 = 20\text{mm}$，$d_3 = 24\text{mm}$，$F = 8\text{kN}$，试求这三个横截面上的应力。

2-3　图 2-40 所示结构中，杆 1、2 的横截面直径分别为 10mm 和 20mm，试求两杆内的应力。设两根横梁皆为刚体。

2-4　图 2-41 所示一悬臂吊车，斜杆 $AB$ 为直径 $d = 20\text{mm}$ 的圆截面钢杆，载荷 $F = 15\text{kN}$。当 $F$

移至 $A$ 点时，求斜杆 $AB$ 横截面上的应力。

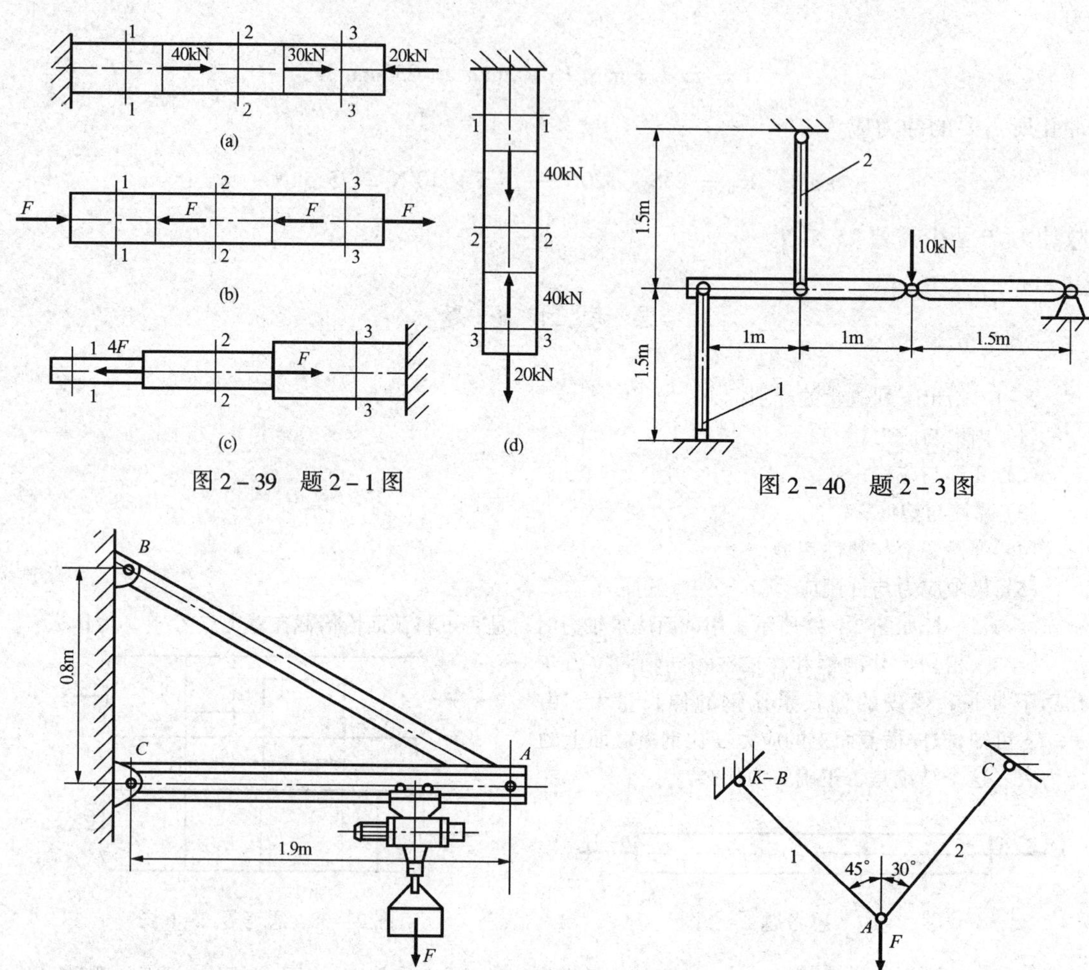


图 2-39 题 2-1 图

图 2-40 题 2-3 图

图 2-41 题 2-4 图

图 2-42 题 2-10 图

2-5 直径为 10mm 的圆杆在轴向拉力 $F=10$kN 的作用下，试求外法线与杆轴成 30°及 45°的斜截面上的应力 $\sigma_\alpha$ 及 $\tau_\alpha$。

2-6 一受轴向拉伸的杆件，横截面上 $\sigma=50$MPa，某一斜截面 $\tau_\alpha=16$MPa。求 $\alpha$ 及 $\sigma_\alpha$。

2-7 一正方形截面杆受 $F=160$kN 轴向拉力，且任意截面切应力都不得超过 80MPa。试求此杆最小边长 $a$。

2-8 已知 $A=200\text{mm}^2$，$E=200$GPa 各段长为 100mm，试求题 2-1 中(a)、(d)两图所示杆的总伸长 $\Delta l$。

2-9 直径 $d=25$mm 的圆杆，受到正应力 $\sigma=240$MPa 的拉伸，材料的弹性模量 $E=210$GPa，泊松比 $\mu=0.3$。试求其直径改变 $\Delta d$。

2-10 图 2-42 中两圆截面杆，$AB$ 长为 1.4m，直径 $d_1=12$mm，$AC$ 长为 1.6m，直径 $d_2=15$mm，材料的 $E=210$GPa，$F=35$kN。试求 $A$ 点位移及其倾斜方向。

2-11 悬臂吊车如图 2-43 所示。设 $AB$ 杆直径 $d=26.6$mm，$E=200$GPa，$CD$ 杆变形不考虑，起

重量 $F=20$kN。试求 $D$ 点的垂直位移。

2-12 一直径为 $d=10$mm 的试样，标距 $l=50$mm，拉伸断裂后，两标点间的长度 $l_1=63.2$mm，缩颈处的直径 $d_1=5.9$mm，试确定材料的伸长率和截面收缩率，并判断是塑性还是脆性材料。

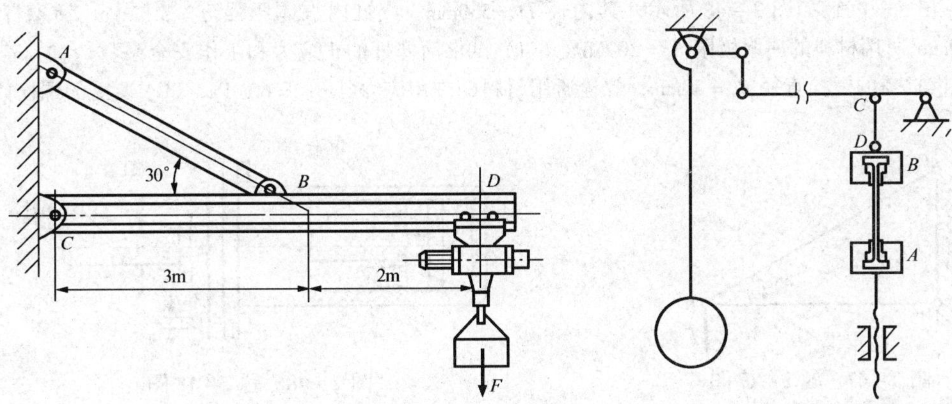


图 2-43 题 2-11 图　　图 2-44 题 2-13 图

2-13 某拉伸试验机的结构示意图如图2-44 所示。设试验机的 $CD$ 杆与试样 $AB$ 材料同为低碳钢，其 $\sigma_p=200$MPa，$\sigma_s=240$MPa，$\sigma_b=400$MPa。试验机最大拉力为 100kN。（1）用这一试验机作拉断试验时，试样直径最大可达多大？（2）若设计时取试验机的安全因数 $n=2$，则 $CD$ 杆的横截面面积为多少？（3）若试样直径 $d=10$mm，今欲测弹性模量 $E$，则所加载荷最大不能超过多少？

2-14 某铣床工作台进给油箱如图 2-45 所示，已知油压 $q=2$MPa，油缸内径 $D=75$mm，活塞杆直径 $d=18$mm，活塞杆材料的许用应力 $[\sigma]=50$MPa，试校核活塞杆强度。（活塞杆对油压力作用面积的影响应计入）

2-15 某金属矿矿井深 200m，井架高 18m，其提升系统简图如图 2-46 所示。设罐笼及其装载的矿石共重 $F=45$kN，钢丝绳自重为 $q=23.8$N/m，钢丝绳横截面面积 $A=2.51\text{cm}^2$，强度极限 $\sigma_b=1600$MPa。设取安全因数 $n=7.5$，试校核钢丝绳的强度。

2-16 悬臂吊车如题 2-11 图，起重量 $F=25$kN，$AB$ 杆由两根等边角钢组成，许用应力 $[\sigma]=140$MPa。试选择角钢的型号。

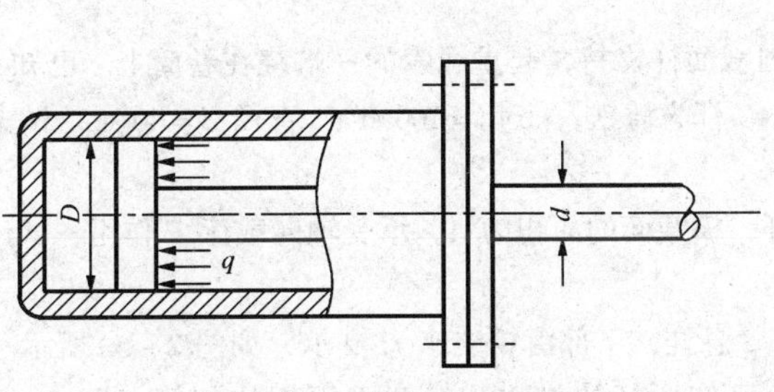


图 2-45 题 2-14 图

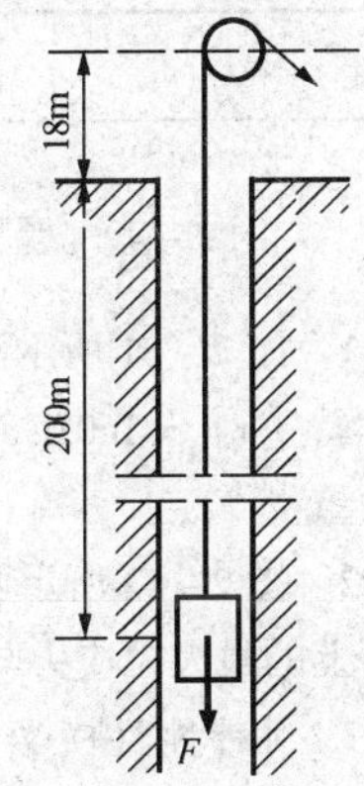


图 2-46 题 2-15 图

2-17 在图2-47所示简易吊车中，$BC$ 为圆截面钢杆，直径 $d=30\text{mm}$，许用应力 $[\sigma_{BC}]=100\text{MPa}$，$AB$ 为正方形截面钢杆，许用应力 $[\sigma_{AB}]=160\text{MPa}$。(1) 试按 $BC$ 杆确定许可载荷 $[F]$；(2) 按 $[F]$ 设计 $AB$ 杆截面边长 $a$。

2-18 一汽缸如图2-48所示，其内径 $D=560\text{mm}$，汽缸内汽体压强 $q=2.5\text{MPa}$，活塞杆直径 $d=100\text{mm}$，所用材料的屈服极限 $\sigma_s=300\text{MPa}$。(1) 试求活塞杆的正应力和工作安全系数；(2) 若连接汽缸与汽缸盖的螺栓直径 $d_1=30\text{mm}$，螺栓所用材料的许用应力 $[\sigma]=60\text{MPa}$，试求所需的螺栓数。

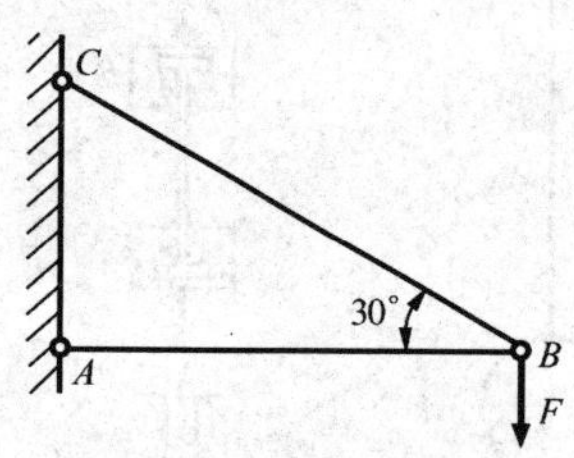


图2-47 题2-17图

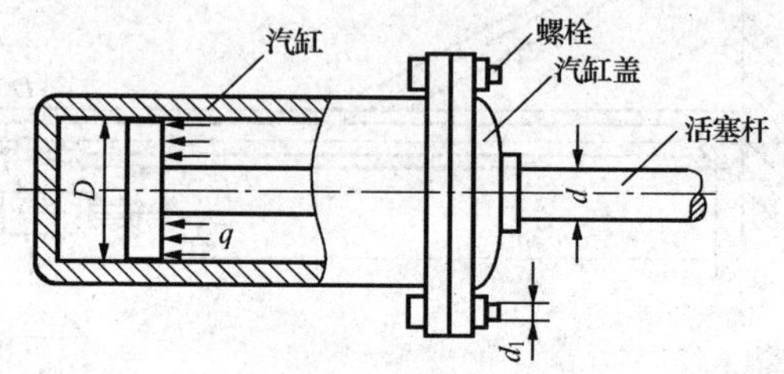


图2-48 题2-18图

2-19 图2-49所示结构中，$AB$ 杆直径 $d=30\text{mm}$，$a=1\text{m}$，$E=210\text{GPa}$。(1) 若测得 $AB$ 杆应变 $\varepsilon=7.15\times10^{-4}$，试求载荷 $F$ 值。(2) 设 $CD$ 杆为刚杆，若 $AB$ 杆 $[\sigma]=160\text{MPa}$。试求许可载荷 $[F]$ 及对应的 $D$ 点垂直位移。

2-20 如图2-50所示杆系中，$AB$ 为圆截面钢杆，直径 $d=20\text{mm}$，$[\sigma_{AB}]=160\text{MPa}$，$BC$ 为方形木杆，尺寸为 $60\times60\text{mm}^2$，$[\sigma_{BC}]=12\text{MPa}$，$DE$ 绳绕在滑轮上。试求许可拉力 $[F]$。

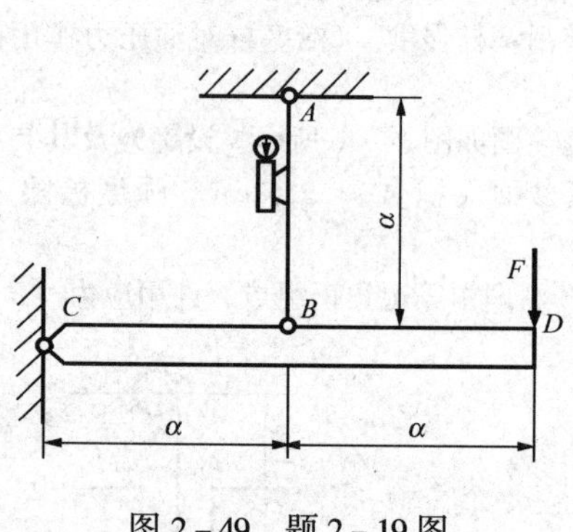


图2-49 题2-19图

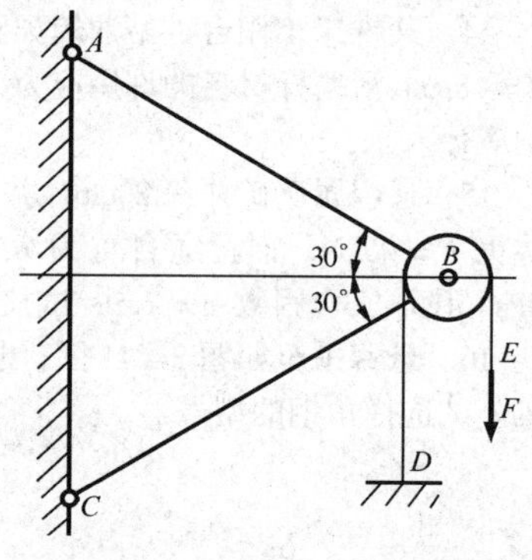


图2-50 题2-20图

2-21 图2-51所示滑轮由 $AB$、$AC$ 两圆截面杆支持，起重绳索的一端绕在卷筒上。已知 $AB$ 杆为Q235钢，$[\sigma]=160\text{MPa}$，直径 $d=20\text{mm}$；$AC$ 杆为铸铁，$[\sigma]=100\text{MPa}$，直径 $d=40\text{mm}$。试求可吊起的最大重量 $F_{max}$。

2-22 图2-52所示两端固定等截面直杆，横截面的面积为 $A$，承受轴向载荷 $F$ 作用，试计算杆内横截面上的最大拉应力与最大压应力。

2-23 水平刚性横梁 $AB$ 上部由杆1和杆2悬挂，下部由铰支座 $C$ 支承，如图2-53所示。由于加工误差，使杆1的长度做短了 $\delta=1.5\text{mm}$。已知两杆的材料和横截面面积均相等，且 $E_1=E_2=200\text{GPa}$，$A_1=A_2=200\text{mm}^2$，试求装配后两杆的应力。

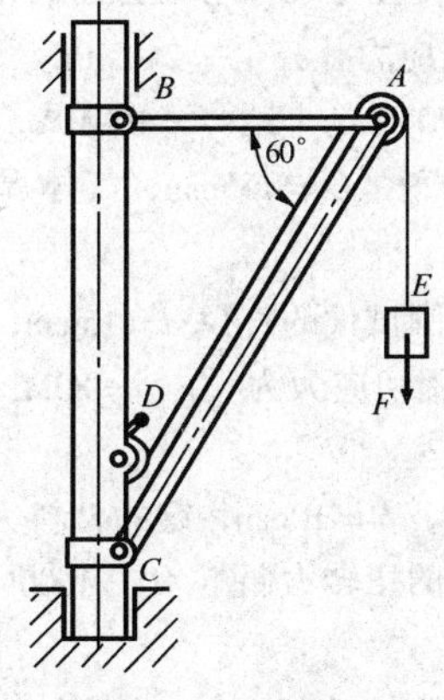


图 2－51　题 2－21 图

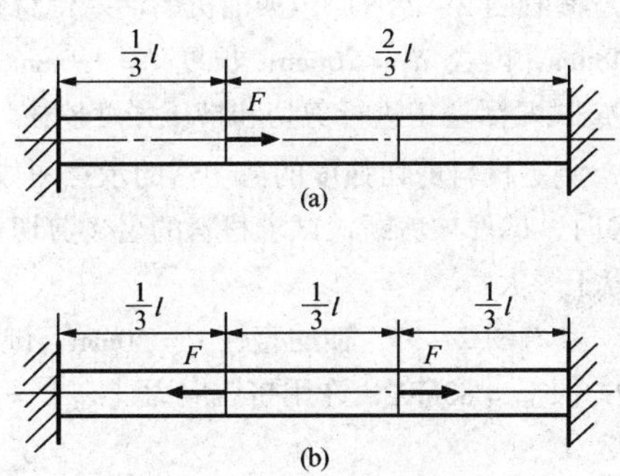


图 2－52　题 2－22 图

2－24　在图 2－54 所示结构中，杆 1、2 的抗拉刚度同为 $E_1A_1$，杆 3 为 $E_3A_3$，杆 3 的长度为 $l+\delta$，其中 $\delta$ 为加工误差。试求杆 3 装入 $AC$ 位置后，杆 1、2、3 的内力。

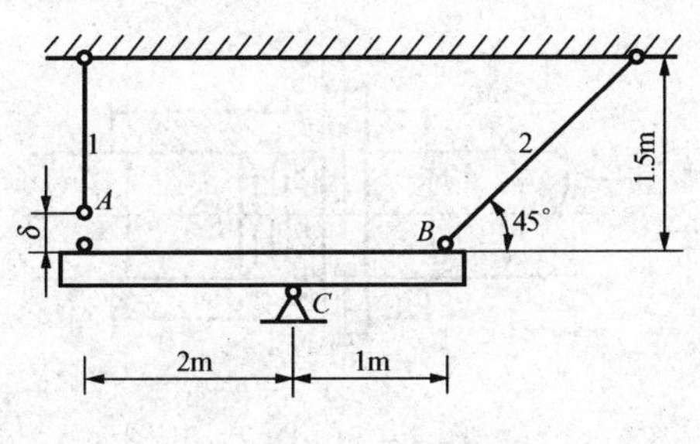


图 2－53　题 2－23 图

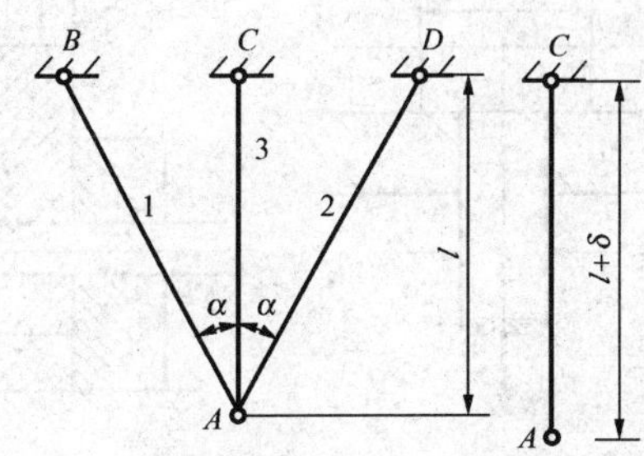


图 2－54　题 2－24 图

2－25　如图 2－55 所示，阶梯形钢杆的两端在 $T_1=5℃$时被固定，杆件上下两段的横截面面积分别是 $A_{上}=5\text{cm}^2$，$A_{下}=10\text{cm}^2$。当温度升高至 $T_2=25℃$时，试求杆内各部分的温度应力。钢材的弹性模量 $E=200\text{GPa}$，线胀系数 $\alpha_l=12.5\times10^{-6}℃^{-1}$。

2－26　图 2－56 所示杆系的两杆同为钢杆，弹性模量 $E=200\text{GPa}$，线胀系数 $\alpha_l=12.5\times10^{-6}℃^{-1}$。两杆的横截面面积 $A=10\text{cm}^2$。若 $BC$ 杆的温度降低 20℃，而 $BD$ 的温度不变，试求两杆的应力。

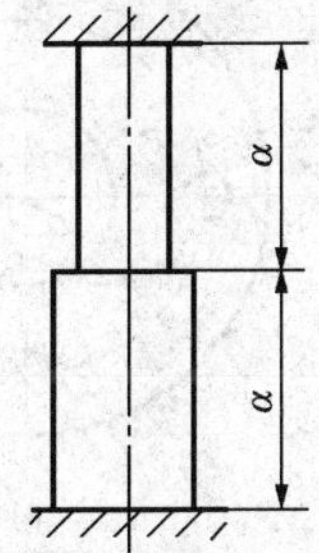


图 2－55　题 2－25 图

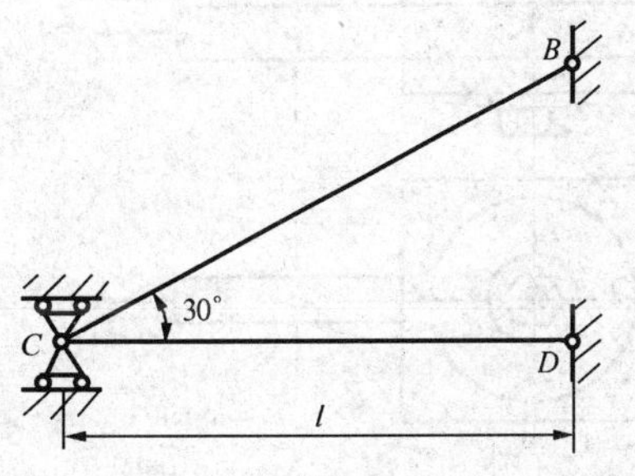


图 2－56　题 2－26 图

2－27 试校核图 2－57 所示拉杆头部的剪切强度和挤压强度。已知图中尺寸 $D=32\text{mm}$，$d=20\text{mm}$ 和 $h=12\text{mm}$，$F=75\text{kN}$，材料的许用切应力 $[\tau]=100\text{MPa}$，许用挤压应力 $[\sigma_{bs}]=240\text{MPa}$。

2－28 参看图 2－28（a），柴油机的活塞销材料为 20Cr，$[\tau]=70\text{MPa}$，$[\sigma_{bs}]=100\text{MPa}$。活塞销外径 $d_1=48\text{mm}$，内径 $d_2=26\text{mm}$，长度 $l=130\text{mm}$，$a=50\text{mm}$。活塞直径 $D=135\text{mm}$，气体爆发压力 $F_p=7.5\text{MPa}$。试对活塞销进行剪切和挤压强度校核。

2－29 测定材料剪切强度的剪切器的示意图如图 2－58 所示。设圆试件的直径 $d=15\text{mm}$，当压力 $F=31.5\text{kN}$ 时，试件被剪断，试求材料的名义剪切极限应力。若取许用切应力为 $[\tau]=80\text{MPa}$，试问安全因数等于多大?

2－30 参看图 2－33，轴的直径 $d=50\text{mm}$，键的尺寸为 $b=16\text{mm}$，$h=10\text{mm}$，键的材料为 40 钢，许用切应力 $[\tau]=80\text{MPa}$，许用挤压应力 $[\sigma_{bs}]=240\text{MPa}$，用轴传递的扭转力偶矩 $M_e=1600\text{N·m}$。试求键的长度 $l$。

2－31 销钉式安全离合器如图 2－59 所示，允许传递的外力偶矩 $M_e=30\text{kN·cm}$，销钉材料的剪切强度极限 $\tau_b=360\text{MPa}$，轴的直径 $D=30\text{mm}$，为保证 $M_e>30000\text{N·cm}$ 时销钉被剪断，求销钉的直径 $d$。

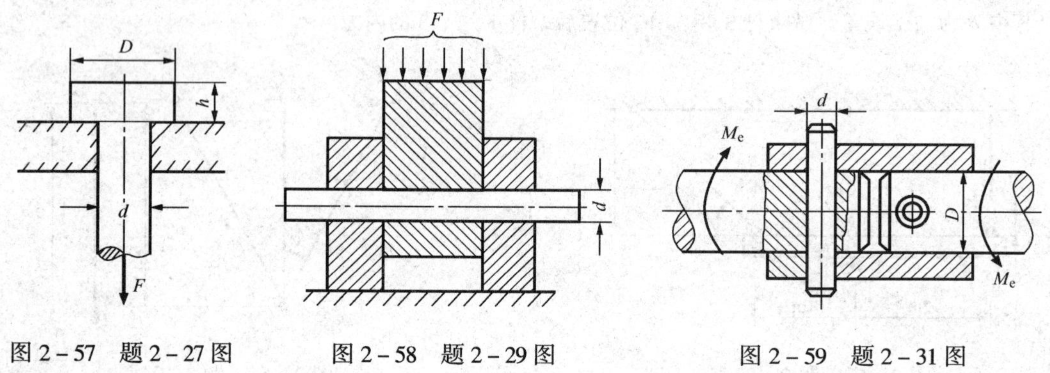


图 2－57 题 2－27 图　　图 2－58 题 2－29 图　　图 2－59 题 2－31 图

2－32 如图 2－60 所示一螺栓将拉杆与厚为 8mm 的两块盖板相联接。各零件材料相同，许用应力均为 $[\sigma]=80\text{MPa}$，$[\tau]=60\text{MPa}$，$[\sigma_{bs}]=160\text{MPa}$。若拉杆的厚度 $\delta=15\text{mm}$，拉力 $F=120\text{kN}$，试设计螺栓直径 $d$ 及拉杆宽度 $b$。

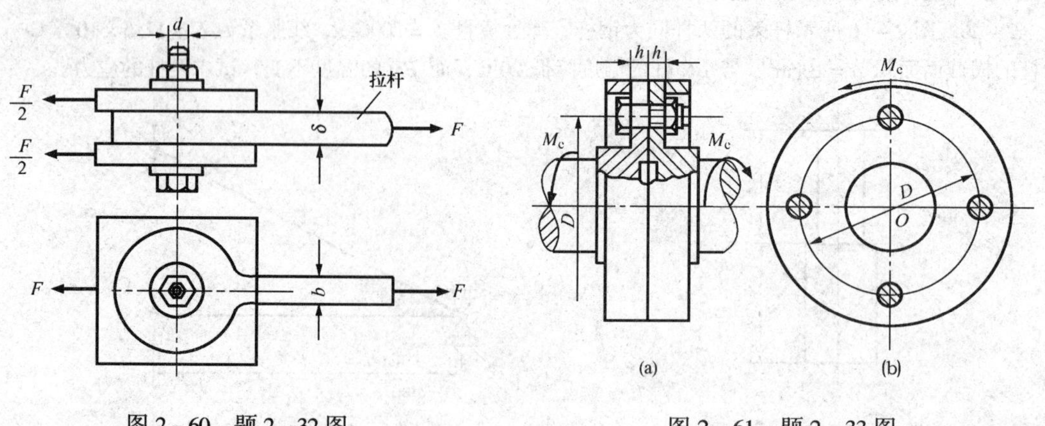


图 2－60 题 2－32 图　　图 2－61 题 2－33 图

2-33 如图2-61所示，两轴以凸缘相连接，沿直径 $D=200\text{mm}$ 的圆周上用4个M16的螺栓联接（螺栓内径为14.4mm）来传递力偶矩 $M_e$。$h=16\text{mm}$，许用切应力 $[\tau]=70\text{MPa}$，许用挤压应力 $[\sigma_{bs}]=200\text{MPa}$。试根据螺栓强度求此联轴节能传递的最大力偶矩。

2-34 如图2-62所示，厚度为 $\delta_2=20\text{mm}$ 的钢板，上、下用两块厚度为 $\delta_1=10\text{mm}$ 的盖板和直径为 $d=26\text{mm}$ 的铆钉联接，每边有三个铆钉。若钢的 $[\tau]=100\text{MPa}$，$[\sigma_{bs}]=280\text{MPa}$，$[\sigma]=160\text{MPa}$，试求该接头所能承受的最大许用拉力。

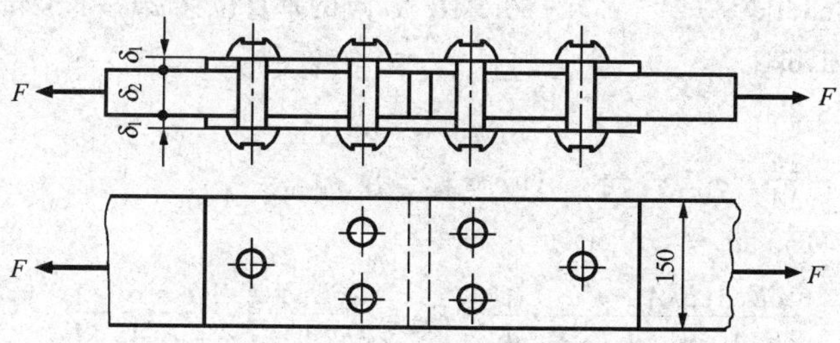


图2-62 题2-34图

2-35 用直径为20mm的铆钉，将两块厚度为5mm的钢板和一块厚度为12mm的钢板联接起来，如图2-63所示，已知拉力 $F=180\text{kN}$，$[\tau]=100\text{MPa}$，$[\sigma_{bs}]=280\text{MPa}$，试计算所需铆钉的个数。

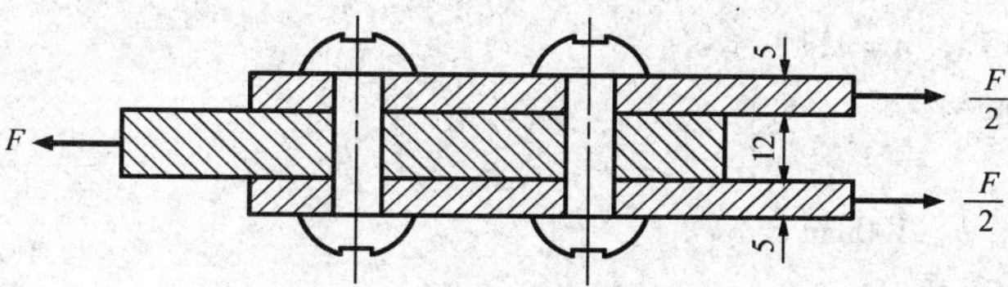


图2-63 题2-35图

## 习 题 答 案

2-1 (a) $F_{N1}=50\text{kN}$，$F_{N2}=10\text{kN}$，$F_{N3}=-20\text{kN}$；(b) $F_{N1}=-F$，$F_{N2}=0$，$F_{N3}=F$；(c) $F_{N1}=0$，$F_{N2}=4F$，$F_{N3}=3F$；(d) $F_{N1}=20\text{kN}$，$F_{N2}=-20\text{kN}$，$F_{N3}=20\text{kN}$

2-2 $\sigma_1=0$，$\sigma_2=102\text{MPa}$，$\sigma_3=53\text{MPa}$

2-3 $\sigma_1=127\text{MPa}$，$\sigma_2=63.7\text{MPa}$

2-4 $\sigma=123\text{MPa}$

2-5 $\sigma_{30°}=95.5\text{MPa}$，$\tau_{30°}=110\text{MPa}$，$\sigma_{45°}=63.7\text{MPa}$，$\tau_{45°}=127\text{MPa}$

2-6 $\alpha=19.9°$及$70.1°$，$\sigma_{19.9°}=44.2\text{MPa}$，$\sigma_{70.1°}=5.79\text{MPa}$

2-7 $a_{min}=31.6\text{mm}$

2-8 (a) $\Delta l=0.1\text{mm}$ (d) $\Delta l=0.1\text{mm}$

2-9 $\Delta d=8.57\times10^{-3}$ (-)

2-10 $\Delta A=1.374\text{mm}$，$\alpha=6.79°$

2-11 $D$点的垂直位移 $u_{DV}=6.93\text{mm}$

2-12 $\delta=26.4\%$，$\psi=65.2\%$，塑性材料

2－13　（1）$d_{max} \leqslant 17.8mm$；（2）$A_{CD} \geqslant 833mm^2$；（3）$F_{max} \leqslant 15.7kN$

2－14　$\sigma = 32.7MPa <$ ［$\sigma$］，安全

2－15　$\sigma = 200MPa <$ ［$\sigma$］，安全

2－16　选 L50×50×3

2－17　（1）［$F$］＝35.4kN；（2）$a \geqslant 19.5mm$

2－18　（1）$\sigma = 75.9MPa$，$n_{工} = 3.95$；（2）15 个

2－19　（1）$F = 53.1kN$；（2）［$F$］＝56.5kN，$D$ 点的垂直位移 $u_{DV} = 1.524mm$

2－20　［$F$］＝21.6kN

2－21　［$F$］＝58.3kN

2－22　（a）$\sigma_{tmax} = \frac{2F}{3A}$，$\sigma_{cmax} = \frac{F}{3A}$　（b）$\sigma_{tmax} = 0$，$\sigma_{cmax} = \frac{F}{A}$

2－23　$\sigma_1 = 16.25MPa$，$\sigma_2 = 45.9MPa$

2－24　$F_{N1} = F_{N2} = \frac{\delta E_1 A_1 E_3 A_3 \cos^2\alpha}{2E_1 A_1 \cos^3\alpha + E_3 A_3} \cdot \frac{1}{l}$，$F_{N3} = \frac{2\delta E_1 A_1 E_3 A_3 \cos^3\alpha}{2E_1 A_1 \cos^3\alpha + E_3 A_3} \cdot \frac{1}{l}$

2－25　$\sigma_{上} = -66.7MPa$，$\sigma_{下} = -33.3MPa$

2－26　$\sigma_{BC} = 30.3MPa$，$\sigma_{BD} = -26.2MPa$

2－27　$\tau = 99.5MPa <$ ［$\tau$］，$\sigma_{bs} = 153MPa <$ ［$\sigma_{bs}$］，安全

2－28　$\tau = 41.8MPa <$ ［$\tau$］，$\sigma_{bs} = 44.6MPa <$ ［$\sigma_{bs}$］，安全

2－29　$\tau_u = 89.1MPa$；$n = 1.1$

2－30　$l \geqslant 53.3mm$

2－31　$d = 6mm$

2－32　$d \geqslant 50mm$，$b \geqslant 100mm$

2－33　$M_{emax} = 4.56kN \cdot m$

2－34　$F_{max} = 238kN$

2－35　6 个

# 第三章　扭　　转

## §3－1　扭转的概念和实例

扭转变形是杆件变形的又一种基本形式。工程中，主要是机械工程中的许多构件，其主要变形是扭转。如机器中的传动轴［图3－1（a)］、汽车方向盘的转向轴［图3－2（b)］等。如图3－2所示，它们的受力特点是：**在杆件上作用两个大小相等、转向相反且作用面与杆轴线垂直的外力偶**；其变形特点是：**两力偶作用面之间的各横截面绕轴线发生相对转动**，这种变形形式就称为**扭转**。扭转变形时任意两横截面间有相对的角位移，这种角位移称为**扭转角**。图3－2中的$\varphi$即为$B$截面相对于$A$截面（假设$A$截面相对固定）的扭转角。习惯上把扭转变形为主的杆件称为轴。按轴的横截面形状，可分为圆截面轴扭转和非圆截面轴扭转。圆截面轴扭转问题在工程中最为常见，也是本章讨论的主要内容。

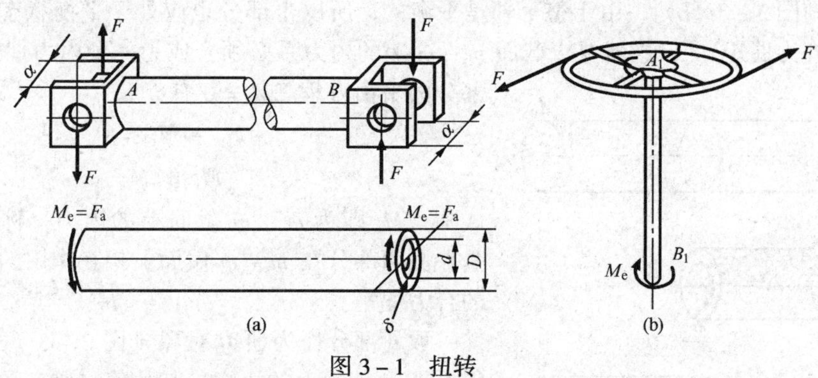

图3－1　扭转

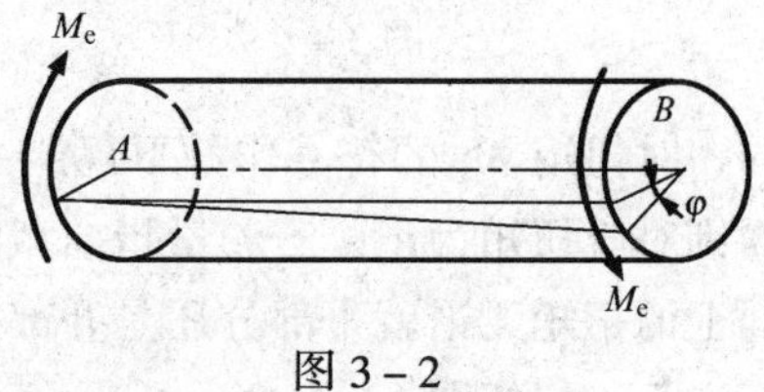

图3－2

## §3－2　扭矩和扭矩图

与拉压、剪切等问题一样，研究扭转构件的应力和变形问题时，首先必须计算出构件上的外力，分析截面上的内力。

### 一、外力偶矩的计算

在工程实际中，作用于轴上的外力偶矩往往不直接给出，常常是给出轴所传递的功率和轴的转速，需要根据功率和转速计算轴所承受的外力偶矩大小。由理论力学知识可得出计算外力偶矩的公式：

$$M_e = 9549\frac{P}{n} \tag{3-1}$$

式中：$M_e$ 为作用在轴上的扭转外力偶矩，单位为牛顿米（N·m）；$P$ 为轴所传递的功率，单位为千瓦（kW）；$n$ 为轴的转速，单位为转/分（r/min）。

## 二、扭矩

在作用于轴上的所有外力偶矩都求出后，就可用截面法研究横截面上的内力。如图 3-3（a）所示圆轴，在一对大小相等、转向相反的外力偶矩作用下发生扭转变形，现分析任意横截面 $m-m$ 上的内力。假想地将圆轴沿 $m-m$ 截面分成Ⅰ、Ⅱ两部分，并取Ⅰ部分作为研究对象［图 3-3（b）］，由于整个轴是平衡的，所以Ⅰ部分也应处于平衡状态，且其外力只有一个外力偶矩 $M_e$，这就要求截面 $m-m$ 上的内力系必须合成为一个内力偶矩 $M_x$，由Ⅰ部分的平衡方程 $\Sigma M_x=0$ 有

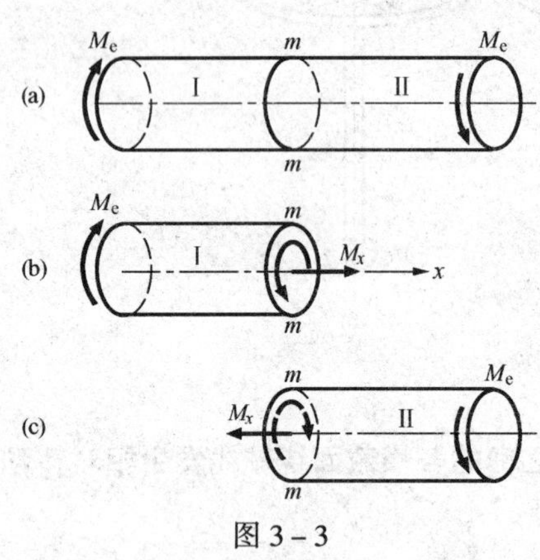

图 3-3

$$M_x - M_e = 0$$

$$M_x = M_e$$

式中：$M_x$ 即为 $m-m$ 截面上的内力，称为扭矩，它是左右两部分在 $m-m$ 截面上相互作用的分布内力系的合力偶矩。

取Ⅱ部分作为研究对象［图 3-3（c）］，也可求得 $m-m$ 截面上的扭矩，其数值与研究Ⅰ部分求得的相同，但转向相反。工程中常用扭矩图表示扭矩沿轴线变化的情况。为了使得不管由Ⅰ部分还是Ⅱ部分求出的同一截面上的扭矩不仅数值相同，而且符号也相同，对扭矩 $M_x$ 的符号作如下规定：按右手螺旋法则将扭矩 $M_x$ 表示为矢量，若矢量离开截面则对应扭矩为正；若矢量指向截面则对应扭矩为负。根据这一规则，图 3-3 中 $m-m$ 截面上的扭矩无论就Ⅰ部分还是Ⅱ部分来说，都是正的。

## 三、扭矩图

若作用于圆轴上的外力偶矩多于两个，则各横截面上的扭矩沿轴线方向有变化，类似于拉压问题中的轴力图一样，可用扭矩图来表示这种变化情况。下面举例说明扭矩的计算和扭矩图的绘制。

**例 3-1**　图 3-4（a）所示的传动轴，主动轮 $A$ 输入的功率 $P_A=400$kW，若不计轴承摩擦损耗的功率，从动轮 $B$、$C$、$D$ 输出功率分别为 $P_B=P_C=120$kW，$P_D=160$kW，轴的转速 $n=300$r/min，试画轴的扭矩图。

**解**

1. 按公式计算外力偶矩

$$M_{eA} = 9549\times\frac{400}{300}\text{N}\cdot\text{m} = 1.274\times10^4\text{N}\cdot\text{m} = 12.74\text{kN}\cdot\text{m}$$

$$M_{eB}=M_{eC}=9549\times\frac{120}{300}\text{N}\cdot\text{m}$$

$$=3.82\times10^3\text{N}\cdot\text{m}=3.82\text{kN}\cdot\text{m}$$

$$M_{eD}=9459\times\frac{160}{300}\text{N}\cdot\text{m}$$

$$=5.10\times10^3\text{N}\cdot\text{m}=5.10\text{kN}\cdot\text{m}$$

2. 计算轴各段的扭矩

由于轴受四个外力偶矩作用，所以在 *BC*、*CA*、*AD* 三段中，截面上的扭矩是不同的。现在用截面法，根据平衡方程计算各段内的扭矩，计算时我们还是使用设正法（总是先设所求截面上的内力为正）。

在 *BC* 段，沿任意截面 1 – 1 将轴截开，取左半部分作研究对象，设 1 –1 截面上的扭矩为 $M_{x1}$，如图 3–4（b）所示，由平衡方程 $\Sigma M_x=0$ 得

$$M_{x1}+M_{eB}=0$$

$$M_{x1}=-M_{eB}=-3.82\text{kN}\cdot\text{m}$$

数值前面的负号表示 1 – 1 截面上假设的扭矩方向与实际方向相反，即该截面上的扭矩为负的。在 *BC* 段内用各截面上的扭矩相等，都为 3.82kN·m。

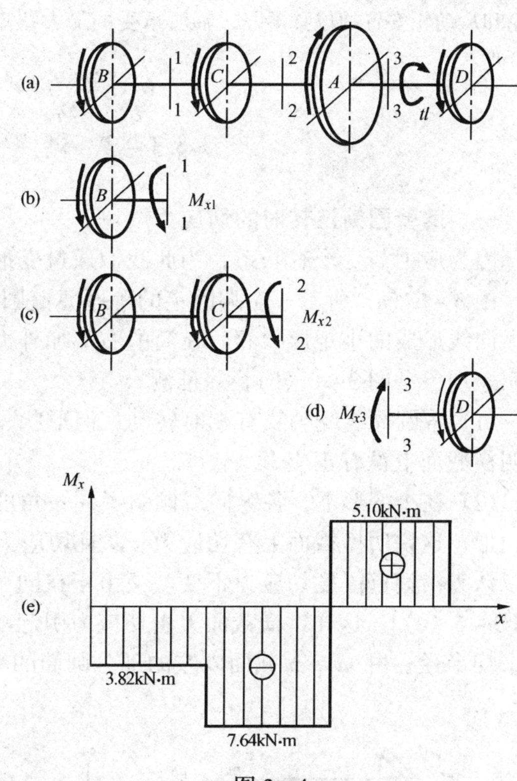


图 3–4

同理，在 *CA* 段内用任意截面 2–2 将轴截开，取左半部分作研究对象，设 2–2 截面上的扭矩为 $M_{x2}$，如图 3–4（c）所示，由平衡方程得

$$M_{x2}+M_{eB}+M_{eC}=0$$

$$M_{x2}=-M_{eB}-M_{eC}=-3.82-3.82=-7.64\text{kN}\cdot\text{m}$$

在 *AD* 段内用任意截面 3–3 将轴截开，取右半部分作研究对象，设 3–3 截面上的扭矩为 $M_{x3}$，如图 3–4（d）所示，由平衡方程得

$$M_{eD}-M_{x3}=0$$

$$M_{x3}=M_{eD}=5.10\text{kN}\cdot\text{m}$$

3. 绘制扭矩图

以横坐标表示横截面的位置，纵坐标表示相应截面上的扭矩，按选定的比例尺作出扭矩图。注意将正的扭矩画在横轴的上方，负的扭矩画在横轴的下方。由于在每一段内各截面上的扭矩相同，所以在每一段内扭矩图为一水平线，整根轴的扭矩图如图 3–4（e）所示。从图中看出，最大扭矩发生在 *CA* 段内，其数值为 7.64kN·m。

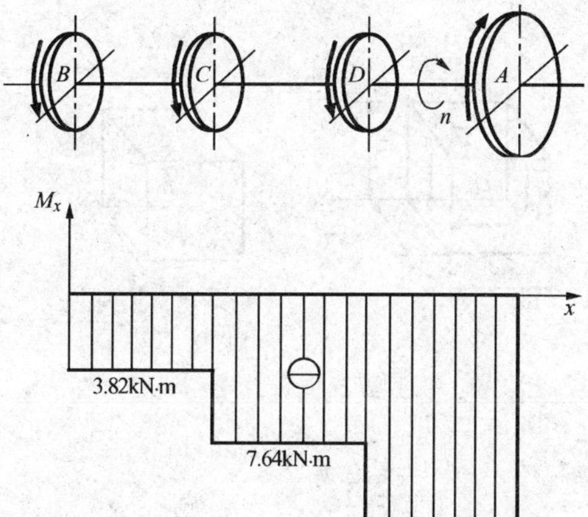

图 3–5

对同一根轴，若把主动轮 *A* 安置在轴的一端，

例如放在右端，则轴的扭矩图如图3-5所示。这时，轴的最大扭矩为12.74kN·m。可见，传动轴上主动轮和从动轮安置的位置不同，轴所承受的最大扭矩也就不同。两者相比，显然图3-4所示布局比较合理。

## §3-3 薄壁圆筒扭转

### 一、薄壁圆筒扭转时的切应力

因为应力与变形有联系，为此我们通过变形研究薄壁圆筒扭转时横截面上的应力。

图3-6（a）所示一左端固定的等厚薄壁圆筒，在受扭前，在筒表面画出许多由圆周线与纵向线形成的小矩形，然后在筒的右端加外力偶矩，使其产生扭转变形。我们可观察到如下实验现象［图3-6（b）］并推测：

（1）各圆周线绕轴线有相对转动，但形状、大小及相邻两圆周线之间的距离均不变，这说明横截面上没有正应力。

（2）在小变形下，各纵向线倾斜了同一角度 $\gamma$，但仍为直线，表面的小矩形变形成平行四边形，这说明横截面上有切应力 $\tau$，且切应力的方向与径向垂直。由于筒壁厚度 $\delta$ 很小，可以认为沿筒壁厚度切应力不变。又由于在同一圆周上各点的情况完全相同，应力也就相同［图3-6（c）］。这样，横截面上由切应力引起的内力系对 $x$ 轴的力矩为 $2\pi r\delta\cdot\tau\cdot r$，$r$ 为圆筒的平均半径，由 $m-m$ 截面以左的部分圆筒的平衡方程 $\Sigma M_x=0$ 得

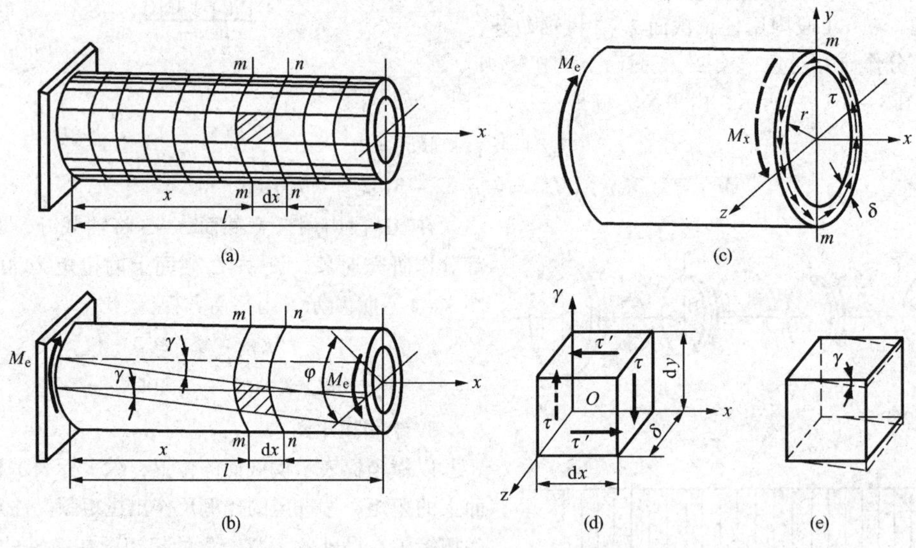


图3-6

$$M_e = 2\pi r\delta\cdot\tau\cdot r$$

$$\tau = \frac{M_e}{2\pi r^2\delta} \qquad \text{(a)}$$

## 二、切应力互等定理

用相距很近的两个横截面、两个径向截面，从薄壁圆筒上切出一个边长分别为 $dx$、$dy$ 及 $\delta$ 的微小正六面体，称之为单元体，并放大如图 3－6（d）所示，现研究这个单元体各侧面上的应力。单元体的左、右两侧面是圆筒横截面的一部分，故其上并无正应力，只有切应力。两个面上的切应力由式（a）计算，数值相等但方向相反，这两个面上的剪力均为 $\tau\delta dy$，它们组成一力偶（$\tau\delta dy$）$dx$ 使这个单元体有转动的趋向。因此必有另一等值反向的力偶作用在这个单元体上，以保持其平衡。因此单元体的上、下两个侧面上必须有切应力，并也应组成力偶以便与（$\tau\delta dy$）$dx$ 力偶相平衡。由 $\Sigma F_x = 0$ 知，上、下两个面上存在大小相等、方向相反的切应力 $\tau'$，组成力偶矩（$\tau'\delta dx$）$dy$ 的力偶，由平衡方程 $\Sigma M_x = 0$ 得

$$(\tau\delta dy)dx = (\tau'\delta dx)dy$$

$$\tau = \tau' \tag{3-2}$$

上式表明，在单元体相互垂直的两个平面上，切应力必然成对存在，且数值相等，两者都垂直于两个平面的交线，方向则共同指向或共同背离这一交线。这就是**切应力互等定理**，又称**切应力双生定理**。

## 三、切应变剪切胡克定律

在图 3－6（d）所示的单元体的上、下、左、右四个面上，只有切应力而无正应力，这种情况称为纯剪切。纯剪切单元体的相对两侧面将发生微小的相对错动［图 3－6（e）］，使原来互相垂直的两个棱边的夹角（直角）改变了一个微量 $\gamma$ 即为切应变。从图 3－6（b）可看出，$\gamma$ 也就是表面纵向线变形后的倾角。若 $\varphi$ 为圆筒两端的相对扭转角，$l$ 为圆筒的长度，$r$ 为圆筒的平均半径，则切应变 $\gamma$ 应为

$$\gamma = \frac{r\varphi}{l} \tag{b}$$

通过薄壁圆筒扭转试验可以得到材料在纯剪切下应力与应变间的关系，从零逐渐增加外力偶矩 $M_e$，并且记录对应的扭转角 $\varphi$，如图 3－7（a）所示，然后根据式（a）和式（b）两式即可求出一系列的 $\tau$ 与 $\gamma$ 的对应值，这样即可画出图 3－7（b）所示的低碳钢材料的 $\tau-\gamma$ 曲线，此曲线与图 2－11（b）的 $\sigma-\varepsilon$ 曲线相似。在 $\tau-\gamma$ 曲线中 $OA$ 为一直线，这表明切应力不超过的材料的剪切比例极限 $\tau_p$ 时，切应力 $\tau$ 与切应变 $\gamma$ 成正比，即

$$\tau = G\gamma \tag{3-3}$$

此关系称为**剪切胡克定律**，比例常数 $G$ 称为切变模量，因 $\gamma$ 是量纲为 1 的量，$G$ 的量纲与 $\tau$ 相同。钢材的 $G$ 值约为 80GPa 左右。

在 $\tau-\gamma$ 曲线上过了 $A$ 点以后，当切应力达到剪切屈服极限 $\tau_s$ 时也出现屈服现象，即扭矩几乎不变而扭转角继续增大。对于碳钢等塑性材料，由试验可得剪切屈服极限 $\tau_s$ 与拉伸屈服极限 $\sigma_s$ 之间的关系为 $\tau_s=$（$0.55\sim0.60$）$\sigma_s$。屈服终止后，也出现强化现象（试验时应设法阻止薄壁发生皱折）。

至此，我们已经引用了材料的三个弹性常量，即弹性模量 $E$、泊松比 $\mu$ 和切变模量 $G$。对各向同性材料，三者之间存在下列数值关系：

$$G = \frac{E}{2(1+\mu)} \tag{3-4}$$

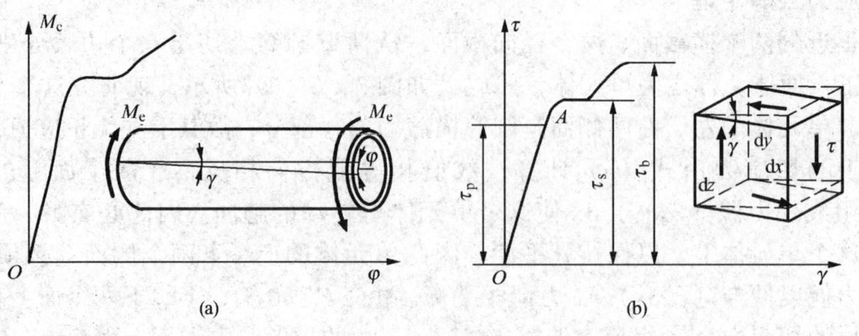


图 3－7

## §3－4 圆轴扭转时的应力

与薄壁圆筒相似，在小变形条件下，等直圆杆在扭转时横截面上也只有切应力，为求此切应力，必须综合研究几何、物理和静力等三方面的关系。

对于实心圆轴，不能像薄壁筒扭转那样，认为截面上各处切应力数值相等，所以只用静力学条件（即横截面上的内力组成扭矩）不可能求出应力分布规律，因此我们所研究的问题性质是超静定的，需要首先通过试验观察圆轴扭转变形，并对其内部变形作出假设。与薄壁圆筒相似，在圆轴表面上用许多圆周线和纵向线形成许多小矩形，在两端施加一对外力偶矩，使其产生扭转变形，观察到与薄壁圆筒扭转时相似的变形现象［如图 3－8（a)］。根据表层现象可以作出关于内部变形的假设。由各圆周线的大小、形状及间距均不变，可以假设，在扭转过程中圆轴的各个横截面像刚性圆盘一样绕轴线发生不同角度的转动，即变形前轴的圆形横截面，在变形后仍保持为相同大小的圆形平面，且半径仍为直线，这个假设就是圆轴扭转的平面假设。根据此假设得到的应力、变形公式已为试验所证实，所以这一假设是正确的。

下面，综合考虑变形、物理和静力学这三方面来建立受扭圆轴的应力和变形公式。

**一、变形协调关系**

从圆轴中用两相邻横截面 $m-m$、$n-n$ 取出长为 $\mathrm{d}x$ 的一个小微段，放大如图 3－8（b）所示，若截面 $n-n$ 对 $m-m$ 的相对扭转角为 $\mathrm{d}\varphi$（在此，假设 $m-m$ 截面相对固定不动），即横截面 $n-n$ 像刚性平面一样，相对于 $m-m$ 绕轴线旋转了一个角度，半径 $OA$ 转到了 $OA'$ 位置。如果将圆轴看成由无数薄壁圆筒组成，则在此微段中，组成圆轴的所有薄壁筒的扭转角 $\mathrm{d}\varphi$ 均相同，所不同的只是各筒半径不同。设其中任意筒的半径为 $\rho$，切应变为 $\gamma_\rho$，则可得 $\gamma_\rho$ 与 $\rho$ 的关系式为

$$\gamma_\rho = \frac{BB'}{DB} = \rho\frac{\mathrm{d}\varphi}{\mathrm{d}x} = \rho\varphi' \tag{a}$$

显然切应变 $\gamma_\rho$ 发生在垂直于半径 $OA$ 的平面内。式中 $\varphi' = \dfrac{\mathrm{d}\varphi}{\mathrm{d}x}$ 是扭转角 $\varphi$ 沿 $x$ 轴的变化率，即为相距为 1 单位长度的两截面的相对扭转角。在常扭矩段内，$\varphi'$ 是常量。故式（a）表明，

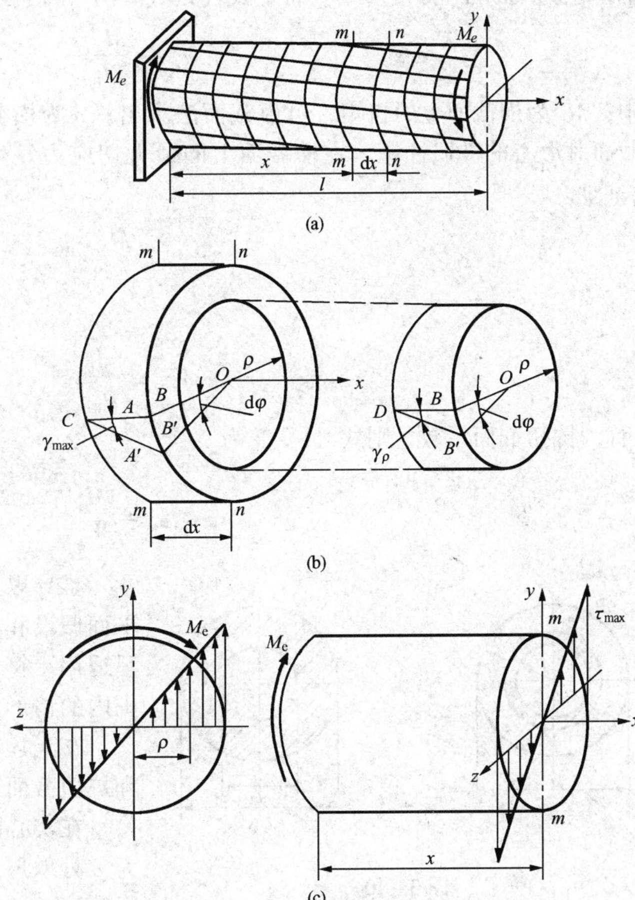


图 3-8

切应变 $\gamma_\rho$ 随着半径 $\rho$ 的增加而成比例增大，最外层（$\rho = R$）的切应变达到最大值 $\gamma_{max}$。

**二、物理关系**

以 $\tau_\rho$ 表示横截面上任意半径 $\rho$ 处的切应力，由剪切胡克定律知

$$\tau_\rho = G\gamma_\rho = G\rho\varphi' \tag{b}$$

这表明，横截面上任意点的切应力 $\tau_\rho$ 与该点到圆心的距离 $\rho$ 成正比，在横截面的周边各点处切应力最大。因为 $\gamma_\rho$ 发生在垂直于半径的平面内，所以 $\tau_\rho$ 也与半径垂直。沿任意半径切应力 $\tau_\rho$ 的分布如图 3-8（c）所示。

因为式（b）中的 $\varphi'$未知，所以仍不能用它计算切应力，这还要用静力关系来解决。

**三、静力学关系**

设在距圆心为 $\rho$ 处取一微面积 $dA$，$dA$ 上的微内力 $\tau_\rho dA$ 对圆心的力矩为 $\tau_\rho dA\cdot\rho$，其中 $\tau_\rho$ 用式（b）代入，积分得到整个横截面上由切应力所引起的内力系对圆心的合力矩为 $\int_A \rho\tau_\rho dA$（如图3-9所示，任意直径上距圆心等远的两点处的微内力 $\tau_\rho dA$ 等值反向，故在整个横截面上合力为零）。根据扭矩的定义，该合力矩就是横截面上的扭矩，并考虑 $G$、$\varphi'$为常数，则得

$$M_x = \int_A \rho\tau_\rho dA = G\varphi'\int_A \rho^2 dA \tag{c}$$

式中 $\int_A \rho^2 dA$ 是与横截面有关的一个几何量，以符号 $I_p$ 表示，即

$$I_p = \int_A \rho^2 dA \tag{3-5}$$

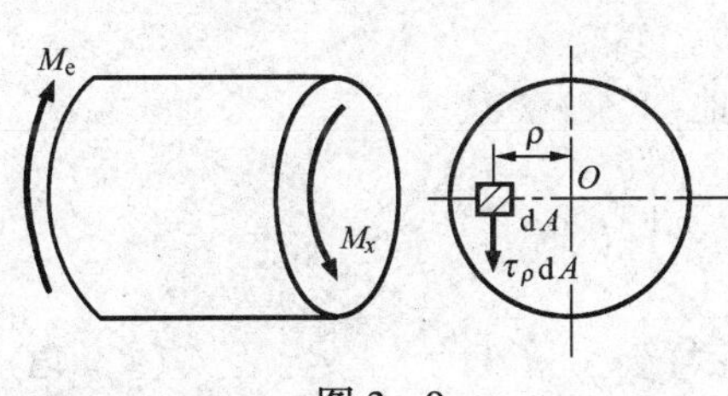


图 3-9

$I_p$ 为横截面对圆心 $O$ 点的极惯性矩，则上式变为

$$M_x = GI_p\varphi' \tag{d}$$

从而得单位长度扭转角

$$\varphi' = \frac{M_x}{GI_p} \tag{3-6}$$

$\varphi'$的单位为 rad/m（弧度/米）。将上式代入式（b）得横截面上任一点处的切应力为

$$\tau_\rho = \frac{M_x \rho}{I_p} \tag{3-7}$$

式中：$M_x$ 为横截面上的扭矩，可由截面法求出；$\rho$ 为横截面上任一点到圆心的距离；$I_p$ 为横截面对形心的极惯性矩。在横截面上的最大切应力发生在截面周边各点处，$\rho$ 达最大值 $\rho_{max}$，即

$$\tau_{max} = \frac{M_x \rho_{max}}{I_p} \tag{3-8}$$

令

$$W_p = \frac{I_p}{\rho_{max}} \tag{3-9}$$

$W_p$ 称为抗扭截面系数，则式（c）变为

$$\tau_{max} = \frac{M_x}{W_p} \tag{3-10}$$

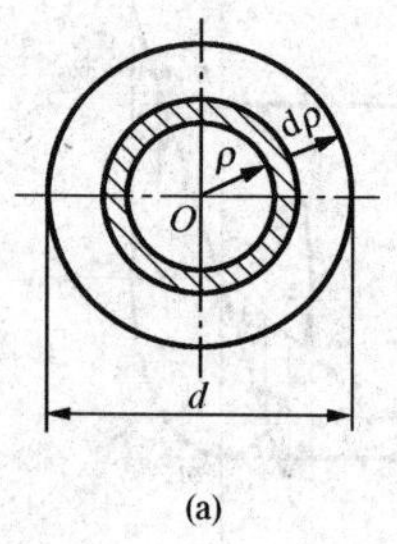

(a)

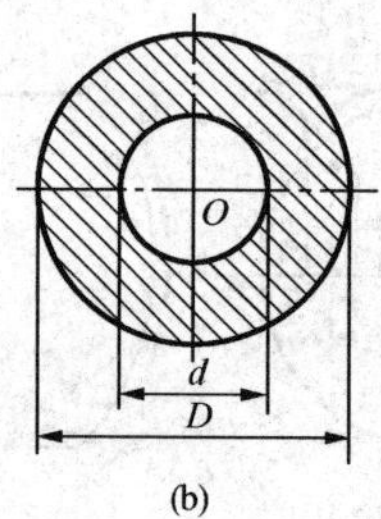

(b)

图 3-10

推导以上切应力计算公式时的主要依据是平面假设和材料符合胡克定律，所以这些公式只适用于符合平面假设的等直圆杆在线弹性范围内的情形。

在上述公式中，引进了截面极惯性矩 $I_p$ 和抗扭截面系数 $W_p$，下面就来计算这两个量。

在实心圆轴的情况下，在圆截面上距圆心为 $\rho$ 处取厚度为 $d\rho$ 的环形面积作微面积，如图 3-10（a）所示，其上各点的 $\rho$ 可视为相等，且 $dA = 2\pi\rho d\rho$，则有

$$I_p = \int_A \rho^2 dA = \int_0^{\frac{d}{2}} \rho^2 \cdot 2\pi\rho d\rho = 2\pi\int_0^{\frac{d}{2}} \rho^3 d\rho = \frac{\pi d^4}{32} \tag{3-11}$$

$$W_p = \frac{I_p}{\rho_{max}} = \frac{\frac{\pi d^4}{32}}{\frac{d}{2}} = \frac{\pi d^3}{16} \tag{3-12}$$

式中：$d$ 为圆截面直径。

在空心圆轴的情况下，如图 3-10（b）所示，类似地

$$I_p = \int_A \rho^2 dA = \int_{\frac{d}{2}}^{\frac{D}{2}} \rho^2 \cdot 2\pi\rho d\rho = 2\pi\int_{\frac{d}{2}}^{\frac{D}{2}} \rho^3 d\rho$$

$$= \frac{\pi}{32}(D^4 - d^4) = \frac{\pi D^4}{32}(1 - \alpha^4) \tag{3-13}$$

$$W_p = \frac{I_p}{\rho_{max}} = \frac{\frac{\pi D^4}{32}(1-\alpha^4)}{\frac{D}{2}} = \frac{\pi D^3}{16}(1-\alpha^4) \tag{3-14}$$

式中 $D$ 和 $d$ 分别为空心圆截面的外径和内径，$\alpha = \frac{d}{D}$。

## §3-5 圆轴扭转时的变形

圆轴扭转时的变形是用两个横截面绕轴线的相对转角即相对扭转角 $\varphi$ 来度量的。与拉压杆相似，计算变形的主要目的一是进行刚度计算，二是求解扭转超静定问题。

将 $\varphi' = \frac{d\varphi}{dx}$代入式（3-6）并积分，得相距为 $l$ 的两个横截面间的扭转角

$$\varphi = \int d\varphi = \int \frac{M_x}{GI_p}dx \tag{3-15}$$

如果相距为 $l$ 两个横截面之间的 $M_x$、$G$、$I_p$ 均不变，则有

$$\varphi = \frac{M_x l}{GI_p} \tag{3-16}$$

$\varphi$ 的单位为弧度（rad）。上式表明，$GI_p$ 越大，则扭转角 $\varphi$ 越小，故 $GI_p$ 称为圆轴的抗扭刚度，它反映了圆轴扭转变形的难易程度。式（3-16）的形式完全与等直杆拉压时的胡克定律 $\Delta l = \frac{F_N l}{EA}$ 相似，因此它又称为等直圆轴扭转时的胡克定律。

有时，轴在各段内的扭矩 $M_x$ 并不相同，或者各段内的 $I_p$ 不同。例如阶梯轴，这就应该分段计算各段的相对扭转角，然后按代数相加，得两端截面的相对扭转角为

$$\varphi = \sum_{i=1}^{n} \frac{M_{xi} l_i}{GI_{pi}} \tag{3-17}$$

应该注意，以上计算公式都只适用于材料在线弹性范围内的等直圆轴。

## §3-6 圆轴扭转时的强度与刚度条件

### 一、圆轴扭转的强度条件

对于等直圆轴，全轴的最大切应力发生在扭矩最大截面的周边各点，以 $M_{xmax}$代入式（3-10），使求出的 $\tau_{max}$不超过材料的许用切应力［$\tau$］，即圆轴扭转时的强度条件为

$$\tau_{max} = \frac{M_{xmax}}{W_p} \leqslant [\tau] \tag{3-18}$$

对于变截面轴，如阶梯轴、圆锥形轴等，$W_p$ 不是常量，$\tau_{max}$并不一定发生于扭矩极值 $M_{xmax}$的截面上，这要综合考虑 $M_x$ 和 $W_p$，寻求 $\tau = \frac{M_x}{W_p}$的极值。

式中［$\tau$］可根据静载下薄壁筒扭转试验来确定。根据试验数据，钢材的［$\tau$］和［$\sigma$］

间有如下关系：$[\tau]=(0.55\sim0.60)[\sigma]$，对于铸铁：$[\tau]=0.8[\sigma]$。对于像传动轴之类的构件，由于其上的载荷并非静载，故许用切应力值较静载荷下的为低。

**二、圆轴扭转的刚度条件**

为了能正常工作，有些轴除应满足强度要求外，一般还要求不应有过大的扭转变形，也就是应满足刚度要求。例如机床主轴的扭转角过大会影响加工的精度，内燃机曲轴的扭转角过大容易引起强烈振动。一般说来，凡是有精度要求或限制振动的机械，都需要考虑轴的刚度。公式（3-16）表明扭转角和轴的长度有关，为消除长度的影响，在工程中，对于轴的刚度要求通常限定最大的单位长度扭转角 $\varphi'_{\max}$不得超过许用单位长度扭转角 $[\varphi']$，即 $\varphi'_{\max}\leqslant[\varphi']$。通常 $[\varphi']$ 的单位为°/m（度/米）。$\varphi'_{\max}$可通过式（3-6）计算，其中 $M_x$ 应代以 $M_{x\max}$。$\varphi'_{\max}$的单位为 rad/m（弧度/米），乘以 180/π，则换算成度/米。这样，刚度条件为

$$\varphi'_{\max}=\frac{M_{x\max}}{GI_{\mathrm{p}}}\times\frac{180}{\pi}\leqslant[\varphi'] \tag{3-19}$$

许用单位长度扭转角，是根据载荷性质和工作条件等因素决定的。因此对于不同的机械，$[\varphi']$ 也不同。例如：精密机床，$[\varphi']=(0.25\sim0.5)$°/m，一般传动轴，$[\varphi']=(0.5\sim1)$°/m，精度要求低的传动轴，$[\varphi']=(2\sim4)$°/m。

**例 3-2**　设例 3-1 的传动轴为钢实心轴，材料的许用切应力 $[\tau]=30$MPa，切变模量 $G=80$GPa，许用扭转角 $[\varphi']=0.3$°/m。试按强度条件和刚度条件设计直径 $d$。

**解**　首先应根据传递的功率求出扭转外力偶矩 $M_{\mathrm{e}}$，作出扭矩图，确定最大扭矩。已得到了 $M_{x\max}=7.64$kN·m。

根据强度条件式（3-18）

$$\tau_{\max}=\frac{M_{x\max}}{W_{\mathrm{p}}}=\frac{M_{x\max}}{\dfrac{\pi d^3}{16}}\leqslant[\tau]$$

得出

$$d\geqslant\sqrt[3]{\frac{16M_{x\max}}{\pi[\tau]}}=\sqrt[3]{\frac{16\times7.64\times10^6}{\pi\times30}}\text{mm}=109\text{mm}$$

再根据刚度条件式（3-19）设计直径。将已知的 $[\varphi']$、$M_{x\max}$、$G$ 等值代入刚度条件式（3-19）。注意：如运算中以 N，mm 作为单位，则 $[\varphi']$ 乘以 $10^{-3}$化为“度/毫米”

$$\varphi'_{\max}=\frac{M_{x\max}}{GI_{\mathrm{p}}}\times\frac{180}{\pi}=\frac{M_{x\max}}{G\dfrac{\pi d^4}{32}}\times\frac{180}{\pi}\leqslant[\varphi']$$

于是

$$d\geqslant\sqrt[4]{\frac{M_{x\max}\times32\times180}{G\pi^2[\varphi]}}=\sqrt[4]{\frac{7.64\times10^6\times32\times180}{80\times10^3\times\pi^2\times0.3\times10^{-3}}}\text{mm}=117\text{mm}$$

两个直径中应选其中较大者，即实心轴直径不应小于 117 mm，说明在此设计中刚度是主要的。

**例 3-3**　汽车的主传动轴用钢管制成，外径 $D=76$mm，壁厚 $\delta=2.5$mm，传递的转矩 1.98kN·m，许用切应力 $[\tau]=100$MPa，切变模量 $G=80$GPa，许用扭转角 $[\varphi']=2$°/m。试校核轴的强度和刚度。

**解**　这里轴的扭矩等于轴传递的扭转外力偶矩，即 $M_x=M_{\mathrm{e}}=1.98$kN·m。

轴的内、外径之比为 $\alpha=\dfrac{d}{D}=\dfrac{D-2\delta}{D}=\dfrac{76-2\times2.5}{76}=0.934$。由式（3－13）、式（3－14）得

$$I_p=\frac{\pi D^4}{32}(1-\alpha^4)=\frac{\pi}{32}\times76^4\times(1-0.934^4)\text{mm}^4=7.82\times10^5\text{mm}^4$$

$$W_p=\frac{\pi D^3}{16}(1-\alpha^4)=\frac{\pi}{16}\times76^3\times(1-0.934^4)\text{mm}^3=2.06\times10^4\text{mm}^3$$

由强度条件式（3－18），得

$$\tau_{max}=\frac{M_{x\max}}{W_p}=\frac{1.98\times10^6}{2.06\times10^4}\text{MPa}=96.1\text{MPa}<[\tau]$$

由刚度条件式（3－19）得

$$\varphi'_{max}=\frac{M_{x\max}}{GI_p}\times\frac{180}{\pi}=\frac{1.98\times10^6}{80\times10^3\times7.82\times10^5}\times\frac{180}{\pi}{}^{\circ}/\text{mm}$$

$$=1.81\times10^{-3}{}^{\circ}/\text{mm}=1.81^{\circ}/\text{m}<[\varphi']$$

所以此轴的强度和刚度都满足要求。

如果将本例的空心轴改为同一材料的实心轴。仍使 $\tau_{max}=96.1\text{MPa}$，则由

$$\tau_{max}=\frac{M_{x\max}}{W_p}=\frac{1.98\times10^6}{\dfrac{\pi d^3}{16}}\text{MPa}=96.1\text{MPa}$$

得实心轴的轴直径 $d=47.2\text{mm}$。空心轴和实心轴的截面面积分别是 $A_{空}=\dfrac{\pi\ (76^2-72^2)}{4}\text{mm}^2=577\text{mm}^2$，$A_{实}=\dfrac{\pi\times47.2^2}{4}\text{mm}^2=1750\text{mm}^2$，可见实心轴的截面积约为空心轴的3倍，即空心轴比实心轴节省三分之二的材料。空心轴之所以节省材料，考察图3－8（c）的应力分布图可以看出，对于实心截面，当边缘处切应力达许用值时，靠近圆心处的切应力数值很小，这部分材料没有充分发挥作用。若把心部材料外移做成空心轴，这部分材料就能承担较大的应力，同时因为材料离圆心远了，其对极惯矩 $I_p$ 的贡献也大为增加，结果轴的强度和刚度有较大提高。所以，空心截面是轴的合理截面，在机械中广泛采用。

## 思 考 讨 论 题

3－1　当单元体上同时存在切应力 $\tau$ 和正应力 $\sigma$ 时，切应力互等定理是否仍然成立？为什么？

3－2　如图3－11所示的单元体，已知其一个面上的切应力 $\tau$，问其他几个面上的切应力是否可以确定？怎样确定？

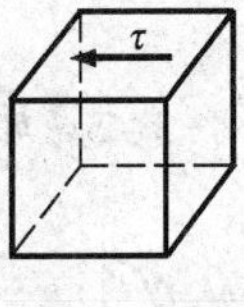

图3－11　思考题3－2图

3－3　在切应力作用下单元体将发生怎样的变形？剪切胡克定律说明什么？它在什么条件下成立？

3－4　为什么求解应力的问题必须考虑几何、物理、静力学三方面问题？

3－5　直径 $d$ 和长度 $l$ 都相同，而材料不同的两根轴，在相同扭矩的作用下，它们的最大切应力 $\tau_{max}$ 是否相同？扭转角 $\varphi$ 是否相同？为什么？

3－6　为什么减速器传动轴的直径从输出到输入是由粗变细？汽车上坡时为什么换低速？

3－7　提高圆轴扭转的刚度有哪些措施？

## 习　　题

3－1　绘出图3－12所示各轴的扭矩图并求$|M_x|_{max}$。注意（e）图的$AB$段上承受的是均匀分布力偶矩$m$，它表示的是沿圆轴轴线每单位长度上的扭转力偶矩值（N·m/m）。

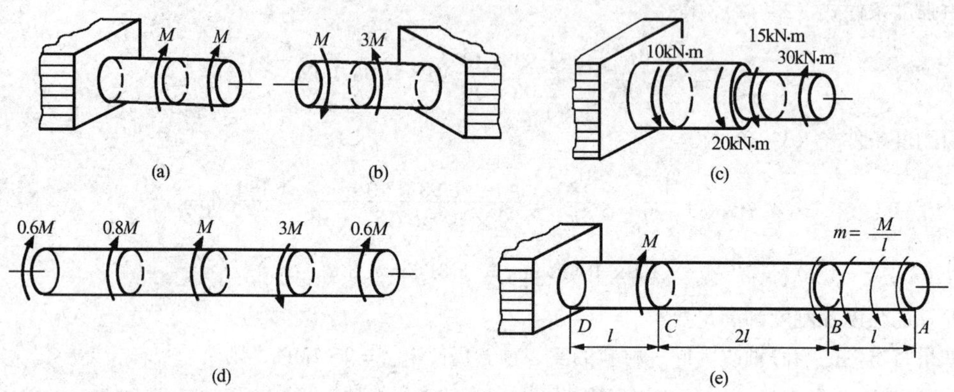


图3－12　题3－1图

3－2　直径$d=50$mm的圆轴，受到扭转力偶矩$M_e=2.15$kN·m的作用。若材料的切变模量$G=80$GPa，试求在距离轴心10mm处的切应力和切应变，并求轴横截面上的最大切应力及最大切应变。

3－3　空心圆轴，外径$D=8$cm，内径$d=6.25$cm，受到扭转力偶矩$M_e=1$kN·m。

（1）求$\tau_{max}$，$\tau_{min}$；（2）绘出横截面上的切应力分布图；（3）求单位长度扭转角，已知材料的切变模量$G=80$GPa。

3－4　图3－13中所画切应力分布图是否正确？其中$M_x$为截面扭矩。

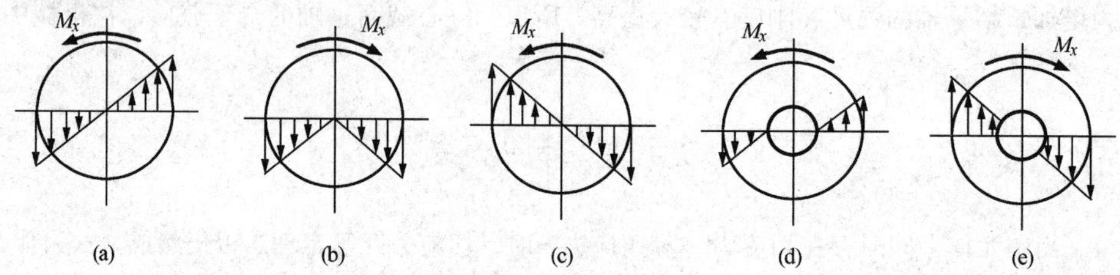


图3－13　题3－4图

3－5　如图3－14所示，从承受扭转的空心圆轴上切出实线所示的部分，试画出该部分各截面上的切应力分布图。

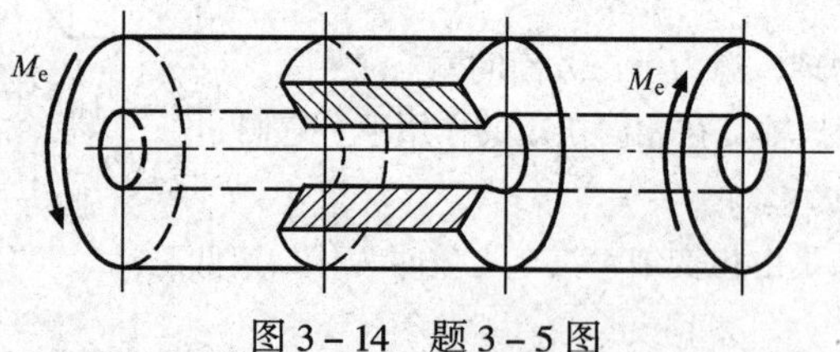


图3－14　题3－5图

3－6　图3－15所示传动轴的直径$d=100$mm，材料的切变模量$G=80$GPa，$a=0.5$m。（1）画扭矩图；（2）求$\tau_{max}$值，并指出发生在何处？（3）求$C$、$D$二截面的扭转角$\varphi_{CD}$与$A$、$D$二截面间的扭转角$\varphi_{AD}$。

3－7　图3－16所示一钢制圆轴 $DE$，$E$ 端固支，$D$ 端有轴承支承，轴径 $d=20\text{mm}$。在紧靠轴承的 $C$ 截面处有一刚性杆 $AB$ 与轴固联并且与 $DE$ 轴垂直。当在杆的 $A$ 端加载荷 $F=49\text{N}$ 时，由于 $DE$ 轴扭转带动 $AB$ 转动，$B$ 端向上移动 $\Delta$，测得 $\Delta=0.46\text{mm}$。已知 $a=200\text{mm}$，$b=120\text{mm}$，$l=500\text{mm}$。试求钢轴的切变模量 $G$。

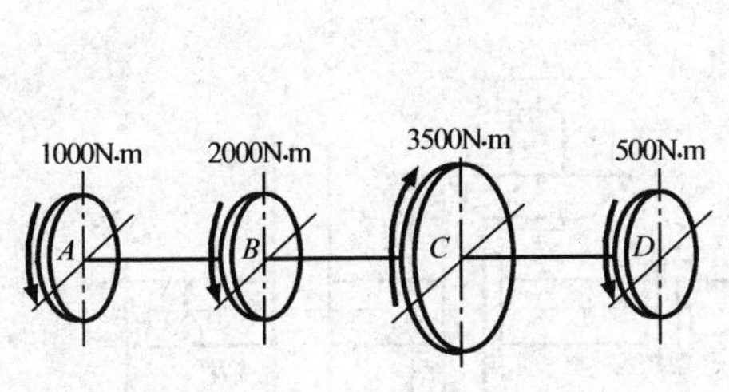

图3－15　题3－6图

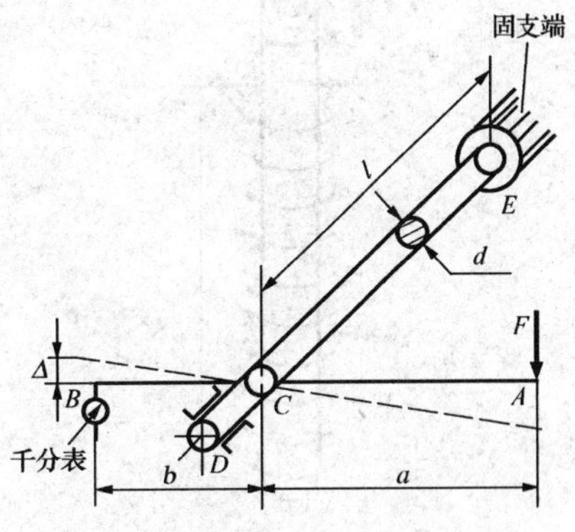

图3－16　题3－7图

3－8　一受扭圆管，外径 $D=32\text{mm}$，内径 $d=30\text{mm}$，材料的弹性模量 $E=200\text{GPa}$，泊松比 $\mu=0.25$，设圆管表面纵向线的倾斜角 $\gamma=1.25\times10^{-3}\text{rad}$，试求管所承受的扭转力偶矩 $M_e$。

3－9　空心钢轴的外径 $D=100\text{mm}$，内径 $d=50\text{mm}$。已知间距为 $l=2.7\text{m}$ 之两横截面的相对扭转角 $\varphi=1.8°$，材料的切变模量 $G=80\text{GPa}$。求：(1) 轴内的最大切应力；(2) 当轴以 $n=80\text{r/min}$ 的速度旋转时，轴传递的功率（kW）。

3－10　图3－17所示一变截面圆轴，由直径 $d_1$ 按线性规律变至直径 $d_2$，试导出该轴的扭转角公式。

提示：假设轴的锥度很小，对于 $\text{d}x$ 段轴可以用公式 $\text{d}\varphi=\dfrac{T\text{d}x}{GI_p(x)}$ 近似计算该轴的扭转角。

3－11　如图3－18所示，圆截面杆 $AB$ 的左端固定，承受一集度为 $m$ 的均布力偶矩作用。试导出计算截面 $B$ 的扭转角的公式。

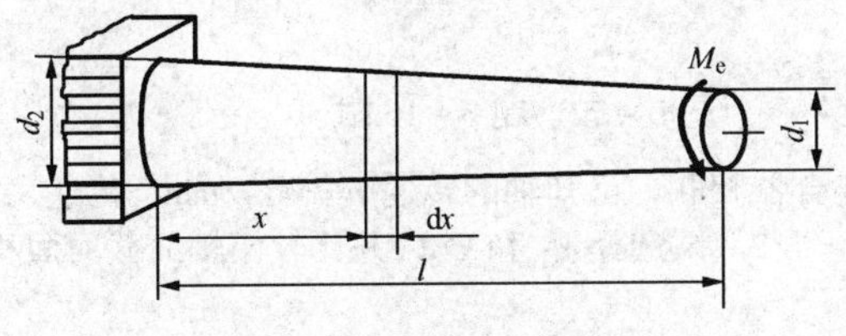

图3－17　题3－10图

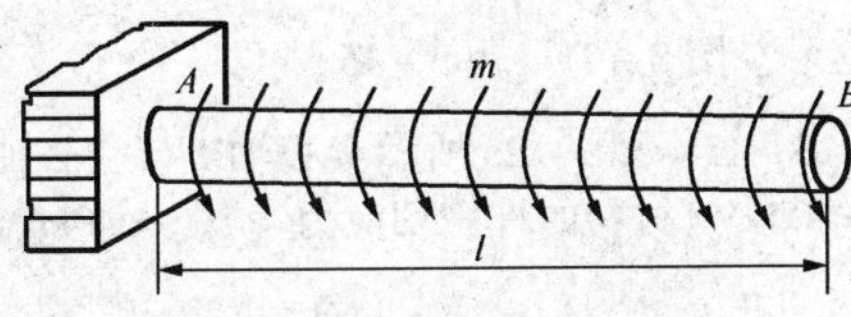

图3－18　题3－11图

3－12　某空心轴所传递的功率为15000kW，轴的外径 $D=550\text{mm}$，轴的内径 $d=300\text{mm}$，轴的转速 $n=250\text{r/min}$。材料的许用切应力 $[\tau]=50\text{MPa}$。试校核该轴的强度。

3－13　如图3－19所示，一钻探机钻杆的外径 $D=60\text{mm}$，轴的内径 $d=50\text{mm}$，功率为7.36kW，转速 $n=180\text{r/min}$。钻杆钻入土层的深度 $l=40\text{m}$，材料的许用切应力 $[\tau]=40\text{MPa}$。如土壤对钻杆的阻力可看作是均匀分布的力偶，试求此分布力偶的集度 $m$，并作出钻杆的扭矩图，并进行强度校核。

3-14　如图 3-20 所示，$AB$ 轴的转速 $n=120\text{r/min}$，从 $B$ 轮输入功率 $P=40\text{kW}$，此功率的一半通过锥形齿轮传给垂直轴Ⅱ，另一半由水平轴Ⅰ输出。已知锥形齿轮的节圆直径 $D_1=600\text{mm}$，$D_2=240\text{mm}$，各轴直径 $d_1=100\text{mm}$，$d_2=80\text{mm}$，$d_3=60\text{mm}$，许用切应力 $[\tau]=20\text{MPa}$。试对各轴进行强度校核。

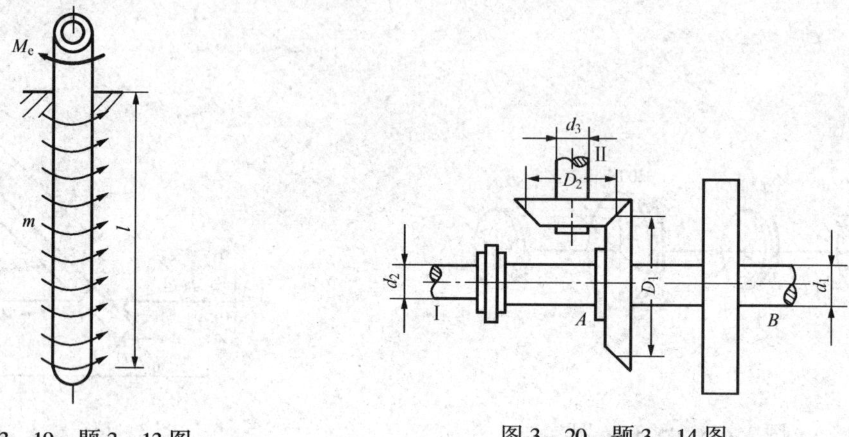

图 3-19　题 3-13 图　　图 3-20　题 3-14 图

3-15　阶梯形圆轴直径分别为 $d_1=40\text{mm}$，$d_2=70\text{mm}$，轴上装有三个带轮，如图 3-21 所示。已知由轮 3 输入的功率为 $P_3=30\text{kW}$，轮 1 输出的功率为 $P_1=13\text{kW}$，轴作匀速转动，转速 $n=200\text{r/min}$，材料的许用切应力 $[\tau]=60\text{MPa}$，$G=80\text{GP}$，许用扭转角 $[\varphi']=2°/\text{m}$。试校核轴的强度和刚度。

3-16　某起重机传动轴如图 3-22 所示。已知传动轴转速 $n=27\text{r/min}$，传动功率 $P=3\text{kW}$。材料的许用切应力 $[\tau]=40\text{MPa}$，切变模量 $G=80\text{GPa}$，许用扭转角 $[\varphi']=1°/\text{m}$，试按强度条件和刚度条件选择轴径 $d$。

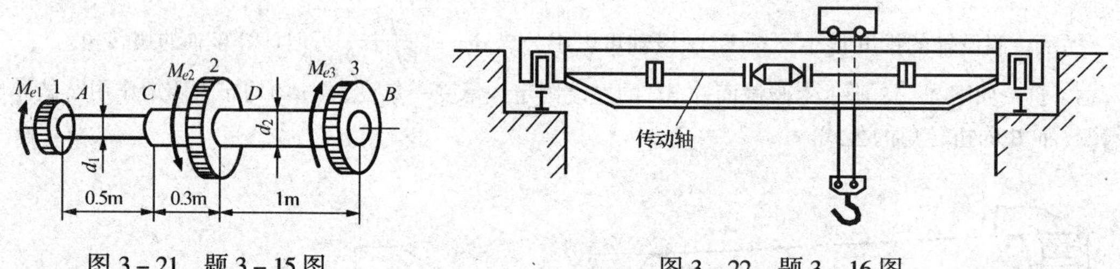

图 3-21　题 3-15 图　　图 3-22　题 3-16 图

3-17　图 3-23 所示实心轴 1 与空心轴 2 通过离合器相联，已知轴的转速 $n=96\text{ r/min}$，传递功率 $P=7.5\text{kW}$，材料的许用切应力 $[\tau]=40\text{MPa}$，$d_2/D_2=1/2$。试选择 $d_1$ 和 $D_2$，并比较两轴的截面面积。

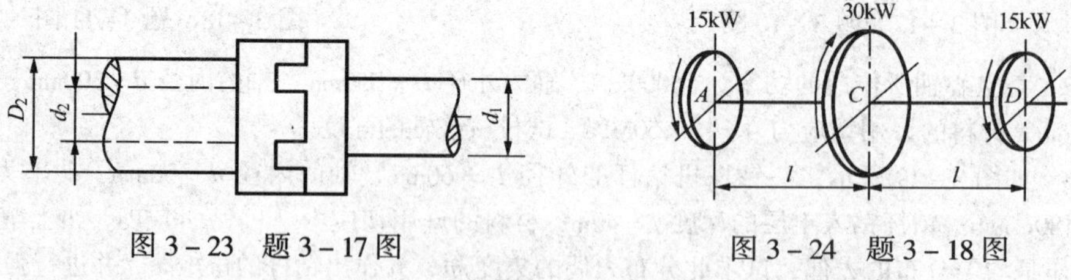

图 3-23　题 3-17 图　　图 3-24　题 3-18 图

3－18　已知等截面轴输入与输出功率如图 3－24 所示。转速 $n=900\text{r/min}$，材料的许用切应力 $[\tau]=40\text{MPa}$，切变模量 $G=80\text{GPa}$，许用扭转角 $[\varphi']=0.3°/\text{m}$，试按强度条件和刚度条件设计直径 $d$。

3－19　如图 3－25 所示，直径均为 $d$ 的二铜制圆轴，用一外径为 $D$ 的钢套筒将它们对接成一整体。设钢和铜的许用应力为 $[\tau_S]$ 和 $[\tau_C]$，且 $[\tau_S]=2[\tau_C]$，在转矩 $M_e$ 作用下使钢套筒与铜轴具有相同的强度。试求 $d$ 与 $D$ 之比值。

3－20　图 3－26 所示手摇绞车同时由两人摇动，若每人加在手柄上的力均为 $F=200\text{N}$，已知驱动轴 $AB$ 的许用切应力 $[\tau]=40\text{MPa}$，试按校核强度条件初步估算 $AB$ 轴的直径，并确定最大起重量。

图 3－25　题 3－19 图　　图 3－26　题 3－20 图

3－21　由厚度 $\delta=8\text{mm}$ 的钢板卷制成的圆筒，平均直径为 $D=200\text{mm}$。接缝处用铆钉铆接（见图 3－27）。若铆钉直径 $d=20\text{mm}$，许用切应力 $[\tau]=60\text{MPa}$，许用挤压应力 $[\sigma_{bs}]=160\text{MPa}$，筒的两端受扭转力偶矩 $M_e=30\text{kN·m}$ 作用，试求铆钉的间距 $s$。

3－22　图 3－28 所示一两端固支的圆轴，在 $B$ 截面处受扭转外力偶矩 $M_e$ 作用，试求固支端处反力偶。

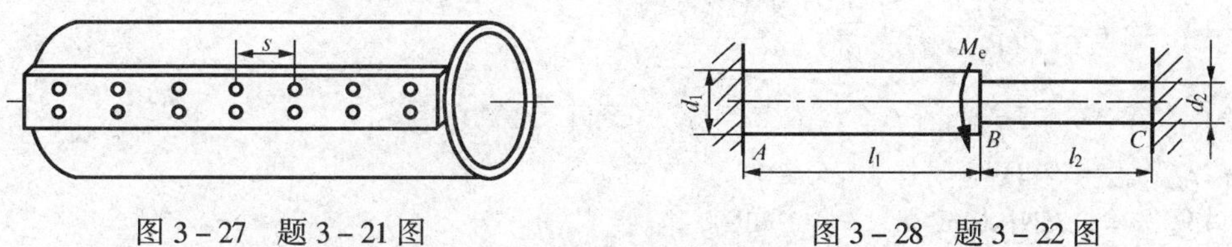


图 3－27　题 3－21 图　　图 3－28　题 3－22 图

3－23　图 3－29 所示一两端固支的圆截面杆，在它的三分点处各作用方向相反的扭转外力偶矩 $M_e$。(1) 试求 $A$、$B$ 端处反力偶。(2) 如果 $a=800\text{mm}$，$M_e=10\text{kN·m}$，材料的许用切应力 $[\tau]=40\text{MPa}$，试求杆的直径 $d$。如果切变模量 $G=80\text{GPa}$，试求杆的最大扭转角并指出发生在哪个截面。

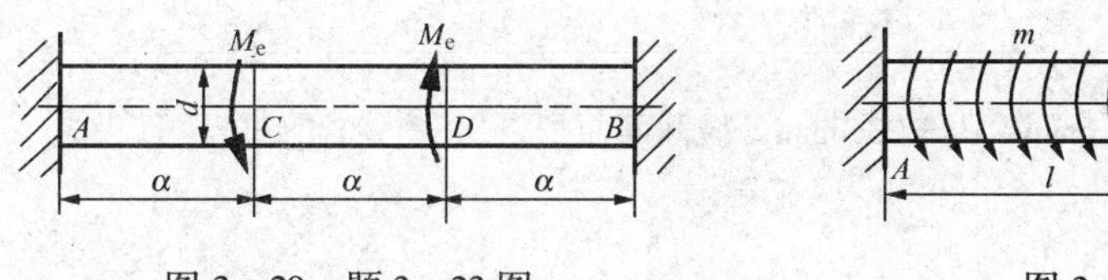


图 3－29　题 3－23 图　　图 3－30　题 3－24 图

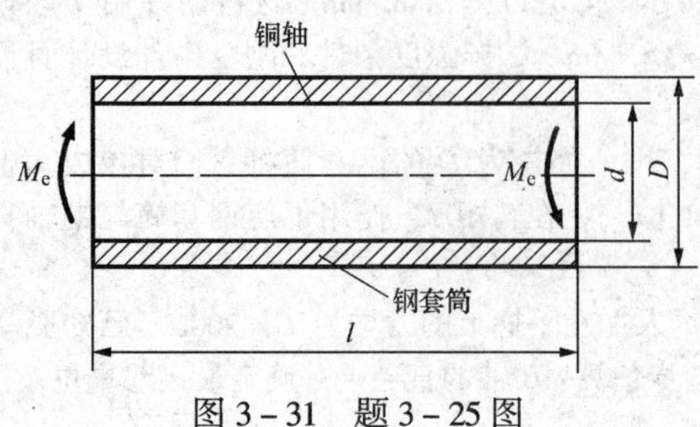


图 3-31 题 3-25 图

3-24 图 3-30 所示直径为 $d$ 的圆轴，两端固支，且在 $AB$ 段承受均布力偶矩 $m$（力偶矩/长度）。试求固支端处反力偶。

3-25 如图 3-31 所示，一直径为 $d$ 的铜制圆轴，外套以钢套筒，在转矩 $M_e$ 作用下二者如同一整体承受扭转。若钢和铜的切变模量分别为 $G_s$ 和 $G_c$。试求：(1) 钢套筒及铜轴横截面上的切应力；(2) 此组合轴两端面的相对扭转角 $\varphi$。

## 习 题 答 案

3-1 (a) $|M_x|_{max}=2M$

(b) $|M_x|_{max}=2M$

(c) $|M_x|_{max}=30\text{kN}\cdot\text{m}$

(d) $|M_x|_{max}=2.4M$

(e) $|M_x|_{max}=M$

3-2 $\tau_\rho=35\text{MPa}$，$\tau_{max}=87.6\text{MPa}$

3-3 (1) $\tau_{max}=15.9\text{MPa}$，$\tau_{min}=12.35\text{MPa}$；(3) $\varphi'=0.284°/\text{m}$

3-4 (a)、(e) 是正确的

3-6 (1) $|M_x|_{max}=3\text{kN}\cdot\text{m}$；(2) $\tau_{max}=15.3\text{MPa}$；(3) $\varphi_{CD}=1.274\times10^{-3}\text{rad}$，$\varphi_{AD}=1.91\times10^{-3}\text{rad}$

3-7 $G=81.5\text{GPa}$

3-8 $M_e=293\text{N}\cdot\text{m}$

3-9 (1) $\tau_{max}=46.5\text{MPa}$；(2) $P=71.8\text{kW}$

3-10 $\varphi=\dfrac{32ml}{3\pi G(d_2-d_1)}\left(\dfrac{1}{d_1^3}-\dfrac{1}{d_2^3}\right)$

3-11 $\varphi_B=\dfrac{ml^2}{2GI_p}$

3-12 $\tau_{max}=19.2\text{MPa}<[\tau]$，安全

3-13 $m=9.75\text{N}\cdot\text{m/m}$，$\tau_{max}=17.7\text{MPa}<[\tau]$，安全

3-14 $\tau_{AB\max}=17.9\text{MPa}<[\tau]$，安全

$\tau_{\text{I}\max}=17.5\text{MPa}<[\tau]$，安全

$\tau_{\text{II}\max}=16.6\text{MPa}<[\tau]$，安全

3-15 $\tau_{AC\max}=49.4\text{MPa}<[\tau]$，$\tau_{DB}=21.3\text{MPa}<[\tau]$，$\varphi'_{max}=1.77°/\text{m}<[\varphi]$，安全

3-16 $d\geqslant52.7\text{mm}$

3-17 $d_1=45.6\text{mm}$，$D_2=46.6\text{mm}$，$d_2=23.3\text{mm}$，横截面面积之比$\dfrac{A_{实}}{A_{空}}=1.28$

3-18 $d\geqslant44.4\text{mm}$

3-19 $\dfrac{d}{D}=0.895$

3－20　$d \geqslant 21.7\text{mm}$，$F_W = 1120\text{N}$

3－21　$s \leqslant 39.5\text{mm}$

3－22　$M_{eA} = \dfrac{M_e}{\left(\dfrac{d_2}{d_1}\right)^4 \dfrac{l_1}{l_2} + 1}, M_{eB} = \dfrac{M_e}{\left(\dfrac{d_1}{d_2}\right)^4 \dfrac{l_2}{l_1} + 1}$

3－23　（1）$M_{eA} = M_{eB} = \dfrac{M_e}{3}$；（2）$d \geqslant 82.7\text{mm}$，$\varphi = 7.26 \times 10^{-3}\text{rad}$

3－24　$M_{eA} = \dfrac{3}{4} ml$，$M_{eC} = \dfrac{1}{4} ml$

3－25　(1) $\tau_s = \dfrac{G_s \rho m}{G_s I_{ps} + G_c I_{pc}} \quad \left(\dfrac{d}{2} \leqslant \rho \leqslant \dfrac{D}{2}\right)$

$\tau_c = \dfrac{G_c \rho m}{G_s I_{ps} + G_c I_{pc}} \quad \left(0 \leqslant \rho \leqslant \dfrac{d}{2}\right)$

(2) $\varphi = \dfrac{ml}{G_s I_{ps} + G_c I_{pc}}$

# 第四章　弯　曲　内　力

## §4－1　引　　言

### 一、弯曲的概念

等直杆在其包含杆轴线的平面内，承受垂直于杆轴线的横向外力或外力偶的作用下，杆的轴线在变形后成为曲线，这种变形称为弯曲变形。以弯曲变形为主的杆件习惯上称为梁。

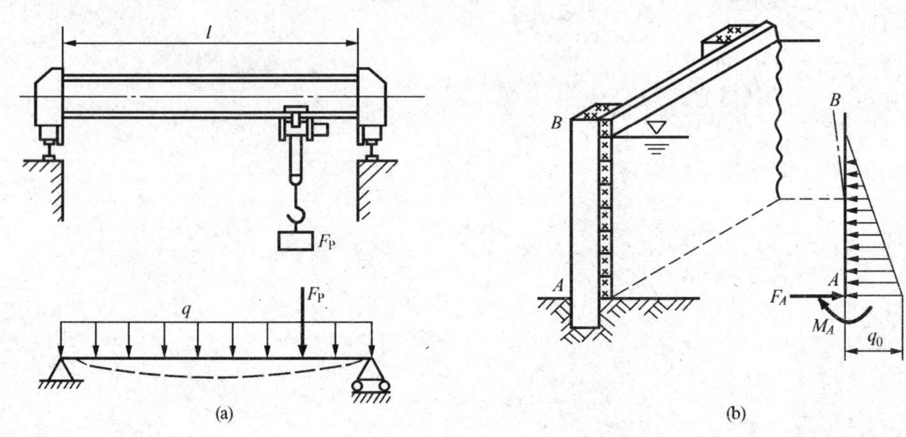


图 4－1

在工程实际中，存在大量的受弯构件，如起重机的大梁［图 4－1（a)］、平面钢闸门［图 4－1（b)］、建筑物的楼面梁等。

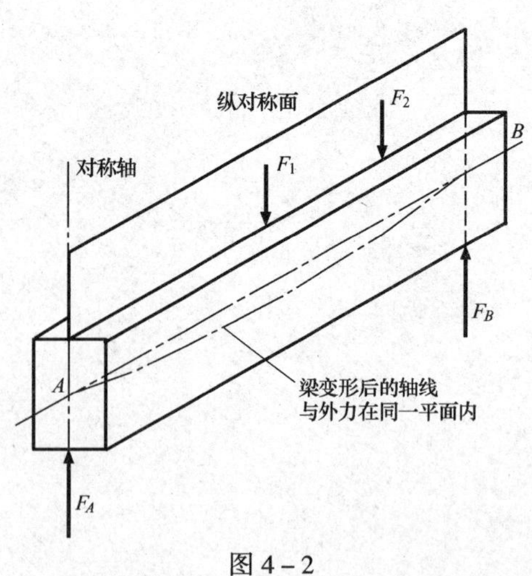


图 4－2

工程中常用的梁其横截面通常多采用对称形状，如矩形、工字形、T 形及圆形等；而载荷一般是作用在梁的纵向对称平面内，在这种情况下，梁发生弯曲变形的特点是：梁的轴线变形后成为曲线，但仍然保持在同一平面内（载荷作用平面）（图 4－2），这类弯曲称为**平面弯曲**。平面弯曲是弯曲变形中最简单和最基本的情况，本章及以后两章将讨论平面弯曲的问题。

### 二、梁的简化

由于所研究的主要是等截面的直梁，且外力作用在梁的纵向对称平面内的平面力系，因此，在梁的计算简图中不考虑构件截面的具体形状，将其简化为一直杆，以梁的轴线代表梁。梁的支座和载荷有各种情况，必须作一些简化才能得到梁的计算简图。下面就支座和载荷的简化分别进行讨论。

1. 支座的几种基本形式

梁的支座按它对梁的约束情况，可简化为以下基本形式。

(1) 固定端。固定端的简化形式如图 4-3 (a) 所示。这种支座使梁的端截面既不能移动，也不能转动。因此，它对梁的端截面有三个约束，相应的，就有三个约束力，即水平约束力 $F_{Ax}$、铅垂约束力 $F_{Ay}$和矩为 $M_{RA}$的约束力偶 [图 4-3 (d)]。如阳台挑梁端的支座、游泳池的跳水板支座等，一般可简化为固定端。

(2) 固定铰支座。固定铰支座的简化形式如图 4-3 (b) 所示。这种支座限制梁在支座处的截面沿水平方向和铅垂方向移动，但并不限制梁绕铰链中心转动，因此，固定铰支座对梁在支座处的截面有两个约束，相应地也就有两个约束力，即水平约束力 $F_{Ax}$和铅垂约束力 $F_{Ay}$ [图 4-3 (e)]。如桥梁下的固定支座，可简化为固定铰支座。

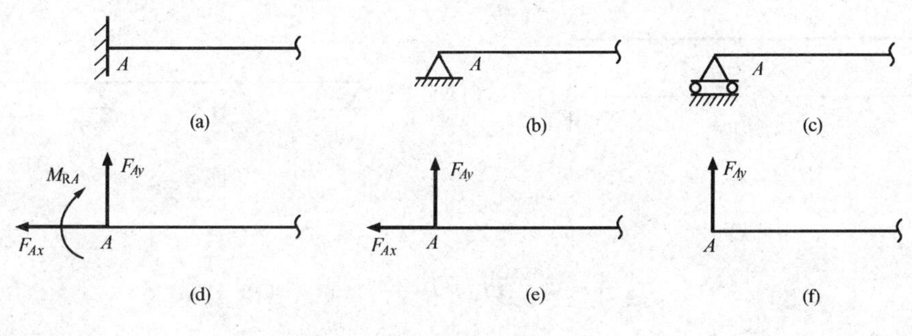


图 4-3

(3) 可动铰支座。可动铰支座的简化形式如图 4-3 (c) 所示。这种支座只限制梁在支座处的截面沿垂直于支承面方向移动。因此。它对梁在支座处的截面仅有一个约束，相应地也只有一个约束力，即垂直于支承面的约束力 $F_{Ay}$ [图 4-3 (f)]。如桥梁下的辊轴支座，可简化为可动铰支座。

2. 载荷的简化

作用在梁上的外力，包括载荷与约束力。一般可简化为以下三种:

(1) 集中载荷。作用在梁上微段内的横向力。例如图 4-1 (a) 所示，作用在起重机的大梁上的外力 $F_P$。

(2) 集中力偶。作用在梁轴平面内微段上的外力偶。如固定端的约束力偶矩 $M_R$。

(3) 分布载荷。沿梁全长或部分长度连续分布的横向力。如图 4-1 (a) 桥式起重机大梁的重力。

分布载荷的大小用载荷集度来表示。分布在单位长度的载荷称为载荷集度，一般用 $q$ 来表示，常用单位为 N/mm 或 kN/m。

3. 静定梁的基本形式

(1) 简支梁。梁的一端为固定铰支座，另一端为可动铰支座。如图 4-4 (a) 所示。

(2) 外伸梁。梁由一个固定铰支座和一个可动铰支座支承，梁的一端或两端伸出支座之外。如图 4-4（b）所示。

(3) 悬臂梁。梁的一端固定，另一端自由。如图 4-4（c）所示。

以上的支座反力皆可用静力平衡方程求得，统称为静定梁。如果仅用平衡方程不能求出梁的全部未知力，这类梁称为超静定梁。例如图 4-5（a）所示悬臂梁右端加一个可动铰支座，图 4-5（b）所示在简支梁中间加两个可动铰支座就成为超静定梁。

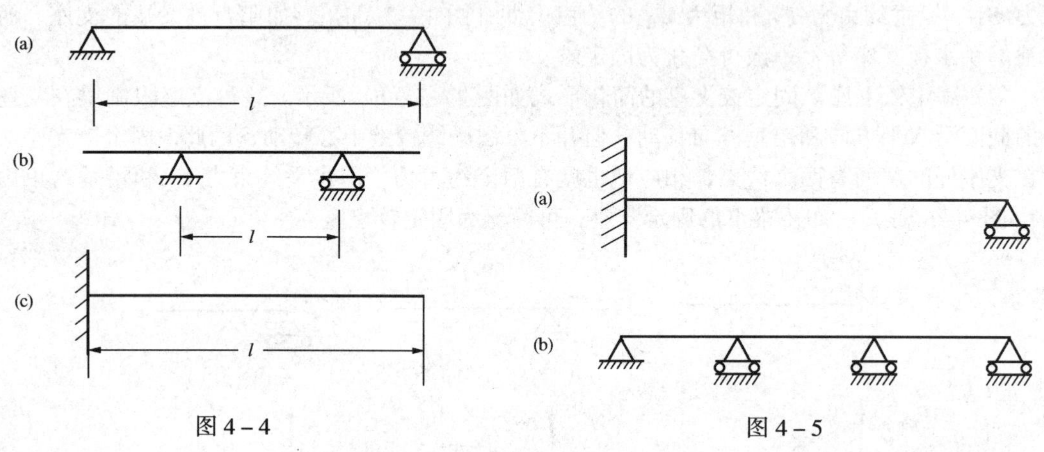


图 4-4　　图 4-5

## §4-2 剪力和弯矩

为了讨论梁的强度和刚度，首先应弄清梁横截面上有什么样的内力以及如何计算内力，求内力的基本方法是截面法。现以图 4-6所示简支梁为例，说明如何用截面法求梁的内力。

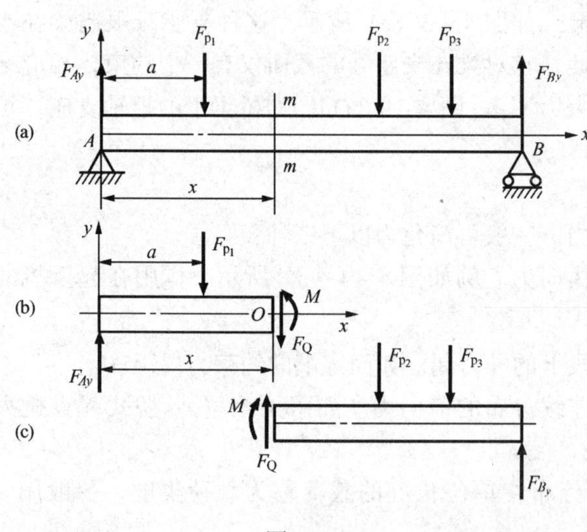


图 4-6

设图 4-6（a）所示简支梁两端的支反力为 $F_{Ay}$和 $F_{By}$，现求任一横截面 $m-m$ 上的内力。取 $A$ 点为坐标轴的原点，按截面法沿 $m-m$ 截面假想地把梁截开，分为左、右两部分，保留左部分考虑其平衡。作用于左部分上的力，除外力 $F_{Ay}$ 及 $F_{P1}$ 外，在截面 $m-m$ 上还有右部分作用其上的内力。为了使左部分梁处于平衡状态，截面 $m-m$ 上应存在一个与横截面平行的力 $F_Q$ 及一个作用面与横截面垂直的力偶 $M$。由平衡方程式

$$\Sigma F_y = 0, F_{Ay} - F_{P1} - F_Q = 0$$

$$\Sigma M_O = 0, M + F_{P1}(x - a) - F_{Ay}x = 0$$

得

$$F_Q = F_{Ay} - F_{P1}, M = F_{Ay}x - F_{P1}(x - a)$$

式中：矩心 $O$ 为截面 $m-m$ 的形心。作用于截面 $m-m$ 上的力 $F_Q$ 及力偶 $M$ 分别称为剪力和弯矩。剪力 $F_Q$ 及弯矩 $M$ 是平面弯曲时梁横截面上的两种内力。

当保留右部分时［图 4－6（c）］，同样可以求得剪力 $F_Q$ 与弯矩 $M$。剪力 $F_Q$ 与弯矩 $M$ 是截面左、右两部分间的相互作用力。因此，作用于不同保留部分上的剪力 $F_Q$ 与弯矩 $M$，大小相等，但方向（转向）相反。

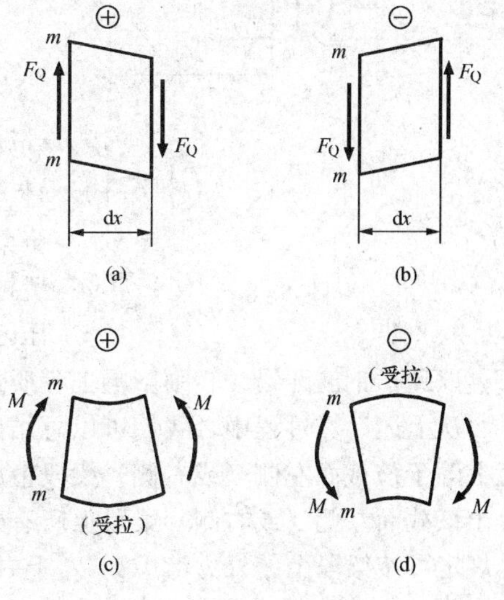

图 4－7

为使得根据左段或右段求得同一截面上的剪力与弯矩，不仅数值相等而且正负号也相同，把剪力和弯矩的符号规则与梁的变形联系起来，为此，可在截面 $m-m$ 处，从梁中取出微段，如图 4－7 所示。并对剪力、弯矩的符号规定如下：

剪力符号：当剪力 $F_Q$ 使微段梁绕微段内任一点沿顺时针方向转动时规定为正号，反之为负。

弯矩符号：当弯矩 $M$ 使微段梁弯曲变形向下凸（即该段的下部受拉）时规定为正号，反之为负。在图 4－6（b）、（c）中所示的横截面 $m-m$ 上的剪力和弯矩都是正的。

下面举例说明如何按截面法来计算梁在所指定截面上的剪力和弯矩。

**例 4－1**　图 4－8（a）所示一悬臂梁，承受集中力 $F_P$ 及集中力偶 $M_O$ 作用，试确定截面 $C$ 及截面 $D$ 上的剪力和弯矩。

**解**

1. 求截面 $C$ 上的剪力和弯矩

用假想截面从截面 $C$ 处将梁截开，取右段为研究对象，在截开的截面上标出剪力 $F_{QC}$ 和弯矩 $M_C$ 的正方向，如图 4－8（b）所示。

由平衡方程

$$\Sigma F_y = 0, F_{QC} - F_P = 0$$

$$\Sigma M_C = 0, M_C - M_O + F_P l = 0$$

得

$$F_{QC} = F_P$$

$$M_C = M_O - F_P l = F_P l$$

2. 求截面 $D$ 上的剪力和弯矩

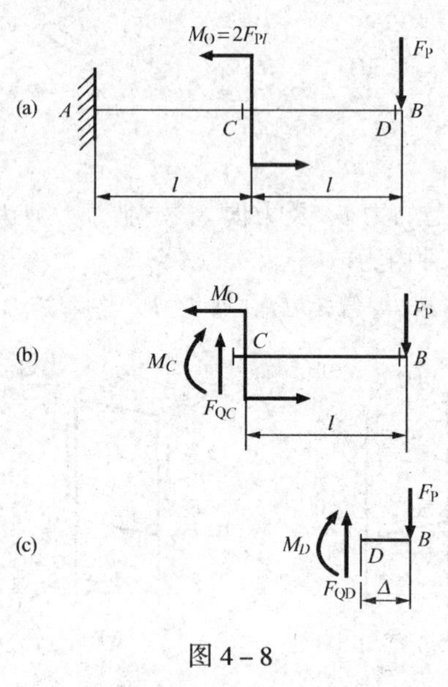

图 4-8

用假想截面从截面 $D$ 处将梁截开，取右段为研究对象。假设 $D$、$B$ 两截面之间的距离为$\Delta$，由于截面 $D$ 与截面$B$ 无限接近，且位于截面 $B$ 的左侧，故 $\Delta\approx 0$。在截开的截面上标出剪力 $F_{QD}$和弯矩$M_D$ 的正方向，如图 4-8（c）所示。

由平衡方程

$$\Sigma F_y = 0, F_{QD} - F_P = 0$$

$$\Sigma M_D = 0, M_D + F_P \times \Delta = 0$$

得

$$F_{QD} = F_P$$

$$M_D = F_P \times \Delta = 0$$

这些结果为正，说明原先假定的剪力和弯矩的指向和转向正确，即均为正值。正确定出剪力和弯矩的正负号，在设计中有着十分重要的实用意义。例如钢筋混凝土梁中，由于混凝土的抗拉性能很差，所以在受拉区配置抗拉性能好的钢筋来承担拉力。而截面的受拉区和受压区是由弯矩的正负号来判断，如果因为弯矩符号错了，以致于钢筋配错，轻则影响工程质量，重则发生工程事故。

从上述计算过程中，我们可以总结出求剪力和弯矩的一般法则：任一截面的剪力，在数值上等于该截面左侧（或右侧）梁段上所有横向外力的代数和；任一截面的弯矩，在数值上等于该截面左侧（或右侧）梁段上所有外力（包括外力偶）对该截面形心力矩的代数和。符号规定可按梁段上的外力考虑：“左上右下，剪力为正”；“左顺右逆，或向上的外力，弯矩为正”。

对上述剪力和弯矩的一般法则熟练掌握之后，在实际计算中，就可以不再截取梁段画分离体图，也可以不再写出平衡方程，而直接根据截面左侧或右侧梁段上的外力来计算剪力和弯矩。

## §4-3 剪力图与弯矩图

### 一、梁的剪力图和弯矩图

从上面的讨论看出，一般情况下，梁横截面上的剪力和弯矩随截面位置不同而变化。若以横坐标 $x$ 表示横截面在梁轴线上的位置，则各横截面上的剪力和弯矩皆可表示为 $x$ 的函数，即

$$F_Q = F_Q(x)$$

$$M = M(x)$$

上面的函数表达式，即为梁的**剪力方程**和**弯矩方程**。

与绘制轴力图或扭矩图一样，用图线表示梁的各横截面上剪力 $F_Q$ 和弯矩 $M$ 沿轴线变化

的情况。绘图时以平行于梁轴的横坐标表示横截面的位置，以纵坐标表示相应截面上的剪力或弯矩。这种图线分别称为**剪力图**和**弯矩图**。绘图时将正的剪力画在横坐标轴的上侧，而正的弯矩则画在梁受拉的一侧，也就是画在横坐标轴的下侧。

应用剪力图和弯矩图可以确定梁的剪力和弯矩的最大值及所在的截面位置，从而进行梁的强度和刚度计算。下面用例题说明列剪力方程和弯矩方程以及绘制剪力图和弯矩图的方法。

**例 4-2**　图 4-9（a）所示剪支梁在 $C$ 点受集中力 $F_P$ 作用。试列出它的剪力方程和弯矩方程，并作剪力图和弯矩图。

**解**

1. 求约束力

由静力平衡方程

$$\Sigma M_B = 0, F_P b - F_{Ay} l = 0$$

$$\Sigma M_A = 0, F_{By} l - F_P a = 0$$

得　$$F_{Ay} = \frac{F_P b}{l}, F_{By} = \frac{F_P a}{l}$$

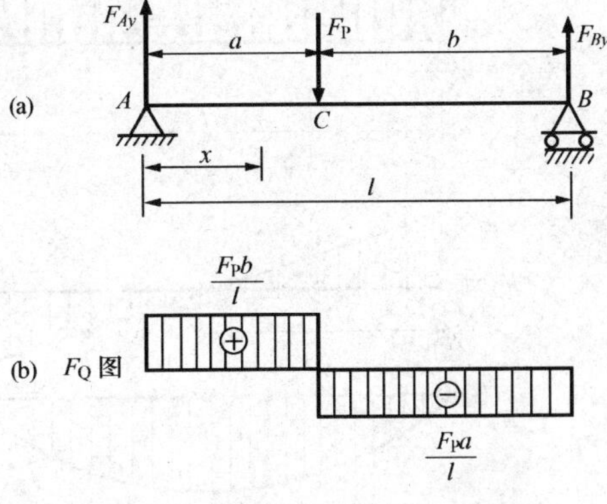


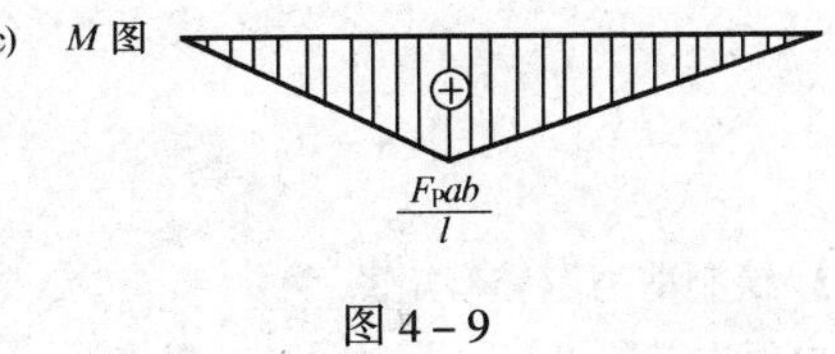


图 4-9

2. 分段列剪力方程和弯矩方程

以梁的左端为坐标原点，集中力 $F_P$ 作用于 $C$ 点，梁在 $AC$ 和 $CB$ 两段内的剪力或弯矩不能用同一方程式来表示，应分段考虑。在 $AC$ 段内取距原点为 $x$ 的任意截面，截面以左只有外力 $F_{Ay}$，则得这一截面上的 $F_Q$ 和 $M$ 分别为

$$F_Q(x) = \frac{F_P b}{l} \quad (0 < x < a) \tag{a}$$

$$M(x) = \frac{F_P b}{l} x \quad (0 \leqslant x \leqslant a) \tag{b}$$

这就是在 $AC$ 段内的剪力方程和弯矩方程。如在 $CB$ 段内取距左端为 $x$ 的任意截面，则截面以左有 $F_{Ay}$ 和 $F_P$ 两个外力，截面上的剪力和弯矩分别为

$$F_Q(x) = \frac{F_P b}{l} - F_P = -\frac{F_P a}{l} \quad (a < x < l) \tag{c}$$

$$M(x) = \frac{F_P b}{l} x - F_P(x - a) = \frac{F_P a}{l}(l - x) \quad (a \leqslant x \leqslant l) \tag{d}$$

3. 绘制剪力图和弯矩图

由式（a）可知，在 $AC$ 段内梁的任意横截面的剪力皆为 $F_P b/l$，且符号为正，所以在 $AC$ 段（$0 < x < a$）内，剪力图是在横轴上方的水平线［图 4-9（b）］。同理，可根据（c）式作 $CB$ 段的剪力图。从剪力图看出，当 $a < b$ 时，最大剪力为 $F_{Q\max} = F_P b/l$。

由式（b）可知，在 $AC$ 段内梁的任意横截面的弯矩是 $x$ 的一次函数，所以弯矩图是一条斜直线。

只要确定线上的两点，就可以确定这条直线。如 $x=0$ 处，$M=0$；$x=a$ 处，$M=F_P ab/l$。连接这两点就得到 $AC$ 段的内力弯矩图［图 4-9（c）］。同理，可以根据式（d）作 $CB$ 段的弯矩图。从弯矩图看出，最大弯矩发生于截面 $C$ 上，且 $M_{max}=F_P ab/l$。

**例 4-3** 图 4-10（a）所示剪支梁，在整个梁上作用有集度为 $q$ 的均布载荷。试列出它的剪力方程和弯矩方程，并作剪力图和弯矩图。

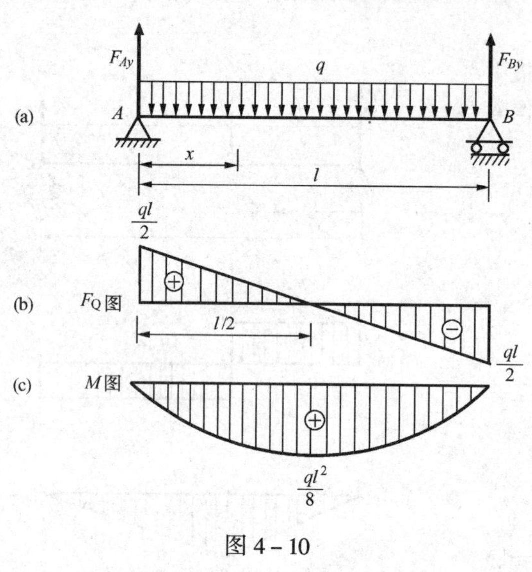


图 4-10

**解**

1. 求约束力

由于载荷及约束力均对称梁跨的中点，因此两个约束力相等，由静力平衡方程 $\Sigma F_y=0$ 得

$$F_{Ay}=F_{By}=\frac{ql}{2}$$

2. 列剪力方程和弯矩方程

以梁的左端为坐标原点，距原点为 $x$ 的任意截面上的剪力和弯矩分别为

$$F_Q(x)=F_{Ay}-qx=\frac{ql}{2}-qx \quad (0<x<l)$$

$$M(x)=F_{Ay}x-qx\cdot\frac{x}{2}$$

$$=\frac{qlx}{2}-\frac{qx^2}{2} \quad (0\leqslant x\leqslant l)$$

3. 绘制剪力图和弯矩图

由剪力方程可知，剪力图是一斜直线，只要确定线上的两点，就可以确定这条直线。如 $x=0$ 处，$F_Q=\frac{ql}{2}$；$x=l$ 处，$F_Q=-\frac{ql}{2}$。连接这两点就得梁的内力剪力图［图 4-10（b）］。由弯矩方程可知，弯矩图为一条二次抛物线，就需要多定几个点，如 $x=0$ 和 $x=l$ 处，$M=0$；$x=\frac{l}{2}$ 处，$M=\frac{ql^2}{8}$，$x=\frac{l}{4}$ 和 $x=\frac{3l}{4}$ 处，$M=\frac{3ql^2}{32}$。将这些点连成一光滑曲线即得到弯矩图［图 4-10（c）］。

由图中可见，此梁在梁跨中点横截面上的弯矩值为最大，$M_{max}=ql^2/8$，此截面上 $F_Q=0$；而两支座内侧横截面上的剪力值最大，$F_{Qmax}=ql/2$，且由于梁的结构及载荷具有对称性，剪力图反对称，弯矩图正对称。

**例 4-4** 图 4-11（a）所示的剪支梁在 $C$ 处受集中力偶 $M$ 的作用。试列出它的剪力方程和弯矩方程，并作剪力图和弯矩图。

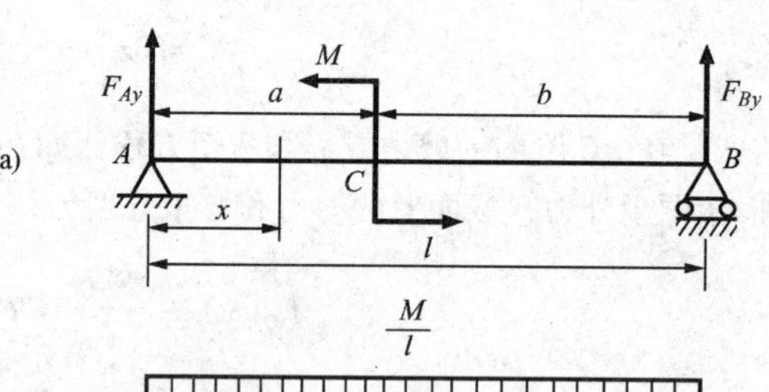


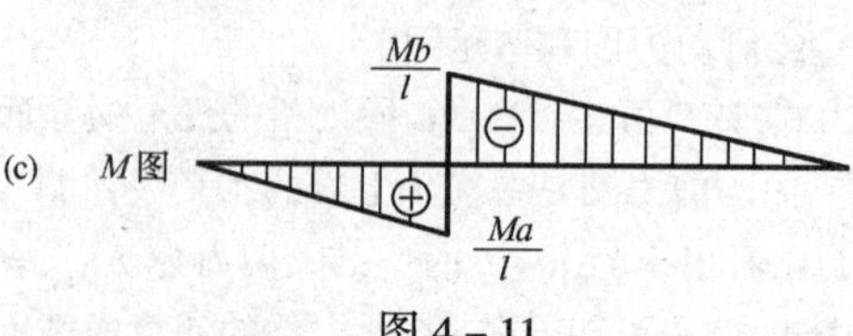


图 4-11

**解**

1. 求约束力

由静力平衡方程 $\Sigma M_A = 0$ 和 $\Sigma M_B = 0$，分别得约束力为

$$F_{Ay} = \frac{M}{l}, F_{By} = -\frac{M}{l}$$

2. 列剪力方程和弯矩方程

此简支梁上的载荷只有一个在两支座之间的力偶而没有横向外力，故全梁只有一个剪力方程

$$F_Q(x) = \frac{M}{l} \quad (0 < x < l)$$

但 $AC$ 和 $CB$ 两梁段的弯矩方程则不同，这些方程是

$AC$ 段：
$$M(x) = \frac{M}{l}x \quad (0 \leqslant x < a)$$

$CB$ 段：
$$M(x) = \frac{M}{l}x - M = -\frac{M}{l}(l - x) \quad (a < x \leqslant l)$$

3. 绘制剪力图和弯矩图

由剪力方程可知，整个梁的剪力图是一条平行于横轴上方的水平线［图 4-11（b)］。由两个弯矩方程可知，左、右两段梁的弯矩图各是一条斜直线。同例题 4-2 的作法，在定出图上必要的点以后，根据各方程的使用范围，就可以绘出梁的弯矩图［图 4-11（c)］。

由图可见，在 $b > a$ 的情况下，集中力偶作用处的右侧横截面上弯矩绝对值最大，$|M|_{max} = Mb/l$。

**例 4-5** 图 4-12（a）所示的悬臂梁，在整个梁上作用有集度为 $q$ 的均布载荷。试列出它的剪力方程和弯矩方程，并作剪力图和弯矩图。

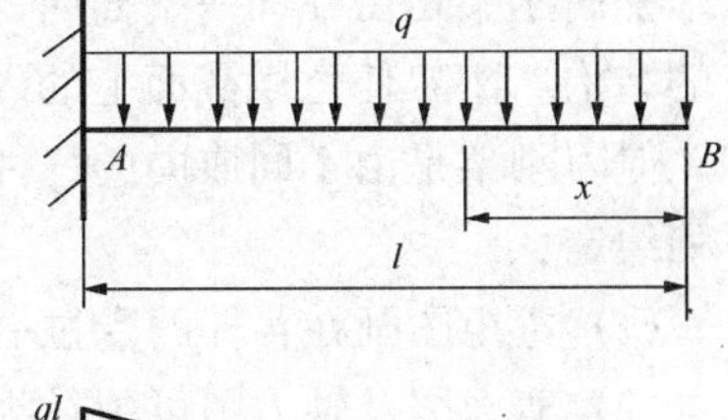


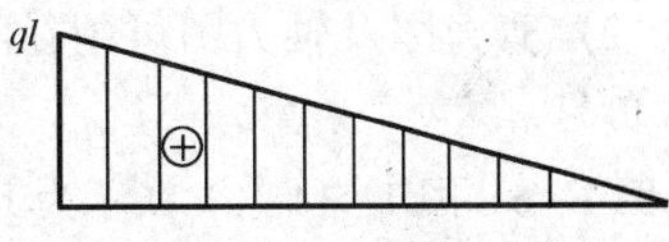


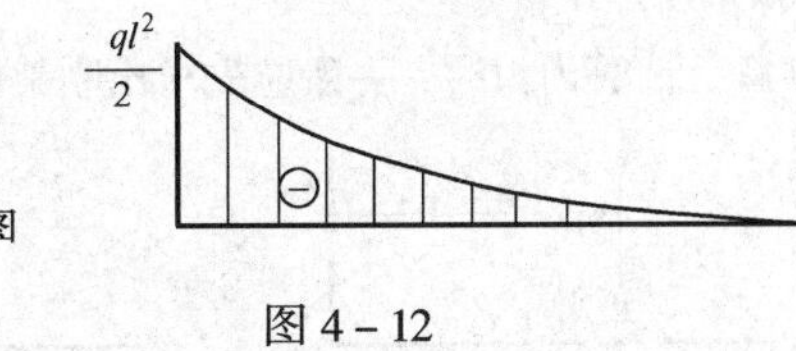


图 4-12

1. 列剪力方程和弯矩方程

将坐标原点取在梁的右端，取任意截面 $x$ 的右侧梁段来计算，剪力方程和弯矩方程分别为

$$F_Q(x) = qx \quad (0 < x < l)$$

$$M(x) = -\frac{qx^2}{2} \quad (0 \leqslant x < l)$$

2. 绘制剪力图和弯矩图

由剪力方程可知，整个梁的剪力图是一条倾斜直线［图 4-12（b)］。只要确定线上的两点，就可以确定这条直线。如 $x = 0$ 处，$F_Q = 0$；$x = l$ 处，$F_Q = ql$。由弯矩方程可知，梁的弯矩图是一条二次抛物线。同例题 4-3 的作法，在定出图上必要的点以后，就可以绘出梁的弯矩图［图 4-12（c)］。

由图可见，在固定端右侧横截面上弯矩绝对值最大，$|M|_{max} = \frac{ql^2}{2}$。

由以上各例题可知，绘制剪力图和弯矩图的步骤为：

（1）根据静力平衡方程求未知约束力。

（2）分段列剪力和弯矩方程。一般在集中力或集中力偶作用和分布载荷开始或结束处，都应分段。

(3) 根据剪力和弯矩方程的特点定出图形的关键点再连成图形。

从上述例题中发现，在梁上集中力作用处，其左、右两侧横截面上的剪力数值有骤然的变化，两者的代数差等于此集中力的值，在剪力图上相应于集中力作用处有一个突变；与此相仿，梁上集中力偶作用处左、右两侧横截面上的弯矩数值也有骤然的变化，两者的代数差也等于此集中力偶矩的值，在弯矩图上相应于力偶作用处也有一个突变。至于在剪力图和弯矩图上的这种突变，从表面上看，在集中力和力偶作用处的横截面上，剪力和弯矩似无定值。但事实并非如此。集中力实际上是作用在很短的一段梁（其长为 $\Delta x$）上的分布力的简化，若将此分布力看作是在长为 $\Delta x$ 的范围内均匀分布的［图 4－13（a)］，则在此段梁上实际的剪力图将是按斜直线规律连续变化的［图4－13（b)］。与此相仿，由于集中力偶实际上也是一种简化的结果，所以按其实际分布情况绘出的弯矩图，在集中力偶作用处长为 $\Delta x$ 的一段梁上也是连续变化的。

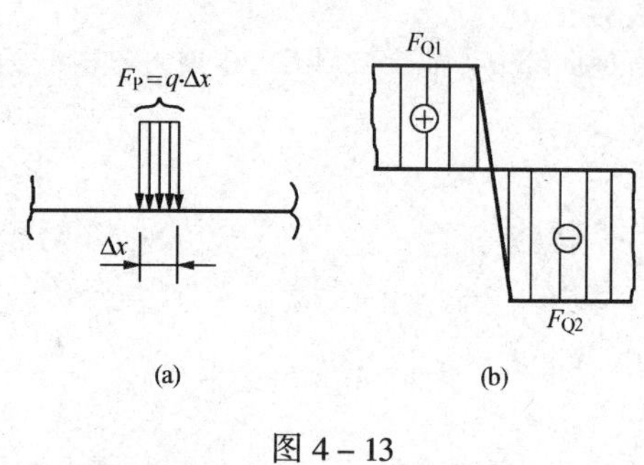


图 4－13

## 二、平面刚架的弯矩图

平面刚架是由在同一平面内、不同取向的杆件，通过杆端相互刚性连接（刚节点）而组成的结构。刚架任意横截面上的内力，一般有剪力、弯矩和轴力。作内力图的步骤与前述相同，但因刚架是由不同取向的杆件组成，为了能表示内力沿各杆轴线的变化规律，习惯上有下列约定：

(1) 弯矩图画在各杆的受拉一侧，不注明正、负号。

(2) 剪力图及轴力图可画在刚架轴线的任一侧（通常正值画在刚架的外侧)，但须注明正、负号。

**例 4－6** 图 4－14（a）所示为下端固定的刚架，在其轴线平面内受集中荷载 $F_{P1}$和 $F_{P2}$作用。试作此刚架的内力图。

**解** 计算内力时，一般应先求出刚架的约束力。但本题中刚架的 $C$ 点是自由端，故对水平杆可将

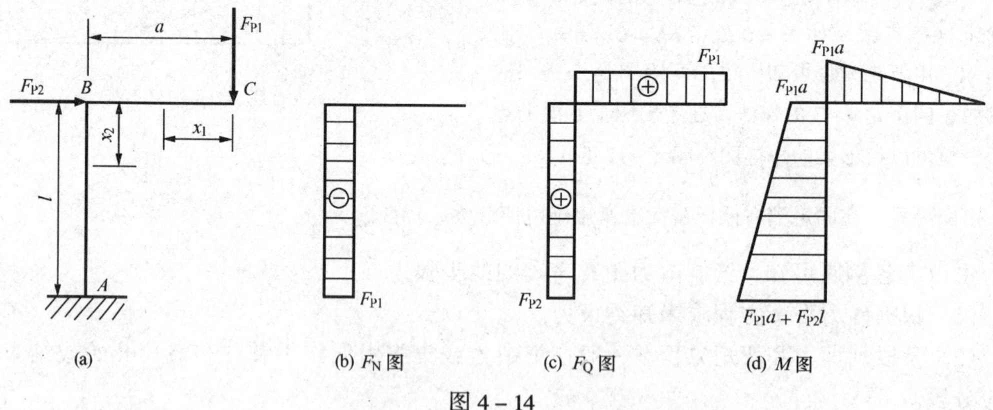


图 4－14

坐标原点取在 $C$ 点，而竖直杆可将坐标原点取在 $B$ 点，并分别取水平杆的截面右侧杆段和竖直杆的截面以上部分作为研究对象［图 4-14（a)]，这样就可不必求出约束力。下面分别列出各段杆的内力方程为

$CB$ 段

$$F_N(x_1)=0$$
$$F_Q(x_1)=F_{P1}$$
$$M(x_1)=-F_{P1}x_1\quad(0\leqslant x_1\leqslant a)$$

$BA$ 段

$$F_N(x_2)=-F_{P1}$$
$$F_Q(x_2)=F_{P2}$$
$$M(x_2)=-F_{P1}a-F_{P2}x_2\quad(0\leqslant x_2<l)$$

根据各段杆的内力方程，即可绘出轴力、剪力和弯矩图，分别如图 4-14（b)、(c)、(d）所示。

## §4-4 剪力、弯矩、载荷集度之间的微分关系

### 一、剪力、弯矩、载荷集度之间的微分关系

这里将要讨论两种内力——剪力 $F_Q(x)$ 和弯矩 $M(x)$ 之间以及它们与梁上分布载荷 $q(x)$ 之间的关系。由于内力是由梁上的载荷引起的，而剪力和弯矩及分布载荷集度又都是 $x$ 的函数，因此，它们三者之间一定存在着某种联系，如能找到反映弯矩、剪力和载荷集度三者联系的关系式，将有利于内力的计算和内力图的绘制与校核。

下面推导三者间的关系。设在图 4-15（a）所示梁上作用有任意的分布载荷 $q(x)$，$q(x)$ 以向上为正，向下为负。我们取梁中的微段来研究，在距左端为 $x$ 处，截取长度为 $\mathrm{d}x$ 的微段梁［图 4-15（b)]。设该微段梁左侧横截面上的剪力和弯矩分别为 $F_Q(x)$ 和 $M(x)$，微段梁右侧横截面上的剪力和弯矩分别为 $F_Q(x)+\mathrm{d}F_Q(x)$ 和 $M(x)+\mathrm{d}M(x)$。此微段梁除两侧存在剪力、弯矩外，在上面还作用有分布载荷 $q(x)$。由于 $\mathrm{d}x$ 很微小，可不考虑 $q(x)$ 沿 $\mathrm{d}x$ 的变化而看成是均布的。

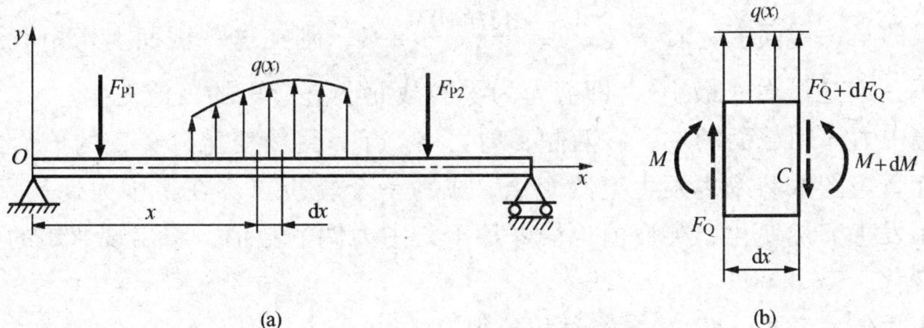


图 4-15

根据平衡方程 $\Sigma F_y=0$，$\Sigma M_C=0$，得到

$$F_Q+q(x)\mathrm{d}x-F_Q-\mathrm{d}F_Q=0$$

$$-M - F_Q dx - q(x)dx\left(\frac{dx}{2}\right) + M + dM = 0$$

略去上述方程中的二阶微量，得到

$$\left.\begin{aligned}\frac{dF_Q}{dx} &= q(x) \\ \frac{dM}{dx} &= F_Q \\ \frac{d^2M}{dx^2} &= q(x)\end{aligned}\right\} \tag{4-1}$$

由上述微分关系式（4-1）可知，剪力对 $x$ 的一阶导数等于梁上相应位置分布载荷的集度；弯矩对 $x$ 的一阶导数等于相应截面上的剪力。

**二、剪力图、弯矩图的规律**

根据上述各关系式及其几何意义，说明剪力图和弯矩图的几何形状与作用在梁上的载荷集度有关：

(1) 剪力图的斜率等于作用在梁上的均布载荷集度；弯矩图在某一点处斜率等于对应截面处剪力的数值。

(2) 如果某段梁上没有分布载荷作用，即 $q(x)=0$，该段梁上剪力的一阶导数等于零，弯矩的一阶导数等于常数，因此，该段梁的剪力图为平行于 $x$ 轴的水平直线；弯矩图为斜直线。

(3) 如果某段梁上作用有均布载荷，即 $q(x)=$ 常数，该段梁上剪力的一阶导数等于常数，弯矩的一阶导数为 $x$ 的线性函数，因此，该段梁的剪力图为斜直线；弯矩图为二次抛物线。

(4) 弯矩图二次抛物线的凸凹性与载荷集度 $q(x)$ 的正负有关：当 $q(x)$ 为正（向上）时，抛物线为向上凸的曲线（即开口向朝下的抛物线）；当 $q(x)$ 为负（向下）时，抛物线为向下凸的曲线（即开口向朝上的抛物线）。

(5) 在梁的某一截面上，若 $F_Q(x)=\frac{dM(x)}{dx}=0$，则在这一截面上弯矩有一极值（极大或极小，不一定是最大或最小），即剪力为零的截面上有弯矩的极值发生。

(6) 在集中力作用截面的左、右两侧，剪力 $F_Q$ 有一突然变化，突变的值恰好等于集中力的数值，而弯矩图的斜率也发生突然变化，成为一个转折点。在集中力偶作用截面的左、右两侧，弯矩发生突然变化，突变值也恰好等于集中力偶的数值，将出现弯矩的极值，而剪力图不发生变化。

(7) 利用微分关系式（4-1），经过积分得

$$F_Q(x_2) - F_Q(x_1) = \int_{x_1}^{x_2} q(x)dx \tag{4-2}$$

$$M(x_2) - M(x_1) = \int_{x_1}^{x_2} F_Q(x)dx \tag{4-3}$$

以上两式表明，在 $x=x_2$ 和 $x=x_1$ 两截面上的剪力差，等于两截面间载荷图的面积；当两截

面间无集中力偶作用时，两截面上的弯矩之差，等于两截面间剪力图的面积。

应用上述平衡微分关系以及这些微分关系所描述的几何图形，可以不必写出剪力和弯矩方程，即可在 $F_Q-x$ 和 $M-x$ 坐标系中相应于控制面的点之间绘出剪力图和弯矩图的图线。

下面举例说明应用微分关系绘制剪力图和弯矩图的方法。

**例 4-7** 图 4-16（a）所示的外伸梁，载荷如图所示。已知 $l=4\text{m}$，画此梁的剪力图和弯矩图。

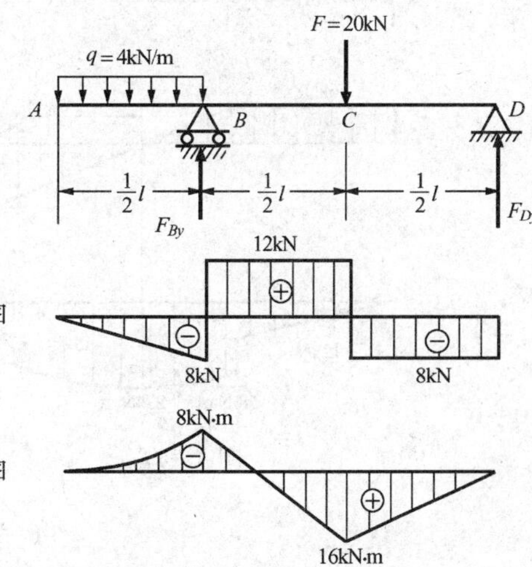


图 4-16

**解** 由静力平衡方程，求得约束力

$$F_{By}=20\text{kN},F_{Dy}=8\text{kN}$$

梁上的外力将梁分为 3 段，需分段作剪力图和弯矩图。

1. 剪力图

*AB* 段上有均布荷载，该段的剪力图为斜直线，通过

$$\left.\begin{aligned}F_{QA}&=0\\F_{QB左}&=-\frac{1}{2}ql=-8\text{kN}\end{aligned}\right\}$$

画出。

由于 *BC* 和 *CD* 两段内无分布荷载，剪力图为水平线，$F_{QB右}=F_{QB左}+F_{By}=12\text{kN}$，$F_{QD左}=-F_{Dy}=-8\text{kN}$，分别画出剪力图，如图 4-16（b）所示。

2. 弯矩图

*AB* 段上有向下的均布荷载作用，弯矩图为向下凸的曲线（即开口向朝上的抛物线），$M_A=0,M_B=-\frac{1}{2}ql\cdot\frac{l}{4}=-8\text{kN}\cdot\text{m}$，可画出这一抛物线。

由于 *BC* 和 *CD* 两段内无分布荷载，弯矩图为斜直线，

$$\left.\begin{aligned}M_B&=-8\text{kN}\cdot\text{m}\\M_C&=F_{Dy}\cdot\frac{l}{2}=16\text{kN}\cdot\text{m}\end{aligned}\right\}\qquad\left.\begin{aligned}M_C&=16\text{kN}\cdot\text{m}\\M_D&=0\end{aligned}\right\}$$

分别画出二直线，弯矩图如图 4-16（c）所示。

**例 4-8** 一简支梁，尺寸及载荷如图 4-17（a）所示。已知 $l=4\text{m}$，画此梁的剪力图和弯矩图。

**解** 由静力平衡方程，求得约束力

$$F_{Ay}=6\text{kN},F_{Cy}=18\text{kN}$$

梁上的外力将梁分为 2 段，需分段作剪力图和弯矩图。

1. 剪力图

*AB* 段上无均布荷载，该段的剪力图为水平线，通过

$$F_Q=F_{Ay}=6\text{kN}$$

画出。

由于 *BC* 段有均布荷载，剪力图为斜直线，

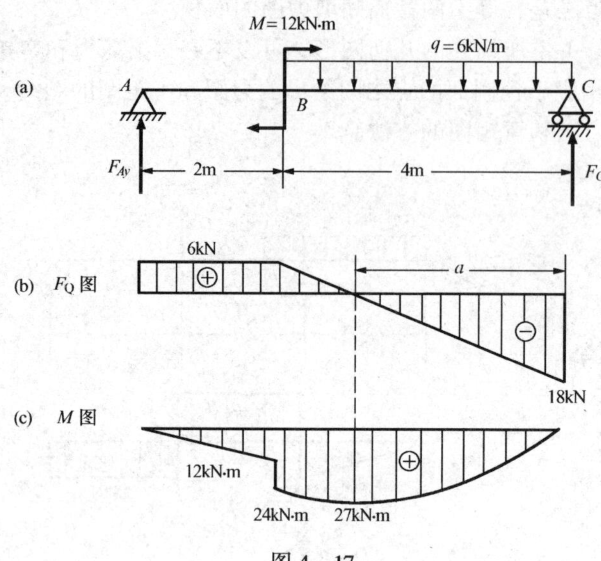


图 4-17

$$\left.\begin{aligned} F_{QB} &= 6\text{kN} \\ F_{QC左} &= -F_{Cy} = -18\text{kN} \end{aligned}\right\}$$

分别画出剪力图，如图 4-17（b）所示。

2. 弯矩图

*AB* 段内无分布荷载，弯矩图为斜直线，$M_A = 0$，$M_{B左} = F_{Ay} \times 2\text{m} = 12\text{kN}\cdot\text{m}$，画出。

由于 *BC* 段有向下的均布荷载作用，弯矩图为向下凸的曲线（即开口向朝上的抛物线），

$$\left.\begin{aligned} M_{B右} &= M_{B左} + M = 24\text{kN}\cdot\text{m} \\ M_C &= 0 \end{aligned}\right\}$$

由剪力图可知，此段弯矩图中存在极值，设弯矩具有极值的截面距右端的距离为 $a$，由该截面上剪力等于零的条件得：

$$F_Q = F_{Cy} + qa = 0$$

$$a = \frac{F_{Cy}}{q} = 3\text{m}$$

弯矩极值为：$M_{\max} = F_{Cy}\cdot a - \dfrac{1}{2}qa^2 = 18\text{kN} \times 3\text{m} - \dfrac{6\text{kN/m} \times 3^2\text{m}^2}{2} = 27\text{kN}\cdot\text{m}$

可画出这一抛物线，弯矩图如图 4-17（c）所示。

从上面两个例题看到，根据剪力图和弯矩图的变化规律来作图很简便，画内力图的步骤如下：

（1）根据梁上的外力情况确定控制截面将梁分段。

（2）根据各段梁上的外力情况，确定各段内力图的形状。

（3）根据各段内力图的形状，算出有关控制截面的内力值，逐段画出内力图。

## 思 考 讨 论 题

4-1 如何计算剪力与弯矩？如何确定其正负号？

4-2 如何建立剪力与弯矩方程？如何绘制剪力与弯矩图？

4-3 试证明，在横向集中力 $F$ 作用处，其左右两侧横截面上的梁内力满足下列关系：

$$|F_S^R - F_S^L| = F, M^R = M^L$$

在力矩 $M_e$ 的集中力偶作用处，则恒有

$$|M^R - M^L| = M_e, F_S^R = F_S^L$$

4-4 如何建立剪力、弯矩与载荷集度间的微分关系？它们的力学与数学意义是什么？在建立上述关系时，对于载荷集度 $q$ 与坐标轴 $x$ 的选取有何规定？

4-5 如果将坐标轴 $x$ 的正向设定为自右向左，或将载荷集度 $q$ 规定为向下为正，则剪力、弯矩

与载荷集度间的微分关系的表达式将如何变化？

4-6　如何确定最大弯矩？最大弯矩是否一定发生在剪力为零的横截面上？

4-7　在无载荷作用与均布载荷作用的梁段，剪力与弯矩图各有何特点？如何利用这些特点绘制剪力与弯矩图？

4-8　如何计算非均布载荷的合力及其作用位置？在线性分布载荷作用的梁段，梁的剪力与弯矩图有何特点？

4-9　如何建立刚架的内力方程？如何绘制刚架的内力图？在刚性接头处，内力有何特点？

## 习　　题

4-1　试求图4-18示各梁中截面1—1、2—2、3—3上的剪力和弯矩，这些截面无限接近于截面$C$或截面$D$。设$F_P$、$q$、$a$均为已知。

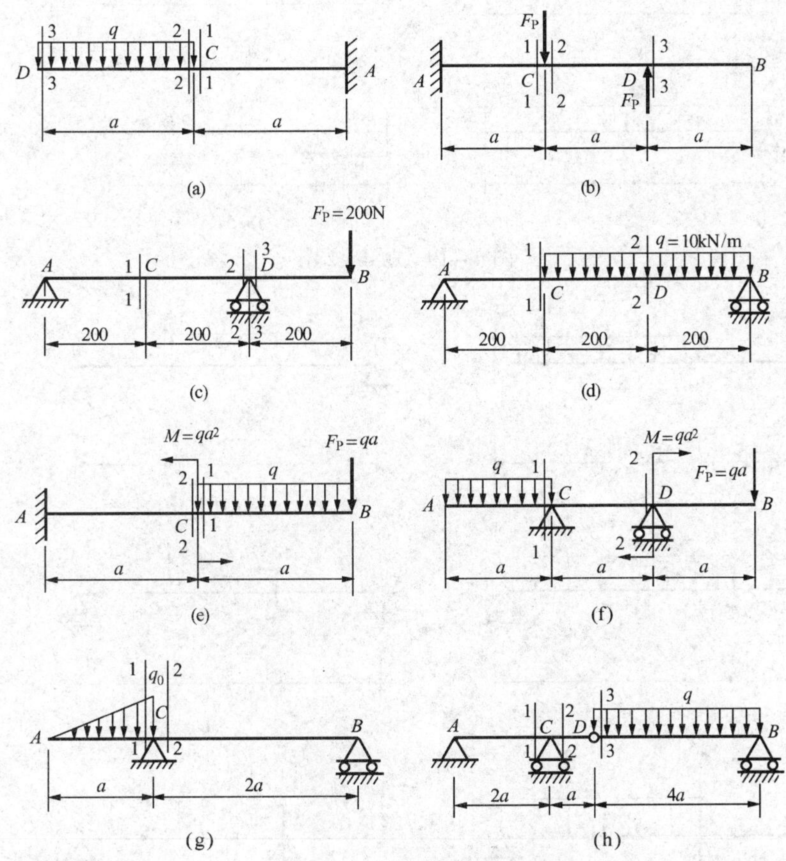


图4-18　题4-1图

4-2　试列出图4-19示各梁的剪力方程和弯矩方程，并作剪力图和弯矩图。

4-3　如图4-20所示，用简便方法画下列各梁的剪力图和弯矩图。

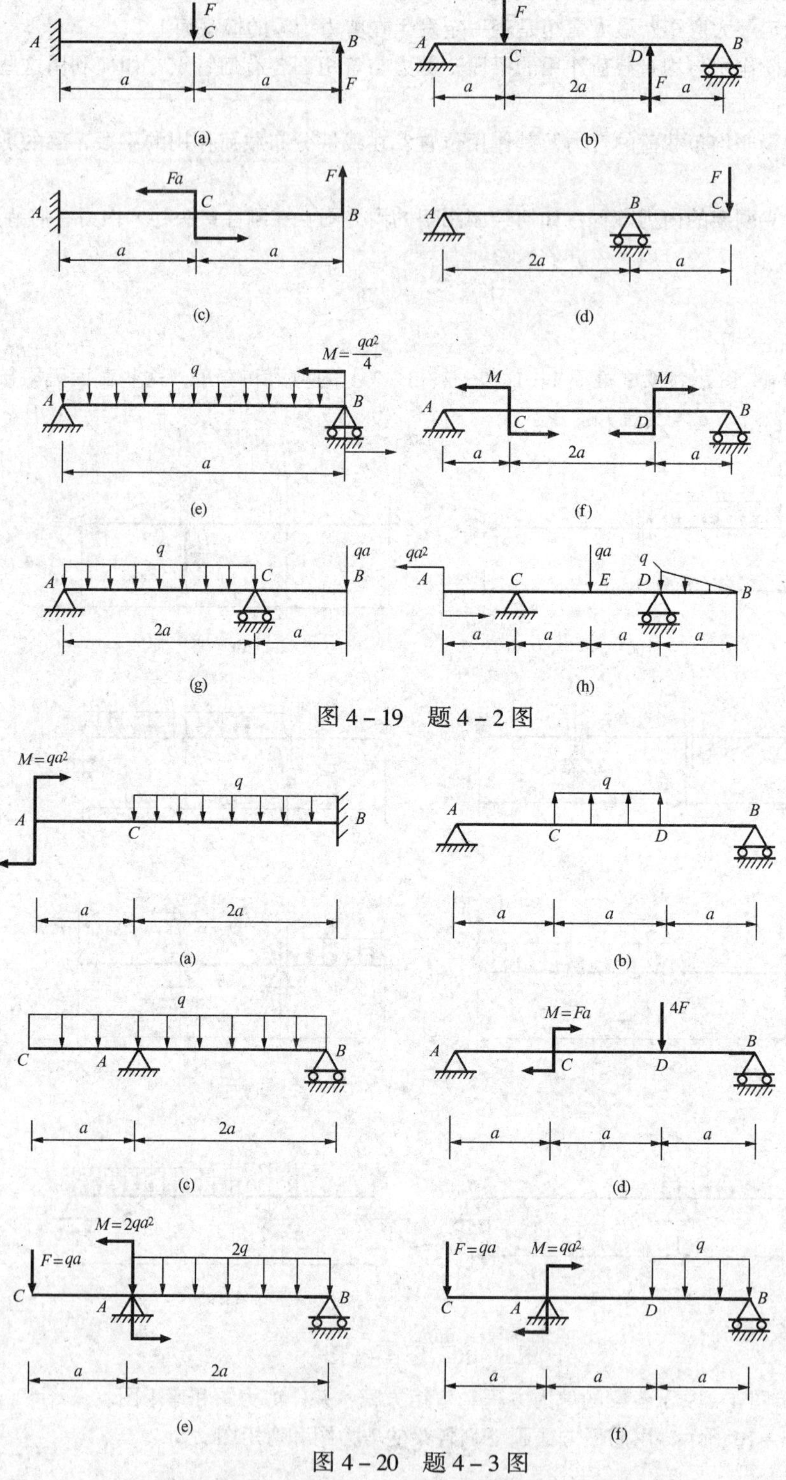


图 4－19 题 4－2 图



图 4－20 题 4－3 图

4－4 如图 4－21 所示，试利用载荷、剪力和弯矩间的关系检查下列剪力图和弯矩图，并将错误处加以改正。

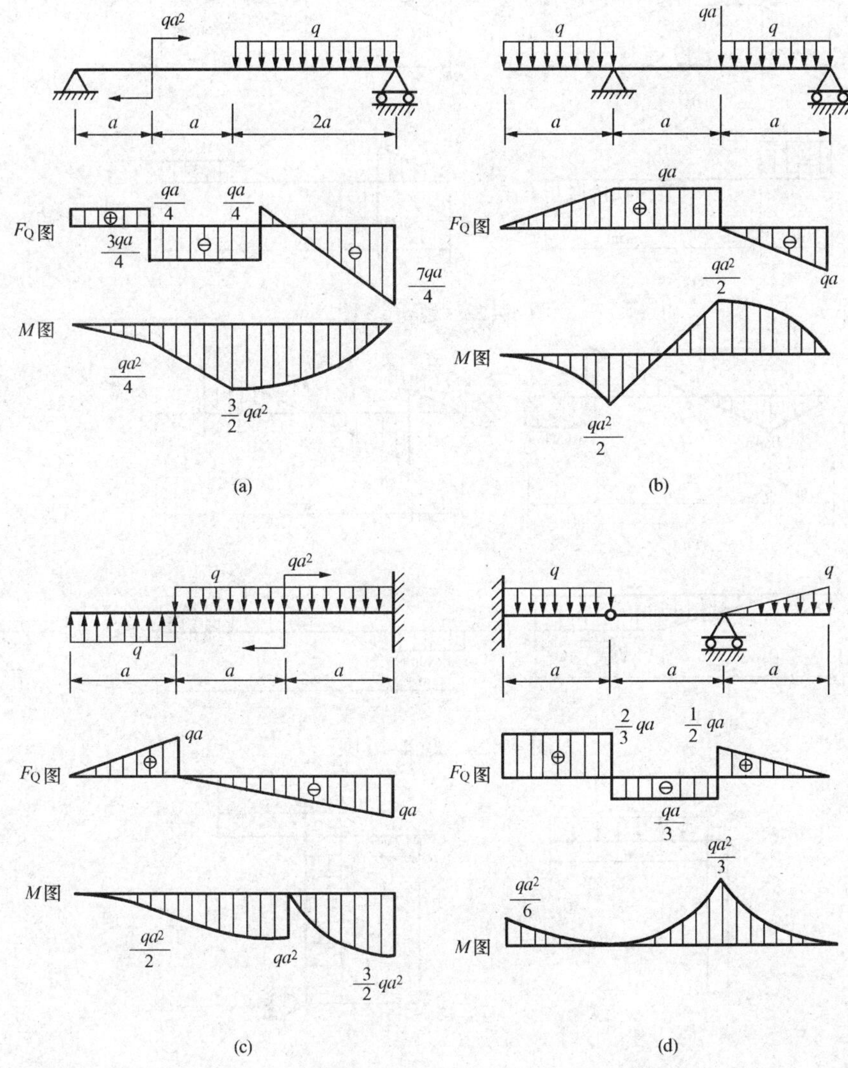

图 4－21 题 4－4 图

4－5 已知简支梁的剪力图如图 4－22 所示，试根据剪力图画出梁的弯矩图和载荷图（已知梁上无集中力偶作用）。

4－6 已知梁的弯矩图如图 4－23 所示，试求出梁的载荷图和剪力图。

4－7 试画出图 4－24 所示各刚架的内力图。

4－8 如图 4－25 所示，起吊一根单位长度重量为 $q$（单位为 kN/m）的等截面钢筋混凝土梁，要想在起吊中使梁内产生的最大正弯矩与最大负弯矩的绝对值相等，应将吊点 $A$、$B$ 放在何处（即 $a=?$）？

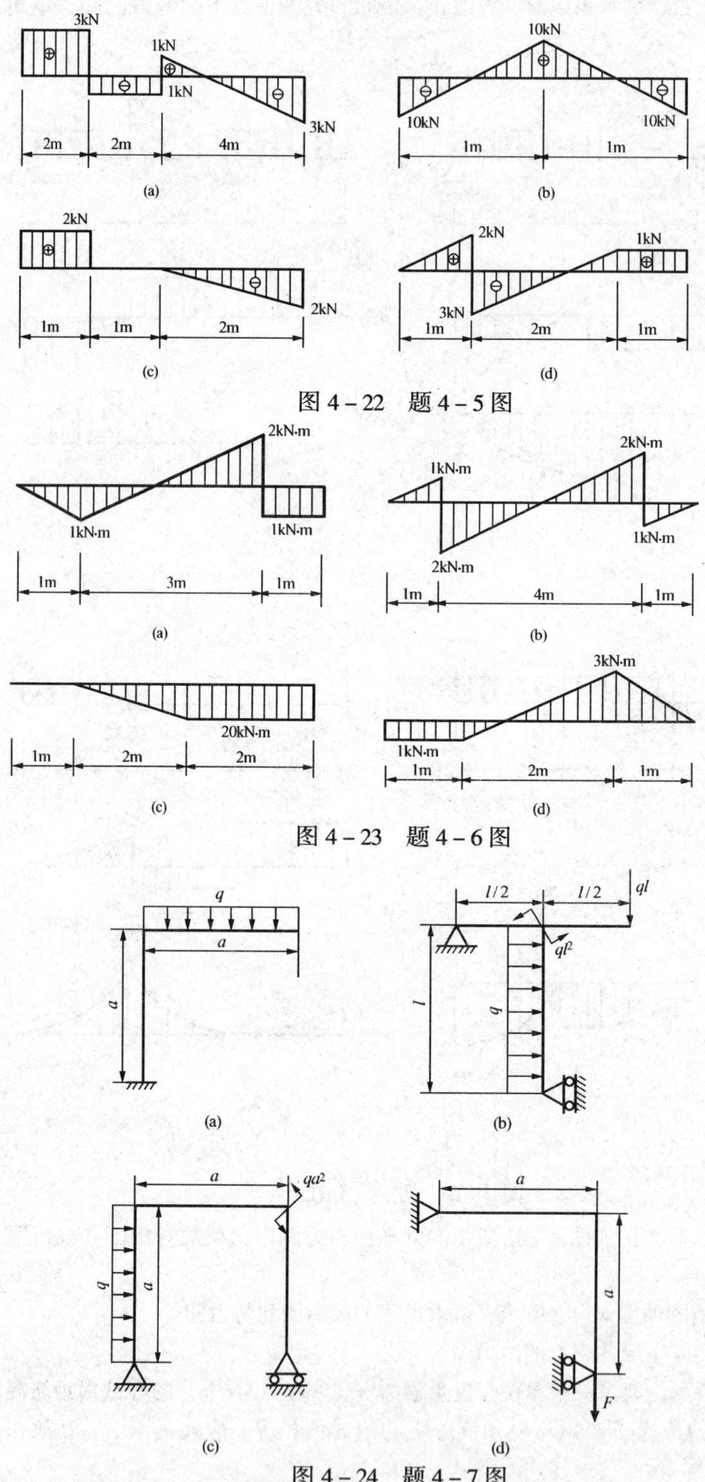


图 4－22　题 4－5 图

图 4－23　题 4－6 图

图 4－24　题 4－7 图

4－9　试作图 4－26 所示斜梁的剪力图、弯矩图和轴力图。

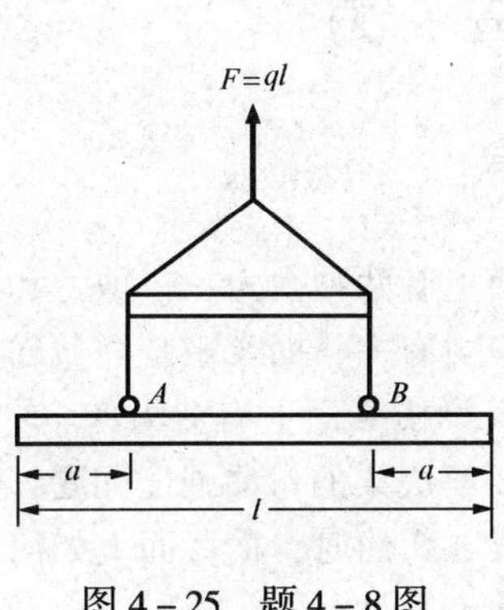

图 4－25　题 4－8 图

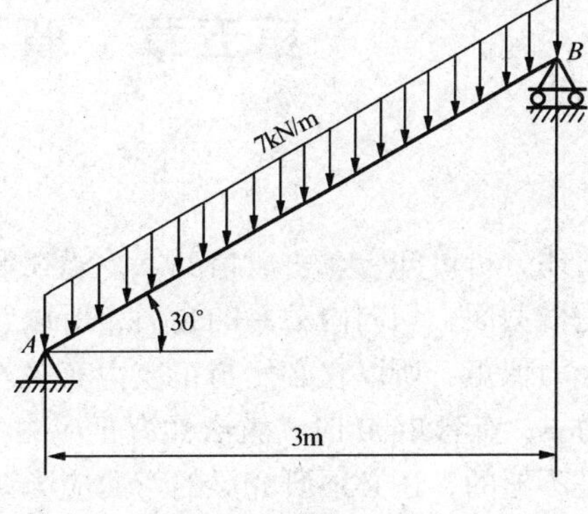

图 4－26　题 4－9 图

# 第五章　弯　曲　应　力

## §5-1　引　　言

由前述分析可知，在一般情况下，梁在弯曲时横截面上有两种内力——剪力和弯矩。由于剪力是横截面上切向内力系的合力，所以它必然与切应力有关；而弯矩是横截面上法向内力系的合力偶矩，所以它必然与正应力有关。由此可见，梁横截面上有剪力 $F_Q$ 时，就必然有切应力 $\tau$；有弯矩 $M$ 时，就必然有正应力 $\sigma$。但是，要解决梁的弯曲强度问题，只了解梁的内力是不够的，还必须研究梁的弯曲应力，应该知道梁在弯曲时，横截面上如何计算各点的应力。本章将分别研究梁的正应力与切应力的计算及强度条件。

## §5-2　弯曲时的正应力

### 一、纯弯曲梁的正应力

由前节知道，正应力只与横截面上的弯矩有关，而与剪力无关。因此，以横截面上只有弯矩而无剪力作用的弯曲情况来讨论弯曲正应力问题。

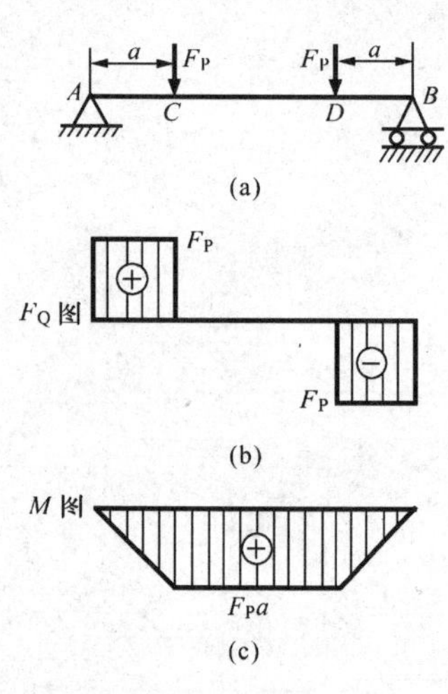

图 5-1

在梁的各横截面上只有弯矩，而剪力为零的弯曲，称为**纯弯曲**。如果在梁的各横截面上，同时存在着剪力和弯矩两种内力，这种弯曲称为**横力弯曲**或**剪切弯曲**。例如在图 5-1 所示的简支梁中，$CD$ 段为纯弯曲，$AC$ 段和 $BD$ 段为横力弯曲。

分析纯弯曲梁横截面上正应力的方法、步骤与分析圆轴扭转时横截面上切应力一样，需要综合考虑变形几何方面、物理方面和静力学方面。

1. 变形几何关系

（1）实验现象：为了研究与横截面上正应力相应的纵向线应变，首先观察梁在纯弯曲时的变形现象。为此，取一根具有纵向对称面的等直梁，例如图 5-2（a）所示的矩形截面梁，在梁的侧面上画出垂直于轴线的横向线 $mm$、$nn$ 和平行于轴线的纵向线 $aa$、$bb$。然后在梁的两端加一对大小相等、方向相反的力偶 $M$，使梁产生纯弯曲。此时可以观察到如下的变形现象。

1）纵向线 $aa$、$bb$ 在梁变形后弯成了弧线，靠顶面的 $aa$ 线缩短了，靠底面的 $bb$ 线伸长了。

2）横向线 $mm$、$nn$ 在梁变形后仍为直线，但相对转过了一定角度，且仍然与弯曲了的纵向线保持正交，如图 5-2（b）所示。

(2) 平面假设：梁内部的变形情况无法直接观察，但根据梁表面的变形现象，对梁内部的变形进行如下假设：梁所有的横截面变形后仍为平面，且仍垂直于变形后的梁的轴线。这就是弯曲变形的平面假设。

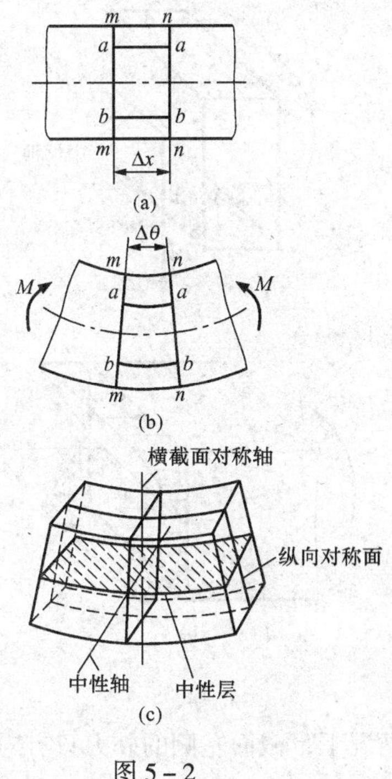

图 5-2

单向受力假设认为梁由许许多多根纵向纤维组成，各纤维之间没有相互挤压，每一根纤维均处于拉伸或压缩的单向受力状态。根据平面假设，前面由实验观察到的变形现象已经可以推广到梁的内部，即梁在纯弯曲变形时，横截面保持平面并作相对转动，靠近上面部分的纵向纤维缩短，靠近下面部分的纵向纤维伸长。由于变形的连续性，中间必有一层纵向纤维既不伸长也不缩短，这层纤维称为**中性层**［图 5-2(c)］。中性层与横截面的交线称为**中性轴**。由于外力偶作用在梁的纵向对称面内，因此梁的变形也应该对称于此平面，在横截面上就是对称于对称轴。所以中性轴必然垂直于对称轴，但具体在哪个位置上，目前还不能确定。以梁横截面的对称轴为 $y$ 轴，且向下为正，以中性轴为 $z$ 轴建立坐标系。

(3) 变形规律：考察纯弯曲梁某一微段 $dx$ 的变形（图 5-3）。设弯曲变形以后，微段左右两横截面的相对转角为 $d\theta$，则距中性层为 $y$ 处的任一层纵向纤维 $bb$ 变形后的弧长为

$$\widehat{b'b'} = (\rho + y)d\theta$$

式中，$\rho$ 为中性层的曲率半径。该层纤维变形前的长度与中性层处纵向纤维 $OO$ 长度相等，又因为变形前、后中性层内纤维 $OO$ 的长度不变，故有

$$bb = dx = \widehat{O_1O_2} = \rho d\theta$$

由此得距中性层为 $y$ 处的任一层纵向纤维的线应变

$$\varepsilon = \frac{\widehat{b'b'} - bb}{bb} = \frac{(\rho + y)d\theta - \rho d\theta}{\rho d\theta} = \frac{y}{\rho} \tag{a}$$

上式表明，线应变 $\varepsilon$ 随 $y$ 按线性规律变化。

2. 物理关系

根据单向受力假设，且材料在拉伸及压缩时的弹性模量 $E$ 相等，则由虎克定律，得

$$\sigma = E\varepsilon = E\frac{y}{\rho} \tag{b}$$

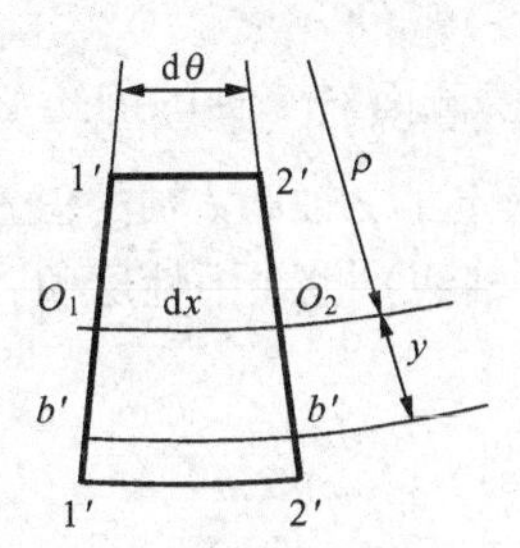

图 5-3

式 (b) 表明，纯弯曲时的正应力按线性规律变化，横截

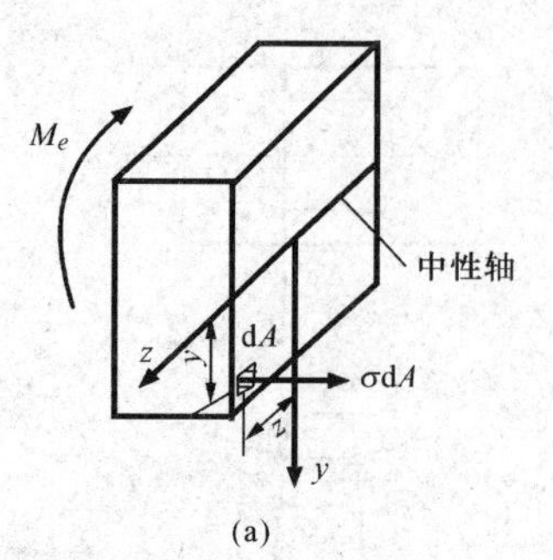

(a)

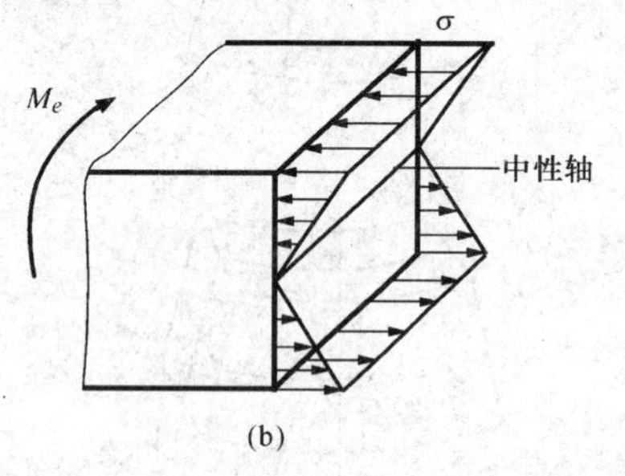

(b)

图 5-4

面上中性轴处，$y=0$，因而 $\sigma=0$，中性轴两侧，一侧受拉应力，另一侧受压应力，与中性轴距离相等各点的正应力数值相等［图 5-4（b）］。

3. 静力学关系

虽然已经求得了由式（b）表示的正应力分布规律，但因曲率半径 $\rho$ 和中性轴的位置尚未确定，所以不能用（b）式计算正应力，还必须由静力学关系来解决。

在图 5-4（a）中，取中性轴为 $z$ 轴，过 $z$、$y$ 轴的交点并沿横截面外法线方向的轴为 $x$ 轴，作用于微面积 dA 上的法向微内力为 $\sigma \mathrm{d}A$。在整个截面上，各微面积上的微内力构成一个空间平行力系。这一力系只可能简化成三个内力分量，即平行于 $x$ 轴的轴力 $F_{\mathrm{N}}$，对 $y$ 轴和 $z$ 轴力偶矩 $M_y$ 和 $M_z$，它们分别是

$$F_{\mathrm{N}} = \int_A \sigma \mathrm{d}A, M_y = \int_A z\sigma \mathrm{d}A, M_z = \int_A y\sigma \mathrm{d}A$$

横截面上的内力应与截面左侧的外力平衡。在纯弯曲情况下，截面左侧的外力只有对 $z$ 轴力偶矩 $M_{\mathrm{e}}$［图 5-4（a）］。由于内、外力必须满足平衡方程 $\Sigma F_x=0$ 和 $\Sigma M_y=0$，故有 $F_{\mathrm{N}}=0$ 和 $M_y=0$，即

$$F_{\mathrm{N}} = \int_A \sigma \mathrm{d}A = 0 \tag{c}$$

$$M_y = \int_A z\sigma \mathrm{d}A = 0 \tag{d}$$

这样，横截面上的内力系最终只归结为一个力偶矩 $M_z$，它也就是弯矩 $M$，即

$$M_z = M = \int_A y\sigma \mathrm{d}A \tag{e}$$

根据平衡方程，弯矩 $M$ 与外力偶矩 $M_{\mathrm{e}}$ 大小相等，方向相反。

以式（b）代入式（c），得

$$\int_A \sigma \mathrm{d}A = \int_A E\frac{y}{\rho}\mathrm{d}A = \frac{E}{\rho}\int_A y\mathrm{d}A = 0$$

式中：$\dfrac{E}{\rho}$ = 常量，不等于零，故必须有 $\int_A y\mathrm{d}A = S_z = 0$，即横截面对 $z$ 轴的静矩必须等于零，亦即 $z$ 轴（中性轴）通过截面形心（附录 A）。这就完全确定了 $z$ 轴和 $x$ 轴的位置。中性轴通过截面形心又包含在中性层内，所以梁截面的形心联线（轴线）也在中性层内，其长度不变。

以式（b）代入式（d），得

$$\int_A z\sigma \mathrm{d}A = \frac{E}{\rho}\int_A yz\mathrm{d}A = 0 \tag{g}$$

式中，积分$\int_A yz\mathrm{d}A = I_{yz}$是横截面对$y$和$z$轴的惯性积。由于$y$轴是横截面的对称轴，必然有$I_{yz}=0$（附录A）。所以式（g）是自然满足的。

以式（b）代入式（e），得

$$M = \int_A y\sigma \mathrm{d}A = \frac{E}{\rho}\int_A y^2 \mathrm{d}A \tag{h}$$

式中积分

$$\int_A y^2 \mathrm{d}A = I_z$$

是横截面对$z$轴（中性轴）的惯性矩。于是式（h）可以写成

$$\frac{1}{\rho} = \frac{M}{EI_z} \tag{5-1}$$

式中：$1/\rho$是梁轴线变形后的曲率。上式表明，$EI_z$越大，则曲率$1/\rho$越小，故$EI_z$称为梁的抗弯刚度。从式（5-1）和式（b）中消去$1/\rho$，得

$$\sigma = \frac{M}{I_z}y \tag{5-2}$$

这就是梁纯弯曲时正应力的计算公式。如图5-4（a）所示，所取坐标系，在弯矩$M$为正的情况下，$y$为正时$\sigma$为拉应力；$y$为负时$\sigma$为压应力。某点的应力是拉应力还是压应力，也可由弯曲变形直接判定，不一定借助于坐标$y$的正或负。因为，以中性层为界，梁在凸出的一侧受拉，凹入的一侧受压。这样，就可把$y$看作是该点到中性轴的距离的绝对值。

导出式（5-1）和式（5-2）时，为了方便，把梁截面画成矩形，但在推导的过程中，并未用过矩形的几何特性。所以，不管梁是什么截面形状，只要有一纵向对称面，且载荷作用于这个平面内，公式就可适用。另外，$M$和$y$均代以绝对值，而正应力的拉、压由观察弯矩图或弯曲变形直接判断。因为，以中性层为界，弯矩图画在受拉侧，或梁在凸出的一侧受拉，在凹入的一侧受压。

**二、横力弯曲时的正应力**

式（5-2）是纯弯曲情况下，以两个假设（平面假设和纵向纤维间无挤压）为基础导出的。常见的弯曲问题多为横力弯曲，这时，梁的横截面上不但有与弯矩对应的正应力，还有与剪力对应的切应力。由于切应力的存在，横截面不能再保持为平面。同时，在横力弯曲时，往往也不能保证纵向纤维之间没有挤压。虽然横力弯曲与纯弯曲存在这些差异，但进一步的分析表明，当跨度与高度之比$l/h$大于5时，纯弯曲正应力计算公式（5-2）对横力弯曲时仍然是适用的，并不会引起很大误差，能够满足工程问题所需要的精度。

等直梁横力弯曲时，弯矩随截面位置变化。一般情况下，最大正应力$\sigma_{\max}$发生在弯矩最大的截面上，且离中性轴最远处。于是由式（5-2）得

$$\sigma_{\max} = \frac{M_{\max}}{I_z}y_{\max} \tag{5-3}$$

上式改写为

$$\sigma_{\max} = \frac{M_{\max}}{W_z} \tag{5-4}$$

$$W_z = \frac{I_z}{y_{\max}} \tag{5-5}$$

$W_z$ 称为**弯曲截面系数**。它仅与截面的几何形状及尺寸有关的几何量，量纲为（长度）$^3$。若截面是高为 $h$，宽为 $b$ 的矩形，则

$$W_z = \frac{I_z}{y_{\max}} = \frac{bh^3/12}{h/2} = \frac{bh^2}{6}$$

若截面是直径为 $D$ 的圆形，则

$$W_z = \frac{I_z}{y_{\max}} = \frac{\pi D^4/64}{D/2} = \frac{\pi D^3}{32}$$

若截面是外径为 $D$、内径为 $d$ 的环形截面，则

$$W_z = \frac{I_z}{y_{\max}} = \frac{\pi(D^4 - d^4)/64}{D/2} = \frac{\pi D^4(1-\alpha^4)/64}{D/2} = \frac{\pi D^3(1-\alpha^4)}{32}$$

其中，$\alpha = d/D$。

**例 5-1** 图 5-5 所示的悬臂梁，自由端承受集中载荷 $F = 15\text{kN}$，形心坐标 $y_C = 0.045\text{m}$，横截面对 $z$ 轴的惯性矩 $I_z = 8.84 \times 10^{-6}\text{m}^4$，$l = 0.400\text{m}$，$b = 0.120\text{m}$，$\delta = 0.020\text{m}$。试求此梁 $B$ 截面上的最大弯曲拉应力与最大弯曲压应力。

**解** 截面 $B$ 的弯矩为

$$|M_B| = Fl = 15 \times 10^3 \times 400\text{N} \cdot \text{mm} = 6 \times 10^6 \text{N} \cdot \text{mm}$$

中性轴通过截面形心并且垂直于对称轴，图 5-5 中的 $z$ 轴就是中性轴。

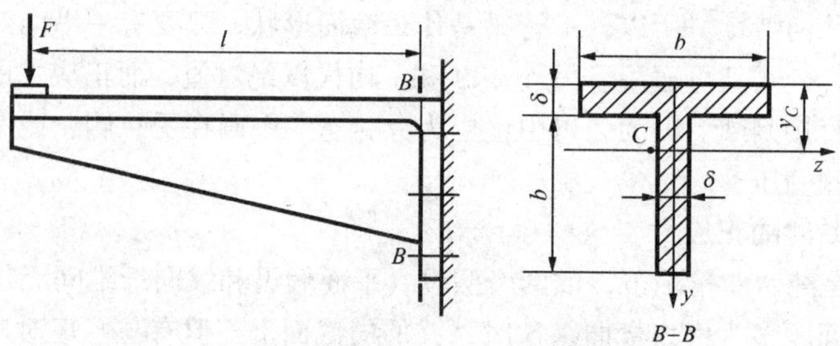


图 5-5

由变形情况可知，中性轴以上部分承受拉应力，中性轴以下部分承受压应力，最大拉应力和最大压应力作用点分别为到中性轴最远的上边缘和下边缘的各点。其值分别为

$$\sigma_{\text{tmax}} = \frac{6 \times 10^6 \times 45}{8.84 \times 10^6}\text{MPa} = 30.5\text{MPa}$$

$$\sigma_{\text{cmax}} = \frac{6 \times 10^6 \times (120 + 20 - 45)}{8.84 \times 10^6}\text{MPa} = 64.5\text{MPa}$$

## §5-3 弯曲正应力的强度条件及其应用

由上节可知，等直梁最大正应力 $\sigma_{\max}$ 发生于弯矩最大的截面上，且离中性轴最远的各点

处。横力弯曲时，梁在上下边缘处各点的切应力为零（见5-5节），处于只受简单拉伸或压缩的状态。这样，如果限制梁的最大工作应力，使其不超过材料的许用弯曲正应力，就可以保证梁的安全。因此，梁弯曲时的正应力的强度条件为

$$\sigma_{max} \leqslant [\sigma]$$

塑性材料

$$\sigma_{max} = \frac{M_{max}}{W_z} \leqslant [\sigma] \tag{5-6}$$

脆性材料

$$\sigma_{tmax} = \frac{M_{max}}{I_z} y_1 \leqslant [\sigma_t] \tag{5-7}$$

$$\sigma_{cmax} = \frac{M_{max}}{I_z} y_2 \leqslant [\sigma_c] \tag{5-8}$$

式中，$\sigma_{tmax}$为最大工作拉应力；$\sigma_{cmax}$为最大工作压应力；$y_1$ 为受拉边边缘点到中性轴的距离；$y_2$ 为受压边边缘点到中性轴的距离；$[\sigma_t]$ 为材料的许用拉应力；$[\sigma_c]$ 为材料的许用压应力。

该式就是梁的正应力强度条件。式中，$[\sigma]$ 为弯曲时材料的许用正应力，其值随材料的不同而不同，在有关规范中均有具体规定。

利用强度条件，可解决工程中常见的下列三类问题。

(1) 强度校核。当已知梁的截面形状和尺寸、梁所用的材料及梁上载荷时，可校核梁是否满足强度要求。

(2) 选择截面。当已知梁所用的材料及梁上载荷时，可根据强度条件，先算出所需的弯曲截面系数，然后，依所选的截面形状，再由 $W_z$ 值确定截面的尺寸。

(3) 计算梁所能承受的最大载荷。当已知梁所用的材料、截面的形状和尺寸时，根据强度条件，先算出梁所能承受的最大弯矩，再由 $M_{max}$与载荷的关系，算出梁所能承受的最大荷载。

下面举例说明正应力强度条件的具体应用。

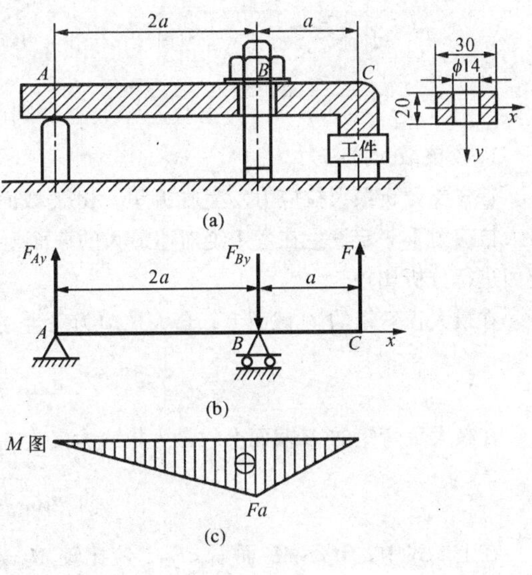

图5-6

**例5-2** 螺栓压板夹紧装置如图5-6（a）所示。已知板长 $3a = 150$mm，压板材料的弯曲许用应力 $[\sigma] = 150$MPa。试计算压板传给工件的最大允许压紧力 $F$。

**解** 压板可简化为图5-6（b）所示的外伸梁。作出弯矩图，如图5-6（c）所示。

$$M_{max} = M_B = Fa$$

根据截面 $B$ 的尺寸可求得对中性轴 $z$ 的惯性矩为

$$I_z = \frac{30 \times 20^3}{12}\text{mm}^4 - \frac{14 \times 20^3}{12}\text{mm}^4 = 1.07 \times 10^4\text{mm}^4$$

$$W_z = \frac{I_z}{y_{\max}} = \frac{1.07 \times 10^4}{10}\text{mm}^3 = 1.07 \times 10^3\text{mm}^3$$

$$M_{\max} = M_B = Fa \leqslant W_z[\sigma]$$

$$F \leqslant \frac{W_z[\sigma]}{a} = \frac{1.07 \times 10^3 \times 150}{50}\text{N} = 3.21\text{kN}$$

所以根据压板的强度，最大压紧力不应超过3.21kN。

**例5-3** 图5-7所示为一铸铁制成的Π字形截面梁，横截面对 $z$ 轴的惯性矩 $I_z = 45 \times 10^{-6}\text{m}^4$，$y_1 = 0.05\text{m}$，$y_2 = 0.140\text{m}$，材料的许用拉应力及许用压应力分别为 $[\sigma_t] = 30\text{MPa}$，$[\sigma_c] = 140\text{MPa}$。试按正应力强度条件校核梁的强度。

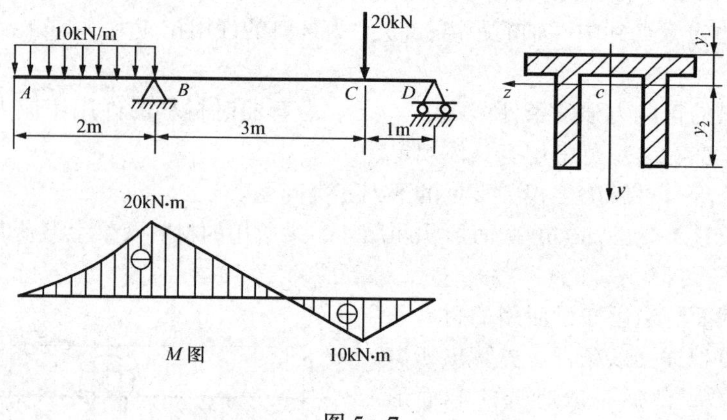


图5-7

1. 校核最大拉应力

首先要分析最大拉应力发生在哪里。由于截面对中性轴不对称，而正、负弯矩又都存在，因此，最大拉应力不一定发生在弯矩绝对值最大的截面上，应该对最大正弯矩和最大负弯矩两个截面上的拉应力进行分析比较。

在最大正弯矩的 $C$ 截面上，最大拉应力发生在截面的下边缘，其值为

$$\sigma_{\max} = \frac{M_C}{I_z}y_2$$

在最大负弯矩的 $B$ 截面上，最大拉应力发生在截面的上边缘，其值为

$$\sigma_{\max} = \frac{M_B}{I_z}y_1$$

在上二式中，$M_B > M_C$ 而 $y_1 < y_2$，应比较 $M_By_1$ 与 $M_Cy_2$

$$M_By_1 = 20 \times 10^6 \times 50\text{N} \cdot \text{mm} = 1 \times 10^9\text{N} \cdot \text{mm}^2$$

$$M_Cy_2 = 10 \times 10^6 \times 140\text{N} \cdot \text{mm} = 1.4 \times 10^9\text{N} \cdot \text{mm}^2$$

因为 $M_Cy_2 > M_By_1$，所以最大拉应力发生在 $C$ 截面上，即

$$\sigma_{\text{tmax}} = \frac{M_C}{I_z}y_2 = \frac{1.4 \times 10^9}{45 \times 10^6}\text{MPa} = 31.1\text{MPa}$$

$\sigma_{tmax}$虽略大于 $[\sigma_t]$，但未超过5%，满足强度要求。

2. 校核最大压应力

首先确定最大压应力发生在哪里。与分析最大拉应力一样，要比较 $C$、$B$ 两个截面。$B$ 截面上最大压应力发生在下边缘，$C$ 截面上的最大压应力发生在上边缘。因 $M_B$ 与 $y_2$ 分别大于 $M_C$ 与 $y_1$，所以最大压应力一定发生在 $B$ 截面上。即

$$\sigma_{cmax} = \frac{M_B}{I_z}y_2 = \frac{20 \times 10^6 \times 140}{45 \times 10^6}\text{MPa} = 62.22\text{MPa} \leqslant [\sigma_c]$$

满足强度要求。

**例 5-4**　简支梁上作用两个集中力（图 5-8），如果梁采用热轧普通工字钢，钢的许用应力已知：$l = 6\text{m}$，$F_1 = 15\text{kN}$，$F_2 = 21\text{kN}$，$[\sigma] = 170\text{MPa}$，试选择工字钢的型号。

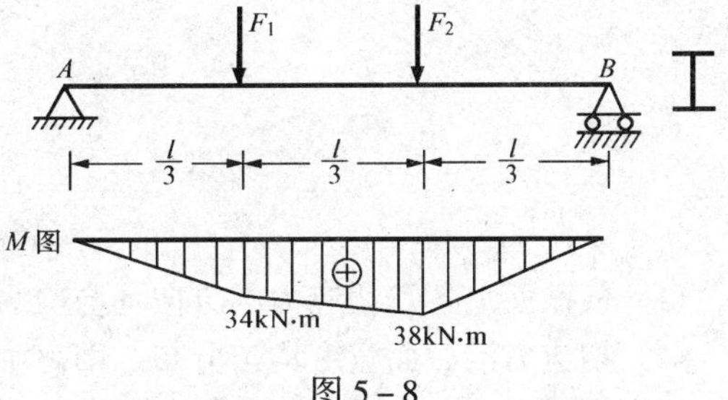


图 5-8

**解**　先画出弯矩图，最大弯矩发生在 $F_2$ 作用截面上，其值为 38kN·m。根据强度条件，梁所需的弯曲截面系数为

$$W_z = \frac{M_{max}}{[\sigma]} = \frac{38 \times 10^9}{170}\text{mm}^3 = 2.23 \times 10^5\text{mm}^3 = 223\text{cm}^3$$

根据算得的 $W_z$ 值，在型钢表上查出与该值相近的型号，就是我们所需的型号。在附录的型钢表中，20a 号工字钢的 $W_z$ 值为 $237\text{cm}^3$，与算得的 $W_z$ 从值相近，故选取 20a 号工字钢。因为 20a 号的 $W_z$ 值大于按强度条件算得的 $W_z$ 值，所以一定满足强度条件。

## §5-4　弯曲切应力、剪切中心、切应力强度条件及应用

梁在剪切弯曲（横力弯曲）时，横截面上除了由弯矩引起的正应力以外，还存在着由剪力引起的切应力。在一般情况下，正应力是支配梁强度的主要因素，按弯曲正应力强度计算即可满足工程要求。但在某些情况下，例如跨度较短的梁，载荷较大又靠近支座的梁，腹板高而窄的组合截面梁，焊接、铆接、胶合的梁等，有可能因梁的剪切强度不足而发生破坏，需要对梁进行弯曲切应力强度计算。

分析弯曲切应力不同于分析弯曲正应力，切应力的分布规律与其横截面的形状有密切关系，下面讨论几种工程常见截面梁的弯曲切应力。

### 一、矩形截面梁的切应力

在图 5-9（a）所示矩形截面梁的任意截面上，剪力 $F_Q$ 皆与截面的对称轴 $y$ 重合［图 5-9（b）］。现分析横截面内距中性轴为 $y$ 处的某一横线 $cd$ 上的切应力分布情况。

根据切应力互等定理可知，在截面两侧边缘的 $c$ 和 $d$ 处，切应力的方向一定与截面的边相切，即与剪力 $F_Q$ 的方向一致。而由对称关系知，横线中点处切应力的方向，也必然与剪力 $F_Q$ 的方向相同。因此可认为横线 $cd$ 上各点处切应力都平行于剪力 $F_Q$，又因梁截面的高 $h$ 大于宽度 $b$，所以还可以认为，沿横线 $cd$ 各点切应力大小相等。

由以上分析，我们对切应力的分布规律做以下两点假设：

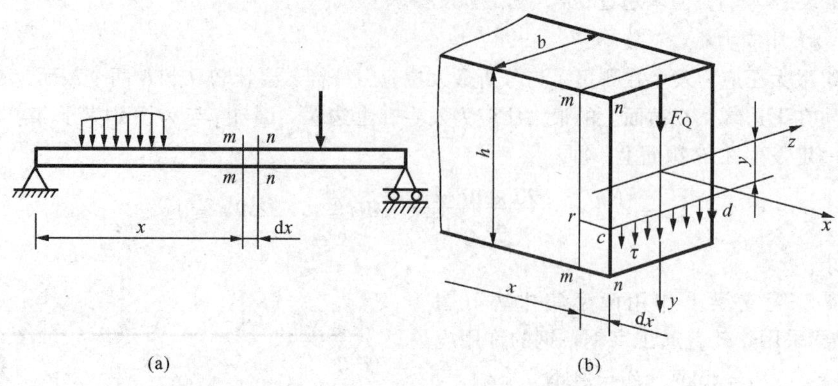


图 5 - 9

(1) 横截面上各点切应力的方向均与剪力 $F_Q$ 平行。

(2) 切应力沿截面宽度均匀分布，即离中性轴等距的各点切应力相等。

现用横截面 $m-m$ 和 $n-n$ 从图 5 - 9 (a) 所示梁中取出长为 d$x$ 的微段，如图 5 - 10 (a) 所示。设作用于微段左、右两侧横截面上的剪力为 $F_Q$，弯矩分别为 $M$ 和 $M+\mathrm{d}M$。再用距中性层为 $y$ 的截面 $cd$ 取出一部分 $mncr$，如图 5 - 10 (b) 所示。该部分的左右两个侧面 $mr$ 和 $nc$ 上分别作用有由弯矩 $M$ 和 $M+\mathrm{d}M$ 引起的正应力。除此之外，两个侧面上还作用有切应力 $\tau$。根据切应力互等定理，截出部分顶面 $rc$ 上也作用有切应力 $\tau'$，其值与距中性层为 $y$ 处横截面上的切应力 $\tau$ 数值相等 [图 5 - 10 (b)]。设截出部分 $mncr$ 的右侧截面 $nc$ 上的法向微内力 $\sigma\mathrm{d}A$ 组成的在 $x$ 轴方向的法向内力系的合力是 $F_{N2}$，则

$$F_{N2}=\int_{A_1}\sigma\mathrm{d}A=\int_{A_1}\frac{M+\mathrm{d}M}{I_z}y_1\mathrm{d}A=\frac{M+\mathrm{d}M}{I_z}\int_{A_1}y_1\mathrm{d}A=\frac{M+\mathrm{d}M}{I_z}S_z^*\qquad\text{(a)}$$

同理，左侧面 $mr$ 内力系的合力是 $F_{N1}$

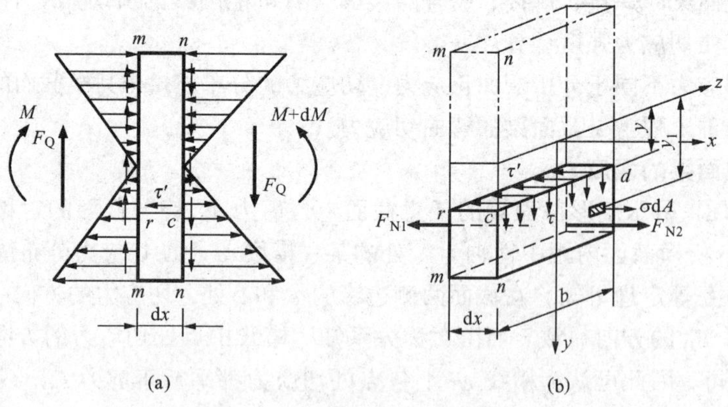


图 5 - 10

$$F_{N1} = \frac{M}{I_z}S_z^* \tag{b}$$

式中：$A_1$ 为侧面 $cn$ 的面积；$S_z^*$ 是距中性轴为 $y$ 的横线 $cd$ 以下面积对中性轴的静矩。

考虑截出部分 $mncr$ 的平衡图，如图 5－10（b）所示，由 $\Sigma F_x = 0$，得

$$F_{N2} - F_{N1} - \tau' b\mathrm{d}x = 0 \tag{c}$$

将式（a）及式（b）代入式（c），化简后得

$$\tau' = \frac{\mathrm{d}M}{\mathrm{d}x}\frac{S_z^*}{I_z b}$$

由于$\frac{\mathrm{d}M}{\mathrm{d}x} = F_Q$，并且 $\tau'$ 与 $\tau$ 数值相等，于是矩形截面梁横截面上的切应力计算公式为

$$\tau = \frac{F_Q S_z^*}{I_z b} \tag{5-9}$$

式中：$F_Q$ 为横截面上的剪力；$b$ 为截面宽度；$I_z$ 为整个截面对中性轴 $z$ 的惯性矩；$S_z^*$ 为截面上距中性轴为 $y$ 的横线以外部分面积对中性轴 $z$ 的静矩。这就是矩形截面梁弯曲切应力的计算公式。

对于矩形截面（图 5－11），可取 $\mathrm{d}A = b\mathrm{d}y_1$，于是

$$S_z^* = \int_{A_1} y_1 \mathrm{d}A = \int_y^{\frac{h}{2}} b y_1 \mathrm{d}y_1 = \frac{b}{2}\left(\frac{h^2}{4} - y^2\right)$$

这样，式（5－9）可以写成

$$\tau = \frac{F_Q}{2I_z}\left(\frac{h^2}{4} - y^2\right) \tag{5-10}$$

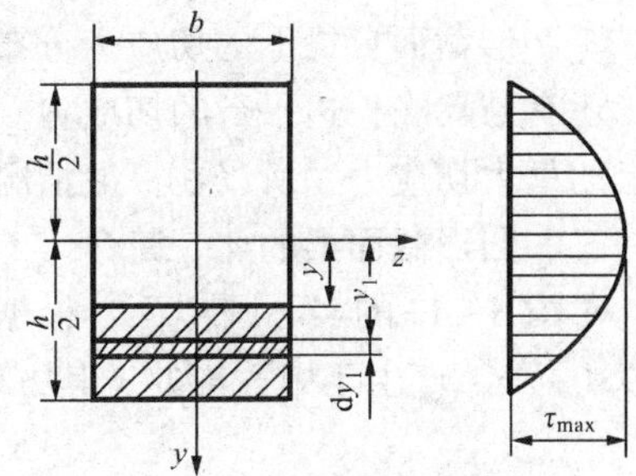


图 5－11

从式（5－10）看出，沿截面高度切应力 $\tau$ 按抛物线规律变化。当时 $y = \pm\frac{h}{2}$时，$\tau = 0$。这表明在截面上、下边缘的各点处，切应力等于零。随着离中性轴的距离 $y$ 的减小，$\tau$ 逐渐增大。当 $y = 0$ 时，$\tau$ 为最大值，即最大切应力发生在中性轴上，且

$$\tau_{max} = \frac{F_Q h^2}{8I_z}$$

将 $I_z = \frac{bh^3}{12}$代入上式，即可得出

$$\tau_{max} = \frac{3F_Q}{2bh} = \frac{3}{2}\frac{F_Q}{A} \tag{5-11}$$

式中，$A$ 为横截面的面积。可见矩形截面梁的最大切应力为平均切应力的 1.5 倍，并发生在中性轴上各点处。

**二、工字形截面梁**

首先讨论工字形截面梁腹板上的切应力。腹板截面是一个狭长矩形，关于矩形截面上切应力分布的两个假设仍然适用，由式（5－9）直接求得

$$\tau = \frac{F_Q S_z^*}{I_z d}$$

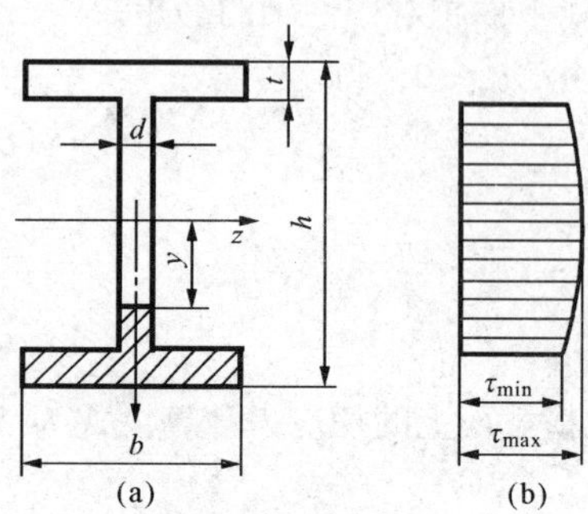

图 5－12

式中：$d$ 为腹板的宽度；$S_z^*$ 为距中性轴为 $y$ 的横线以外部分的横截面面积［图 5－12（a）中画阴影线部分的面积］对中性轴的静矩。

对 $S_z^*$ 的计算结果（读者可自己推导）表明，在腹板范围内，$S_z^*$ 是 $y$ 的二次函数，故腹板部分的切应力 $\tau$ 沿腹板高度也是按抛物线规律变化的［图 5－12（b）］，其最大切应力也在中性轴上。显然，这也是整个横截面上的最大切应力，其值为

$$\tau = \frac{F_Q S_{z\max}^*}{I_z d} \tag{5-12}$$

式中，$S_{z\max}^*$为中性轴任一边的半个横截面面积对中性轴的静矩。在具体计算 $\tau_{\max}$时，对轧制工字钢截面，式（5－12）中的 $I_z/S_{z\max}^*$就是型钢表中给出的比值 $I_x/S_x$。

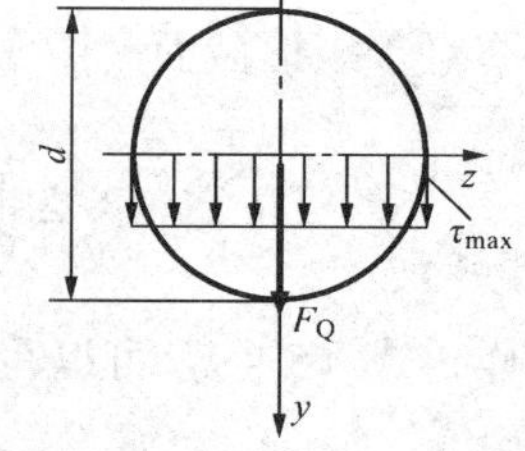

图 5－13

工字形截面翼缘上的切应力分布复杂，除平行于 $y$ 轴的切应力外，还有与翼缘长边平行的切应力。但翼缘上的最大切应力小于腹板上的最大切应力，所以在一般情况下不必计算。

**三、圆形截面梁的 $\tau_{\max}$简介**

对图 5－13 的实心圆截面，根据工程应用，只需知道其 $\tau_{\max}$就可以了。$\tau_{\max}$产生于中性轴处，其方向与 $F_Q$ 一致，且有

$$\tau_{\max} = \frac{4F_Q}{3\pi d^2/4} = \frac{4}{3}\frac{F_Q}{A} \tag{5-13}$$

上式为圆形截面梁的最大弯曲切应力，约为其平均切应力的 1.33 倍。

**四、薄壁环形截面梁**

图 5－14（a）所示一段薄壁环形截面梁，壁厚为 $\delta$，平均半径为 $r_0$，由于 $\delta$ 远小于 $r_0$，故可假设：①横截面上切应力的大小沿壁厚无变化；②切应力的方向与圆周相切，如图 5－14（a）所示。最大切应力 $\tau_{\max}$仍然发生在中性轴上，且可用式（5－9）来计算，式中的 $b$ 应为 $2\delta$，而 $S_z^*$ 则为半个圆环［图 5－14（b）］的面积对中性轴的静矩，其值为

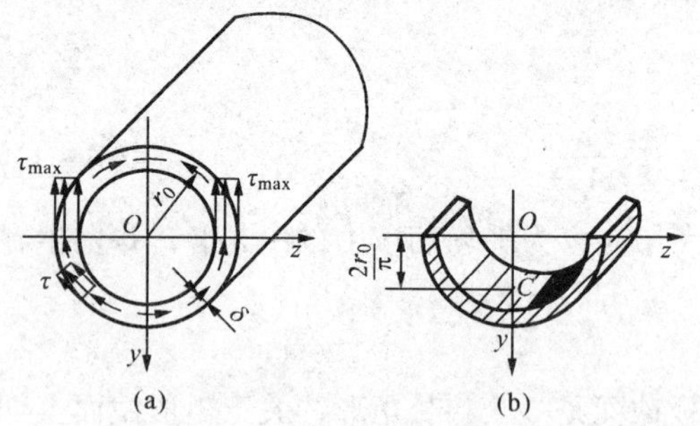

图 5－14

$$S_z^* = \pi r_0 \delta \times \frac{2r_0}{\pi} = 2r_0^2\delta$$

且 $I_z = \pi r_0^3 \delta$，代入式（5－9）得

$$\tau_{\max} = \frac{F_Q S_z^*}{I_z b} = \frac{F_Q \times 2r_0^2\delta}{\pi r_0^3\delta \times 2\delta} = 2\frac{F_Q}{2\pi r_0 \delta} = 2\frac{F_Q}{A} \tag{5-14}$$

式中：$A$ 为环形截面的面积。可见，最大切应力 $\tau_{max}$为平均切应力的 2 倍。

最后来讨论计算等直梁上的最大切应力的一般公式。对于等直梁，其最大切应力 $\tau_{max}$一定出现在剪力最大值 $F_{Qmax}$的截面上，且一般是位于该截面的中性轴上。由以上各种形状的横截面上的最大切应力计算公式可知，整个梁各横截面中最大切应力 $\tau_{max}$可统一表达为

$$\tau_{max} = \frac{F_{Qmax}S_{zmax}^*}{I_z b} \tag{5-15}$$

式中：$S_{zmax}^*$为中性轴以下（或以上）截面面积对中性轴的静矩；$b$ 为横截面在中性轴处的宽度；$F_{Qmax}$为全梁最大的剪力；$I_z$ 为整个截面对中性轴 $z$ 的惯性矩。

**五、弯曲中心的概念**

横力弯曲时，梁上一定作用有与梁的轴线相垂直的横向力。只有当此横向力通过截面的某一点的纵向平面内，才可使梁只弯而不扭。如对图 5-15（a）及（b）所示的圆形及矩形截面，只有横向力 $F$ 的作用面均通过截面的形心主轴，才能使梁只弯曲而不扭转；我们把梁只弯而不扭时横向力应通过的纵向平面内截面某点称为弯曲中心，也称剪心。图 5-15（a）、（b）截面的弯曲中心是和截面形心相重合的，但对于图5-15（c）、（d）所示的横截面，若横向力 $F$ 通过截面形心，由实验及理论分析均表明，这时的梁是既弯又扭的，可见截面形心不一定是截面的弯曲中心。对于工程中常用的开口薄壁截面，因其抗扭能力很差，而且弯曲中心位置离形心一般都比较远，因此确定其弯曲中心的位置是一个很重要的问题。

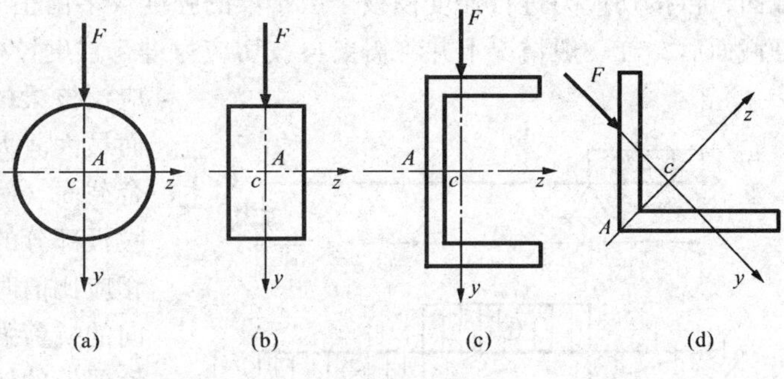

图 5-15

通过上述分析，只有当横向力 $F$ 作用在通过弯曲中心纵向平面内时，梁才只产生弯曲而不产生扭转，而弯曲中心的位置只决定于截面的几何特征（截面的形状与尺寸），确定弯曲中心的位置，常是比较复杂的；表 5-1 给出了工程中常见的几种截面的弯曲中心的位置。

**表 5-1 工程中常见的几种截面弯曲中心的位置**

| 截面形状 | | | | | | |
|---|---|---|---|---|---|---|
| 弯曲中心 A 的位置 | $e = \frac{b_1^2 h_1^2 t}{4I_z}$ | $e = r_0$ | 位于两个狭长矩形中线的交点 | | | 与形心重合 |

### 六、梁的切应力强度条件

一般来说，梁横截面上的最大切应力发生在中性轴处，而该处的正应力为零。因此梁内的最大弯曲切应力作用点处于纯剪切状态。这时弯曲切应力强度条件为

$$\tau_{\max} = \left(\frac{F_Q S_z^*}{I_z b}\right)_{\max} \leqslant [\tau] \tag{5-16}$$

对等截面梁，最大切应力发生在最大剪力所在的截面上，弯曲切应力强度条件为

$$\tau_{\max} = \frac{F_{Q\max} S_{z\max}^*}{I_z b} \leqslant [\tau] \tag{5-17}$$

即要求梁内的最大弯曲切应力 $\tau_{\max}$不超过材料在纯剪切时的许用切应力［$\tau$］。

在选择梁的截面时，必须同时满足正应力和切应力两强度条件。通常是先按正应力选出截面，再按切应力进行强度校核。由于梁的强度大多由正应力控制，故按正应力强度条件选好截面后，在一般情况下并不需要再按切应力进行强度校核。只在以下几种特殊情形下，还应校核梁的切应力：①梁的最大弯矩较小，而最大剪力却很大时；②在焊接或铆接的组合截面（例如工字形）钢梁中，当其横截面腹板部分的宽度与梁高之比小于型钢截面的相应比值时；③木梁，由于木材在其顺纹方向的抗剪强度较差，在横力弯曲时可能因中性层上的切应力过大而使梁沿中性层发生剪切破坏，因此，需要按木材在顺纹方向的许用切应力［$\tau$］对木梁进行强度校核。

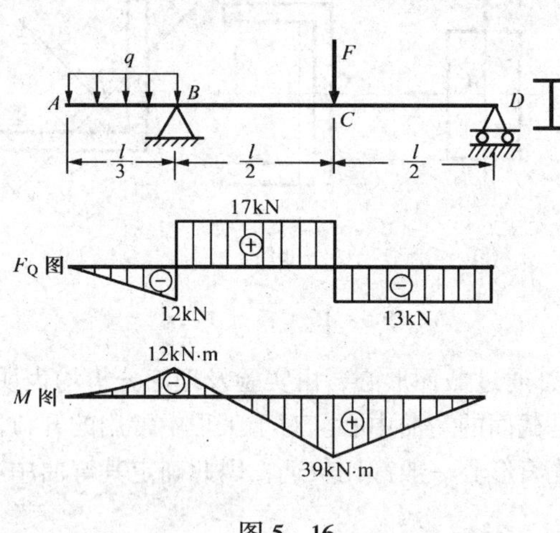


图 5－16

**例 5－5** 图 5－16 所示为一外伸工字型钢梁，工字型钢的型号为 22a，梁上载荷如图所示，已知 $l=6$m，$F=30$kN，$q=6$kN/m，材料的许用应力为［$\sigma$］＝170MPa，［$\tau$］＝100MPa。试校核梁的强度。

**解** 计算梁的约束力。然后作剪力图和弯矩图，如图 5－16 所示。最大正应力和切应力分别发生在最大弯矩与最大剪力的截面上。

$$M_{\max} = 39\text{kN}\cdot\text{m} \quad F_{Q\max} = 17\text{kN}$$

查钢型表有

$$W_z = 309\text{cm}^3 = 0.309\times10^{-3}\text{m}^3 \quad \frac{I_z}{S_{z\max}} = 18.9\text{cm} = 0.189\text{m}$$

$$b = d = 7.5\text{mm} = 0.0075\text{m}$$

最大正应力为

$$\sigma_{\max} = \frac{M_{\max}}{W_z} = \frac{39\times10^6}{0.309\times10^6}\text{MPa} = 126\text{MPa} < [\sigma]$$

最大切应力为

$$\tau_{max} = \frac{F_{Qmax}S_{zmax}}{I_z b} = \frac{17 \times 10^3}{189 \times 7.5}\text{MPa} = 12\text{MPa} < [\tau]$$

所以梁安全。

## §5-5　提高梁抗弯强度的一些措施

在工程实际中，常提出这样的问题：一方面要保证梁具有足够的强度，使梁在载荷作用下能安全的工作；同时应使设计的梁充分发挥材料的潜能，以节省材料或减轻梁的自重。由于平面弯曲时，在一般情况下弯曲正应力是影响梁强度的主要因素。根据弯曲正应力的强度条件

$$\sigma_{max} = \frac{M_{max}}{W_z} \leqslant [\sigma]$$

可知，为了提高弯曲强度，这就需要合理安排受力情况以减少 $M_{max}$及合理设计截面形状以提高 $W$ 两方面着手，下面分别进行讨论。

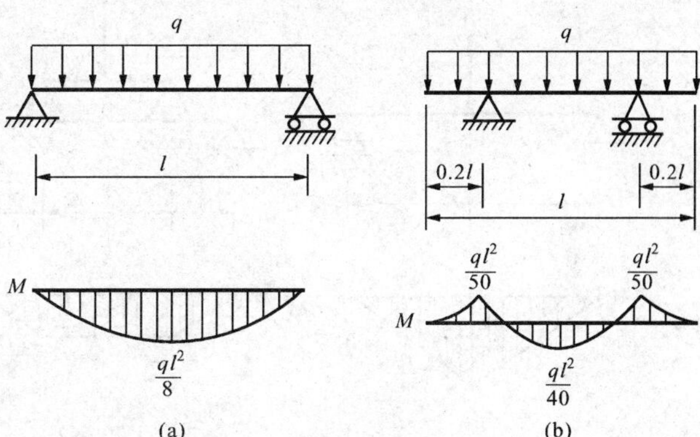


图 5-17

### 一、合理安排梁的受力情况

1. 合理设计和布置支座

对于长度为 $l$ 且在均布载荷作用下的梁，分别考虑图 5-17（a）、（b）所示的简支梁及外伸梁，则其产生的最大弯矩明显不同。

对图（a）　$M_{max} = \frac{1}{8}ql^2 = 0.125ql^2$

对图（b）　$M_{max} = \frac{1}{40}ql^2 = 0.025ql^2$

可见，两端伸出 $0.2l$ 的外伸梁的最大弯矩是简支梁的 1/5，因此合理设计支座并恰当安排支座的位置，便可有效地提高梁的承载能力。图 5-18（a）所示门式起重机的大梁，图 5-18（b）所示锅炉筒体，其支座均设置为外伸梁形式，就是应用了以上分析的道理。

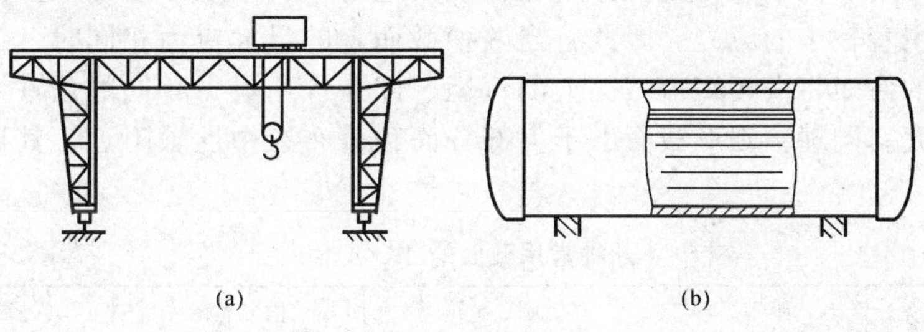


图 5-18

2. 尽量将集中载荷分散作用

如图 5－19（a）所示在梁中点受集中力 $F$ 作用的简支梁，其最大弯矩为 $M_{max}=Fl/4$；若在梁上增加一根副梁，将 $F$ 分为到支座距离为 $l/4$ 的两个集中力，如图 5－19（b）所示，则其最大弯矩为 $M_{max}=Fl/8$，仅为原来的 50%。

3. 将集中载荷移近支座作用

如果将图 5－19（a）所示的作用在梁中点的集中力 $F$ 安置在距左端为 $l/8$ 处，如图 5－19（c）所示，则其最大弯矩减小到 $7Fl/64$，因而也就提高了梁的抗弯强度。

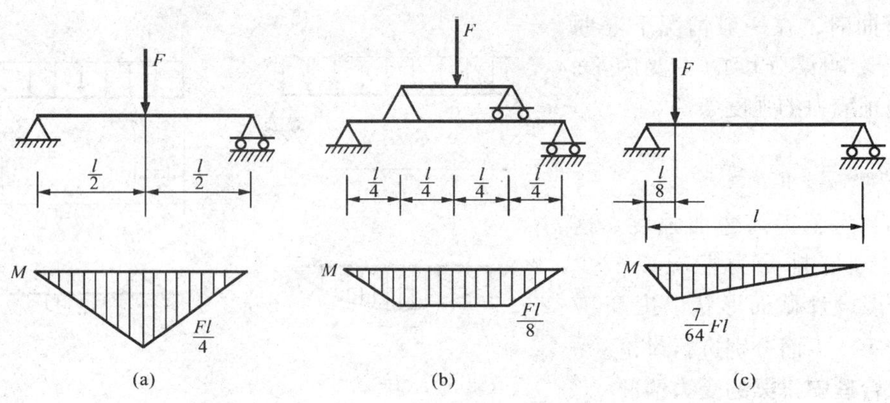


图 5－19

## 二、合理选取截面形状

由正应力强度条件可知，梁可能承受的 $M_{max}$ 与弯曲截面系数 $W$ 成正比，$W$ 越大越有利。另一方面，使用材料的多少和自重的大小，则与截面面积 $A$ 成反比，面积越小越经济、越轻。因而合理的截面形状应该是截面面积 $A$ 较小，而弯曲截面系数 $W$ 较大。

表 5－2 列出几种常用截面在面积相等的情况下 $W_z/A$ 值，由此看出，工字形截面和槽形截面最为合理，而圆形截面是其中最差的一种，从弯曲正应力的分布规律来看，也容易理解这一事实。以截面面积及高度均相等的矩形截面及工字形截面为例说明如下：梁横截面上的正应力是按线性规律分布的，离中性轴越远，正应力越大。工字形截面有较多面积分布在距中性轴较远处，作用着较大的应力，而矩形截面有较多面积分布在中性轴附近，作用着较小的应力。因此，当两种截面上的最大应力相同时，工字形截面上的应力所形成的弯矩将大于矩形截面上的弯矩。即在许用应力相同的条件下，工字形截面抗弯能力较大。同理，圆形截面由于大部分面积分布在中性轴附近，其抗弯能力就更差了。

**表 5－2　几种常用截面的 $W_z/A$ 值**

| 截面形状 | 矩　形 | 圆　形 | 槽　钢 | 工字钢 |
|---|---|---|---|---|
| $\frac{W_z}{A}$ | $0.167h$ | $0.125d$ | $(0.27\sim0.31)\ h$ | $(0.27\sim0.31)\ h$ |

以上是从抗弯强度的角度讨论问题。工程实际中选用梁的合理截面，还必须综合考虑刚度、稳定性以及结构、工艺等方面的要求，才能最后确定。

在讨论截面的合理形状时，还应考虑材料的特性。对于抗拉和抗压强度相等的材料，如各种钢材，宜采用对称于中性轴的截面，如圆形、矩形和工字形等截面。这种横截面上、下边缘最大拉应力和最大压应力数值相同，可同时达到许用应力值。对抗拉和抗压强度不相等

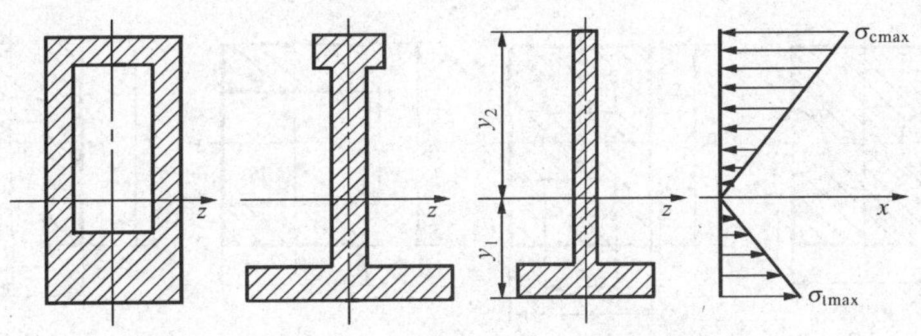


图 5－20

的材料，如铸铁，则宜采用非对称于中性轴的截面，如图 5－20 所示。我们知道铸铁之类的脆性材料，抗拉能力低于抗压能力，所以在设计梁的截面时，应使中性轴偏于受拉应力一侧，通过调整截面尺寸，如能使 $y_1$ 和 $y_2$ 之比接近下列关系：

$$\frac{\sigma_{tmax}}{\sigma_{cmax}} = \left(\frac{M_{max}y_1}{I_z}\right) \Big/ \left(\frac{M_{max}y_2}{I_z}\right) = \frac{y_1}{y_2} = \frac{[\sigma_t]}{[\sigma_c]}$$

式中：$[\sigma_t]$ 和 $[\sigma_c]$ 分别表示拉伸和压缩的许用应力，则最大拉应力和最大压应力便可同时接近许用应力。

**三、采用变截面梁和等强度梁**

前面讨论的梁都是等截面的，$W_z$ = 常数，但梁在各截面上的弯矩却随截面的位置而变化。由式（5－6）可知，对于等截面的梁来说，只有在弯矩为最大值 $M_{max}$的截面上，最大应力才有可能接近许用应力。其余各截面上弯矩较小，应力也就较低，材料没有充分利用。为了节约材料、减轻自重，可改变截面尺寸，使弯曲截面系数随弯矩而变化。在弯矩较大处采用较大截面，而在弯矩较小处采用较小截面。这种截面尺寸沿轴线变化的梁，称为变截面梁，例如机械设备中的阶梯梁（图 5－21）。变截面梁的正应力计算仍可近似地用等截面梁的公式。如变截面梁各横截面上的最大正应力都相等，且都等于许用应力，就成了等强度梁。工业厂房中的“鱼腹梁”（图 5－22）就是一种等强度梁。

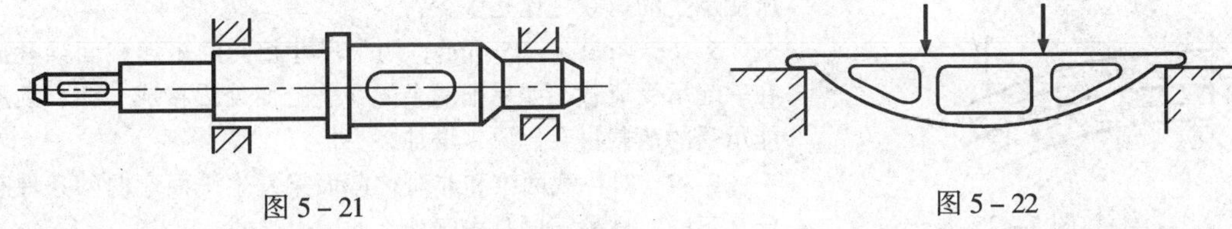

图 5－21　　图 5－22

## 思考讨论题

5－1　惯性矩及抗弯截面系数各表示什么特性？试计算图5－23所示各截面对中性轴 $z$ 的惯性矩 $I_z$ 及抗弯截面系数 $W_z$。

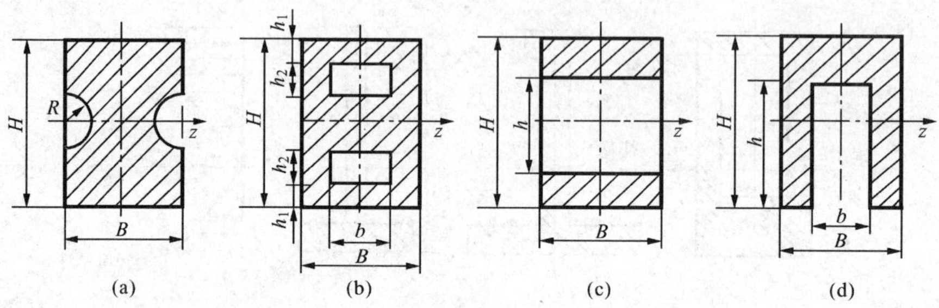

图5－23

5－2　当梁具有图5－24所示几种形状的横截面，若在平面弯曲下，受正弯矩作用，试分别画出各横截面上的正应力沿高度的变化图。

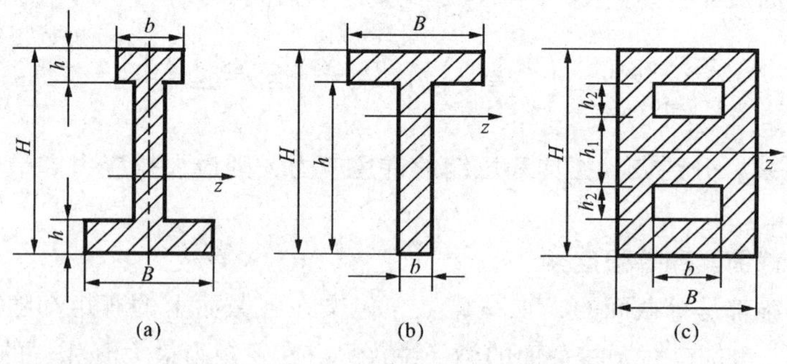

图5－24

5－3　试对梁横截面上的正应力、受扭圆轴横截面上的切应力和拉压杆横截面上的正应力公式的推导过程进行比较，它们有什么共同之处？各自有什么特点？

5－4　通常在什么样的情况下可以不校核梁的剪切强度？为什么？

5－5　确定梁的合理截面应考虑哪些因素？一个矩形截面梁，设其截面的两个边长之比为1:2，当把它立放和扁放时，所能承受的荷载之比是多少？

5－6　如图5－25所示，两个尺寸相同的矩形截面梁叠放在一起承受荷载，如果把两个梁在叠合面处焊接成一体，则所能承受的荷载将会比原来增加多少倍？

5－7　对称截面梁和非对称截面梁发生平面弯曲的条件有什么不同？这种不同是由于什么原因引起的？

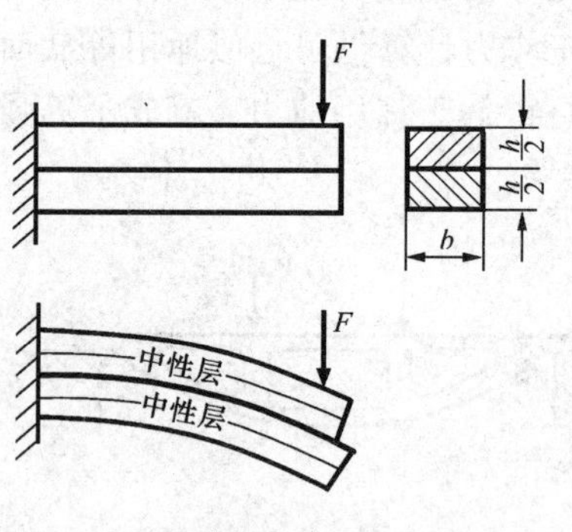


图5－25

## 习 题

5-1 把直径 $d=1\text{mm}$ 的钢丝绕在直径为 2m 的卷筒上，试计算钢丝中产生的最大应力。设 $E=200\text{GPa}$。

5-2 如图 5-26 所示，一工字钢梁，在跨中作用集中力 $F$，已知 $l=6\text{m}$，$F=20\text{kN}$，工字钢的型号为 20a，求梁中最大正应力。

5-3 一对称 T 型截面外伸梁，梁上作用均布载荷，尺寸如图 5-27 所示，已知 $l=1.5\text{m}$，$q=8\text{kN/m}$，求梁中横截面上的最大拉应力和最大压应力。

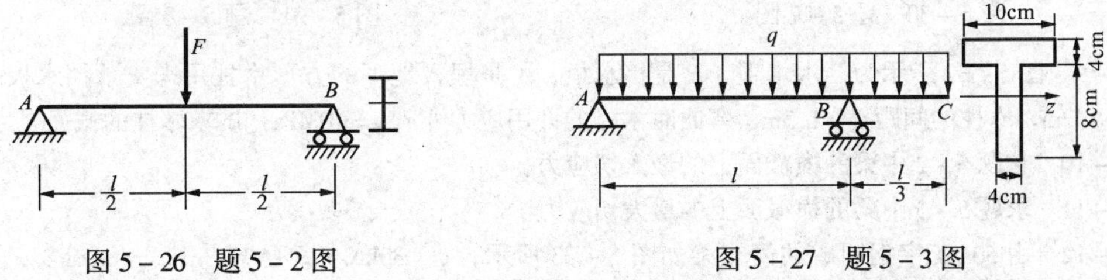


图 5-26 题 5-2 图　　图 5-27 题 5-3 图

5-4 截面形状和所有尺寸完全相同的一根钢梁和一根木梁，如果所受外力也相同，则内力图是否相同？它们的横截面上的正应力变化规律是否相同？对应点处的正应力及纵向线应变是否相同？

5-5 梁在纵向对称面内受外力作用而弯曲，当梁具有图 5-28 所示各种不同形状的横截面时，试分别画出各横截面上正应力沿高度变化的图。

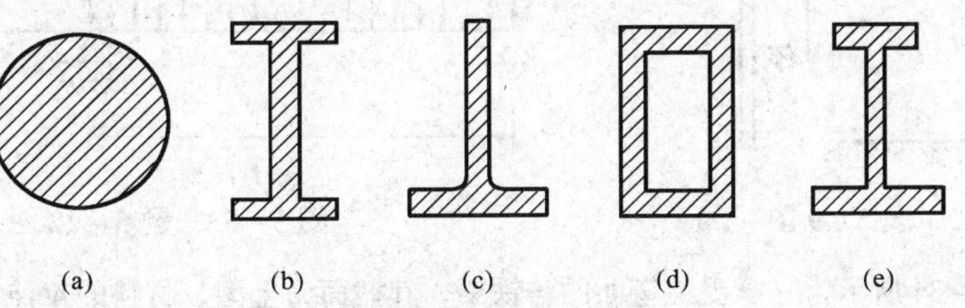


图 5-28 题 5-5 图

5-6 简支梁承受均布载荷如图 5-29 所示。若分别采用截面面积相等的实心和空心圆截面，且 $D_1=40\text{mm}$，$d_2/D_2=3/5$，$q=2\text{kN/m}$，$l=2\text{m}$。试分别计算它们的最大正应力。并问空心截面比实心截面的最大正应力减小了百分之几？

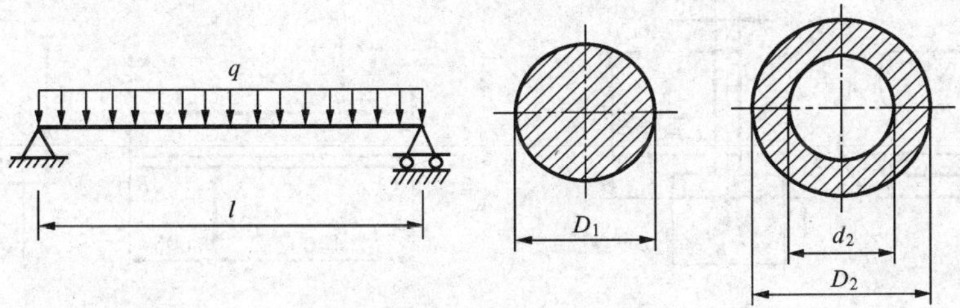


图 5-29 题 5-6 图

5-7 如图 5-30 所示，一矩形截面简支梁，跨中作用集中力 $F$，已知 $l=4\text{m}$，$b=120\text{mm}$，$h=180\text{mm}$，弯曲时材料的许用应力 $[\sigma]=10\text{MPa}$，求梁能承受的最大载荷 $F_{max}$。

5-8 由两个 16a 号槽钢组成的外伸梁，梁上荷载如图 5-31 所示，已知 $l=6\text{m}$，钢材的许用应力 $[\sigma]=170\text{MPa}$，求梁能承受的最大荷载 $F_{max}$。

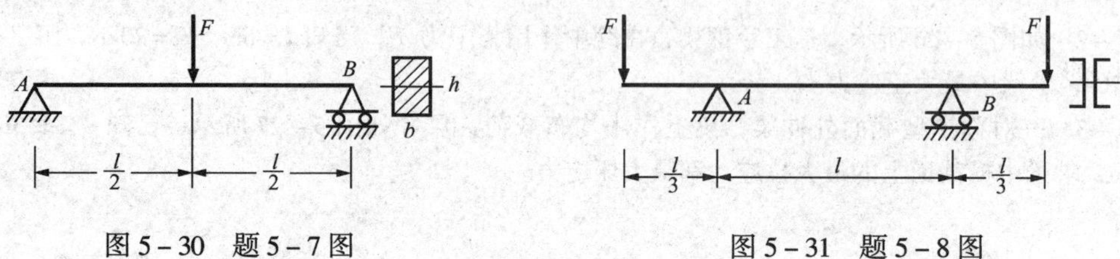


图 5-30 题 5-7 图　　图 5-31 题 5-8 图

5-9 图 5-32 所示为挡水木坝，$B$ 是挡水板，$A$ 是埋入地下的方形木柱用来支承挡水板。已知水深 $h=2\text{m}$，木柱的间距 $s=1.5\text{m}$，弯曲时木材的许用应力 $[\sigma]=10\text{MPa}$，试求木柱的截面尺寸。

5-10 求题 5-2 中梁的横截面上的最大切应力。

5-11 求题 5-3 中梁的横截面上的最大切应力。

5-12 由 50a 工字钢制成的简支梁如图 5-33 所示，$q=30\text{kN/m}$，已知 $[\sigma]=80\text{MPa}$，$[\tau]=50\text{MPa}$，试校核其弯曲强度。

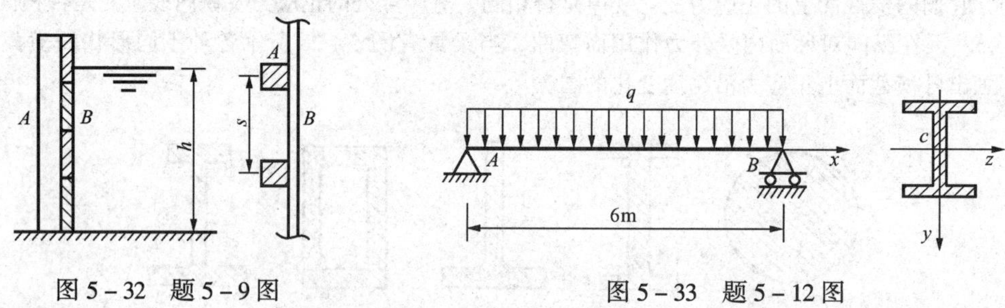


图 5-32 题 5-9 图　　图 5-33 题 5-12 图

5-13 图 5-34 所示为一承受纯弯曲的铸铁梁，其截面为⊥型，材料的拉伸和压缩许用应力之比 $[\sigma_t]/[\sigma_c]=1/4$。求水平翼板的合理宽度 $b$。

5-14 截面为⊥型的铸铁悬臂梁，尺寸及载荷如图 5-35 所示。若材料的拉伸许用应力 $[\sigma_t]=40\text{MPa}$，压缩许用应力 $[\sigma_c]=160\text{MPa}$，$I_z=10180\text{cm}^4$，$h_1=9.64\text{cm}$，求梁能承受的最大荷载 $F_{max}$。

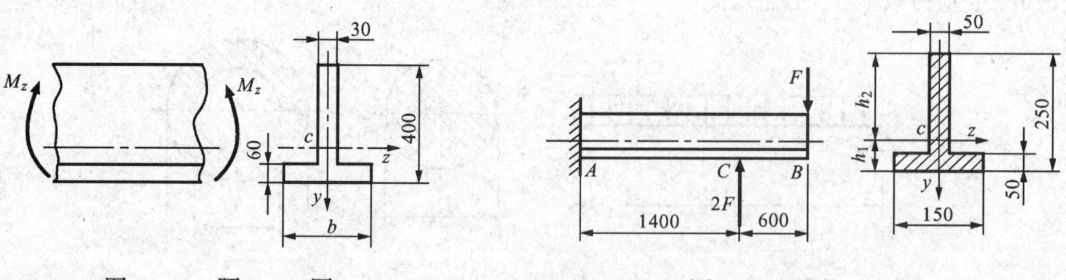


图 5-34 题 5-13 图　　图 5-35 题 5-14 图

5-15　如图 5-36 所示，欲从直径为 $a$ 的圆木中截取一矩形截面梁，试从强度角度求出矩形截面最合理的高、宽尺寸。

5-16　一简支工字型钢梁，梁上荷载如图 5-37 所示，已知，$l=6\text{m}$，$q=6\text{kN/m}$，$F=20\text{kN}$ 钢材的许用应力 $[\sigma]=170\text{MPa}$，$[\tau]=100\text{MPa}$，试选择工字钢的型号。

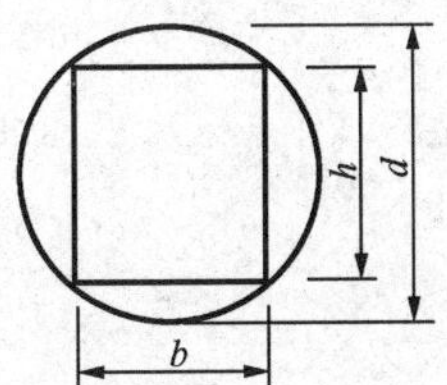


图 5-36　题 5-15 图

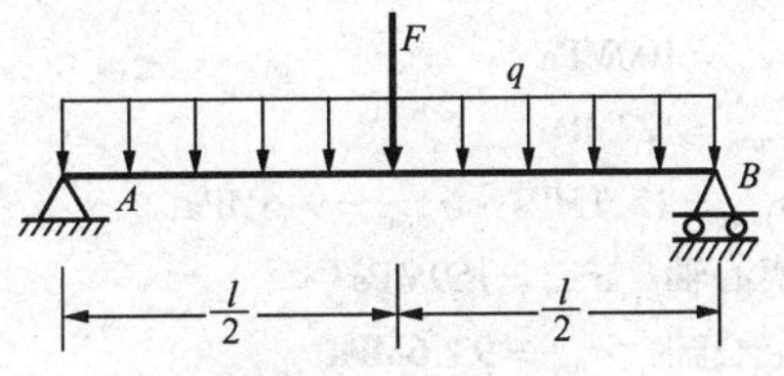


图 5-37　题 5-16 图

5-17　如图 5-38 所示，起重机下的梁由两根工字钢组成，起重机自重 $G=50\text{kN}$，起重量 $F=10\text{kN}$。许用应力 $[\sigma]=160\text{MPa}$，$[\tau]=100\text{MPa}$，$l=10\text{m}$，$a=4\text{m}$，$b=1\text{m}$。若暂不考虑梁的自重，试按正应力强度条件选择工字钢型号，然后再按切应力强度条件进行校核。

5-18　某车间用一台 150kN 的吊车和一台 200kN 的吊车，借一辅助梁共同起吊一重量 $F=300\text{kN}$ 的设备，如图 5-39 所示。

(1) 重量距 150kN 吊车的距离 $x$ 应在什么范围内，才能保证两台吊车都不致超载；

(2) 若用工字钢作辅助梁，已知许用应力 $[\sigma]=160\text{MPa}$，试选择工字钢型号。

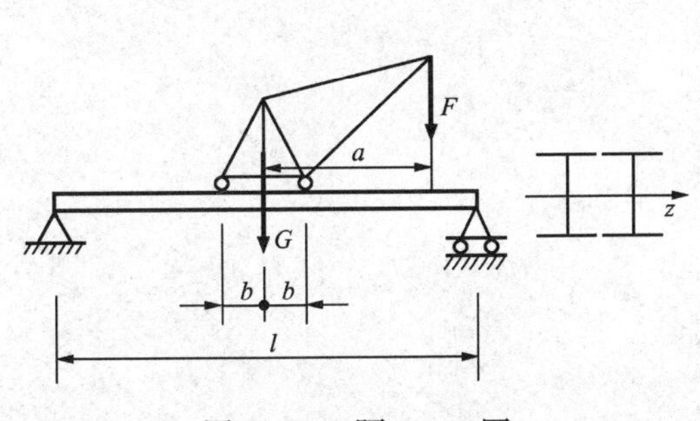


图 5-38　题 5-17 图

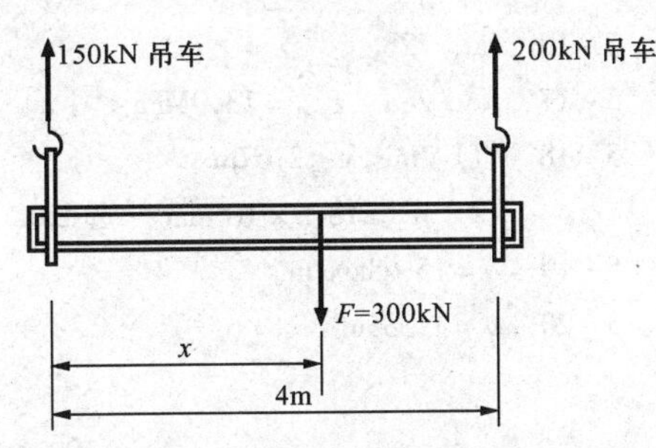


图 5-39　题 5-18 图

5-19　如图 5-40 所示，由 10 号工字钢制成的 $ABD$ 梁，左端 $A$ 处为固定铰链支座，$B$ 点处用铰链与钢制圆截面杆 $BC$ 连接，$BC$ 杆在 $C$ 处用铰链悬挂。已知圆截面杆直径 $d=20\text{mm}$，梁和杆的许用应力均为 $[\sigma]=160\text{MPa}$。试求：结构的许用均布载荷集度 $q$。

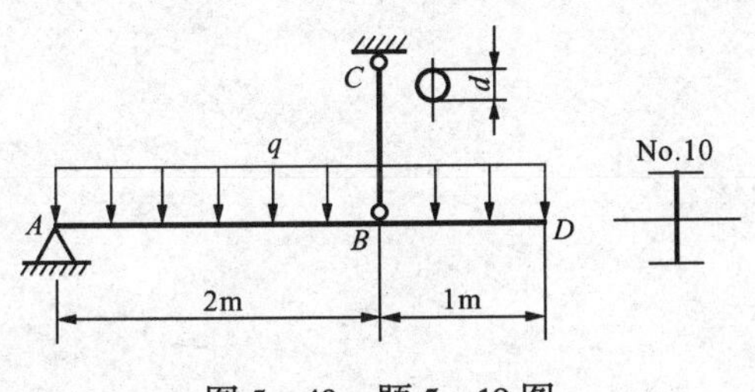


图 5-40　题 5-19 图

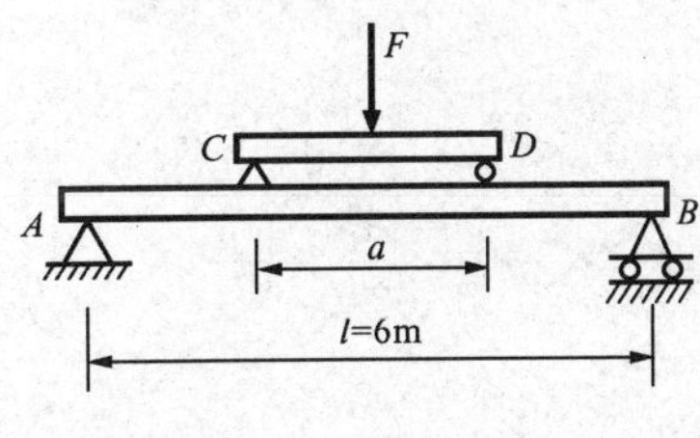


图 5-41　题 5-20 图

5-20　图 5-41 所示简支梁 $AB$，若载荷 $F$ 直接作用于梁的中点，梁的最大正应力超过了许可值的 30%。为避免这种过载现象，配置了副梁 $CD$，试求此副梁所需的长度 $a$。

## 习 题 答 案

5-1　$\sigma_{max}=100MPa$

5-2　$\sigma_{max}=127MPa$

5-3　$\sigma_{tmax}=15.1MPa$　$\sigma_{cmax}=9.6MPa$

5-6　实心轴　$\sigma_{max}=159MPa$

空心轴　$\sigma_{max}=93.6MPa$

5-7　$F_{max}=6.48kN$

5-8　$F_{max}=18.4kN$

5-9　$a=0.229m$

5-12　$\sigma_{max}=72.6MPa<[\sigma]$

$\tau_{max}=17.5MPa<[\tau]$

5-13　$b=510mm$

5-14　$[F]=44.3kN$

5-15　$b=\dfrac{\sqrt{3}}{3}d$　$h=\dfrac{\sqrt{6}}{3}d$

5-16　No. 22b

5-17　No. 28a　$\tau_{max}=13.9MPa<[\tau]$

5-18　（1）$2m\leqslant x\leqslant 2.67m$

（2）$W_z\geqslant 1875\times10^3mm^3$　选 I50a

5-19　$q=15.68kN/m$

5-20　$a=1.385m$

# 第六章　弯曲变形　超静定梁

## §6－1　引　　　言

### 一、工程中弯曲变形问题

在工程设计中，对某些受弯构件除强度要求外，往往还要求其具有足够的刚度，即要求它的变形不能过大，才能保证其正常工作。如图6－1所示的齿转传动轴，如果轴的弯曲变形过大，会影响齿轮间的正常啮合和轴承的配合，加速齿轮和轴承的磨损，使齿轮产生噪声和振动，影响加工精度。又如吊车梁，当其弯曲变形过大时，也会影响吊车的平稳行驶，在起吊重物时，将引起梁的振动，破坏起吊工作的平稳性。因此，在很多情况下都必须对梁的弯曲变形加以限制，进行刚度计算。

另外，工程中也有一些受弯构件，在满足强度要求的条件下，希望它产生较大的弯曲变形，如车辆的叠板弹簧梁（图6－2），采用板条叠合结构，正是利用它的弯曲变形，吸收车辆受到振动和冲击时的动能，起到了缓冲振动的作用。

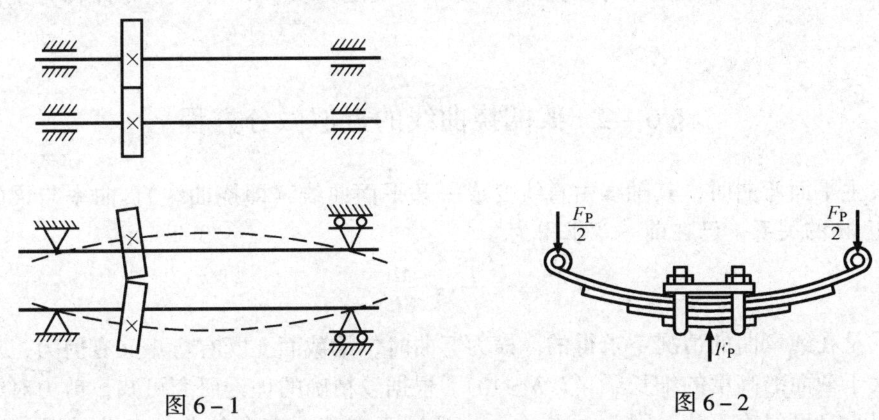


图6－1　　　图6－2

本章研究梁的变形，不仅为了解决梁弯曲刚度问题和解超静定系统，同时还为研究压杆稳定以及振动计算提供有关基础。

### 二、梁的挠度与转角

如图6－3所示简支梁，在横向力 $F$ 的作用下，在对称弯曲的情况下，变形后梁的轴线将成为 $xy$ 平面内的一条连续而光滑的曲线，这条曲线就称为**挠曲线或弹性曲线**。为了描述梁的变形，以变形前的梁轴线为 $x$ 轴，垂直向下的轴为 $y$ 轴，$xy$ 平面为梁的纵向对称面。坐标为 $x$ 的任意横截面的形心沿 $y$ 方向的位移，称为挠度，用 $v$ 来表示，不同截面的挠度是不同的，故

$$v = f(x) \tag{6－1a}$$

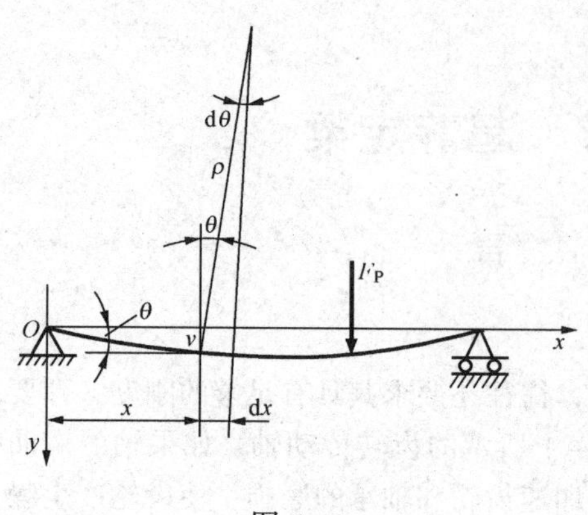

图 6-3

式（6-1a）称为**挠曲线方程**。横截面形心沿水平方向也存在位移，但是在小变形情况下，水平位移远远小于横向位移（挠度），故可忽略不计。同时，在弯曲变形中横截面绕其中性轴转过的角度 $\theta$，称为截面的**转角**。同样，不同截面的转角也是不同的，故

$$\theta = \theta(x) \tag{6-1b}$$

式（6-1b）称为**转角方程**。

由微分学可知，过挠曲线上任一点的斜率可表示为

$$\tan\theta = \frac{\mathrm{d}v}{\mathrm{d}x} = f'(x)$$

由于我们研究的梁属小变形，梁的挠曲线为一条很平缓的曲线，$\theta$ 角很小（一般不超过 1°），从而得

$$\theta = \tan\theta = \frac{\mathrm{d}v}{\mathrm{d}x} = f'(x) \tag{6-2}$$

此式反映了挠度与转角间的关系。

在图 6-3 所示之坐标系中，挠度向下为正，反之为负；转角 $\theta$ 顺时针转为正，反之为负。

## §6-2 梁的挠曲线的近似微分方程

梁发生平面弯曲时，其轴线由直线变成一条平面曲线（即挠曲线）。曲率与梁的弯曲刚度及弯矩 $M$ 的关系，已在前一章求得为

$$\frac{1}{\rho} = \frac{M}{EI_z} \tag{a}$$

此式是在纯弯曲的情况下求得的。横力弯曲时，梁截面上既有弯矩又有剪力，对其跨度通常远大于截面的高度的细长梁（$l/h \geqslant 10$），根据较精确的理论研究可知，剪力对梁的变形的影响很小，可忽略不计。因此，式（a）也适用于有剪力存在的非纯弯曲情况。在非纯弯曲的情况下，弯矩和曲率都随截面位置而变化，它们都是 $x$ 的函数，此时式（a）可写为

$$\frac{1}{\rho(x)} = \frac{M(x)}{EI_z} \tag{b}$$

另外，从几何关系上看，平面曲线上任一点的曲率公式为

$$\frac{1}{\rho(x)} = \pm \frac{\dfrac{\mathrm{d}^2 v}{\mathrm{d}x^2}}{\left[1 + \left(\dfrac{\mathrm{d}v}{\mathrm{d}x}\right)^2\right]^{3/2}} \tag{c}$$

由于我们研究的梁属于小变形，梁的挠曲线很平缓，因此，$\frac{\mathrm{d}v}{\mathrm{d}x}$的数值很小，$\left(\frac{\mathrm{d}v}{\mathrm{d}x}\right)^2$ 与 1

相比可忽略不计，于是式（c）可近似地写成

$$\frac{1}{\rho(x)} = \pm\frac{\mathrm{d}^2 v}{\mathrm{d}x^2} \tag{d}$$

将式（d）代入式（b）得

$$\pm\frac{\mathrm{d}^2 v}{\mathrm{d}x^2} = \frac{M(x)}{EI_z}$$

上式左边的正负号按数学中曲率的符号规定，它与坐标系的选取有关。根据第四章规定的弯矩正负号的意义得知，当 $M(x)$ 为正时，梁的曲线向下凸，如图 6－4（a）所示，而对于本章所取的坐标系，曲线向下凸时，其二阶导数 $v''<0$，即：$\frac{\mathrm{d}^2 v}{\mathrm{d}x^2}<0$，是负值；同理，当 $M(x)$ 为负时，梁的曲线向上凸，如图 6－4（b）所示，此时，$\frac{\mathrm{d}^2 v}{\mathrm{d}x^2}>0$，是正值。由此可见，根据弯矩的正负号规定及本章所取的坐标系，上式两端的正负号是不一致的，所以公式左边应取负号，即

$$\frac{\mathrm{d}^2 v}{\mathrm{d}x^2} = -\frac{M(x)}{EI_z} \tag{6-3}$$

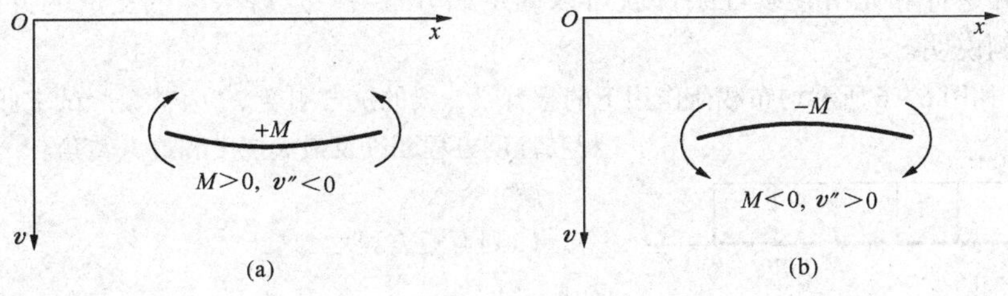


图 6－4

这就是挠曲线近似微分方程，式中 $EI_z$ 称为抗弯刚度。它的近似性是因为推导这一公式时，略去了剪力对变形的影响，以及用$\frac{\mathrm{d}^2 v}{\mathrm{d}x^2}$近似地代替曲率。但是，根据这一公式所得的结果，在工程应用中是足够精确的。

## §6－3　用积分法求梁的变形

上节得到的是梁的挠曲线近似微分方程，为求得梁的挠曲线方程，还须对这个微分方程进行积分。

对于等截面直梁，$EI$ 为常数，挠曲线近似微分方程式（6－3）又可改写为

$$EIv'' = -M(x) \tag{6-4}$$

将此式两边各乘以 $\mathrm{d}x$，积分一次，得

$$EIv' = EI\theta = -\int M(x)\mathrm{d}x + C \tag{6-5}$$

再积分一次，又得

$$EIv = -\iint M(x)\mathrm{d}x\mathrm{d}x + Cx + D \tag{6-6}$$

上两式中的积分常数 $C$ 和 $D$，可通过梁支承处或某些截面的已知位移条件来确定，这些条件称为边界条件。例如简支梁在两端支座处的挠度为零［图 6-5（a）］，即在 $x=0$ 处，$v_B=0$；在 $x=l$ 处，$v_B=0$。又如悬臂梁固定端的挠度和转角均为零［图 6-5（b）］，即在 $x=0$ 处，$v_A=0$ 和 $\theta_A=0$。同时，梁的挠曲线是一条连续光滑的平面曲线，位于梁的中间处，其左、右极限截面的挠度和转角相等，这种条件称为光滑连续性条件。将这些已知的边界条件和光滑连续性条件代入式（6-5）和式（6-6），即可确定 $C$ 和 $D$。

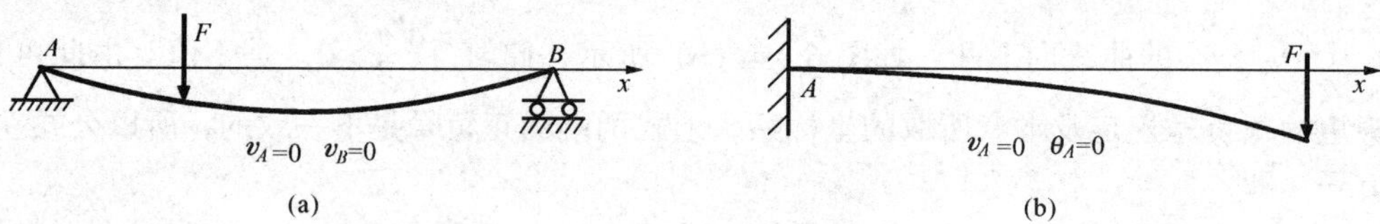


图 6-5

根据边界条件和光滑连续性条件就可以确定积分常数。这种求梁的变形的方法称为积分法。下面举例说明。

**例 6-1** 如图 6-6 所示均布载荷作用下的悬臂梁，梁的抗弯刚度 $EI$ 为常数。试求此梁的转角方程和挠度方程，以及最大挠度和最大转角。

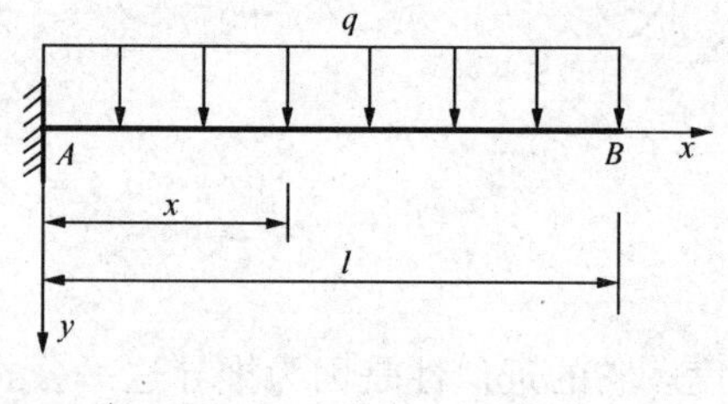


图 6-6

**解**

1. 列弯矩方程

$$M(x) = -\frac{ql^2}{2} + qlx - \frac{qx^2}{2}$$

2. 列挠曲线微分方程并积分

$$EIv'' = \frac{ql^2}{2} - qlx + \frac{qx^2}{2}$$

积分一次得

$$EI\theta = \frac{ql^2}{2}x - \frac{1}{2}qlx^2 + \frac{qx^3}{6} + C \tag{a}$$

再积分一次得

$$EIv = \frac{ql^2}{4}x^2 - \frac{1}{6}qlx^3 + \frac{qx^4}{24} + Cx + D \tag{b}$$

3. 确定积分常数

悬臂梁的边界条件是截面 $A$ 处挠度和转角均等于零，即

$x=0$，$\theta=0$

$x=0$，$v=0$

将上述两个边界条件代入式（a）和式（b）得

$C=0$，$D=0$

4. 确定转角方程和挠度方程

将求得的积分常数 $C$、$D$ 代入（a）式和（b）式得

转角方程

$$EI\theta = \frac{ql^2}{2}x - \frac{1}{2}qlx^2 + \frac{qx^3}{6} \tag{c}$$

挠度方程

$$EIv = \frac{ql^2}{4}x^2 - \frac{1}{6}qlx^3 + \frac{qx^4}{24} \tag{d}$$

5. 求最大挠度和最大转角

根据梁的受力条件和边界条件，可知 $\theta_{max}$和 $v_{max}$发生在自由端 $B$ 处，将 $x = l$ 代入式（c）和式（d）得

$$\theta_{max} = \frac{ql^3}{6EI}, v_{max} = \frac{ql^4}{8EI}$$

根据挠度和转角的符号规定，上述结果表明转角为顺时针，挠度方向为向下。

**例 6－2**　试讨论图 6－7 所示简支梁在均布载荷作用下的弯曲变形。

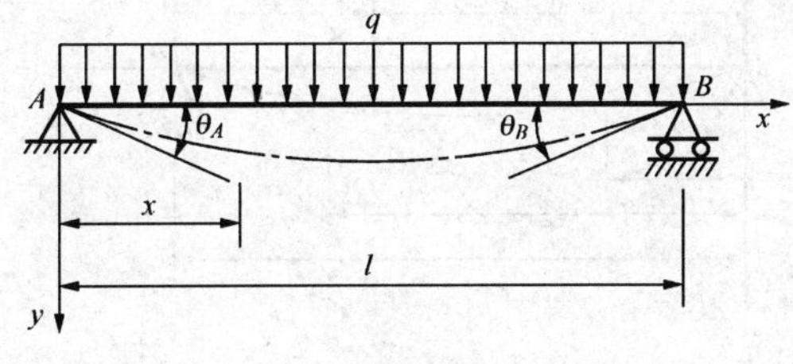


图 6－7

**解**　1. 列弯矩方程

由对称性可知，梁的支反力相等，且为

$$F_{Ay} + F_{By} = \frac{ql^2}{2}$$

则任意横截面上的弯矩为

$$M(x) = \frac{qlx}{2} - \frac{qx^2}{2}$$

2. 列挠曲线微分方程并积分

$$EIv'' = -\frac{qlx}{2} + \frac{qx^2}{2}$$

积分一次得

$$EI\theta = -\frac{1}{4}qlx^2 + \frac{1}{6}qx^3 + C \tag{a}$$

再积分一次得

$$EIv = -\frac{1}{12}qlx^3 + \frac{1}{24}qx^4 + Cx + D \tag{b}$$

3. 确定积分常数

梁的边界条件为

$x = 0$，$v = 0$

$x = l$，$v = 0$

将上述两个边界条件代入（a）式和（b）式得

$$C = \frac{ql^3}{24}, D = 0$$

4. 确定转角方程和挠度方程

将求得的积分常数 $C$、$D$ 代入 (a) 式和 (b) 式得

转角方程

$$EI\theta = -\frac{1}{4}qlx^2 + \frac{1}{6}qx^3 + \frac{ql^3}{24} \tag{c}$$

$$EIv = -\frac{1}{12}qlx^3 + \frac{1}{24}qx^4 + \frac{ql^3}{24}x \tag{d}$$

5. 求最大挠度和最大转角

由于梁中点转角为零，即 $\left.\frac{\mathrm{d}v}{\mathrm{d}x}\right|_{x=\frac{l}{2}}=0$，可知 $v_{\max}$发生在梁中点，将 $x=\frac{l}{2}$代入 (d) 式得

$$v_{\max} = \frac{5ql^4}{384EI}$$

最大转角发生在 $A$、$B$ 两截面，它们的数值相等，符号相反，即

$$\theta_{\max} = \theta_A = -\theta_B = \frac{ql^3}{24EI}$$

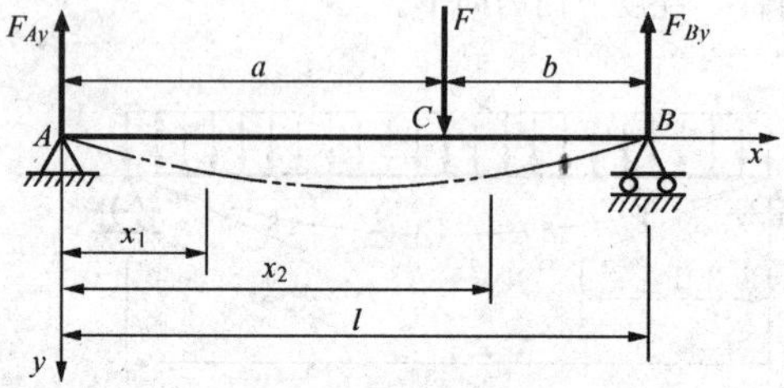

图 6-8

**例 6-3** 简支梁在集中力作用下，如图 6-8 所示。试求这一简支梁的转角方程和挠度方程。

**解** 1. 列弯矩方程

梁的支反力为

$$F_{Ay} = \frac{Fb}{l}, F_{By} = \frac{Fa}{l}$$

弯矩方程为

$AC$ 段 $\quad M_1(x_1) = \frac{Fb}{l}x_1 \quad (0 \leqslant x_1 \leqslant a)$

$CB$ 段 $\quad M_2(x_2) = \frac{Fb}{l}x_2 - F(x_2 - a) \quad (a \leqslant x_2 \leqslant l)$

2. 列挠曲线微分方程并积分

$AC$ 段 $\quad EIv''_1 = -\frac{Fb}{l}x_1 \quad (0 \leqslant x_1 \leqslant a)$

积分一次得

$$EI\theta_1 = -\frac{Fb}{l}\frac{x_1^2}{2} + C_1 \quad (0 \leqslant x_1 \leqslant a) \tag{a}$$

再积分一次得

$$EIv_1 = -\frac{Fb}{l}\frac{x_1^3}{6} + C_1x + D_1 \quad (0 \leqslant x_1 \leqslant a) \tag{b}$$

$CB$ 段 $\quad EIv''_2 = -\frac{Fb}{l}x_2 + F(x_2 - a) \quad (a \leqslant x_2 \leqslant l)$

积分一次得

$$EI\theta_2 = -\frac{Fb}{l}\frac{x_2^2}{2} + F\frac{(x_2 - a)^2}{2} + C_2 \quad (a \leqslant x_2 \leqslant l) \tag{c}$$

再积分一次得

$$EIv_2 = -\frac{Fb}{l}\frac{x_2^3}{6} + F\frac{(x_2 - a)^3}{6} + C_2x + D_2 \quad (a \leqslant x_2 \leqslant l) \tag{d}$$

以上积分中出现四个积分常数，由支撑处的边界条件和 $AC$、$CB$ 两段梁交接处的连续条件确定。

3. 确定积分常数

连续性条件：由于挠曲线是一条连续光滑的平面曲线，因此，在 $AC$ 和 $CB$ 两段的交界截面 $C$ 处挠度和转角必须相等，即

$$x_1 = x_2 = a, \theta_1 = \theta_2, v_1 = v_2$$

在（a）、（b）、（c）、（d）各式中，令 $x_1 = x_2 = a$，利用上述连续性条件得

$$C_1 = C_2, D_1 = D_2$$

梁的边界条件为

$$x_1 = 0, v_1 = 0$$

$$x_2 = l, v_2 = 0$$

将上述两个边界条件代入（b）式和（d）式得

$$D_1 = D_2 = 0$$

$$C_1 = C_2 = \frac{Fb}{6l}(l^2 - b^2)$$

4. 确定转角方程和挠度方程

将求得的四个积分常数代入（a）、（b）、（c）、（d）各式得

$AC$ 段

$$EI\theta_1 = -\frac{Fb}{6l}(l^2 - b^2 - 3x_1^2) \quad (0 \leqslant x_1 \leqslant a) \tag{e}$$

$$EIv_1 = -\frac{Fbx_1}{6l}(l^2 - b^2 - x_1^2) \quad (0 \leqslant x_1 \leqslant a) \tag{f}$$

$CB$ 段

$$EI\theta_2 = -\frac{Fb}{6l}\left[(l^2 - b^2 - 3x_2^2) + \frac{3l}{b}(x_2 - a)^2\right] \quad (a \leqslant x_2 \leqslant l) \tag{g}$$

$$EIv_2 = -\frac{Fb}{6l}\left[(l^2 - b^2 - x_2^2)x_2 + \frac{l}{b}(x_2 - a)^3\right] \quad (a \leqslant x_2 \leqslant l) \tag{h}$$

## §6-4　按叠加原理求梁的变形

由上节三个例题的结果可以看出，转角、挠度都与作用的载荷成正比，这是因为我们在推导挠曲线近似微分方程（6-3）时，是在小变形及材料服从胡克定律的前提下，则方程（6-3）

$$\frac{d^2 v}{dx^2} = -\frac{M(x)}{EI_z}$$

是线性方程，而 $M(x)$ 是根据初始尺寸计算的，因此 $M(x)$ 与外载荷间也是线性关系。所以，梁上同时作用几个载荷产生的内力、变形，等于每一个载荷单独作用产生的内力、变形的代数和（也适用于其他的基本变形），这就是叠加原理。

当梁上同时作用几个载荷，而且只需求出某几个特定截面的转角和挠度（不需要知道挠曲线方程）时，用积分法显得繁琐。这时用叠加法要方便得多。

工程上为方便起见，将常见梁在简单载荷作用下的变形计算结果制成表格，供随时查用。附录 B 给出了简单载荷作用下几种梁的挠曲线方程，最大挠度及端截面的转角。

**例 6-4**　简支梁上作用集度为 $q$ 的均布载荷以及集中力 $F$，如图 6-9 所示。$EI$ = 常数，试用叠

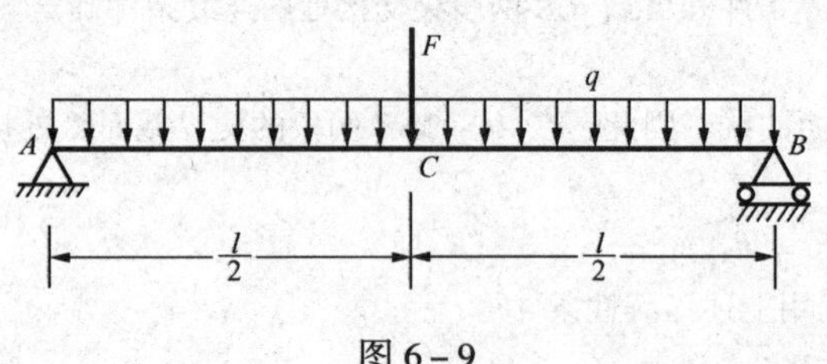

图 6-9

加法求梁跨度中点的挠度和 $A$ 截面的转角。

**解** 1. 在集度为 $q$ 的均布载荷单独作用下，梁跨度中点的挠度和 $A$ 截面的转角查附录 B 得

$$(v_C)_q = \frac{5ql^4}{384EI}, (\theta_A)_q = \frac{ql^3}{24EI}$$

2. 在集中力 $F$ 单独作用下，梁跨度中点的挠度和 $A$ 截面的转角查附录 B 得

$$(v_C)_F = \frac{Fl^3}{48EI}, (\theta_A)_F = \frac{Fl^2}{16EI}$$

3. 将均布载荷 $q$ 和集中力 $F$ 单独作用下引起的变形叠加，求得在均布载荷 $q$ 和集中力 $F$ 共同作用下梁跨度中点的挠度和 $A$ 截面的转角分别为

$$v_C = (v_C)_q + (v_C)_q = \frac{5ql^4}{384EI} + \frac{Fl^3}{48EI}$$

$$\theta_A = (\theta_A)_q + (\theta_A)_F = \frac{ql^3}{24EI} + \frac{Fl^2}{16EI}$$

## §6-5 梁的刚度校核和提高梁刚度的途径

### 一、刚度条件

梁的刚度校核，就是按梁的刚度条件检查梁的变形是否在设计条件所容许的范围内。所以，梁的刚度条件为

$$\left.\begin{array}{l} |v|_{\max} \leqslant [v] \\ |\theta|_{\max} \leqslant [\theta] \end{array}\right\} \quad (6-7)$$

式中，$[v]$ 为梁的许用挠度，在工程中常以梁的跨长的若干分之一表示。例如在土建工程方面，$[v/l]$ 的值通常限制在 $\frac{1}{250} \sim \frac{1}{1000}$ 的范围内；在机械制造工程方面，对主要轴，$[v/l]$ 的值则限制在 $\frac{1}{5000} \sim \frac{1}{10000}$ 范围内。

$[\theta]$ 为梁的许用转角，在机械工程中一般规定为 0.001 ~ 0.005 弧度。

**例 6-5** 如图 6-10（a）所示，已知车床主轴工作时径向切削力 $F_1 = 2$kN，齿轮啮合处的径向力 $F_2 = 1$kN；主轴外径 $D = 80$mm，内径 $d = 40$mm；$l = 400$mm，$a = 200$mm，$C$ 处的许用挠度 $[v] = 0.0001l$，轴承 $B$ 处的许用转角 $[\theta] = 0.001$rad，轴材料的弹性模量 $E = 210$GPa，试校核其刚度。

**解** 将主轴简化为如图 6-10（b）所示的外伸梁，外伸部分的抗弯刚度近似地视为与主轴相同。

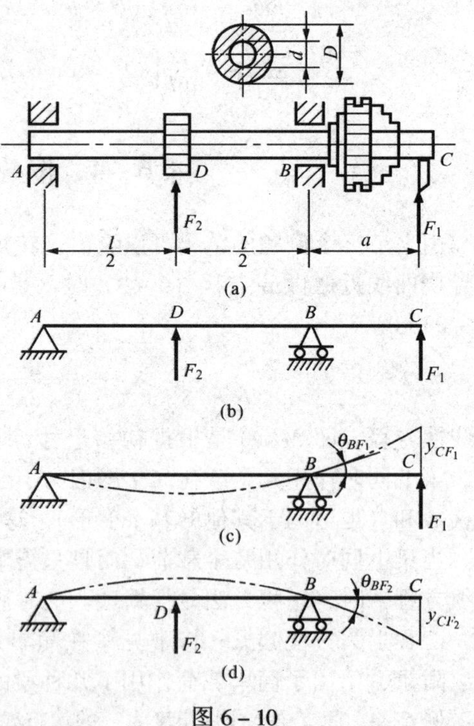

图 6-10

1. 计算变形

主轴横截面的惯性矩为

$$I = \frac{\pi}{64}(D^4 - d^4) = \frac{\pi}{64}(80^4 - 40^4)\text{mm}^4 = 1.885 \times 10^6\text{mm}^4$$

由表附录 B 查得，在集中力 $F_1$ 单独作用下，如图 6-10（c）所示，梁 $C$ 端的挠度和 $B$ 截面的转角分别为

$$(v_C)_{F_1} = \frac{F_1 a^2}{3EI}(l + a) = \frac{2000 \times 200^2}{3 \times 210 \times 10^3 \times 1.885 \times 10^6}(400 + 200)\text{mm} = 4.04 \times 10^{-2}\text{mm}$$

$$(\theta_B)_{F_1} = \frac{F_1 al}{3EI} = \frac{2000 \times 200 \times 400}{3 \times 210 \times 10^3 \times 1.885 \times 10^6} = 0.1347 \times 10^{-3}\text{rad}$$

在集中力 $F_2$ 单独作用下，如图 6-10（d）所示，梁 $C$ 端的挠度和 $B$ 截面的转角分别为

$$(\theta_B)_{F_2} = \frac{F_2 l^2}{16EI} = -\frac{1000 \times 400^2}{16 \times 210 \times 10^3 \times 1.885 \times 10^6} = -0.0253 \times 10^{-3}\text{rad}$$

$$(v_C)_{F_2} = (\theta_B)_{F_2} \cdot a = -0.0253 \times 10^{-3} \times 200\text{mm} = -5.06 \times 10^{-3}\text{mm}$$

由叠加法可知，$C$ 端的总挠度为

$$v_C = (v_C)_{F_1} + (v_C)_{F_2} = 4.04 \times 10^{-2}\text{mm} - 5.06 \times 10^{-3}\text{mm} = 0.0353\text{mm}$$

$B$ 截面的总转角

$$\theta_B = (\theta_B)_{F_1} + (\theta_B)_{F_2} = 0.1347 \times 10^{-3} - 0.0253 \times 10^{-3} = 0.1094 \times 10^{-3}\text{rad}$$

2. 校核刚度

主轴的许用挠度和许用转角为

$$[v] = 0.0001l = 0.0001 \times 400 = 0.04\text{mm}$$

$$[\theta] = 0.001\text{rad}$$

因此

$$v_C = 0.0353\text{mm} < [v] = 0.04\text{mm}$$

$$\theta_B = 0.1094 \times 10^{-3}\text{rad} < [\theta] = 0.001\text{rad}$$

故主轴满足刚度条件。

## 二、提高梁刚度的途径

梁的弯曲变形与梁的受力、支撑条件及截面的弯曲刚度 $EI$ 有关。所以，以前所述提高弯曲强度的某些措施，例如合理安排梁的约束、改善梁的受力情况等，对于提高梁的刚度仍然是非常有效的。但也应看到，提高梁的刚度与提高梁的强度，是属于两种不同性质的问题，因此，解决的办法也不尽相同。

1. 尽量缩小跨度

缩小跨度是减少弯曲变形的有效方法。以上的例子表明，在集中力作用下，挠度与跨度 $l$ 的三次方成正比。如跨度缩小一半，则挠度减为原来的 1/8。可见，减小梁的跨度，对刚度的提高是非常显著的。所以工程上对镗刀杆的外伸长度都有一定的规定，以保证镗孔的精度要求。在跨度不能减小的情况下，可采取增加支承的方法提高梁的刚度。例如前面提到的镗刀杆，若外伸部分过长，可在端部加装尾架（图 6-11），以减小镗刀杆的变形，提高加工

精度；车削细长工件时，除用尾顶针外，有时还加用中心架（图 6－12）或跟刀架，以减小工件的变形，提高加工精度。对较长的传动轴，有时采用三支承以提高轴的刚度。应该指出，为提高镗刀杆、细长工件和传动轴的弯曲刚度而增加支承，都将使这些杆件由原来的静定梁变为超静定梁。

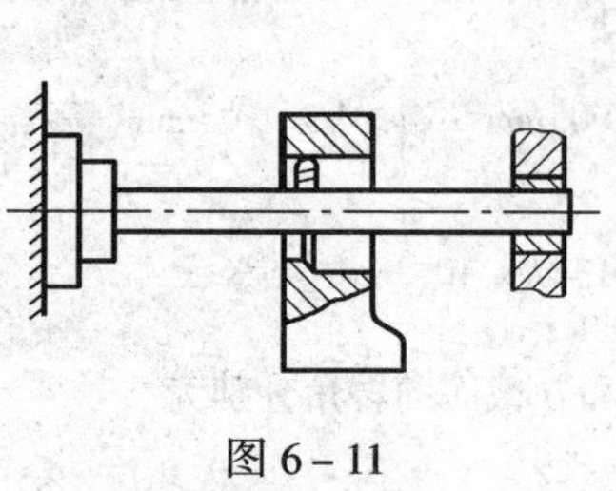

图 6－11

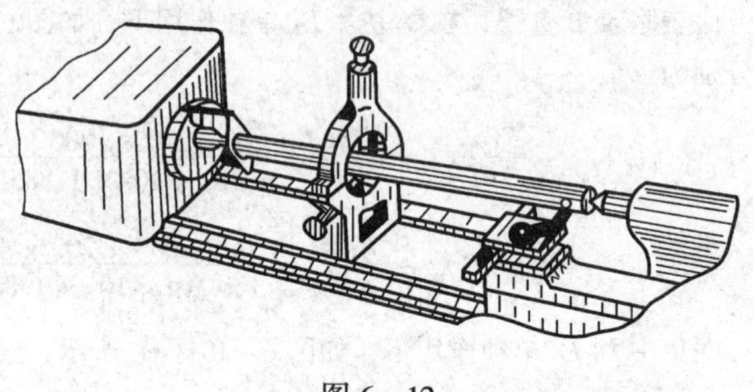

图 6－12

2. 调整加载方式，改善结构设计

通过调整加载方式，改善结构设计，来降低梁的弯矩值，也可以提高梁的弯曲刚度。例如图 6－13（a）所示的简支梁，使 $F = ql$ 时最大挠度为：$v_{max}=\dfrac{8ql^4}{384EI}$；若将集中力分散成作用于全梁上的均布载荷［图 6－13（b）］，则此时最大挠度仅为：$v_{max}=\dfrac{5ql^4}{384EI}$，是集中力 $F$ 作用时的 62.5%。如果将该简支梁的支座内移，改为外伸梁［图 6－13（c）］，则梁的最大挠度进一步减小，最大挠度为 $v_{max}=\dfrac{0.11ql^4}{384EI}$。

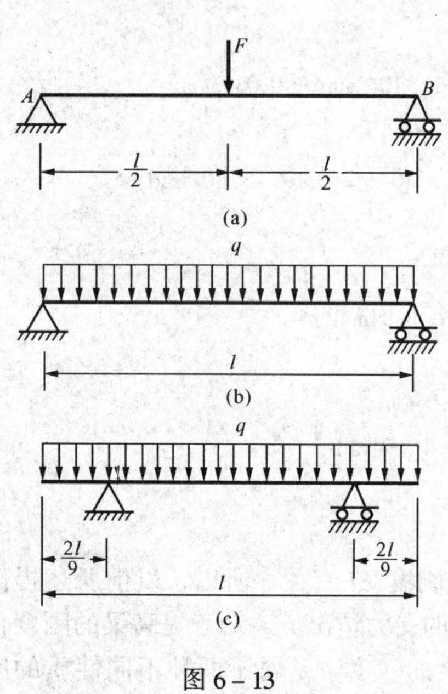



图 6－13

3. 选择合理的截面形状

各种不同形状的截面，尽管其截面面积相等，但惯性矩却并不一定相等。所以选取合理的截面形状，增大截面惯性矩的数值，也是提高弯曲刚度的有效措施。例如工字形、槽形和 T 形截面都比面积相等的矩形截面有更大的惯性矩。所以起重机大梁一般采用工字形或箱形截面，而机器的箱体采用加筋的办法提高箱壁的抗弯刚度，却不采取增加壁厚的方法。一般来说，提高截面惯性矩 $I$ 的数值，往往也同时提高了梁的强度。不过，在强度问题中，更准确地说，是提高弯矩较大的局部范围内的抗弯截面模量，而弯曲变形与全长内各部分的刚度都有关系，往往要考虑提高杆件全长的弯曲刚度。

最后指出，弯曲变形还与材料的弹性模量 $E$ 有关。对于 $E$ 值不同的材料来说，$E$ 值越大弯曲变形越小。因为各种钢材的弹性模量 $E$ 大致相同，所以为提高弯曲刚度而采用高强度钢材，并不会达到预期的效果。

## §6－6　简单超静定梁

前面讨论过的梁均为静定梁，即由独立的静力平衡方程就可以求出所有未知力。但是，在工程实际中，为了提高梁的强度和刚度，或由于构造的需要，往往给静定梁再增加约束，于是，梁的约束力的个数超过了静力平衡方程数目，即成为超静定梁。

在超静定梁中，凡是多于维持平衡所必须的约束称为多余约束，与其相应的约束力称为多余约束力。多余约束力的数目就是超静定的次数。例如图 6－14（a）所示的超静定梁为一次超静定梁。

为了求解超静定梁，除了建立外力平衡方程外，还应利用变形协调条件以及力与位移之间的关系，建立补充方程，求解超静定梁的方法不止一种，这里介绍一种比较简单的方法——变形比较法。

在图 6－14（a）所示超静定梁中，固定端 $A$ 有三个约束，将支座 $B$ 视为多余约束，解除 $B$ 支座并用约束力 $F_{By}$ 代替它。这样就得到了一作用载荷 $F_P$ 和未知约束力 $F_{By}$ 的静定的悬臂梁［图 6－14（b）］。

多余约束解除后，得到的受力与原超静定梁相同的梁，称为原超静定梁的相当系统。所谓“相当”，就是指在原载荷 $F_P$ 和未知约束力 $F_{By}$ 的作用下，相当系统的受力和发生变形与原超静定梁的变形是完全一致的。

若以 $v_{B1}$ 和 $v_{B2}$ 分别表示 $F_P$ 和 $F_{By}$ 各自单独作用时 $B$ 端的挠度［图 6－14（c）、（d）］，相当系统在多余约束处的变形必须符合原超静定梁的约束条件。即要求

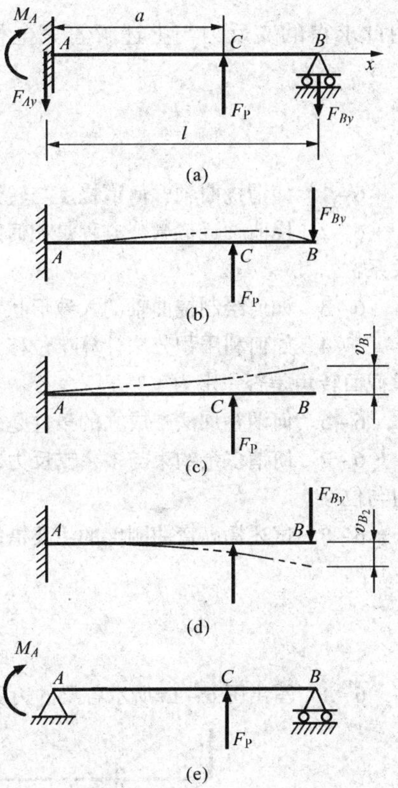

$$v_B = 0 \tag{a}$$

(a)　(b)　(c)　(d)　(e)

图 6－14

由叠加法和积分法可知，在 $F_P$ 和 $F_{By}$ 作用下，相当系统 $B$ 端的挠度为

$$v_B = -\frac{F_P a^2}{6EI}(3l - a) + \frac{F_{By} l^3}{3EI} \tag{b}$$

将（b）式代入（a）式，得补充方程为

$$-\frac{F_P a^2}{6EI}(3l - a) + \frac{F_{By} l^3}{3EI} = 0$$

解得

$$F_{By} = \frac{F_P}{2}\left(3\frac{a^2}{l^2} - \frac{a^3}{l^3}\right)$$

解得超静定梁的多余约束反力 $F_{By}$后,其余内力、应力及变形的计算与静定梁完全相同。

上面的解题方法关键是比较基本静定系与原超静定系统在多余约束处的变形，由此写出变形协调条件，因此，称为变形比较法。

应该指出，只要不是维持梁的平衡所必须的约束均可作为多余约束。所以，对于图 6-14（a）所示的超静定梁来说，也可将固定端处限制 $A$ 截面转动的约束作为多余约束。这样，如果将该约束解除，并以多余约束力偶 $M_A$ 代替其作用，则原梁的基本静定系统如图 6-14（e）所示。而相应的变形协调条件是截面 $A$ 的转角为零，即

$$\theta_A = 0$$

由此求得的支反力与上述解答完全相同。

## 思考讨论题

6-1 何谓挠曲轴？何谓挠度与转角？挠度与转角之间有何关系？该关系成立的条件是什么？

6-2 挠曲轴近似微分方程是如何建立的？应用条件是什么？该方程与坐标轴 $x$ 与 $v$ 的选取有何关系？

6-3 如何绘制挠曲轴的大致形状？根据是什么？如何判断挠曲轴的凹、凸与拐点的位置？

6-4 如何利用积分法计算梁位移？如何根据挠度与转角的正负判断位移的方向？最大挠度处的横截面转角是否一定为零？

6-5 何谓叠加法？成立的条件是什么？如何利用该方法分析梁的位移？

6-7 何谓多余约束与多余支反力？何谓相当系统？如何求解超静定梁？如何分析超静定梁的应力与位移？

6-8 试述提高弯曲刚度的主要措施有哪些？提高梁的刚度与提高其强度的措施有何不同？

## 习 题

6-1 写出图 6-15 所示各梁的边界条件。($K$ 为弹簧刚度)

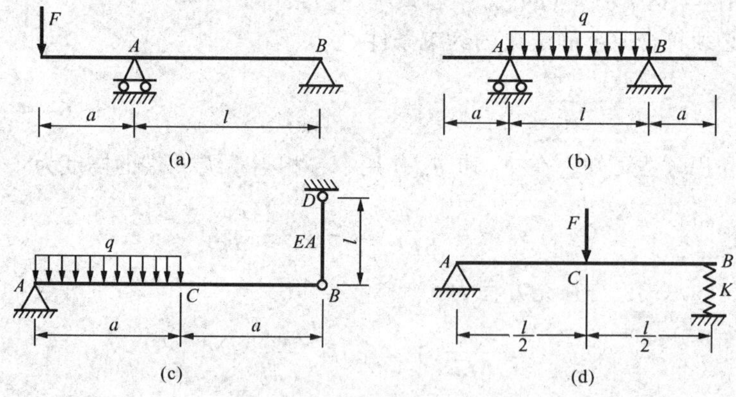


图 6-15 题 6-1 图

6－2　图6－16所示各梁的弯曲刚度 $EI$ 均为常数。试根据梁的弯矩图画出挠曲线的大致形状。

6－3　用积分法求图6－17所示各梁的挠曲线方程及自由端的挠度和转角。设 $EI$＝常数。

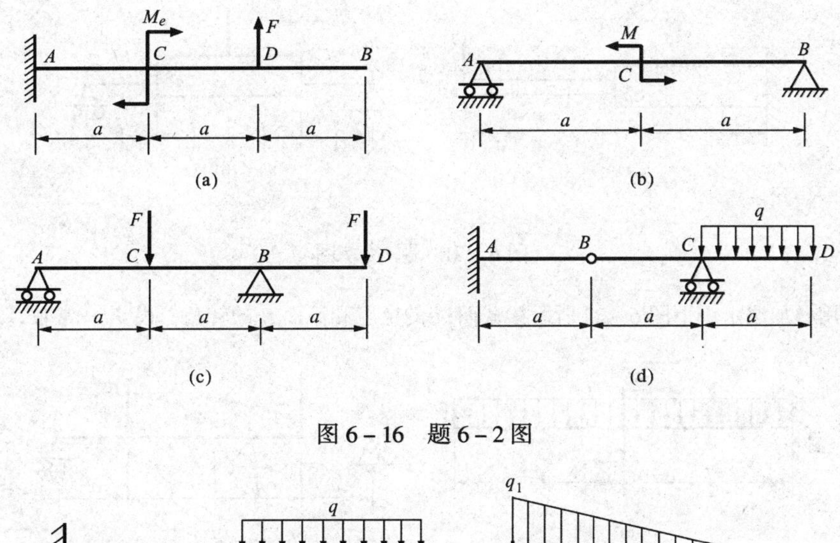


图6－16　题6－2图

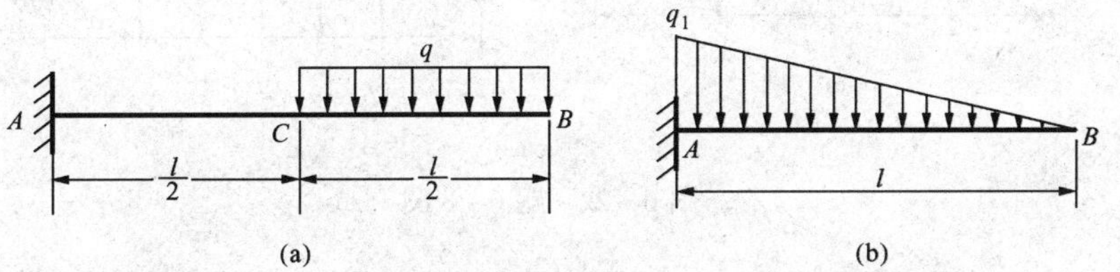

图6－17　题6－3图

6－4　用积分法求图6－18所示各梁的挠曲线方程、$A$ 截面转角 $\theta_A$ 及跨度中点挠度和最大挠度。设 $EI$＝常数。

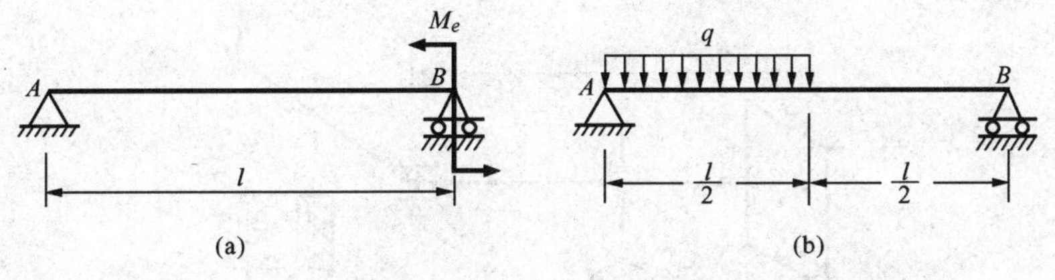


图6－18　题6－4图

6－5　如图6－19所示，用叠加法求外伸梁在外伸端 $A$ 处的挠度和转角。设 $EI$＝常数。

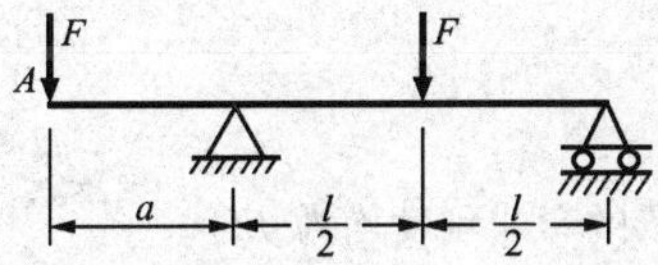

图6－19　题6－5图 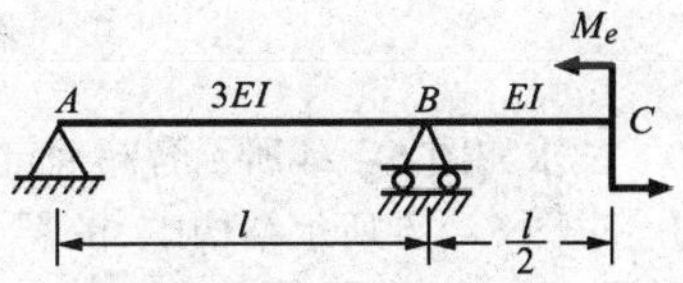　　图6－20　题6－6图

6-6　如图6-20所示，阶梯状变截面的外伸梁如图所示。试用叠加法求外伸端的挠度。

6-7　如图6-21所示，用叠加法求以下图示梁的最大挠度和转角。

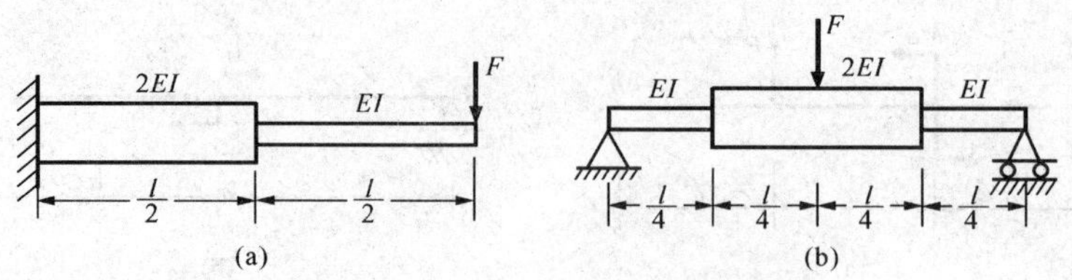


图6-21　题6-7图

6-8　用叠加法求以下图6-22所示梁截面 $A$ 的挠度和截面 $B$ 的转角。设 $EI$ = 常数，$M = ql^2/2$。

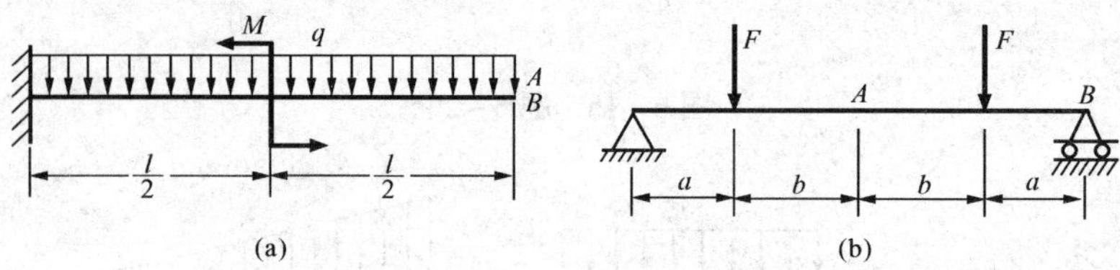


图6-22　题6-8图

6-9　一直角拐如图6-23所示。$AB$ 段横截面为圆形，$BC$ 段为矩形。$A$ 端固定，$B$ 端为一滑动轴承，$C$ 端作用一集中力 $F = 60\text{N}$，有关尺寸如图6-22所示。已知材料的弹性模量 $E = 210\text{GPa}$，剪切弹性模量 $G = 0.4E$。试求 $C$ 端的挠度 $v_C$。

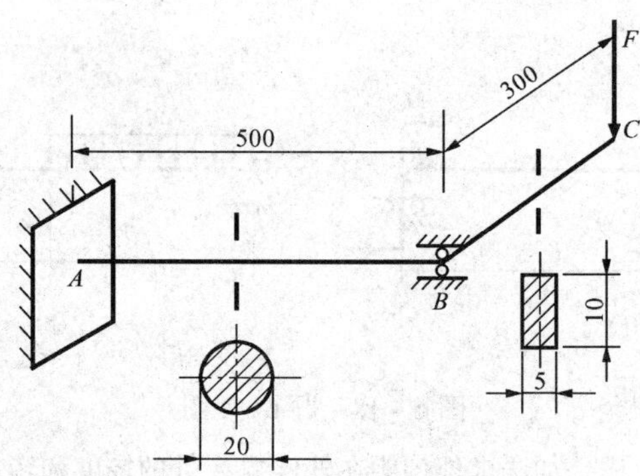


图6-23　题6-9图

6-10　试求如图6-24所示各超静定梁的支座反力。

6-11　求图6-25所示结构中 $AB$ 梁 $B$ 截面的挠度（二梁的弯曲刚度均为 $EI$）。

6-12　如图6-26所示，三个水平放置的悬臂梁，其自由端处自由叠置在一起，已知各梁的弯曲刚度均为 $EI$。①分析该超静定结构的超静定次数；②画各梁的受力图；③列出求解未知力的补充方程式。

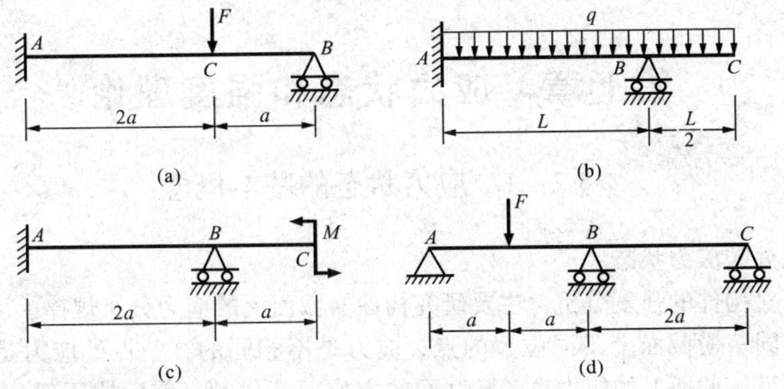


图 6-24　题 6-10 图

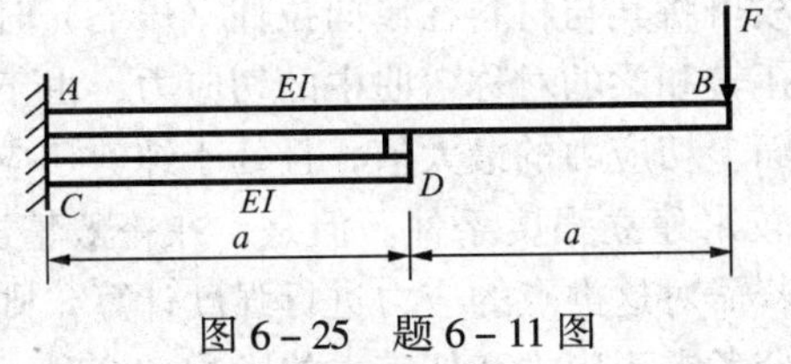


图 6-25　题 6-11 图

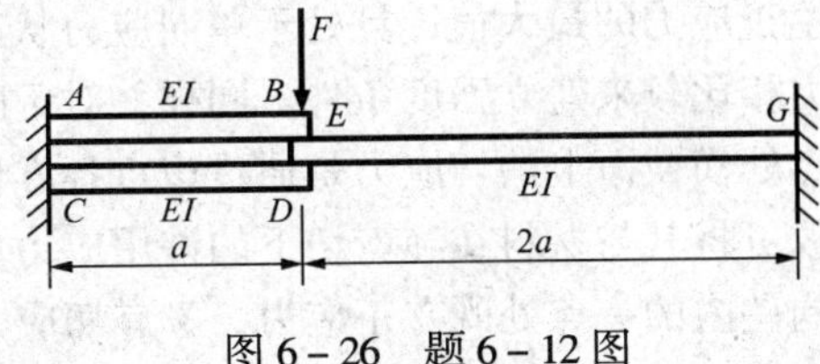


图 6-26　题 6-12 图

## 习　题　答　案

6-3　(a) $v_B = \dfrac{41ql^4}{384EI}$　$\theta_B = \dfrac{7ql^3}{48EI}$

(b) $v_B = \dfrac{q_1 l^4}{30EI}$　$\theta_B = \dfrac{q_1 l^3}{24EI}$

6-4　(a) $\theta_A = \dfrac{Ml}{6EI}$　$v_{l/2} = \dfrac{Ml^2}{16EI}$　$f_{\max} = \dfrac{Ml^2}{9\sqrt{3}EI}$　(b) $\theta_A = \dfrac{3ql^3}{128EI}$　$v = \dfrac{5ql^4}{768EI}$

6-5　$v_A = \dfrac{Fa}{48EI}(3l^2 - 16al - 16a^2)$　$\theta_A = \dfrac{-F}{48EI}(-3l^2 + 16al + 24a^2)$

6-6　$v_C = \dfrac{13M_e l^2}{72EI}$

6-7　(a) $\theta_{\max} = \dfrac{5Fl^2}{16EI}$　$f_{\max} = \dfrac{3Ml^3}{16EI}$

(b) $\theta_{\max} = \dfrac{5Fl^2}{128EI}$　$f_{\max} = \dfrac{3Ml^3}{256EI}$

6-8　(a) $v_A = -\dfrac{ql^4}{16EI}$　$\theta_B = -\dfrac{ql^3}{12EI}$

(b) $v_A = \dfrac{Fa}{6EI}(3b^2 + 6ab + 2a^2)$　$\theta_B = -\dfrac{Fa}{2EI}(2b + a)$

6-9　$v_C = 8.21\text{mm}$

6-11　$v_B = \dfrac{13Fa^3}{8EI}$

# 第七章　应力状态和强度理论

## §7-1　应力状态的基本概念

**一、一点处的应力状态**

上述各章对构件的强度分析，主要研究构件横截面上的应力分布规律。从扭转和弯曲各章中可知，在同一横截面上不同位置的点，应力是不相同的，一点处应力是该点坐标的函数；就一点而言，截面上的应力也是随截面的方位而变化的（前面拉压部分曾有介绍）。对于轴向拉压和对称弯曲中的正应力，由于杆件危险点处横截面上的正应力是通过该点各方位截面上正应力的最大值，且处于单向应力状态，故可将其与材料在单向拉伸（压缩）时的许用应力相比较来建立强度条件。同样，对于圆轴扭转和梁的对称弯曲中的切应力，由于杆件危险点处横截面上的切应力是通过该点各方位截面上切应力的最大值，且处于纯剪切应力状态，故可将其与材料在纯剪切下的许用应力相比较来建立强度条件。但是，在一般情况下，受力构件内的一点处既有正应力，又有切应力。若需对这类点的应力进行强度计算，则不能分别按正应力和切应力来建立强度条件，而需综合考虑正应力和切应力的影响。这时，要研究通过该点各不同方位截面上应力的变化规律，从而确定该点处的最大正应力和最大切应力及其所在截面的方位。受力构件内一点处不同方位截面上应力的集合，称为**一点处的应力状态**。

实践证明，工程中许多构件是沿横截面破坏的，例如铸铁的拉断，低碳钢圆轴的扭断等等。但是仅仅研究横截面上的应力是不够的，它不能解释工程实际和试验中所发生的许多破坏现象，例如铸铁的压断和扭断都是沿着与轴线成某一角度的斜面发生。不仅如此，工程上许多构件的受力形式较为复杂，例如机械中的齿轮轴就受到弯曲与扭转的组合作用，危险截面上的危险点处同时存在最大正应力和最大切应力。为了建立复杂受力构件的强度条件，必须研究构件内一点处各不同方位截面上的应力情况。

**二、单元体**

为了描述一点处的应力状态，在一般情形下，可围绕所考察的点取一个三对面互相垂直的六面体，当各边边长足够小时，六面体便趋于宏观上的“点”。这种六面体称为**单元体**。因单元体的边长取得极其微小，可认为单元体各面上的应力是均匀分布的，相对平行面上的应力相同。

例如图 7-1（a）所示的矩形截面简支梁。若在距梁的中性层为 $y$ 的 $A$ 点处截取单元体，其各面上的应力如图 7-1（b）所示，在左右两侧面上有正应力和切应力，可按弯曲正应力公式 $\sigma = \dfrac{M_z y}{I_z}$ 和切应力公式 $\tau = \dfrac{F_Q S_z^*}{I_z b}$ 求得；由切应力互等定理可知，在上下两平面上有相等的切应力；而在前后两个平面上均无应力作用。单元体平面图如图 7-1（c）所示。同理，从 $B$、$C$ 点处截取出来的单元体如图7-1（d）、(e)所示。

在图 7－1（d）中，单元体的三个相互垂直的面上都无切应力，这种切应力等于零的面称为**主平面**。主平面上的正应力称为**主应力**。一般说，通过受力构件的任意点皆可找到三个相互垂置的主平面；因而每一点都有三个主应力，通常用 $\sigma_1$、$\sigma_2$、$\sigma_3$ 代表该点三个主应力，并以 $\sigma_1$ 代表代数值最大的主应力，$\sigma_3$ 代表代数值最小的主应力，即 $\sigma_1 \geqslant \sigma_2 \geqslant \sigma_3$。对简单拉伸（或压缩），三个主应力中只有一个不等于零，称为单向应力状态。若三个主应力中有两个不等于零，称为二向或平面应力状态。当三个主应力皆不等于零时，称为三向或空间应力状态。单向应力状态也称为简单应力状态，二向和三向应力状态统称为复杂应力状态。

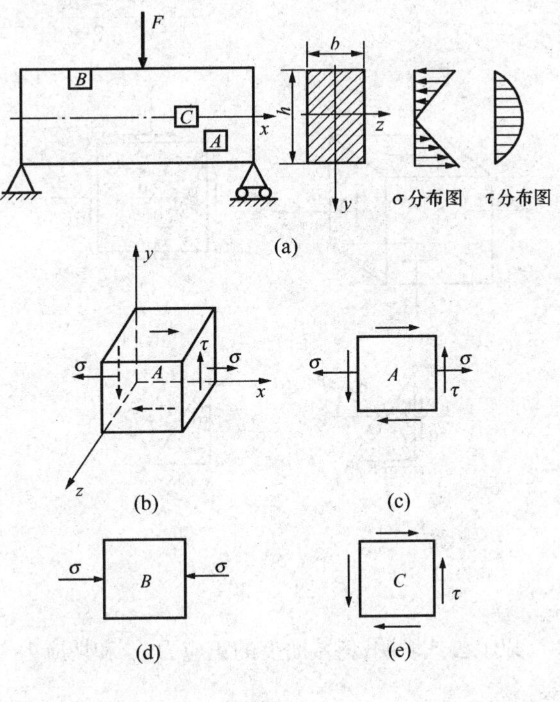

图 7－1

本章先讨论受力构件内一点处的应力状态，然后研究关于材料破坏规律的强度理论。从而为在各种应力状态下的强度计算提供必要的基础。

## §7－2　平面应力状态分析

### 一、解析法求斜截面的应力

已知一平面应力状态单元体上的应力为 $\sigma_x$、$\sigma_y$、$\tau_{xy}$ 和 $\tau_{yx}$，如图 7－2（a）所示。应力的符号规定为：正应力以拉应力为正而压应力为负；切应力对单元体内任意点的矩为顺时针转向规定为正，反之为负。这与以前对正应力及切应力的符号规定是一致的。为求该单元体与前、后两平面垂直的任一斜截面的应力，可应用截面法。取任意斜截面 *ef*，其外法线 $n$ 与 $x$ 轴的夹角为 $\alpha$，规定由 $x$ 轴转到外法线 $n$ 为反时针转向时，$\alpha$ 为正。截面 *ef* 把单元体分成两部分，研究 *aef* 部分的平衡［图 7－2（c）］。斜截面 *ef* 上的应力由正应力 $\sigma_\alpha$ 和切应力 $\tau_\alpha$ 来表示。若 *ef* 面的面积为 $\mathrm{d}A$［图 7－2（d）］，则 *af* 面和 *ae* 面的面积应分别是 $\mathrm{d}A\sin\alpha$ 和 $\mathrm{d}A\cos\alpha$。把作用于 *aef* 部分上的力投影于 *ef* 面的外法线 $n$ 和切线 $\tau$ 的方向，所得平衡方程是

$$\sigma_\alpha \mathrm{d}A - (\sigma_x \mathrm{d}A\cos\alpha)\cos\alpha + (\tau_{xy}\mathrm{d}A\cos\alpha)\sin\alpha - (\sigma_y \mathrm{d}A\sin\alpha)\sin\alpha + (\tau_{yx}\mathrm{d}A\sin\alpha)\cos\alpha = 0$$

$$\tau_\alpha \mathrm{d}A - (\sigma_x \mathrm{d}A\cos\alpha)\sin\alpha - (\tau_{xy}\mathrm{d}A\cos\alpha)\cos\alpha + (\sigma_y \mathrm{d}A\sin\alpha)\cos\alpha + (\tau_{yx}\mathrm{d}A\sin\alpha)\sin\alpha = 0$$

根据切应力互等定理，$\tau_{xy}$ 和 $\tau_{yx}$ 在数值上相等，简化上列两个平衡方程，最后得出：

$$\sigma_\alpha = \frac{\sigma_x + \sigma_y}{2} + \frac{\sigma_x - \sigma_y}{2}\cos 2\alpha - \tau_{xy}\sin 2\alpha \qquad (7-1)$$

$$\tau_\alpha = \frac{\sigma_x - \sigma_y}{2}\sin 2\alpha + \tau_{xy}\cos 2\alpha \tag{7-2}$$

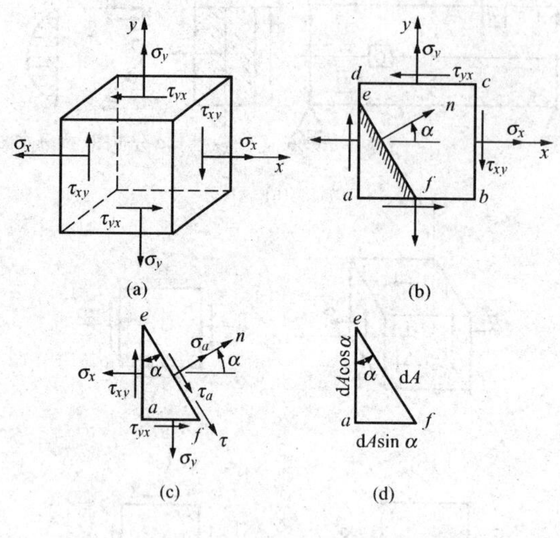


图 7－2

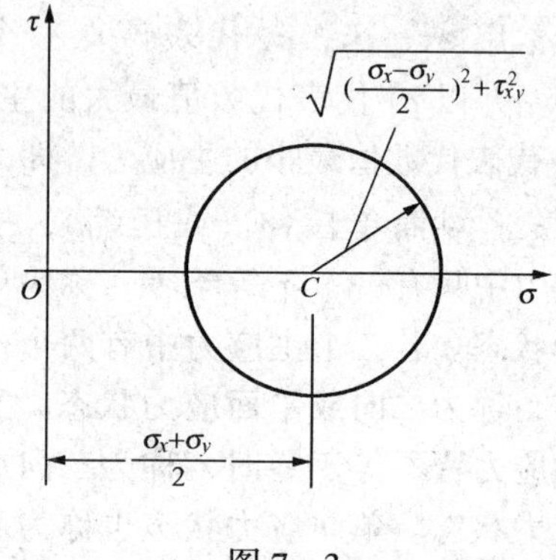


图 7－3

以上公式表明,斜截面上的正应力 $\sigma_\alpha$ 和切应力 $\tau_\alpha$ 随 $\alpha$ 角的改变而变化,即 $\sigma_\alpha$ 和 $\tau_\alpha$ 都是 $\alpha$ 函数。

## 二、图解法求斜截面的应力

整理公式（7－1）、式（7－2），消去参变量 $2\alpha$ 后，可得

$$\left(\sigma_\alpha - \frac{\sigma_x + \sigma_y}{2}\right)^2 + \tau_\alpha^2 = \left(\frac{\sigma_x - \sigma_y}{2}\right)^2 + \tau_{xy}^2 \tag{a}$$

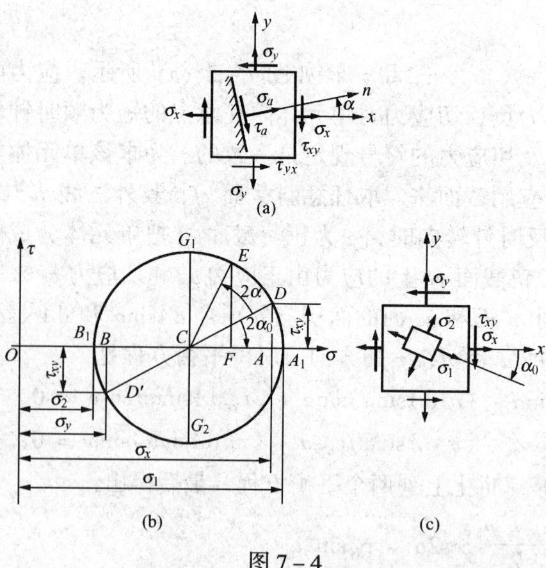


图 7－4

由上式可见，当斜截面随方位角 $\alpha$ 变化时，其上的应力 $\sigma_\alpha$、$\tau_\alpha$ 在 $\sigma-\tau$ 直角坐标系内的轨迹是一个圆，其圆心位于横坐标轴（$\sigma$ 轴）上，其横坐标为 $\frac{\sigma_x + \sigma_y}{2}$，半径为 $\sqrt{\left(\frac{\sigma_x - \sigma_y}{2}\right)^2 + \tau_{xy}^2}$，如图 7－3 所示。该圆称为**应力圆**，或称为莫尔（O.Mohr）应力圆。

现以图 7－4（a）所示平面应力状态的单元体为例说明应力圆的画法。按一定比例尺量取 $OA = \sigma_x, AD = \tau_{xy}$，确定 $D$ 点［图 7－4（b）］。$D$ 点的坐标代表以 $x$ 为法线的面上的应力。量取 $OB = \sigma_y, BD' = \tau_{yx}$，确定 $D'$点。$D'$点的坐

标代表以 $y$ 为法线的面上的应力。连接 $D$ 和 $D'$，与横坐标交于 $C$ 点。若以 $C$ 点为圆心，$CD$ 为半径作圆，由于圆心 $C$ 的纵坐标为零，横坐标 $OC$ 和圆半径 $CD$ 又分别为

$$OC = OB + \frac{1}{2}(OA - OB) = \frac{1}{2}(OA + OB) = \frac{\sigma_x + \sigma_y}{2}$$

$$CD = \sqrt{CA^2 + AD^2} = \sqrt{\left(\frac{\sigma_x - \sigma_y}{2}\right)^2 + \tau_{xy}^2}$$

这一圆周就是相应于该单元体应力状态的应力圆。可以证明，单元体内任意斜面上的应力都对应着应力圆上的一个点。例如，由 $x$ 轴到任意斜面法线 $n$ 的夹角为逆时针的 $\alpha$ 角。在应力圆上，从 $D$ 点（它代表以 $x$ 轴为法线的面上的应力）也按逆时针方向沿圆周转到 $E$ 点，且使 $DE$ 弧所对的圆心角为 $\alpha$ 的两倍，则 $E$ 点的坐标就代表以 $n$ 为法线的斜面上的应力。这因为 $E$ 点的坐标是

$$\begin{aligned} OF &= OC + CF \\ &= OC + CE\cos(2\alpha_0 + 2\alpha) \\ &= OC + CE\cos2\alpha_0\cos2\alpha - CE\sin2\alpha_0\sin2\alpha \end{aligned}$$

其中

$$OC = \frac{\sigma_x + \sigma_y}{2}$$

$$CE\cos2\alpha_0 = CD\cos2\alpha_0 = CA = \frac{\sigma_x - \sigma_y}{2}$$

$$CE\sin2\alpha_0 = CD\sin2\alpha_0 = AD = \tau_{xy}$$

于是可得

$$OF = \frac{\sigma_x + \sigma_y}{2} + \frac{\sigma_x - \sigma_y}{2}\cos2\alpha - \tau_{xy}\sin2\alpha = \sigma_\alpha$$

上式即为式（7－1），按类似方法可求得

$$FE = \frac{\sigma_x - \sigma_y}{2}\sin2\alpha + \tau_{xy}\cos2\alpha = \tau_\alpha$$

即为式（7－2）。

从以上作图及证明可以看出，应力圆上的点与单元体上的面之间的对应关系。单元体某一面上的应力，必对应于应力圆上某一点的坐标，单元体上任意 $A$、$B$ 两个面的外法线之间的夹角若为 $\beta$，则在应力圆上代表该两个面上应力的两点之间的圆弧段所对的圆心角必为 $2\beta$，且两者的转向一致（图 7－5）。实质上，这种对应关系是应力圆的参数表达式（7－1）和式（7－2）以两倍方位角为参变量的必然结果。

**例 7－1**　如图 7－6（a）所示的单元体，试用解析法和图解法求 $\alpha = 30°$的截面上的应力。

**解**

1. 解析法

由于 $\sigma_x = 40\text{MPa}$，$\tau_{xy} = -50\text{MPa}$，$\sigma_y = -60\text{MPa}$，$\tau_{yx} = 50\text{MPa}$，由公式（7－1）、式（7－2）可得

$$\sigma_{30°} = \frac{40 - 60}{2} + \frac{40 + 60}{2}\cos60° + 50\sin60° = 58.3\text{MPa}$$

$$\tau_{30°} = \frac{40 + 60}{2}\sin60° - 50\cos60° = 18.3\text{MPa}$$

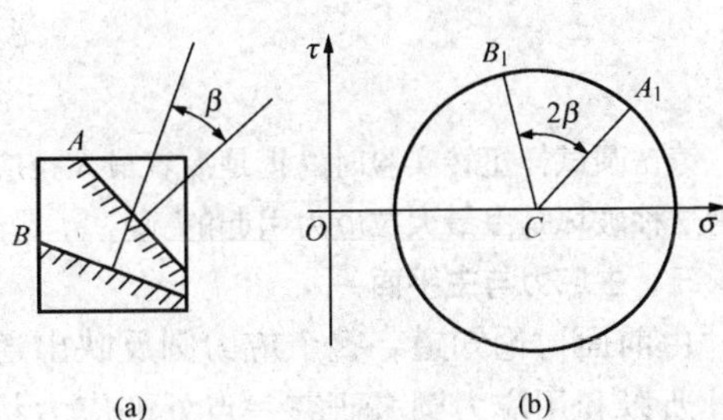

图 7－5

2. 图解法

按选定的比例尺在坐标系 $\sigma - \tau$ 上量 $OA = \sigma_x =$

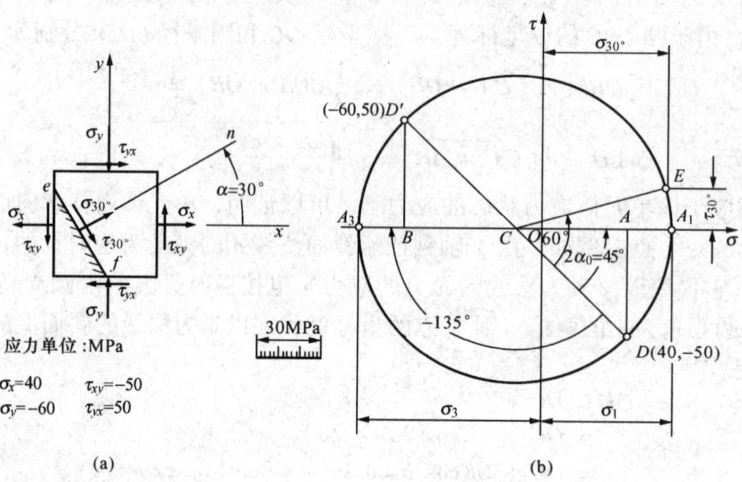


图 7-6

40MPa，$AD=\tau_{xy}=-50$MPa 得 $D$ 点；再量取 $OB=\sigma_y=-60$MPa，$BD'=\tau_{yx}=50$MPa，确定 $D'$点。根据这两点画出应力圆如图 7-6（b）所示。要求 $\alpha=30°$的截面上的应力，就由 $D$ 点沿圆周逆时针转过 $2\alpha=60°$的角至 $E$ 点，按比例尺量出 $E$ 点的横坐标和纵坐标，得出

$$\sigma_{30°}=58.3\text{MPa} \qquad \tau_{30°}=18.3\text{MPa}$$

**例 7-2** 分析圆轴扭转时最大切应力的作用面，说明铸铁圆试样扭转破坏的主要原因。

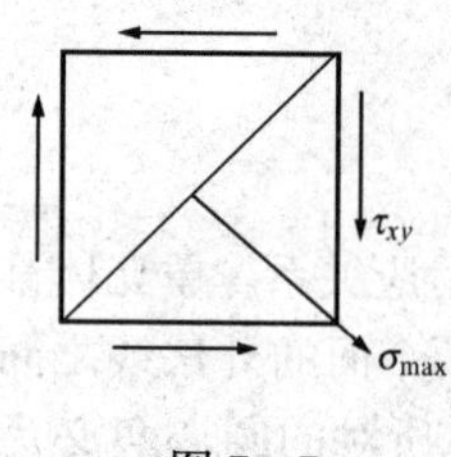


图 7-7

**解** 圆轴扭转时，由横截面、纵截面以及圆柱面截取的单元体如图 7-7 所示，六面体与横截面和纵截面对应的面上都只有切应力作用。因此，圆轴扭转时，其上任意一点的应力状态都是纯剪应力状态，如图 7-7 所示。

纯剪应力状态中，$\sigma_x=\sigma_y=0$，根据式（7-1），得到任意斜截面上的正应力和切应力分别为

$$\sigma_\alpha=-\tau_{xy}\sin 2\alpha$$

$$\tau_\alpha=\tau_{xy}\cos 2\alpha$$

根据这一结果，当 $\alpha=\pm 45°$时，斜截面上只有正应力没有切应力。$\alpha=45°$时（自 $x$ 轴逆时针方向转过 45°），压应力最大；$\alpha=-45°$时（自 $x$ 轴顺时针方向转过 45°），拉应力最大

$$\sigma_{45°}=-\tau_{xy}$$

$$\tau_{45°}=0$$

$$\sigma_{-45°}=\tau_{xy}$$

$$\tau_{-45°}=0$$

铸铁圆试样扭转实验时，正是沿着最大拉应力作用面（即 $\alpha=-45°$螺旋面）断开的。因此，可以认为这种破坏是由最大拉应力引起的。

### 三、主应力与主平面

由前面讨论知道，整个应力圆反映出通过受力物体任一点处的所有不同截面上的应力情况，所以利用应力圆来研究一点处的应力状态最为方便。现在就用应力圆来确定平面应力状态的主应力。

由图 7－4 所示的应力圆上可见，$A_1$、$B_1$ 两点的纵坐标均等于零，则横坐标分别对应着两个主平面上的主应力 $\sigma_1$ 和 $\sigma_2$。由图可见，$A_1$、$B_1$ 两点的横坐标分别为

$$OA_1 = OC + CA_1 \qquad OB_1 = OC - CB_1$$

式中：$OC$ 为应力圆半径；$CA_1$、$CB_1$ 为应力圆半径。

于是，可得两主应力值为

$$\left.\begin{matrix}\sigma_{\max}\\ \sigma_{\min}\end{matrix}\right\} = \frac{\sigma_x + \sigma_y}{2} \pm \sqrt{\left(\frac{\sigma_x - \sigma_y}{2}\right)^2 + \tau_{xy}^2} \tag{7－3}$$

由于圆上 $D$ 点和 $A_1$ 点分别对应于单元体上的 $x$ 为法线的平面和 $\sigma_1$ 主平面，$\angle A_1CD = 2\alpha_0$ 为上述两平面间夹角 $\alpha_0$ 的两倍，所示单元体上从 $x$ 轴转到 $\sigma_1$ 主平面的转角为顺时针转向，按规定该方位角为负值。因此，由应力圆可得

$$\tan 2\alpha_0 = -\frac{AD}{CA} = -\frac{2\tau_{xy}}{\sigma_x - \sigma_y} \tag{7－4}$$

从而解得表示主应力 $\sigma_1$ 所在主平面的方位角为

$$2\alpha_0 = \arctan\left(\frac{-2\tau_{xy}}{\sigma_x - \sigma_y}\right)$$

由于 $A_1B_1$ 为应力圆直径，因而，$\sigma_2$ 主平面与 $\sigma_1$ 主平面相垂直。

**例 7－3**　如图 7－8（a）所示的单元体，试用应力圆求主应力并确定主平面位置。

**解**　按选定的比例尺在坐标系 $\sigma-\tau$ 上，以 $\sigma_x = 80\text{MPa}$、$\tau_{xy} = -60\text{MPa}$ 为坐标确定 $D$ 点；再以 $\sigma_y = -40\text{MPa}$、$\tau_{yx} = 60\text{MPa}$ 为坐标确定 $D'$ 点。根据这两点画出应力圆如图 7－8（b）所示。按比例尺量出

$$\sigma_1 = OA_1 = 105\text{MPa} \quad \sigma_3 = OB_1 = -65\text{MPa}$$

在这里另一个主应力 $\sigma_2 = 0$。在应力圆上由 $D$ 到 $A_1$ 为逆时针转向，且 $\angle A_1CD = 2\alpha_0 = 45°$，所以，在单元体中从 $x$ 以逆时针方向量取 $\alpha_0 = 22.5°$，确定 $\sigma_1$ 所在主平面的法线，如图 7－8（a）所示。

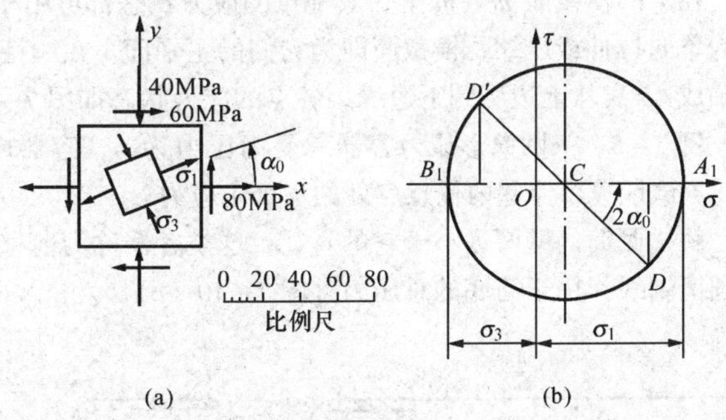

图 7－8

**例 7－4**　图 7－9（a）为一横力弯曲下的梁，求得截面 $m-m$ 上的弯矩 $M$ 及剪力 $F_Q$ 后，计算出截面上一点 $A$ 处的弯曲正应力和切应力分别为：$\sigma = -70\text{MPa}$，$\tau = 50\text{MPa}$［图 7－9（b）］。试确定 $A$ 点的主应力及主平面的方位，并讨论同一横截面上其他点的应力状态。

**解**　把从 $A$ 点处截取的单元体放大如图 7－9（c）所示。垂直方向等于零的应力是代数值较大的应力，故选定 $x$ 轴的方向垂直向上

$$\sigma_x = 0, \sigma_y = -70\text{MPa}, \tau_{xy} = -50\text{MPa}$$

由公式（7－4）得

$$\tan 2\alpha_0 = -\frac{2\tau_{xy}}{\sigma_x - \sigma_y} = -\frac{2 \times (-50)}{0-(-70)} = 1.492$$

$$\alpha_0 = 27.5° \text{ 或 } 117.5°$$

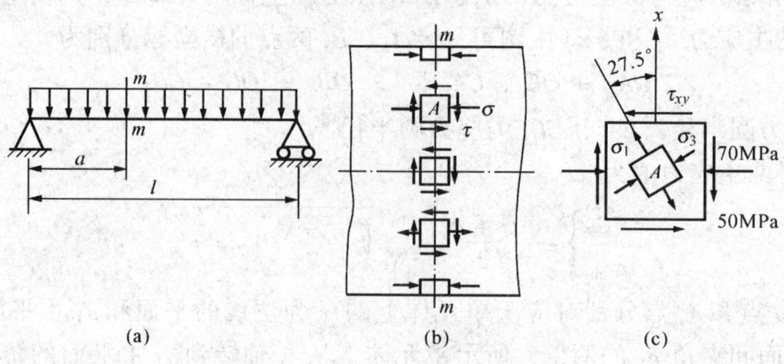


图 7-9

从 $x$ 轴按逆时针方向的角度 $\alpha_0=27.5°$，确定 $\sigma_{\max}$所在的主平面；以同一方向的角度 117.5°，确定 $\sigma_{\min}$所在的另一主平面。至于这两个主应力的大小，则可由公式（7-3）求出为

$$\left.\begin{matrix}\sigma_{\max}\\ \sigma_{\min}\end{matrix}\right\}=\frac{0-70}{2}\pm\sqrt{\left[\frac{0+70}{2}\right]^2+(-50)^2}=\begin{cases}26\\ -96\end{cases}\text{MPa}$$

按照关于主应力的规定

$$\sigma_1=26\text{MPa},\sigma_2=0,\sigma_3=-96\text{MPa}$$

主应力及主平面位置如图 7-9（c）所示。

在梁的横截面 $m-m$ 上，其他点的应力状态都可用相同的方法进行分析。截面上、下边缘处的各点为单向拉伸或压缩，横截面即为它们的主平面。在中性轴上，各点的应力状态为纯剪切，主平面与梁轴成 45°。从上边缘到下边缘，各点的应力状态如图 7-9（b）所示。

**例 7-5** 一圆筒形压力容器承受内压力为 $p$，容器内直径为 $D$，厚度为 $\delta$，且 $\delta\ll D$［图 7-10（a）］。试计算容器壁内任意点处的三个主应力。

**解** 圆筒的壁厚远小于它的直径，这类容器称为薄壁圆筒。封闭的薄壁圆筒所受内压力为 $p$，则沿圆筒轴线作用于筒底的总压力［图 7-10（b）］为

$$F=p\frac{\pi D^2}{4}$$

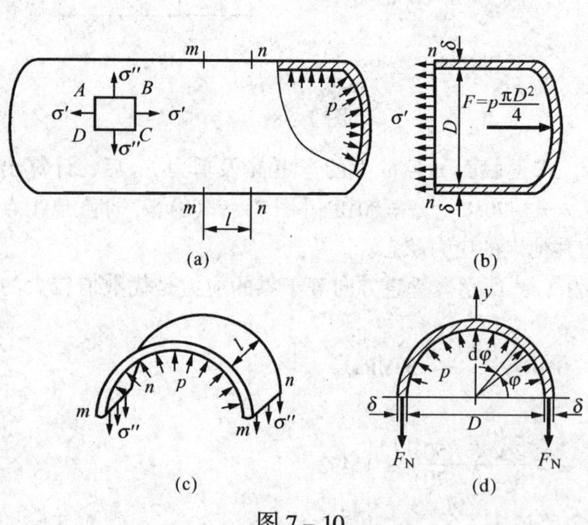


图 7-10

在 $F$ 力作用下，圆筒横截面上应力 $\sigma'$ 的计算，属于第二章的轴向拉伸问题。因为薄壁圆筒的横截面面积是 $A=\pi D\delta$，故有：

$$\sigma'=\frac{F}{A}=\frac{p\dfrac{\pi D^2}{4}}{\pi D\delta}=\frac{pD}{4\delta}\qquad(7-5)$$

用相距为 $l$ 两个横截面和包含直径的纵向平面，从圆筒中截取一部分［图 7-10（c）］。若在筒壁的纵向截面上应力为 $\sigma''$，则内力为

$$F_N=\sigma''\delta l$$

在这一部分圆筒内壁的微分面积 $l\cdot\dfrac{D}{2}\mathrm{d}\varphi$

上，压力为 $pl \cdot \frac{D}{2}\mathrm{d}\varphi$。它在 $y$ 方向的投影为 $pl \cdot \frac{D}{2}\mathrm{d}\varphi \cdot \sin\varphi$。通过积分求出上述投影的总和为

$$\int_0^{\pi} pl \cdot \frac{D}{2}\mathrm{d}\varphi \cdot \sin\varphi = plD$$

积分结果表明，截出部分在纵向平面上的投影面积 $lD$ 与 $p$ 的乘积，就等于内压力的合力。由平衡方程 $\Sigma F_y = 0$，得

$$2\sigma''\delta l - plD = 0$$

$$\sigma'' = \frac{pD}{2\delta} \tag{7-6}$$

从公式（7-5）和式（7-6）看出，纵向截面上的应力 $\sigma''$是横截面上应力 $\sigma'$的两倍。

$\sigma'$作用的截面就是直杆轴向拉伸的横截面，这类截面上没有切应力。又因内压力是轴对称载荷，所以在 $\sigma''$作用的纵向截面上也没有切应力。这样，通过壁内任意点的纵横两截面皆为主平面，$\sigma'$和 $\sigma''$皆为主应力。此外。在单元体的第三个方向上，有作用于内壁的内压力 $p$ 和作用于外壁的大气压力，它们都远小于 $\sigma'$和 $\sigma''$，可以认为等于零，于是我们得到了三个主应力分别为

$$\sigma_1 = \sigma'' = \frac{pD}{2\delta}, \sigma_2 = \sigma' = \frac{pD}{4\delta}, \sigma_3 = 0$$

## §7-3　三向应力状态的应力圆

前面讨论了平面应力状态的应力分析，这一节对三向应力状态的应力圆作一简单介绍。

设从受力物体的某一点处取出一主单元体，如图 7-11（a）所示，在它的六个面上有主应力 $\sigma_1 > \sigma_2 > \sigma_3$，我们首先讨论与 $\sigma_2$ 平行的某一截面 $ded_1e_1$ 上的应力情况。此截面上的应力只决定于 $\sigma_1$ 和 $\sigma_3$ 而与 $\sigma_2$ 无关，因为单元体上、下面上的应力 $\sigma_2$ 与此截面平行，所以只利用图 7-11（b）就可找出 $de$ 面上的应力。对应图 7-11（b）的应力圆如图 7-11（c）所示的 $A_1A_3$ 圆（由 $\sigma_1$、$\sigma_3$ 画出），与 $\sigma_2$ 平行的所有截面上的应力情况都由 $A_1A_3$ 圆上的点来代表。

仿此，与 $\sigma_1$ 平行的诸截面上的应力将由圆 $A_2A_3$（由 $\sigma_2$、$\sigma_3$ 画出）上的点来代表；与 $\sigma_3$ 平行的诸截面上的应力将由圆 $A_1A_2$ 圆（由 $\sigma_1$、$\sigma_2$ 画出）上的点来代表。

由进一步的研究结果得知：与 $\sigma_1$、$\sigma_2$、$\sigma_3$ 三个主应力方向均不平行的斜截面上的应力情况由图 7-11（c）上的阴影范围内的点来表示。

由以上的讨论，对于图 7-11（a）的三向应力状态，可以画出三个应力圆（简称三向应力圆），最大应力作用的截面必然和最大的应力圆 $A_1A_2$ 上的点对应。很明显，跟 $A_1$、$A_3$ 对应的主应力 $\sigma_1$、$\sigma_3$ 分别代表单元体中的最大正应力和最小正应力，即

$$\sigma_{max} = \sigma_1 \qquad \sigma_{min} = \sigma_3 \tag{7-7}$$

从最大应力圆的圆心 $C$ 作 $\sigma$ 轴的垂直线交 $A_1A_3$ 圆于 $F$ 和 $F'$两点。这两点是最大应力圆上与横坐标轴距离最远的两点，所以 $F$ 和 $F'$分别代表单元体的最大切应力和最小切应力，它们的数值相等（均等于最大应力圆的半径）而符号相反。于是三向应力状态下切应力的极值为

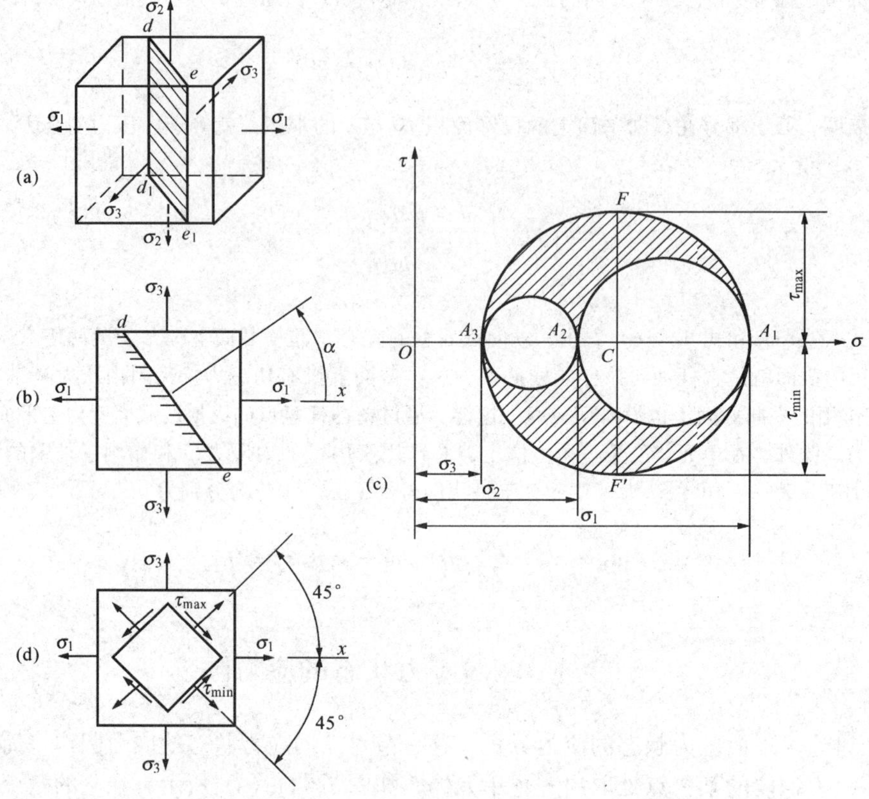


图 7－11

$$\left.\begin{matrix}\tau_{max}\\ \tau_{min}\end{matrix}\right\} = \pm\frac{\sigma_1-\sigma_3}{2} \tag{7－8}$$

从 $A_1$ 点沿 $A_1A_3$ 圆逆时针转 90°到 $F$ 点，顺时针转 90°到 $F'$ 点。所以如图 7－11（d）所示，从 $\sigma_1$ 方向逆时针和顺时针各旋转 45°分别转到 $\tau_{max}$和 $\tau_{min}$所在截面的外法线方向。故三向应力状态下切应力为极值的作用面与 $\sigma_2$ 方向平行且平分 $\sigma_1$ 和 $\sigma_3$ 两方向的夹角，切应力的极值等于三向应力圆中最大应力圆的半径。

上面对于三向应力状态的说明同样适用于二向应力状态，因为二向应力状态只不过是有一个主应力为零的三向应力状态，所以应该画出三个应力圆来研究二向应力状态。例如图 7－12（a)的二向应力状态，根据三个主应力 $\sigma_1$、$\sigma_2$ 和 $\sigma_3=0$ 可画出三个应力圆［图 7－12（b)］，其中 $A_1A_3$ 圆和 $A_2A_3$ 圆都与纵坐标轴相切（因为 $\sigma_3=0$）。此情况下的最大切应力为 $\tau_{max}=\dfrac{\sigma_1-0}{2}=\dfrac{\sigma_1}{2}$，作用面和 $\sigma_2$ 方向平行，而作用面的法线 $n$ 与 $\sigma_1$ 方向成 45°角，如图 7－12（c)所示。

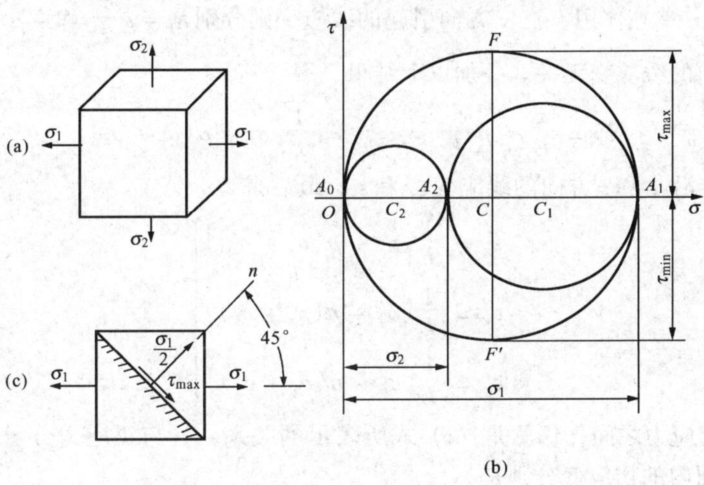


图 7－12

## §7－4　广义胡克定律

在讨论单向拉伸和压缩时，根据实验结果曾得到线弹性范围内应力与应变的关系是

$$\sigma = E\varepsilon \text{ 或 } \varepsilon = \frac{\sigma}{E} \tag{a}$$

这就是胡克定律。此外，轴向的变形还将引起横向尺寸的变化，横向应变 $\varepsilon'$可表示为

$$\varepsilon' = -\mu\varepsilon = -\mu\frac{\sigma}{E} \tag{b}$$

在纯剪切的情况下，实验结果表明，当切应力不超过剪切比例极限时，切应力和切应变之间的关系服从剪切胡克定律。即

$$\tau = G\gamma \qquad \gamma = \frac{\tau}{G} \tag{c}$$

在最普遍的情况下，描述一点的应力状态需要 9 个应力分量，如图 7－13 所示。考虑到切应力互等定理，$\tau_{xy}$和 $\tau_{yx}$，$\tau_{yz}$和$\tau_{zy}$，$\tau_{xz}$和$\tau_{zx}$都分别数值相等。这样，原来的 9 个应力分量中独立的就只有 6 个。这种普遍情况，可以看作是三组单向应力和三组纯剪切的组合。对于各向同性材料，当变形很小且在线弹性范围内时，线应变只与正应力有关，而与切应力无关；切应变只与切应力有关，而与正应力无关。这样，我们就可利用（a），（b），（c）三式求出各应力分量各自对应的应变，然后再进行叠加。

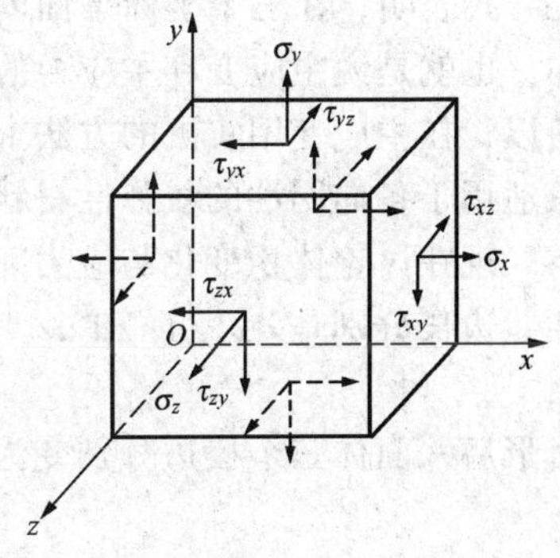


图 7－13

例如，由于 $\sigma_x$ 单独作用，在 $x$ 方向引起的线应变为

$\frac{\sigma_x}{E}$；由于$\sigma_y$和$\sigma_z$单独作用，在 $x$ 方向引起的线应变则分别是 $-\mu\frac{\sigma_y}{E}$ 和 $-\mu\frac{\sigma_z}{E}$。三个切应力分量皆与 $x$ 方向的线应变无关。叠加以上结果，得

$$\varepsilon_x = \frac{\sigma_x}{E} - \mu\frac{\sigma_y}{E} - \mu\frac{\sigma_z}{E} = \frac{1}{E}[\sigma_x - \mu(\sigma_y + \sigma_z)]$$

同理，可以求出沿 $y$ 和 $z$ 方向的线应变$\varepsilon_y$和$\varepsilon_z$，最后得到

$$\left.\begin{aligned}\varepsilon_x &= \frac{1}{E}[\sigma_x - \mu(\sigma_y + \sigma_z)]\\ \varepsilon_y &= \frac{1}{E}[\sigma_y - \mu(\sigma_z + \sigma_x)]\\ \varepsilon_z &= \frac{1}{E}[\sigma_z - \mu(\sigma_x + \sigma_y)]\end{aligned}\right\} \tag{7-9}$$

至于切应变和切应力之间，仍然是（c）式所表示的关系，且与正应力分量无关。这样，在 $xy$、$yz$、$zx$ 三个面内的切应变分别是

$$\gamma_{xy} = \frac{\tau_{xy}}{G}, \gamma_{yz} = \frac{\tau_{yz}}{G}, \gamma_{xz} = \frac{\tau_{xz}}{G} \tag{7-10}$$

公式（7-9）和（7-10）称为**广义胡克定律**。

当单元体六个面皆为主平面时，使 $x$，$y$，$z$ 的方向分别与$\sigma_1$，$\sigma_2$，$\sigma_3$的方向一致。这时

$$\sigma_x = \sigma_1, \sigma_y = \sigma_2, \sigma_z = \sigma_3$$

$$\tau_{xy} = 0, \tau_{yz} = 0, \tau_{zx} = 0$$

广义胡克定律化为

$$\left.\begin{aligned}\varepsilon_1 &= \frac{1}{E}[\sigma_1 - \mu(\sigma_2 + \sigma_3)]\\ \varepsilon_2 &= \frac{1}{E}[\sigma_2 - \mu(\sigma_3 + \sigma_1)]\\ \varepsilon_3 &= \frac{1}{E}[\sigma_3 - \mu(\sigma_1 + \sigma_2)]\end{aligned}\right\} \tag{7-11}$$

$$\gamma_{xy} = 0, \gamma_{yz} = 0, \gamma_{zx} = 0 \tag{d}$$

（d）式表明，在三个坐标平面内的切应变等于零，故坐标 $x$、$y$、$z$ 的方向就是主应变的方向。也就是说主应变和主应力的方向是重合的。公式（7-9）中的 $\varepsilon_1$、$\varepsilon_2$、$\varepsilon_3$ 即为主应变。所以，在主应变用实测的方法求出后，将其代入广义胡克定律，即可解出主应力。当然，这只适用于各向同性的线弹性材料。

现在讨论体积变化与应力间的关系。设图 7-14 所示矩形六面体的周围六个面皆为主平面，边长分别是 $\mathrm{d}x$，$\mathrm{d}y$ 和 $\mathrm{d}z$。变形前六面体的体积

$$V = \mathrm{d}x\mathrm{d}y\mathrm{d}z$$

变形后六面体三个棱边分别变为

$$\mathrm{d}x + \varepsilon_1\mathrm{d}x = (1 + \varepsilon_1)\mathrm{d}x$$

$$\mathrm{d}y + \varepsilon_2\mathrm{d}y = (1 + \varepsilon_2)\mathrm{d}y$$

$$dz + \varepsilon_3 dz = (1 + \varepsilon_3)dz$$

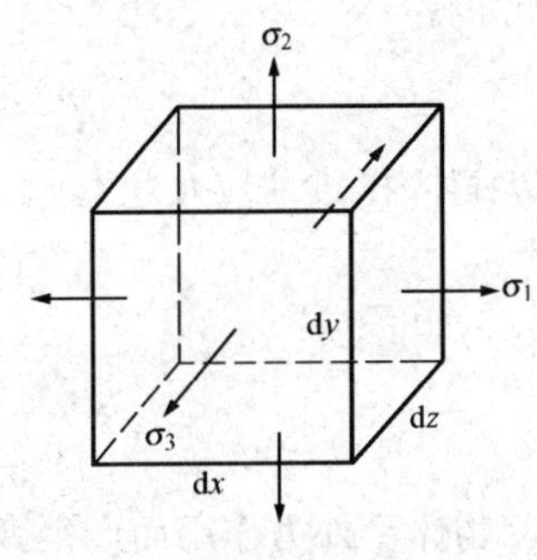

图 7－14

于是变形后的体积为

$$V_1 = (1 + \varepsilon_1)(1 + \varepsilon_2)(1 + \varepsilon_3)dxdydz$$

展开上式，并略去高阶微量可得

$$V_1 = (1 + \varepsilon_1 + \varepsilon_2 + \varepsilon_3)dxdydz$$

单位体积的体积改变为

$$\theta = \frac{V_1 - V}{V} = \varepsilon_1 + \varepsilon_2 + \varepsilon_3$$

$\theta$ 也称为体应变。将以公式（7－11）代入上式，经整理后得

$$\theta = \varepsilon_1 + \varepsilon_2 + \varepsilon_3 = \frac{1 - 2\mu}{E}(\sigma_1 + \sigma_2 + \sigma_3) \quad (7-12)$$

把公式（7－12）写成以下形式

$$\theta = \frac{3(1 - 2\mu)}{E} \cdot \frac{\sigma_1 + \sigma_2 + \sigma_3}{3} = \frac{\sigma_m}{K} \quad (7-13)$$

式中

$$K = \frac{E}{3(1 - 2\mu)}, \sigma_m = \frac{\sigma_1 + \sigma_2 + \sigma_3}{3}$$

$K$ 称为体积弹性模量，$\sigma_m$ 是三个主应力的平均值。公式（7－13）说明，单位体积的体积改变 $\theta$ 只与三个主应力之和有关，至于三个主应力之间的比例，对 $\theta$ 并无影响。所以，无论是作用三个不相等的主应力，或是代以它们的平均应力 $\sigma_m$，单位体积的体积改变仍然是相同的。公式（7－13）还表明，体应变 $\theta$ 与平均应力 $\sigma_m$ 成正比，此即体积胡克定律。

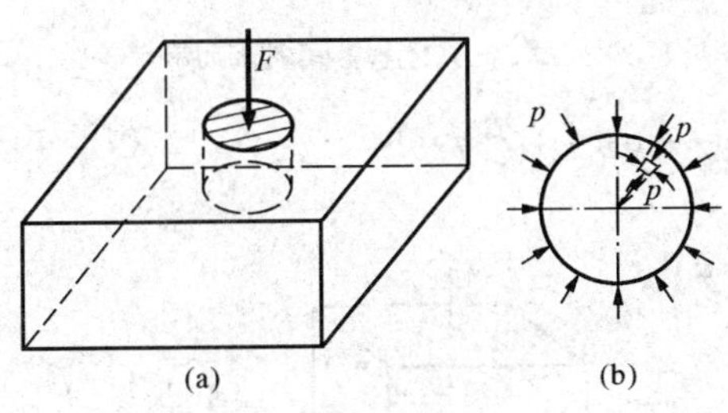

图 7－15

**例 7－6**　在一个体积比较大的钢块上有一直径为 50.01mm 的凹座，凹座内放置一个直径为 50mm 的钢制圆柱［图 7－15（a）］，圆柱受到 $F = 300$kN 轴向压力。假设钢块不变形，试求圆柱的主应力。取 $E = 200$GPa，$\mu = 0.30$。

**解**　在柱体横截面上的压应力为

$$\sigma_3 = -\frac{F}{A} = -\frac{300 \times 10^3}{\frac{1}{4}\pi(50)^2} = -153\text{MPa}$$

这是柱体内各点的三个主应力中绝对值最大的一个。

在轴向压缩下，圆柱将产生横向膨胀。在它胀到塞满凹座后，凹座与柱体之间将产生径向均匀压力 $p$［图 7－15（b）］。在柱体横截面内，这是一个二向均匀应力状态。这种情况下，柱体中任一点的径向和周向应力皆为 $-p$。又由于假设钢块不变形，所以柱体在径向只能发生由于塞满凹座而引起的应变，其数值为

$$\varepsilon_2 = \frac{5.001 - 5}{5} = 0.0002$$

由广义胡克定律

$$\varepsilon_2 = \frac{1}{E}[\sigma_1 - \mu(\sigma_2 - \sigma_3)] = -\frac{p}{E} + \mu\frac{153 \times 10^6}{E} + \mu\frac{p}{E} = 0.0002$$

由此求得

$$P = \frac{153 \times 0.3 - 0.0002 \times 200 \times 10^3}{1 - 0.3} = 8.43\text{MPa}$$

所以柱体内三个主应力为

$$\sigma_1 = \sigma_2 = -p = -8.43\text{MPa}, \sigma_3 = -153\text{MPa}$$

## §7-5 空间应力状态下的应变能密度

物体受外力作用而产生弹性变形时，在物体内部将积蓄有应变能，每单位体积物体内所积蓄的应变能称为应变能密度。在单向应力状态下，物体内所积蓄的应变能密度已在第二章给出，即

$$v_\varepsilon = \frac{1}{2}\sigma\varepsilon = \frac{\sigma^2}{2E} = \frac{E}{2}\varepsilon^2 \tag{a}$$

对于在线弹性范围内、小变形条件下受力的物体，所积蓄的应变能只取决于外力的最后数值，而与加力顺序无关。为便于分析，假设物体上的外力按同一比例由零增至最后值，因此，物体内任一单元体各面上的应力也按同一比例由零增至其最后值。现按此比例加载的情况，来分析已知三个主应力值的空间应力状态下单元体［图 7-16（a）］的应变能密度。对应于每一主应力，其应变能密度等于该主应力在与之相应的主应变上所作的功，而其他两个主应力在该主应变上并不作功。因此，同时考虑三个主应力在与其相应的主应变上所作的功，单元体的应变能密度应为

$$v_\varepsilon = \frac{1}{2}(\sigma_1\varepsilon_1 + \sigma_2\varepsilon_2 + \sigma_3\varepsilon_3) \tag{b}$$

将由主应力与主应变表达的广义胡克定律公式（7-9）代入上式，经整理简化后得

$$v_\varepsilon = \frac{1}{2E}[\sigma_1^2 + \sigma_2^2 + \sigma_3^2 - 2\mu(\sigma_1\sigma_2 + \sigma_2\sigma_3 + \sigma_3\sigma_1)] \tag{7-14}$$

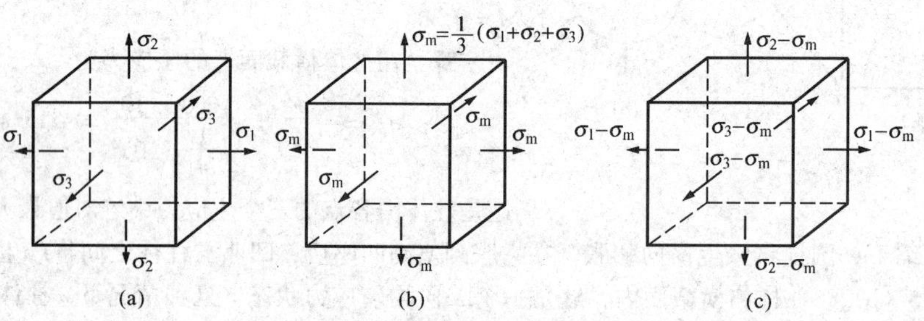


图 7-16

在一般情况下，单元体将同时发生体积改变和形状改变。若将主应力单元体［图 7-16（a）］分解为图 7-16（b）、（c）所示两种单元体的叠加。在平均应力 $\sigma_m = \frac{\sigma_1 + \sigma_2 + \sigma_3}{3}$ 的作用下［图 7-16（b）］，单元体的形状不变，仅发生体积改变，且其三个主应力之和与图 7-16（a）

所示单元体的三个主应力之和相等，故其应变能密度就等于图 7 – 16（a）所示单元体的体积改变能密度，即

$$v_V = \frac{1}{2E}\left[\sigma_m^2 + \sigma_m^2 + \sigma_m^2 - 2\mu(\sigma_m^2 + \sigma_m^2 + \sigma_m^2)\right]$$
$$= \frac{3(1-2\mu)}{2E}\sigma_m^2 = \frac{1-2\mu}{6E}(\sigma_1 + \sigma_2 + \sigma_3)^2 \qquad (7-15)$$

图 7 – 16（c）所示单元体的三个主应力之和等于零，故其体积不变，仅发生改变，其应变能密度就等于图 7 – 16（a）所示单元体的形状改变能密度，即

$$v_d = v_\varepsilon - v_V = \frac{1+\mu}{6E}\left[(\sigma_1-\sigma_2)^2 + (\sigma_2-\sigma_3)^2 + (\sigma_3-\sigma_1)^2\right] \qquad (7-16)$$

由式（7 – 14），式（7 – 15）与式（7 – 16）可以证明

$$v_\varepsilon = v_V + v_d \qquad (c)$$

即应变能密度 $v_\varepsilon$ 等于体积改变能密度 $v_V$ 与形状改变能密度 $v_d$ 之和。

对于一般空间应力状态下的单元体［图 7 – 16（c）］，其应变能密度可用 6 个应力分量 $\sigma_x$、$\sigma_y$、$\sigma_z$、$\tau_{xy}$、$\tau_{yz}$、$\tau_{zx}$ 来表达。由于在小变形条件下，对应于每个应力分量的应变能密度均为该应力分量与相应的应变分量的乘积的一半，故有

$$v_\varepsilon = \frac{1}{2}(\sigma_x\varepsilon_x + \sigma_y\varepsilon_y + \sigma_z\varepsilon_z + \tau_{xy}\gamma_{xy} + \tau_{yz}\gamma_{yz} + \tau_{zx}\gamma_{zx}) \qquad (d)$$

## §7 – 6　强度理论及其应用

### 一、强度理论概述

各种材料因强度不足引起的失效现象是不同的。根据前面的讨论，塑性材料（如普通碳钢）以发生屈服现象、出现塑性变形为失效的标志。脆性材料（如铸铁）失效现象则是突然断裂。在单向受力情况下，出现塑性变形时的屈服极限 $\sigma_s$ 和发生断裂时的强度极限 $\sigma_b$ 可由实验测定。$\sigma_s$ 和 $\sigma_b$ 可统称为极限应力。以安全因数除极限应力，便得到许用应力［$\sigma$］，于是建立强度条件

$$\sigma \leqslant [\sigma]$$

可见，在单向应力状态下，失效状态或强度条件都是以实验为基础的。

实际构件危险点的应力状态往往不是单向的。实现复杂应力状态下的实验，要比单向拉伸或压缩困难得多。如果像单向拉伸一样，靠实验来确定失效状态，建立强度条件，则必须对各式各样的应力状态一一进行试验，确定极限应力，然后建立强度条件。由于技术上的困难和工作的繁重，往往是难以实现的。解决这类问题，经常是依据部分实验结果，经过推理，提出一些假说，推测材料失效的原因，从而建立强度条件。

事实上，尽管失效现象比较复杂，但经过归纳，强度不足引起的失效现象主要还是屈服和断裂两种类型。同时，衡量受力和变形程度的量又有应力、应变和应变能密度等。人们在长期的生产活动中，综合分析材料的失效现象和资料，对强度失效提出各种假说。这类假说认为，材料之所以按某种方式（断裂或屈服）失效，是应力、应变或应变能密度等因素中某

一因素引起的。按照这类假说无论是简单或复杂应力状态，引起失效的因素是相同的。亦即，造成失效的原因与应力状态无关。这类假说称为**强度理论**。利用强度理论，便可由简单应力状态的实验结果，建立复杂应力状态的强度条件。

强度理论既然是推测强度失效原因的一些假说，它是否正确，适用于什么情况，必须由生产实践来检验。通常，适用于某种材料的强度理论，并不适用于另一种材料；在某种条件下适用的理论，却又不适用于另一种条件。

这里只介绍了四种常用强度理论。这些都是在常温、静载荷下，适用于均匀、连续、各向同性材料的强度理论。而且，现有的各种强度理论并不能圆满地解决所有强度问题。这方面仍然有待发展。

前面已经提到，强度失效的主要形式有两种，即屈服与断裂。相应地，强度理论也分成两类：一类是解释断裂失效的，其中有最大拉应力理论和最大伸长线应变理论；另一类是解释屈服失效的，其中有最大切应力理论和畸变能密度理论。

**二、四种常用强度理论**

**最大拉应力理论**　最大拉应力理论也称为第一强度理论。这一理论的假说是：最大拉应力是引起材料脆断破坏的因素，也就是认为不论在什么样的应力状态下，只要构件内一点处的最大的拉应力 $\sigma_1$ 达到材料的极限应力 $\sigma_b$，材料就发生脆性断裂。至于材料的极限应力 $\sigma_b$，则可通过单轴拉伸试样发生脆性断裂的试验来确定。于是，按照这一强度理论，脆性断裂的判据是

$$\sigma_1 = \sigma_b \tag{a}$$

将式（a）右边的极限应力除以安全因数，就得到材料的许用拉应力［$\sigma$］，因此，按第一强度理论所建立的强度条件为

$$\sigma_1 \leqslant [\sigma] \tag{7-17}$$

应该指出，上式中的 $\sigma_1$ 为拉应力。在没有拉应力的三轴压缩应力状态下，显然不能采用第一强度理论来建立强度条件。而式中的［$\sigma$］为试样发生脆性断裂的许用拉应力，也不能单纯地理解为材料在单向拉伸时的许用应力。

**最大伸长线应变理论**　最大伸长线应变理论也称为第二强度理论。这一理论的假说是：最大伸长线应变是引起材料脆性断裂的因素，也就是认为不论在什么样的应力状态下，只要构件内一点处的最大伸长线应变 $\varepsilon_1$ 达到了材料的极限值 $\varepsilon_u$，材料就会发生脆断破坏。同理，材料的极限值同样可通过单轴拉伸试样发生脆性断裂的试验来确定。如果这种材料直到发生脆性断裂时都可近似地看作线弹性，即服从胡克定律，则

$$\varepsilon_u = \frac{\sigma_u}{E} \tag{b}$$

式中：$\sigma_u$ 为单向拉伸试样在拉断时其横截面上的正应力。

于是，按照这一强度理论，脆性断裂的判据是

$$\varepsilon_1 = \varepsilon_u = \frac{\sigma_u}{E} \tag{c}$$

而由广义胡克定律可知，在线弹性范围内工作的构件，处于复杂应力状态下一点处的最大伸

长线应变为

$$\varepsilon_1 = \frac{1}{E}[\sigma_1 - \mu(\sigma_2 + \sigma_3)]$$

于是，式（c）可改写为

$$\varepsilon_1 = \frac{1}{E}[\sigma_1 - \mu(\sigma_2 + \sigma_3)] = \frac{\sigma_u}{E}$$

或

$$[\sigma_1 - \mu(\sigma_2 + \sigma_3)] = \sigma_u \tag{d}$$

将上式右边的 $\sigma_u$ 除以安全因数即得材料的许用拉应力［$\sigma$］，故按第二强度理论所建立的强度条件为

$$\sigma_1 - \mu(\sigma_2 + \sigma_3) \leqslant [\sigma] \tag{7-18}$$

在以上分析中引用了广义胡克定律，所以，按照这一强度理论所建立的强度条件应该只适用于以下情况，即构件直到发生脆断前都应服从胡克定律。

必须注意，在式（7－18）中所用的［$\sigma$］是材料在单向拉伸时发生脆性断裂的许用拉应力，像低碳钢一类的塑性材料，是不可能通过单向拉伸试验得到材料在脆断时的极限值 $\varepsilon_u$ 的。所以，对低碳钢等塑性材料在三轴拉伸应力状态下，该式右边的［$\sigma$］不能理解为材料在单向拉伸时的许用拉应力。

实验表明，这一理论与石料、混凝土等脆性材料在压缩时纵向开裂的现象是一致的。这一理论考虑了其余两个主应力 $\sigma_2$ 和 $\sigma_3$ 对材料强度的影响，在形式上较最大拉应力理论更为完善。但实际上并不一定总是合理的，例如在二向或三向受拉情况下，按这一理论反比单向受拉时不易断裂，显然与实际情况并不相符。一般地说，最大拉应力理论适用于脆性材料以拉应力为主的情况，而最大伸长线应变理论适用于压应力为主的情况。由于这一理论在应用上不如最大拉应力理论简便，故在工程实践中应用较少，但在某些工业部门（如在炮筒设计中）应用较为广泛。

**最大切应力理论**　最大切应力理论又称为第三强度理论。这一理论的假说是：最大切应力 $\tau_{max}$是引起材料塑性屈服的因素，也就是认为不论在什么样的应力状态下，只要构件内一点处的最大切应力 $\tau_{max}$达到了材料屈服时的极限值 $\tau_u$，该点处的材料就会发生屈服。至于材料屈服时切应力的极限值 $\tau_u$，同样可以通过单向拉伸试样发生屈服的试验来确定。对于像低碳钢一类的塑性材料，在单向拉伸试验时材料就是沿最大切应力所在的45°斜截面发生滑移而出现明显的屈服现象的。这时试样在横截面上的正应力就是材料的屈服极限 $\sigma_s$。于是，对于这一类材料，可得材料屈服时切应力的极限值 $\tau_u$ 为

$$\tau_u = \frac{\sigma_s}{2} \tag{e}$$

所以，按照这一强度理论，屈服判据为

$$\tau_{max} = \tau_u = \frac{\sigma_s}{2} \tag{f}$$

在复杂应力状态下一点处的最大切应力为

$$\tau_{max} = \frac{1}{2}(\sigma_1 - \sigma_3)$$

式中：$\sigma_1$ 和 $\sigma_3$ 分别为该应力状态中的最大和最小主应力。于是，屈服判据可改写为

$$\tau_{max} = \frac{1}{2}(\sigma_1 - \sigma_3) = \frac{1}{2}\sigma_s$$

或

$$\sigma_1 - \sigma_3 = \sigma_s \tag{g}$$

将上式右边的 $\sigma_s$ 除以安全因数即得材料的许用拉应力 $[\sigma]$，故按第三强度理论所建立的强度条件为

$$\sigma_1 - \sigma_3 \leqslant [\sigma] \tag{7-19}$$

应该指出，在上式右边采用了材料在单轴拉伸时的许用拉应力，这只对于在单向拉伸时发生屈服的材料才适用。像铸铁、大理石这一类脆性材料，不可能通过单向拉伸试验得到材料屈服时的极限值 $\tau_u$，因此，对于这类材料在三轴不等值压缩的应力状态下，以式（7－19）作为强度条件时，该式右边的 $[\sigma]$ 就不能理解为材料在单向拉伸时的许用拉应力。

**形状改变能密度理论**　形状改变能密度理论通常也称为第四强度理论。这一理论的假说是：形状改变能密度 $v_d$ 是引起材料屈服的因素，也就是认为不论在什么样的应力状态下，只要构件内一点处的形状改变能密度 $v_d$ 达到了材料的极限值 $v_{du}$，该点处的材料就会发生塑性屈服。对于像低碳钢一类的塑性材料，因为在拉伸试验时当正应力达到 $\sigma_s$ 时就出现明显的屈服现象，故可通过拉伸试验来确定材料的 $v_{du}$值。为此，可利用式（7－16），

$$v_d = \frac{1+\mu}{6E}[(\sigma_1 - \sigma_2)^2 + (\sigma_2 - \sigma_3)^2 + (\sigma_3 - \sigma_1)^2]$$

将 $\sigma_1 = \sigma_s, \sigma_2 = \sigma_3 = 0$ 代入上式，从而求得材料的极限值 $v_{du}$为

$$v_{du} = \frac{(1+\mu)}{6E} \times 2\sigma_s^2 \tag{h}$$

所以，按照这一强度理论的观点，屈服判据 $v_d = v_{du}$。可改写为

$$\frac{1+\mu}{6E}[(\sigma_1 - \sigma_2)^2 + (\sigma_2 - \sigma_3)^2 + (\sigma_3 - \sigma_1)^2] = \frac{(1+\mu)}{6E}2\sigma_s^2$$

并简化为

$$\sqrt{\frac{1}{2}[(\sigma_1 - \sigma_2)^2 + (\sigma_2 - \sigma_3)^2 + (\sigma_3 - \sigma_1)^2]} = \sigma_s$$

再将上式右边的 $\sigma_s$ 除以安全因数得到材料的许用拉应力 $[\sigma]$，于是，按第四强度理论所建立的强度条件为

$$\sqrt{\frac{1}{2}[(\sigma_1 - \sigma_2)^2 + (\sigma_2 - \sigma_3)^2 + (\sigma_3 - \sigma_1)^2]} \leqslant [\sigma] \tag{7-20}$$

同理，式（7－20）右边采用材料在单向拉伸时的许用拉应力，因而，只对于在单向拉伸时发生屈服的材料才适用。

试验表明，在平面应力状态下，一般地说，形状改变能密度理论较最大切应力理论更符合试验结果。由于最大切应力理论是偏于安全的，且使用较为简便，故在工程实践中应用较为广泛。

从式（7－17）～式（7－20）的形式来看，按照四个强度理论所建立的强度条件可统一写作

$$\sigma_r \leqslant [\sigma] \tag{7-21}$$

式中：$\sigma_r$ 是根据不同强度理论所得到的构件危险点处三个主应力的某些组合。从式（7-21）的形式上来看，这种主应力的组合 $\sigma_r$ 和单轴拉伸时的拉应力在安全程度上是相当的，因此，通常称 $\sigma_r$ 为相当应力。按照从第一强度理论到第四强度理论的顺序，相当应力分别为

$$\left.\begin{aligned}
\sigma_{r1} &= \sigma_1 \\
\sigma_{r2} &= \sigma_1 - \mu(\sigma_2 + \sigma_3) \\
\sigma_{r3} &= \sigma_1 - \sigma_3 \\
\sigma_{r4} &= \sqrt{\frac{1}{2}[(\sigma_1 - \sigma_2)^2 + (\sigma_2 - \sigma_3)^2 + (\sigma_3 - \sigma_1)^2]}
\end{aligned}\right\} \tag{7-22}$$

以上介绍了四种常用的强度理论。铸铁、石料、混凝土、玻璃等脆性材料常以断裂的形式失效，宜采用第一和第二强度理论。碳钢、铜、铝等塑性材料常以屈服的形式失效，宜采用第三和第四强度理论。应该指出，不同材料固然可以发生不同形式的失效，但即使是同一材料，在不同应力状态下也可能有不同的失效形式。例如，碳钢在单向拉伸下以屈服的形式失效，但碳钢制成的螺钉受拉时，螺纹根部因应力集中引起三向拉伸，就会出现断裂。这是因为当三向拉伸的三个主应力数值接近时，屈服将很难出现。又如，铸铁单向受拉时以断裂的形式失效，但如以淬火钢球压在铸铁板上，接触点附近的材料处于三向受压状态，随着压力的增大，铸铁板会出现明显的凹坑，这表明已出现屈服现象。以上例子说明材料的失效形式与应力状态有关。无论是塑性或脆性材料，在三向拉应力相近的情况下，都将以断裂的形式失效，宜采用最大拉应力理论。在三向压应力相近的情况下，都可引起塑性变形，宜采用第三或第四强度理论。

### 三、强度理论的应用

**例 7-7**　圆筒形薄壁压力容器承受内压力为 $p$，容器内直径为 $D$，厚度为 $\delta$，且 $\delta \ll D$。试按第四强度理论写出容器壁内的相当应力。

**解**　由例题 7-5 可知

$$\sigma_1 = \sigma'' = \frac{pD}{2\delta}, \sigma_2 = \sigma' = \frac{pD}{4\delta}, \sigma_3 = 0$$

将 $\sigma_1$，$\sigma_2$ 及 $\sigma_3$ 代入第四强度理论的相当表达式，即可得相当应力 $\sigma_{r4}$ 为

$$\begin{aligned}
\sigma_{r4} &= \sqrt{\frac{1}{2}[(\sigma_1 - \sigma_2)^2 + (\sigma_2 - \sigma_3)^2 + (\sigma_3 - \sigma_1)^2]} \\
&= \sqrt{\frac{1}{2}\left[\left(\frac{pD}{4\delta}\right)^2 + \left(\frac{pD}{4\delta}\right)^2 + \left(-\frac{pD}{2\delta}\right)^2\right]} \\
&= \frac{\sqrt{3}pD}{4\delta}
\end{aligned}$$

**例 7-8**　铸铁梁受力如图 7-17 所示，试用第一强度理论校核截面 $B$ 上腹板与翼缘交界处的强度。设铸铁的抗拉和抗压许用应力分别为 $[\sigma_t]=30\text{MPa}$，$[\sigma_c]=160\text{MPa}$。

**解**　校核 $b$ 点的强度时，首先要算出该点的弯曲正应力和切应力。根据梁受力图求得 $B$ 截面处的弯矩和剪力分别为

$$M = -4\text{kN}\cdot\text{m} \qquad F_Q = -6.5\text{kN}$$

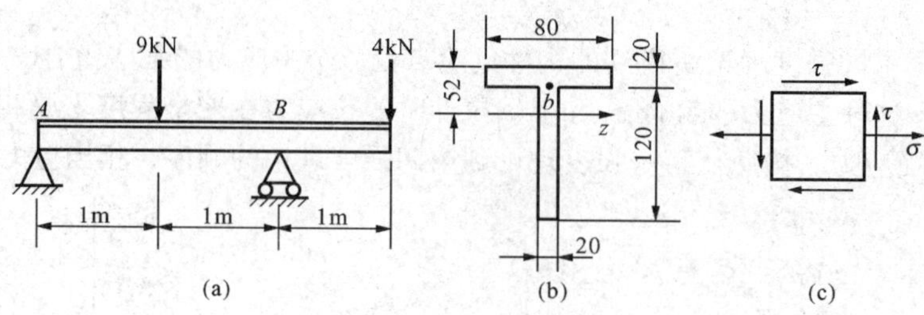


图 7-17

根据截面尺寸，求得

$$I_z = 763\text{cm}^4, S_z^* = 67.2\text{cm}^3$$

从而算出

$$\sigma = \frac{My}{I_z} = \frac{(-4\times10^6)(-32)}{763\times10^4} = 16.8\text{MPa}$$

$$\tau = \frac{F_s S_z^*}{I_z b} = \frac{(6.5\times10^3)(67.2\times10^3)}{(763\times10^4)(20)} = 2.86\text{MPa}$$

在截面 $B$ 上，$b$ 点的应力状态如图 7-17（c）所示。求出主应力为

$$\left.\begin{matrix}\sigma_1\\ \sigma_3\end{matrix}\right\} = \frac{16.8}{2} \pm\sqrt{\left(\frac{16.8}{2}\right)^2 + (2.86)^2}\text{MPa} = \left\{\begin{matrix}17.3\\ -0.47\end{matrix}\right.\text{MPa}$$

使用第一强度理论

$$\sigma_1 = 17.3\text{MPa} < [\sigma_t] = 30\text{MPa}$$

所以满足第一强度理论的强度条件。

## 思考讨论题

7-1　什么叫主平面和主应力？主应力与正应力有什么区别？

7-2　一单元体中，在最大正应力所作用的平面上有无切应力？在最大切应力所作用的平面上有无正应力？

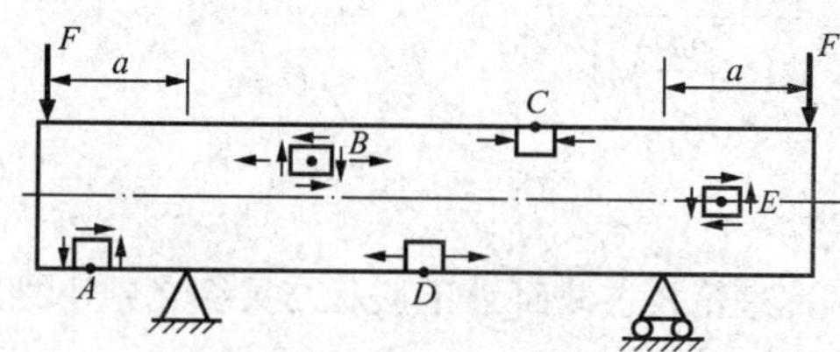


图 7-18　思考题 7-3 图

7-3　一梁如图 7-18 所示，图中给出了单元体 $A$、$B$、$C$、$D$、$E$ 的应力情况。试指出并改正各单元体上所给应力的错误。

7-4　试问在何种情况下，平面应力状态下的应力圆符合以下特征：①一个点圆；②圆心在原点；③与 $\tau$ 轴相切。

7-5　从某压力容器表面上一点处取出的单元体如图 7-19 所示。已知 $\sigma_1 = 2\sigma_2$，试问是否存在 $\varepsilon_1 = 2\varepsilon_2$ 这样的关系？

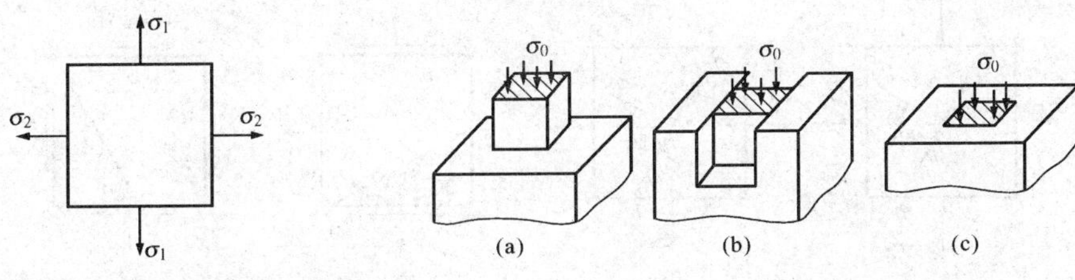


图 7-19　思考题 7-5 图　　　图 7-20　思考题 7-6 图

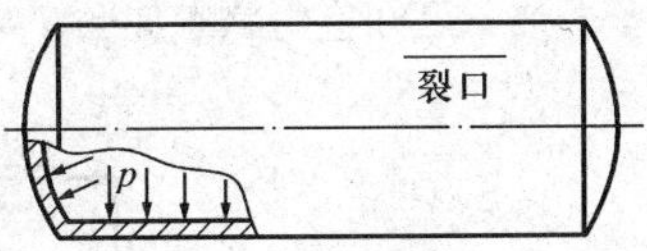


图 7-21　思考题 7-7 图

7-6　材料及尺寸均相同的三个立方块，其竖向压应力均为 $\sigma_0$，如图 7-20 所示。已知材料的弹性常数分别为 $E=200\text{GPa}$，$\mu=0.3$。若三立方块都在线弹性范围内，试问哪一立方块的体应变最大？

7-7　薄壁圆筒容器如图 7-21 所示，在均匀内压作用下，筒壁出现了纵向裂纹。试分析这种破坏形式是由什么应力引起的？

7-8　冬天自来水管因其中的水结冰而被涨裂，冰为什么不会因受水管的反作用压力而被压碎呢？

## 习　　题

7-1　试从图 7-22 所示各构件中的 $A$ 点和 $B$ 点处取出单元体，并表明单元体各面上的应力。

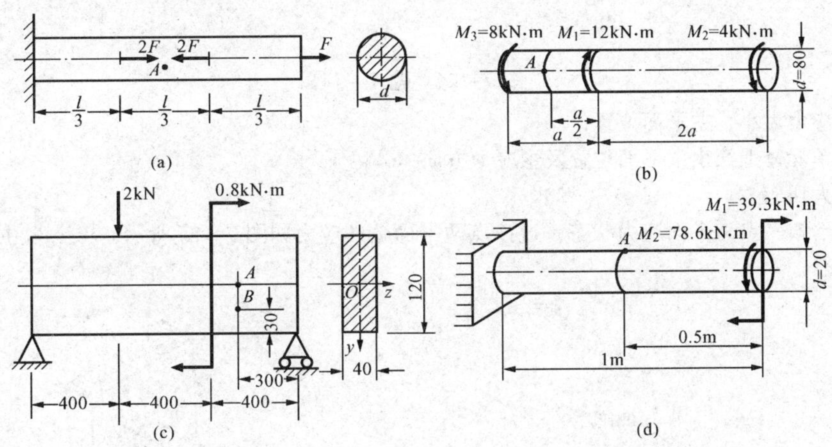


图 7-22　题 7-1 图

7-2　直径 $d=20\text{mm}$ 的拉伸试件，当与杆轴线成 45°斜截面上的切应力 $\tau=150\text{MPa}$ 时，杆表面上将出现滑移线。求此时试件的拉力 $F$。

7-3　在拉杆的某一斜截面上，正应力为 50MPa，切应力为 50MPa。试求最大正应力和最大切应力。

7-4　在图 7-23 所示各单元体中，试用解析法和图解法求斜截面 $ab$ 上的应力。应力单位为 MPa。

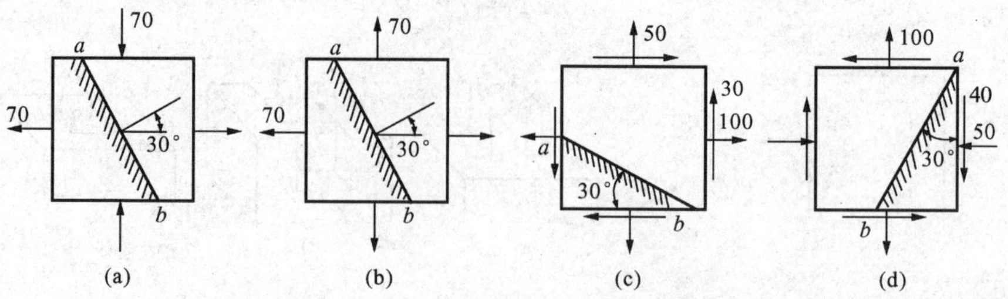


图 7-23 题 7-4 图

7-5 已知应力状态如图 7-24 所示，图中应力单位皆为 MPa。试用解析法及图解法求：

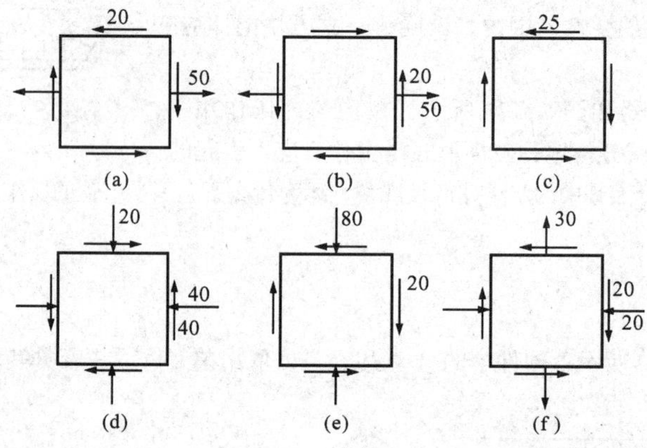


图 7-24 题 7-5 图

（1）主应力大小，主平面位置；

（2）在单元体上绘出主平面位置及主应力方向；

（3）最大切应力。

7-6 已知一点为平面应力状态，过该点两平面上的应力如图 7-25 所示，求 $\sigma_\alpha$、主应力及主平面方位。

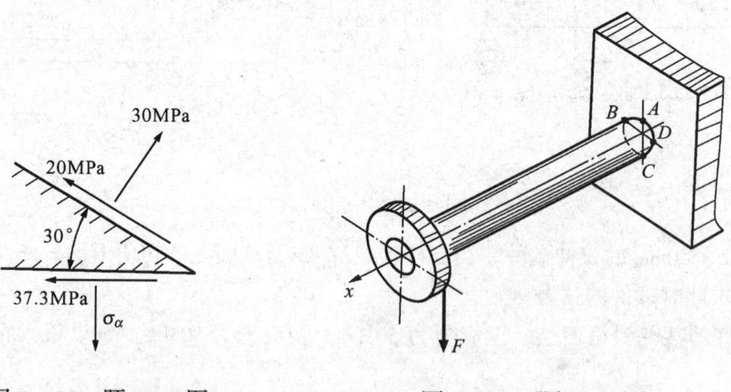


图 7-25 题 7-6 图

图 7-26 题 7-7 图

7－7　一圆轴受力如图7－26所示，已知固定端横截面上的最大弯曲应力为40MPa，最大扭转切应力为30MPa，因剪力而引起的最大切应力为$6\times10^{-3}$MPa。

(1) 用单元体画出$A$、$B$、$C$、$D$各点处的应力状态；

(2) 求$A$点的主应力及其作用面的方位。

7－8　试用应力圆的几何关系求图7－27所示悬臂梁距离自由端为0.72m的截面上，在顶面以下40mm的一点处的最大及最小主应力，并求最大主应力与$x$轴之间的夹角。

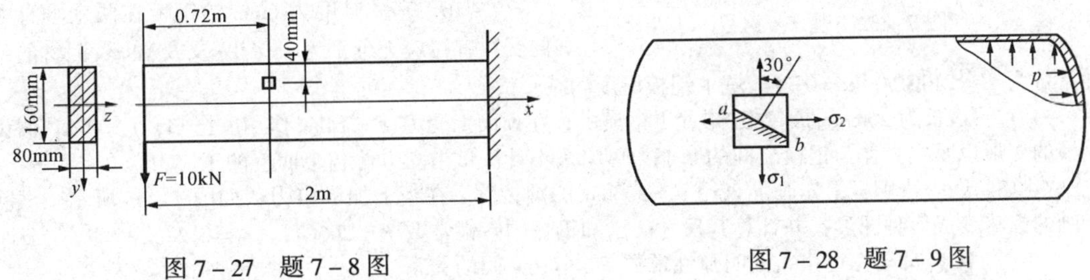


图7－27　题7－8图　　图7－28　题7－9图

7－9　如图7－28所示，锅炉直径$D=1$m，壁厚$\delta=10$mm，内受蒸汽压力$p=3$MPa。试求：

(1) 壁内主应力$\sigma_1$、$\sigma_2$及最大切应力$\tau_{max}$；

(2) 斜截面$ab$上的正应力及切应力。

7－10　薄壁圆筒扭转—拉伸试验的示意图如图7－29所示。若$F=20$kN，$M_e=600$N·m，$d=50$mm，$\delta=2$mm，试求：

(1) $A$点在指定斜截面上的应力；

(2) $A$点的主应力的大小及方向（用单元体表示）。

7－11　已知一受力构件表面上某点处的$\sigma_x=80$MPa，$\sigma_y=-160$MPa，$\sigma_z=0$，单元体三个面上都没有切应力。试求该点处的最大正应力和最大切应力。

7－12　以绕带焊接成的圆管，焊缝为螺旋线如图7－30所示。管的内径为300mm，壁厚为1mm，内压$p=0.5$MPa。求沿焊缝斜面上的正应力和切应力。

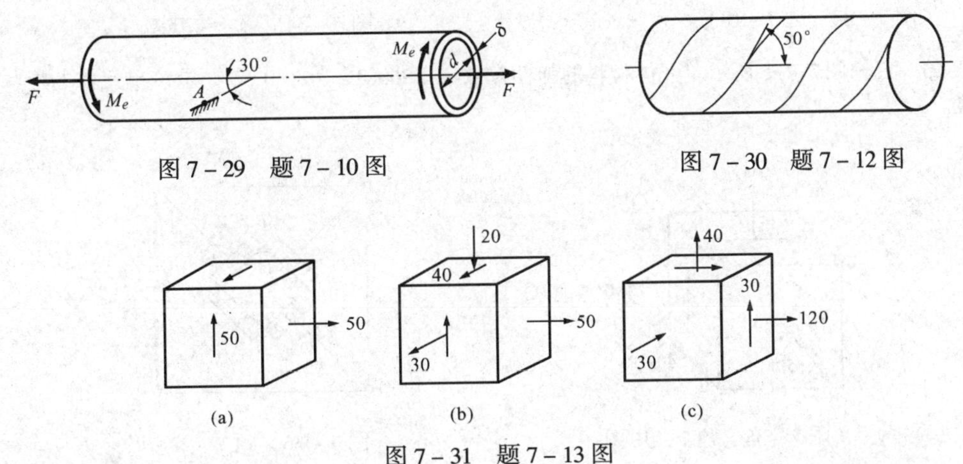


图7－29　题7－10图　　图7－30　题7－12图

图7－31　题7－13图

7－13　试求图 7－31 所示各应力状态的主应力和最大切应力（应力单位为 MPa）。

7－14　图 7－32 所示一钢制圆截面轴，直径 $d=60$mm，材料的弹性模量 $E=210$GPa。泊松比 $\mu=0.28$，用电测法测得 $A$ 点与水平线成 45°方向的线应变 $\varepsilon_{45°}=431\times10^{-6}$，求轴受的外力偶矩 $M_e$。

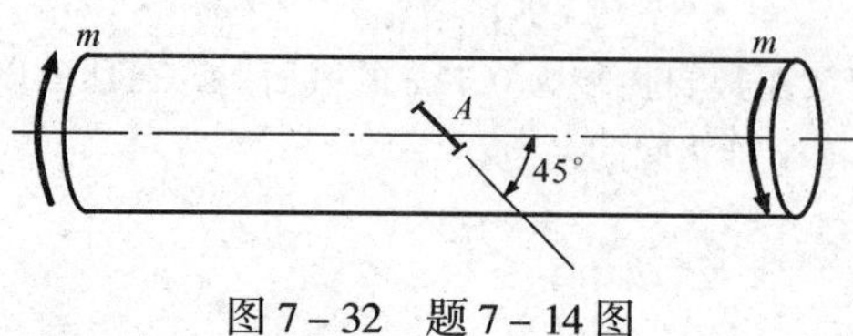


图 7－32　题 7－14 图

7－15　列车通过钢桥时，在大梁侧表面某点测得 $x$ 和 $y$ 向的线应变 $\varepsilon_x=400\times10^{-6}$，$\varepsilon_y=-120\times10^{-6}$，材料的弹性模量 $E=200$GPa，泊松比 $\mu=0.3$，求该点 $x$、$y$ 面的正应力 $\sigma_x$ 和 $\sigma_y$。

7－16　有一厚度为 6mm 的钢板在两个垂直方向受拉，拉应力分别为 150MPa 及 55MPa。钢材的弹性常数为 $E=210$GPa，$\mu=0.25$。试求钢板厚度的减小值。

7－17　边长为 20mm 的钢立方体置于钢模中，在顶面上受力 $F=14$kN 作用。已知，$\mu=0.3$，假设钢模的变形以及立方体与钢模之间的摩擦力可略去不计。试求立方体各个面上的正应力。

7－18　在一块钢板上先画上直径 $d=300$mm 的圆，然后在板上加上应力，如图 7－33 所示。试问所画的圆将变成何种图形？并计算其尺寸。已知钢板的弹性常数 $E=206$GPa，$\mu=0.28$。

7－19　用广义胡克定律，证明弹性常数 $E$，$G$，$\mu$ 间的关系。

7－20　如图 7－34 所示，在受集中力偶矩 $M_e$ 作用的矩形截面简支梁中，测得中性层上 $k$ 点处沿 45°方向的线应变 $\varepsilon_{45°}$。已知材料的弹性常数 $E$，$v$ 和梁的横截面及长度尺寸 $b$，$h$，$a$，$d$，$l$。试求集中力偶矩 $M_e$。

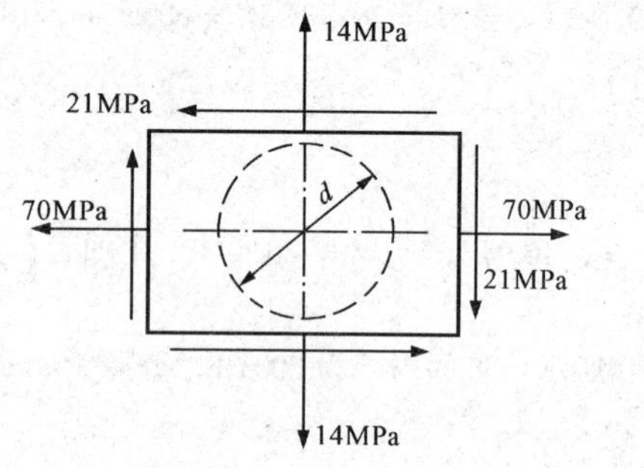


图 7－33　题 7－18 图

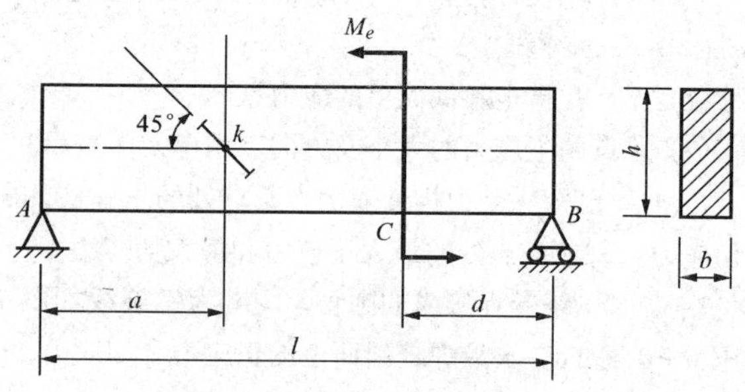


图 7－34　题 7－20 图

7－21　已知图 7－35 所示单元体材料的弹性常数 $E=200$GPa，$\mu=0.30$ 试求该单元体的形状改变能密度。

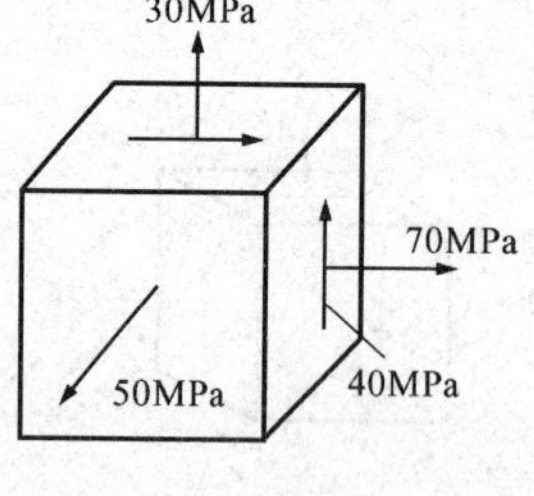


图 7－35　题 7－21 图

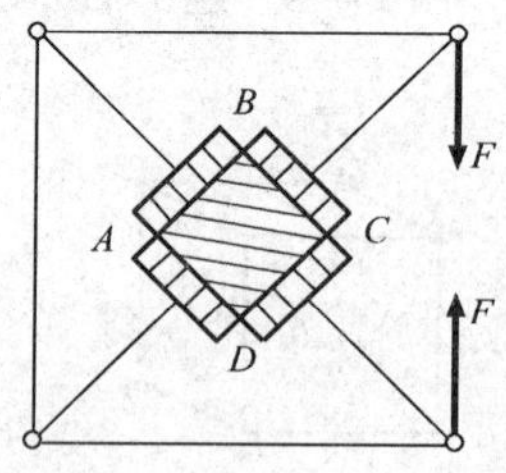


图 7－36　题 7－22 图

7－22　如图 7－36 所示，方块 $ABCD$ 尺寸是 70mm×70mm×70mm，通过专用的压力机在其四个面上作用均匀分布的压力。若 $F=50\text{kN}$，$E=200\text{GPa}$，$\mu=0.30$，试求方块的体应变 $\theta$。

7－23　车轮与钢轨接触点处的主应力为－800MPa，－900MPa，－1100MPa。若［$\sigma$］＝300MPa，试对接触点作强度校核。

7－24　铸铁薄壁管如图 7－37 所示。管的外径为 200mm，壁厚 $\delta=15\text{mm}$，内压 $p=4\text{MPa}$，$F=200\text{kN}$。铸铁的抗拉及抗压许用应力分别为［$\sigma_t$］＝30MPa，［$\sigma_c$］＝120MPa，$\mu=0.25$。试用第二强度理论校核薄壁管的强度。

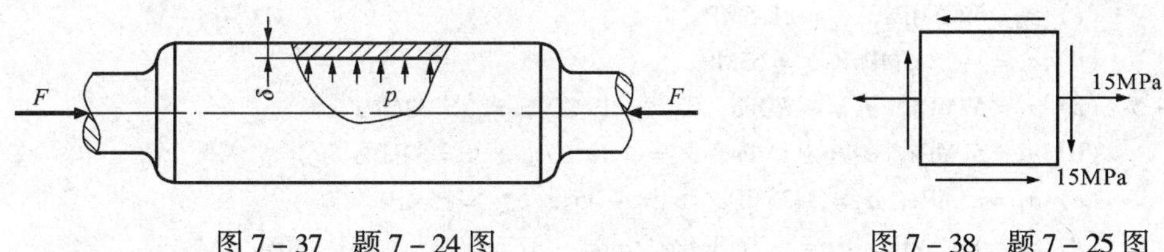


图 7－37　题 7－24 图　　图 7－38　题 7－25 图

7－25　从某铸铁构件内的危险点处取出的单元体，各面上的应力分量如图 7－38 所示。已知铸铁材料的泊松比 $\mu=0.25$，许用拉应力［$\sigma_t$］＝30MPa，许用压应力［$\sigma_c$］＝90MPa。试按第一和第二强度理论校核其强度。

7－26　用 Q235 钢制成的实心圆截面杆，受轴向拉力 $F$ 及扭转力偶矩 $M_e$ 共同作用，且 $M_e=\dfrac{1}{10}Fd$。今测得圆杆表面点处沿图 7－39 所示方向的线应变 $\varepsilon_{30^\circ}=14.33\times10^{-5}$。已知杆直径 $d=10\text{mm}$，材料的弹性常数 $E=200\text{GPa}$，$\mu=0.3$。试求荷载 $F$ 及扭转力偶矩 $M_e$。若其许用应力［$\sigma$］＝160MPa，试按第四强度理论校核杆的强度。

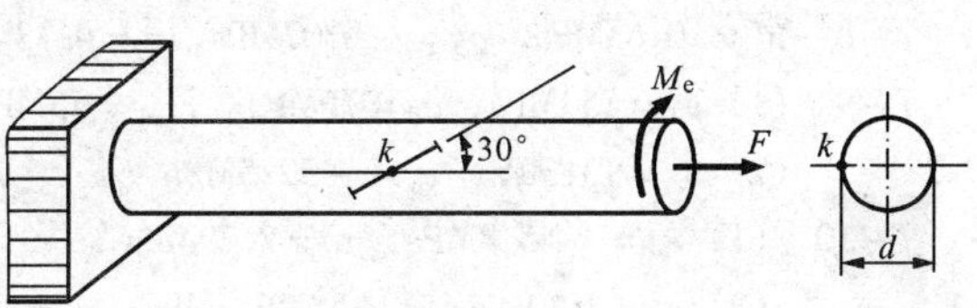


图 7－39　题 7－26 图

7－27　一简支钢板梁承受荷载如图 7－40（a）所示，其截面尺寸见图（b）。已知钢材的许用应力为［$\sigma$］＝170MPa，［$\tau$］＝100MPa。试校核梁内的最大正应力和最大切应力，并按第四强度理论校核危险截面上的 $a$ 点的强度。（注：通常在计算 $a$ 点处的应力时近似地按 $a'$ 点的位置计算。）

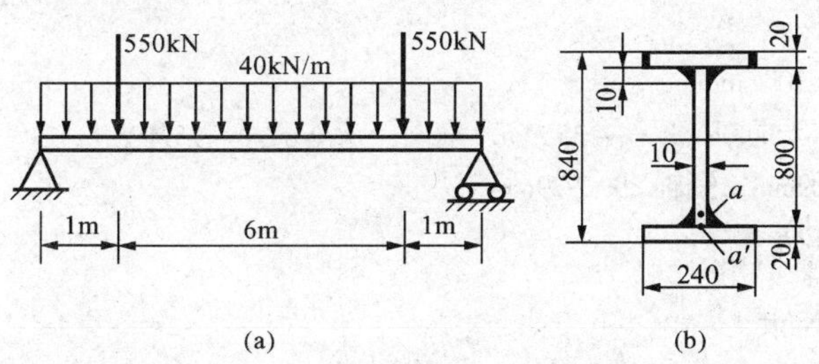


图 7－40　题 7－27 图

7－28　钢制圆柱形薄壁容器，直径为 800mm，壁厚 $\delta=4\text{mm}$，［$\sigma$］＝120MPa。试用强度理论确定

可能承受的内压力 $p$。

## 习 题 答 案

7-2 $F=94.2\text{kN}$

7-3 $\sigma_{max}=100\text{MPa}$，$\tau_{max}=50\text{MPa}$

7-4 (a) $\sigma_\alpha=35\text{MPa}$，$\tau_\alpha=60.6\text{MPa}$

(b) $\sigma_\alpha=70\text{MPa}$，$\tau_\alpha=0$

(c) $\sigma_\alpha=62.5\text{MPa}$，$\tau_\alpha=21.6\text{MPa}$

(d) $\sigma_\alpha=-12.5\text{MPa}$，$\tau_\alpha=65\text{MPa}$

7-5 (a) $\sigma_1=57\text{MPa}$，$\sigma_3=-7\text{MPa}$，$\alpha_0=-19°20'$，$\tau_{max}=32\text{MPa}$

(b) $\sigma_1=57\text{MPa}$，$\sigma_3=-7\text{MPa}$，$\alpha_0=+19°20'$，$\tau_{max}=32\text{MPa}$

(c) $\sigma_1=25\text{MPa}$，$\sigma_3=-25\text{MPa}$，$\alpha_0=-45°$，$\tau_{max}=25\text{MPa}$

(d) $\sigma_1=11.2\text{MPa}$，$\sigma_3=-71.2\text{MPa}$，$\alpha_0=-37°59'$，$\tau_{max}=41.2\text{MPa}$

(e) $\sigma_1=4.7\text{MPa}$，$\sigma_3=-84.7\text{MPa}$，$\alpha_0=-13°17'$，$\tau_{max}=44.7\text{MPa}$

(f) $\sigma_1=37\text{MPa}$，$\sigma_3=-27\text{MPa}$，$\alpha_0=+19°20'$，$\tau_{max}=32\text{MPa}$

7-6 $\sigma_\alpha=20\text{MPa}$，$\sigma_1=33.5\text{MPa}$，$\sigma_2=0$，$\sigma_3=-82.7\text{MPa}$，由 $\sigma=30\text{MPa}$ 作用线逆时针转 10°4′至 $\sigma_1$

7-7 $\sigma_1=56.1\text{MPa}$，$\sigma_2=0$，$\sigma_3=-16.1\text{MPa}$

7-8 $\sigma_1=10.63\text{MPa}$，$\sigma_3=-0.07\text{MPa}$，$\alpha=4.73°$

7-9 (1) $\sigma_1=150\text{MPa}$，$\sigma_2=75\text{MPa}$，$\tau_{max}=75\text{MPa}$

(2) $\sigma_\alpha=131\text{MPa}$，$\tau_\alpha=-32.5\text{MPa}$

7-10 (1) $\sigma_\alpha=-45.8\text{MPa}$，$\tau_\alpha=8.79\text{MPa}$

(2) $\sigma_1=108\text{MPa}$，$\sigma_3=-46.3\text{MPa}$，$\alpha_0=33°17'$

7-11 $\sigma_{max}=80\text{MPa}$，$\tau_{max}=120\text{MPa}$

7-12 $\sigma_\alpha=53\text{MPa}$，$\tau_\alpha=18.5\text{MPa}$

7-13 (a) $\sigma_1=50\text{MPa}$，$\sigma_2=50\text{MPa}$，$\sigma_3=-50\text{MPa}$，$\tau_{max}=50\text{MPa}$。

(b) $\sigma_1=52.2\text{MPa}$，$\sigma_2=50\text{MPa}$，$\sigma_3=-42.2\text{MPa}$，$\tau_{max}=47.2\text{MPa}$

(c) $\sigma_1=130\text{MPa}$，$\sigma_2=30\text{MPa}$，$\sigma_3=-30\text{MPa}$，$\tau_{max}=80\text{MPa}$

7-14 $M_e=3\text{kN}\cdot\text{m}$

7-15 $\sigma_x=80\text{MPa}$，$\sigma_y=0$

7-16 $\Delta h=1.46\times10^{-3}\text{mm}$

7-17 纵向（力 $F$ 方向）：$\sigma_y=-35\text{MPa}$，横向：$\sigma_x=\sigma_z=-15\text{MPa}$

7-18 长轴 300.109mm，短轴 299.979mm

7-20 $M_e=\dfrac{2Elbh}{3(1+\mu)}\varepsilon_{45°}$

7-21 $v_d=12.99\text{kN/m}^3$

7-22 $\theta=-57.8\times10^{-6}$

7-23 $\sigma_{r3}=300\text{MPa}=[\sigma]$，$\sigma_{r4}=264\text{MPa}$

7-24 $\sigma_{r2}=26.8\text{MPa}<[\sigma_t]$，$\sigma_{rM}=25.8\text{MPa}<[\sigma_t]$，安全

7-25 $\sigma_{r1}=24.3\text{MPa}$，$\sigma_{r2}=26.6\text{MPa}$

7－26　$F = 2\mathrm{kN}$，$M_e = 2\mathrm{kN \cdot m}$，$\sigma_{r4} = 26.9\mathrm{MPa}$

7－27　集中荷载作用截面上点 $a$ 处 $\sigma_{r4} = 176\mathrm{MPa}$

7－28　按第三强度理论 $p = 1.2\mathrm{MPa}$；按第四强度理论 $p = 1.38\mathrm{MPa}$

# 第八章　组　合　变　形

## §8-1　概　　述

到现在为止，我们所研究过的构件，只限于有一种基本变形的情况，例如拉伸（或压缩）、剪切、扭转和弯曲。而在工程实际中的许多构件，往往存在两种或两种以上的基本变形。例如，烟囱［图 8-1（a）］除自重引起的轴向压缩外，还有水平风力引起的弯曲；机械中的齿轮传动轴［图 8-1（b）］在外力作用下，将同时发生扭转变形及在水平平面和垂直平面内的弯曲变形；厂房中吊车立柱除受轴向压力 $F_1$ 外，还受到偏心压力 $F_2$ 的作用［图 8-1（c）］，立柱将同时发生轴向压缩和弯曲变形。构件同时产生两种或两种以上基本变形的情况，称为**组合变形**。

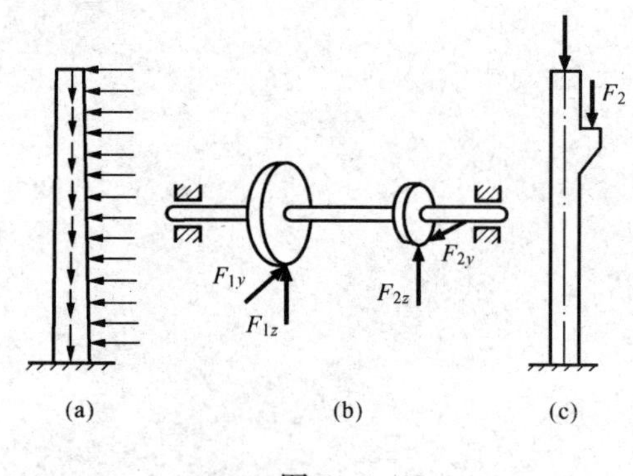


图 8-1

在线弹性范围内、小变形条件下，可以认为各载荷的作用彼此独立，互不影响，即任一载荷所引起的应力或变形不受其他载荷的影响。因此，对组合变形构件进行强度计算，可以应用**叠加原理**，采取先分解而后综合的方法。其基本步骤是：①将作用在构件上的载荷进行分解，得到与原载荷等效的几组载荷，使构件在每组载荷作用下，只产生一种基本变形；②分别计算构件在每种基本变形情况下的应力；③将各基本变形情况下的应力叠加，然后进行强度计算。当构件危险点处于单向应力状态时，可将上述应力进行代数相加；若处于复杂应力状态，则需求出其主应力，按强度理论来进行强度计算。需要指出，若构件的组合变形超出了线弹性范围，或虽在线弹性范围内但变形较大，则不能按其初始形状或尺寸进行计算，必须考虑各基本变形之间的相互影响，而不能应用叠加原理。

本章将讨论工程中经常遇到的几种组合变形问题。

## §8-2　斜　弯　曲

当外力施加在梁的对称面（或主轴平面）内时，梁产生平面弯曲。但如果所有外力都作用在同一平面内，而这一平面不是对称面（或主轴平面），例如图 8-2（a）所示的情形，梁也将会产生弯曲，但不是平面弯曲，这种弯曲称为**斜弯曲**。还有一种情形也会产生斜弯曲，这就是所有外力都作用在对称面（或主轴平面）内，但不是同一对称面（梁的截面具有两个或两个以上对称轴）或主轴平面内，如图 8-2（b）所示。

为了确定斜弯曲时梁横截面上的应力，在小变形的条件下，可以将斜弯曲分解成两个互相垂直的纵向对称面内（或主轴平面）的平面弯曲，然后将两个平面弯曲引起的同一点应力的代数值相加，便得到斜弯曲在该点的应力值。

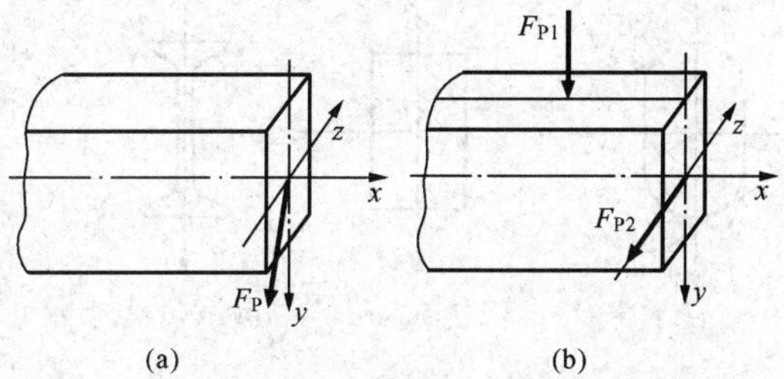

图 8 – 2

以矩形截面为例，如图 8 – 3（a）所示，当梁的横截面上同时作用两个弯矩 $M_y$ 和 $M_z$（二者分别都作用在梁的两个主轴平面内）时，对于梁任一横截面上的任一点 $D(y,z)$ 处，由弯矩 $M_y$ 和 $M_z$ 引起的正应力分别为

$$\sigma' = \frac{M_y}{I_y}z \text{ 和 } \sigma'' = -\frac{M_z}{I_z}y$$

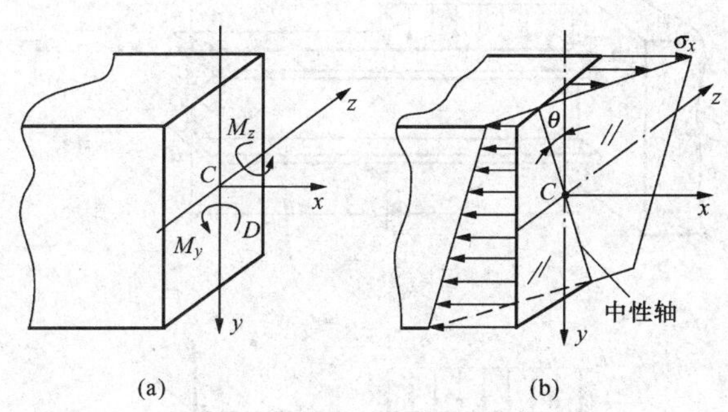

图 8 – 3

于是，由叠加原理，在 $M_y$ 和 $M_z$ 同时作用下，$D$（$y$，$z$）点处的正应力为

$$\sigma = \sigma' + \sigma'' = \frac{M_y}{I_y}z - \frac{M_z}{I_z}y \tag{8 – 1}$$

式中：$I_y$ 和 $I_z$ 分别为横截面对于两对称轴 $y$ 和 $z$ 的惯性矩；$M_y$ 和 $M_z$ 分别是截面上位于水平和铅垂对称平面内的弯矩［图 8 – 3（b）］。

为确定横截面上最大正应力点的位置，先求截面上的中性轴位置。由于中性轴上各点处的正应力均为零，令 $y_0$，$z_0$ 代表中性轴上任一点的坐标，则由式（8 – 1）可得中性轴方程为

$$\frac{M_y}{I_y}z_0 - \frac{M_z}{I_z}y_0 = 0 \tag{8 – 2}$$

由上式可见，中性轴是一条通过横截面形心的直线。其与 $y$ 轴的夹角 $\theta$ 为

$$\tan\theta = \frac{z_0}{y_0} = \frac{M_z}{M_y} \cdot \frac{I_y}{I_z} = \frac{I_y}{I_z}\tan\varphi \tag{8 – 3}$$

式中：角度 $\varphi$ 是横截面上合成弯矩 $M = \sqrt{M_y^2 + M_z^2}$ 的矢量与 $y$ 轴间的夹角。一般情况下，由于截面的 $I_y \neq I_z$，因而中性轴与合成弯矩所在的平面并不相互垂直，而截面的挠度垂直于中性轴，所以挠曲线将不在合成弯矩所在的平面内。对于圆形、正方形等 $I_y = I_z$ 的截面，有 $\varphi = \theta$，因而，正应力也可用合成弯矩按平面弯曲的公式进行计算。但是，梁各横截面上的合成弯矩所在平面的方位一般并不相同，所以，虽然每一截面的挠度都发生在该截面的合成弯矩所在平面内，梁的挠曲线一般仍是一条空间曲线。于是，梁的挠曲线方程仍应分别按两垂直平面内的弯曲来计算，不能直接用合成弯矩进行计算。

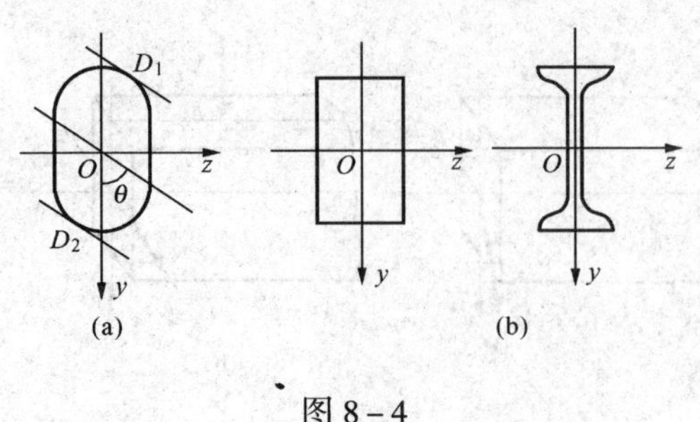


图 8-4

在确定中性轴的位置后，作平行于中性轴的两直线，分别与横截面周边相切于 $D_1$、$D_2$ 两点［图 8-4（a）］，该两点即分别为横截面上拉应力和压应力为最大的点。将两点的坐标（$y$，$z$）代入式（8-1），就可得到横截面上的最大拉、压应力。对于工程中常用的矩形、工字形等截面梁，其横截面都有两个相互垂直的对称轴，且截面的周边具有棱角［图 8-4（b）］，故横截面上的最大正应力必发生在截面的棱角处。于是，可根据梁的变形情况，直接确定截面上最大拉、压应力点的位置，而无需定出其中性轴。

在确定了梁的危险截面和危险点的位置，并算出危险点处的最大正应力后，由于危险点处是单向应力状态，于是，可将最大正应力与材料的许用正应力相比较来建立强度条件，进行强度计算。至于横截面上的切应力，对于一般实心截面梁，因其数值较小，故在强度计算中可不必考虑。

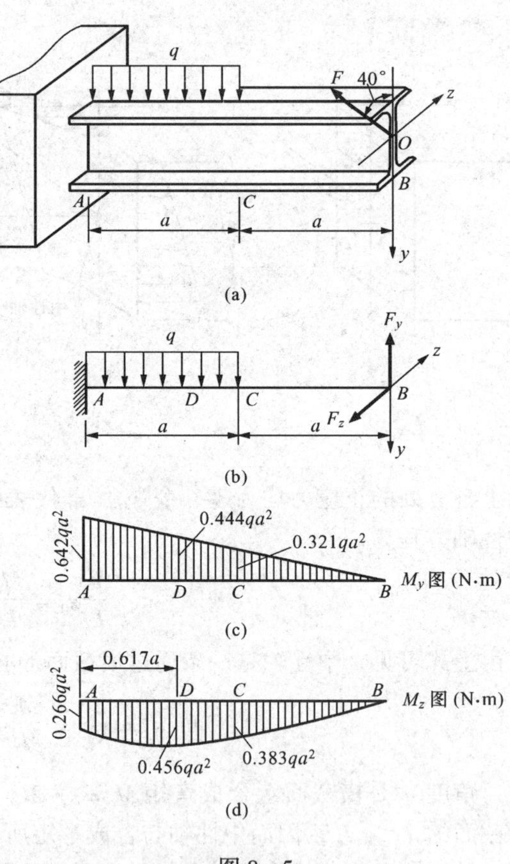


图 8-5

**例 8-1** 20a 号工字钢悬臂梁承受均布荷载 $q$ 和集中力 $F=\dfrac{qa}{2}$，如图 8-5（a）所示。已知钢的许用弯曲正应力［$\sigma$］= 160MPa，$a$ = 1m。试求梁的许可载荷集度［$q$］。

**解** 将自由端截面 $B$ 上的集中力沿两主轴分解为

$$F_y = F\cos40° = \frac{qa}{2}\cos40° = 0.383qa$$

$$F_z = F\sin40° = \frac{qa}{2}\sin40° = 0.321qa$$

并作梁的计算简图［图 8-5（b）］，分别绘出两个主轴平面内的弯矩图如图 8-5（c）、（d）所示。

由型钢表查得 20a 号工字钢的弯曲截面系数 $W_y$ 和 $W_z$ 分别为

$$W_y = 273\times10^3\text{mm}^3,\ W_z = 31.5\times10^3\text{mm}^3$$

按叠加原理分别算出截面 $A$ 及截面 $D$ 上的最大拉伸应力，即

$$(\sigma_{\max})_A = \frac{M_{yA}}{W_y} + \frac{M_{zA}}{W_z} = \frac{0.642q\times(1000)^2}{31.5\times10^3} + \frac{0.266q\times(1000)^2}{237\times10^3} = 21.5q\text{MPa}$$

$$(\sigma_{\max})_D = \frac{M_{yD}}{W_y} + \frac{M_{zD}}{W_z} = \frac{0.444q \times (1000)^2}{31.5 \times 10^3} + \frac{0.456q \times (1000)^2}{237 \times 10^3} = 16.02q\text{MPa}$$

由此可见，梁的危险点在固定端截面 $A$ 的棱角处。由于危险点处是单轴应力状态，故其强度条件为

$$\sigma_{\max} = (\sigma_{\max})_A = 21.5q \leqslant [\sigma] = 160\text{MPa}$$

从而解得

$$[q] = \frac{160}{21.5}\text{N/mm} = 7.44\text{N/mm} = 7.44\text{kN/m}$$

## §8-3 拉伸（压缩）与弯曲的组合

### 一、横向力与轴向力共同作用

当杆件同时承受垂直于轴线的横向力和沿着轴线方向的纵向力时（图 8-6），杆件的横截面上将同时产生轴力、弯矩和剪力。忽略剪力的影响，轴力和弯矩都将在横截面上产生正应力。根据轴力图和弯矩图，可以确定杆件的危险截面以及危险截面上的轴力 $F_N$ 和弯矩 $M_{\max}$。

轴力 $F_N$ 引起的正应力沿整个横截面均匀分布，轴力为正时，产生拉应力；轴力为负时产生压应力

$$\sigma' = \pm \frac{F_N}{A}$$

弯矩 $M_{\max}$ 引起的正应力沿横截面高度方向线性分布

$$\sigma'' = \frac{M_z}{I_z}y$$

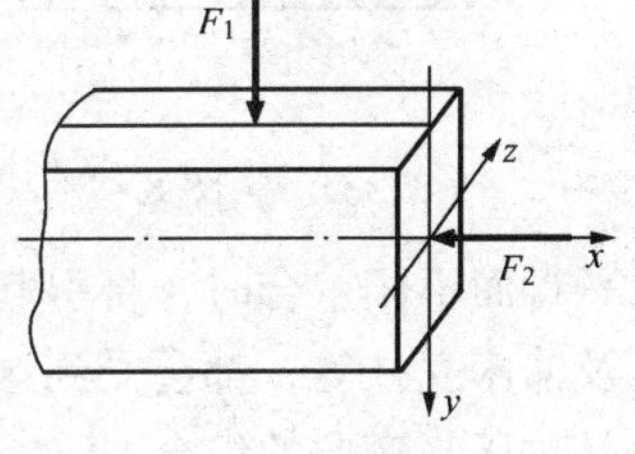

图 8-6

应用叠加法，将二者分别引起的同一点的正应力相加，所得到的应力就是二者在同一点引起的总应力。由于轴力 $F_N$ 和弯矩 $M_{\max}$ 的方向有不同形式的组合，因此，横截面上的最大拉伸和压缩正应力的计算式也不完全相同。下面以例题来说明。

**例 8-2** 最大吊重 $W = 8$kN 的起重机如图 8-7（a）所示。若已知 $AB$ 杆为工字钢，材料为 Q235 钢，许用应力为 $[\sigma] = 100$MPa，试选择工字钢型号。

**解** 先求出 $CD$ 杆的长度为

$$l = \sqrt{2500^2 + 800^2} = 2620\text{mm}$$

$AB$ 杆的受力简图如图 8-7（b）所示。设 $CD$ 杆的拉力为 $F$，由平衡方程 $\Sigma M_A = 0$，得

$$F \times \frac{800}{2620} \times 2500 - 8000 \times (2500 + 1500) = 0$$

$$F = 42000\text{N}$$

把 $F$ 分解为沿 $AB$ 杆轴线的分量 $F_x$ 和垂直于 $AB$ 杆轴线的分量 $F_y$，可见 $AB$ 杆在 $AC$ 段内产生压缩与弯曲的组合变形。

$$F_x = F \times \frac{2500}{2620} = 40\text{kN}$$

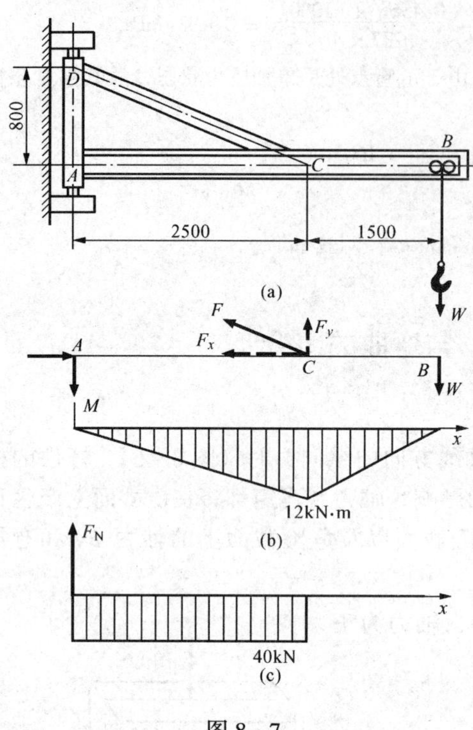


图 8-7

$$F_y = F \times \frac{800}{2620} = 12.8\text{kN}$$

作 $AB$ 杆的弯矩图和 $AC$ 段的轴力图如图 8-7（c）所示。从图中看出，在 $C$ 点左侧的截面上弯矩为最大值，而轴力与其他截面相同，故为危险截面。

开始试算时，先不考虑轴力 $F_N$ 的影响，只根据弯曲强度条件选取工字钢。这时

$$W \geqslant \frac{M_{max}}{[\sigma]} = \frac{12 \times 10^6}{100} = 120 \times 10^3 \text{mm}^3$$

查型钢表，选取 16 号工字钢，$W = 141\text{cm}^3$，$A = 26.1\text{cm}^2$。选定工字钢后，同时考虑轴力 $F_N$ 及弯矩 $M_z$ 的影响，再进行强度校核。在危险截面 $C$ 的下边缘各点上发生最大压应力，且为

$$|\sigma_{max}| = \left| \frac{F_N}{A} + \frac{M_{max}}{W_z} \right|$$

$$= \left| -\frac{40 \times 10^3}{26.1 \times 10^2} - \frac{12 \times 10^6}{141 \times 10^3} \right| = 100.5\text{MPa}$$

结果表明，最大压应力与许用应力接近相等，故无需重新选择截面的型号。

## 二、偏心拉伸与偏心压缩

当作用在直杆上的外力的作用线与杆的轴线平行而不相重合时，将引起偏心拉伸或偏心压缩。工程实际中的砖（桥）墩、厂房的柱子以及冲床立柱等，都会受到这种荷载。此时杆件横截面上的内力，只有轴力和弯矩，实质上也是拉压与弯曲的组合。

以横截面具有两对称轴的等直杆承受距离截面形心为 $e$（称为偏心距）的偏心拉力 $F$［图 8-8（a）］为例，来说明偏心拉伸杆件的强度计算。先将作用在杆端截面上 $A$ 点处的拉力 $F$ 向截面形心 $O$ 点简化，得到轴向拉力 $F$ 和力偶矩 $Fe$，其矢量如图 8-8（b）所示。然后，将力偶矩 $Fe$ 分解为 $M_y$ 和 $M_z$，计算可得

$$M_y = Fe\sin\alpha = Fz_F$$

$$M_z = Fe\cos\alpha = Fy_F$$

式中：坐标轴 $y$，$z$ 为截面的两个对称轴（亦即形心主惯性轴）；$y_F$，$z_F$ 为偏心拉力 $F$ 作用点（$A$ 点）的坐标。于是，得到一个包含轴向拉力和两个在纵向对称面内的力偶［图 8-8（c）］的静力等效力系。当杆的弯曲刚度较大时，同样可按叠加原理求解。

在上述力系作用下任一横截面上的任一点 $C(y,z)$［图 8-8（c）］处，对应于轴力 $F_N = F$ 和两个弯矩 $M_y = Fz_F, M_z = Fy_F$ 的正应力分别为

$$\sigma' = \frac{F_N}{A} = \frac{F}{A}, \sigma'' = \frac{M_y \cdot z}{I_y} = \frac{F \cdot z_F \cdot z}{I_y}, \sigma''' = \frac{M_y \cdot y}{I_z} = \frac{F \cdot y_F \cdot y}{I_z}$$

根据杆件的变形可知，$\sigma'$，$\sigma''$和 $\sigma'''$均为拉应力。于是，由叠加原理得 $C$ 点处的正应力为

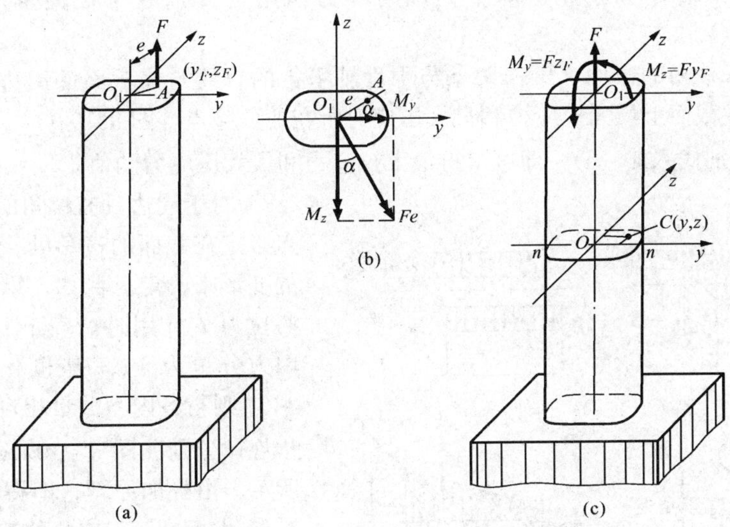


图 8－8

$$\sigma = \sigma' + \sigma'' + \sigma''' = \frac{F}{A} + \frac{F \cdot z_F \cdot z}{I_y} + \frac{F \cdot y_F \cdot y}{I_z} \quad \text{(a)}$$

式中：$A$ 为横截面面积；$I_y$ 和 $I_z$ 分别为横截面对于两对称轴 $y$ 和 $z$ 的惯性矩。利用惯性矩与惯性半径间的关系

$$I_y = A \cdot i_y^2, I_z = A \cdot i_z^2$$

式（a）可改写为

$$\sigma = \sigma' + \sigma'' + \sigma''' = \frac{F}{A}\left(1 + \frac{z_F \cdot z}{i_y^2} + \frac{y_F \cdot y}{i_z^2}\right) \quad \text{(b)}$$

上式是一个平面方程，这表明正应力在横截面上按线性规律变化，而应力平面与横截面相交的直线（沿该直线 $\sigma = 0$）就是中性轴［图 8－9（a）］。令 $y_0, z_0$ 代表中性轴上任一点的坐标，则由式（b）可得中性轴方程为

$$1 + \frac{z_F}{i_y^2} z_0 + \frac{y_F}{i_z^2} y_0 = 0 \quad (8-4)$$

可见，在偏心拉伸（或压缩）情况下，中性轴是一条不通过截面形心的直线。为定出中性轴的位置，可利用其在 $y$、$z$ 两轴上的截距 $a_y$ 和 $a_z$［图 8－9（b）］。在上式中，令 $z_0 = 0$ 相应的 $y_0$ 即为 $a_y$，而令 $y_0 = 0$ 相应的 $z_0$ 则为 $a_z$。由此求得

$$a_y = -\frac{i_z^2}{y_F}, a_z = -\frac{i_y^2}{z_F} \quad (8-5)$$

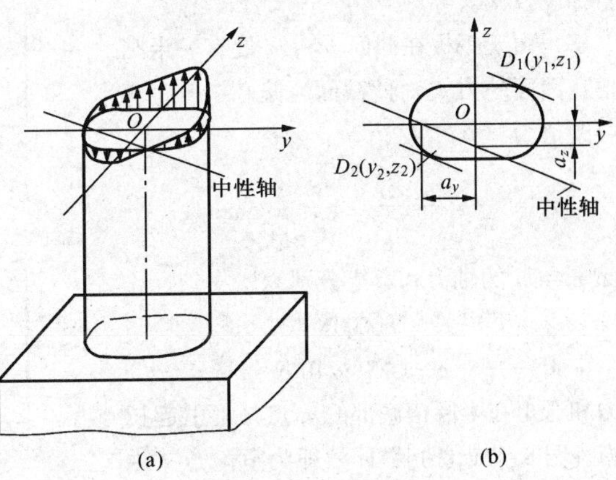


图 8－9

因为 $A$ 点在第一象限内，$y_F$、$z_F$ 都是正值，

由此可见，$a_y$ 和 $a_z$ 均为负值。即中性轴与外力作用点分别处于截面形心的相对两侧［图 8－9（a）、（b）］。

对于周边无棱角的截面，可作两条与中性轴平行的直线与横截面的周边相切，两切点 $D_1$ 和 $D_2$ 即为横截面上最大拉应力和最大压应力所在的危险点［图 8－9（b）］。将危险点 $D_1$ 和 $D_2$ 的坐标分别代入式（a），即可求得最大拉应力和最大压应力的值。

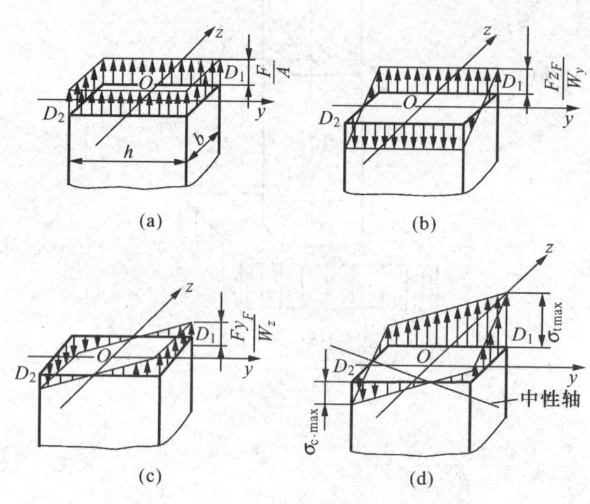


图 8－10

对于周边具有棱角的截面，其危险点必定在截面的棱角处，并可根据杆件的变形来确定。例如，矩形截面杆受偏心拉力 $F$ 作用时，若杆任一横截面上的内力分量为 $F_N = F$ 和 $M_y = Fz_F, M_z = Fy_F$，则与各内力分量相对应的正应力变化规律分别如图 8－10（a）、（b）、（c）所示。由叠加原理，即得杆在偏心拉伸时横截面上正应力的变化规律［图 8－10（d）］。可见，最大拉应力 $\sigma_{tmax}$ 和最大压应力 $\sigma_{cmax}$ 分别在截面的棱角 $D_1$ 和 $D_2$ 处，其值为

$$\left.\begin{matrix}\sigma_{tmax}\\ \sigma_{cmax}\end{matrix}\right\} = \frac{F}{A} \pm \frac{Fz_F}{W_y} \pm \frac{Fy_F}{W_z} \quad (8-6)$$

显然，式（8－6）对于箱形、工字形等具有棱角的截面都是适用的。由式（8－6）还可看出，当外力的偏心距（即 $y_F$，$z_F$ 值）较小时，横截面上就可能不出现压应力，即中性轴不一定与横截面相交。

**例 8－3** 一带槽钢板受力如图 8－11（a）所示，已知钢板宽度 $b = 8\text{cm}$，厚度 $\delta = 1\text{cm}$，边缘上半圆形槽的半径 $r = 1\text{cm}$，已知拉力 $F = 80\text{kN}$，钢板许用应力［$\sigma$］$= 140\text{MPa}$。试对此钢板进行强度校核。

**解** 由于钢板在截面 $m-m$ 处有一半圆形槽，因而外力 $F$ 对此截面为偏心拉伸，其偏心距值为

$$e = \frac{b}{2} - \frac{b-r}{2} = \frac{r}{2} = 5\text{mm}$$

截面 $m-m$ 的轴力和弯矩分别为

$$F = 80000\text{N}$$

$$M = F \cdot e = 400 \times 10^3 \text{N} \cdot \text{mm}$$

轴力和弯矩在半圆槽底部的 $a$ 点处都引起拉应力［图 8－11（b）］，此处即为危险点。由式（8－6）得最大拉应力为

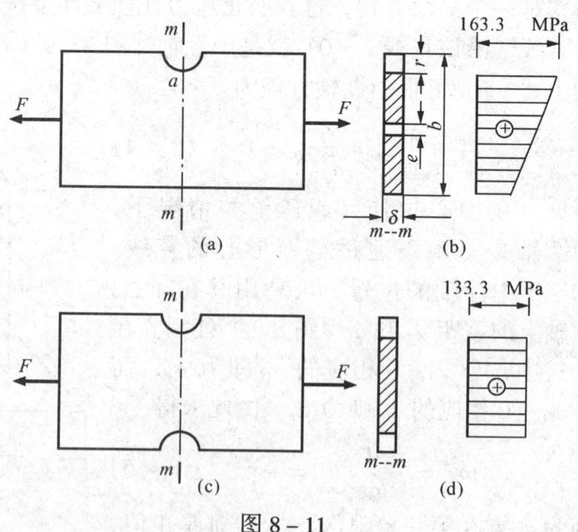


图 8－11

$$\sigma_{\mathrm{tamx}} = \frac{F}{\delta(b-r)} + \frac{Pe}{\frac{\delta(b-r)^2}{6}} = \left(\frac{80000}{10\times(80-10)} + \frac{6\times400\times10^3}{10\times(80-10)^2}\right)\mathrm{MPa} = 163.6\mathrm{MPa} > [\sigma]$$

计算结果表明，钢板在截面 $m-m$ 处的强度不够。

从上面的分析可知，造成钢板强度不够的原因，是由于偏心拉伸而引起的弯矩使截面 $m-m$ 的应力显著增加。为了保证钢板具有足够的强度，在允许的条件下，可在槽的对称位置再开一槽［图 8-11 (c)］。这样就避免了偏心拉伸，而使钢板变为轴向拉伸了。此时截面 $m-m$ 上的应力［图 8-11 (d)］为

$$\sigma_{\mathrm{tmax}} = \frac{F}{\delta(b-2r)} = \frac{80000}{10\times(80-2\times10)}\mathrm{MPa} = 133.3\mathrm{MPa} < [\sigma]$$

由此可知，虽然钢板被两个槽所削弱，使横截面面积减少了，但由于避免了载荷的偏心，因而使截面 $m-m$ 的实际应力比有一个槽时大为降低，保证了钢板的强度。但须注意，开槽时应使截面变化缓和些，以减小应力集中。

## 三、截面核心

在建筑工程中，常用砖、石、混凝土和生铁等脆性材料做受压构件，如砖柱、混凝土墩、石拱等，这些材料耐压不耐拉，在这类构件的设计计算中，往往认为其拉伸强度为零。这就要求构件在受偏心压力作用时，其横截面上不出现拉应力。从偏心压缩的分析中知道，当中性轴穿过截面（与截面相割）时，截面上的应力分成拉、压两个区域。若偏心压力 $F$ 向截面形心移近，偏心距较小时，中性轴可以移到截面外面，使截面上不出现拉应力。当外力作用点位于截面形心附近的一个区域内时，就可以保证中性轴不与横截面相交，这个区域称为**截面核心**。

现在来研究求截面核心的方法。设有任意形状截面如图 8-12 所示。为确定截面核心边界，可将与截面周边相切的任一直线（过 $A$ 点）看作是中性轴，其在 $y$，$z$ 两个形心主惯性轴上的截距分别为 $a_{y1}$ 和 $a_{z1}$，据此由式（8-5）确定与该中性轴对应的外力作用点 $a$，亦即截面核心边界上一个点的坐标（$y_{F1}$，$z_{F1}$）

$$y_{F1} = -\frac{i_z^2}{a_{y1}}, z_{F1} = -\frac{i_y^2}{a_{z1}} \qquad \text{(a)}$$

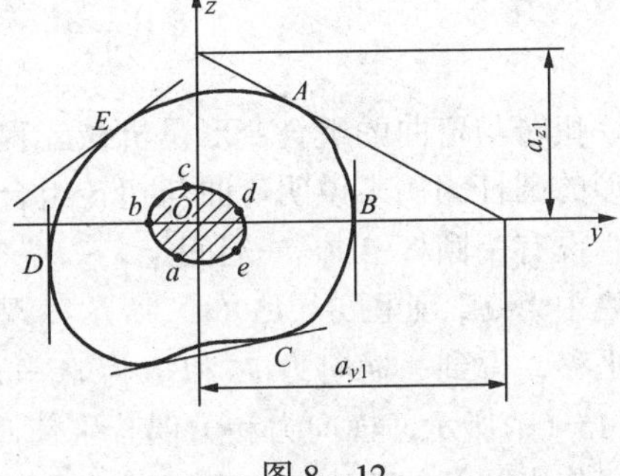

图 8-12

同样，分别作与截面周边 $B$ 点、$C$ 点…等相切的直线，看作是中性轴，并按上述方法求得与其对应的截面核心边界上点 $b$、$c$…等的坐标。连接这些点所得到的一条封闭曲线，即为所求截面核心的边界，而该边界曲线所包围的带阴影线的面积，即为截面核心（图 8-12）。

**例 8-4** 若短柱的截面为矩形（图 8-13），试确定截面核心。

**解** 矩形截面的对称轴即为形心主惯性轴，且

$$i_y^2 = \frac{b^2}{12}, i_z^2 = \frac{h^2}{12}$$

若中性轴与 $AB$ 边重合，则中性轴在坐标轴上的截距分别是

$$a_y = -\frac{h}{2}, a_z = \infty$$

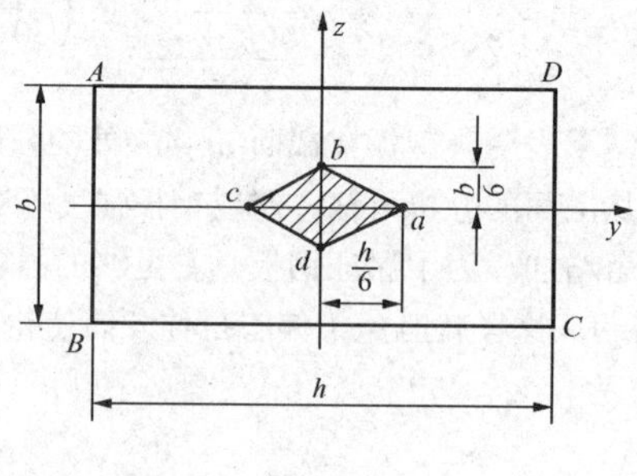

图 8-13

代入公式（$a$）得压力 $F$ 的作用点 $a$ 的坐标是

$$y_F = \frac{h}{6}, z_F = 0$$

同理，当中性轴与 $BC$ 重合时，压力作用点 $b$ 的坐标是

$$y_F = 0, z_F = \frac{b}{6}$$

用同样方法可以确定 $c$ 和 $d$ 点，最后得到一个菱形的截面核心。

**例 8-5** 试求半径为 $r$ 的圆形截面的截面核心（图 8-14）。

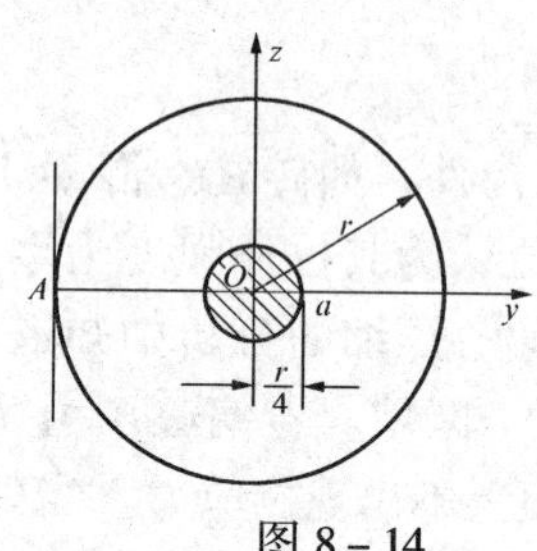

图 8-14

**解** 圆截面的任意直径皆为形心主惯性轴。设中性轴切于圆周上的任意点 $A$（图 8-14），就以通过 $A$ 点的直径为 $y$ 轴，与 $y$ 垂直的另一直径为 $z$ 轴。用前例的同样方法，确定压力作用点的坐标为

$$y_F = \frac{r}{4}, z_F = 0$$

即 $a$ 点也在通过 $A$ 的直径上，且距圆心的距离为$\frac{r}{4}$。中性轴切于圆周的其他点时，压力作用点也在通过该点的直径上，距圆心的距离也是$\frac{r}{4}$。这样，就得到一个半径为$\frac{r}{4}$的圆形核心。

## §8-4 弯曲与扭转的组合

扭转与弯曲的组合变形是机械工程中最常见的情况。下面以一个典型的弯曲与扭转组合变形的圆杆为例来说明弯曲与扭转组合变形时的强度计算。

设有一圆杆 $AB$，一端固定，一端自由；在自由端 $B$ 处安装有一圆轮，并于轮缘处作用一集中力 $F$，如图 8-15（a）所示，现在研究圆杆 $AB$ 的强度。为此，将力 $F$ 向 $B$ 端面的形心平移，得到一横向力 $F$ 和矩为 $m = FR$ 的力偶，此时圆杆 $AB$ 的受力情况可简化为如图 8-15（b)所示，横向力和力偶分别使圆杆 $AB$ 发生平面弯曲和扭转。

作出圆杆的扭矩图和弯矩图［图 8-15（c)、(d)］，由图 8-15（d）可见，圆杆左端的弯矩最大，所以此杆的危险截面位于固定端处。危险截面上弯曲正应力和扭转切应力的分布规律如图 8-15（e）所示。由图可见，在 $a$ 和 $b$ 两点处，弯曲正应力和扭转切应力同时达到最大值，均为危险点，其上的最大弯曲正应力 $\sigma$ 和最大扭转切应力 $\tau$ 分别为

$$\left.\begin{aligned}\sigma &= \frac{M}{W}\\ \tau &= \frac{M_x}{W_p}\end{aligned}\right\} \qquad (a)$$

式中：$M$ 和 $M_x$ 分别为危险截面的弯矩和扭矩；$W$ 和 $W_p$ 分别为抗弯截面系数和抗扭截面系

数。如在 $a$、$b$ 两危险点中的任一点，例如 $a$ 点处取出一单元体，如图 8－15（f）所示，则由于此单元体处于平面应力状态，故须用强度理论来进行强度计算。为此须先求单元体的主应力。将 $\sigma_y=0$、$\sigma_x=\sigma$ 和 $\tau_{xy}=\tau$ 代入公式（7－3），可得

$$\left.\begin{matrix}\sigma_1\\ \sigma_3\end{matrix}\right\}=\frac{\sigma}{2}\pm\sqrt{\left(\frac{\sigma}{2}\right)^2+\tau^2} \quad (b)$$

另一主应力 $\sigma_2=0$

求得主应力后，即可根据强度理论进行强度计算。

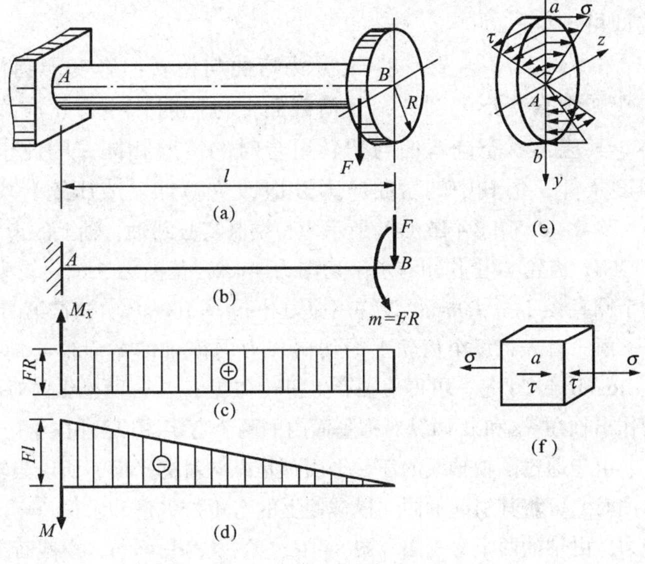


图 8－15

机械中的轴一般都用塑性材料制成，因此应采用第三或第四强度理论。由式（7－19）和（7－20），如采用第三强度理论，其强度条件为

$$\sigma_1-\sigma_3\leqslant[\sigma]$$

将主应力代入上式，可得用正应力和切应力表示的强度条件为

$$\sigma_{r3}=\sigma_1-\sigma_3=\sqrt{\sigma^2+4\tau^2}\leqslant[\sigma] \qquad (8-7)$$

若将式（a）代入上式，并注意到对于圆杆 $W_p=2W$，可得以弯矩、扭矩和抗弯截面系数表示的强度条件为

$$\sigma_{r3}=\frac{\sqrt{M^2+M_x^2}}{W}\leqslant[\sigma] \qquad (8-8)$$

如用第四强度理论，则将各主应力代入式（7－20），

$$\sqrt{\frac{1}{2}[(\sigma_1-\sigma_2)^2+(\sigma_2-\sigma_3)^2+(\sigma_3-\sigma_1)^2]}\leqslant[\sigma]$$

可得按第四强度理论建立的强度条件为

$$\sigma_{r4}=\sqrt{\sigma^2+3\tau^2}\leqslant[\sigma] \qquad (8-9)$$

若以式（a）代入上式，则得

$$\sigma_{r4}=\frac{\sqrt{M^2+0.75M_x^2}}{W}\leqslant[\sigma] \qquad (8-10)$$

以上公式同样适用于空心圆杆，只需以空心圆杆的抗弯截面系数代替实心圆杆的抗弯截面系数即可。

式（8-7）~式（8-10）为弯曲与扭转组合变形圆杆的强度条件。对于拉伸（或压缩）与扭转组合变形的圆杆，其横截面上也同时作用有正应力和切应力，在危险点处取出的单元体，其应力状态同弯曲与扭转组合时的情况相同，因此也可得出式（8-7）和式（8-9）的强度条件，但其中的弯曲应力 $\sigma$ 应改为拉伸（或压缩）应力。

**例 8-6** 图 8-16（a）所示为一钢制实心圆轴，轴上的齿轮 $C$ 上作用有铅垂切向力 5kN，径向力 1.82kN；齿轮 $D$ 上作用有水平切向力 10kN，径向力 3.64kN。齿轮 $C$ 的节圆直径 $d_C = 400\text{mm}$，齿轮 $D$ 的节圆直径 $d_D = 200\text{mm}$。设许用应力 $[\sigma] = 100\text{MPa}$，试按第四强度理论求轴的直径。

**解** 首先将每个齿轮上的切向外力向该轴的截面形心简化，从而得到一个力和一个力偶［图 8-16（b）］。于是，可得使轴产生扭转和在 $xy$、$xz$ 两个纵向对称平面内发生弯曲的三组外力。然后分别作出轴在 $xy$ 和 $xz$ 两纵对称平面内的两个弯矩图以及扭矩图，如图 8-16（c）、（d）、（e）所示。

由于通过圆轴轴线的任一平面都是纵向对称平面，所以当轴上的外力位于相互垂直的两纵对称平面内时，可将其引起的同一横截面上的弯矩按矢量和求得总弯矩，并用总弯矩来计算该横截面上的正应力。由轴的两个弯矩图［图 8-16（c）、（d）］可知，横截面 $B$ 上的总弯矩为最大。

按矢量和可得截面 $B$ 上的总弯矩 $M_B$［图 8-16（g）］为

$$M_B = \sqrt{M_{yB}^2 + M_{zB}^2} = \sqrt{(364\times10^3)^2 + (1000\times10^3)^2}\,\text{N}\cdot\text{mm} = 1064\times10^3\,\text{N}\cdot\text{mm}$$

在 $CD$ 段内各横截面上的扭矩均相同，故截面 $B$ 是危险截面，其扭矩为

$$M_{xB} = -1\text{kN}\cdot\text{m} = -1000\times10^3\,\text{N}\cdot\text{mm}$$

于是，按式（8-10）建立强度条件：

$$\sigma_{r4} = \frac{\sqrt{M^2 + 0.75M_x^2}}{W} = \frac{\sqrt{(1064\times10^3)^2 + 0.75(-1000\times10^3)^2}}{W}\text{MPa} = \frac{1372\times10^3}{W}\text{MPa} \leqslant [\sigma]$$

对于实心圆轴，$W = \dfrac{\pi d^3}{32}$，由此可按强度条件求得所需的直径为

$$d \geqslant \sqrt[3]{\frac{32\times1372\times10^3\text{N}}{\pi(100)}}\text{mm} = 51.9\text{mm}$$

必须指出，上述轴的计算是按静载荷情况来考虑的。这样处理在轴的初步设计或估算时是经常采用的。实际上，由于轴的转动，轴是在周期变化的交变应力作用下工作的，因此，有时还须进一步校核在交变应力作用下的强度。至于有关交变应力的一些概念，将在后面章节中介绍。

此外，在工程设计中，对于一些组合变形构件的强度问题，也常采用一种简化的计算方法。这就是当某一种基本变形起主导作用时，可将次要的基本变形忽略不计，而将构件简化为某种单一的基本变形；同时适当地增大安全因数或降低许用应力。例如，轧钢机中主动轧辊的辊身是弯曲与扭转组合变形的问题，但在实际计算中，可加大安全系数而只按弯曲强度来考虑。又如拧紧螺栓时，是拉伸与扭转的组合变形问题，有时则降低许用应力而只按拉伸强度来计算。如果构件所产生的几种基本变形都比较重要而不能忽略时，这就应作为组合变形构件的问题来处理。

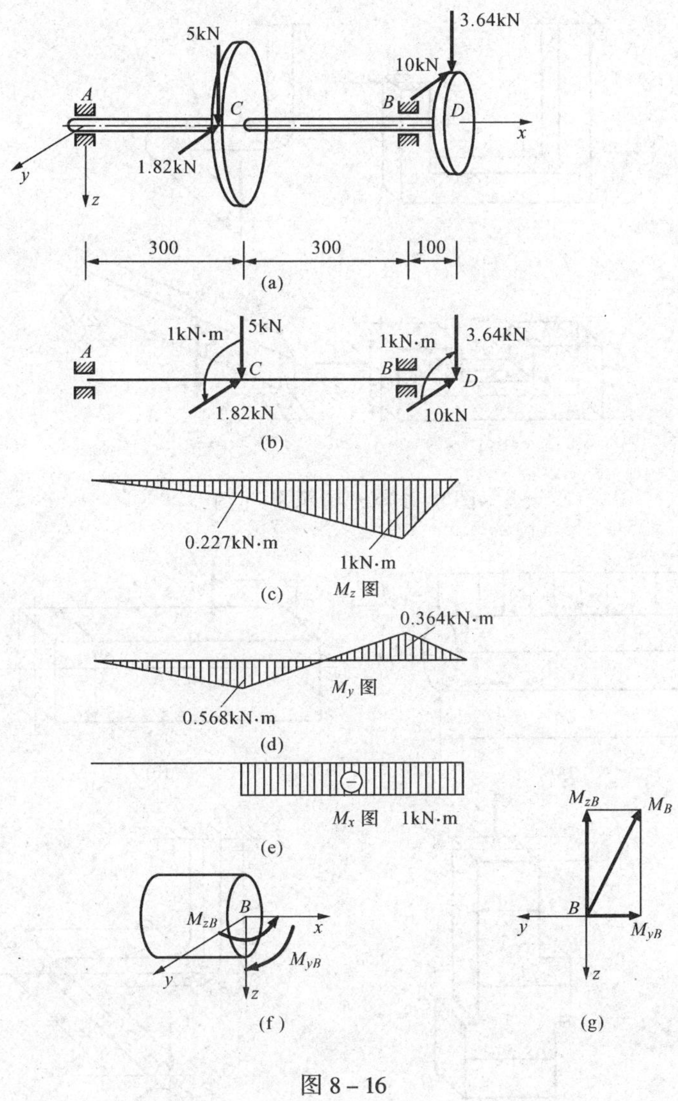


图 8-16

## 思 考 讨 论 题

8-1 如何判断构件的变形类型？试分析图 8-17 所示杆件各段的变形类型。

8-2 用叠加法计算组合变形杆件的内力和应力时,其限制的条件是什么？为什么必须满足这些条件？

8-3 试判断图 8-18 所示各杆危险截面及危险点的位置，并画出危险点的应力状态。

8-4 试问双对称截面梁在两相互垂直的平面内发生对称弯曲时，采用什么样的截面形状最为合理？为什么？

8-5 某工厂修理机器时，发现一受拉的矩形截面杆在一侧有一小裂纹。为了防止裂纹扩展，有

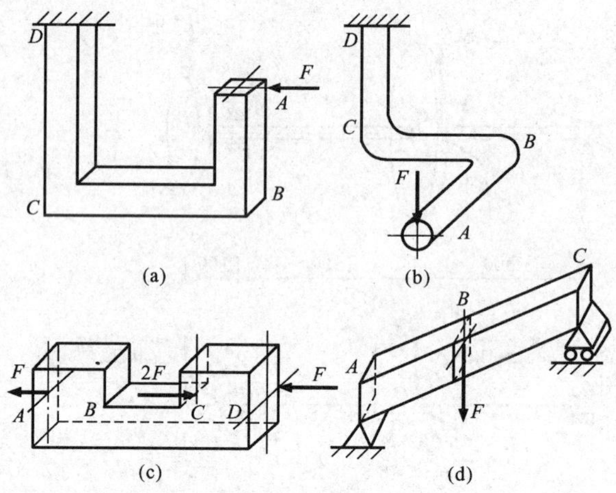


图 8-17 思考题 8-1 图

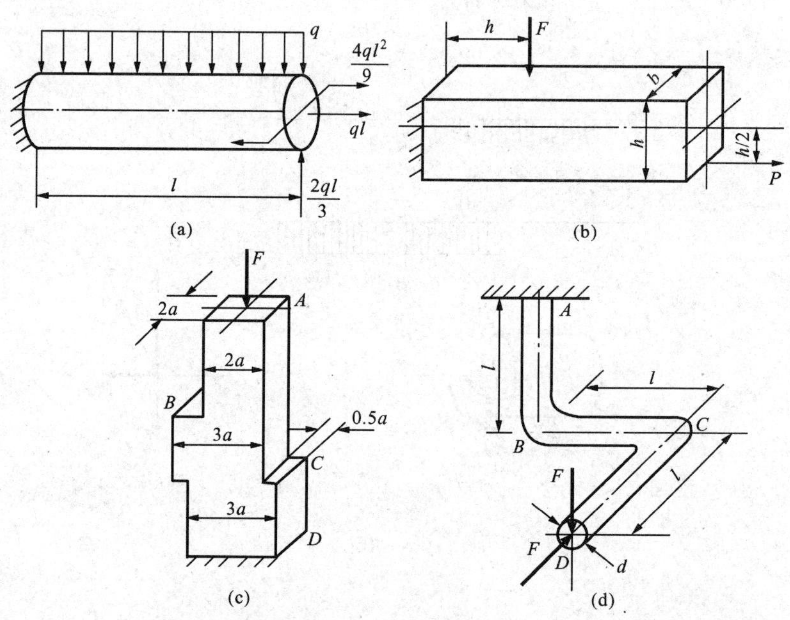


图 8-18 思考题 8-3 图

人建议在裂纹尖端处钻一个光滑小圆孔即可［图 8-19 (a)］，还有人认为除在上述位置钻孔外，还应当在其对称位置再钻一个同样大小的圆孔［图 8-19 (b)］。试问哪一种作法好？为什么？

8-6 图 8-20 所示为一钢圆轴危险截面上的两弯矩分量 $M_y$ 和 $M_z$，试问是否必须用应力叠加方法推出其最大正应力的表达式：

$$\sigma_{\max} = \frac{\sqrt{M_{\gamma r}^2 + M_z^2}}{W}$$

8-7 一折杆由直径为 $d$ 的 Q235 钢实心圆截面杆构成，其受力情况及尺寸如图 8-21 所示。若已

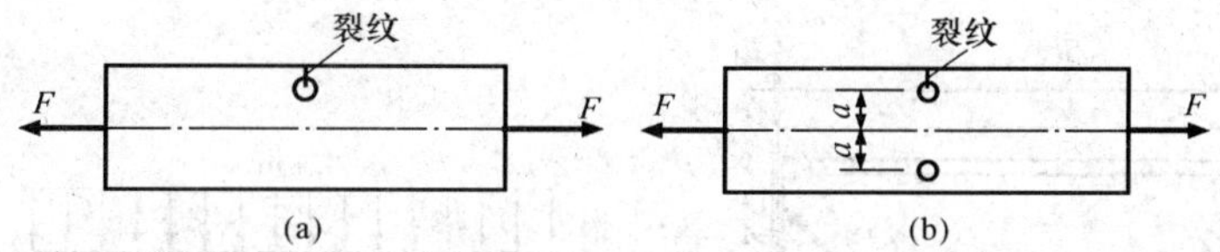


图 8－19　思考题 8－5 图

知杆材料的许用应力 [$\sigma$]，试分析杆 $AB$ 的危险截面及危险点处的应力状态，并列出强度条件表达式。

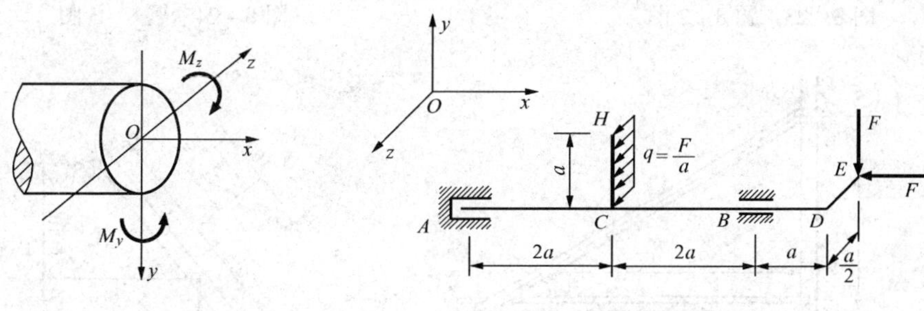


图 8－20　思考题 8－6 图　　　　图 8－21　思考题 8－7 图

## 习　　题

8－1　图 8－22 所示悬臂梁中，集中力 $F_1$ 和 $F_2$ 分别作用在铅垂对称面和水平对称面内，并且垂直于梁的轴线，如图所示。已知 $F_1=800\text{N}$，$F_2=1600\text{N}$，$l=1\text{m}$，，许用应力 [$\sigma$] $=160\text{MPa}$。试确定以下两种情形下梁的横截面尺寸：

(1) 截面为矩形，$h=2b$；

(2) 截面为圆形。

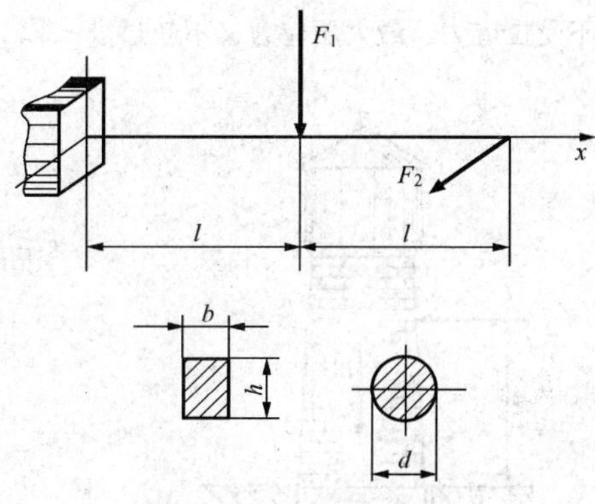


图 8－22　题 8－1 图

8－2　14 号工字钢悬臂梁受力如图 8－23 所示。已知 $l=0.8\text{m}$，$F_1=2.5\text{kN}$，$F_2=1\text{kN}$，试求危险截面上的最大正应力。

8－3　受集度为 $q$ 的均布荷载作用的矩形截面简支梁，其荷载作用面与梁的纵向对称面间的夹角为 $\alpha=30°$，如图 8－24 所示。已知该梁材料的弹性模量 $E=10\text{GPa}$；梁的尺寸为 $l=4\text{mm}$，$h=160\text{mm}$，$b=120\text{mm}$；许用应力 [$\sigma$] $=12\text{MPa}$；许可挠度 [$w$] $=\dfrac{l}{150}$。试校核梁的强度和刚度。

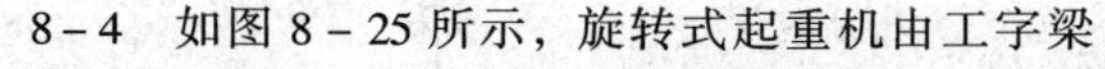

8－4　如图 8－25 所示，旋转式起重机由工字梁 $AB$ 及拉杆 $BC$ 组成，$A$、$B$、$C$ 三处均可以简化为铰链约束。起重载荷 $F=22\text{kN}$，$l=2\text{m}$。已知 [$\sigma$] $=100\text{MPa}$。试选择 $AB$ 梁的工字钢型号。

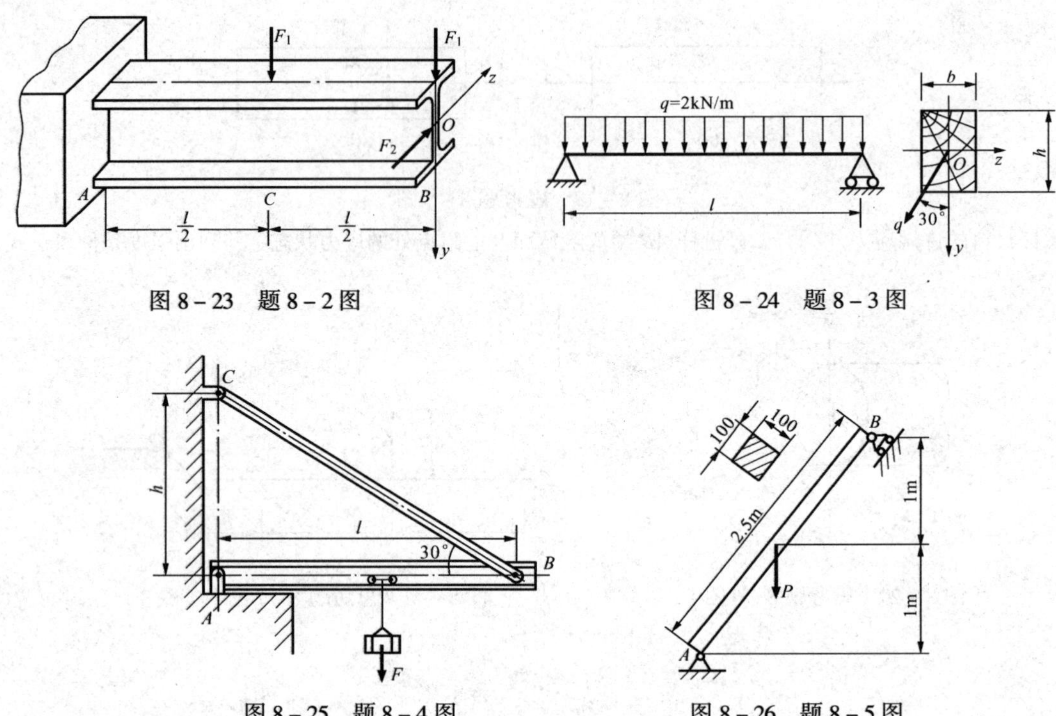


图 8-23 题 8-2 图

图 8-24 题 8-3 图

图 8-25 题 8-4 图

图 8-26 题 8-5 图

8-5 如图 8-26 所示，斜杆 $AB$ 的横截面为 $100\times100\text{mm}^2$ 的正方形，若 $F=3\text{kN}$，试求其最大拉应力和最大压应力。

8-6 如图 8-27 所示，水塔受水平风力的作用，风压力的合力 $F=60\text{kN}$，作用在离地面高 $H=15\text{m}$ 的位置，基础入土深度 $h=3\text{m}$，设土的许用压应力 $[\sigma_c]=0.3\text{MPa}$，基础的直径 $d=5\text{m}$，为使基础不受拉应力，最大压应力又不超过 $[\sigma_c]$，求水塔连同基础总重 $W$ 允许的范围。

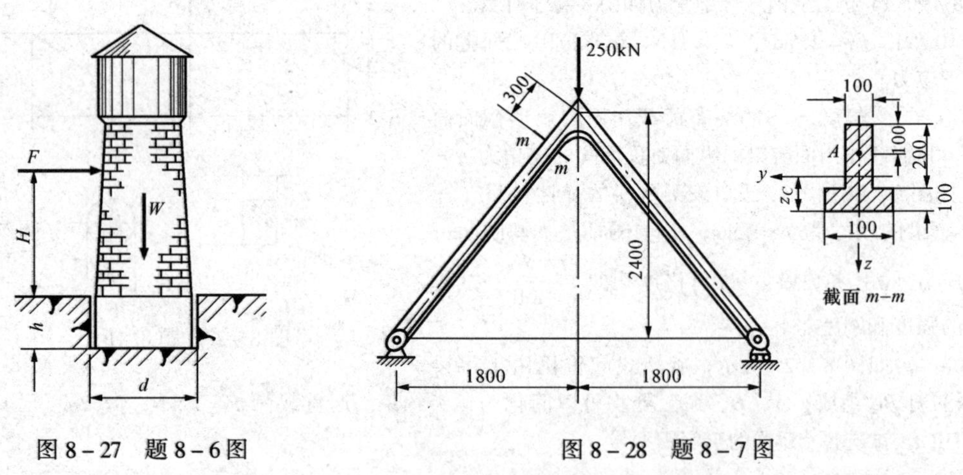


图 8-27 题 8-6 图

图 8-28 题 8-7 图

8-7 人字架及承受的载荷如图 8-28 所示。试求截面 $m-m$ 上的最大正应力和 $A$ 点的正应力。

8-8 如图 8-29 所示，砖砌烟囱高 $h=30\text{m}$，底截面 $m-m$ 的外径 $d_1=3\text{m}$，内径 $d_2=2\text{m}$，$P_1=2000\text{kN}$，$q=1\text{kN/m}$ 的风力作用。试求：

(1) 烟囱底截面上的最大压应力；

(2) 若烟囱的基础埋深 $h_0=4\text{m}$，基础及填土自重按 $P_2=1000\text{kN}$ 计算，土壤的许用压应力 $[\sigma]=0.3\text{MPa}$，圆形基础的直径 $D$ 应为多大？

注：计算风力时，可略去烟囱直径的变化，把它看作是等截面的。

8-9 图 8-30 所示钻床的立柱为铸铁制成，$F=15\text{kN}$，许用拉应力 $[\sigma_t]=35\text{MPa}$。试确定立柱所需直径 $d$。

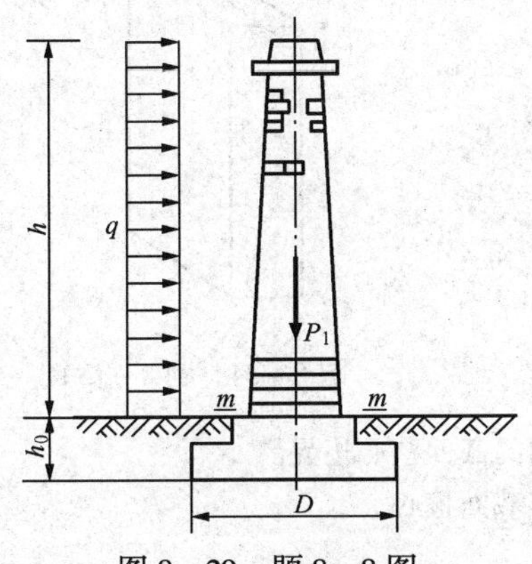

图 8-29 题 8-8 图

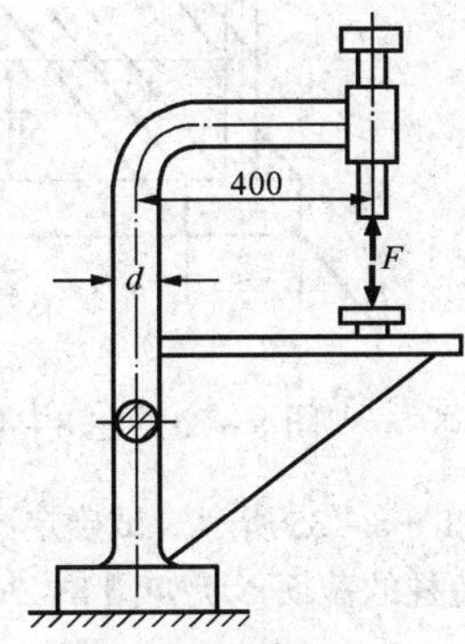

图 8-30 题 8-9 图

8-10 图 8-31 所示一矩形截面杆，用应变片测得杆件上、下表面的轴向应变分别为 $\varepsilon_a=1\times10^{-3}$，$\varepsilon_b=0.4\times10^{-3}$，材料的弹性模量 $E=210\text{GPa}$。

(1) 试绘制横截面的正应力分布图；

(2) 求拉力 $F$ 及其偏心距 $e$ 的数值。

8-11 试求图 8-32 (a) 和 (b) 中所示二杆横截面上最大正应力及其比值。

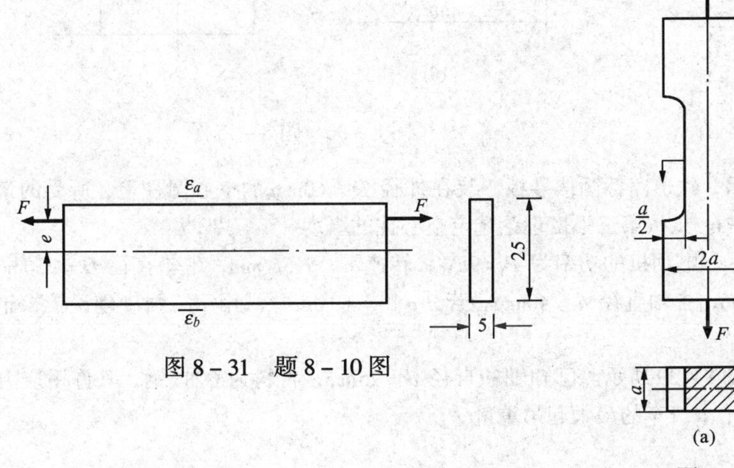

图 8-31 题 8-10 图

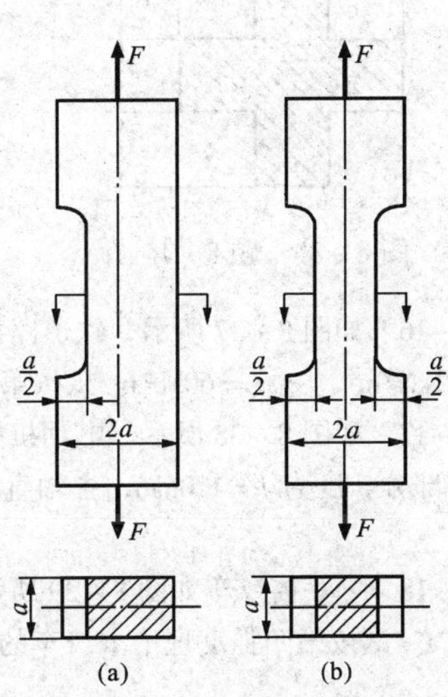

图 8-32 题 8-11 图

8-12 试求图 8-33 所示杆内的最大正应力。力 $F$ 与杆的轴线平行。

8-13 如图 8-34 所示，矩形截面短柱，受图示偏心压力 $F$ 作用，已知许用拉应力 $[\sigma_t]$ = 30MPa，许用压应力 $[\sigma_c]$ = 90MPa。求许用压力 $F$。

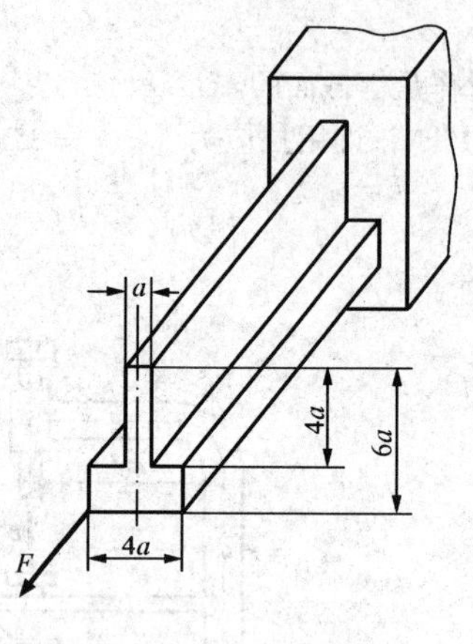

图 8-33 题 8-12 图

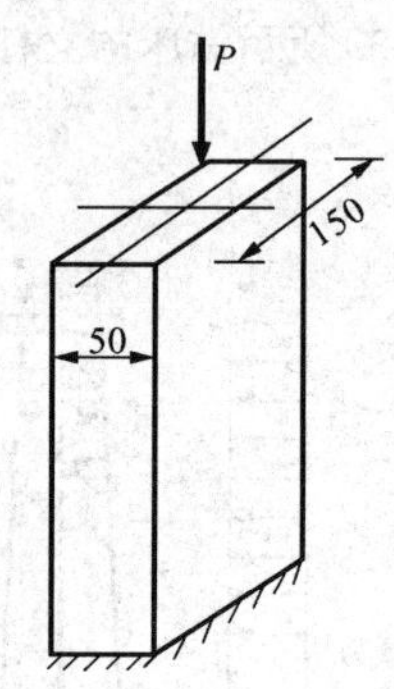

图 8-34 题 8-13 图

8-14 如图 8-35 所示，试确定图示十字形截面的截面核心边界。

8-15 短柱的截面形状如图 8-36 所示，试确定截面核心。

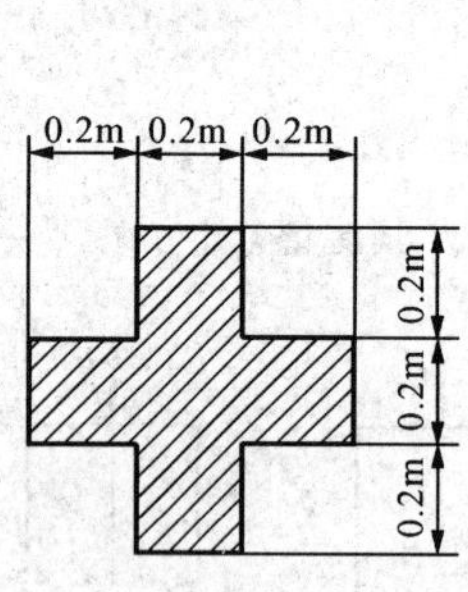

图 8-35 题 8-14 图

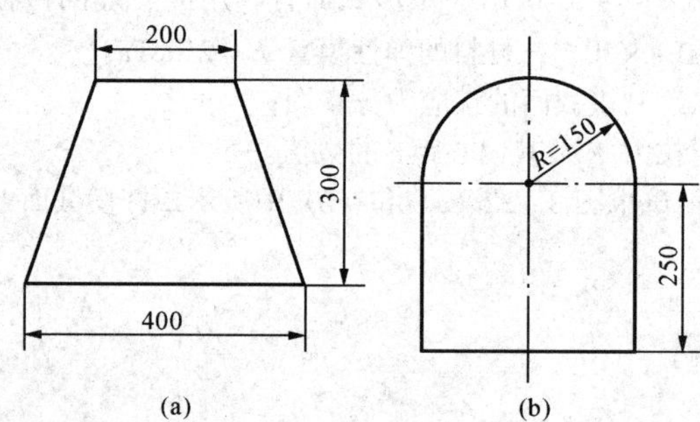

图 8-36 题 8-15 图

8-16 如图 8-37 所示，铁道路标圆信号板，装在外径 $D=60\text{mm}$ 的空心圆柱上，所受的最大风载 $q=2\text{kN/m}^2$，$[\sigma]$ = 60MPa。试按第三强度理论选定空心柱的厚度。

8-17 如图 8-38 所示，电动机的功率为 $P=9\text{kW}$，转速 $n=715\text{r/min}$，带轮直径 $D=250\text{mm}$，主轴外伸部分长度为 $l=120\text{mm}$，主轴直径 $d=40\text{mm}$。若 $[\sigma]$ = 60MPa，试用第三强度理论校核轴的强度。

8-18 一手摇绞车如图 8-39 所示。已知轴的直径 $d=25\text{mm}$，材料为 Q235 钢，其许用应力 $[\sigma]$ = 80MPa。试按第四强度理论求绞车的最大起吊重量 $P$。

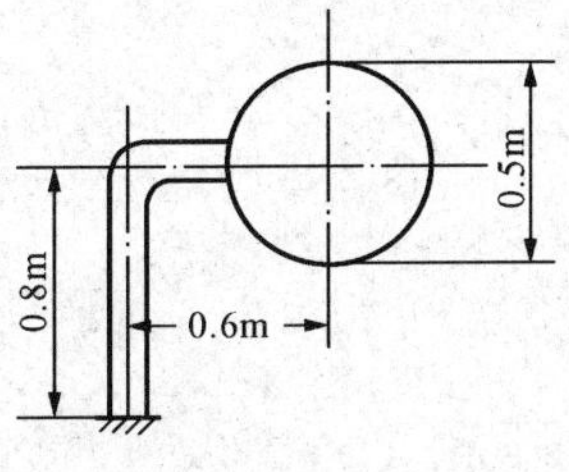

图 8-37 题 8-16 图

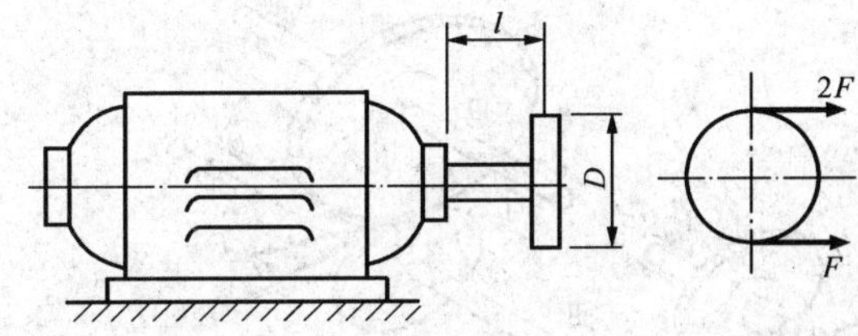


图 8-38 题 8-17 图

8-19 某型水轮机主轴的示意图如图 8-40 所示。水轮机组的输出功率为 $P=37500$kW，转速 $n=150$r/min。已知轴向推力 $F_z=4800$kN，转轮重 $W_1=390$kN；主轴的内径 $d=340$mm，外径 $D=750$mm，自重 $W=285$kN。主轴材料为 45 钢，其许用应力为 $[\sigma]=80$MPa。试按第四强度理论校核主轴的强度。

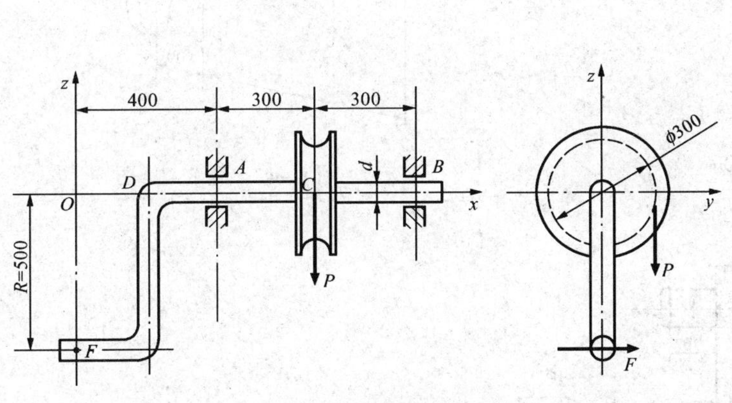


图 8-39 题 8-18 图

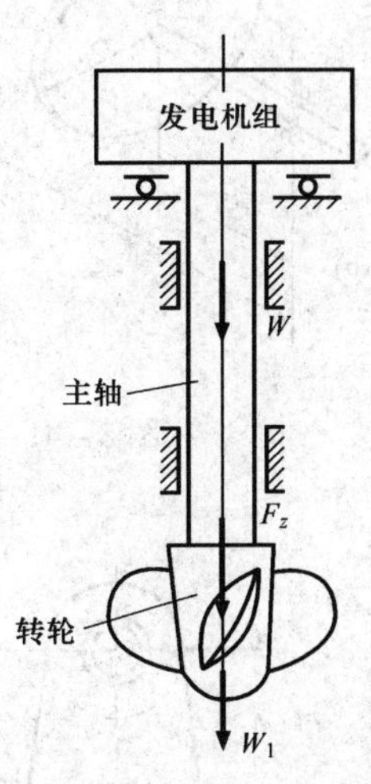


图 8-40 题 8-19 图

8-20 图 8-41（a）所示的齿轮传动装置中，第Ⅱ轴的受力情况及尺寸如图 8-41（b）所示。轴上大齿轮 1 的半径 $r_1=85$mm，受周向力 $F_{t1}$和径向力 $F_{r1}$作用，且 $F_{r1}=0.364F_{t1}$；小齿轮 2 的半径 $r_2=32$mm，受周向力 $F_{t2}$和径向力 $F_{r2}$作用，且 $F_{r2}=0.364F_{t2}$。已知轴工作时传递的功率 $P=73.5$kW，转速 $n=2000$r/min，轴的材料为合金钢，其许用应力 $[\sigma]=150$MPa。试按第三强度理论计算轴的直径。

8-21 图 8-42 为操纵装置水平杆，截面为空心圆形，内径 $d=24$mm，外径 $D=30$mm。材料为 Q235 钢，$[\sigma]=100$MPa。控制片受力 $F_1=600$N。试用第三强度理论校核轴的强度。

8-22 铸铁曲柄如图 8-43 所示。已知材料的许用应力 $[\sigma]=120$MPa，$F=30$kN。试用第四强度理论校核曲柄 $m-m$ 截面的强度。

8-23 如图 8-44 所示，已知一牙轮钻机的钻杆为无缝钢管，外直径 $D=152$mm，内直径 $d=120$mm，许用应力 $[\sigma]=100$MPa。钻杆的最大推进压力 $F=180$kN，扭矩 $M=17.3$kN·m，试用第三强度理论校核该钻杆的强度。

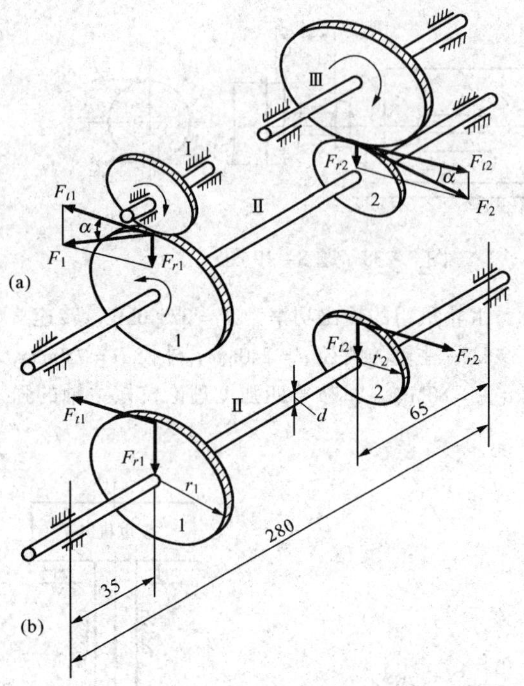


图 8－41　题 8－20 图

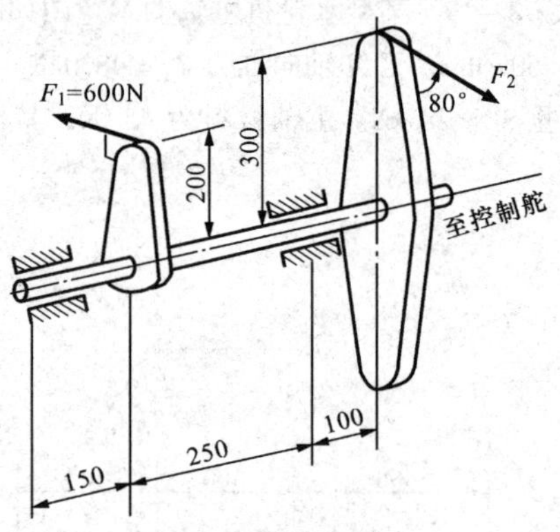


图 8－42　题 8－21 图

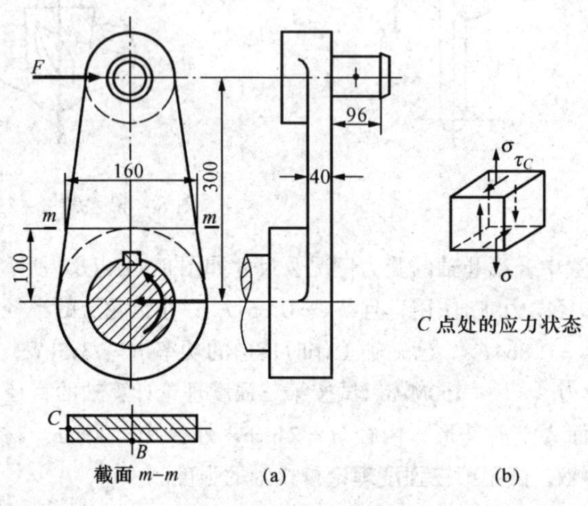


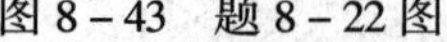

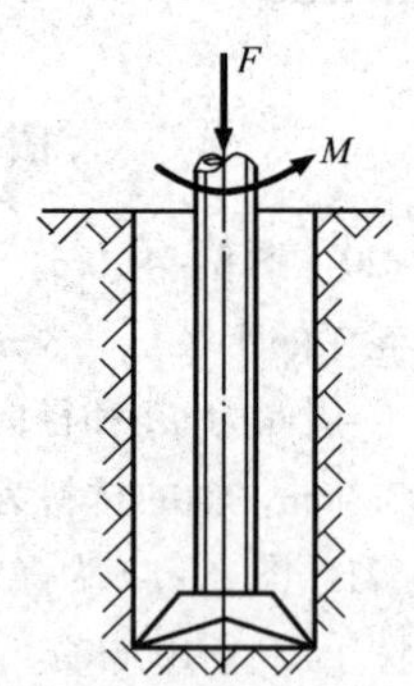


图 8－43　题 8－22 图　　　　图 8－44　题 8－23 图

8－24　如图 8－45 所示，端截面密封的曲管的外径为 100mm，壁厚 $\delta = 5$mm，内压 $p = 8$MPa。集中力 $F = 3$kN，A、B 两点在管的外表面上，一为截面垂直直径的端点，一为水平直径的端点。试确定两点的应力状态。

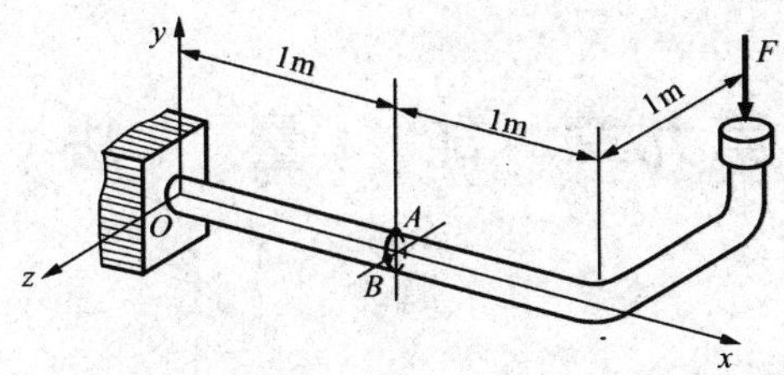


图 8－45 题 8－24 图

## 习 题 答 案

8－1 （1）$h=2b\geqslant 71.1\text{mm}$；（2）$d\geqslant 52.2\text{mm}$

8－2 $\sigma_{\max}=79.1\text{MPa}$

8－3 $\sigma_{\max}=12\text{MPa}$；$\dfrac{w_{\max}}{l}=\dfrac{1}{200}$

8－4 No. 16

8－5 $\sigma_{\text{tmax}}=6.75\text{MPa}$，$\sigma_{\text{cmax}}=-6.99\text{MPa}$

8－6 $4163\text{kN}\geqslant W\geqslant 1728\text{kN}$

8－7 $\sigma_{\text{tmax}}=79.6\text{MPa}$，$\sigma_{\text{cmax}}=117\text{MPa}$，$\sigma_{\text{A}}=-51.7\text{MPa}$

8－8 （1）最大压应力 0.72MPa；（2）$D=4.16\text{m}$

8－9 $d=122\text{mm}$

8－10 $F=18.4\text{kN}$，$e=1.79\text{mm}$

8－11 $\dfrac{\sigma_a}{\sigma_b}=\dfrac{4}{3}$

8－12 $\sigma_{\max}=0.572\dfrac{F}{a^2}$

8－13 $F=45\text{kN}$

8－16 $\delta=2.65\times 10^{-3}\text{m}$

8－17 $\sigma_{r3}=58.3\text{MPa}<[\sigma]$，安全

8－18 $P=0.59\text{kN}$

8－19 $\sigma_{r4}=54.4\text{MPa}$

8－20 $d=35.7\text{mm}$

8－21 $\sigma_{r3}=89.2\text{MPa}<[\sigma]$，安全

8－22 $C$ 点：$\sigma_{r4}=50.7\text{MPa}<[\sigma]$，安全

$B$ 点：$\sigma_{r4}=61.2\text{MPa}<[\sigma]$，安全

8－23 $\sigma_{r3}=86.1\text{MPa}<[\sigma]$，安全

8－24 $A$ 点：$\sigma_x=125\text{MPa}$，$\sigma_z=72\text{MPa}$，$\tau_{xz}=-44.4\text{MPa}$

$B$ 点：$\sigma_x=36\text{MPa}$，$\sigma_y=72\text{MPa}$，$\tau_{xy}=-40.4\text{MPa}$

# 第九章　能　量　法

## §9-1　概　　述

任何弹性体在载荷作用下都要发生变形，同时，载荷作用点沿载荷方向也要发生相应的位移。一方面，载荷在相应位移上作功，称为外力功，用 $W$ 表示。与此同时，当作用于弹性体的外力由零逐渐增至最后值时，弹性体的变形也由零增至其最后值，在这个过程中，弹性体将储存一定的应变能，用 $U$ 表示。由能量守恒定律可知，在弹性变形范围内，外力功在数值上等于存储于弹性体内的应变能，即

$$W = U \tag{9-1}$$

通常将式（9-1）称为功能原理。利用功和能的概念及功能原理求解弹性体的位移、变形、内力或外力等问题的方法称为能量法。利用能量法解题步骤简单、有效，不受构件材料与形状的限制，既适用于静定问题，也适用于超静定问题；既适用于线弹性问题，也适用于非线性问题和塑性问题。随着现代计算力学的发展，功能原理将得到更广泛的应用。

本章主要讲述用能量法求结构的位移。

## §9-2　杆 件 的 应 变 能

### 一、轴向拉伸与压缩应变能

当直杆产生轴向拉伸与压缩时，在弹性范围内轴力与变形成线性关系，如图 9-1 所示，三角形 $OAB$ 的面积表示轴力由零逐渐增至 $F_N$ 时作的总功，此功等于储存于杆件内的应变能，即

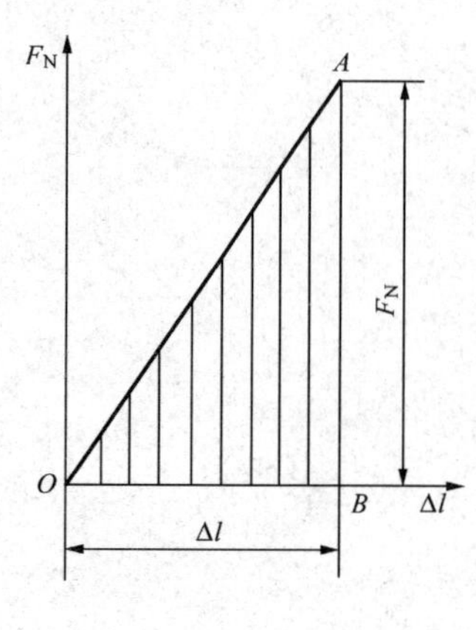


图 9-1

$$U = W = \frac{F_N \Delta l}{2}$$

另由虎克定律得 $\Delta l = F_N l / EA$，$F_N = \Delta l EA / l$ 代入上式得

$$U = \frac{F_N^2 l}{2EA} = \frac{(\Delta l)^2 EA}{2l} \tag{9-2}$$

式中：$F_N$ 为轴力；$\Delta l$ 为杆的轴向变形；$l$ 为杆的原长；$EA$ 为抗拉压刚度。

当轴力 $F_N(x)$ 沿杆轴线变化时，可先求 $dx$ 微段的应变能 $dU$，然后通过积分求整个杆的应变能为

$$U = \int_l \mathrm{d}U = \int_l \frac{F_{\mathrm{N}}^2(x)}{2EA}\mathrm{d}x \tag{9-3}$$

例如，图 9-2 为一沿杆轴线方向承受均布力 $q$（单位长度的力）的等直杆，$F_{\mathrm{N}}(x) = qx$，于是应变能为

$$U = \frac{1}{2EA}\int_0^l q^2x^2\mathrm{d}x = \frac{q^2l^3}{6EA}$$

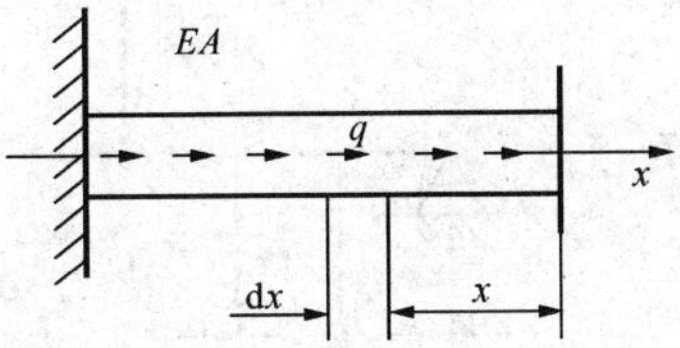

图 9-2

## 二、扭转应变能

对于圆轴扭转时，若扭矩 $M_x$ 沿轴线变化，可先求微段 $\mathrm{d}x$（图 9-3）内的应变能为

$$\mathrm{d}U = \frac{1}{2}M_x\mathrm{d}\varphi = \frac{M_x^2\mathrm{d}x}{2GI_{\mathrm{p}}}$$

积分可求出总应变能

$$U = \int_l \mathrm{d}U = \int_l \frac{M_x^2\mathrm{d}x}{2GI_{\mathrm{p}}} \tag{9-4}$$

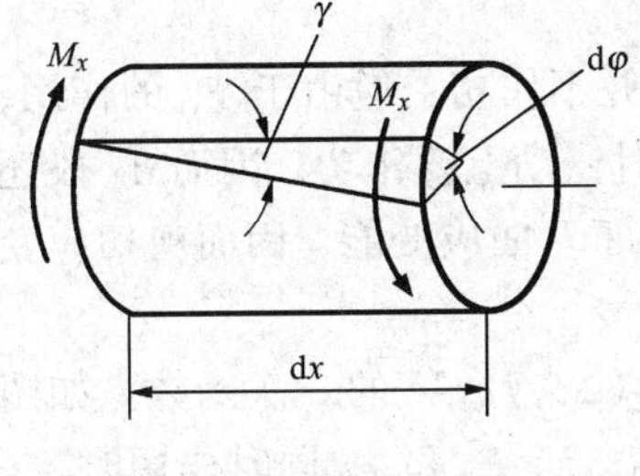

图 9-3

若扭矩 $M_x$ 沿轴线不变，则 $l$ 长上的应变能为

$$U = \frac{M_x^2l}{2GI_{\mathrm{p}}} = \frac{\phi^2GI_{\mathrm{p}}}{2l} \tag{9-5}$$

式中：$l$ 为杆长；$GI_{\mathrm{p}}$ 为杆的抗扭刚度。对于非圆截面杆，则 $I_{\mathrm{p}}$ 应换以 $I_{\mathrm{n}}$。

## 三、弯曲应变能

当直杆承受 $F_1$、$F_2$ 力而发生弯曲变形时［图 9-4 (a)］，且当载荷由零逐渐增长至最后值 $F_1$、$F_2$ 时，弯矩和剪力亦由零增至最后值 $M$ 和 $F_{\mathrm{Q}}$。我们自梁 $x$ 处取出一微段 $\mathrm{d}x$，此段两侧面作用着弯矩 $M$ 和剪力 $F_{\mathrm{Q}}$，如图 9-4（b）所示。对应着弯矩，微段 $\mathrm{d}x$ 两侧面的相对转角亦由零增至最后值 $\mathrm{d}\theta$［图 9-4（c)］，因其弯矩在相对转角上所作的功 $M\mathrm{d}\theta/2$ 等于储存于此微段内的弯曲应变能 $\mathrm{d}U$，所以

$$\mathrm{d}U = \mathrm{d}W = \frac{M\mathrm{d}\theta}{2}$$

于是整个梁的弯曲应变能为

$$U = \int_l \frac{M\mathrm{d}\theta}{2}$$

另由前面知识知 $\dfrac{\mathrm{d}\theta}{\mathrm{d}x} = v'' = \dfrac{M}{EI}$，即 $\mathrm{d}\theta = \dfrac{M}{EI}\mathrm{d}x$，代入上式得

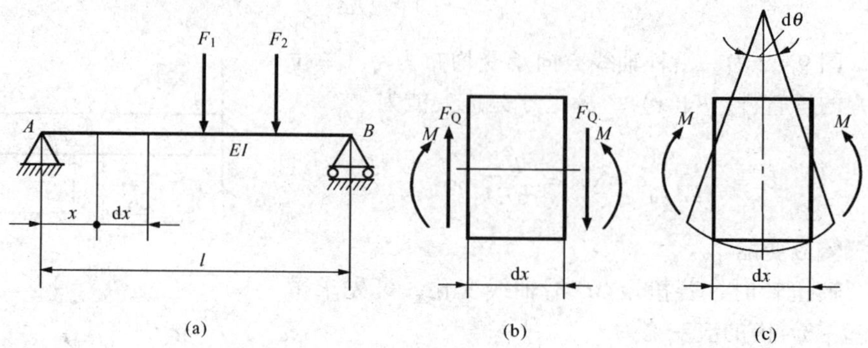


图 9-4

$$U = \int_l \frac{M^2 \mathrm{d}x}{2EI} \tag{9-6}$$

又因 $EIv'' = M$，代入上式得弯曲应变能的另一表达形式

$$U = \int_l \frac{1}{2} EI(v'')^2 \mathrm{d}x \tag{9-7}$$

另外，当 $\mathrm{d}x$ 微段左右侧面发生相对转角 $\mathrm{d}\theta$ 时，剪力 $F_Q$ 并不作功；但由于 $F_Q$ 的作用，$\mathrm{d}x$ 段左右侧面要发生相对错动（图中未画出），剪力 $F_Q$ 在相对错动上要作功，因而 $\mathrm{d}x$ 段还储存有剪切应变能。但对一般细长梁情况下，剪切应变能远小于弯曲应变能，因而剪切应变能通常可以忽略不计，所以这里不再详细介绍。

由上面的讨论可看出应变能 $U$ 是内力（$F_N, M_x, M$）或变形（$\Delta l, \phi, v''$）的二次函数。如图 9-4 所示，当 $F_1$ 或 $F_2$ 单独作用时，$x$ 截面的弯矩为 $M_1$ 或 $M_2$；当 $F_1$ 和 $F_2$ 同时作用时，$x$ 截面的弯矩为 $M$，又 $M = M_1 + M_2$，将此式代入式（9-6），得出

$$U = \int_l \frac{M^2 \mathrm{d}x}{2EI} = \int_l \frac{(M_1 + M_2)^2 \mathrm{d}x}{2EI} = \int_l \frac{M_1^2 \mathrm{d}x}{2EI} + \int_l \frac{M_2^2 \mathrm{d}x}{2EI} + \int_l \frac{M_1 M_2 \mathrm{d}x}{2EI}$$

上式右方的第一，二两项分别表示 $F_1$、$F_2$ 单独作用时的应变能。所以 $F_1$、$F_2$ 单独作用时的应变能之和并不等于两者同时作用时的应变能。故一般说来，应变能不能叠加。如果构件上有几种载荷，其中任一种载荷在另几种载荷引起的位移上若不作功，则此几种载荷同时作用的总应变能等于这几种载荷单独作用时的应变能之和。例如一直杆同时承受弯曲和扭转作用，扭矩在弯曲引起的转角 $\mathrm{d}\theta$ 上不作功，弯矩在扭转引起的扭转角 $\mathrm{d}\phi$ 上也不作功。故杆件的弯、扭应变能可单独计算，然后叠加即可求出两者同时作用的总应变能。

**四、应变能的通式**

如图 9-5 所示一杆系结构，其上作用有 $F_1$、$F_2$ 外力和力偶 $F_3$，诸外力作用点沿该诸力方向的位移分别用 $\delta_1$、$\delta_2$ 和 $\delta_3$ 表示。这里的外力和位移均指广义力和广义位移，即力对应于相应的线位移，力偶对应于相应的角位移。

为了简单起见，这里用 $\delta_i(i=1,2,3)$ 表示外力 $F_i(i=1,2,3)$ 作用点沿该外力方向的相应位移。假设诸外力按某一比例由零增至最后值，那么相应的位移也由零按比例增至最后值。这里仅限于线弹性结构，即结构上的位移与载荷之间是线性关系。引入一个 0—1 之间变化的参数 $\lambda$，则对于外力 $\lambda F_i$ 有与之对应的位移 $\lambda\delta_i$。若加载中给 $\lambda$ 一个增量 $d\lambda$，则外力与位移分别有相应的增量 $F_i d\lambda$ 和 $\delta_i d\lambda$，此时外力在位移增量上作的功为

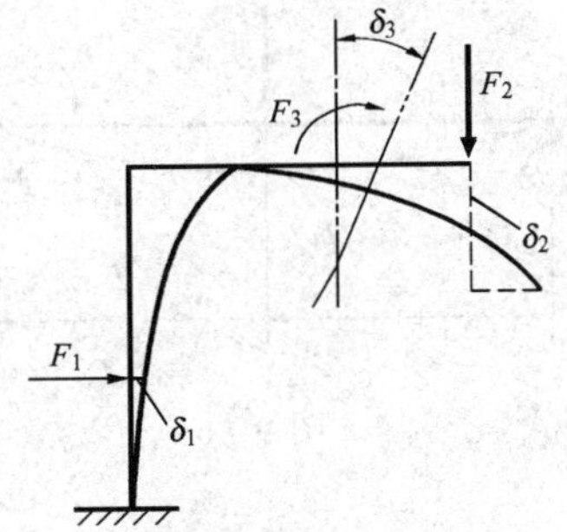

$$dW=\Sigma\left(\lambda F_i\delta_i d\lambda+\frac{1}{2}F_i d\lambda\delta_i d\lambda\right)$$

图 9-5

略去二阶微量 $\frac{1}{2}F_i d\lambda\delta_i d\lambda$，上式成为

$$dW=\Sigma(F_i\delta_i\lambda d\lambda)$$

积分得

$$W=\int dW=(\Sigma F_i\delta_i)\int_0^1\lambda d\lambda=\Sigma\frac{1}{2}F_i\delta_i$$

由功能原理 $W=U$，得结构的应变能为

$$U=\Sigma\frac{1}{2}F_i\delta_i=\frac{1}{2}F_1\delta_1+\frac{1}{2}F_2\delta_2+\frac{1}{2}F_3\delta_3$$

注意，上式并不包括固定端处反力所作的功，因为它们作的功为零。这里我们强调上式只能用于线性结构。对于非线性结构（变形和载荷之间呈现非线性关系）上式不适用，因为位移 $\delta_i$ 和载荷 $F_i$ 之间不存在线性关系时，$F_i$ 的功不是 $F_i\delta_i/2$。

假设弹性结构上作用有 $n$ 个力 $F_i(i=1,2,3,\cdots,n)$，与之对应的 $n$ 个相应位移为 $\delta_i(i=1,2,3,\cdots,n)$，则可得结构应变能的通式为

$$U=\sum_{i=1}^{n}\frac{1}{2}F_i\delta_i \tag{9-8}$$

式（9-8）称为**克拉贝依隆（Clapeyron）原理**。

下面我们再讨论一下在弹性范围内应变能与加载次序无关的问题。以图 9-6 所示的简支梁为例，中点受集中力 $F$，右支座受有力偶 $m$。

此时梁中点的挠度为

$$\delta_C=\frac{Fl^3}{48EI}+\frac{ml^2}{16EI}$$

右端的转角为

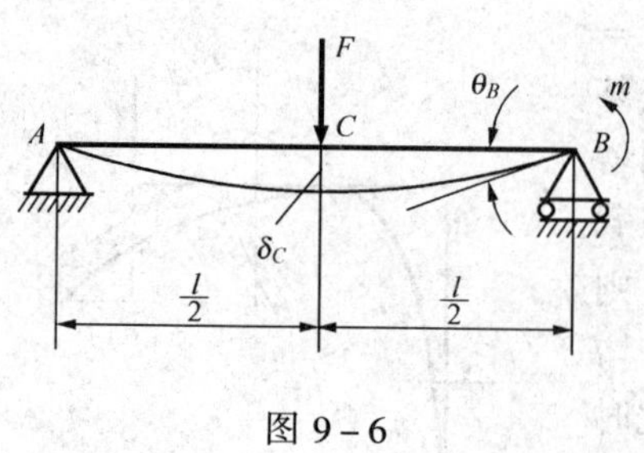

图 9-6

$$\theta_B = \frac{Fl^2}{16EI} + \frac{ml}{3EI}$$

根据式（9-8），梁内的应变能为

$$U = \frac{1}{2}F\delta_C + \frac{1}{2}m\theta_B = \frac{F^2l^3}{96EI} + \frac{m^2l}{6EI} + \frac{mFl^2}{16EI} \quad \text{(a)}$$

如果改变加载顺序，先加 $F$ 力后，再加力偶 $m$，则梁的应变能为

$$U = \frac{1}{2}F\cdot\frac{Fl^3}{48EI} + \frac{1}{2}m\cdot\frac{ml}{3EI} + F\cdot\frac{ml^2}{16EI} = \frac{F^2l^3}{96EI} + \frac{m^2l}{6EI} + \frac{mFl^2}{16EI} \quad \text{(b)}$$

（b）式中的第一项是 $F$ 力由零增至最后值时在相应位移上所作的功，第二项是力偶 $m$ 由零增至最后值时在相应位移上所作的功，第三项是先加于梁上的 $F$ 力在后加的力偶 $m$ 所引起的梁中点挠度 $ml^2/16EI$ 上作的功（注意此功没有因子1/2)。显然（a）和（b）式是相等的。这就说明结构的应变能与加力的次序无关，而只决定于载荷的最终值。

**五、组合变形杆件的应变能**

设从某一受力杆件中取出长为 d$x$ 微段，如图 9-7 所示。其两端横截面上作用有轴力 $F_N(x)$、弯矩 $M(x)$ 和扭矩 $M_x(x)$。与各力相对应的位移分别有相对轴向线位移 $d(\Delta l)$、相对转角 $d\theta$ 和相对扭转角 $d\varphi$。

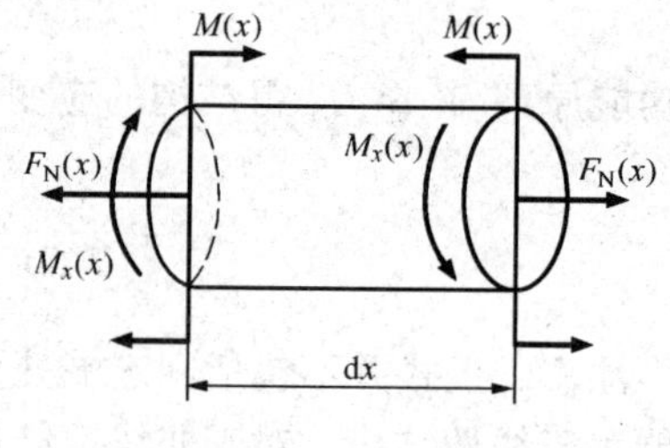

图 9-7

在此，由于其中任一种内力在另两种内力引起的位移上都不作功，所以由式（9-8）可求得该微段的应变能为

$$dU = \frac{1}{2}F_N(x)d(\Delta l) + \frac{1}{2}M(x)d\theta + \frac{1}{2}M_x(x)d\varphi$$

$$= \frac{F_N^2(x)}{2EA}dx + \frac{M^2(x)}{2EI}dx + \frac{M_x^2(x)}{2GI_p}dx$$

上式积分，可得整个杆件的应变能为

$$U = \int_l \frac{F_N^2(x)dx}{2EA} + \int_l \frac{M^2(x)dx}{2EI} + \int_l \frac{M_x^2(x)dx}{2GI_p} \quad (9-9)$$

**例 9-1** 水平安置的圆截面直角折杆 $AB$、$BC$，如图 9-8 所示。已知直径为 $d$，材料的弹性模量为 $E$、切变模量为 $G$。在 $C$ 处作用一竖直向下的外力 $F$，求 $C$ 点的竖直位移 $\delta_{VC}$。

**解** $BC$ 段的弯矩方程为 $M(x_1) = -Fx_1 \quad (0 \leqslant x \leqslant a)$

$AB$ 段的弯矩方程和扭矩方程为 $\begin{matrix} M(x_2) = -Fx_2 \\ M_x(x_2) = Fa \end{matrix} \quad (0 \leqslant x \leqslant 2a)$

折杆 $AB$、$BC$ 的总应变能为

$$U = \int_0^a \frac{(-Fx_1)^2dx_1}{2EI} + \int_0^{2a} \frac{(-Fx_2)^2dx_2}{2EI} + \int_0^{2a} \frac{(Fa)^2dx_2}{2GI_p}$$

$$= \frac{F^2}{2EI}\left(\frac{1}{3}a^3 + \frac{8}{3}a^3\right) + \frac{2F^2a^3}{2GI_p} = \frac{3F^2a^3}{2EI} + \frac{F^2a^3}{GI_p}$$

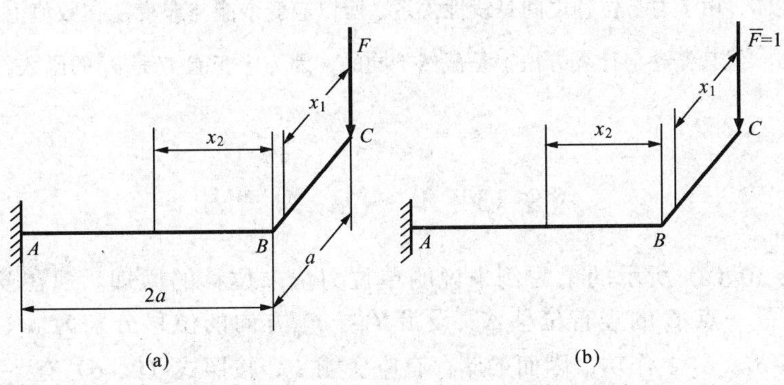


图 9-8

外力功 $$W = \frac{1}{2}F\delta_{VC}$$

根据功能原理 $W = U$ 得

$$\frac{1}{2}F\delta_{VC} = \frac{3F^2a^3}{2EI} + \frac{F^2a^3}{GI_p}$$

$$\delta_{VC} = \frac{3Fa^3}{EI} + \frac{2Fa^3}{GI_p} = \frac{64Fa^3}{\pi d^4}\left(\frac{3}{E} + \frac{1}{G}\right)$$

上面所讨论的仅限于线弹性体，对于非线弹性体，应变能在数值上仍等于外力所作的功，但此时外力所作的功为图 9-9（a）所示曲边三角形 $OAB$ 的面积。因此，应变能采用积分计算，即

$$U = W = \int_0^{\delta_1} F\mathrm{d}\delta \tag{9-10}$$

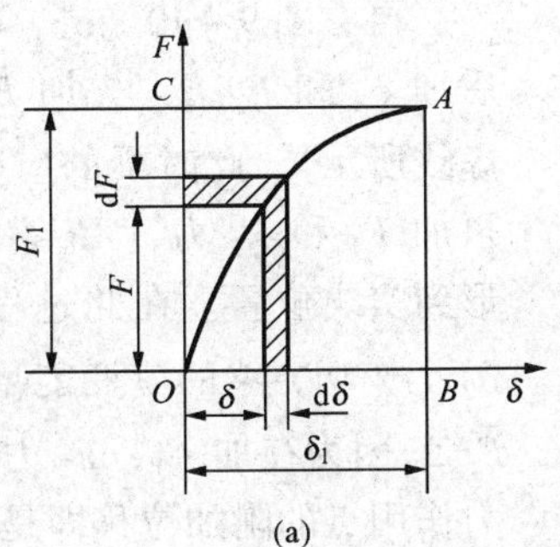


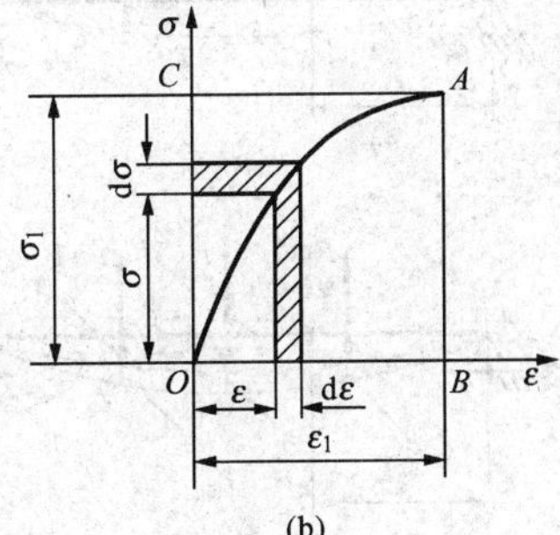


图 9-9

在弹性系统的外部作用力产生了位移，其内部则相应产生了应力和应变，见图 9-9（b），定义单位体积储存的应变能称为应变能密度，为

$$u = \int_0^{\varepsilon_1} \sigma\mathrm{d}\varepsilon \tag{9-11}$$

能量另一个参数是应变余能，在数值上等于余功，即图 9-9（a）中曲边三角形 $OAC$ 的面积，为

$$U^* = W^* = \int_0^{F_1} \delta\mathrm{d}F \tag{9-12}$$

单位体积上的应变余能称为应变余能密度，为

$$u^* = \int_0^{\sigma_1} \varepsilon \mathrm{d}\sigma \tag{9-13}$$

对于线弹性体，由于力与位移之间是线性关系，所以应变余能与应变能在数值上是相等的，即 $U = U^* = \frac{1}{2}F_1\delta_1$，但其概念与计算方法上是截然不同的，因为应变能 $U$ 是 $\delta_1$ 的函数，而应变余能 $U^*$ 是 $F_1$ 的函数。

## §9-3 单位力法

现以图 9-10（a）所示的梁为例来说明单位力法求位移的原理。现在要寻求 $AB$ 梁在 $F_1$、$F_2$ 力作用下一点 $C$ 的竖直位移 $\Delta$。设沿 $F_1$、$F_2$ 方向的位移分别为 $\delta_1$、$\delta_2$，载荷 $F_1$、$F_2$ 分别在位移 $\delta_1$、$\delta_2$ 上作功，因而梁储存有应变能 $U$，按照式（9-6）有

$$U = \int \frac{M^2(x)\mathrm{d}x}{2EI} \tag{a}$$

这里 $M(x)$ 是 $x$ 截面由于载荷 $F_1$、$F_2$ 引起的弯矩。积分范围是整个梁长 $l$，在这里被省略了。

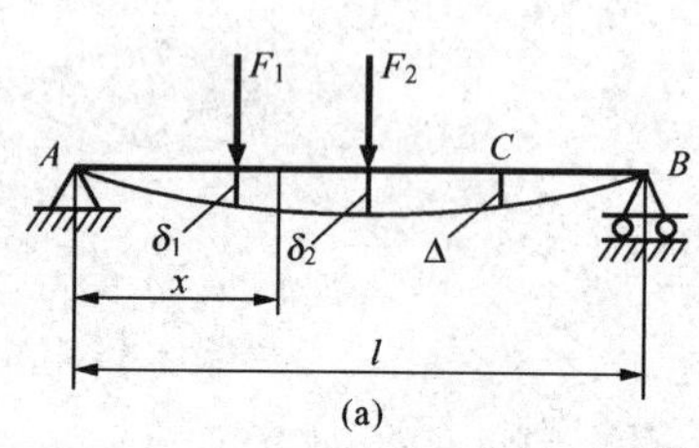

(a)

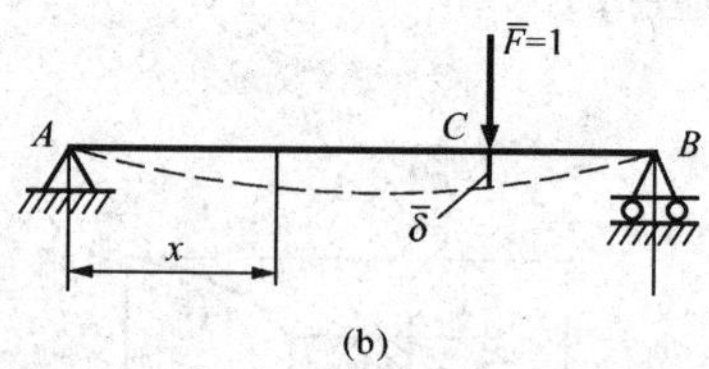

(b)

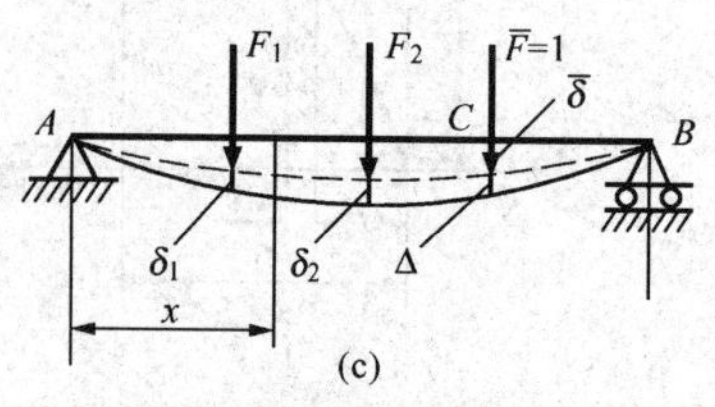

(c)

图 9-10

如图 9-10（b）所示，我们先在 $C$ 点沿竖直方向加一单位力 $\overline{F}=1$，此时对应于 $x$ 截面的弯矩为 $\overline{M}(x)$，沿单位力方向的位移是 $\overline{\delta}$，应变能为

$$\overline{U} = \int \frac{\overline{M}^2(x)\mathrm{d}x}{2EI} \tag{b}$$

再看图 9-10（c），其加力次序是先加单位力 $\overline{F}$，后加 $F_1$ 和 $F_2$ 力。先加 $\overline{F}$ 力，$AB$ 梁产生变形（如图中虚线所示），此时梁的应变能是 $\overline{U}$。在此变形的位置上再加 $F_1$ 和 $F_2$ 力，$AB$ 梁将进一步变形，由虚线位置变形到实线位置。在此过程中 $F_1$、$F_2$ 力分别在位移 $\delta_1$、$\delta_2$ 上作功，梁的应变能增加了 $U$。此外 $\overline{F}$ 还将完成功 $\overline{F}\cdot\Delta$，因为在加 $F_1$、$F_2$ 力时 $\overline{F}$ 已作用在梁上了，并且 $\overline{F}$ 力作用点的附加位移即是图 9-10（a）的 $\Delta$，故最后梁的总应变能是 $\overline{U}+U+\overline{F}\cdot\Delta$。在最后变形位置，梁 $x$ 截面处的弯矩是 $M(x)+\overline{M}(x)$，这里 $M(x)$ 对应着图 9-10（a），$\overline{M}(x)$ 对应着图 9-10（b）。于是对于图 9-10（c）可写出

$$\overline{U} + U + \overline{F}\Delta = \int \frac{[M(x)+\overline{M}(x)]^2\mathrm{d}x}{2EI} \tag{c}$$

由（c）式减去（a）式和（b）式，同时由 $\overline{F}=1$ 代如（c），得到

$$1\cdot\Delta = \int \frac{M(x)\overline{M}(x)\mathrm{d}x}{EI} \tag{9-14}$$

式（9-14）的积分称为**莫尔（Mohr）积分**。如积分为正，说明单位力的功 $1\cdot\Delta$ 是正，故载荷引起的位移 $\Delta$ 和单位力的矢向一致；如积分为负，则说明 $\Delta$ 和单位力的矢向相反。

在上面的讨论中，当欲求 $C$ 点挠度时，即在 $C$ 点沿挠度方向加一单位力［图 9-10（b）］。如果欲求图 9-10（a）上任一截面的转角，则在该截面加一单位力偶，仿照上面的推理仍得到式（9-14），不过此时 $\Delta$ 代表该截面的角位移，而 $\overline{M}(x)$ 是单位力偶引起的弯矩。此情况下，如积分得正，说明角位移 $\Delta$ 的转向与所加单位力偶方向相同。

还须指出，在用式（9-14）求梁的变形时只考虑了弯矩的影响。当然，梁的剪力对梁的变形也是有影响的，不过对于细长梁，剪力影响远比弯矩为小，一般可以忽略。

同理，可得用单位力法求扭转杆件任一截面的扭转角的莫尔积分式为

$$\Delta = \int \frac{M_x(x)\overline{M}_x(x)}{GI_p}\mathrm{d}x \tag{9-15}$$

对于只受轴向拉伸与压缩的桁架结构，计算位移的单位力法为

$$\Delta = \sum_{i=1}^{n} \frac{F_{Ni}\overline{F}_{Ni}l_i}{E_iA_i} \tag{9-16}$$

式中：$n$ 为总杆数。

对于杆系结构，如果杆件的任一截面上除弯矩 $M(x)$ 外，尚有扭矩 $M_x(x)$ 和轴力 $F_N(x)$，那么用单位力法求位移的莫尔积分为

$$\Delta = \Sigma\int \frac{M(x)\overline{M}(x)\mathrm{d}x}{EI} + \Sigma\int \frac{M_x(x)\overline{M}_x(x)\mathrm{d}x}{GI_p} + \Sigma\int \frac{F_N(x)\overline{F}_N(x)\mathrm{d}x}{EA} \tag{9-17}$$

**例 9-2** 对于图 9-11（a）的桁架，试求节点 $B$ 的竖直位移，设各杆的 $EA$ 都相同。

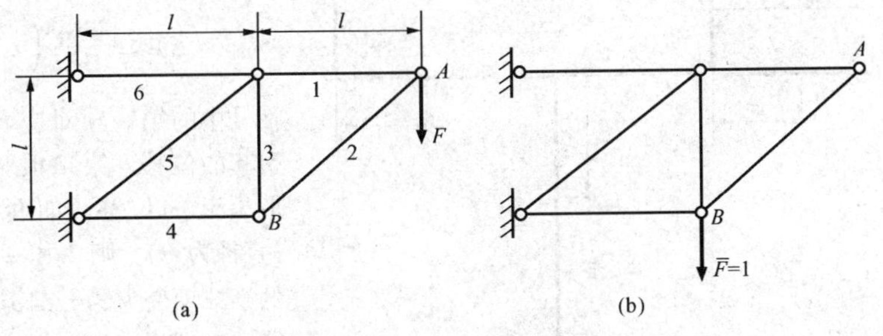


图 9-11

**解** 因为各杆的 $EA$ 都相同，故利用式（9-16）只须计算 $\Sigma F_{Ni}\overline{F}_{Ni}l_i$。对照图 9-11（a）求出各杆在载荷 $F$ 作用下引起的轴力 $F_{Ni}$，然后对照图 9-11（b），在 $B$ 点加竖向单位力，求出由此单位力引起的轴力 $\overline{F}_{Ni}$。计算结果列入表 9-1 中。$F_{Ni}$ 和 $\overline{F}_{Ni}$ 栏中正号表示拉力，负号表示压力。最后由式（9-16）求出 $B$ 点的竖向位移为

$$\Delta_{VB} = \frac{(3-2\sqrt{2})Fl}{EA}$$

结果得正说明 $B$ 点位移向下。

**表 9－1**

| 杆　号 | 杆　长 | $F_{Ni}$ | $\overline{F}_{Ni}$ | $F_{Ni}\overline{F}_{Ni}l_i$ |
|---|---|---|---|---|
| 1 | $l$ | $F$ | 0 | 0 |
| 2 | $l\sqrt{2}$ | $-\sqrt{2}F$ | 0 | 0 |
| 3 | $l$ | $F$ | 1 | $Fl$ |
| 4 | $l$ | $-F$ | 0 | 0 |
| 5 | $l\sqrt{2}$ | $-\sqrt{2}F$ | $-\sqrt{2}$ | $2\sqrt{2}Fl$ |
| 6 | $l$ | $2F$ | 1 | $2Fl$ |

**例 9－3**　图 9－12（a）为一刚架，两杆的 $EI$ 和 $EA$ 都为常数，试求 $C$ 点竖直位移 $\Delta_{VC}$。

**解**　在 $C$ 点沿竖直方向加一单位力，如图 9－12（b）所示。分别列出在外力作用下［图 9－12（a)］和单位力作用下［图 9－12（b)］$CB$、$BA$ 段的弯矩方程和轴力方程为

$CB$ 段：
$$M(x_1) = Fx_1 \quad F_N(x_1) = 0$$
$$\overline{M}(x_1) = x_1 \quad \overline{F}_N(x_1) = 0$$

$BA$ 段：
$$M(x_2) = Fa \quad F_N(x_2) = -F$$
$$\overline{M}(x_2) = a \quad \overline{F}_N(x_2) = -1$$

代入式（9－17）得

$$\Delta_{VC} = \frac{1}{EI}\int_0^a Fx_1 \cdot x_1 \mathrm{d}x_1 + \frac{1}{EI}\int_0^b Fa \cdot a\mathrm{d}x_2 + \frac{(-F)(-1)b}{EA}$$
$$= \frac{Fa^3}{3EI} + \frac{Fa^2 b}{EI} + \frac{Fb}{EA}$$

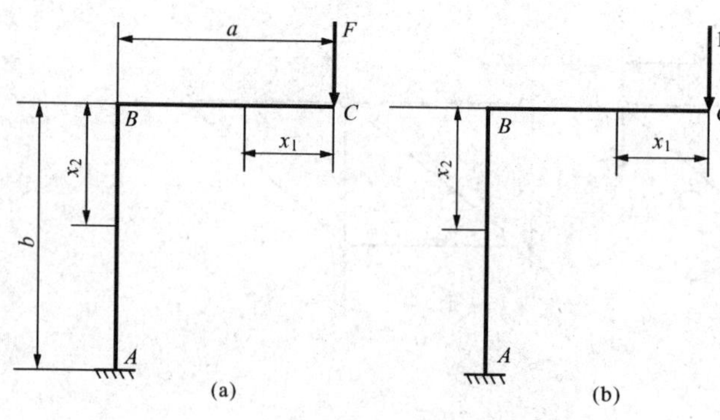


图 9－12

如果 $b = a$，则上式变为

$$\Delta_{VC} = \frac{4Fa^3}{3EI}\left(1 + \frac{3I}{4Aa^2}\right)$$

括号中的第一项对应着杆件弯曲变形引起的位移，第二项对应杆件轴向变形引起的位移。如两杆均为圆截面（直径为 $d$），则 $I/A = d^2/16$，括号中的第二项变为 $3d^2/64a^2$。如 $a = 5d$，则第二项约为 0.2%，故在求结构位移时，对于承受弯曲与轴力联合作用的杆件，通常可略去轴力的影响。

**例 9－4**　图 9－13（a）为一简支梁，其抗弯刚度为 $EI$，试用单位力法求梁中点 $C$ 的挠度及 $A$ 截面转角。

**解**　欲求 $C$ 点挠度，在 $C$ 点加一向下的单位力，如图 9－13（b）所示，此时需要从 $C$ 处分段，由于结构的对称性，可取一半计算，然后乘以 2 倍。根据图 9－13（a)、(b）可分别写出梁 $AC$ 段的弯矩方程

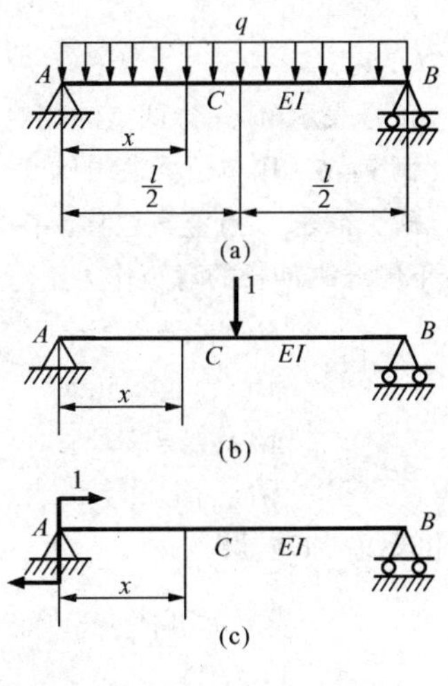

图 9－13

$$M(x) = \frac{ql}{2}x - \frac{qx^2}{2} \qquad \left(0 \leqslant x \leqslant \frac{l}{2}\right)$$

$$\overline{M}(x) = \frac{x}{2} \qquad \left(0 \leqslant x \leqslant \frac{l}{2}\right)$$

于是由式（9－14）得

$$\Delta_{VC} = \frac{2}{EI}\int_0^{\frac{l}{2}}\left(\frac{ql}{2}x - \frac{qx^2}{2}\right)\cdot\frac{x}{2}\mathrm{d}x = \frac{1}{EI}\left[\frac{qlx^3}{6} - \frac{qx^4}{8}\right]_0^{\frac{l}{2}} = \frac{5ql^4}{384EI}$$

正号说明 $C$ 点挠度与单位力矢向相同，即向下。

同理，欲求 $A$ 截面转角，则在 $A$ 截面加一顺时针单位力偶，如图 9－13（c）所示，分别写出图 9－13（a）、（c）所示梁的弯矩方程：

$$M(x) = \frac{ql}{2}x - \frac{q}{2}x^2 \qquad (0 \leqslant x \leqslant l)$$

$$\overline{M}(x) = 1 - \frac{x}{l} \qquad (0 < x \leqslant l)$$

由式（9－14）得

$$\theta_A = \frac{1}{EI}\int_0^l\left(\frac{ql}{2}x - \frac{q}{2}x^2\right)\cdot\left(1 - \frac{x}{l}\right)\mathrm{d}x$$

$$= \frac{1}{EI}\left[\frac{qlx^2}{4} - \frac{qx^3}{3} + \frac{qx^4}{8l}\right]_0^l = \frac{ql^3}{24EI}$$

正号表示 $A$ 截面转角为顺时针转向。

**例 9－5** 图 9－14（a）是由三杆组成的刚架，$B$、$C$ 为刚性节点，三杆的抗弯刚度都是 $EI$，试用单位力法求 $A_1$、$A_2$ 两点的相对水平位移 $\Delta_{A_1A_2}$。

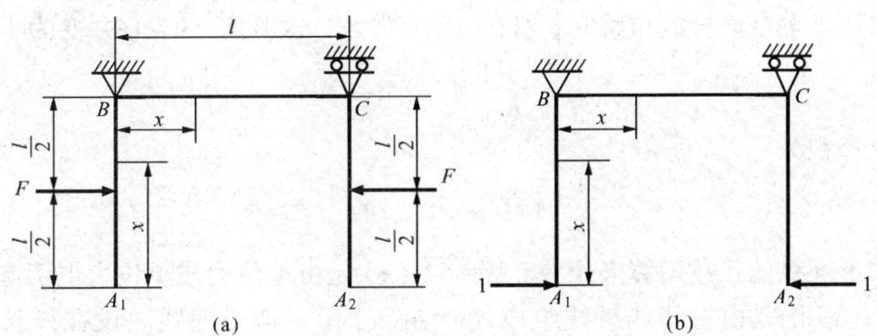

图 9－14

**解** 欲求结构上任何两点之间的相对位移时，只要在该两点施加一对相向或相背的单位力，然后分别列出在外力及这一对单位力作用下的弯矩方程，代入式（9－14）计算即可。所以要求 $A_1$、$A_2$ 两点的相对水平位移，先在 $A_1$、$A_2$ 点分别加一向右和向左的水平单位力［图 9－14（b）］，分别列出在外力及这一对单位力作用下各段的弯矩方程，然后利用式（9－14）莫尔积分即可计算出 $A_1$、$A_2$ 点的相对位移，注意外力及单位力引起的弯矩应按同一符号规定写出。于是

$$\Delta_{A_1A_2}=\frac{1}{EI}\left[2\int_{\frac{l}{2}}^{l}F\left(x-\frac{l}{2}\right)\cdot x\mathrm{d}x+\int_0^l\frac{Fl}{2}\cdot l\mathrm{d}x\right]=\frac{17Fl^3}{24EI}$$

正号表示 $A_1$、$A_2$ 两点的相对位移是相向移近的，因为这里所加的是一对相向的单位力。

**例 9-6** 用单位力法求例 9-1 题（图 9-8）结构中 $C$ 点的竖直位移。

**解** 欲求 $C$ 点竖直位移，在 $C$ 点加竖向单位力，如图 9-8（b）所示。分别列出各段的弯矩方程（令下侧纤维伸长的弯矩作为正弯矩）和扭矩方程，于是

$BC$ 段：
$$M(x_1)=-Fx_1\qquad M_x(x_1)=0$$
$$\overline{M}(x_1)=-x_1\qquad \overline{M}_x(x_1)=0\qquad (0\leqslant x\leqslant a)$$

$AB$ 段：
$$M(x_2)=-Fx_2\qquad M_x(x_2)=Fa$$
$$\overline{M}(x_2)=-x_2\qquad \overline{M}_x(x_2)=a\qquad (0\leqslant x\leqslant 2a)$$

利用式(9 - 17),得

$$\Delta_{VC}=\frac{1}{EI}\int_0^a(-Fx_1)(-x_1)\mathrm{d}x+\frac{1}{EI}\int_0^{2a}(-Fx_2)(-x_2)\mathrm{d}x_2+\frac{1}{GI_\mathrm{p}}\int_0^{2a}(Fa)a\mathrm{d}x_2$$
$$=\frac{3Fa^3}{EI}+\frac{2Fa^3}{GI_\mathrm{p}}=\frac{64Fa^3}{\pi d^4}\left(\frac{3}{E}+\frac{1}{G}\right)$$

其结果与用功能原理计算结果完全一致。

若利用 $G=\dfrac{E}{2(1+\mu)}$ 代入上式，则

$$\Delta_{VC}=\frac{64Fa^3}{E\pi d^4}[3+2(1+\mu)]$$

上式中方括号内的第一、二两项分别对应弯曲和扭转变形引起的竖直位移，由此可看出这两项是同一数量级的，所以不能忽略其中任何项。

## §9-4 图 形 互 乘 法

用单位力法求等截面杆的位移时，杆的 $EI$ 为常数，这时式（9-14）变为

$$\Delta=\frac{1}{EI}\int M(x)\overline{M}(x)\mathrm{d}x$$

所以，只需计算积分

$$\int M(x)\overline{M}(x)\mathrm{d}x\tag{a}$$

该积分可用图形互乘的代数运算来代替。因为 $\overline{M}(x)$ 是由单位力或单位力偶引起的弯矩，故沿杆长方向 $\overline{M}(x)$ 图是由直线或折线组成，而 $M(x)$ 图一般是曲线。设在杆长 $l$ 的一段内 $M(x)$ 图是曲线［图 9-15（a）］，$\overline{M}(x)$ 图是直线［图 9-15（b）］，设此直线方程为

$$\overline{M}(x)=A+Bx\tag{b}$$

把式（b）代入式（a），计算积分得

$$\int_0^l M(x)\overline{M}(x)\mathrm{d}x=\int_0^l M(x)(A+Bx)\mathrm{d}x$$
$$=A\int_0^l M(x)\mathrm{d}x+B\int_0^l M(x)x\mathrm{d}x$$

上式右边第一个积分代表 $l$ 段内 $M(x)$ 图的面积 $\Omega$；第二个积分代表此 $M(x)$ 图对于纵坐标轴的静矩，其值为 $\Omega x_c$，此处 $x_c$ 是 $M(x)$ 图形心 $C$ 的横坐标。所以上式右面第一个和第二个积分值是

$$\int_0^l M(x)\mathrm{d}x = \Omega$$

$$\int_0^l M(x)x \cdot \mathrm{d}x = \Omega x_c$$

将上面两个积分值代入式（a）有

$$\int_0^l M(x)\overline{M}(x)\mathrm{d}x = A\Omega + B\Omega x_c = \Omega(A + Bx_c) = \Omega\overline{M}_c \tag{c}$$

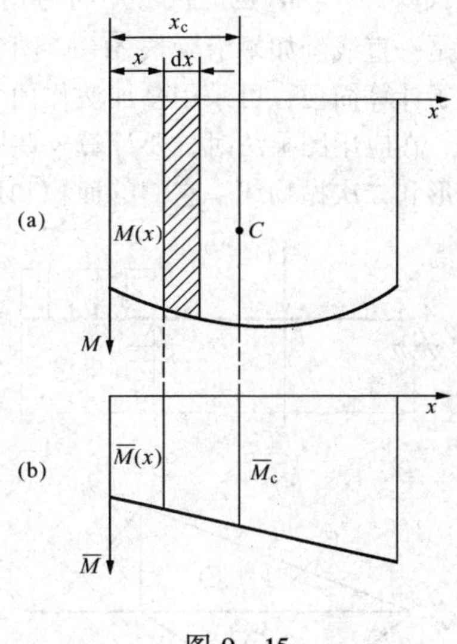


图 9-15

这里 $\overline{M}_c$ 是与 $M(x)$ 图形心 $C$ 对应处的 $\overline{M}(x)$ 的纵坐标值。这样对于等截面杆或杆件的等截面段，式(a)的积分可用式(c)代替，即可用 $M(x)$ 图的面积 $\Omega$ 和与 $M(x)$ 图形心 $C$ 对应的 $\overline{M}(x)$ 图的纵坐标 $\overline{M}_c$ 的乘积来代替，此即图乘法。于是

$$\Delta = \frac{\Omega\overline{M}_c}{EI} \tag{9-18}$$

注意在利用图乘法时，当 $M(x)$ 图为正弯矩时，$\Omega$ 应代以正号；$M(x)$ 图为负弯矩时则

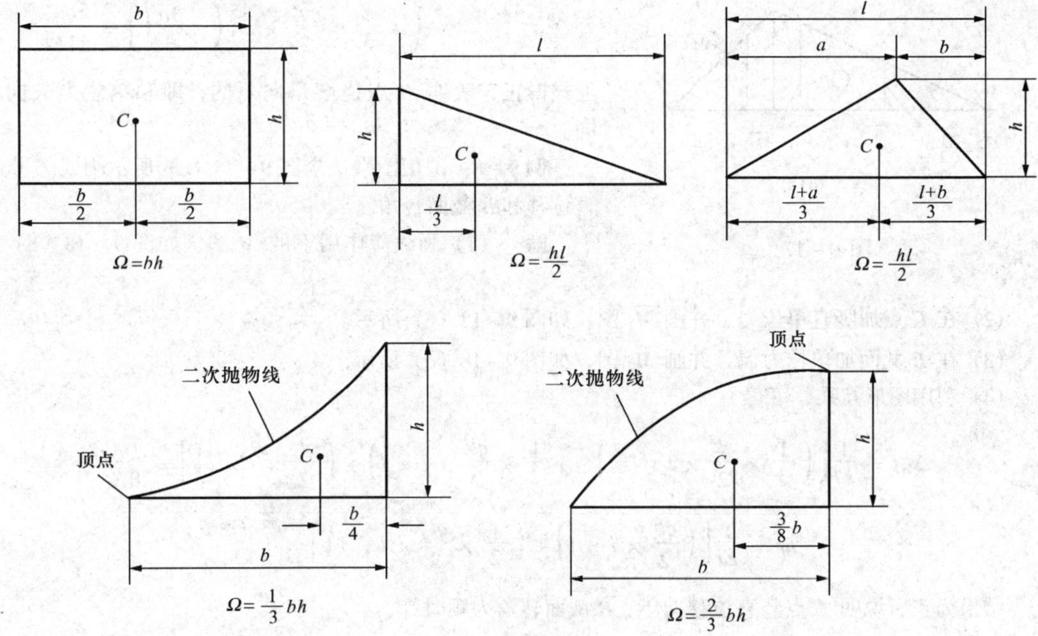


图 9-16

$\Omega$ 代以负号。$\overline{M}_c$ 也应按弯矩符号给以正负号。此外，在推导式（9－18）时，假定梁 $\overline{M}(x)$ 图是一直线。如果沿梁长 $\overline{M}(x)$ 图为折线时，则必须以折点为界，逐段采用图乘法。另外，为了计算简便，可采用叠加法作内力图，将弯矩分成几部分，分别应用图乘法计算。

在应用图乘法时，要计算一些图形的面积与形心坐标，常见的 $M(x)$ 图不外是矩形，三角形和二次抛物线，它们的面积和形心位置如图 9－16 所示。

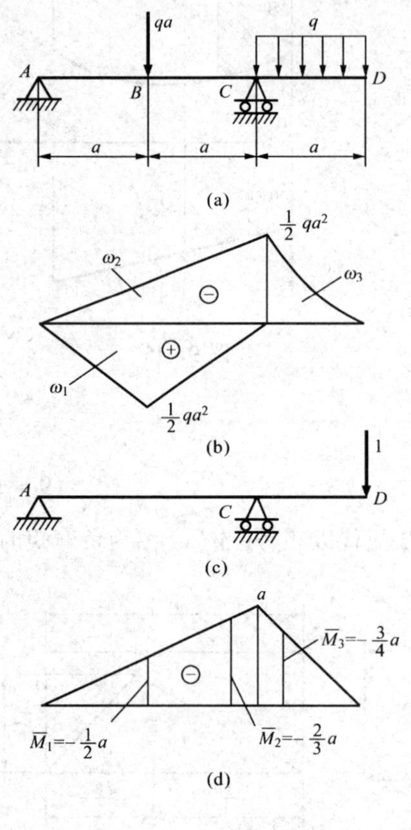


图 9－17

图乘法同样适用于轴向拉伸与压缩或扭转问题，此时，需将上面的弯矩图换以轴力图或扭矩图。

**例 9－7** 用图乘法求外伸梁 $D$ 点的竖直位移［图 9－17（a)］，梁的 $EI$ 为常数。

**解** （1）画梁在外力作用下的弯矩图 $M$，如图 9－17（b）所示。

（2）在 $D$ 点加竖直向下的单位力，并画 $\overline{M}$ 图，如图 9－17（c）、（d）所示。

（3）将 $M$ 图划分为三个简单图形，并计算其面积及形心对应的 $\overline{M}$ 图的坐标值。

（4）由公式（9－18）得

$$\Delta_{VD}=\frac{1}{EI}\left[\left(\frac{1}{2}\times\frac{qa^2}{2}\times 2a\right)\left(-\frac{a}{2}\right)+\left(-\frac{1}{2}\times\frac{qa^2}{2}\times 2a\right)\left(-\frac{2a}{3}\right)+\left(-\frac{1}{3}\times\frac{qa^2}{2}\times a\right)\left(-\frac{3a}{4}\right)\right]=\frac{5qa^4}{24EI}$$

上式得正，表明 $D$ 点挠度是向下的，即和单位力矢向相同。

**例 9－8** 试用图乘法求图 9－18（a）所示刚架 $C$ 点竖直位移和 $B$ 截面转角。

**解** （1）画载荷作用下的 $M$ 图，如图 9－18（b）所示。

（2）在 $C$ 点加竖直单位力，并画 $\overline{M}_1$ 图，如图 9－18（c）所示。

（3）在 $B$ 截面加单位力偶，并画 $\overline{M}_2$ 图，如图 9－18（d）所示。

（4）利用图形互乘，可得

$$\Delta_{VC}=\frac{1}{EI}\left[\left(\frac{1}{3}\times\frac{ql^2}{2}\times l\times\frac{3l}{4}\right)+\left(\frac{1}{2}\times\frac{ql^2}{2}\times l\times l\right)+\left(\frac{ql^2}{2}\times l\times l\right)\right]=\frac{7ql^4}{8EI}$$

$$\theta_B=\frac{1}{EI}\left[\left(\frac{ql^2}{2}\times l\times 1\right)+\left(\frac{1}{2}\times\frac{ql^2}{2}\times l\times 1\right)\right]=\frac{3ql^3}{4EI}$$

结果为正，说明 $C$ 点竖直位移向下，$B$ 截面转角为顺时针。

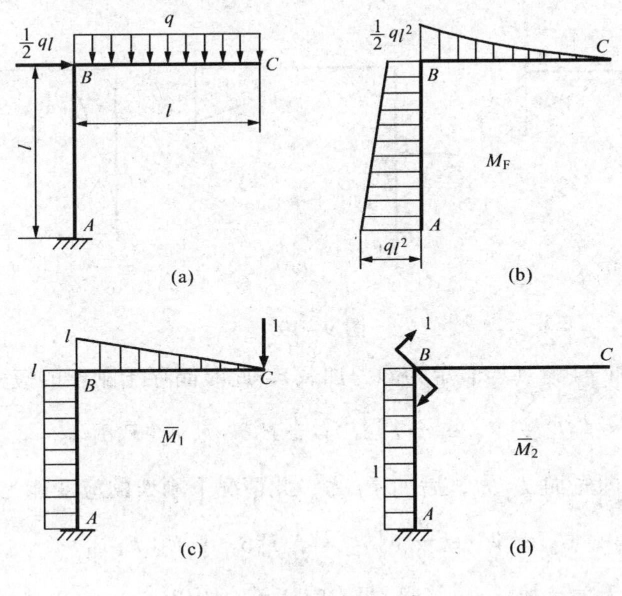


图 9－18

## §9－5 互 等 定 理

对于线弹性体，外力与变形成线性关系，利用储存于弹性体的应变能与加载次序无关的特点，可证明功和位移互等定理。利用互等定理，可简化多次超静定系统的求解工作。

在研究弯曲变形时采用影响系数是比较方便的，下面先介绍影响系数的概念。

图 9－19（a）所示为一刚架，在 1、2 两点分别作用 $F_1$、$F_2$ 力。在刚架的 1 点沿 $F_1$ 力方向作用一个单位力［图 9－19（b）］，这时在 1 点沿 $F_1$ 方向的位移叫 $\delta_{11}$，在 2 点沿 $F_2$ 方向的位移叫 $\delta_{21}$。$\delta_{11}$和 $\delta_{21}$称为影响系数。该系数中第一个下标既指明位移发生之点，又指明位移所在的方向；第二个下标指明引起此位移所加的单位力。例如 $\delta_{21}$表示由沿 $F_1$ 方向的单位力在 2 点沿 $F_2$ 方向引起的位移。同理在图 9－19（c）中，$\delta_{12}$和 $\delta_{22}$分别表示由于沿 $F_2$方向的单位力在 1 点沿 $F_1$方向和在 2 点沿 $F_2$方向引起的位移。利用影响系数，图 9－19（a）中由于 $F_1$、$F_2$力在 1、2 两点沿 $F_1$、$F_2$力方向的位移 $\delta_1$、$\delta_2$的计算，可由图 9－19（b）中 1、2 点的位移乘以 $F_1$倍（即 $F_1\delta_{11}$、$F_1\delta_{21}$），再加上由图 9－19（c）中 1、2 点的位移乘上 $F_2$ 倍（即 $F_2\delta_{12}$、$F_2\delta_{22}$），由此可计算出

$$\delta_1 = F_1\delta_{11} + F_2\delta_{12}$$

$$\delta_2 = F_1\delta_{21} + F_2\delta_{22}$$

例如第二式中的第一项代表 $F_1$ 力在 2 点沿 $F_2$ 方向产生的位移，第二项代表 $F_2$ 力在 2 点沿 $F_2$ 方向产生的位移。下面就弹性体的应变能与加载次序无关的特点，参照图 9－19 证明功与位移互等定理。

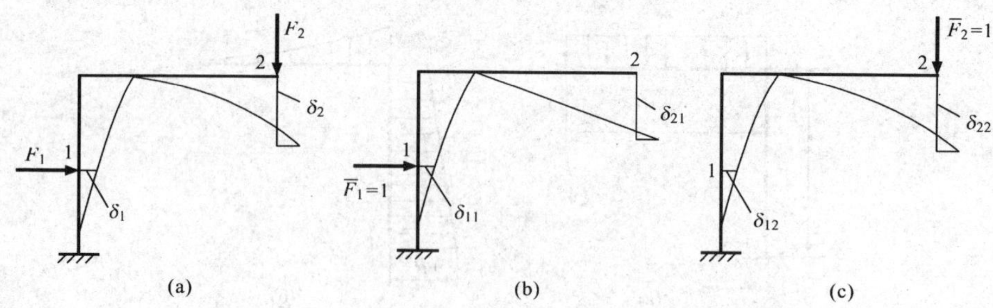


图 9-19

先加 $F_1$ 力，后加 $F_2$ 力（均假定为静力加载），此时储存于刚架的应变能由功能原理得

$$U_1 = W_1 = \frac{1}{2}F_1^2\delta_{11} + \frac{1}{2}F_2^2\delta_{22} + F_1(F_2\delta_{12}) \tag{a}$$

颠倒加力次序，即先加 $F_2$ 力，后加 $F_1$ 力，此情况下刚架的应变能为

$$U_2 = W_2 = \frac{1}{2}F_2^2\delta_{22} + \frac{1}{2}F_1^2\delta_{11} + F_2(F_1\delta_{21}) \tag{b}$$

因应变能与加力次序无关，故（a）、（b）两式应相等，所以

$$F_1(F_2\delta_{12}) = F_2(F_1\delta_{21}) \tag{9-19}$$

上式中 $F_2\delta_{12}$代表 $F_2$ 力在 1 点沿 $F_1$ 方向引起的位移，而 $F_1\delta_{21}$代表 $F_1$ 力在 2 点沿 $F_2$ 方向引起的位移。故式（9-19）表示，载荷 $F_1$ 在 $F_2$ 引起的相应位移上所作的功为 $F_1$（$F_2\delta_{12}$），与载荷 $F_2$ 在 $F_1$ 力引起的相应位移上所作的功 $F_2$（$F_1\delta_{21}$）相等，这称为**功的互等定理**。我们把结构承受的载荷 $F_1$ 及其所引起的约束反力称为第一力系，把结构承受的载荷 $F_2$ 及其所引起的约束反力称为第二力系。考虑到约束反力在结构变形过程中并不作功，功的互等定理可表述如下：**结构的第一力系在第二力系引起的弹性位移上所作的功，等于第二力系在第一力系所引起的弹性位移上所作的功。**

由式（9-19）消去公因子 $F_1F_2$，得到

$$\delta_{12} = \delta_{21} \tag{9-20}$$

式（9-20）称为**位移互等定理**，这里的位移指广义位移。

需要注意，位移互等定理只适用于线性结构，因为在推导式（9-19）时，逐渐加载时完成的功有因子 1/2，这就意味着载荷与变形是线性关系。如不存在线性关系，则载荷的功不等于 $F\delta/2$。

## §9-6 卡 氏 定 理

设一线弹性体作用有 $F_1$、$F_2$、$F_3$ 广义力，且均为静载荷。该诸力作用点沿力的作用方向的相应广义位移分别是 $\delta_1$、$\delta_2$ 和 $\delta_3$。那么物体的应变能按式（9-8）写成

$$U = \frac{1}{2}F_1\delta_1 + \frac{1}{2}F_2\delta_2 + \frac{1}{2}F_3\delta_3$$

若在原诸力基础上，只给 $F_1$ 一个增量 $\Delta F_1$，其余各力不变，则该增量 $\Delta F_1$ 在诸力作用点沿力的方向产生的相应位移增量为 $\Delta\delta_1$、$\Delta\delta_2$、$\Delta\delta_3$，结构的应变能增量为

$$\Delta U = \frac{1}{2}\Delta F_1\Delta\delta_1 + F_1\Delta\delta_1 + F_2\Delta\delta_2 + F_3\Delta\delta_3$$

上式中略去高阶微量 $\Delta F_1\Delta\delta_1/2$，则得

$$\Delta U = F_1\Delta\delta_1 + F_2\Delta\delta_2 + F_3\Delta\delta_3 \tag{a}$$

若将原诸力 $F_1$、$F_2$、$F_3$ 看成第一力系，$\Delta F_1$ 看成第二力系，则由功的互等定理可得

$$F_1\Delta\delta_1 + F_2\Delta\delta_2 + F_3\Delta\delta_3 = \Delta F_1\delta_1 \tag{b}$$

比较（a）与（b）式，则得

$$\Delta U = \Delta F_1\delta_1$$

即

$$\frac{\Delta U}{\Delta F_1} = \delta_1$$

当 $\Delta F_1 \to 0$ 时，则有

$$\frac{\partial U}{\partial F_1} = \delta_1$$

对于 $F_2$ 和 $F_3$ 也可得到类似的表示式，写成通式为

$$\frac{\partial U}{\partial F_i} = \delta_i \tag{9-21}$$

式（9-21）称为**卡氏（Castigliano）第二定理**，通常称为卡氏定理。它将应变能表示为广义力的函数，则应变能对任意力的偏导数等于该力作用点沿该力作用方向的位移。如最后的导数值得正号，则表明该位移的矢向与对应的力的矢向相同；如得负号则表明相反。卡氏定理只适用于线弹性结构。对于非线弹性结构，将上式中的应变能 $U$ 改为应变余能 $U^*$，则式（9-21）仍然成立，即

$$\frac{\partial U^*}{\partial F_i} = \delta_i \tag{9-22}$$

式（9-22）称为**克罗第—恩格塞（Crotti-Engesser）定理**。由于对于线弹性结构，应变能等于应变余能，所以卡氏定理是克罗第—恩格塞定理的特例。

## §9-7 虚 功 原 理

本节讨论变形体力学中的一个重要原理，即虚功原理。

**一、虚功原理**

以图9-20（a）的梁为例来证明虚功原理。此梁承受分布力 $q(x)$ 的作用。

我们取坐标系如图9-20（a）所示。梁在外力作用下要产生变形，这一变形在图中未画出。

现在梁在外力作用下处于平衡状态，此时我们给梁增加一个假想位移，这一假想位移称为虚位移。首先要求此虚位移符合小变形要求，它不改变原来外力的效应，即对梁任一截面的弯矩 $M(x)$ 和 $F_Q(x)$ 没有影响。另外还要求此虚位移要满足梁的约束条件和连续条件，因

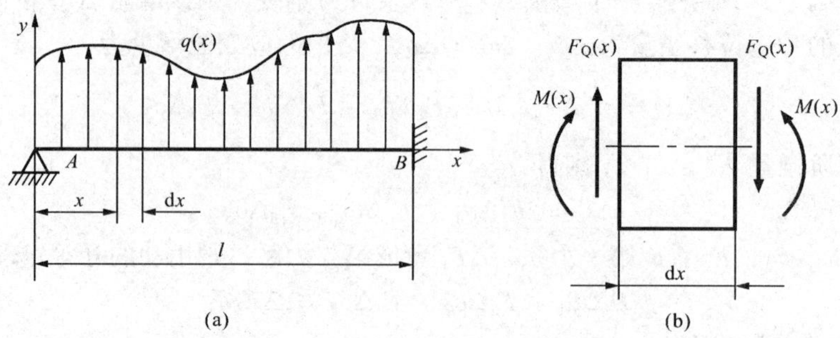


图 9-20

而虚位移确实是梁能够产生的一种可能位移。

首先我们计算外力在虚位移上完成的虚功 $W_e$。在 $x$ 截面处截取 d$x$ 微段，其上作用的分布力 $q(x)\mathrm{d}x$ 在使梁产生的横向虚位移 $v^*(x)$ 上作功。另外，因为虚位移满足梁的边界条件即，$v^*(0)=0$、$v^*(l)=0$、$\theta^*(l)=0$，所以 $A$、$B$ 端的约束反力在虚位移上均不作功。则外力虚功为

$$W_e=\int_0^l v^*(x)q(x)\mathrm{d}x$$

将梁的微分关系 $\mathrm{d}^2M(x)/\mathrm{d}x^2=q(x)$ 代入上式，并采用分部积分可得

$$\begin{aligned}W_e&=\int_0^l\frac{\mathrm{d}}{\mathrm{d}x}\left(\frac{\mathrm{d}M(x)}{\mathrm{d}x}\right)v^*(x)\mathrm{d}x=\int_0^l v^*(x)\mathrm{d}F_Q(x)\\&=\left[F_Q(x)\cdot v^*(x)\right]_0^l-\int_0^l F_Q(x)\mathrm{d}v^*(x)\\&=F_Q(l)v^*(l)-F_Q(0)v^*(0)-\int_0^l\frac{\mathrm{d}v^*(x)}{\mathrm{d}x}\mathrm{d}M(x)\end{aligned}$$

由于上式中 $v^*(0)=0$、$v^*(l)=0$，所以右方的第一、第二项为零，再对上式的积分采用分部积分得

$$\begin{aligned}W_e&=\left[M(x)\theta^*(x)\right]_0^l+\int_0^l M(x)\mathrm{d}\theta^*(x)\\&=M(l)\theta^*(l)+M(0)\theta^*(0)+\int_0^l M(x)\mathrm{d}\theta^*(x)\end{aligned}$$

对于图 9-20（a）所示的梁，由于 $M(0)=0$，而 $\theta^*(l)=0$，故上式右方只剩下最后一项积分

$$W_e=\int_0^l M(x)\mathrm{d}\theta^*(x) \tag{a}$$

式（a）为外力在虚位移上作的虚功。

然后通过从图 9-20（a）的梁中取出任一微段 d$x$ 来计算内力在虚位移上的虚功。与刚体不同的是，变形体可以产生变形，即微段不仅产生刚性虚位移，同时还产生虚变形。由于作用在微段上的力系（包括外力与内力）是一个平衡力系，根据质点系的虚位移原理，这一平衡力系在刚性位移上做功的总和等于零，因而只剩下在虚变形上所做的虚功。如图 9-20（b）所示，微段的虚变形包括左、右两端截面由于虚位移 $v^*(x)$ 而引起的虚相对转角

$d\theta^*(x)$ 和虚相对错动 $d\lambda^*(x)$（图中未画出），则 $dx$ 微段梁左、右横截面由于载荷而引起的弯矩 $M(x)$ 和剪力 $F_Q(x)$ 在虚相对转角 $d\theta^*(x)$ 和虚相对错动 $d\lambda^*(x)$ 上完成的虚功为

$$dW_i = M(x)d\theta^*(x) + F_Q(x)d\lambda^*(x)$$

若忽略剪切变形的影响，则上式变为

$$dW_i = M(x)d\theta^*(x)$$

作用在梁上所有微段的内力所做的总虚功称为内力虚功，即

$$W_i = \int_0^l M(x)d\theta^*(x) \tag{b}$$

比较式（a）与式（b），最后有

$$W_e = W_i \tag{9-23}$$

式（9-23）称之谓**虚功原理**。此式表明，在外力作用下处于平衡的梁，给它一个符合约束条件的任一虚位移，则外力在虚位移上完成的外力虚功等于梁内所有微段上内力在虚变形上完成的虚变形功或称内力虚功。

上述虚功原理同样也适用于杆系结构。还应指出，在虚功原理的推导中并未用到结构材料的物理关系，即应力应变之间的关系，因此虚功原理对于载荷与变形之间成线性关系的线性结构以及载荷与变形之间成非线性关系的非线性结构均适用。

现在我们应用虚功原理来说明单位力法的物理实质。欲求图 9-10（a）所示梁上 $C$ 点的挠度，在图 9-10（b）梁的 $C$ 点加一单位力 $\overline{F}=1$，单位力及其引起的反力构成一平衡力系，此力系可简称为单位力系。然后以图 9-10（a）由真实载荷引起的变形作为单位力系的虚位移。图 9-10（b）中的支反力在虚位移上不作功（因为在 $A$、$B$ 点的真实挠度为零），故外力虚功即是单位力完成的功

$$W_e = \overline{F} \cdot \Delta = 1 \cdot \Delta$$

梁的每一微段 $dx$ 由于载荷引起的相对转角 $d\theta$，对于由单位力引起的弯矩 $\overline{M}(x)$ 而言是虚转角，故内力虚变形功是

$$W_i = \int \overline{M}(x)d\theta$$

由虚功原理 $W_e = W_i$，可得

$$1 \cdot \Delta = \int \overline{M}(x)d\theta$$

在线弹性情况下 $d\theta = M(x)dx/EI$，则上式变成

$$1 \cdot \Delta = \int \frac{M(x)\overline{M}(x)}{EI}dx$$

此即弹性范围内单位力法求变形的莫尔积分［式（9-14）］。

## 思 考 讨 论 题

9-1 应变能为什么不能叠加？但在哪些特殊情况下可以叠加？

9-2 何谓能量法、功能原理？

9-3　弹性应变能只决定于载荷的最终值，而与加载顺序无关，这样说法对吗？为什么？

9-4　何谓应变能与应变余能？它们有何关系？

9-5　单位力法是如何导出的？

9-6　应用图乘法求位移时，应注意哪些问题？

9-7　卡氏定理是根据什么原理推导的？说明它的适用范围。

9-8　何谓功的互等定理？何谓位移互等定理？它们能用于非线性问题吗？为什么？

9-9　虚功原理适用于非线性结构吗？为什么？

## 习　　题

9-1　已知图 9-21 所示梁的 $EI$ 为常数。求储存于梁的弹性应变能，并利用功能原理求 $C$ 截面挠度。

9-2　试用单位力法求图 9-22 所示梁 $B$ 截面挠度与 $C$ 截面转角，梁的 $EI$ 为常数。

9-3　试用单位力法求图 9-23 所示梁 $C$ 截面挠度与 $B$ 截面转角，梁的 $EI$ 为常数。

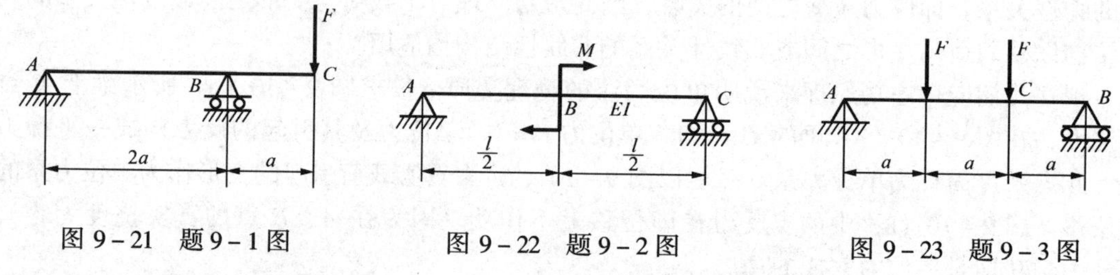


图 9-21　题 9-1 图　　图 9-22　题 9-2 图　　图 9-23　题 9-3 图

9-4　试用单位力法求图 9-24 所示梁 $C$ 截面挠度与转角，梁的 $EI$ 为常数。

9-5　对照题 9-4 图，试用图乘法求梁 $C$ 截面挠度与转角。

9-6　试用单位力法求图 9-25 所示梁 $C$ 截面挠度与转角，梁的 $EI$ 为常数。

9-7　对照题 9-6 图，试用图乘法求梁 $C$ 截面挠度与转角。

9-8　试用图乘法求图 9-26 所示梁 $C$ 点截面挠度与 $B$ 截面转角，梁的 $EI$ 为常数。

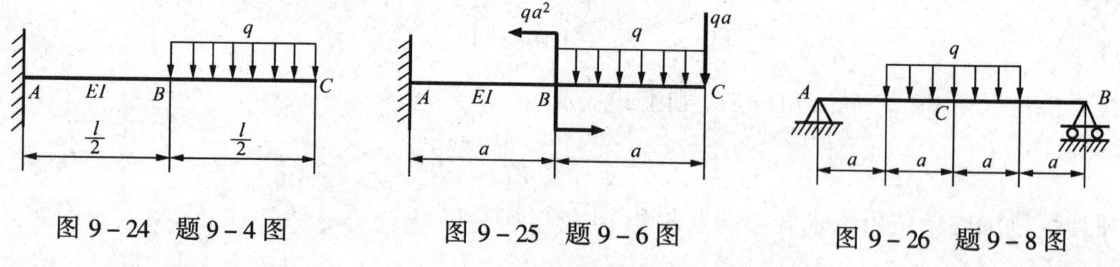


图 9-24　题 9-4 图　　图 9-25　题 9-6 图　　图 9-26　题 9-8 图

9-9　试用单位力法求图 9-27 所示梁 $B$ 截面挠度，梁的 $EI$ 为常数。

9-10　对照题 9-9 图，试用图乘法求梁 $B$ 截面挠度.

9-11　试求图 9-28 所示梁 $C$ 截面挠度，梁的 $EI$ 为常数。

9-12　试求图 9-29 所示梁 $C$ 截面挠度与转角，梁的 $EI$ 为常数。

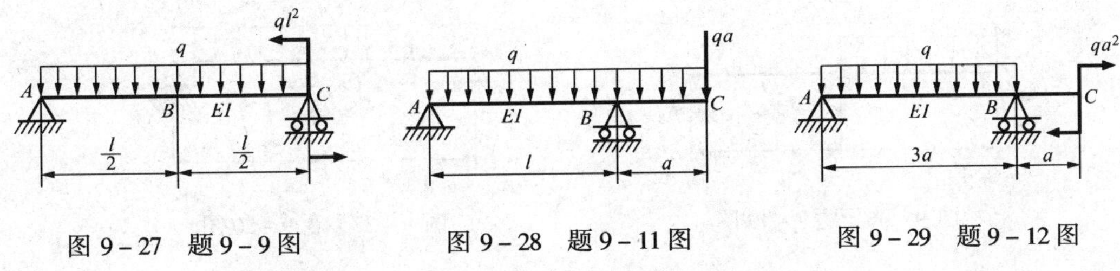


图 9-27 题 9-9 图　　图 9-28 题 9-11 图　　图 9-29 题 9-12 图

9-13 试求图 9-30 所示梁 $C$ 截面挠度，梁的 $EI$ 为常数。

9-14 试求图 9-31 所示梁 $B$ 截面挠度，梁的 $EI$ 为常数。

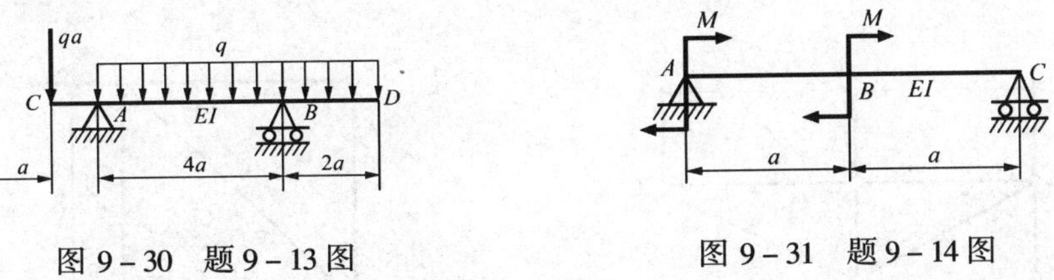


图 9-30 题 9-13 图　　图 9-31 题 9-14 图

9-15 试求图 9-32 所示变截面梁的 $B$ 截面转角，梁的 $EI_1$ 和 $EI_2$ 为常数。

9-16 试求图 9-33 所示变截面梁的 $C$ 截面挠度与转角，梁的 $EI_1$、$EI_2$ 和 $EI_3$ 为常数。

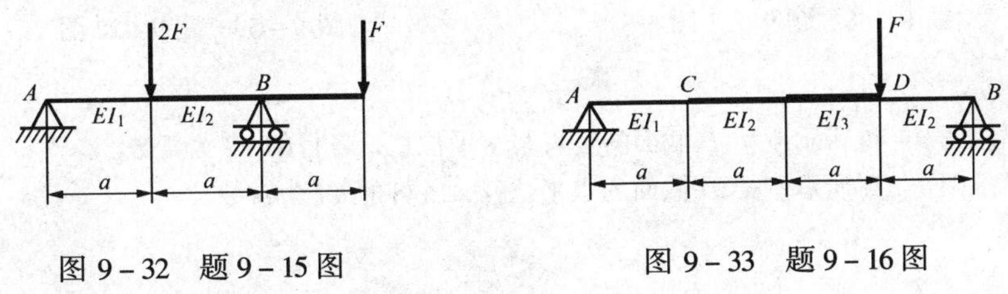


图 9-32 题 9-15 图　　图 9-33 题 9-16 图

9-17 试求图 9-34 所示梁 $x$ 截面挠度，梁的 $EI$ 为常数。

9-18 试求图 9-35 所示梁 $B$ 截面挠度与转角，梁的 $EI$ 为常数。

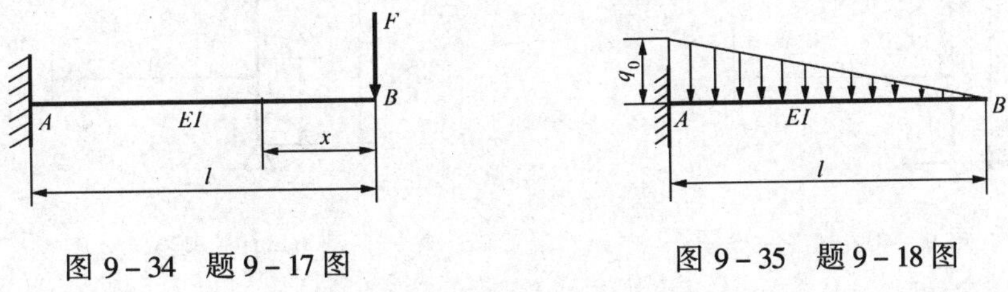


图 9-34 题 9-17 图　　图 9-35 题 9-18 图

9-19 试求图 9-36 所示梁中间铰 $B$ 点左右两截面的相对转角，梁的 $EI$ 为常数。

9-20 图 9-37 所示 $AB$ 梁，$EI$ 为常数，在梁的中点有一低于正常位置 $\delta$ 的支座 $C$，当梁上的载荷 $q$ 足够大时，梁将压于该支座上。试用单位力法求 $C$ 支座的反力。

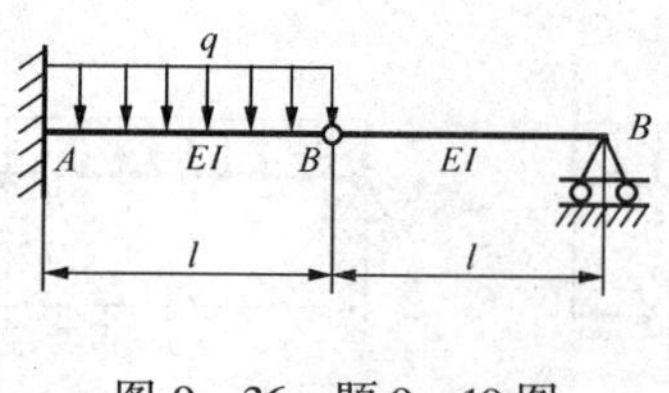


图 9-36　题 9-19 图

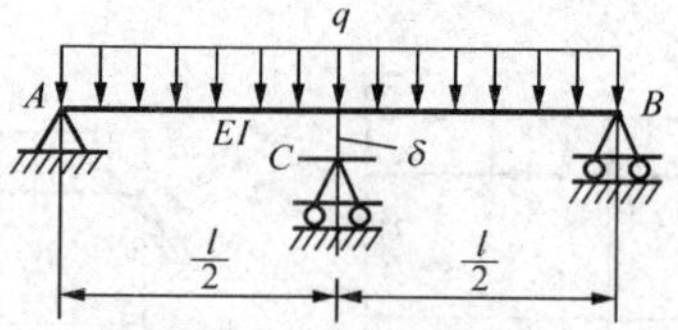

图 9-37　题 9-20 图

9-21　如图 9-38 所示，设桁架中各杆的 $EA$ 都相同，试求节点 $A$ 的水平位移。

9-22　如图 9-39 所示，设桁架中各杆的 $EA$ 都相同，试求节点 $C$ 的水平位移位移。

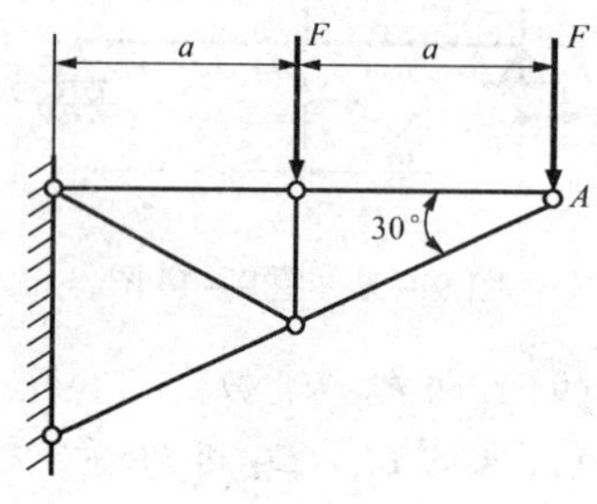


图 9-38　题 9-21 图

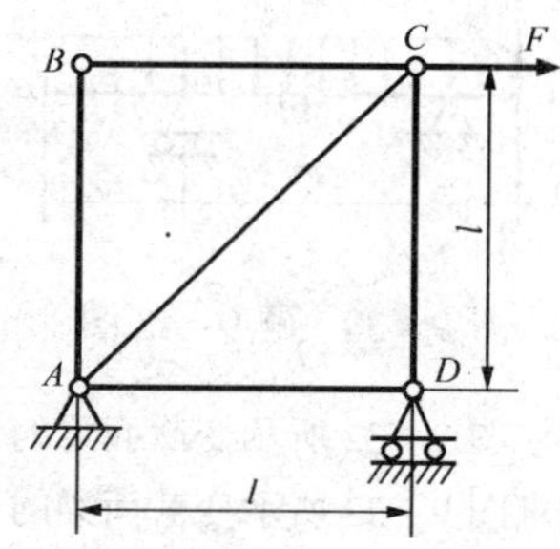


图 9-39　题 9-22 图

9-23　试求图 9-40 所示刚架 $C$ 截面的竖直与水平位移，各杆的 $EI$ 为常数。

9-24　试求图 9-41 所示刚架 $D$ 截面的水平位移，各杆的 $EI$ 为常数。

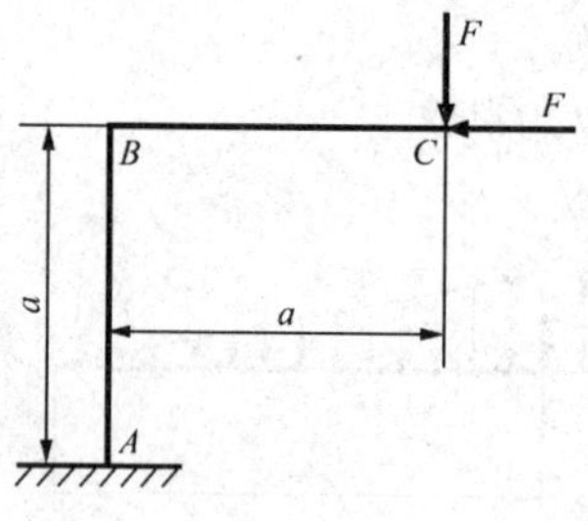


图 9-40　题 9-23 图

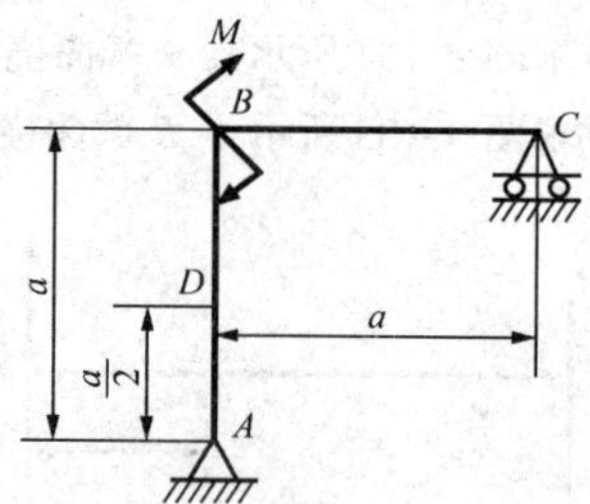


图 9-41　题 9-24 图

9-25　试求图 9-42 所示刚架 $C$ 截面的竖直和水平位移，两杆的 $EI$ 为常数。

9-26　试求图 9-43 所示刚架 $B$ 截面的水平位移，两杆的 $EI$ 为常数。

9-27　试求图 9-44 所示刚架 $C$ 截面的转角，两杆的 $EI$ 为常数。

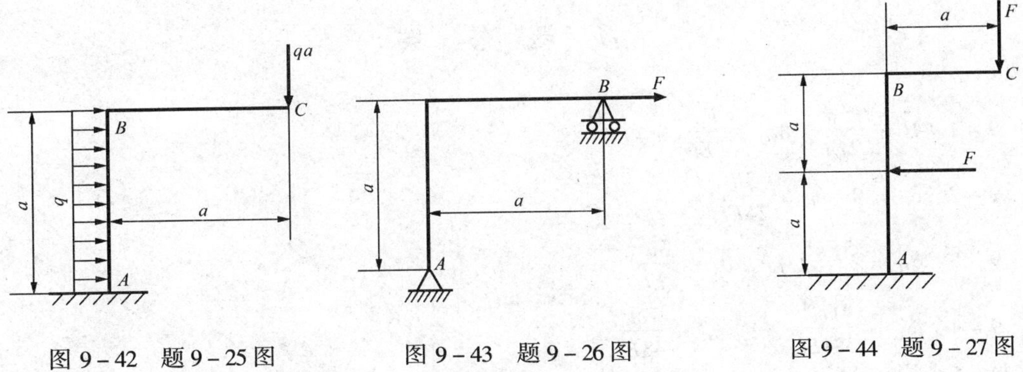


图 9 - 42 题 9 - 25 图

图 9 - 43 题 9 - 26 图

图 9 - 44 题 9 - 27 图

9 - 28 试求图 9 - 45 所示刚架 $D$ 截面的水平位移，各杆的 $EI$ 为常数。

9 - 29 试求图 9 - 46 所示刚架 $C$ 截面的竖直位移与转角，各杆的 $EI$ 为常数。

9 - 30 试求图 9 - 47 所示刚架 $C$ 截面的竖直位移，各杆的 $EI$ 为常数。

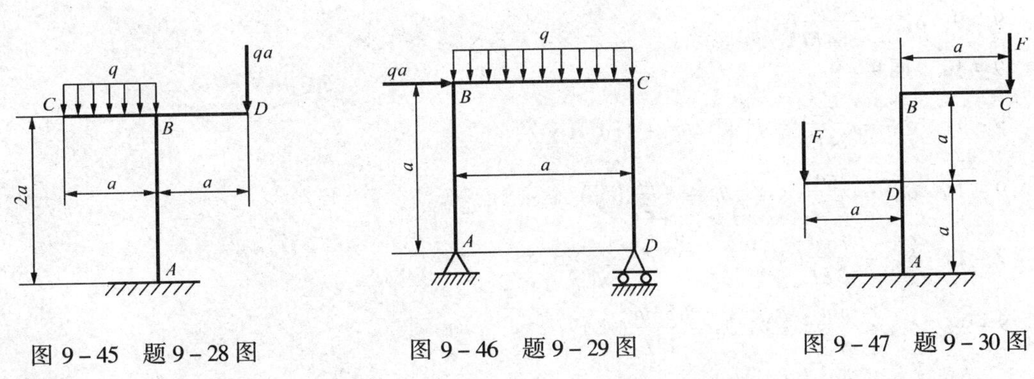


图 9 - 45 题 9 - 28 图

图 9 - 46 题 9 - 29 图

图 9 - 47 题 9 - 30 图

9 - 31 试求图 9 - 48 所示刚架 $D$ 截面的水平位移，各杆的 $EI$ 为常数。

9 - 32 图 9 - 49 所示为水平面内安置的一圆截面折杆，$A$ 端受竖直向下的集中力 $F$ 作用，各杆的转折处均为直角，折杆的抗弯刚度 $EI$ 和抗扭刚度 $GI_p$ 为常数，求 $A$ 截面的竖直位移。

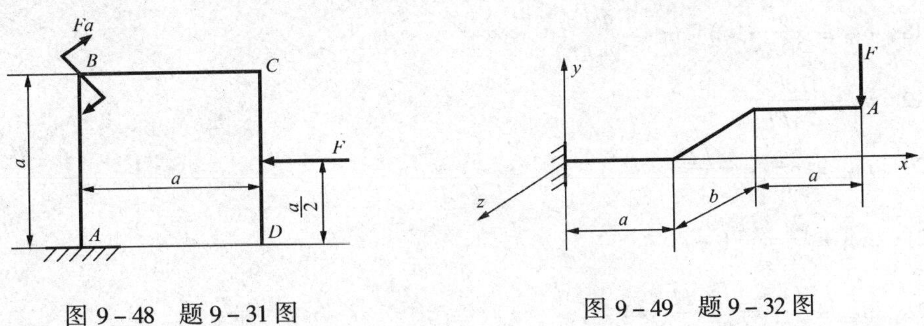


图 9 - 48 题 9 - 31 图

图 9 - 49 题 9 - 32 图

# 习题答案

9－1 $U=\dfrac{F^2a^3}{2EI}$ $\delta_{VC}=\dfrac{Fa^3}{EI}(\downarrow)$

9－2 $\delta_B=0$ $\theta_C=\dfrac{Ml}{24EI}$

9－3 $\delta_{VC}=\dfrac{5Fa^3}{6EI}(\downarrow)$ $\theta_A=\dfrac{Fa^2}{EI}$

9－4 $\delta_{VC}=\dfrac{41ql^4}{384EI}(\downarrow)$ $\theta_C=\dfrac{7ql^3}{48EI}$

9－5 同9－4

9－6 $\delta_{VC}=\dfrac{23ql^4}{8EI}(\downarrow)$ $\theta_C=\dfrac{13qa^3}{6EI}$

9－7 同9－6

9－8 $\delta_{VC}=\dfrac{19qa^4}{8EI}(\downarrow)$ $\theta_B=\dfrac{11qa^3}{8EI}(\uparrow)$

9－9 $\delta_{VB}=\dfrac{29ql^4}{384EI}(\downarrow)$

9－10 同9－9

9－11 $\delta_{VC}=\dfrac{qa}{24EI}(-l^3+12la^2+11a^3)(\downarrow)$

9－12 $\delta_{VC}=\dfrac{5qa^4}{6EI}(\downarrow)$ $\theta_C=\dfrac{4qa^3}{3EI}(\downarrow)$

9－13 $\delta_{VC}=\dfrac{7qa^4}{3EI}(\downarrow)$

9－14 $\delta_{VB}=\dfrac{Ma^2}{4EI}(\downarrow)$ $\theta_C=\dfrac{5Ma}{12EI}(\uparrow)$

9－15 $\theta_B=\dfrac{Fa^2}{12EI}\left(1-\dfrac{3I_1}{I_2}\right)$

9－16 $\theta_C=\dfrac{Fa^2}{48E}\left(\dfrac{1}{I_1}-\dfrac{14}{I_2}-\dfrac{11}{I_3}\right)$ $\delta_{VC}=\dfrac{Fa^3}{48E}\left(\dfrac{3}{I_1}+\dfrac{14}{I_2}+\dfrac{11}{I_3}\right)$

9－17 $\delta_V(x)=\dfrac{F}{6EI}(1-x)^2(x+2l)$

9－18 $\delta_{VB}=\dfrac{q_0l^4}{30EI}(\downarrow)$ $\theta_B=\dfrac{q_0l^3}{24EI}(\downarrow)$

9－19 $\theta_B=\dfrac{7ql^3}{24EI}$

9－20 $F_{RC}=\dfrac{5ql}{8}-\dfrac{48EI\delta}{l^3}$

9－21 $\Delta_{HA}=\dfrac{2\sqrt{3}Fa}{EA}(\rightarrow)$

9－22 $\Delta_{HC}=\dfrac{(1+2\sqrt{2})Fl}{EA}(\rightarrow)$

9 - 23 $\delta_{HC}=\dfrac{Fa^3}{6EI}(\rightarrow)$ $\delta_{VC}=\dfrac{5Fa^3}{6EI}(\downarrow)$

9 - 24 $\delta_{HD}=\dfrac{Ma^2}{6EI}(\rightarrow)$

9 - 25 $\delta_{VC}=\dfrac{5qa^4}{3EI}(\downarrow)$ $\delta_{HC}=\dfrac{5qa^4}{8EI}(\rightarrow)$

9 - 26 $\delta_{HB}=\dfrac{2Fa^3}{3EI}(\rightarrow)$

9 - 27 $\theta_C=\dfrac{2Fa^2}{EI}$

9 - 28 $\delta_{HD}=\dfrac{qa^4}{EI}(\rightarrow)$

9 - 29 $\delta_{VC}=0$ $\theta_C=\dfrac{5qa^3}{24EI}$

9 - 30 $\delta_{VC}=\dfrac{7Fa^3}{3EI}(\downarrow)$

9 - 31 $\delta_{HD}=\dfrac{19Fa^3}{16EI}(\leftarrow)$

9 - 32 $\delta_{VA}=\dfrac{F}{3EI}(8a^3+b^3)+\dfrac{Fab}{GI_p}(a+b)(\downarrow)$

# 第十章　超 静 定 结 构

## §10－1　力法的基本概念

前面讨论了简单的拉、压超静定问题，对于什么是超静定问题以及超静定问题的特点有了基本的了解。我们知道，如果一个结构的约束（包括外部约束和内部约束）数目超出静力学平衡方程个数时，则该结构称为超静定结构，超出的数目称为该结构的超静定次数。从静力平衡的角度来看，超静定结构具有多余约束，多余约束的数目也就是超静定次数。

解超静定问题的方法有多种，比如，力法、位移法、混合法等。本章主要讲述力法。现在以图 10－1（a）所示的一次超静定梁来说明力法的基本概念。

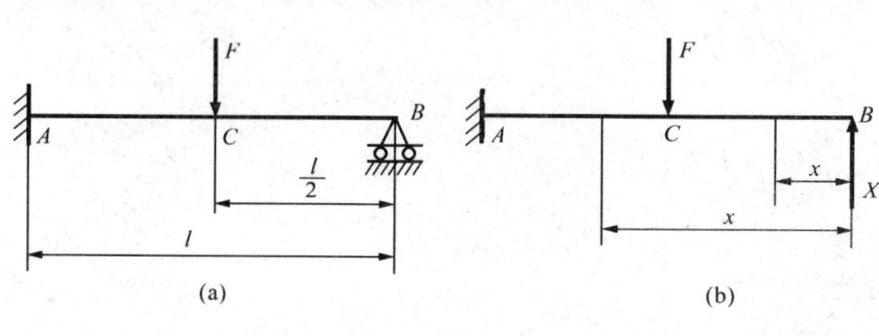


图 10－1

我们把 $B$ 支座作为多余约束，将它去掉必然得到一个静定结构，称它为静定基或静定基本结构。在这里我们以悬臂梁 $AB$ 作为静定基，在静定基上作用着给定的载荷 $F$ 和代替支座 $B$ 的多余约束反力 $X_1$，如图 10－1（b）所示。根据 $B$ 点挠度为零可写出变形谐调条件

$$\delta_{1X_1} + \delta_{1F} = 0$$

这里 $\delta_{1X_1}$表示由于作用在静定基上的 $X_1$ 作用点 $B$ 沿 $X_1$ 方向的位移，$\delta_{1F}$表示在静定基上作用载荷 $F$（这里下标 $F$ 泛指载荷）时 $X_1$ 的作用点沿 $X_1$ 方向的位移。现引入影响系数 $\delta_{11}$，即沿 $X_1$ 方向的单位力在其作用点引起的沿 $X_1$ 方向的位移，那么由于 $X_1$ 力作用，$B$ 点沿 $X_1$ 方向的位移显然是 $\delta_{11}$的 $X_1$ 倍，即 $\delta_{1X_1} = \delta_{11}X_1$，代入上式得

$$\delta_{11}X_1 + \delta_{1F} = 0 \tag{10－1}$$

由上式即可解出多余反力 $X_1$。在利用上式时首先计算 $\delta_{11}$和 $\delta_{1F}$，可利用莫尔积分法或图乘法。按图 10－1（b）先分析 $BC$ 段，取距 $B$ 为 $x$ 的任一截面，载荷 $F$ 引起的弯矩 $M_1(x) = 0$，而在 $B$ 点的单位力 $X_1 = 1$ 引起的弯矩 $\overline{M}_1(x) = x$；再分析 $CA$ 段，仍以 $B$ 点为基准，取距 $B$ 点为 $x$ 的任一截面，载荷 $F$ 引起的弯矩 $M_2(x) = -F\left(x - \frac{l}{2}\right)$，$B$ 点的单位力 $X_1 = 1$ 引起的弯矩 $\overline{M}_2(x) = x$；于是

$$\delta_{11} = \frac{1}{EI}\left(\int_0^{\frac{l}{2}} x^2 \mathrm{d}x + \int_{\frac{l}{2}}^{l} x^2 \mathrm{d}x\right) = \frac{l^3}{3EI}$$

$$\delta_{1F} = -\frac{F}{EI}\int_{\frac{l}{2}}^{l}\left(x - \frac{l}{2}\right)x\mathrm{d}x = -\frac{5Fl^3}{48EI}$$

代入式（10－1）解得

$$X_1 = \frac{5}{16}F$$

$X_1$ 求出后，在静定基上根据 $F$ 和 $X_1=5F/16$ 可求 $A$ 支座反力，也可画出它的弯矩图，这些工作都在静定基上进行，这里就不详细介绍了。式（10－1）虽然是就图 10－1 的一次超静定梁写出的，但是它可以看成是任何一次超静定结构求多余约束反力的通式。因为它所表达的含意即是多余约束反力 $X_1$ 处的位移为零这一变形条件。如果 $X_1$ 是一个多余约束反力偶，则式（10－1）表示该反力偶作用截面的角位移为零。因此，式（10－1）称为一次超静定系统的正则方程。

**例 10－1**　如图 10－2（a）所示刚架，组成刚架中两杆的抗弯刚度均为 $EI$，试解此刚架。

**解**　此刚架是一个一次超静定刚架。我们去掉 $B$ 支座多余约束，以未知反力 $X_1$ 代替，这样得到静定基如图 10－2（b）所示，其上有 $F$ 和 $X_1$ 作用。

按图 10－2（b）分别画载荷 $F$ 和 $X_1=1$ 时的弯矩图，如图 10－2（c）和 10－2（d）所示。由图乘法可求出 $\delta_{11}$和 $\delta_{1F}$为

$$\delta_{11} = \frac{1}{EI}\left(\frac{l^2}{2}\times\frac{2l}{3} + l^3\right) = \frac{4l^3}{3EI}$$

$$\delta_{1F} = -\frac{1}{EI}\left(\frac{1}{2}\times Fl^2\times l\right) = -\frac{Fl^3}{2EI}$$

代入式（10－1）解出

$$X_1 = \frac{3F}{8}$$

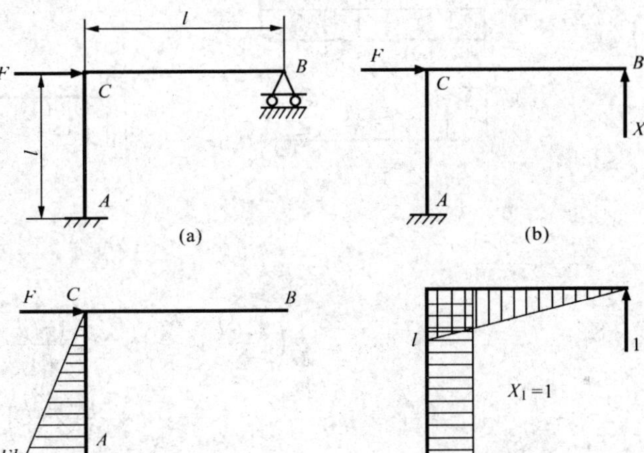


图 10－2

超静定结构的多余约束反力求出后，如需要画出它的弯矩图，就以静定基在载荷 $F$ 和解出的 $X_1$ 作用下来进行。

**例 10－2**　如图 10－3（a）所示结构，悬臂梁 $AB$ 和 $DC$ 的自由端用 $BC$ 杆铰链连起，$DC$ 梁上承受均布载荷。假设两悬臂梁的抗弯刚度均为 $EI$，$BC$ 杆的抗拉刚度为 $EA$，试解此超静定结构。

**解**　如果不存在 $BC$ 杆，则此结构是静定的，故知此结构为一次超静定。今在 $B$ 点将 $BC$ 杆和 $AB$ 梁拆开得到静定基，如图 10－3（b）。在静定基上，$DC$ 梁上作用有均布载荷 $q$，在拆开处作用着两个未知的 $X_1$ 力，此 $X_1$ 力即 $BC$ 杆承受的轴力。针对图 10－3（b）仍可采用方程式（10－1）来求 $X_1$ 力。由于这时在 $B$ 处施加的是一对 $X_1$ 力，故式（10－1）表示的是图 10－3（b）中两个 $X_1$ 力作用截面的相对轴向位移为零这一条件。此处我们利用图形互乘法来求 $\delta_{11}$和 $\delta_{1F}$。为此首先画出载荷 $q$ 和单位力 $X_1=1$ 引起的弯矩图，分别如图 10－3（c）和（d）所示。注意在图10－3（c)中 $BC$ 杆轴力为零，而在图10－3（d)中 $BC$ 杆轴力是＋1，故在计算 $\delta_{11}$时除弯矩图的图形自乘外，尚应计入轴力图自乘结果，

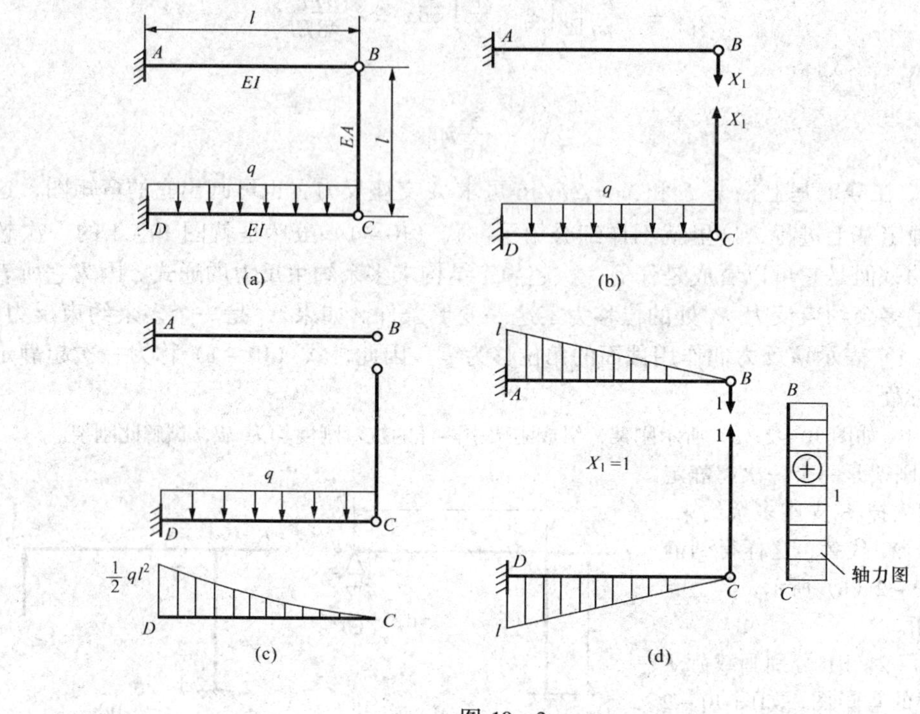


图 10-3

故

$$\delta_{11} = \frac{1}{EI}\left(\frac{l \times l}{2} \times \frac{2l}{3}\right) \times 2 + \frac{1 \times l}{EA} = \frac{2l^3}{3EI} + \frac{l}{EA}$$

$$\delta_{1F} = -\frac{1}{EI}\left(\frac{ql^2}{2} \times l \times \frac{1}{3} \times \frac{3l}{4}\right) = -\frac{ql^4}{8EI}$$

将 $\delta_{11}$和 $\delta_{1F}$代入式（10-1）求出

$$X_1 = \frac{ql^3}{8\left(\frac{2l^2}{3} + \frac{I}{A}\right)}$$

在上式中如果 $I/A$ 比$2l^2/3$小很多则可以略去，这时 $X_1 = 3ql/16$，此值相当于把 $BC$ 杆看成刚性杆时的轴力。

## §10-2 多次超静定系统的正则方程

当结构的超静定次数为二次以上时，按上述方法得到的变形协调方程就成为以多余未知力为独立变量且具有标准形式的线性代数方程组。现以图 10-4（a）所示的平面刚架为例，其固定端 $A$ 有三个未知反力，$B$ 支座有两个未知反力，该结构共有五个未知反力，而平衡方程只有三个，所以是一个二次超静定系统。我们以 $B$ 端的约束（包括水平约束和竖直约束）作为多余约束，将它们去掉得到静定基。以多余反力 $X_1$、$X_2$ 作用于 $B$ 端以代替去掉的多余约束，如图10－4（b)所示。静定基在 $F$、$X_1$ 和 $X_2$ 共同作用下，如果 $B$ 端水平位移、竖直位移均为零，则图 10－4（b）即与原超静定刚架完全等价。

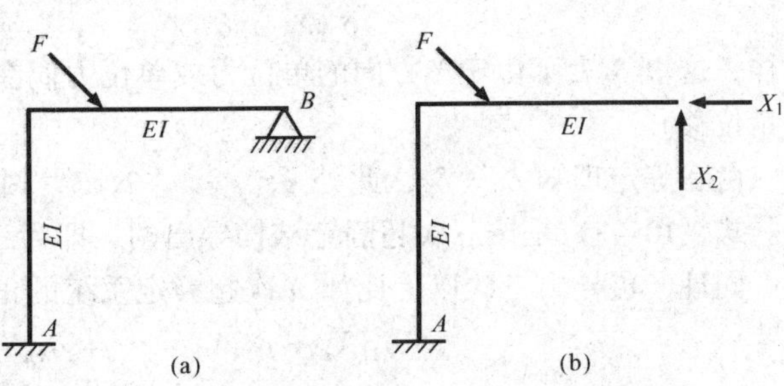

图 10－4

先分析 $B$ 端水平位移为零这一条件。在静定基上，当 $F$、$X_1$ 和 $X_2$ 单独作用时，在 $B$ 点引起的水平位移分别记为 $\delta_{1F}$、$\delta_{1X1}$ 和 $\delta_{1X2}$（这里字母 1 表示 $B$ 点的水平方向)，则 $B$ 点的水平位移为零的条件如下：

$$\delta_{1X1}+\delta_{1X2}+\delta_{1F}=0$$

同理可写出 $B$ 端竖直位移为零的条件：

$$\delta_{2X1}+\delta_{2X2}+\delta_{2F}=0$$

引入影响系数 $\delta_{1X1}=\delta_{11}X_1$，$\delta_{1X2}=\delta_{12}X_2$，$\delta_{2X1}=\delta_{21}X_1$，$\delta_{2X2}=\delta_{22}X_2$，

代入上式得：

$$\left.\begin{aligned}\delta_{11}X_1+\delta_{12}X_2+\delta_{1F}=0\\ \delta_{21}X_1+\delta_{22}X_2+\delta_{2F}=0\end{aligned}\right\}\qquad(10-2)$$

这里 $\delta_{ij}$表示由于 $X_j$ 方向的单位力在 $X_i$ 作用处沿 $X_i$ 方向引起的位移。

由互等定理知 $\delta_{21}=\delta_{12}$，因此式（10－2）中独立的影响系数只有三个。式（10－2）是按二次超静定结构导出的，即为二次超静定系统的正则方程。

再以图 10－5（a）所示的刚架为例，我们以 $B$ 端的约束（包括水平约束、竖直约束和转动约束）作为多余约束，将它们去掉得到静定基。以多余反力 $X_1$、$X_2$ 和 $X_3$（$X_3$ 为一反力偶）作用于 $B$ 端以代替去掉的多余约束，如图 10－5（b）所示。静定基在 $F$、$X_1$、$X_2$ 和 $X_3$ 共同作用下，如果 $B$ 端水平位移、竖直位移和角位移均为零，则图 10－5（b）即与原超静定刚架完全等价。

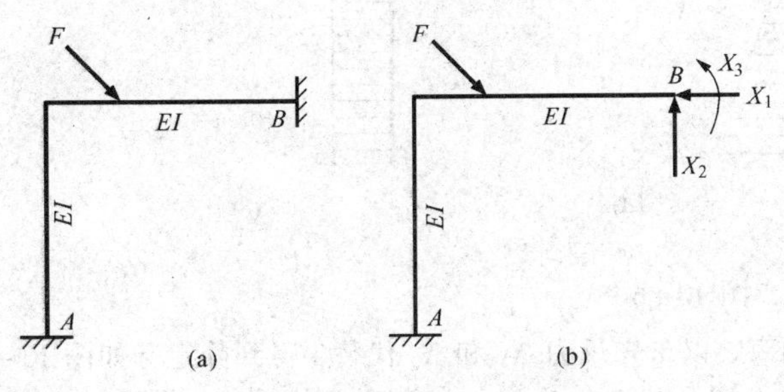

图 10－5

先分析 $B$ 端水平位移为零这一条件。在静定基上，当 $F$、$X_1$、$X_2$ 和 $X_3$ 单独作用时，在 $B$ 点引起的水平位移分别记为$\delta_{1F}$、$\delta_{1X1}$、$\delta_{1X2}$和 $\delta_{1X3}$（这里字母 1 表示 $B$ 点的水平方向)，则 $B$ 点的水平位移为零的条件如下：

$$\delta_{1X1}+\delta_{1X2}+\delta_{1X3}+\delta_{1F}=0$$

同理可写出 $B$ 端竖直位移和角位移为零的条件：

$$\delta_{2X1}+\delta_{2X2}+\delta_{2X3}+\delta_{2F}=0$$

$$\delta_{3X1}+\delta_{3X2}+\delta_{3X3}+\delta_{3F}=0$$

引入影响系数 $\delta_{1X1}=\delta_{11}X_1$，$\delta_{1X2}=\delta_{12}X_2$，$\delta_{1X3}=\delta_{13}X_3$，$\delta_{2X1}=\delta_{21}X_1$，$\delta_{2X2}=\delta_{22}X_2$，$\delta_{2X3}=\delta_{23}X_3$，$\delta_{3X1}=\delta_{31}X_1$，$\delta_{3X2}=\delta_{32}X_2$，$\delta_{3X3}=\delta_{33}X_3$

代入上式得：

$$\left.\begin{aligned}\delta_{11}X_1+\delta_{12}X_2+\delta_{13}X_3+\delta_{1F}=0\\ \delta_{21}X_1+\delta_{22}X_2+\delta_{23}X_3+\delta_{2F}=0\\ \delta_{31}X_1+\delta_{32}X_2+\delta_{33}X_3+\delta_{3F}=0\end{aligned}\right\}\qquad(10-3)$$

同样，这里 $\delta_{ij}$ 表示由于 $X_j$ 方向的单位力或单位力偶在 $X_i$ 作用处沿 $X_i$ 方向引起的位移（线位移或角位移）。

由互等定理知 $\delta_{ij}=\delta_{ji}$，此处 $i$，$j=1$，2，3，因此式（10－3）中独立的影响系数有六个。式（10－3）是按三次超静定结构导出的，即为三次超静定系统的正则方程

同理，可导出三次以上比如 $n$ 次超静定系统的正则方程如下：

$$\left.\begin{aligned}\delta_{11}X_1+\delta_{12}X_2+\cdots+\delta_{1n}X_n+\delta_{1F}=0\\ \delta_{21}X_1+\delta_{22}X_2+\cdots+\delta_{2n}X_n+\delta_{2F}=0\\ \vdots\qquad\qquad\\ \delta_{n1}X_1+\delta_{n2}X_2+\cdots+\delta_{nn}X_n+\delta_{nF}=0\end{aligned}\right\}\qquad(10-4)$$

**例 10－3** 试解图 10－6（a）所示的超静定刚架，两杆的 $EI$ 都相同且为常数。

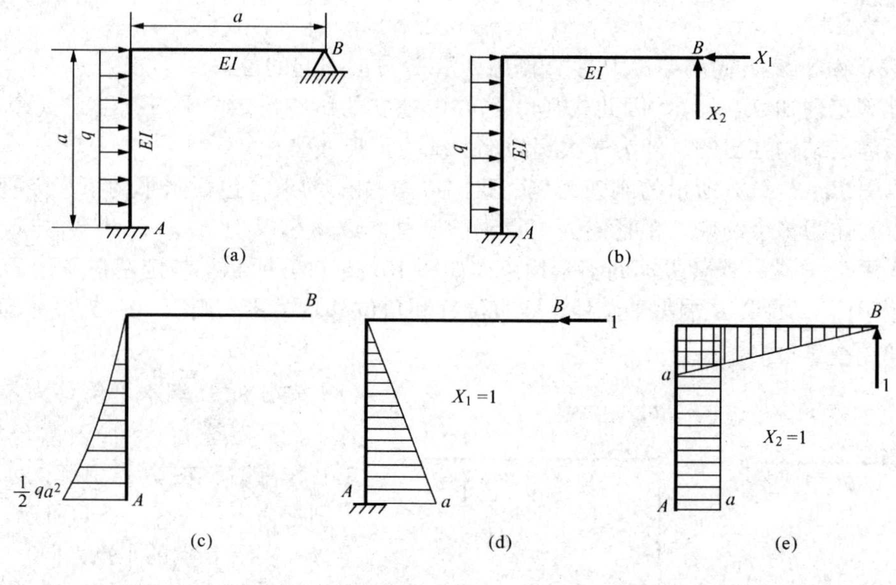


图 10－6

**解** 此刚架为二次超静定，解除 $B$ 端约束，以未知反力 $X_1$ 和 $X_2$ 代替，得到静定基如图 10－6（b）所示。在静定基图上分别画已知载荷 $q$ 作用下和 $X_1=1$、$X_2=1$ 时的弯矩图，如图 10－6（c）、（d）、（e）所示。计算各系数：

$$\delta_{11}=\frac{1}{EI}\cdot\frac{1}{2}a^2\cdot\frac{2}{3}a=\frac{a^3}{3EI},\ \delta_{12}=\delta_{21}=\frac{1}{EI}\cdot\frac{1}{2}a^2\cdot a=\frac{a^3}{2EI},$$

$$\delta_{22}=\frac{1}{EI}\left(a^3+\frac{1}{2}a^2\cdot\frac{2}{3}a\right)=\frac{4a^3}{3EI},\ \delta_{1F}=-\frac{1}{EI}\cdot\frac{1}{3}\cdot\frac{1}{2}qa^2\cdot a\cdot\frac{3}{4}a=-\frac{qa^4}{8EI},$$

$$\delta_{2F}=-\frac{1}{EI}\cdot\frac{1}{3}\cdot\frac{1}{2}qa^2\cdot a\cdot a=-\frac{qa^4}{6EI};$$

将上面各系数代入正则方程式（10－2）中，得方程组如下：

$$\left.\begin{aligned}\frac{a^3}{3EI}X_1+\frac{a^3}{2EI}X_2-\frac{qa^4}{8EI}=0\\\frac{a^3}{2EI}X_1+\frac{4a^3}{3EI}X_2-\frac{qa^4}{6EI}=0\end{aligned}\right\}\tag{a}$$

解方程组（a）得

$X_1=\frac{3}{7}qa(\leftarrow)$

$X_2=-\frac{1}{28}qa(\downarrow)$（负号表示 $X_2$ 的方向与假设的相反）。

**例 10－4**　试解图 10－7（a）所示的超静定刚架，三杆的 $EI$ 都相同且为常数。

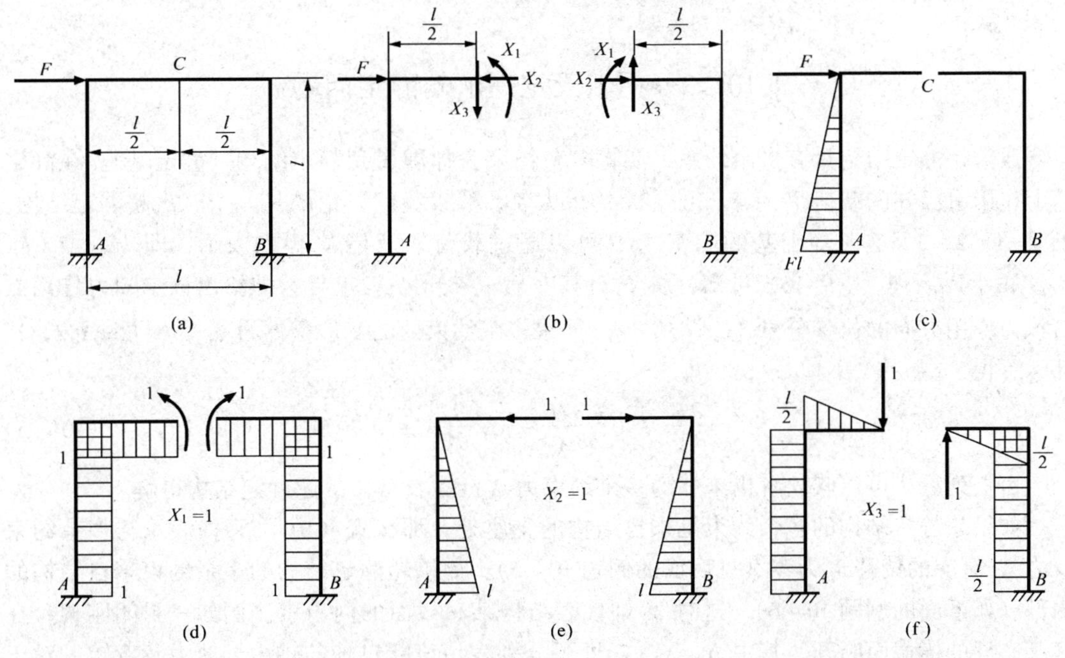


图 10－7

**解**　此刚架为三次超静定，为了简化计算，利用结构的对称性从对称面 $C$ 切开，在 $C$ 的左右切面上以未知内力 $X_1$、$X_2$、$X_3$ 表示，见图 10－7（b），即为原结构的静定基。由于 $C$ 截面的连续性，在三对内力 $X_1$、$X_2$、$X_3$ 的作用下，$C$ 截面的左右部分的相对水平、竖直和转动方向的位移均应为零，所以可以利用式（10－3）求解。

在图 10－7（b）上分别画出在 $F$ 作用下和 $X_1=1$、$X_2=1$、$X_3=1$ 时的弯矩图，如图 10－7（c）、(d)、(e)、(f) 所示。

计算各系数得

$$\delta_{11}=\frac{3l}{EI},\ \delta_{22}=\frac{2l^3}{3EI},\ \delta_{33}=\frac{7l^3}{12EI},\ \delta_{12}=\delta_{21}=\frac{l^2}{EI},\ \delta_{13}=\delta_{31}=0,\ \delta_{23}=\delta_{32}=0$$

$\delta_{1F} = -\dfrac{Fl^2}{2EI}$，$\delta_{2F} = -\dfrac{Fl^3}{3EI}$，$\delta_{3F} = \dfrac{Fl^3}{4EI}$；

将上面各系数代入三次超静定系统的正则方程式（10－3）中得

$$\left.\begin{aligned} \frac{3l}{EI}X_1 + \frac{l^2}{EI}X_2 - \frac{Fl^2}{2EI} = 0 \\ \frac{l^2}{EI}X_1 + \frac{2l^3}{3EI}X_2 - \frac{Fl^3}{3EI} = 0 \\ \frac{7l^3}{12EI}X_3 + \frac{Fl^3}{4EI} = 0 \end{aligned}\right\} \tag{a}$$

解方程组（a）得

$X_1 = 0$，$X_2 = \dfrac{F}{2}$，$X_3 = -\dfrac{3F}{7}$（负号表示 $X_3$ 与假设方向相反）。

## §10－3 用卡氏定理解超静定问题

通常超静定结构具有多余约束，如将多余约束去掉即得到静定结构（静定基）。在静定基上作用有已知的载荷 $F$ 及未知的多余约束力 $X_i$，假设我们讨论的是一个三次超静定结构，则 $i=1$，2，3。这时静定基的应变能 $U$ 可以通过载荷 $F$ 及诸 $X_i$ 力来表示，即 $U = U(F, X_i)$。由卡氏定理（§9－6）可知，将 $U$ 对其中某一未知力 $X_i$ 求导数即给出该未知力作用点沿该力作用方向的位移分量 $\delta_i = \partial U/\partial X_i$。如果多余约束处的变形条件为 $\delta_i = 0(i = 1,2,3)$，那么可得

$$\frac{\partial U}{\partial X_1} = 0,\ \frac{\partial U}{\partial X_2} = 0,\ \frac{\partial U}{\partial X_3} = 0 \tag{10－5}$$

由上列三式可以联立解出未知的多余约束力 $X_1$、$X_2$ 及 $X_3$，故超静定结构得解。

如果超静定结构的多余约束是来自结构的支座处，那么式（10－5）即表示与多余约束反力 $X_i$ 对应的位移 $\delta_i$ 为零（见后面的例题 10－5）。如果超静定结构的多余约束来自结构的内部（如下面的例题 10－6），这时 $X_i$ 即代表结构某一截面的内力素。例如一封闭刚架，在其某一杆的横截面断开，其中 $X_1$、$X_2$、$X_3$ 即可分别表示该断口处的轴力，剪力及弯矩。对于这一情况，式（10－5）所表示的是断开截面的两侧断口的相对顺轴位移、相对横向错动位移及相对转角为零。

式（10－5）表明超静定结构的多余约束力必须使应变能 $U$ 取最大值或最小值。因为 $X_1$、$X_2$、$X_3$ 既作为静定基的外力看待，则显然应变能将随 $X_1$、$X_2$、$X_3$ 等数值同时增加，故 $\partial U/\partial X_i = 0$ 不可能使应变能 $U$ 为最大，故有下述结论：超静定结构在外载荷作用下，其多余约束力的取值应使应变能为最小。此结论习惯上称之为最小功原理。由于此原理来源于卡氏定理，故最小功原理只能用于线弹性结构，或即只适用于虎克定律及叠加原理均须成立的那些情况。

**例 10－5** 用卡氏定理求解图 10－8 所示超静定梁。

**解** 此梁为一次超静定梁，去掉 $B$ 支座约束以未知力 $X_1$ 代替，梁的应变能为

$$U = \int_0^l \frac{1}{2EI}\left(X_1 x - \frac{qx^2}{2}\right)^2 \mathrm{d}x$$

代入（10-5）式得

$$\frac{\partial U}{\partial X_1} = \frac{1}{EI}\int_0^l \left(X_1 x - \frac{qx^2}{2}\right) \cdot x\mathrm{d}x = \frac{1}{EI}\left(\frac{1}{3}X_1 l^3 - \frac{ql^4}{8}\right) = 0$$

解之得

$$X_1 = -\frac{3}{8}ql$$

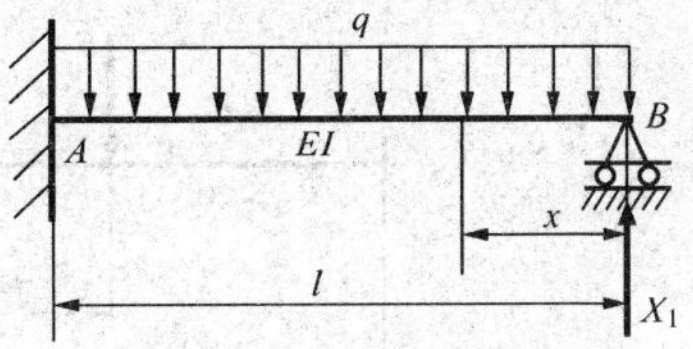

图 10-8

正号表示 $X_1$ 的方向与假设的方向相同。

**例 10-6**　图 10-9（a）所示为一封闭式刚架，各杆的 $EI$ 都相同，试用卡氏定理求解此超静定刚架。

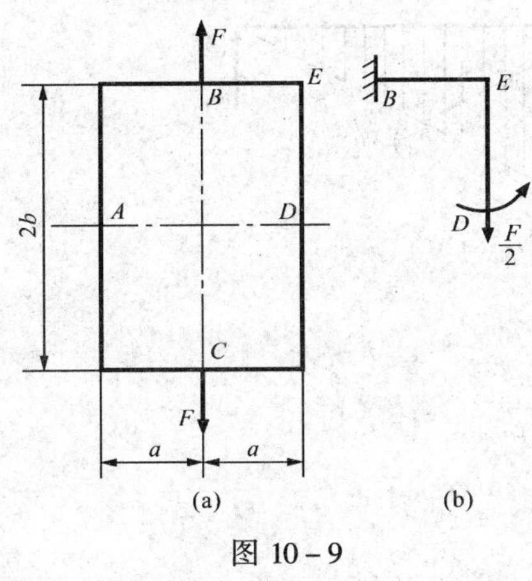


图 10-9

**解**　由于此刚架对于 $AD$ 轴和 $BC$ 轴是对称的，所以可以取结构的四分之一 $BED$ 部分进行分析，如图 10-9（b）所示。由对称性可知，在 $D$ 截面的断开处只作用有轴力（$F/2$）和未知弯矩 $X_1$，而剪力为零。这时整个刚架的应变能为 $BED$ 部分的四倍，即

$$U = 4\left[\frac{1}{2EI}\int_0^b X_1^2 \mathrm{d}x + \frac{1}{2EI}\int_0^a \left(X_1 - \frac{Fx}{2}\right)^2 \mathrm{d}x\right]$$

由式（10-5）

$$\frac{\partial U}{\partial X_1} = 4\left[\frac{1}{EI}\int_0^b X_1 \mathrm{d}x + \frac{1}{EI}\int_0^a \left(X_1 - \frac{Fx}{2}\right)\mathrm{d}x\right] = 0$$

解方程得

$$X_1 = \frac{Fa^2}{4(a+b)}$$

## §10-4　支座沉陷问题

对于静定结构，例如静定梁，支座发生沉陷（一般沉陷值为很小的量）对于静定梁并无任何影响。但支座沉陷对于超静定结构是有影响的，将在结构中引起附加内力。下面通过简例说明如何考虑超静定结构的支座沉陷问题。

**例 10-7**　图 10-10（a）所示是一端固定一端简支的梁，其抗弯刚度为 $EI$，试求支座 $B$ 下沉 $\Delta$ 时 $B$ 支座反力，并求 $C$ 点挠度。

**解**　此梁是一次超静定梁，假设 $B$ 支座的多余约束反力为 $X_1$，方向向上，所以取静定基如图 10-10（b）所示。

静定基上 $B$ 点由于多余反力 $X_1$ 及载荷 $F$ 在 $B$ 点产生的挠度是 $\delta_{11}X_1 + \delta_{1F}$。因为 $X_1 = 1$（$B$ 点处的单位力）方向向上，而 $B$ 点沉陷 $\Delta$ 是向下的，与设的单位力方向相反，故可写出变形条件为

$$\delta_{11}X_1 + \delta_{1F} = -\Delta \qquad (10-6)$$

利用图 10-10（c）、（d）可求出

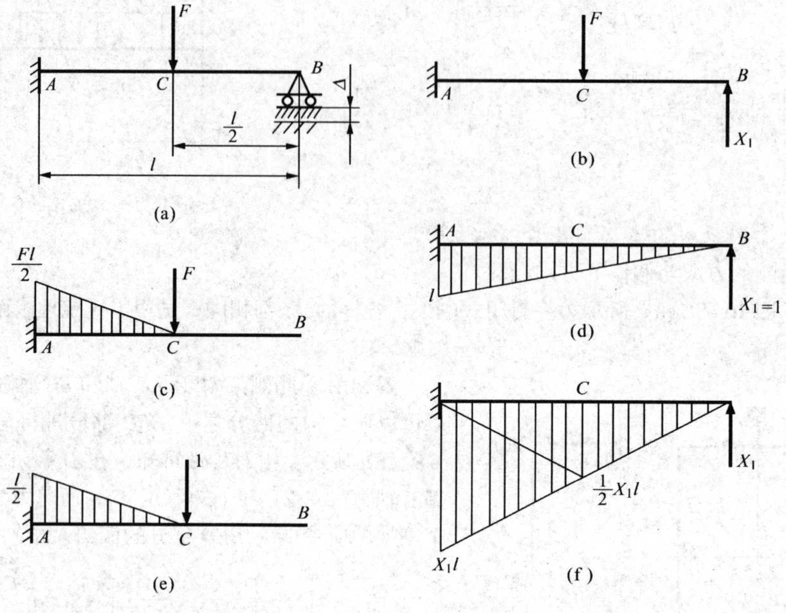


图 10-10

$$\delta_{11}=\frac{l^3}{3EI},\ \delta_{1F}=-\frac{5Fl^3}{48EI}$$

代入式（10-6）解出

$$X_1=\frac{5}{16}F-\frac{3EI\Delta}{l^3} \tag{a}$$

既然将 $B$ 支座反力 $X_1$ 求出，故可将原超静定梁看成承受 $F$ 力及 $X_1$ 力的静定梁。分别画出此静定梁由于 $F$、$X_1$ 力及 $C$ 点单位力作用时的弯矩图，如图 10-10（c）、（f）、（e）所示。利用图形互乘得到

$$\Delta_{VC}=\frac{1}{EI}\left[-\frac{X_1 l}{2}\times\frac{l}{2}\times\frac{1}{2}\times\left(\frac{1}{3}\times\frac{l}{2}\right)+\left(\frac{Fl}{2}-X_1 l\right)\frac{l}{2}\times\frac{1}{2}\times\left(\frac{2}{3}\times\frac{l}{2}\right)\right]$$

以（a）式代入上式得出

$$\Delta_{VC}=\frac{7Fl^3}{768EI}+\frac{5\Delta}{16} \tag{b}$$

在（a）、（b）两式中如取 $\Delta=0$，即得到无沉陷时的解答。

## 思 考 讨 论 题

10-1　何谓超静定结构？超静定结构中的多余约束起什么作用？可否去掉？若取掉会带来什么影响？

10-2　高次超静定刚架中有许多杆件为零力杆，若通过计算已确定出哪些为零力杆，这时可以去掉这些零力杆吗？或可以减小它们的截面尺寸吗？为什么？

10-3　超静定结构中各杆的内力仅与外力有关吗？为什么？而静定结构呢？

10-4　超静定结构中各杆的内力分配与截面形状及尺寸有关吗？为什么？

10-5　何谓力法？何谓正则方程？正则方程中各符号的意义是什么？

10-6　什么是超静定结构的静定基？如何取静定基？

10-7　一次超静定结构的静定基是唯一的吗？

10-8　在用图乘法计算影响系数时，取静定基有技巧吗？为什么？

10-9　在用力法解支座有沉陷时的超静定结构时，应注意哪些问题？为什么？

## 习　题

10-1　试用力法解图 10-11 所示超静定梁，并画弯矩图，已知梁的 *EI* 为常数。

10-2　试用力法解图 10-12 所示超静定梁，已知梁的 *EI* 为常数。

10-3　试用力法解图 10-13 所示超静定梁，已知梁的 *EI* 为常数。

10-4　试用力法解图 10-14 所示超静定梁，并画弯矩图，已知梁的 *EI* 为常数。

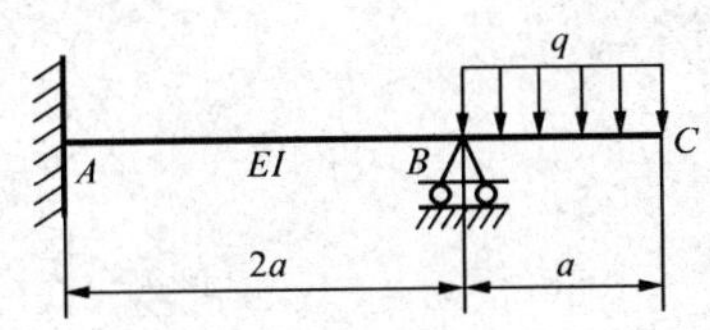


图 10-11　题 10-1 图

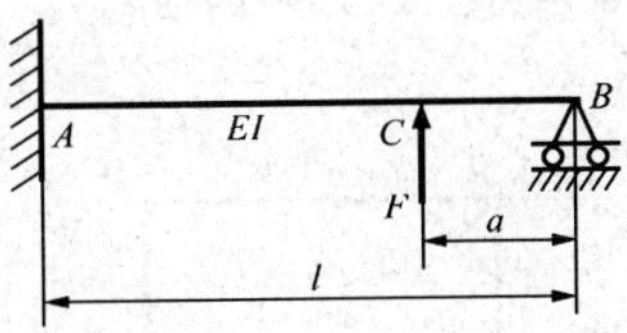


图 10-12　题 10-2 图

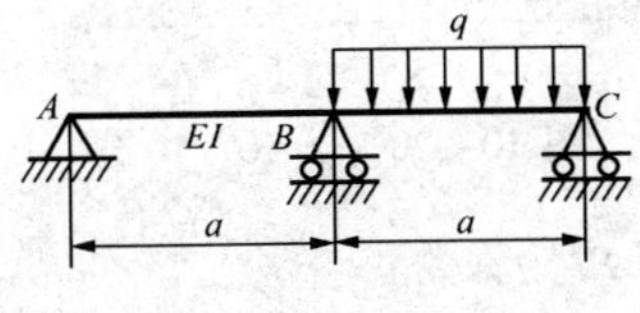


图 10-13　题 10-3 图

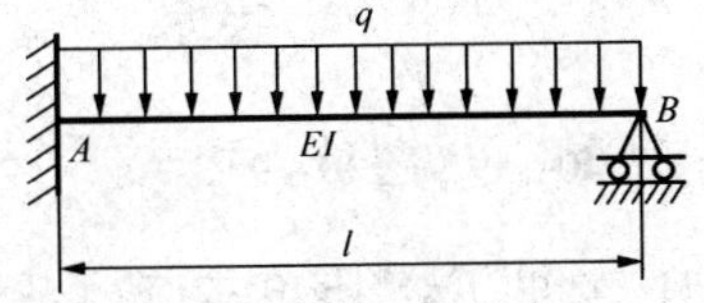


图 10-14　题 10-4 图

10-5　求图 10-15 所示超静定梁 *C* 处支座反力，已知梁的 *EI* 为常数。

10-6　试用力法解图 10-16 所示超静定梁，已知梁的 *EI* 为常数。

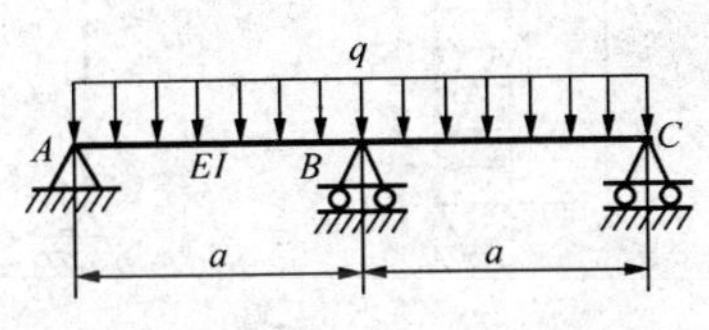


图 10-15　题 10-5 图

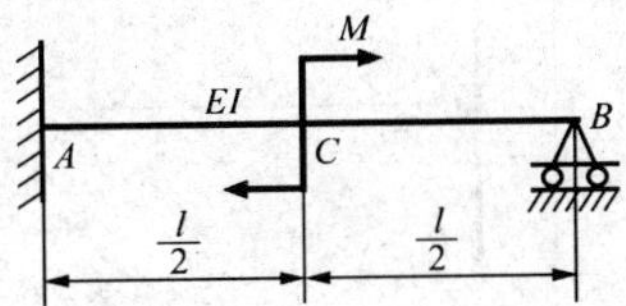


图 10-16　题 10-6 图

10-7　试用力法解图 10-17 所示超静定刚架，并求 *D* 点的竖直位移，已知各杆的 *EI* 为常数。

10-8　图 10-18 所示结构，悬臂梁 *AB* 的自由端与杆 *BC* 用铰链相连，已知 *AB* 梁的抗弯刚度 *EI*

和 $BC$ 杆的抗拉刚度 $EA$ 为常数，试解此超静定结构。

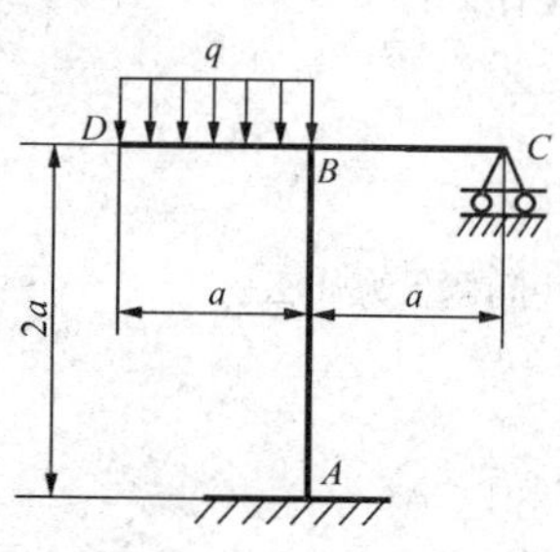


图 10-17　题 10-7 图

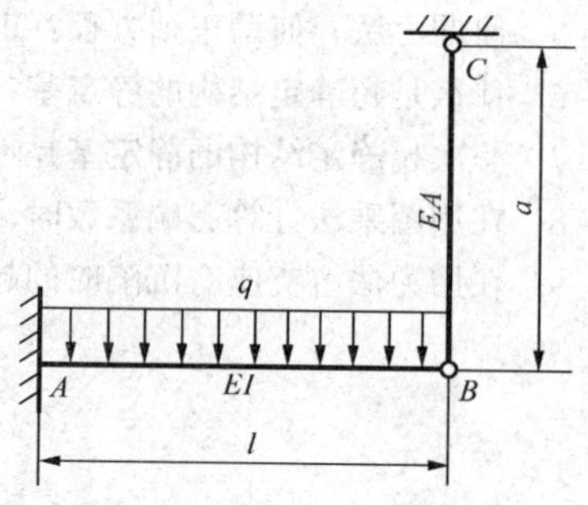


图 10-18　题 10-8 图

10-9　试用力法解图 10-19 所示超静定刚架，并求全部支座反力，已知各杆的 $EI$ 为常数。

10-10　图 10-20 所示悬臂梁 $AB$ 用斜杆 $DC$ 拉住，设 $AB$ 梁的抗弯刚度 $EI$ 和 $DC$ 杆的抗拉刚度 $EA$ 为常数，试用力法求 $DC$ 杆的轴力。

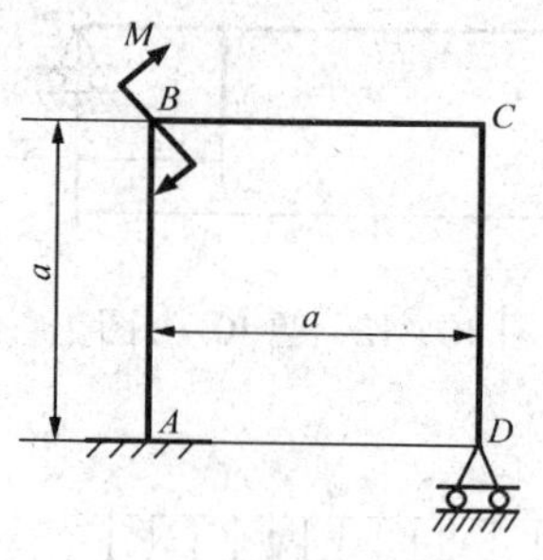


图 10-19　题 10-9 图

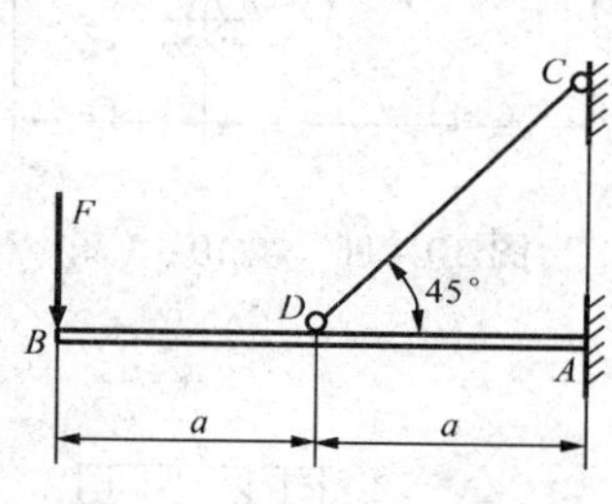


图 10-20　题 10-10 图

10-11　试用力法解图 10-21 所示超静定刚架，已知各杆的 $EI$ 为常数。

10-12　试用力法解图 10-22 所示超静定刚架，并画弯矩图，已知各杆的 $EI$ 为常数。

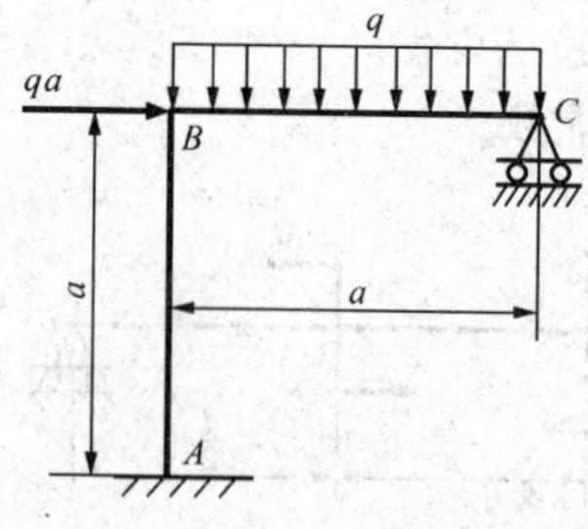


图 10-21　题 10-11 图

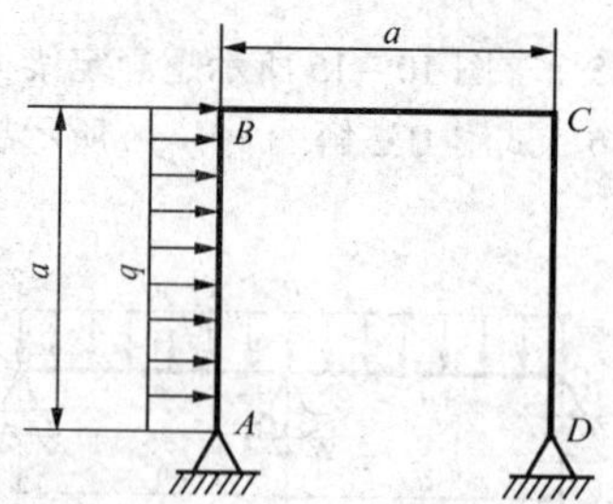


图 10-22　题 10-12 图

10-13　图 10-23 所示结构，悬臂梁 $AB$ 和 $CD$ 的自由端与 $BC$ 杆用铰链相连，已知 $AB$ 与 $CD$ 梁的抗弯刚度 $EI$ 及 $BC$ 杆的抗拉刚度 $EA$ 为常数，试求 $BC$ 杆的轴力。

10－14 试用力法解图 10－24 所示超静定刚架，已知各杆的 *EI* 为常数。

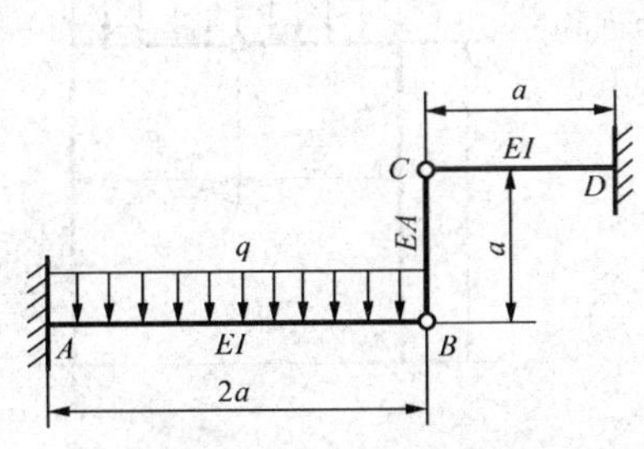

图 10－23 题 10－13 图

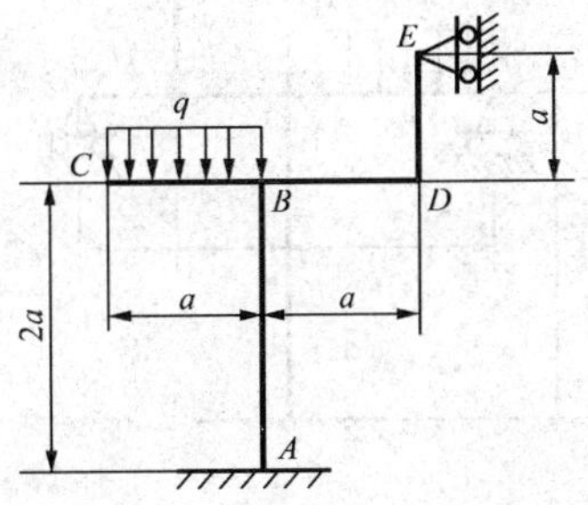

图 10－24 题 10－14 图

10－15 试用力法解图 10－25 所示超静定刚架，已知各杆的 *EI* 为常数。

10－16 试用力法解图 10－26 所示超静定刚架，并求 *D* 点水平位移，设各杆的 *EI* 为常数。

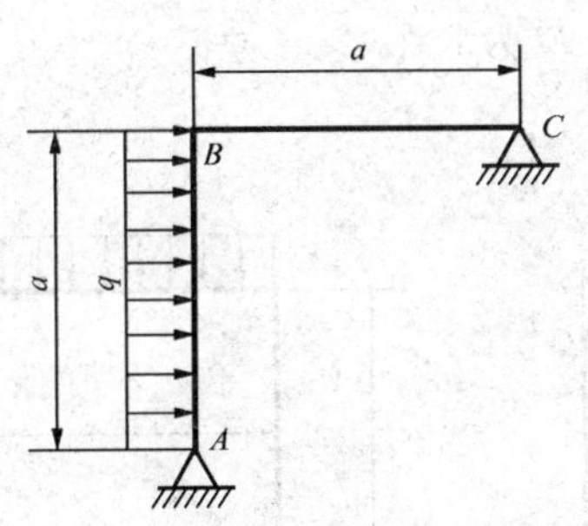

图 10－25 题 10－15 图

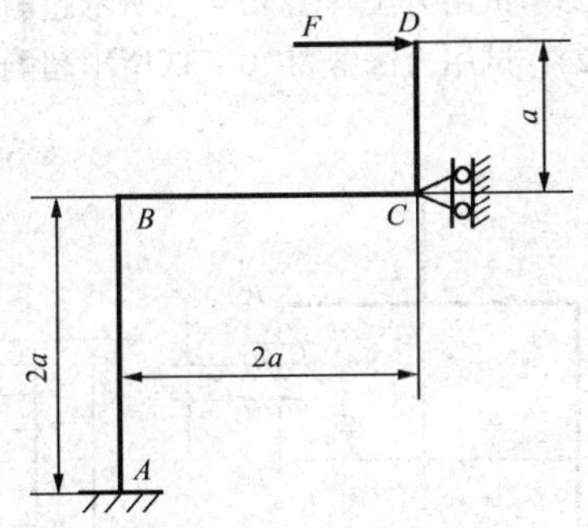

图 10－26 题 10－16 图

10－17 试用力法解图 10－27 所示超静定刚架，设各杆的 *EI* 为常数。

10－18 试用力法解图 10－28 所示超静定刚架，已知各杆的 *EI* 为常数。

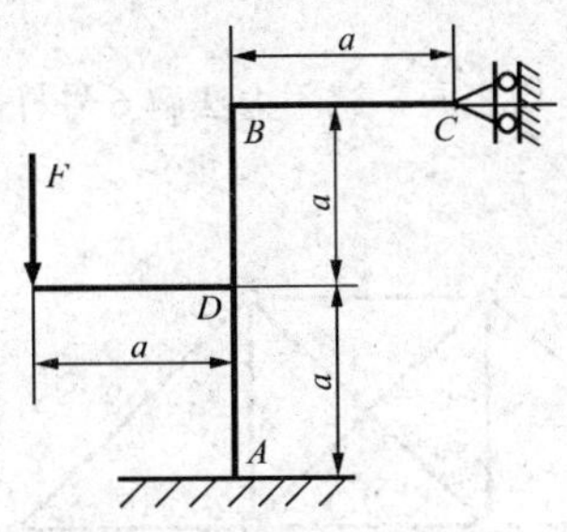

图 10－27 题 10－17 图

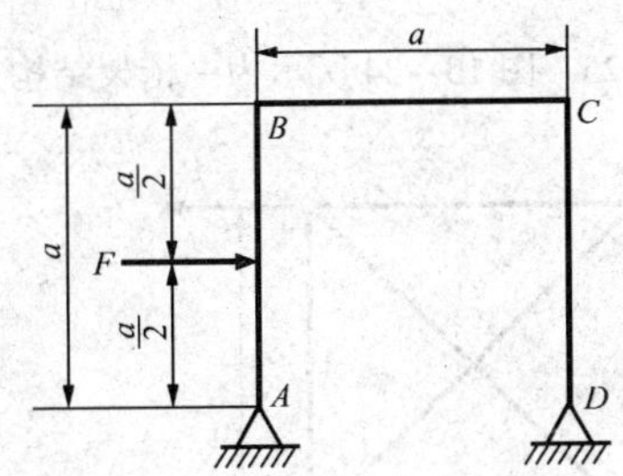

图 10－28 题 10－18 图

10－19 试用力法解图 10－29 所示超静定刚架，设各杆的 *EI* 为常数。

10－20 图 10－30 所示超静定结构，*C* 处为一中间铰链，设各杆的 *EI* 为常数，试解此超静定结构。

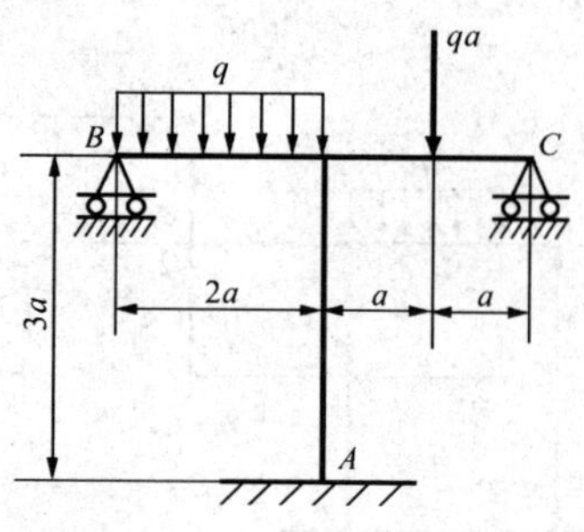


图 10-29 题 10-19 图

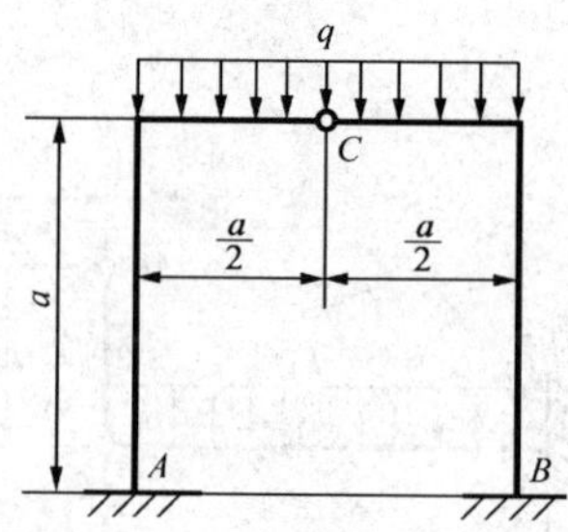


图 10-30 题 10-20 图

10-21 图 10-31 所示超静定刚架，两杆的 $EI$ 为常数，此刚架受 $F$ 力后 $B$ 支座有一下沉量 $\Delta$，试解此刚架。

10-22 用力法解习题图 9-20 所示梁的 $C$ 处支座反力。

10-23 试用力法解图 10-32 所示超静定梁，已知梁的 $EI$ 为常数。

10-24 试用力法解图 10-33 所示超静定刚架，设各杆的 $EI$ 为常数。

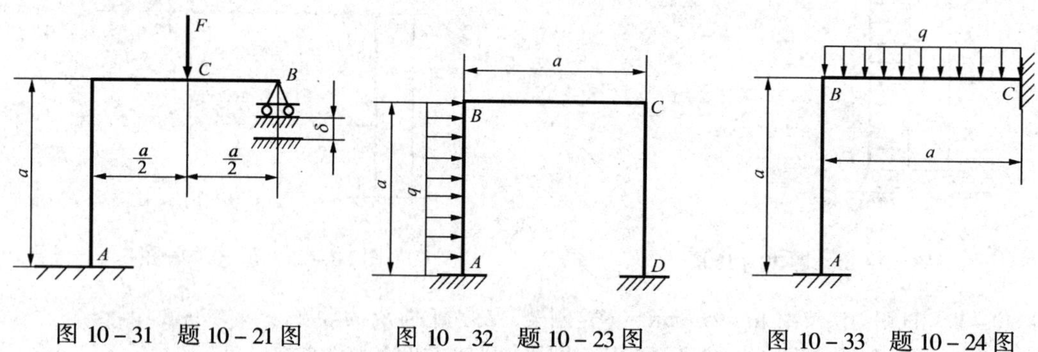


图 10-31 题 10-21 图　　图 10-32 题 10-23 图　　图 10-33 题 10-24 图

10-25 图 10-34 所示为一桁架结构，各杆的抗拉压刚度 $EA$ 均相同，试用力法解 6 号杆的轴力。

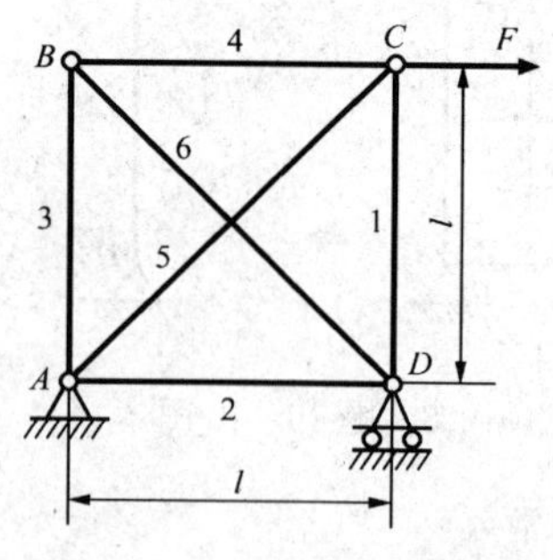


图 10-34 题 10-25 图

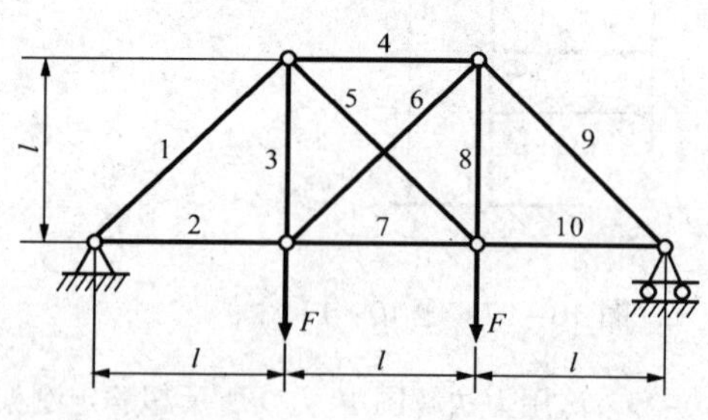


图 10-35 题 10-26 图

10－26　图 10－35 所示为一超静定桁架，各杆的抗拉压刚度 $EA$ 均相同，试以第 5 杆的轴力作为多余约束，解此桁架。

10－27　图 10－36 所示为一桁架结构，各杆的抗拉压刚度 $EA$ 均相同，试用力法解此超静定桁架。

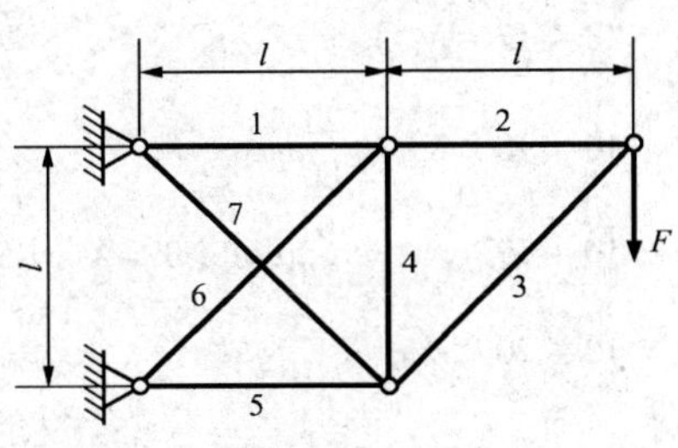

图 10－36　题 10－27 图

10－28　试用卡氏定理解 10－1 题。

10－29　试用卡氏定理解 10－5 题。

10－30　试用卡氏定理解 10－6 题。

10－31　试用卡氏定理解 10－21 题。

10－32　试用卡氏定理解 10－27 题。

## 习　题　答　案

10－1　$X_1 = \frac{3}{4}qa(\uparrow)$

10－2　$X_1 = \frac{F}{2l^3}(l-a)^2(2l+a)(\downarrow)$

10－3　$X_1 = \frac{7}{16}qa(\uparrow)$

10－4　$X_1 = \frac{3}{8}qa(\uparrow)$

10－5　$X_1 = \frac{3}{8}qa(\uparrow)$

10－6　$X_1 = \frac{9M}{8l}(\uparrow)$

10－7　$X_1 = \frac{3}{7}qa(\downarrow)$　$\delta_{VD} = \frac{15qa^4}{56EI}(\downarrow)$

10－8　$X_1 = \frac{3ql^4}{8l^3 + 24aI/A}$

10－9　$X_1 = \frac{3M}{4a}(\uparrow)$　$M_A = \frac{1}{4}M(\uparrow)$　$F_{Ay} = \frac{3M}{4a}(\downarrow)$

10－10　$X_1 = \frac{5\sqrt{2}Fa^2}{2a^2 + 12I/A}$

10－11　$X_1 = \frac{27}{32}qa(\uparrow)$

10－12　$X_1 = \frac{11}{40}qa(\leftarrow)$

10－13　$X_1 = \frac{qa^3}{3a^2 + I/A}$

10－14　$X_1 = \frac{qa}{5}(\rightarrow)$

10－15　$X_1 = \frac{9}{16}qa(\leftarrow)$

10－16　$X_1 = \frac{7}{4}F(\leftarrow)$　$\Delta_{HD} = \frac{17Fa^3}{6EI}(\rightarrow)$

10 - 17 $X_1 = \frac{9}{16}F(\rightarrow)$

10 - 18 $X_1 = \frac{23}{80}qa(\leftarrow)$

10 - 19 $X_1 = \frac{91}{320}qa(\uparrow)$ $X_2 = \frac{249}{320}qa(\uparrow)$

10 - 20 $F_{Ax} = \frac{3}{16}qa(\rightarrow)$ $F_{Bx} = \frac{3}{16}qa(\leftarrow)$ $F_{Ay} = F_{By} = \frac{1}{2}qa(\uparrow)$

$M_A = \frac{1}{16}qa^2(\downarrow)$ $M_B = \frac{1}{16}qa^2(\uparrow)$

10 - 21 $X_1 = \frac{29}{64}F - \frac{3EI\delta}{4a^2}$

10 - 22 $X_1 = \frac{5ql}{8} - \frac{48EI\delta}{l^3}$

10 - 23 $X_1 = \frac{19}{24}qa(\leftarrow)$ $X_2 = \frac{1}{7}qa(\downarrow)$ $X_3 = \frac{59}{252}qa^2(\uparrow)$

10 - 24 $X_1 = \frac{1}{16}qa(\rightarrow)$ $X_2 = \frac{7}{16}qa(\uparrow)$ $X_3 = \frac{1}{48}qa^2(\downarrow)$

10 - 25 $X_1 = \frac{4 + 3\sqrt{2}}{4 + 4\sqrt{2}}F$

10 - 26 $X_1 = \frac{\sqrt{2}F}{2 + 2\sqrt{2}}$

10 - 27 $X_1 = \frac{1 + 2\sqrt{2}}{3 + 4\sqrt{2}}F$

10 - 28 同 10 - 1 题

10 - 29 同 10 - 5 题

10 - 30 同 10 - 6 题

10 - 31 同 10 - 21 题

10 - 32 同 10 - 27 题

# 第十一章　压　杆　稳　定

## §11－1　稳定性概念

在绪论中曾经指出，当作用在细长杆上的轴向压力达到或超过一定限度时，杆件可能突然侧弯，即产生失稳现象。杆件失稳往往产生很大的变形甚至导致系统破坏。因此，对于轴向受压杆件，除应考虑其强度与刚度问题外，还应考虑其稳定性问题。

首先结合图 11－1（a）所示力学模型，介绍有关平衡稳定性的一些基本概念。

图示刚性直杆 $AB$，$A$ 端为铰支，$B$ 端用弹簧刚度为 $k$ 的弹簧所支持。在铅垂载荷 $F$ 作用下，该杆在竖直位置保持平衡。现在，给杆以微小侧向干扰，使杆端产生微小侧向位移 $\delta$［图 11－1（b）］。这时，外力 $F$ 对 $A$ 点的力矩 $F\delta$ 使杆更加偏离竖直位置，而弹簧反力 $k\delta$ 对 $A$ 点的力矩 $k\delta l$，则力图使杆恢复其初始竖直平衡位置。如果 $F\delta < k\delta l$，即 $F < kl$，则在上述干扰解除后，杆将自动恢复至初始平衡位置，说明在该载荷作用下，杆在竖直位置的平衡是稳定的。如果 $F\delta > k\delta l$，即 $F > kl$，则在干扰解除后，杆不仅不能自动返回其初始位置，而且将继续偏转，说明在该载荷作用下，杆在竖直位置的平衡是不稳定。如果 $F\delta = k\delta l$，即 $F = kl$，则杆既可在竖直位置保持平衡，也可在微小偏斜状态保持平衡。由此可见，当杆长 $l$ 与弹簧刚度 $k$ 是一定时，杆 $AB$ 在竖直位置的平衡性质，由载荷 $F$ 的大小而定。

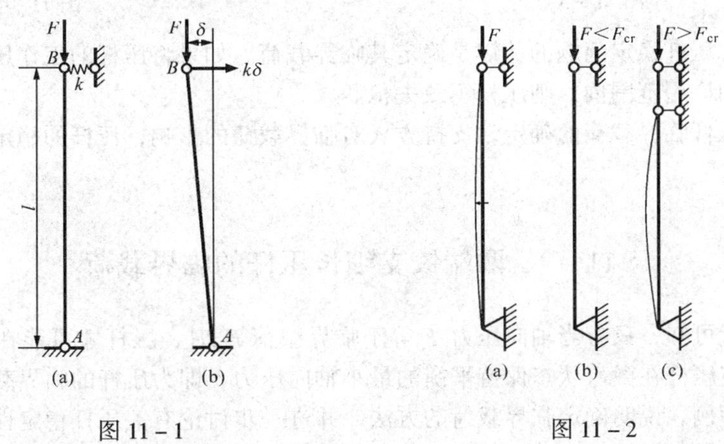


图 11－1　　　　图 11－2

轴向受压的细长弹性直杆也存在类似情况。对两端铰支细长直杆施加轴向压力，若杆件是理想直杆，则杆受力后将保持直线形状。然而，如果给杆以微小侧向干扰使其稍微弯曲［图 11－2（a）］，则在去掉干扰后将出现两种不同情况：当轴向压力较小时，压杆最终将恢复其原有直线形状［图 11－2（b）］；当轴向压力较大时，则压杆不仅不能恢复直线形状，而且将继续弯曲，产生显著的弯曲变形［图 11－2（c）］，甚至破坏。

上述情况表明，在轴向压力逐渐增大的过程中，压杆经历了两种不同性质的平衡。当轴向压力较小时，压杆直线形式的平衡是稳定的；而当轴向压力较大时，压杆直线形式的平衡则是不稳定的。使压杆直线形式的平衡，开始由稳定转变为不稳定的轴向压力值，称为压杆的**临界载荷**，并用 $F_{cr}$表示。在临界载荷作用下，压杆既可在直线状态下保持平衡，也可在微弯状态下保持平衡。所以，当轴向压力达到或超过压杆的临界载荷时，压杆将失稳。

除细长压杆外，薄壁杆与某些杆系结构等也存在稳定问题。例如，图 11－3（a）所示狭长矩形截面梁，当作用在自由端的载荷 $F$ 达到或超过一定数值时，梁将突然发生侧向弯曲与扭转；又如，图 11－3（b）所示承受径向外压的薄壁圆管，当外压 $p$ 达到或超过一定数值时，圆环形截面将突然变为椭圆形；再如，图 11－4 所示轴向受压的薄壁圆管、受扭薄壁圆管，当轴向压力或扭力偶矩达到或超过一定数值时，圆管将突然发生皱褶。这些都是工程设计中需要注意的重要问题。

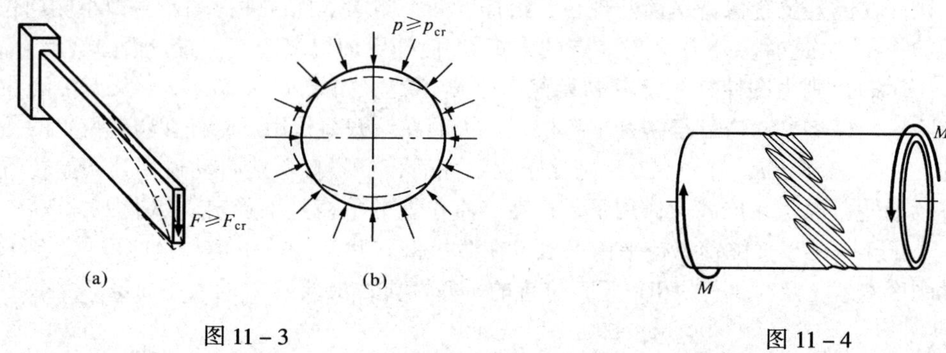


图 11－3　　图 11－4

显然，解决压杆稳定问题的关键是确定其临界载荷。如果将压杆的工作压力控制在由临界载荷所确定的许用范围内，则压杆不致失稳。

本章研究压杆临界载荷的确定，支持方式对临界载荷的影响，压杆的稳定条件与合理设计等。

## §11－2　两端铰支细长压杆的临界载荷

由上述分析可知，只有当轴向压力 $F$ 等于临界载荷 $F_{cr}$时，压杆才可能在微弯状态保持平衡。因此，使压杆在微弯状态保持平衡的最小轴向压力，即为压杆的临界载荷。现以两端铰支细长压杆为例，说明确定临界载荷的方法，并进一步讨论有关压杆稳定性的一些概念。

### 一、临界载荷的欧拉公式

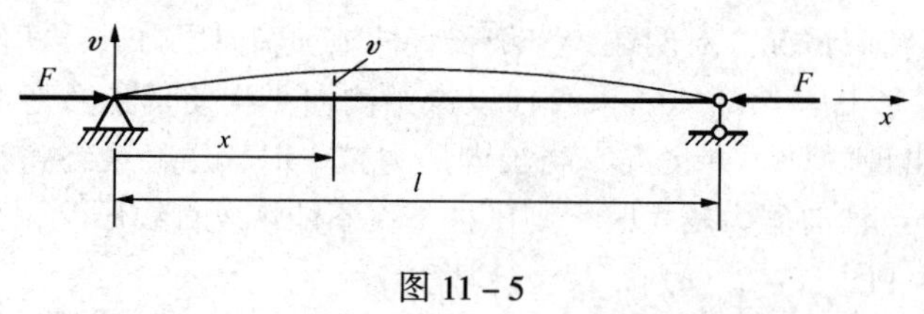


图 11－5

如图 11－5 所示，设压杆在轴向压力 $F$ 作用下处于微弯平衡状态，则当杆内应力不超过材料的比例极限时，压杆挠曲轴方程 $v = v(x)$ 应满足下述关系式

$$\frac{\mathrm{d}^2 v}{\mathrm{d}x^2} = \frac{M(x)}{EI}$$

由图 11-5 可知，压杆截面的弯矩为

$$M(x) = -Fv$$

所以，压杆挠曲轴近似微分方程为

$$\frac{\mathrm{d}^2 v}{\mathrm{d}x^2} + \frac{F}{EI}v = 0$$

令 $k^2 = F/EI$，其通解则为

$$v = A\sin kx + B\cos kx \tag{a}$$

式中：常数 $A$，$B$ 与 $F$ 均为未知，其值由压杆的位移边界条件与变形状态确定。

两端铰支压杆的位移边界条件为

在 $x=0$ 处， $$v=0 \tag{1}$$

在 $x=l$ 处， $$v=0 \tag{2}$$

由式（a）与条件（1）可知

$$B = 0$$

代入式（a），得

$$v = A\sin kx \tag{11-1}$$

即两端铰支压杆临界状态时的挠曲轴为一正弦曲线，其最大挠度即幅值 $A$ 则取决于压杆微弯的程度。

由式（11-1）与条件（2）可知

$$A\sin kl = 0$$

上述方程有两组可能的解，或者 $A=0$，或者 $\sin kl=0$。然而，如果 $A=0$，则由式（11-1）可知，各截面的挠度均为零，即压杆的轴线仍为直线，而这与微弯状态的前提不符。因此，其解应为

$$\sin kl = 0$$

而要满足此条件，则要求

$$kl = n\pi \qquad (n = 0,1,2,\cdots)$$

由此得

$$F = \frac{n^2\pi^2 EI}{l^2} \qquad (n = 0,1,2,\cdots)$$

如上所述，使压杆在微弯状态下保持平衡的最小轴向压力即为压杆的临界载荷。因此，由上式并取 $n=1$，即得两端铰支细长压杆的临界载荷为

$$F_{\mathrm{cr}} = \frac{\pi^2 EI}{l^2} \tag{11-2}$$

上式通常称为临界载荷的**欧拉公式**，该载荷又称为**欧拉临界载荷**。由式（11-2）可以看出，两端铰支细长压杆的临界载荷与截面弯曲刚度成正比，与杆长的平方成反比。要注意的是，如果压杆两端为球形铰支，则式（11-2）中的惯性矩 $I$ 应为压杆横截面的最小惯性矩。

## 二、小挠度理论与理想压杆模型的实际意义

以上结论是根据挠度很小并利用挠曲线近似微分方程得到的。如果采用大挠度理论，即采用挠曲线控制方程

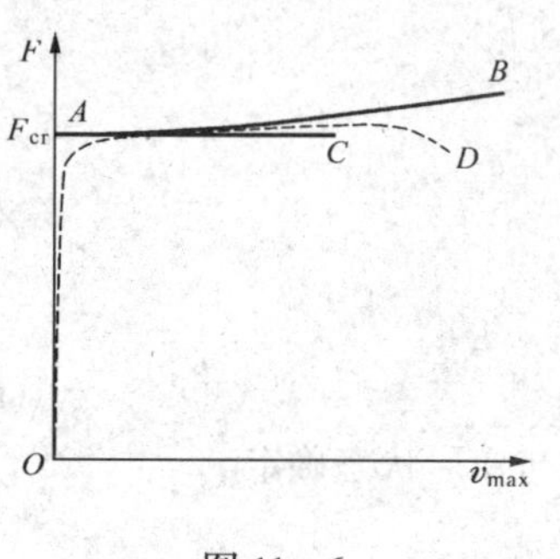

图 11-6

$$\frac{1}{\rho(x)} = \frac{M(x)}{EI}$$

或

$$\frac{d\theta}{dx} = \frac{M(x)}{EI}$$

进行分析，则轴向压力 $F$ 与压杆最大挠度 $v_{max}$ 的关系如图11-6中的曲线 $AB$ 所示，图中的 $F_{cr}$ 即上述欧拉临界载荷，$A$ 点为曲线 $AB$ 的极值点。

从图中可以看出，曲线 $AB$ 在 $A$ 点附近极为平坦，且与水平直线 $AC$ 相切，因此，在 $A$ 点附近的很小一段范围内，可近似地用水平直线代替曲线。从力学上讲，即认为当 $F = F_{cr}$ 时，压杆既可在直线位置保持平衡，也可在任意微弯位置保持平衡。由此可见，以“微弯平衡”作为临界状态的特征，并根据挠曲线近似微分方程确定临界载荷的方法，是利用小变形条件对大挠度理论的一种合理简化，它不仅正确，而且由于其求解简单，更为实用。

另一值得注意的现象是，由于曲线 $AB$ 在 $A$ 点附近极为平坦，因此，当轴向压力略高于临界载荷时，挠度则急剧增长。例如，当 $F = 1.015F_{cr}$，时，$v_{max} = 0.11l$，即轴向压力超过其临界值的1.5%时，最大挠度竟高达杆长的11%。因此，大挠度理论更鲜明地说明了失稳的危险性。

以上所述是针对理想压杆而言。对于实际压杆，外加压力可能并不严格沿杆件轴线，杆件本身在未受力时可能已有微小弯曲（所谓初曲），此外，制作压杆的材料也非绝对均匀，等等。实际压杆的压缩试验表明（图 11-6 虚线 $OD$）：当压力不大时，压杆即发生微小弯曲变形，并随压力增大而缓慢增长；而当压力 $F$ 接近临界值 $F_{cr}$ 时，挠度急剧增大。上述试验现象，不仅说明临界载荷同样导致实际压杆失效或破坏，也说明了采用理想压杆作为分析模型的实际意义。

**例 11-1** 图 11-7 所示细长圆截面连杆，长度 $l = 800$mm，直径 $d = 20$mm，材料为 Q235 钢，其弹性模量 $E = 200$GPa。试计算连杆的临界载荷。

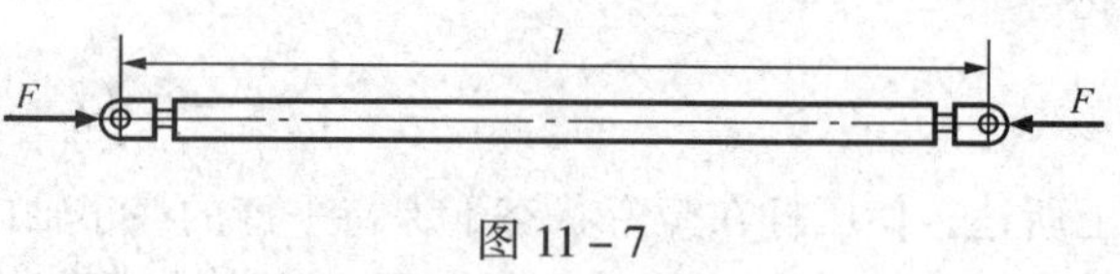

图 11-7

**解** 该连杆为两端铰支细长压杆，由式（11-2）可知，其临界载荷为

$$F_{cr} = \frac{\pi^2 E}{l^2} \cdot \frac{\pi d^4}{64} = \frac{\pi^3 Ed^4}{64 l^2} = \frac{\pi^3 \times 200 \times 10^3 \times (20)^4}{64 \times (800)^2}\text{N}$$

$$= 2.42 \times 10^4\text{N}$$

Q235 钢的屈服应力 $\sigma_s = 235$MPa，因此，使连杆压缩屈服的轴向压力为

$$F_s = \frac{\pi d^2 \sigma_s}{4} = \frac{\pi \times (20)^2 \times 235}{4}\text{N} = 7.38 \times 10^4\text{N} > F_{cr}$$

上述计算说明，细长压杆的承压能力是由稳定性要求确定的。

## §11－3 两端非铰支细长压杆的临界载荷

在工程实际中，除上述两端铰支压杆之外，还存在其他支持方式的压杆，例如一端自由、另一端固定的压杆，一端铰支、另一端固定的压杆，两端均固定的压杆等。这些压杆的临界载荷，同样可按上节所述方法求得，其中有些压杆，也可利用两端铰支细长压杆的欧拉公式，并采用类比方法确定其临界载荷。

**一、确定临界载荷的类比法**

首先研究一端自由、另一端固定而杆长为 $l$ 的细长压杆。如图 11－8 所示，当轴向压力 $F = F_{cr}$时，该杆的挠曲线与长为 $2l$ 的两端铰支压杆挠曲线的左半段相同［图 11－8（b)］，即均为正弦曲线。因此，如果二杆的弯曲刚度相同，则其临界载荷也相同。所以，一端自由、另一端固定的细长压杆的临界载荷为

$$F_{cr} = \frac{\pi^2 EI}{(2l)^2} = \frac{\pi^2 EI}{4l^2} \tag{11-3}$$

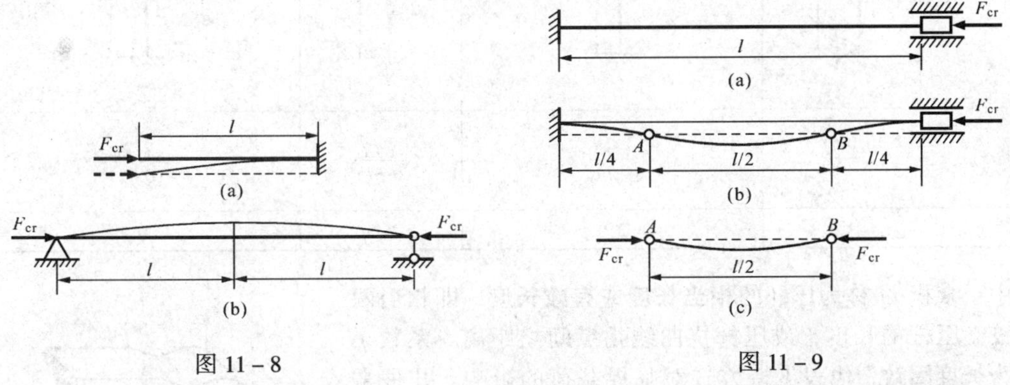


图 11－8　　图 11－9

对于两端固定、长为 $l$ 的细长压杆［图 11－9（a)］，受压微弯时的挠曲线如图 11－9（b）所示，在离两端各 $l/4$ 处的截面 $A$ 与 $B$ 为拐点，该二截面的弯矩均为零。因此，长为 $l/2$的 $AB$ 段的两端仅承受轴向压力 $F_{cr}$。图 11－9（c）受力情况与长为 $l/2$ 的两端铰支压杆相同。所以，两端固定细长压杆的临界载荷为

$$F_{cr} = \frac{\pi^2 EI}{(l/2)^2} = \frac{4\pi^2 EI}{l^2} \tag{11-4}$$

对于一端铰支、另一端固定的杆件，如图 11－10 所示，当受压微弯时，在离铰支端 $B$ 约 $0.7l$ 的截面 $C$ 处，存在拐点。因此，可将长为 $0.7l$ 的 $CB$ 段视为两端铰支压杆，从而求得一端铰支、另一端固定的细长压杆的临界载荷为

$$F_{cr} = \frac{\pi^2 EI}{(0.7l)^2} \tag{11-5}$$

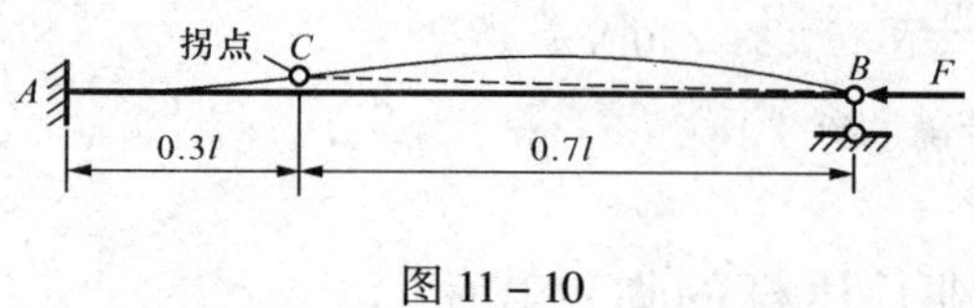


图 11－10

## 二、细长压杆临界载荷一般公式

由式（11－2）～式（11－5）可知，上述几种细长压杆的临界载荷公式基本相似，只是分母中 $l$ 前的系数不同。为应用方便，将上述各式统一写成如下形式：

$$F_{cr}=\frac{\pi^2 EI}{(\mu l)^2} \tag{11-6}$$

**表 11－1　　几种常见细长压杆的长度因数与临界载荷**

| 支持方式 | 两端铰支 | 一端自由另一端固定 | 两端固定 | 一端铰支另一端固定 |
|---|---|---|---|---|
| 挠曲轴形状 | | | | |
| $F_{cr}$ | $\frac{\pi^2 EI}{l^2}$ | $\frac{\pi^2 EI}{(2l)^2}$ | $\frac{\pi^2 EI}{(0.5l)^2}$ | $\frac{\pi^2 EI}{(0.7l)^2}$ |
| $\mu$ | 1.0 | 2.0 | 0.5 | 0.7 |

式中：乘积 $\mu l$ 称为压杆的**相当长度**或**有效长度**，即相当两端铰支压杆的长度，或压杆挠曲线拐点间之距离。系数 $\mu$ 称为**长度因数**，代表支持方式对临界载荷的影响。几种常见细长压杆的长度因数与临界载荷如表 11－1 所示。

在实际构件中，还常常遇到一种所谓柱状铰（图 11－11）。可以看出：在垂直于轴销的平面（$x-z$ 平面）内，轴销对杆的约束相当于铰支；而在轴销平面（$x-y$ 平面）内，轴销对杆的约束接近于固定端。

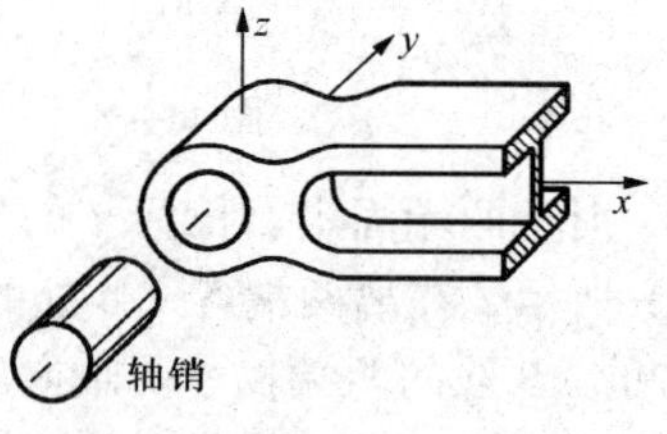


图 11－11

**例 11－2**　试确定图 11－12（a）所示细长压杆的相当长度与临界载荷。设截面的弯曲刚度 $EI$ 为常数。

**解**　在临界载荷作用下，压杆存在对称与反对称两类微弯平衡形式，分别如图 11－12（b）与（c）中的虚线所示。

在第一种情况下，压杆的相当长度为

$$l_{eq1} = 0.7l$$

相应的临界载荷为

$$F_{cr1} = \frac{\pi^2 EI}{(0.7l)^2}$$

在第二种情况下，压杆的相当长度为

$$l_{eq2} = l$$

相应的临界载荷则为

$$F_{cr2} = \frac{\pi^2 EI}{(l)^2}$$

可见，压杆的相当长度与临界载荷分别为

$$l_{eq1} = l_{eq2} = l$$

$$F_{cr} = F_{cr2} = \frac{\pi^2 EI}{(l)^2}$$

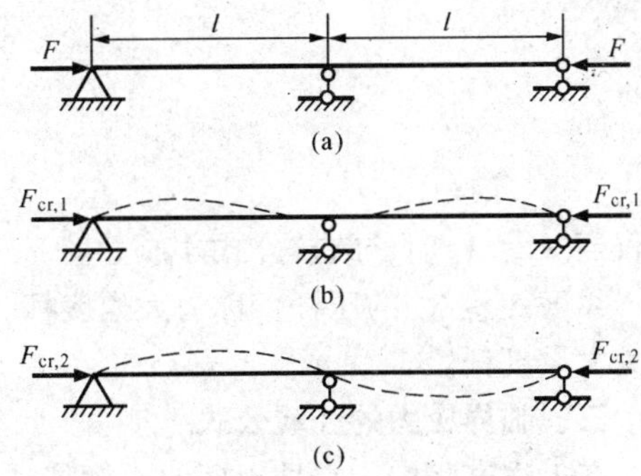

图 11-12

## § 11-4　中、小柔度杆的临界应力

欧拉公式是在线弹性条件下建立的，本节研究该公式的适用范围以及压杆的非弹性稳定问题。

### 一、临界应力与柔度

压杆处于临界状态时横截面上的平均应力，称为压杆的**临界应力**，并用 $\sigma_{cr}$表示。由式(11-6) 可知，细长压杆的临界应力为

$$\sigma_{cr} = \frac{F_{cr}}{A} = \frac{\pi^2 E}{(\mu l)^2}\frac{I}{A} \tag{a}$$

在上式中，比值 $\frac{I}{A}$ 仅与截面的形状及尺寸有关，将其用 $i^2$ 表示，即

$$i = \sqrt{\frac{I}{A}} \tag{11-7}$$

上述几何量 $i$ 称为截面的**惯性半径**，其量纲为 $L$。将上述表达式代入式 (a)，并令

$$\lambda = \frac{\mu l}{i} \tag{11-8}$$

则细长压杆的临界应力为

$$\sigma_{cr} = \frac{\pi^2 E}{\lambda^2} \tag{11-9}$$

上式称为**欧拉临界应力公式**。式中的 $\lambda$ 为无量纲的量，称为**柔度**或**细长比**，它综合地反映了压杆的长度（$l$)、支持方式（$\mu$）与截面几何性质（$i$）对临界应力的影响。式(11-9)表明，细长压杆的临界应力，与柔度的平方成反比，柔度愈大，临界应力愈低。

### 二、欧拉公式的适用范围

欧拉公式是根据挠曲线近似微分方程建立的，而该方程仅适用于杆内应力 $\sigma_{cr}$不超过比例极限 $\sigma_p$ 的情况，因此，欧拉公式的适用范围为

$$\sigma_{cr} = \frac{\pi^2 E}{\lambda^2} \leqslant \sigma_p$$

或

$$\lambda \geqslant \pi\sqrt{\frac{E}{\sigma_p}}$$

若令

$$\lambda_p = \pi\sqrt{\frac{E}{\sigma_p}} \tag{11-10}$$

即仅当 $\lambda \geqslant \lambda_p$ 时，欧拉公式才成立。

柔度 $\lambda \geqslant \lambda_p$ 的压杆，称为**大柔度杆**。由此不难看出，前面经常提到的“细长杆”，实际上为大柔度杆。

**三、临界应力的经验公式**

在工程实际中，常见压杆的柔度往往小于 $\lambda_p$，即为非细长压杆，其临界应力超过材料的比例极限，属于非弹性稳定问题。这类压杆的临界应力可通过解析方法求得，但通常采用经验公式进行计算。这些公式是在实验与分析的基础上建立的，常见的经验公式有直线公式与抛物线公式等。

1. 直线公式

对于由合金钢、铝合金、铸铁与松木等制作的非细长压杆，可采用直线型经验公式计算临界应力，该公式的一般表达式为

$$\sigma_{cr} = a - b\lambda \tag{11-11}$$

式中：$a$ 与 $b$ 为与材料性能有关的常数。在使用上述直线公式时，柔度 $\lambda$ 存在一最低界限值 $\lambda_0$，其值与材料的压缩极限应力 $\sigma_{cu}$ 有关（例如塑性材料的压缩极限应力为屈服应力 $\sigma_s$）。因为当应力达到压缩极限应力时，压杆已因强度不够而失效。几种常用材料的 $a$、$b$、$\lambda_p$ 与 $\lambda_0$ 值如表 11－2 所示。

**表 11－2　　几种常用材料的 $a$、$b$、$\lambda_p$ 与 $\lambda_0$ 值**

| 材　　料 | $a$/MPa | $b$/MPa | $\lambda_p$ | $\lambda_0$ |
|---|---|---|---|---|
| 硅钢 $\sigma_a = 353$MPa $\sigma_b \geqslant 353$MPa | 577 | 3.74 | 100 | 60 |
| 铬钼钢 | 980 | 5.29 | 55 | 0 |
| 硬　铝 | 372 | 2.14 | 50 | 0 |
| 灰口铸铁 | 331.9 | 1.453 | | |
| 松　木 | 39.2 | 0.199 | 59 | |

综上所述，对于由合金钢、铝合金、铸铁与松木等制作的压杆，根据其柔度可将压杆分为三类，并分别按不同方式处理。$\lambda \geqslant \lambda_p$ 的压杆属于细长杆或大柔度杆，按欧拉公式计算其临界应力；$\lambda_0 \leqslant \lambda < \lambda_p$ 的压杆，称为**中柔度杆**，可按式（11－11）等经验公式计算其临界应力；$\lambda < \lambda_0$ 的压杆属于短粗杆，称为**小柔度杆**，应按强度问题处理。在上述三种情况下，临界应力（或极限应力）随柔度变化的曲线如图 11－13 所示，称为**临界应力总图**。

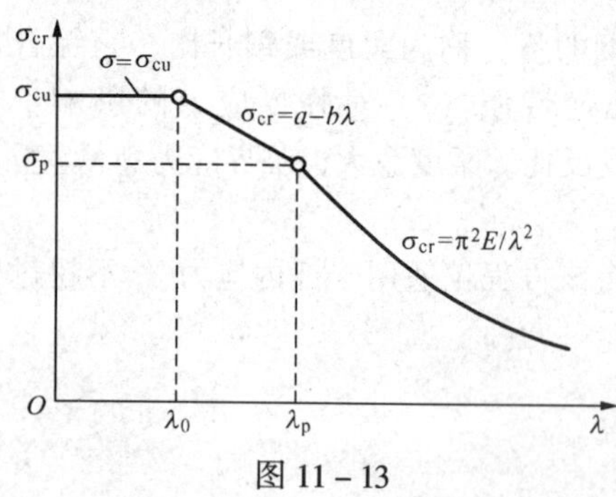


图 11－13

2. 抛物线公式

对于由结构钢与低合金结构钢等材料制作的非细长压杆，可采用抛物线型经验公式计算临界

应力，该公式的一般表达式为

$$\sigma_{cr} = a_1 - b_1\lambda^2 \qquad (0 \leqslant \lambda \leqslant \lambda_p) \tag{11-12}$$

式中：$a_1$ 与 $b_1$ 为与材料性能有关的常数。上述抛物线型经验公式也可写成下述形式，二者差别不大。

$$\sigma_{cr} = \sigma_s\left(1 - \frac{\lambda^2}{2\lambda_p^2}\right) \tag{11-13}$$

根据欧拉公式与上述抛物线型经验公式，得结构钢与低合金结构钢等压杆的临界应力总图如图 11–14 所示。

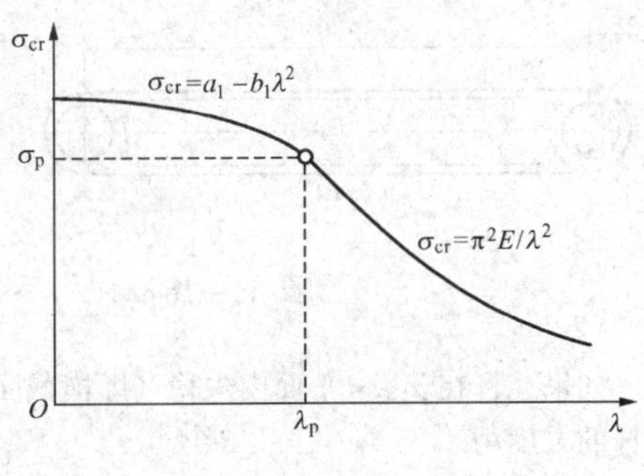


图 11–14

**例 11–3** 图 11–15 所示活塞杆，用硅钢制成，杆径 $d=40$mm，外伸部分的最大长度 $l=1$m，弹性模量 $E=210$GPa，$\lambda_p=100$，试确定活塞杆的临界载荷。

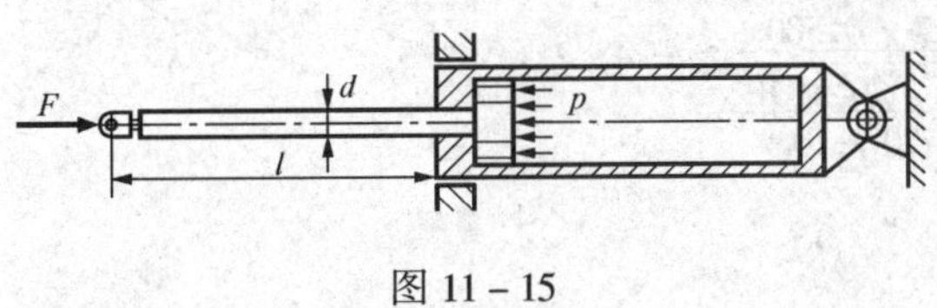


图 11–15

**解**

1. 活塞杆的计算简图

由图可知，当活塞靠近缸体顶盖时，活塞杆的外伸部分最长，稳定性最差。此外，根据缸体的固定方式及其对活塞杆的约束情况，活塞杆可近似看作是一端自由、另一端固定的压杆，其长度因数为

$$\mu = 2$$

2. 柔度计算

由式（11–7）可知，活塞杆横截面的惯性半径为

$$i = \sqrt{\frac{I}{A}} = \sqrt{\frac{\pi d^4}{64}\frac{4}{\pi d^2}} = \frac{d}{4} = \frac{40\times10^{-3}}{4} = 1.0\times10^{-2}\text{m}$$

根据式（11–8），得活塞杆的柔度为

$$\lambda = \frac{\mu l}{i} = \frac{2\times1.0}{1.0\times10^{-2}} = 200$$

3. 临界载荷计算

由以上分析可知

$$\lambda > \lambda_p$$

即活塞杆属于大柔度杆，其临界应力应按欧拉公式进行计算。

根据式（11–9），得活塞杆的临界应力为

$$\sigma_{cr} = \frac{\pi^2 E}{\lambda^2} = \frac{\pi^2\times210\times10^3}{200^2} = 51.8\text{MPa}$$

而相应的临界载荷则为

$$F_{cr} = \sigma_{cr}\frac{\pi d^2}{4} = \frac{51.8\times\pi\times(40)^2}{4} = 6.15\times10^4\text{N}$$

**例 11–4** 图 11–16 所示连杆，用铬钼钢制成，连杆横截面的面积 $A=720\text{mm}^2$，惯性矩 $I_z=6.5\times$

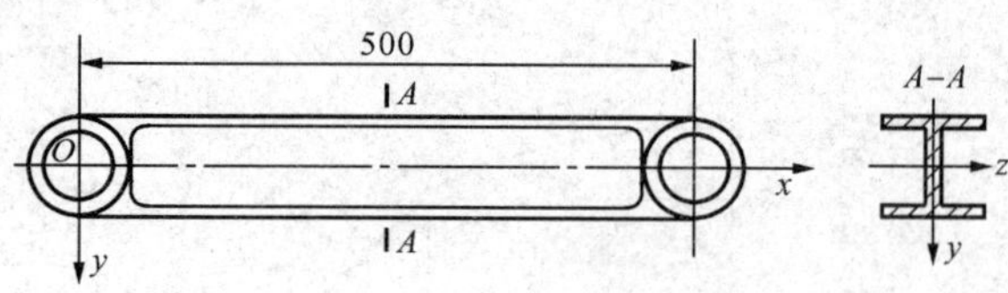

图 11-16

$10^4 mm^4$，$I_y = 3.8 \times 10^4 mm^4$。试确定连杆的临界载荷，并判断横截面的形状设计是否合理。

**解**

1. 失稳形式判断

在轴向压力作用下，连杆既可能在 $x-y$ 平面内失稳，也可能在 $x-z$ 平面内失稳。

如果连杆在 $x-y$ 平面内失稳（即横截面绕 $z$ 轴转动），则连杆两端可视为铰支，长度因数 $\mu = 1$，连杆的柔度为

$$\lambda_z = \frac{(\mu l)_z}{\sqrt{\frac{I_z}{A}}} = \frac{1 \times 0.500}{\sqrt{\frac{6.5 \times 10^4 \times 10^{-12}}{720 \times 10^{-6}}}} = 52.6$$

如果连杆在 $x-z$ 平面内失稳（即横截面绕 $y$ 轴转动），则连杆两端接固定端，例如可取长度因数 $\mu = 0.7$（即介乎铰支与固定端之间），连杆的柔度为

$$\lambda_y = \frac{(\mu l)_y}{\sqrt{\frac{I_y}{A}}} = \frac{0.7 \times 0.500}{\sqrt{\frac{3.8 \times 10^4 \times 10^{-12}}{720 \times 10^{-6}}}} = 48.2 < \lambda_z$$

可见，连杆将在 $x-y$ 平面内失稳。

2. 临界载荷计算

由表 11-2 查得，铬钼钢的 $\lambda_0 = 0$，$\lambda_p = 55$，$a = 980\text{MPa}$，$b = 5.29\text{MPa}$。可见，连杆属于中柔度杆，其临界载荷则为

$$F_{cr} = A(a - b\lambda) = 720 \times (980 \times - 5.29 \times 52.6)\text{N} = 5.05 \times 10^5\text{N}$$

如上所述，连杆的柔度为

$$\lambda_z = 52.6, \lambda_y = 48.2$$

二者相当接近，说明该连杆的设计比较合理。

## §11-5 压杆稳定条件与合理设计

### 一、压杆稳定条件

由以上分析可知，为了保证压杆在轴向压力 $F$ 作用下不致失稳，必须满足下述条件

$$F \leqslant \frac{F_{cr}}{n_{st}} = [F_{st}] \tag{11-14}$$

式中：$n_{st}$为稳定安全因数；$[F_{st}]$ 为稳定许用压力。上式称为压杆的**稳定条件**。将式（11-14）中的 $F$ 与 $F_{cr}$同除以压杆的横截面面积 $A$，得

$$\sigma \leqslant \frac{\sigma_{cr}}{n_{st}} = [\sigma_{st}] \tag{11-15}$$

式中：$[\sigma_{st}]$ 为稳定许用应力。式（11-15）为用应力表示的压杆稳定条件。

在选择稳定安全因数时，除遵循确定强度安全因数的一般原则外，还应考虑加载偏心与压杆初曲等不利因素。因此，稳定安全因数一般大于强度安全因数。其值可从有关设计规范

和手册中查得。几种常见压杆的稳定安全因数如表 11 - 3 所示。

表 11 - 3 几种常见压杆的稳定安全因数

| 实际压杆 | 金属结构中的压杆 | 矿山、冶金设备中压杆 | 机床丝杠 | 精密丝杆 | 水平长丝杠 | 磨床油缸活塞杆 | 低速发动机挺杆 | 高速发动机挺杆 |
|---|---|---|---|---|---|---|---|---|
| $n_{st}$ | 1.8 ~ 3.0 | 4 ~ 8 | 2.5 ~ 4 | >4 | >4 | 2 ~ 5 | 4 ~ 6 | 2 ~ 5 |

还应指出，由于压杆的稳定性取决于整个杆件的弯曲刚度，因此，在确定压杆的临界载荷或临界应力时，可不必考虑杆件局部削弱（例如铆钉孔或油孔等）的影响，而按未削弱截面计算横截面的惯性矩与截面面积。但是，对于受削弱的横截面，则还应进行强度校核。

## 二、折减系数法

在工程实际中，也常采用所谓折减系数法进行稳定性计算。在这种情况下，稳定许用应力被写成为

$$[\sigma_{st}] = \phi[\sigma] \tag{11 - 16}$$

而稳定条件则为

$$\sigma \leqslant \phi[\sigma] \tag{11 - 17}$$

式中：$\phi$ 为许用压应力，它是一个小于 1 的系数，称为稳定系数或折减系数，其值与压杆的柔度及所用材料有关。结构钢（Q215，Q235，Q275）、低合金钢（16Mn）以及木质压杆的曲线如图 11 - 17 所示，这些曲线是根据计算、实验与经验制成的。

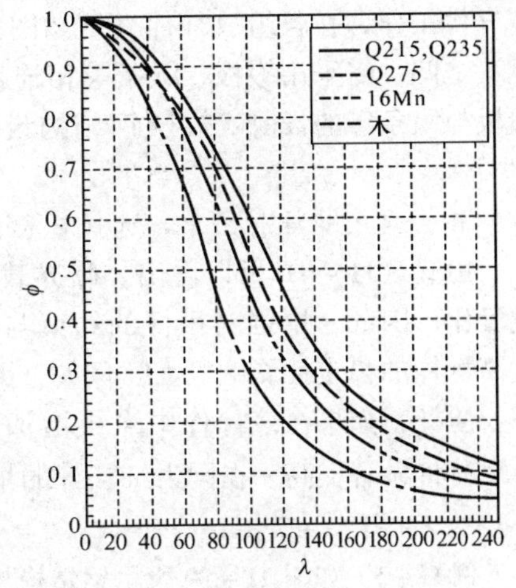


图 11 - 17

## 三、压杆的合理设计

1. 合理选择材料

由式（11 - 9）可以看出，细长压杆的临界应力与材料的弹性模量有关。因此，选择弹性模量较高的材料，显然可以提高细长压杆的稳定性。然而，就钢而言，由于各种钢的弹性模量大致相同，因此，如果仅从稳定性考虑，选用高强度材料作细长压杆是不必要的。

中柔度压杆的临界应力与材料的比例极限、压缩极限应力等有关，因而强度高的材料，其临界应力相应也高。所以，选用高强度材料作中柔度压杆显然有利于稳定性的提高。

2. 合理选择截面

细长杆与中柔度杆的临界应力均与柔度 $\lambda$ 有关，而且，柔度愈小，临界应力愈高。

压杆的柔度为

$$\lambda = \frac{\mu l}{i} = \mu l\sqrt{\frac{A}{I}}$$

所以，对于一定长度和支持方式的压杆，在横截面面积保持一定的情况下，应选择惯性矩较

大的截面形状。

在选择截面形状与尺寸时，还应考虑到失稳的方向性。例如，如果压杆两端为球形铰支或固定端，则宜选择主形心惯性矩 $I_y = I_z$ 的截面，例如空心圆截面等。如果压杆两端为柱状铰（图 11－11），则由于压杆在轴销平面（$x-y$ 平面）与垂直于轴销平面（$x-z$ 平面）的相当长度不同，截面的主形心惯性矩 $I_y$ 与 $I_z$ 也应相应不同。理想的设计是使压杆在上述两方向的柔度相等，即

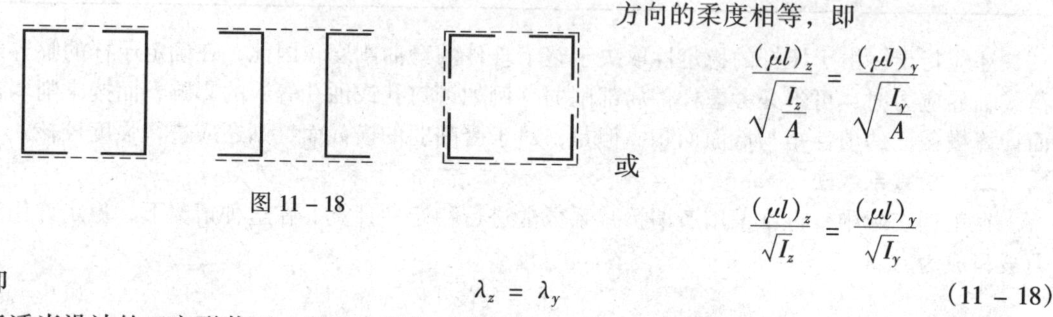
图 11－18

$$\frac{(\mu l)_z}{\sqrt{\frac{I_z}{A}}} = \frac{(\mu l)_y}{\sqrt{\frac{I_y}{A}}}$$

或

$$\frac{(\mu l)_z}{\sqrt{I_z}} = \frac{(\mu l)_y}{\sqrt{I_y}}$$

即

$$\lambda_z = \lambda_y \tag{11-18}$$

经适当设计的工字形截面，以及由角钢或槽钢等组成的组合截面（图 11－18），均可能满足上述要求。

为了使上述组合截面压杆（或称为组合柱）如同一整体杆件工作，在各组成杆件（例如图 11－18 中的角钢与槽钢）之间，需采用缀板、缀条等相连接（图 11－19）。关于缀板与缀条等的设计，在《钢结构设计规范》中有专门规定。

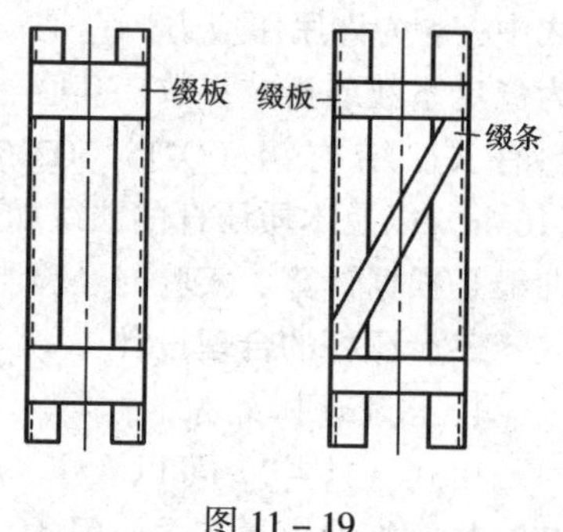

图 11－19

3. 合理安排压杆约束与选择杆长

由式（11－6）可以看出，临界载荷与相当长度的平方成反比，因此，增强对压杆的约束与合理选择杆长，对于提高压杆的稳定性影响极大。例如，图 11－5 所示两端铰支细长压杆，如果在该杆件中点再增加一可动铰支座，则临界载荷将显著提高，在同为细长杆的情况下，后者（$F_{cr2}$）为前者（$F_{cr1}$）的 4 倍，即：$F_{cr2} = 4F_{cr1}$。

**例 11－5** 如图 11－20 所示钢结构，承受载荷作用，试校核斜撑杆的稳定性。已知载荷 $F=12\text{kN}$，斜撑杆的外径 $D=45\text{mm}$，内径 $d=36\text{mm}$，稳定安全因数 $n_{st}=2.5$。斜撑杆用低碳钢 Q235 制成，中柔度杆的临界应力为 $\sigma_{cr}=235\text{MPa}-(0.00669\text{MPa})\lambda^2$。

**解**

1. 斜撑杆的受力分析

横梁的受力如图 11－20（b）所示，有平衡方程

$$\Sigma M_A = 0, T\sin45° \times 1.00 = T\cos45° \times 0.10 - F \times 2.00 = 0$$

得斜撑杆承受的轴向压力为

$$T = 30.9\text{kN}$$

2. 斜撑杆的稳定性校核

由式（11-7）可知，斜撑杆横截面的惯性半径为

$$i = \sqrt{\frac{I}{A}} = \sqrt{\frac{\pi(D^4 - d^4)}{64}\frac{4}{\pi(D^2 - d^2)}}$$

$$= \sqrt{\frac{D^2 + d^2}{4}} = \frac{\sqrt{(0.045)^2 + (0.036)^2}}{4} = 0.0144\text{m}$$

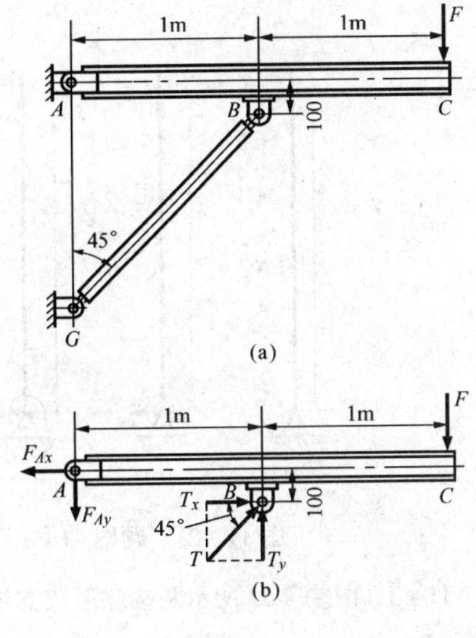


图 11-20

故斜撑杆的柔度为

$$\lambda = \frac{\mu l}{i} = \frac{1 \times \sqrt{2} \times 1.00}{0.0144} = 98.1 < \lambda_p$$

相应临界载荷为

$$F_{cr} = \frac{\pi(D^2 - d^2)}{4}\sigma_{cr}$$

$$= \frac{\pi \times (45^2 - 36^2)}{4} \times [235 - 0.00669 \times 98.1^2]\text{N}$$

$$= 1.168 \times 10^5\text{N}$$

而许用压力则为

$$[F_{st}] = \frac{F_{cr}}{n_{st}} = \frac{1.168 \times 10^5\text{N}}{2.5} = 41.4\text{kN}$$

可见

$$T < [F_{st}]$$

## 思 考 讨 论 题

11-1 何谓失稳？何谓稳定平衡与不稳定平衡？何谓临界载荷？临界状态的特征是什么？

11-2 两端铰支细长压杆的临界载荷公式是如何建立的？应用该公式的条件是什么？

11-3 如何利用类比法确定两端非铰支细长压杆的临界载荷？何谓相当长度与长度因数？

11-4 何谓惯性半径？何谓柔度？他们的量纲是什么？如何确定？

11-5 何谓临界应力？如何确定欧拉公式的适用范围？

11-6 如何区分大柔度杆、中柔度杆与小柔度杆？他们的临界应力如何确定？如何绘制临界应力总图？

11-7 压杆稳定条件是如何建立的？有几种形式？

## 习 题

11-1 图 11-21 所示钢杆一弹簧系统，试求其临界载荷。图中 $c$ 代表是螺旋弹簧产生单位长度轴向变形所需之力；$k$ 代表是蝶形弹簧产生单位转角所需之力偶矩。

11-2 图 11-22 所示结构，$AB$ 为刚性杆，$BC$ 为弹性梁，在刚性杆顶端承受铅锤载荷 $F$ 作用，试求其临界值。设梁 $BC$ 各截面的弯曲刚度均为 $EI$。

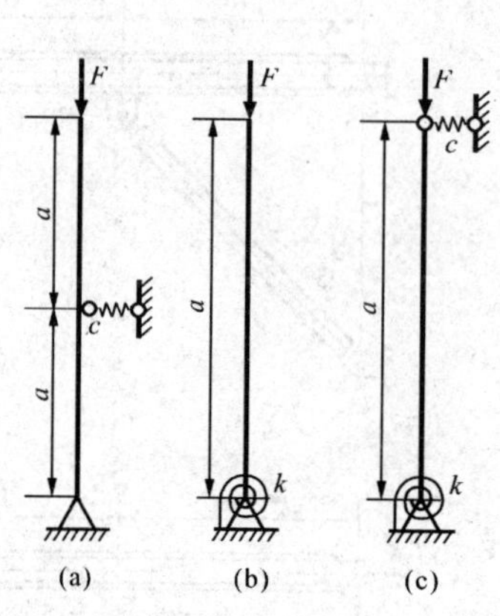


图 11－21 题图 11－1

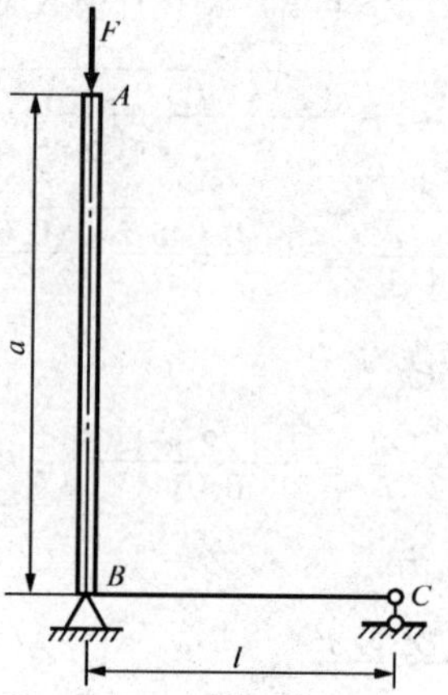

图 11－22 题图 11－2

11－3 图 11－23 所示两端球形铰支细长压杆，弹性模量 $E=200\text{GPa}$。使用欧拉公式计算其临界载荷。

（1）圆形界面，$d=25\text{mm}$，$l=1.0\text{m}$;

（2）矩形界面，$h=2b=40\text{mm}$，$l=1.0\text{mm}$。

11－4 求图 11－24 所示细长压杆的临界载荷。设弯曲刚度 $EI$ 为常数。

11－5 如图 11－25 所示，试确定细长压杆的相当长度与临界载荷，设弯曲刚度 $EI$ 为常数。

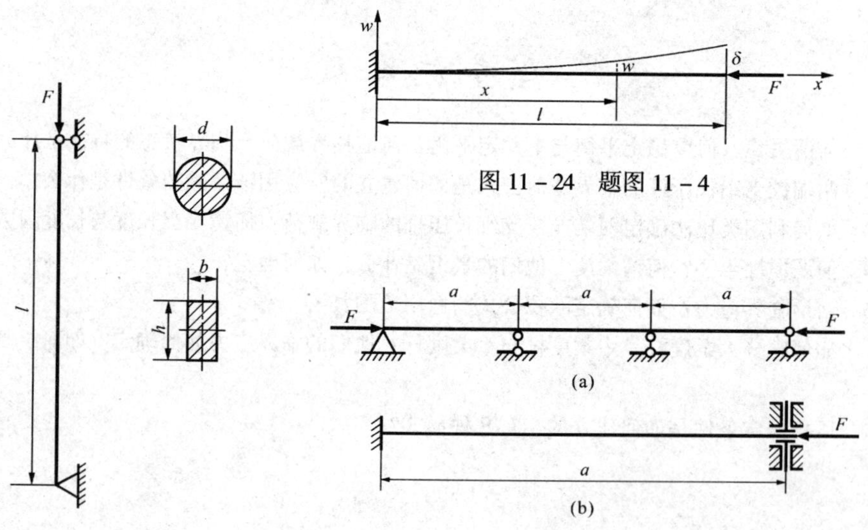


图 11－23 题图 11－3

图 11－24 题图 11－4

图 11－25 题图 11－5

11－6 图 11－26 所示矩形截面压杆，由三种支持方式。杆长 $l=300\text{mm}$，截面宽度 $b=200\text{mm}$，高度 $h=12\text{mm}$，弹性模量 $E=70\text{GPa}$，$\lambda_p=50$，$\lambda_0=0$，中柔度杆的临界压力公式为 $\sigma_{cr}=382\text{MPa}-(2.18\text{MPa})\lambda$。试计算它们的临界载荷，并进行比较。

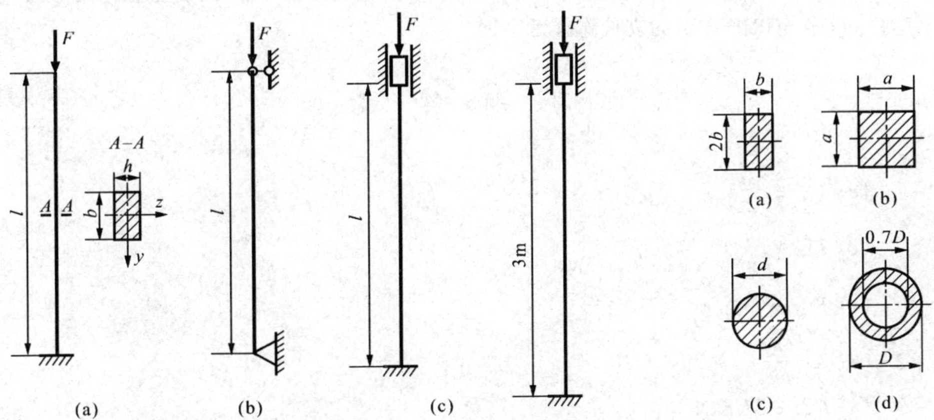


图 11－26 题图 11－6　　图 11－27 题图 11－7

11－7 图 11－27 所示压杆，横截面有四种形式，但其面积均为 $A = 3.2\text{mm} \times 10\text{mm}$，试计算它们的临界载荷，并进行比较。材料的力学性能见题 11－6。

11－8 图 11－28 所示连杆，用硅钢制成，试确定其临界载荷。中柔度杆的临界应力公式为 $\sigma_{cr} = 577\text{MPa} - (3.74\text{MPa})\lambda$，$60 \leqslant \lambda \leqslant 100$。在 $x-z$ 平面内，长度因数 $\mu_y = 0.7$；在 $x-y$ 平面内，长度因数 $\mu_z = 1$。

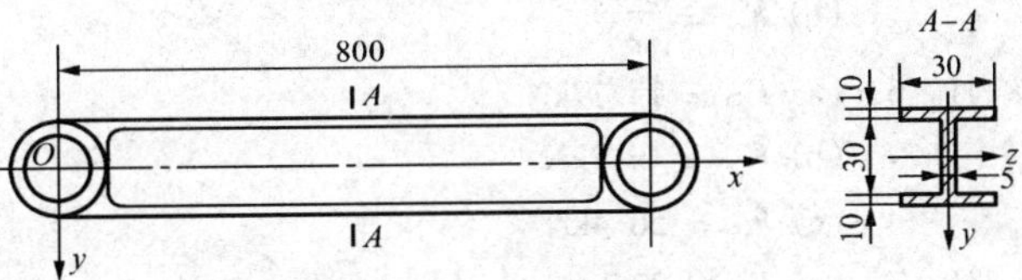


图 11－28 题图 11－8

11－9 图 11－29 所示压杆，横截面为 $h \times b$ 的矩形，从稳定性方面考虑，试确定 $h/b$ 的最佳值。当压杆在 $x-z$ 平面内失稳时，可取 $\mu_y = 0.7$。

11－10 试检查图 11－30 所示千斤顶丝杠的稳定性。若千斤顶的最大起重量 $F = 120\text{kN}$，丝杠内径 $d = 52\text{mm}$，丝杠总长 $l = 600\text{mm}$，衬套高度 $h = 100\text{mm}$，丝杠用 Q235 钢制成，稳定安全因数 $n_{st} = 4$。

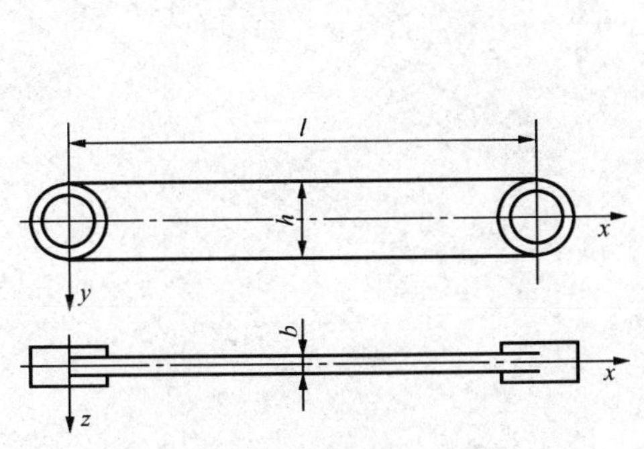


图 11－29 题图 11－9

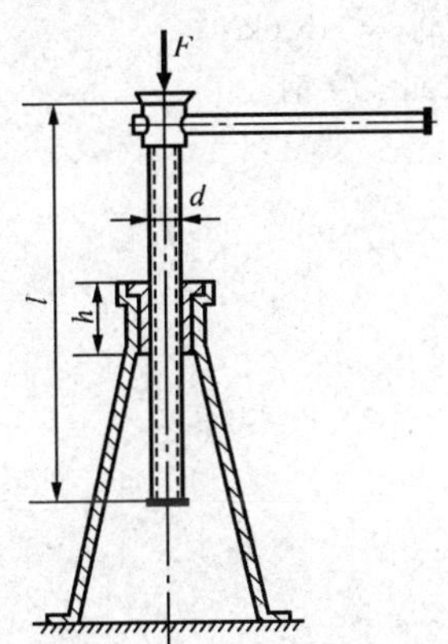


图 11－30 题图 11－10

11－11　一立柱，两端均为固定端，柱长 $l=5\text{m}$，承受轴向压力 $F=320\text{kN}$。立柱用 Q235 钢制成，许用压应力 $[\sigma]=160\text{MPa}$，试为立柱选择工字钢。

## 习 题 答 案

11－1　(a) $F_{cr}=\dfrac{ca}{2}$

(b) $F_{cr}=\dfrac{k}{a}$

(c) $F_{cr}=ca+\dfrac{k}{a}$

11－2　$F_{cr}=\dfrac{3EI}{al}$

11－3　(a) $F_{cr}=37.8\text{kN}$

(b) $F_{cr}=52.6\text{kN}$

(c) $F_{cr}=459\text{kN}$

11－4　(a) $F_{cr}=\dfrac{\pi^2 EI}{a^2}$

(b) $F_{cr}=\dfrac{\pi^2 EI}{a^2}$

11－6　(a) $F_{cr}=15.79\text{kN}$

(b) $F_{cr}=49.7\text{kN}$

(c) $F_{cr}=56.4\text{kN}$

11－7　(a) $F_{cr}=375\text{kN}$

(b) $F_{cr}=644\text{kN}$

(c) $F_{cr}=635\text{kN}$

(d) $F_{cr}=752\text{kN}$

11－8　$F_{cr}=231\text{kN}$

11－9　$\dfrac{h}{b}=1.429$

11－10　$[F_{st}]=115.6\text{kN}$

11－11　No.22a 工字钢

# 第十二章　动　　载　　荷

## §12-1　引　　　言

前面各章讨论的是构件在静载荷作用下的强度、刚度和稳定性问题。静载荷是指缓慢地从零逐渐增加到某一数值后保持不变的载荷。在静载荷作用下，构件内任一点没有加速度，或加速度很小可以忽略不计。

在工程中也常遇到与静载荷作用不同的另一类问题，即构件内各质点作变速运动而具有明显的加速度，或载荷明显地随时间变化，这时构件承受动载荷作用。如加速提升的构件、高速旋转的飞轮、工作状态下内燃机的连杆、汽轮机的叶片等，其质点具有明显的加速度。又如锻压汽锤的锤杆、受打桩机锤打的桩、紧急制动的转轴等，在非常短的时间内速度发生急剧的变化。另外，受地震力或风力作用的结构物构件，长期在周期性变化载荷作用下工作的机械零件，也属受动载荷作用的情况。

在构件内由动载荷引起的应力称为动应力。动应力的计算方法随动载荷形式的不同而有所不同。本章只研究以下两种类型的动载荷问题：

(1) 构件作等加速直线运动或等角速转动。这类问题也称惯性力问题，用动静法求解。

(2) 在运动物体与构件接触的非常短暂的时间内，运动物体的速度发生急剧变化，使构件获得很大的瞬息变化的加速度。这类问题称为冲击问题，用能量法求解。

实验证明：静载荷下服从胡克定律的材料，在动载荷下只要动应力不超过比例极限，仍然服从胡克定律，而且具有相同的弹性模量。

## §12-2　构件有加速度时的动应力计算

### 一、动静法的应用

理论力学中介绍了动静法，即达朗伯原理。对有加速度的质点，惯性力等于质点的质量与加速度的乘积，方向则与加速度的方向相反。达朗伯原理指出，对作加速运动的质点系，如假想地在每一质点上加上惯性力，则质点系上的原力系与惯性力系组成平衡力系。这样，就可把动力学问题用静力学方法来处理，这就是动静法。于是，以前关于应力和变形的计算方法，也可直接用于增加了惯性力的构件。

### 二、构件作等加速直线运动时动应力的计算

例如，图 12-1 (a) 表示以匀加速度 $a$ 向上提升的杆件。若杆件横截面面积为 $A$，单位体积的质量为 $\rho$，则杆件每单位长度的质量为 $A\rho$，相应的惯性力为 $A\rho a$，且方向向下，将惯性力加于杆件上，于是作用于杆件上的重力、惯性力和吊升力 $F$ 组成平衡力系 [图 12-1 (b)]。杆件成为在横向力作用下的弯曲问题。均布载荷的集度是

$$q = A\rho g + A\rho a = A\rho g\left(1 + \frac{a}{g}\right)$$

杆件中央横截面上的弯矩为

$$M = F\left(\frac{l}{2} - b\right) - \frac{1}{2}q\left(\frac{l}{2}\right)^2 = \frac{1}{2}A\rho g\left(1 + \frac{a}{g}\right)\left(\frac{l}{4} - b\right)l$$

相应的应力（一般称为动应力）为

$$\sigma_d = \frac{M}{W} = \frac{A\rho g}{2W}\left(1 + \frac{a}{g}\right)\left(\frac{l}{4} - b\right)l \tag{a}$$

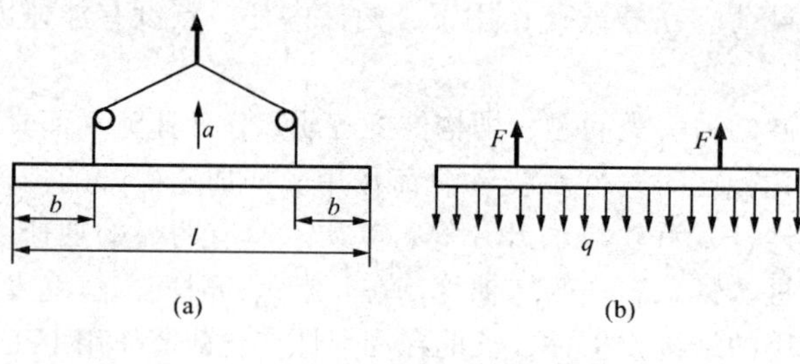


图 12－1

当加速度 $a$ 等于零时，由上式求得杆件在静载下的应力为

$$\sigma_{st} = \frac{A\rho g}{2W}\left(\frac{l}{4} - b\right)l$$

故动应力 $\sigma_d$ 可以表示为

$$\sigma_d = \sigma_{st}\left(1 + \frac{a}{g}\right) \tag{b}$$

括号中的因子可称为动荷因数，并记为

$$K_d = 1 + \frac{a}{g} \tag{c}$$

于是式（b）写成

$$\sigma_d = K_d\sigma_{st} \tag{d}$$

这表明动应力等于静应力乘以动荷因数。强度条件可以写成

$$\sigma_d = K_d\sigma_{st} \leqslant [\sigma] \tag{e}$$

由于在动荷因数 $K_d$ 中已经包含了动载荷的影响，所以［$\sigma$］为静载下的许用应力。

### 三、构件作等速转动时动应力的计算

设圆环以匀角速度 $\omega$ 绕通过圆心且垂直于纸面的轴旋转［图 12－2（a）］。若圆环的厚度 $\delta$ 远小于直径 $D$，便可近似地认为环内各点的向心加速度大小相等，且都等于 $D\omega^2/2$，以 $A$ 表示圆环横截面面积，$\rho$ 表示单位体积的质量。于是沿轴线均匀分布的惯性力集度为 $q_d = A\rho a_n = \rho AD\omega^2/2$，方向则背离圆心，如图 12－2（b）所示。由半个圆环［图 12－2（c）］的平衡方程 $\Sigma F_y = 0$ 得

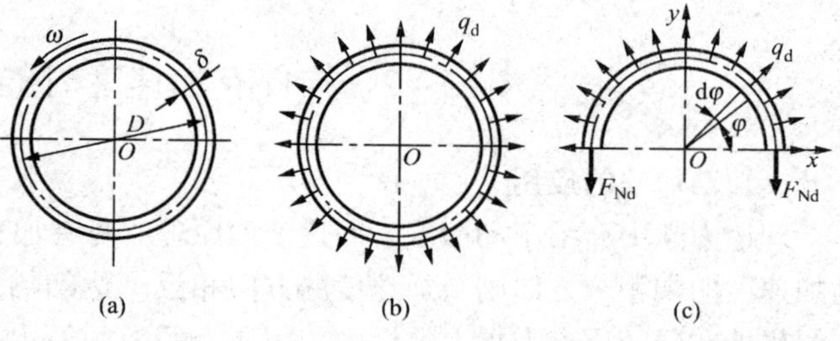


图 12－2

$$2F_{Nd} = \int_0^{\pi} q_d \sin\varphi \cdot \frac{D}{2}d\varphi = q_d D$$

$$F_{Nd} = \frac{q_d D}{2} = \frac{A\rho D^2}{4}\omega^2 \tag{12-1}$$

由此求得圆环横截面上的应力为

$$\sigma_d = \frac{F_{Nd}}{A} = \frac{\rho D^2 \omega^2}{4} = \rho v^2 \tag{f}$$

式中：$v = \dfrac{D\omega}{2}$ 是圆环轴线上的点的线速度。强度条件是

$$\sigma_d = \rho v^2 \leqslant [\sigma] \tag{g}$$

从以上两式看出，环内的动应力与圆环横截面面积 $A$ 无关；要保证强度，应限制圆环的转速，增加横截面面积 $A$ 无济于事。

**例 12－1** 在 $AB$ 轴的 $B$ 端有一个质量很大的飞轮（图 12－3），与飞轮相比，轴的质量可以忽略不计。轴的另一端 $A$ 装有刹车离合器。飞轮的转速为 $n = 100\text{r/min}$，转动惯量为 $I_x = 0.5\text{kN·m·s}^2$。轴的直径 $d = 100\text{mm}$，刹车时使轴在 10 秒（s）内均匀减速停止转动。求轴内最大的动应力。

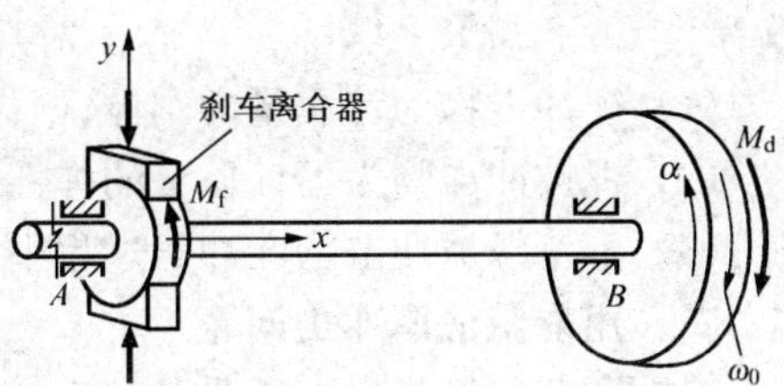


图 12－3

**解** 飞轮与轴的转动角速度为

$$\omega_0 = \frac{\pi n}{30} = \frac{10\pi}{3}\text{rad/s}$$

当飞轮与轴同时作匀速转动时，其加速度为

$$\alpha = \frac{\omega_1 - \omega_0}{t} = \frac{\left(0 - \dfrac{10\pi}{3}\right)}{10} = -\frac{\pi}{3}\text{rad/s}^2$$

等号右边的负号只是表示 $\alpha$ 与 $\omega_0$ 的方向相反，如图 12－3 所示。按动静法，在飞轮上加方向与 $\alpha$ 相反的惯性力偶矩 $M_d$，且

$$M_d = -I_x\alpha = -0.5\left(-\frac{\pi}{3}\right)\text{kN·m} = \frac{0.5\pi}{3}\text{kN·m}$$

设作用于轴上的摩擦力矩为 $M_f$，由平衡方程 $\Sigma M_x = 0$ 求出

$$M_f = M_d = \frac{0.5\pi}{3}\text{kN·m}$$

$AB$ 轴由于摩擦力矩 $M_f$ 和惯性力矩为 $M_d$ 引起扭转变形，横截面上的扭矩为

$$T = M_d = \frac{0.5\pi}{3}\text{kN·m}$$

横截面上的最大扭转切应力为

$$\tau_{max} = \frac{T}{W_T} = \frac{\dfrac{0.5\pi}{3} \times 10^6}{\dfrac{\pi}{16}(100)^3}\text{MPa} = 2.67\text{MPa}$$

## § 12－3 杆件受冲击时的应力和变形

### 一、冲击问题的抽象

锻造时，锻锤在与锻件接触的非常短暂的时间内，速度发生很大变化，这种现象称为冲击或撞击。以重锤打桩，用铆钉枪进行铆接，高速转动的飞轮或砂轮突然刹车等，都是冲击

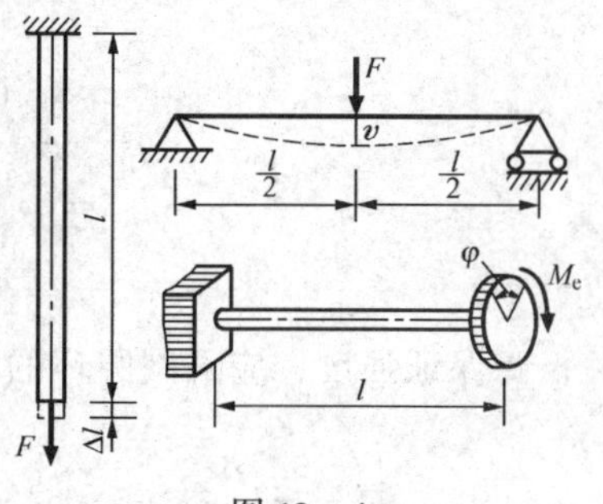

图 12－4

问题。在上述的一些例子中，重锤、飞轮等为冲击物，而被打的桩和固接飞轮的轴等则是承受冲击的构件。在冲击物与受冲构件的接触区域内，应力状态异常复杂，且冲击持续时间非常短促，接触力随时间的变化难以准确分析，这些都使冲击问题的精确计算十分困难。下面介绍用能量方法求解，因概念简单，且大致上可以估算冲击时的位移和应力，不失为一种有效的近似方法。用能量方法计算时将冲击物和被冲击物看作冲击系统，并对其进行抽象：

(1) 视冲击物为计质量的刚体；

(2) 视被冲击物为不计质量的弹性体；

(3) 不考虑被冲击物在冲击过程中的塑性变形。

**二、用能量法解冲击问题**

前面章节曾经指出，承受各种变形的弹性杆件都可看作是一个弹簧。例如图 12－4 中受拉伸、弯曲和扭转的杆件的变形分别是

$$\Delta l = \frac{Fl}{EA} = \frac{F}{EA/l} \tag{12-2}$$

$$v = \frac{Fl^3}{48EI} = \frac{F}{48EI/l^3} \tag{12-3}$$

$$\phi = \frac{M_x l}{GI_P} = \frac{M_x}{GI_P/l} \tag{12-4}$$

可见，当把这些杆件看作是弹簧时，其弹簧常数分别是：$EI/l$、$48EI/l^3$ 和 $GI_P/l$。因而任一弹性杆件或结构都可简化成图 12－5 中的弹簧。现在回到冲击问题：设重量为 $P$ 的冲击物一经与受冲弹簧接触［图 12－5 (a)］，就相互附着共同运动。如省略弹簧的质量，只考虑其弹性，便简化成一个自由度的运动体系。设冲击物体在与弹簧开始接触的瞬时动能为 $T$；由于弹簧的阻抗，当弹簧变形到达最低位置时［图 12－5（b)］，体系的速度变为零，弹簧的变形为 $\Delta_d$。从冲击物与弹簧开始接触到变形发展到最低位置，动能由 $T$ 变为零，其变化为 $T$；重物 $P$ 向下移动的距离为 $\Delta_d$，势能的变化为

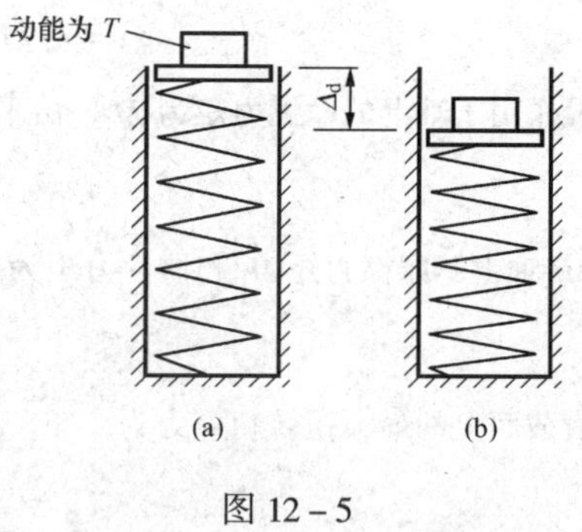

图 12－5

$$V = P\Delta_d \tag{a}$$

若以 $V_{\varepsilon d}$表示弹簧的应变能，并省略冲击中变化不大的其他能量（如热能），根据机械能守恒定律，冲击系统的动能和势能的变化应等于弹簧的应变能，即

$$T + V = V_{\varepsilon d} \tag{12-5}$$

设体系的速度为零时弹簧的动载荷为 $F_d$，在材料服从胡克定律的情况下，它与弹簧的变形

成正比，且都是从零开始增加到最终值。所以，冲击过程中动载荷完成的功为$\frac{1}{2}F_d\Delta_d$，它等于弹簧的应变能，即

$$V_{\varepsilon d} = \frac{1}{2}F_d\Delta_d \tag{b}$$

若重物 $P$ 以静载的方式作用于构件上，例如像图 12 – 4 中的载荷，构件的静变形为 $\Delta_{st}$和静应力为 $\sigma_{st}$。在动载荷 $F_d$ 作用下，相应的变形为 $\Delta_d$ 和应力为 $\sigma_d$。在线弹性范围内，载荷、变形和应力成正比，故有

$$\frac{F_d}{P} = \frac{\Delta_d}{\Delta_{st}} = \frac{\sigma_d}{\sigma_{st}} \tag{c}$$

或者写为

$$F_d = \frac{\Delta_d}{\Delta_{st}}P, \sigma_d = \frac{\Delta_d}{\Delta_{st}}\sigma_{st} \tag{d}$$

把上式中的 $F_d$ 带入式（b），得

$$V_{\varepsilon d} = \frac{1}{2}\frac{\Delta_d^2}{\Delta_{st}}P \tag{e}$$

将式（a）和式（e）代入式（12 – 5），经整理，得

$$\Delta_d^2 - 2\Delta_{st}\Delta_d - \frac{2T\Delta_{st}}{P} = 0$$

从以上方程中解出

$$\Delta_d = \Delta_{st}\left(1 + \sqrt{1 + \frac{2T}{P\Delta_{st}}}\right) \tag{f}$$

引用记号 $K_d$，令

$$K_d = \frac{\Delta_d}{\Delta_{st}} = 1 + \sqrt{1 + \frac{2T}{P\Delta_{st}}} \tag{12 – 6}$$

$K_d$ 称为冲击动载荷因数。这样，式（f）和式（d）就可写成

$$\Delta_d = K_d\Delta_{st}, F_d = K_dP, \sigma_d = K_d\sigma_{st} \tag{12 – 7}$$

可见用 $K_d$ 乘静载荷、静变形和静应力，即可求得冲击时的载荷、变形和应力。这里 $F_d$，$\Delta_d$ 和 $\sigma_d$ 是指受冲构件到达最大变形位置，冲击物速度等于零时的瞬息载荷、变形和应力。过此以后，构件的变形将即刻减小，引起系统的振动，在有阻尼的情况下，运动最终归于消失。当然，我们需要计算的，正是冲击时变形和应力的瞬息最大值。

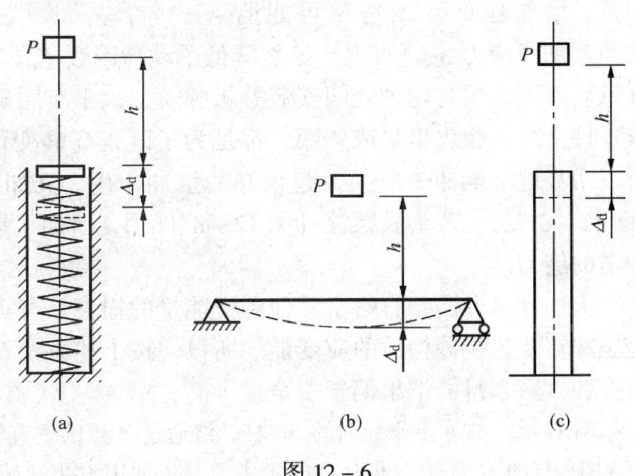

图 12 – 6

若冲击是因重为 $P$ 的物体从高为 $h$ 处自由下落造成的（图 12 – 6），

则物体与弹簧接触时，$v^2=2gh$，于是 $T=\frac{P}{2g}v^2=Ph$ 代入公式（12－6）得

$$K_d=1+\sqrt{1+\frac{2h}{\Delta_{st}}} \tag{12-8}$$

这是物体自由下落时的动荷因数。突然加于构件上的载荷，相当于物体自由下落时 $h=0$ 的情况。由公式（12－8）可知，$K_d=2$。所以在突加载荷下，构件的应力和变形皆为静载时的2倍。

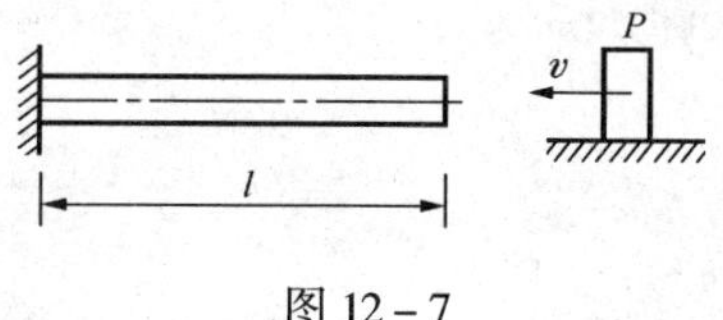

图 12－7

对水平置放的系统，例如图 12－7 所示情况，冲击过程中系统的势能不变，$V=0$。若冲击物与杆件接触时的速度为 $v$，则动能 $T$ 为 $\frac{P}{2g}v^2$。以 $V$、$T$ 和式（e）中的 $V_{\varepsilon d}$ 代入公式（12－5），得

$$\frac{P}{2g}v^2=\frac{\Delta_d^2}{2\Delta_{st}}P$$

$$\Delta_d=\sqrt{\frac{v^2}{g\Delta_{st}}}\Delta_{st} \tag{g}$$

由式（d）又可求出

$$F_d=\sqrt{\frac{v^2}{g\Delta_{st}}}P,\sigma_d=\sqrt{\frac{v^2}{g\Delta_{st}}}\sigma_{st} \tag{h}$$

以上各式中带根号的系数也就是动荷因数 $K_d$。

从公式（12－6），式（12－8）和式（h）都可看到，在冲击问题中，如能增大静位移 $\Delta_{st}$ 就可以降低冲击载荷和冲击应力。这是因为静位移的增大表示构件较为柔软，因而能更多地吸收冲击物的能量。但是，增加静变形 $\Delta_{st}$ 应尽可能地避免增加静应力 $\sigma_{st}$，否则，虽然降低了动荷因数 $K_d$，却又增加了 $\sigma_{st}$，结果动应力未必就会降低。汽车大梁与轮轴之间安装叠板弹簧，火车车厢架与轮轴之间安装压缩弹簧，某些机器或零件上加上橡皮坐垫或垫圈，都是为了既提高静变形 $\Delta_{st}$，又不改变构件的静应力。这样可以明显地降低冲击应力，起很好的缓冲作用。又如把承受冲击的汽缸盖螺栓，由短螺栓［图 12－8（a）］改为长螺栓［图 12－8（b）］，增加了螺栓的静变形 $\Delta_{st}$，就可以提高其承受冲击的能力。

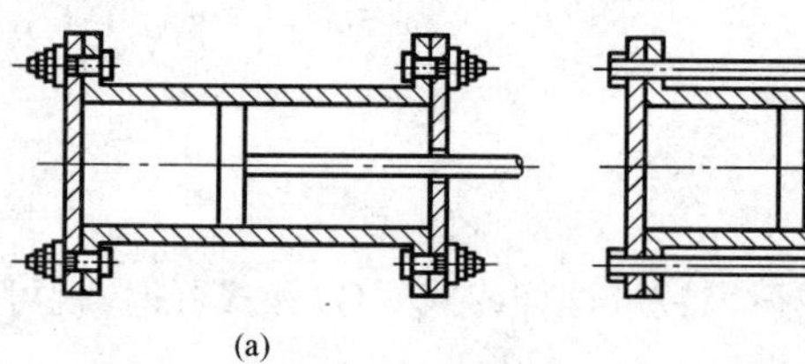

图 12－8

上述计算方法，省略了其他种类能量的损失。事实上，冲击物所减少的动能和势能不可能全部转变为受冲构件的应变能。所以，按上述方法算出的受冲构件的应变能的数值偏高，由这种方法求得的结果偏于安全。

**例 12－2** 在水平平面内的 $AC$ 杆，绕通过 $A$ 点的垂直轴以匀角速 $\omega$ 转动，图 12－9（a）是它的俯视图。杆的 $C$ 端有一重为 $P$ 的集中质量。如因发生故障在 $B$ 点卡住而突然停止转动［图 12－9

(b)]，试求 $AC$ 杆内的最大冲击应力。设杆的质量可以不计。

**解**：$AC$ 杆将因突然停止转动而受到冲击，发生弯曲变形。$C$ 端集中质量的初速度原为 $\omega l$，在冲击过程中，最终变为零，损失的动能是

$$T = \frac{1}{2}\frac{P}{g}(\omega l)^2$$

因为是在水平平面内运动，集中质量的势能没有变化，即

$$V = 0$$

将 $T, V$ 和 $V_{\varepsilon d}$ 代入公式（12－5），略作整理即可得到

$$\frac{\Delta_d}{\Delta_{st}} = \sqrt{\frac{\omega^2 l^2}{g\Delta_{st}}}$$

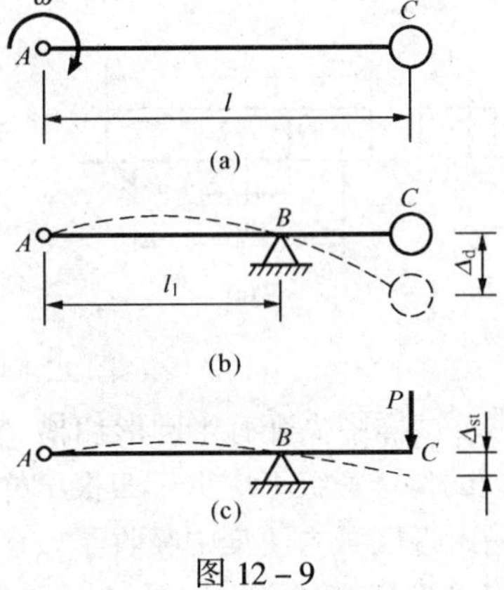

图 12－9

由（d）时知冲击应力为

$$\sigma_d = \frac{\Delta_d}{\Delta_{st}}\sigma_{st} = \sqrt{\frac{\omega^2 l^2}{g\Delta_{st}}}\sigma_{st} \tag{i}$$

若 $P$ 以静载的方式作用于 $C$ 端［12－9（c)]，利用求弯曲变形的任一种方法，都可以求得 $C$ 点的静位移 $\Delta_{st}$为

$$\Delta_{st} = \frac{Pl(l - l_1)^2}{3EI}$$

同时，在截面 $B$ 上的最大静应力 $\sigma_{st}$为

$$\sigma_{st} = \frac{M}{W} = \frac{P(l - l_1)^2}{W}$$

把 $\Delta_{st}$和 $\sigma_{st}$带入（i）式便可求出最大冲击应力为

$$\sigma_d = \frac{\omega}{W}\sqrt{\frac{3EIlP}{g}}$$

## §12－4 冲 击 韧 性

工程上衡量材料抗冲击能力的标准，是冲断试样所需能量的多少。试验时，将带有切槽的弯曲试样置放于试验机的支架上，并使切槽位于受拉的一侧（图 12－10)。当重摆从一定高度自由落下将试样冲断时，试样所吸收的能量等于重摆所作的功 $W$。以试样在切槽处的最小横截面面积 $A$ 除 $W$，得

$$\alpha_K = \frac{W}{A} \tag{12-9}$$

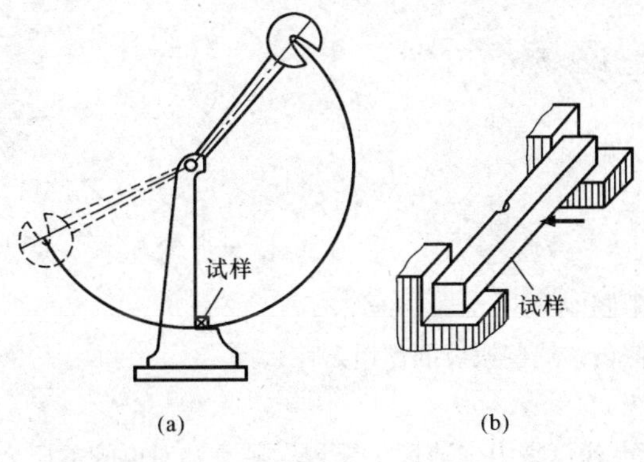

图 12－10

$\alpha_K$ 称为冲击韧性，其单位为 J/mm²。$\alpha_K$ 越大表示材料抗冲击的能力越强。一般说，塑性材料的抗冲击能力远高于脆性材料。例如低碳钢的冲击韧性就远高于铸铁。冲击韧性也

是材料的性能指标之一。某些工程问题中，对冲击韧性的要求一般有具体规定。

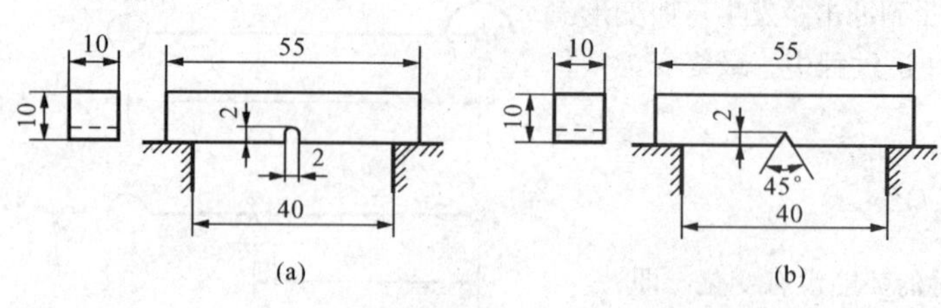


图 12-11

$\alpha_K$ 的数值与试样的尺寸、形状、支承条件等因素有关，所以它是衡量材料抗冲击能力的一个相对指标。为便于比较，测定 $\alpha_K$ 时应采用标准试样。我国通用的标准试样是两端简支的弯曲试样［图 12-11 (a)］，试样中央开有半圆形切槽，称为 U 形切槽试样。为避免材料不均匀和切槽不准确的影响，试验时每组不应少于四根试样。试样上开切槽是为了使切槽区域高度应力集中，这样，切槽附近区域内便集中吸收了较多的能量。切槽底部越尖锐就更能体现上述要求，所以有时采用 V 形切槽试样，如图 12-11（b）所示。

试验结果表明，$\alpha_K$ 的数值随温度降低而减小。在图 12-12 中，若纵轴代表试样冲断时吸收的能量，低碳钢的 $\alpha_K$ 随温度的变化情况如图中实线所示。图线表明，随着温度的降低，在某一狭窄的温度区间内，$\alpha_K$ 的数值骤然下降，材料变脆，这就是冷脆现象。使 $\alpha_K$ 骤然下降的温度称为转变温度。试件冲断后，断面的部分面积呈晶粒状是脆性断口，另一部分面积呈纤维状是塑性断口。V 形切槽试件应力集中程度较高，因而断口分区比较明显。用一组 V 形切槽试件在不同温度下进行试验，晶粒状断口面积占整个断面面积的百分比，随温度降低而升高，

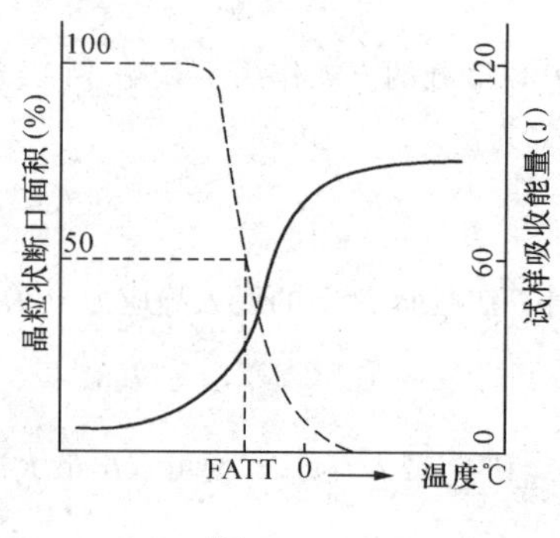


图 12-12

如图 12-12 中的虚线所示。一般把晶粒状断口面积占整个断面面积 50% 时的温度，规定为转变温度，并称为 FATT。

也不是所有金属都有冷脆现象。例如铝、铜和某些高强度合金钢，在很大的温度变化范围内，$\alpha_K$ 的数值变化很小，没有明显的冷脆现象。

## 思考讨论题

12-1 何谓静载荷？何谓动载荷？二者有什么差别？

12-2 举例说明动载荷的利与害。

12-3 何谓动荷系数？它的物理意义是什么？

12-4 为什么转动的砂轮都有一定的临界转速限制？

12-5 在用能量法计算冲击应力时，作了哪些假设？这些假设的作用是什么？

12-6 举例说明提高构件抗冲击能力的主要措施。

12-7 在垂直电梯内放置重量为 $W$ 的重物，若电梯以重力加速度 $g$ 下降，则重物对电梯的压力为多少？

12-8 何谓材料的冲击韧度？它与温度有什么关系？

## 习 题

12-1 如图12-13所示，一混凝土预制梁 $AB$，由起重机以加速度 $a$ 向上吊装。设梁长为 $l$；截面面积为 $A$；材料的密度为 $\rho$，试求：

(1) 吊索拉力 $F$ 值；

(2) 求出跨中截面 $C$ 的弯矩值，并作梁的弯矩图。

12-2 图12-14示为20a槽钢，以等加速下降。若在0.2s的时间内速度从1.8m/s降至0.6m/s。已知 $l=6\text{m}$，$b=1\text{m}$，槽钢 $W_z=24.2\text{cm}^3$，单位长度重量 $q=222\text{N/m}$，试求槽钢的最大弯曲正应力。

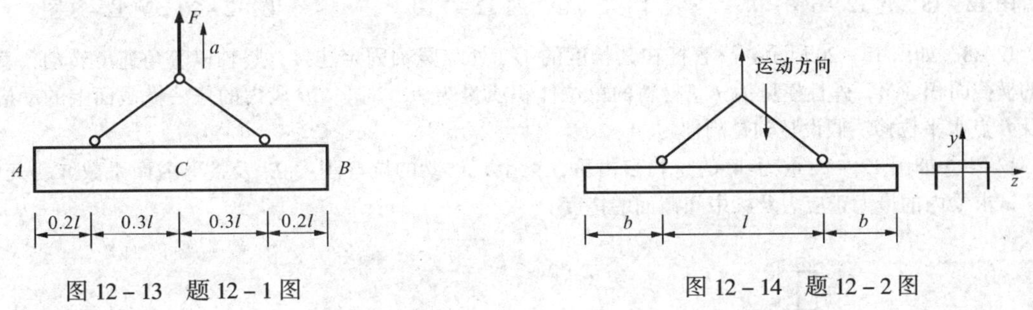


图12-13 题12-1图　　图12-14 题12-2图

12-3 如图12-15所示，均质等截面杆，长为 $l$，重为 $W$，横截面面积为 $A$，水平放置在一排光滑的滚子。杆的两端受轴向力 $F_1$ 和 $F_2$ 作用，且 $F_2>F_1$。试求杆内正应力沿杆件长度分布的情况(设滚动摩擦可以忽略不计)。

12-4 桥式起重机上悬挂一重量 $G=50\text{kN}$ 的重物，以匀速度 $v=1\text{m/s}$ 向前移（在图12-16中，移动的方向垂直于纸面）。当桥式起重机突然停止时，重物像单摆一样向前摆动。若梁为No.14工字钢，吊索横截面面积 $A=5\times10^{-4}\text{m}^2$，问此时吊索内及梁内的最大应力增加多少？设吊索的自重以及由重物摆动引起的斜弯曲影响都忽略不计。

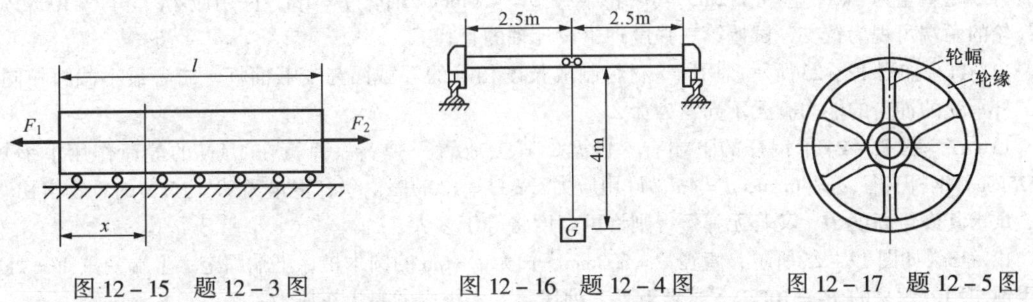


图12-15 题12-3图　　图12-16 题12-4图　　图12-17 题12-5图

12-5 如图12-17飞轮的最大圆周速度 $v=25\text{m/s}$，材料的重度是 $7.26\text{kg/m}^3$。若不计轮辐的影响，试求轮缘内的最大正应力。

12-6 图12-18示钢轴 $AB$ 的直径为80mm。轴上有一直径为80mm的钢质圆杆 $CD$，$CD$ 垂直于 $AB$。若 $AB$ 以等角速度 $\omega=40\text{rad/s}$ 转动。材料的许用应力 $[\sigma]=70\text{MPa}$，容重为 $78\text{kN/m}^3$，试校核轴

*AB* 及杆 *CD* 的强度。

12-7 *AD* 轴以等角速度 $\omega$ 转动。在轴的纵向对称面内，于轴线的两侧有两个重为 *G* 的偏心载荷，如图 12-19 所示。试求轴内最大弯矩。

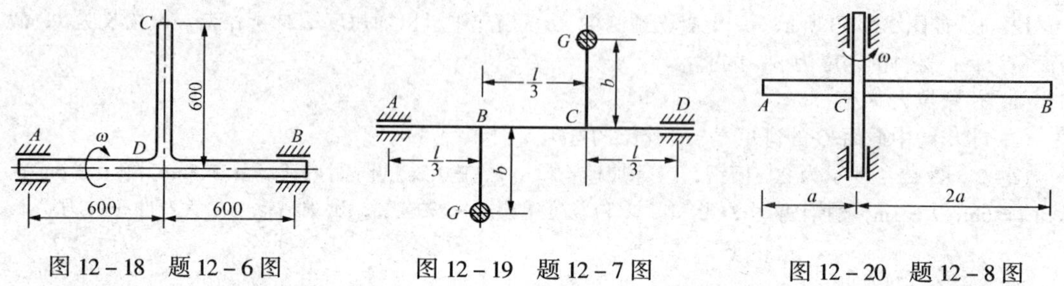


图 12-18 题 12-6 图　　图 12-19 题 12-7 图　　图 12-20 题 12-8 图

12-8 如图 12-20 所示，一直杆在其长度的 1/3 处与竖轴固定连接，竖轴以等角速度转动，直杆的横截面积为 *A*，弹性模量为 *E*，材料的单位体积质量为 $\rho$，试求 *CB* 段内的任一横截面上的动应力及 *B* 点水平位移。假设竖轴是刚性的。

12-9 如图 12-21 重为 *W* 的重物自由落在梁上，设梁的抗弯刚度 *EI* 及抗弯截面系数 $W_z$ 为已知，试求梁内的最大正应力及梁中间截面的挠度。

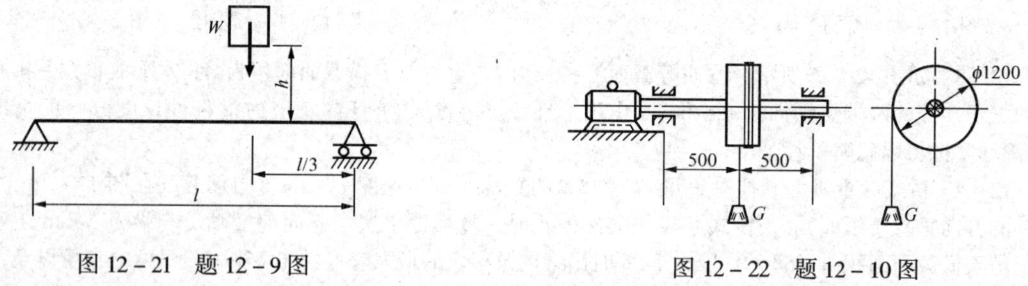


图 12-21 题 12-9 图　　图 12-22 题 12-10 图

12-10 如图 12-22 所示，卷扬机开动时，鼓轮旋转，将重物 $G=40\text{kN}$ 以加速度 $a=5\text{m/s}^2$ 向上提升，鼓轮重量为 4kN，直径 1.2m，其回转半径 $\rho=450\text{mm}$，轴长 $l=1\text{m}$，许用应力 $[\sigma]=100\text{MPa}$，设鼓轮的两端可视为铰支，试按第三强度理论设计轴的直径。

12-11 如图 12-23 所示，用同一材料制成长度相等的等截面与变截面杆，二者最小截面相同。问二杆承受的冲击的能力有无不同？为什么？

12-12 图 12-24 示钢杆的下端有一圆盘，其上放置一弹簧。弹簧在 1 kN 的静荷作用下缩短 0.625mm。钢杆直径 $d=40\text{mm}$，$l=4\text{m}$，许用应力 $[\sigma]=120\text{MPa}$，今有重量为 $G=15\text{kN}$ 的重物自由下落，试求其许可高度 *H*；又若无弹簧，则许可高度将等于多大？

12-13 如图 12-25 所示，直径 $d=300\text{mm}$、长为 $l=6\text{m}$ 的圆木桩，下端固定，上端受重 $W=2\text{kN}$ 的重锤作用。木材的 $E_1=10\text{GPa}$。试求下列三种情况，木桩内的最大正应力：

(1) 重锤以静载荷的方式作用于木桩上；

(2) 重锤从离桩顶 1m 的高度自由落下；

(3) 在桩顶放置直径为 150mm、厚为 40mm 的橡皮垫，橡皮的弹性模量 $E_2=8\text{MPa}$。重锤也是从离橡皮垫顶面 1m 的高度自由落下。

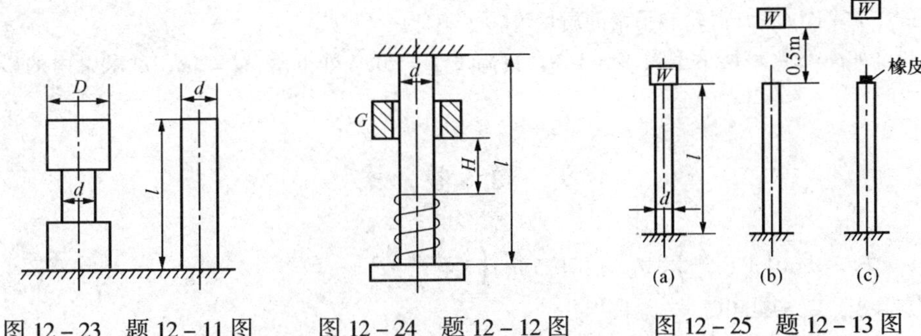


图 12－23 题 12－11 图　　图 12－24 题 12－12 图　　图 12－25 题 12－13 图

12－14 一个 700N 体重的跳水运动员，设从 300mm 高处落到跳板上，跳板尺寸如图 12－26 所示，$E=10\text{GPa}$，试求跳板中的最大弯曲应力。

12－15 如图 12－27 所示，钢架梁的右端置于一螺旋弹簧上，弹簧共有 10 圈，其平均直径为 10cm，簧杆的直径为 20mm，若梁的许用应力 $[\sigma]=160\text{MPa}$，弹簧的许用应力 $[\tau]=200\text{MPa}$，$G=80\text{GPa}$。今有重 $W=2\text{kN}$ 的重物自高度 $H$ 处自由下落，试求其许可高度 $H$。

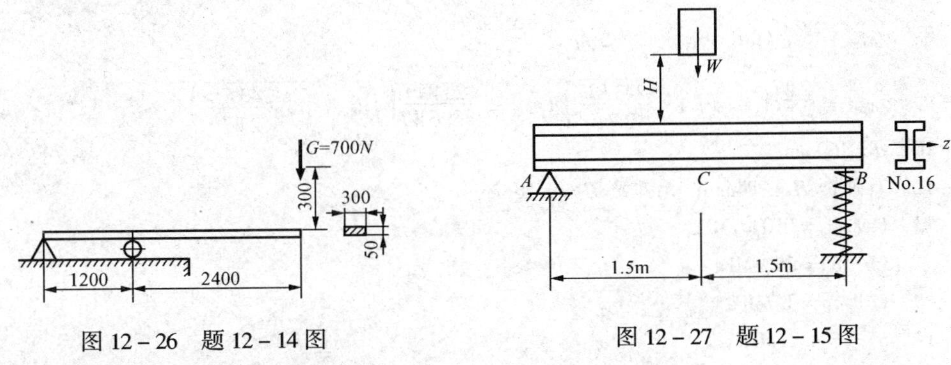


图 12－26 题 12－14 图　　图 12－27 题 12－15 图

12－16 如图 12－28 所示，圆轴直径 $d=60\text{mm}$、长为 $l=22\text{m}$，左端固定，右端有一直径 $D=40\text{cm}$ 的鼓轮。轮上绕以钢绳，绳的端点 $A$ 悬挂吊盘。绳长 $l_1=10\text{m}$，横截面积 $A=1.2\text{cm}^2$，$E=200\text{GPa}$。轴的切变模量 $G=80\text{GPa}$。重 $W=800\text{N}$ 的物块自 $h=20\text{cm}$ 处落于吊盘上。试求轴内的最大切应力和最大正应力。

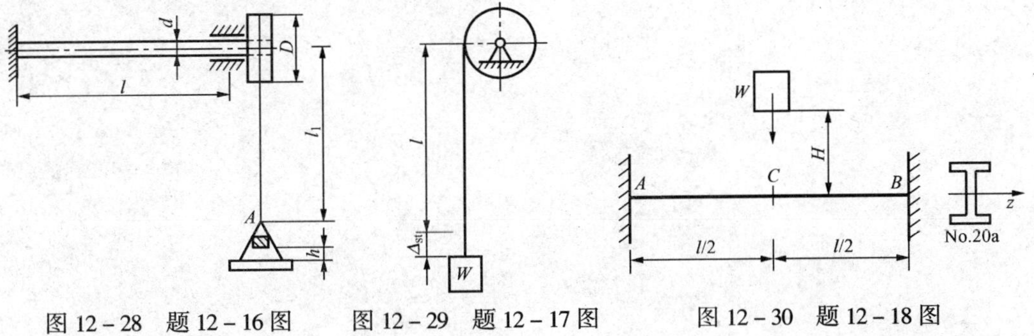


图 12－28 题 12－16 图　　图 12－29 题 12－17 图　　图 12－30 题 12－18 图

12－17 如图 12－29 所示，钢吊索的下端悬挂一重量为 $W=25\text{kN}$ 的重物，并以速度 $v=1\text{m/s}$ 下

降。当吊索长为 $l=20\text{m}$ 时，滑轮突然被卡住。试求吊索受到的冲击载荷 $F_d$。设钢索的横截面面积 $A=4.14\text{cm}^2$，$E=170\text{GPa}$，滑轮和吊索的质量可略去不计。

12－18 如图 12－30 所示重物 $W=1\text{kN}$，自高度 $h=20\text{cm}$ 处下落，$l=5\text{m}$，试求梁内的最大正应力。

## 习题答案

12－1 $F=\rho gAl\left(1+\dfrac{a}{g}\right),M_C=0.025\rho gA\left(1+\dfrac{a}{g}\right)l^2$

12－2 $\sigma_{\text{dmax}}=59.1\text{MPa}$

12－3 $\sigma_{\text{d}}=\dfrac{1}{A}\left[F_1+\dfrac{x}{l}(F_2-F_1)\right]$

12－4 梁内 $\Delta\sigma_{\max}=15.6\text{MPa}$； 吊索 $\Delta\sigma_{\max}=2.55\text{MPa}$；

12－5 $\sigma_{\text{dmax}}=4.63\text{MPa}$

12－6 轴 $AB$：$\sigma_{\text{dmax}}=68.2\text{MPa}$；杆 $CD$：$\sigma_{\text{dmax}}=2.27\text{MPa}$

12－7 $M_{\text{dmax}}=\dfrac{Wl}{3}\left(1+\dfrac{b\omega^2}{3g}\right)$

12－8 $\sigma_{\text{dmax}}=\dfrac{\rho\omega^2}{2}(4a^2-x^2)$ $\Delta_{\text{HB}}=\dfrac{8\rho\omega^2a^3}{3E}$

12－9 $\sigma_{\text{dmax}}=\dfrac{2Wl}{9W_z}\left(1+\sqrt{1+\dfrac{243EIh}{2Wl^3}}\right)$；$v_{l/2}=\dfrac{23Wl^3}{1296WI}\left(1+\sqrt{1+\dfrac{243EIh}{2Wl^3}}\right)$

12－10 $d=160\text{mm}$

12－12 有弹簧 $H=384\text{mm}$；无弹簧 $H=9.56\text{mm}$

12－13 (a) $\sigma_{\text{st}}=0.0707\text{MPa}$

(b) $\sigma_{\text{d}}=15.4\text{MPa}$

(c) $\sigma_{\text{d}}=3.7\text{MPa}$

12－14 $\sigma_{\text{dmax}}=43.1\text{MPa}$

12－15 $H=48.7\text{mm}$

12－16 轴内 $\tau_{\text{dmax}}=80.7\text{MPa}$；绳内 $\sigma_{\text{d}}=142.5\text{MPa}$

12－17 $F_{\text{d}}=120\text{kN}$

12－18 $\sigma_{\text{dmax}}=148.5\text{MPa}$

# 第十三章　交　变　应　力

## §13-1　引　　言

### 一、交变应力的概念

在工程中有许多构件承受的载荷其大小、方向或位置等随时间作周期性的变化，呈周期性交替变化的应力，称为交变应力。如图13-1（a）所示火车轮轴，在来自车厢载荷 $F$ 作用下，虽然载荷 $F$ 的大小和方向基本不变（即弯矩基本不变），但轴以角速度 $\omega$ 转动时，轴横截面上边缘任一点 $k$ 到中性轴的距离 $y = r\sin\omega t$，如图13-1（b）所示，却是随时间 $t$ 变化的，$k$ 点的弯曲正应力为

$$\sigma = \frac{My}{I} = \frac{Mr}{I}\sin\omega t$$

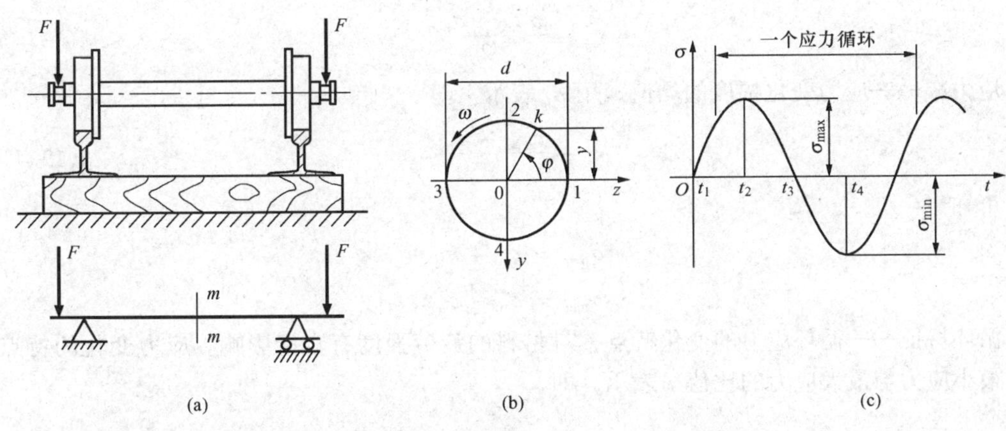


图13-1

可见，$\sigma$ 是随时间 $t$ 按正弦曲线变化的，如图13-1（c）所示。图中 $t_1$、$t_2$、$t_3$、$t_4$ 分别表示 $k$ 点在图13-11（b）中所示位置1、2、3、4的时刻。车轴每旋转一圈，$k$ 点处的材料即经历一次由拉伸到压缩的应力循环，车轴不停地旋转，该处的材料即受交变应力作用。

又如，齿轮上的每个齿，自开始啮合到脱开的过程中，齿根上的应力自零增大到某一最大值，然后又逐渐减为零；齿轮不断转动，每个齿不断反复受力（图13-2），也受交变应力作用。

### 二、交变应力的描述

图13-3所示的交变应力，用下列名词术语来描述应力随时间变化的特征。

应力循环——应力值每重复变化一次成为一个循环。例如应力从最小值变到最大值，再变回到最小值。

循环次数——应力重复变化的次数，用 $N$ 表示。

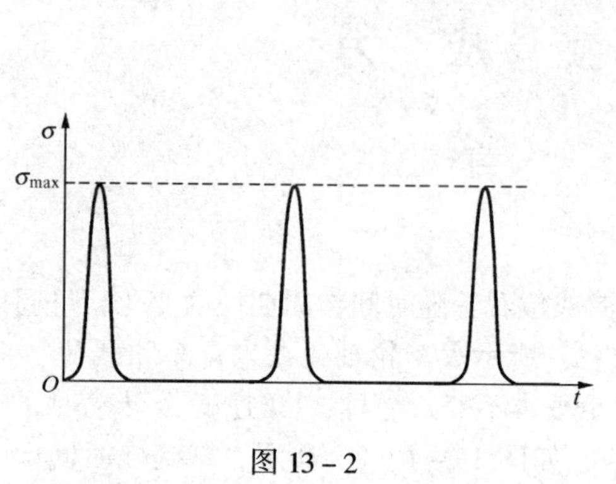

图 13－2

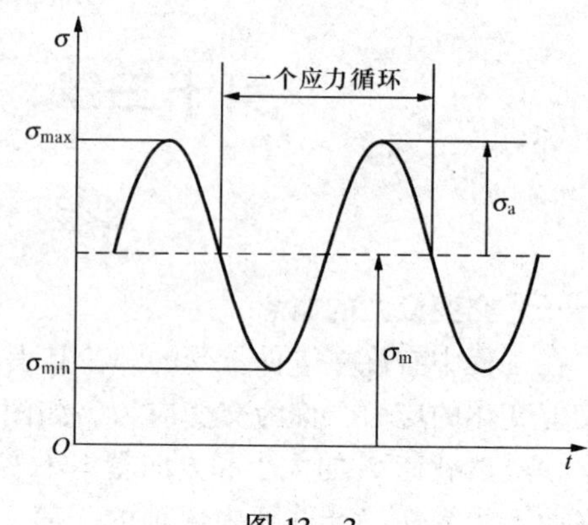

图 13－3

最大应力——应力循环中的最大值，用 $\sigma_{max}$表示。

最小应力——应力循环中的最小值，用 $\sigma_{min}$表示。

平均应力——最大应力与最小值的平均值，用 $\sigma_m$ 表示。即

$$\sigma_m = \frac{\sigma_{max} + \sigma_{min}}{2} \tag{13-1}$$

应力幅——应力变化幅度的均值，用 $\sigma_a$ 表示。即

$$\sigma_a = \frac{\sigma_{max} - \sigma_{min}}{2} \tag{13-2}$$

可知

$$\sigma_{max} = \sigma_m + \sigma_a$$

$$\sigma_{min} = \sigma_m - \sigma_a$$

循环特征——循环应力的变化特点，对材料的疲劳强度有直接影响。应力变化的特点，可用最小应力与最大应力的比值 $r$ 表示，即

$$r = \frac{\sigma_{min}}{\sigma_{max}} \tag{13-3}$$

在循环应力中，如果最大应力与最小应力的数值相等、正负符号相反，即 $\sigma_{max} = -\sigma_{min}$［图 13－4（a)］，则称为对称循环应力，其循环特征 $r = -1$。在循环应力中，如果最小应力 $\sigma_{min}$为零［图 13－4（b)］，则称为脉动循环应力，其循环特征 $r = 0$。例如，图 13－1（c）与图 13－2 所示应力即分别为对称与脉动循环应力的实例。

除对称循环外，所有循环特征 $r \neq -1$ 的循环应力，均属于非对称循环应力。所以，脉动循环应力也是一种非对称循环应力。

以上关于循环应力的概念，均采用正应力 $\sigma$ 表示。当构件承受循环切应力时，上述概念仍然适用，只需将正应力 $\sigma$ 改为切应力 $\tau$ 即可。

**三、疲劳失效**

构件在交变应力作用下发生的失效，称为疲劳失效或疲劳破坏，简称疲劳。

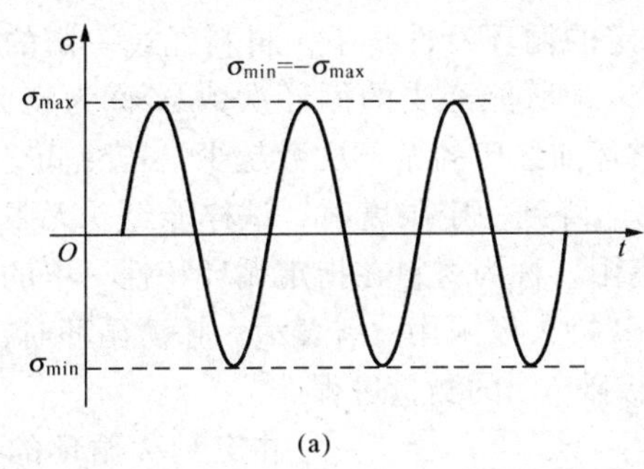

(a)

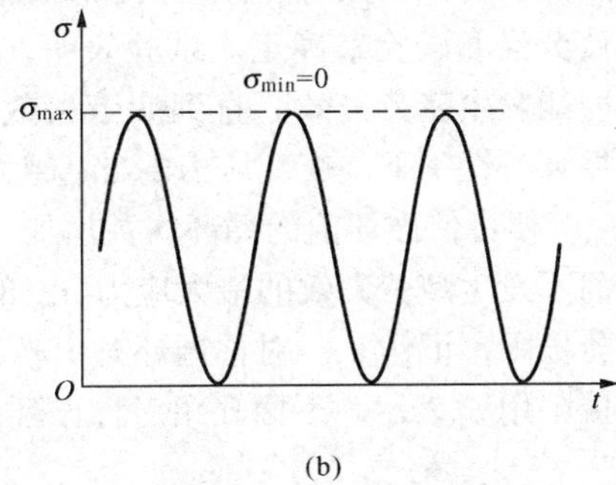

(b)

图 13－4

对于矿山、冶金、动力、运输机械以及航空航天飞行器等，疲劳是其零件或构件的主要失效形式。构件在交变应力作用下的疲劳失效与静应力作用下的失效有本质上的区别。疲劳破坏具有以下特点：

(1) 破坏时应力低于材料的强度极限，甚至低于材料的屈服应力；

(2) 疲劳破坏需经历多次应力循环后才能出现，即破坏是个积累损伤的过程；

(3) 即使塑性材料破坏时一般也无明显的塑性变形，即表现为脆性断裂；

(4) 在破坏的断口上，通常呈现两个区域，一个是光滑区域，另一个是粗糙区。例如，车轴疲劳破坏的断口如图 13－5 所示。

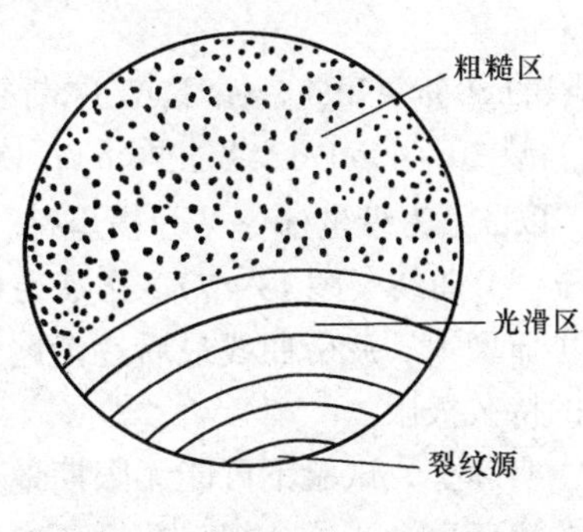

图 13－5

以上现象可以通过疲劳破坏的形成过程加以说明。当循环应力的大小超过一定限度并经历了足够多次的交替重复后，在构件内部应力最大或材质薄弱处，将产生细微裂纹，这种裂纹随着应力循环次数增加而不断扩展，并逐渐形成为宏观裂纹。在扩展过程中，由于应力循环变化，裂纹两表面的材料时而互相挤压，时而分离，或时而正向错动，时而反向错动，从而形成断口的光滑区。另一方面，由于裂纹不断扩展，当达到临界长度时，构件将发生突然断裂，断口的粗糙区就是突然断裂造成的。因此，疲劳破坏的过程可理解为疲劳裂纹萌生、逐步扩展和最后断裂的过程。

疲劳失效往往是在没有明显预兆的情况下突然发生的，因而常常造成严重事故。据统计，飞机、车辆和机器发生的事故中，有很大比例是疲劳失效造成的。因此，对在交变应力下工作的零件和构件，进行疲劳强度计算是非常必要的。

## § 13－2 材料的持久极限及其测定

由于构件在交变应力下工作时，其最大应力低于静载荷屈服点就可能发生疲劳失效，因此，屈服强度或强度极限等静载荷强度指标均不宜作为疲劳强度指标，此时材料的强度指标必需由疲劳强度试验来确定。试验表明，在一定的循环特性 $r$ 下，材料经过一定的循环次数，才可能发生疲劳失效。直到疲劳失效前，试样所能经受的循环次数 $N$ 称为疲劳寿命。在同一循环特性 $r$ 下，交变应力的 $\sigma_{max}$越大，破坏前经历的循环次数越少，若降低交变应力中的 $\sigma_{max}$，便可使破坏前的循环次数增加，当 $\sigma_{max}$降到一定限度时，试样能经受无限多次应力循环而不发生疲劳失效的最大应力 $\sigma_{max}$的最高限，称为材料在指定循环特性 $r$ 下的持久极限或疲劳极限，记作 $\sigma_r$。对称循环时 $r=-1$，其持久极限用 $\sigma_{-1}$表示；脉动循环时，$r=0$，其持久极限用 $\sigma_0$表示。下面介绍对称循环持久极限 $\sigma_{-1}$的测量过程。

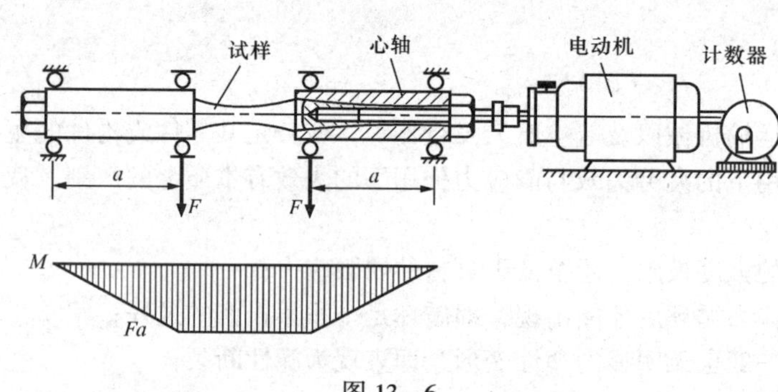

图 13－6

测定对称循环的持久极限 $\sigma_{-1}$，技术上比较简单，通常在纯弯曲变形下进行。首先要制备若干根光滑小试件（一般 7～10 根），然后将试件分别装在疲劳试验机上（图 13－6）。预先规定每根试件不同的 $\sigma_{max}$水平，从高应力做起。第一根试件的最大应力 $\sigma_{max,1}$，约等于其强度极限的 60%～70%，循环 $N_1$ 次断裂。第二根试件的最大应力 $\sigma_{max,2}$比第一根试件的最大应力 $\sigma_{max,1}$减 20～40MPa，经过循环 $N_2$ 次断裂。依次降低 $\sigma_{max}$，得出试样断裂时相应的循环次数 $N$。以 $\sigma_{max}$为纵坐标，$N$ 为横坐标，将试验所得的一系列数据描出一条曲线，称为疲劳曲线或 $\sigma-N$ 曲线（图 13－7）。由疲劳曲线可知，试样断裂前所能经受的循环次数 $N$，随 $\sigma_{max}$的减小而增大，疲劳曲线最后逐渐趋于水平，其水平渐近线的纵坐标 $\sigma_{-1}$，就是对称循环下材料的持久极限。

实际上，试验不可能无限期地进行下去，一般规定一个特定的循环次数 $N_0$ 来代替无限长的疲劳寿命，这个规定的循环次数 $N_0$ 称为循环基数。在疲劳曲线上与 $N_0$ 对应的 $\sigma_{max}$就是持久极限 $\sigma_{-1}$。常温下的试验结果表明，如钢制试样经历 $10^7$ 次循环后仍未断裂，则再增加循环次数，也不会断裂，所以通常就把在 $10^7$ 次循环下仍未断裂的最大应力，规定为钢材的持久极限，并把 $N_0=10^7$ 称为循环基数。有些有色金属的疲劳曲线并不明显地趋于水平，对于这类材料，通常选定一个有限次数作为循环基数，例如，对某些铝、镁合金，可选定 $N_0=10^8$ 次，把它所对应的最大应力作为这类材料的**条件持久极限**。

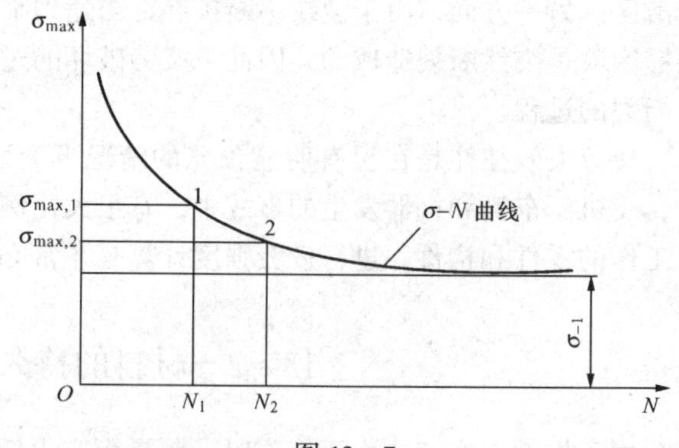

图 13－7

试验表明，钢材在对称循环下的持久极限与其静载下的强度极限 $\sigma_b$ 的关系大致如下：

弯曲变形 $\sigma_{-1} = (0.4 \sim 0.5)\sigma_b$

拉压变形 $\sigma_{-1} = (0.33 \sim 0.59)\sigma_b$

扭转变形 $\tau_{-1} = (0.23 \sim 0.29)\sigma_b$

## §13－3 影响持久极限的主要因素

影响材料持久极限的因素很多，如构件绝对尺寸的大小、几何形状、表面光洁度、温度、介质腐蚀等等。本节对机械零件设计时须考虑的主要因素作一介绍。

**一、构件外形的影响**

在构件外形发生改变的地方，如阶梯形轴的截面改变处、键槽、开孔等，将引起应力集中，而应力集中是产生疲劳裂纹的重要因素，所以有应力集中区的构件，持久极限要降低。应力集中对持久极限的影响是通过所谓有效集中因数来计算的：

$$K_\sigma = \frac{\sigma_{-1}}{(\sigma_{-1})_k} \tag{13-4}$$

式中：$\sigma_{-1}$是标准光滑试样对称循环的持久极限；$(\sigma_{-1})_k$ 是有应力集中的光滑试样的对称循环持久极限；$K_\sigma$ 值在有关的设计手册里可查到。这里列举几种情况作为例子，图 13－8、图 13－9、图 13－10 为阶梯形轴受纯弯曲、扭转和拉压的有效集中因数 $K_\sigma$ 的曲线。图中曲线均适用于 $D/d = 2$ 及 $d = 30 \sim 50$mm 的情况，对于 $D/d$ 不等于 2 的情况，可采用下式进行修正：

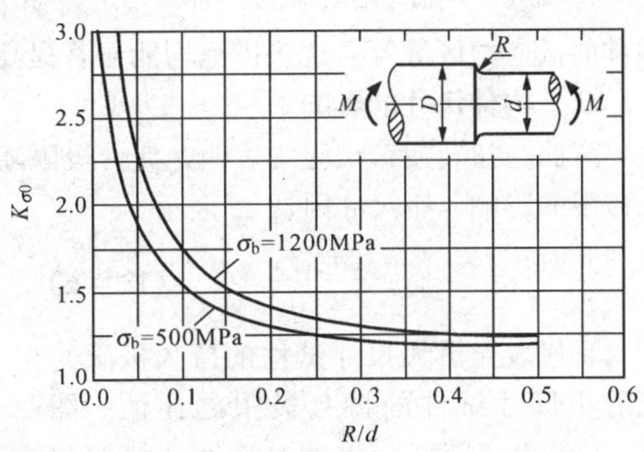


图 13－8

$$K_\sigma = 1 + \xi(K_{\sigma 0} - 1) \tag{13-5}$$

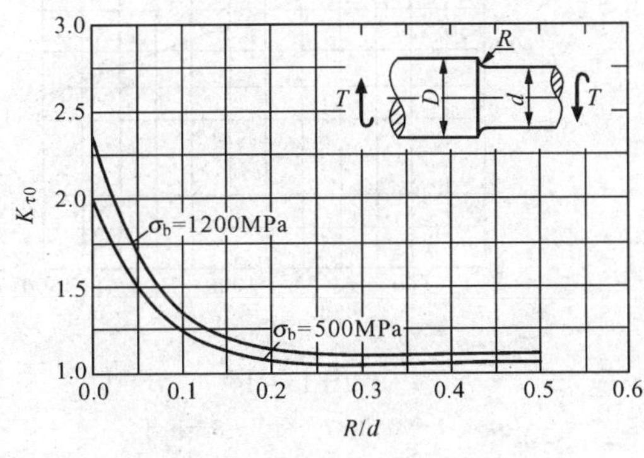


图 13－9

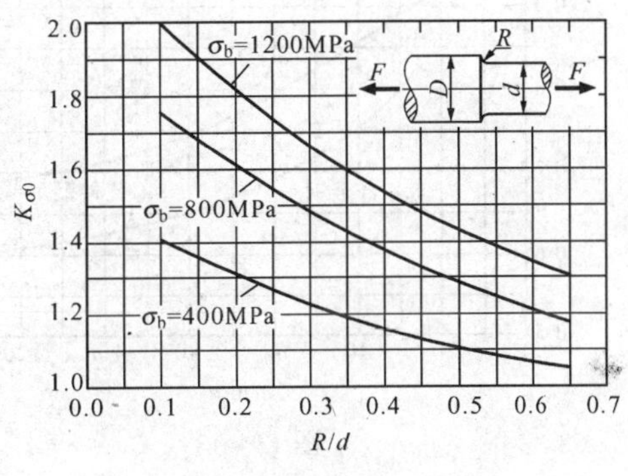


图 13－10

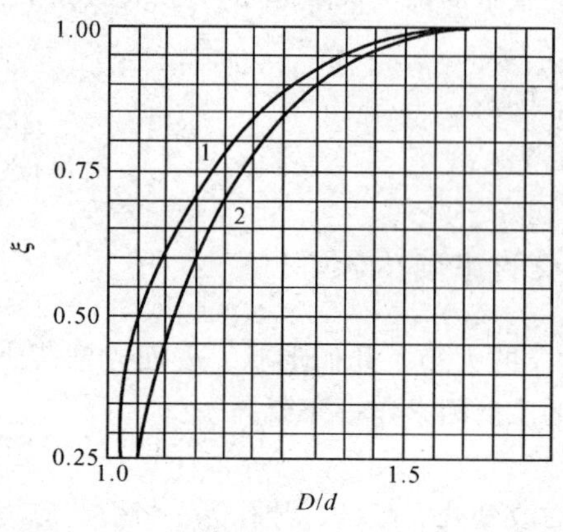


图 13－11

曲线 1—弯曲与拉压；曲线 2—扭转

式中：$K_{\sigma0}$是 $D/d=2$ 时的有效集中因数，$\xi$ 为修正系数，其值与 $D/d$ 有关，可由图 13－11 查得。至于其他情况下的有效集中因数，可查阅有关手册。

由图 13－8～图 13－10 可以看出：圆角半径 $R$ 愈小，有效应力集中因数 $K_{\sigma0}$愈大；材料的静强度极限 $\sigma_b$ 愈高，应力集中对持久极限的影响愈显著。

对于在交变应力下工作的构件，尤其是用高强度材料制成的构件，设计时应尽量减小应力集中。例如，增大圆角半径；减小相邻杆段横截面的粗细差别；采用凹槽结构（图 13－12a）；设置卸荷槽（图 13－12b）；将必要的孔与沟槽配置在构件的低应力区等等。这些措施均能显著提高构件的疲劳强度。

## 二、构件尺寸的影响

弯曲与扭转疲劳试验均表明，疲劳极限随构件横截面尺寸的增大而降低。截面尺寸对持久极限的影响，用尺寸因数 $\varepsilon_\sigma$ 表示

$$\varepsilon_\sigma = \frac{(\sigma_{-1})_d}{\sigma_{-1}} \qquad (13-6)$$

它代表光滑大尺寸试件的持久极限与光滑小尺寸试件的持久极限之比值。图 13－13给出了圆截面钢轴对称循环弯曲与扭转时的尺寸因数。

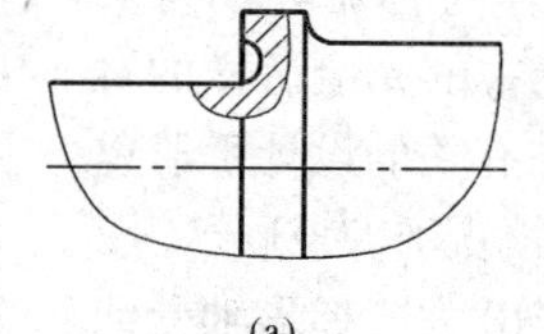
(a)

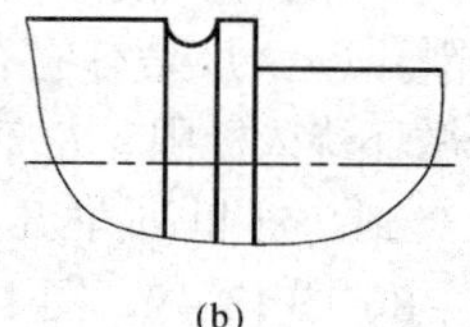
(b)

图 13－12

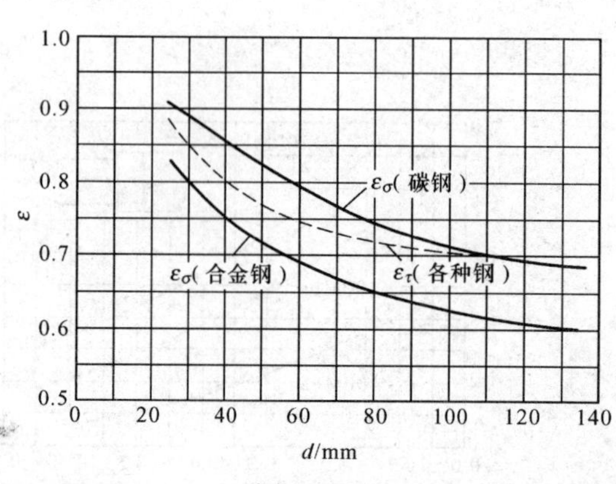


图 13－13

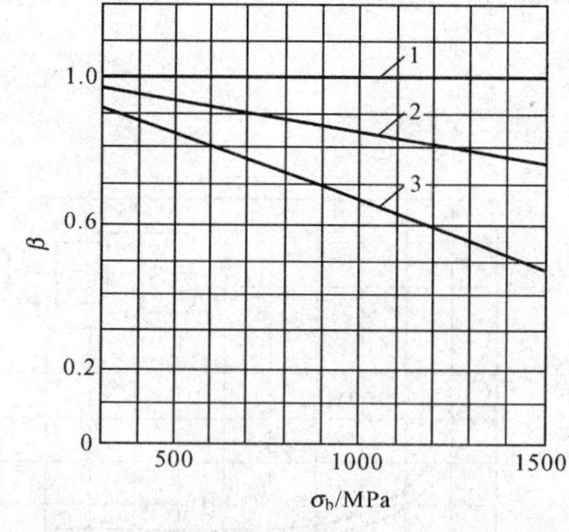


图 13－14

1—抛光；2—精车；3—粗车

可以看出：试件的直径 $d$ 愈大，持久极限降低愈多；材料的静强度愈高，截面尺寸的

大小对构件持久极限的影响愈显著。

**三、构件表面状态的影响**

试验表明，构件表面的加工质量对持久极限也有一定的影响。表面光洁度高的构件的持久极限高，反之，表面粗糙的构件的持久极限就低，这是因为粗糙的表面加工伤痕较多，容易引起应力集中的缘故，而应力集中区正是形成裂纹的第一源地。

构件表面状态对构件疲劳的影响，可用表面质量因数 $\beta$ 表示

$$\beta = \frac{(\sigma_{-1})_{\beta}}{\sigma_{-1}} = \frac{\text{表面状态不同的构件的持久极限}}{\text{表面磨光的标准试件的持久极限}} \tag{13-7}$$

表面质量因数 $\beta$ 与加工方法的关系如图 13－14 所示。

综合考虑上述三种影响疲劳极限的因素后，构件在对称循环下的持久极限 $\sigma^0_{-1}$可以写成

$$\sigma^0_{-1} = \frac{\varepsilon_\sigma \cdot \beta}{K_\sigma}\sigma_{-1} \tag{13-8}$$

## § 13－4 对称循环应力下的疲劳强度计算

由以上分析可知，当考虑应力集中、截面尺寸、表面加工质量等因数的影响以及必要的安全因数后，拉压杆或梁在对称循环应力下的许用应力为

$$[\sigma_{-1}] = \frac{\sigma^0_{-1}}{n_f} = \frac{\varepsilon_\sigma \cdot \beta}{n_f K_\sigma}\sigma_{-1} \tag{a}$$

式中：$\sigma^0_{-1}$代表拉压杆或梁在对称循环应力下的疲劳极限；$\sigma_{-1}$代表材料在轴向拉－压或弯曲对称循环应力下的疲劳极限；$n_f$ 为疲劳安全因数。所以，拉压杆或梁在对称循环应力下的强度条件为

$$\sigma_{max} \leqslant [\sigma_{-1}] = \frac{\varepsilon_\sigma \cdot \beta}{n_f K_\sigma}\sigma_{-1} \tag{13-9}$$

式中：$\sigma_{max}$代表拉压杆或梁横截面上的最大工作应力。

在机械设计中，通常将构件的疲劳强度条件写成比较安全因数的形式，要求构件对于疲劳破坏的实际安全强度或工作安全因数不小于规定的安全因数。由式（a）与式（13－9）可知，拉压杆或梁在对称循环应力下的工作安全因数为

$$n_\sigma = \frac{\sigma^0_{-1}}{\sigma_{max}} = \frac{\sigma_{-1}}{\dfrac{K_\sigma}{\varepsilon_\sigma \beta}\sigma_{max}} \tag{13-10}$$

而相应的疲劳强度条件为

$$n_\sigma = \frac{\sigma_{-1}}{\dfrac{K_\sigma}{\varepsilon_\sigma \beta}\sigma_{max}} \geqslant n_f \tag{13-11}$$

同理，轴在对称循环扭转切应力下的疲劳强度条件为

$$\tau_{max} \leqslant [\tau_{-1}] = \frac{\varepsilon_\tau \cdot \beta}{n_f K_\tau}\tau_{-1} \tag{13-12}$$

或

$$n_\tau = \frac{\tau_{-1}}{\dfrac{K_\tau}{\varepsilon_\tau \beta}\tau_{max}} \geqslant n_f \tag{13-13}$$

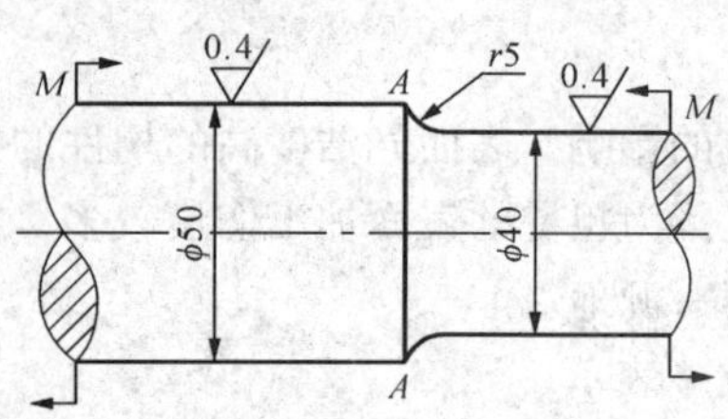


图 13－15

式中：$\tau_{max}$代表轴横截面上的最大扭转切应力。

**例 13－1**　图 13－15 所示阶梯形圆截面轴，由铬镍合金钢制成，危险截面 $A-A$ 上的内力为对称循环的交变弯矩，其最大值 $M_{max}=700\text{N·m}$，若规定的安全因数 $n=1.6$，试校核轴 $A-A$ 截面的疲劳强度。已知 $\sigma_b=1200\text{MPa}$，$\sigma_{-1}=460\text{MPa}$。

**解**

1. 计算构件工作应力

危险截面上的最大工作应力为

$$\sigma_{max}=\frac{M}{W_z}=\frac{32M}{\pi d^3}=\frac{32\times700\times10^3}{\pi\times40^3}\text{MPa}=111\text{MPa}$$

2. 确定各个影响因数

由于 $\dfrac{D}{d}=\dfrac{50}{40}=1.25$，$\dfrac{r}{d}=\dfrac{5}{40}=0.125$，强度极限 $\sigma_b=1200\text{MPa}$，由图 13－11 查得 $\xi=0.87$，由图 13－8 查得 $K_{\sigma0}=1.7$。代入式（13－5），得有效应力集中因数为

$$K_\sigma=1+0.87\times(1.7-1)=1.61$$

根据 $d=40\text{mm}$，材料为合金钢；由图 13－13 查得，$\varepsilon_\sigma=0.77$；由图 13－14 查得，$\beta=0.84$。

3. 校核疲劳强度

将上面所求的最大工作应力 $\sigma_{max}$和各影响因数 $K_\sigma$、$\varepsilon_\sigma$ 和 $\beta$ 值代入式（13－11），得阶梯形圆轴横截面 $A-A$ 的工作安全因数为

$$n_\sigma=\frac{\sigma_{-1}}{\dfrac{K_\sigma}{\varepsilon_\sigma\beta}\sigma_{max}}=\frac{460}{\dfrac{1.61}{0.77\times0.84}\times111}=1.66\geqslant n_f$$

所以，阶梯圆轴满足疲劳强度要求。

## §13－5　非对称循环与弯扭组合下构件的疲劳强度计算

### 一、非对称循环应力下构件的强度条件

材料在非对称循环应力下的疲劳极限 $\sigma_r$ 或 $\tau_r$ 也由试验测定，对于实际构件，同样也应考虑应力集中、截面尺寸与表面加工质量等的影响。根据分析结果，在循环特征保持一定的条件下，拉压杆与梁的疲劳强度条件为

$$n_\sigma=\frac{\sigma_{-1}}{\dfrac{K_\sigma}{\varepsilon_\sigma\beta}\sigma_a+\psi_\sigma\sigma_m}\geqslant n_f \tag{13-14}$$

轴的疲劳强度条件则为

$$n_\tau=\frac{\tau_{-1}}{\dfrac{K_\tau}{\varepsilon_\tau\beta}\tau_a+\psi_\tau\tau_m}\geqslant n_f \tag{13-15}$$

在以上二式中，$\sigma_m$ 与 $\sigma_a$（或 $\tau_m$ 与 $\tau_a$）分别代表构件危险点处的平均应力与应力幅；$K_\sigma$，$\varepsilon_\sigma$（或 $K_\tau$，$\varepsilon_\tau$）与 $\beta$ 分别代表对称循环时的有效应力集中因数、尺寸因数与表面质量因

数；$\psi_\sigma$ 与 $\psi_\tau$ 称为敏感因数，代表材料对于应力循环非对称性的敏感程度，其值为

$$\psi_\sigma = \frac{2\sigma_{-1} - \sigma_0}{\sigma_0} \tag{13-16}$$

$$\psi_\tau = \frac{2\tau_{-1} - \tau_0}{\tau_0} \tag{13-17}$$

式中：$\sigma_0$ 与 $\tau_0$ 代表材料在脉动循环应力下的疲劳极限；$\psi_\sigma$ 与 $\psi_\tau$ 之值也可以从有关手册中查到。

## 二、弯扭组合循环应力下构件的强度条件

按照第三强度理论，构件在弯扭组合变形时的静强度条件为

$$\sqrt{\sigma_{max}^2 + 4\tau_{max}^2} \leqslant \frac{\sigma_s}{n}$$

将上式两边平方后同除以 $\sigma_s^2$，并将 $\tau_s = \sigma_s/2$ 代入，则上式变为

$$\frac{1}{\left(\dfrac{\sigma_s}{\sigma_{max}}\right)^2} + \frac{1}{\left(\dfrac{\tau_s}{\tau_{max}}\right)^2} \leqslant \frac{1}{n^2}$$

式中：比值氏 $\sigma_s/\sigma_{max}$与 $\tau_s/\tau_{max}$可分别理解为仅考虑弯曲正应力与扭转切应力的工作安全因数，并分别用 $n_\sigma$ 与 $n_\tau$ 表示，于是，上式又可改写作

$$\frac{1}{n_\sigma^2} + \frac{1}{\tau_\tau^2} \leqslant \frac{1}{n^2}$$

或

$$\frac{n_\sigma n_\tau}{\sqrt{n_\sigma^2 + n_\tau^2}} \geqslant n$$

试验表明，上述形式的静强度条件可推广应用于弯扭组合循环应力下的构件。在这种情况下，$n_\sigma$ 与 $n_\tau$ 应分别按式（13－10）、式（13－12）或式（13－14）、式（13－15）进行计算，而静强度安全因数则相应改用疲劳安全因数 $n_f$ 代替。因此，构件在弯扭组合循环应力下的疲劳强度条件为

$$n_{\sigma\tau} = \frac{n_\sigma n_\tau}{\sqrt{n_\sigma^2 + n_\tau^2}} \geqslant n_f \tag{13-18}$$

式中：$n_{\sigma\tau}$代表构件在弯扭组合循环应力下的工作安全因数。

下面举例说明上述强度条件的应用。

**例 13－2** 图 13－16 所示阶梯形圆截面钢杆，承受非对称循环的轴向载荷 $F_{max} = 10F_{min} = 100kN$ 作用，已知杆径 $D = 50mm$，$d = 40mm$，圆角半径 $R = 5mm$，强度极限 $\sigma_b = 600MPa$，材料在拉压对称循环应力下的疲劳极限 $\sigma_{-1}^{拉-压} = 170MPa$，$\psi_\sigma = 0.05$。圆杆表面经精车加工，疲劳定安全因数 $n_f = 2$，试校核杆的疲劳强度。

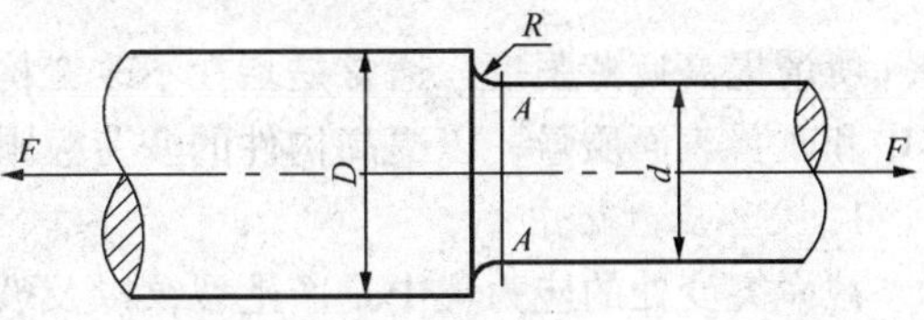

图 13－16

**解**

1. 计算工作应力

在非对称循环的轴向载荷作用下，危险截面

$A-A$ 承受非对称循环的交变正应力，其最大与最小值分别为

$$\sigma_{\max} = \frac{4F_{\max}}{\pi d^2} = \frac{4\times 100\times 10^3}{\pi\times 40^2}\text{MPa} = 79.6\text{MPa}$$

$$\sigma_{\min} = \frac{1}{10}\sigma_{\max} = 7.96\text{MPa}$$

$$\sigma_{\mathrm{m}} = \frac{\sigma_{\max}+\sigma_{\min}}{2} = \frac{79.6+7.96}{2}\text{MPa} = 43.8\text{MPa}$$

$$\sigma_{\mathrm{a}} = \frac{\sigma_{\max}-\sigma_{\min}}{2} = \frac{79.6-7.96}{2}\text{MPa} = 35.8\text{MPa}$$

2. 确定影响因数

阶梯形杆在粗细过渡处具有下述几何特征：

$$\frac{D}{d} = \frac{50}{40} = 1.25$$

$$\frac{R}{d} = \frac{5}{40} = 0.125$$

由图 13－10，查得 $D/d=2$，$R/d=0.125$ 时钢材的 $K_{\sigma 0}$值如下：

当 $\sigma_{\mathrm{b}}=400\text{MPa}$ 时，$K_{\sigma 0}=1.38$

当 $\sigma_{\mathrm{b}}=800\text{MPa}$ 时，$K_{\sigma 0}=1.72$

于是，利用线性插值法，得 $\sigma_{\mathrm{b}}=600\text{MPa}$ 时钢材的有效应力集中因数为

$$K_{\sigma 0} = 1.38 + \frac{600-400}{800-400}\times(1.72-1.38) = 1.55$$

由图 13－11，查得 $D/d=1.25$ 时的修正因数为

$$\xi = 0.85$$

将所得 $K_{\sigma 0}$与 $\xi$ 值代入式（13－5），得杆的有效应力集中因数为

$$K_{\sigma} = 1 + 0.85\times(1.55-1) = 1.47$$

由图 13－14，查得表面质量因数为

$$\beta = 0.94$$

此外，在轴向受力的情况下，尺寸因数为

$$\varepsilon_{\sigma} \approx 1$$

3. 校核疲劳强度

将以上数据代入式（13－14），于是得杆件截面 $A-A$ 的工作安全因数为

$$n_{\sigma} = \frac{\sigma_{-1}}{\dfrac{K_{\sigma}}{\varepsilon_{\sigma}\beta}\sigma_{\mathrm{a}} + \psi_{\sigma}\sigma_{\mathrm{m}}} = \frac{170}{35.8\times\left(\dfrac{1.47}{1\times 0.94}\right) + 0.05\times 43.8} = 2.92 > n_f$$

该杆的疲劳强度符合要求。

## §13－6 提高构件疲劳强度的途径

所谓提高疲劳强度，通常是指在不改变构件的基本尺寸和材料的前提下，通过减小应力集中和改善表面质量，以提高构件的疲劳极限。通常有以下一些途径：

1. 缓和应力集中

截面突变处的应力集中是产生裂纹以及裂纹扩展的重要原因，通过适当加大截面突变处的过渡圆角以及其他措施，有利于缓和应力集中，从而可以明显地提高构件的疲劳强度。

2. 提高构件表面层质量

在应力非均匀分布的情形（例如弯曲和扭转）下，疲劳裂纹大都从构件表面开始形成和扩展。因此，通过机械或化学的方法对构件表面进行强化处理，改善表层质量，将使构件的疲劳强度有明显的提高。

表面热处理和化学处理（例如表面高频淬火、渗碳、渗氮和碳氮共渗等）、冷压机械加工（例如表面滚压和喷丸处理等），都有助于提高构件表面层的质量。

这些表面处理，一方面可以使构件表面的材料强度提高；另一方面可以在表层中产生残留压应力，抑制疲劳裂纹的形成和扩展。

喷丸处理方法，近年来得到广泛应用，并取得了明显的效益。这种方法是将很小的钢丸、铸铁丸、玻璃丸或其他硬度较大的小丸以很高的速度喷射到构件表面上，使表面材料产生塑性变形而强化，同时产生较大的残留压应力，这种残留压应力能够起到遏制裂纹扩展的作用。

## 思 考 讨 论 题

13-1　疲劳破坏有何特点？它与静荷破坏有何区别？疲劳破坏是如何形成的？

13-2　何谓对称循环与脉动循环？其应力比各为何值？何谓非对称循环？

13-3　如何由试验测得 $\sigma-N$ 曲线与材料疲劳极限？何谓条件疲劳极限？

13-4　影响疲劳极限的主要因素是什么？如何确定有效应力集中因数、尺寸因数与表面质量因数？试述提高构件疲劳强度的措施。

13-5　材料的疲劳极限与构件的疲劳极限有何区别？材料的疲劳极限与强度极限有何区别？

13-6　如何进行对称循环应力作用下构件的疲劳强度计算？

10-7　如何进行非对称循环与弯扭组合循环应力作用下构件的疲劳强度计算？

## 习　　题

13-1　试确定下列各题中轴上点 $B$ 的应力比：

(1) 图 13-17 (a) 为轴固定不动，滑动绕轴转动，滑轮上作用着不变载荷 $F_P$。

(2) 图 13-17 (b) 为轴与滑轮固结成一体而转动，滑轮上作用着不变载荷 $F_P$。

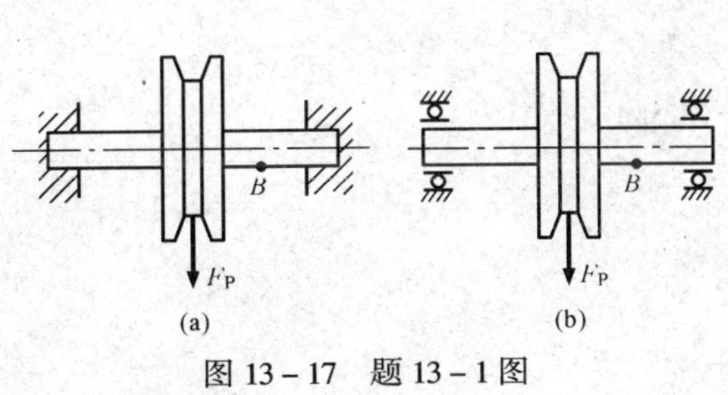

图 13-17　题 13-1 图

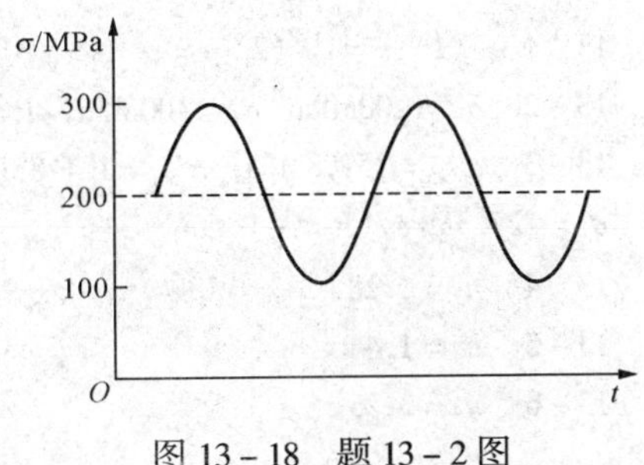

图 13-18　题 13-2 图

13－2　图 13－18 示应力循环，试求平均应力、应力幅与循环特征。

13－3 图 13－19 示旋转轴，同时承受铅垂载荷 $F_y$，与轴向拉力 $F_x$ 作用。已知轴径 $d=10\text{mm}$，轴长 $l=100\text{mm}$，载荷 $F_y=0.5\text{kN}$，$F_x=2\text{kN}$。试求危险截面边缘任一点处的最大正应力、最小正应力、平均应力、应力幅与应力比。

13－4　图 13－20 示旋转阶梯轴上作用着不变弯矩 $M=1\text{kN·m}$，轴表面未经机械加工，轴材料为碳钢，$\sigma_b=600\text{MPa}$，$\sigma_{-1}=250\text{MPa}$。试求轴的工作安全系数。

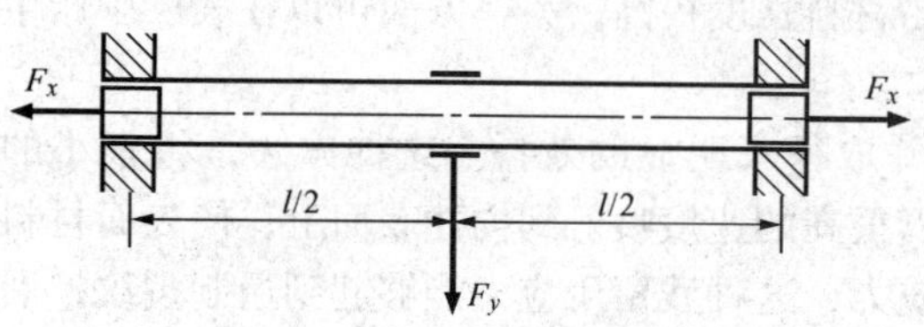


图 13－19　题 13－3 图

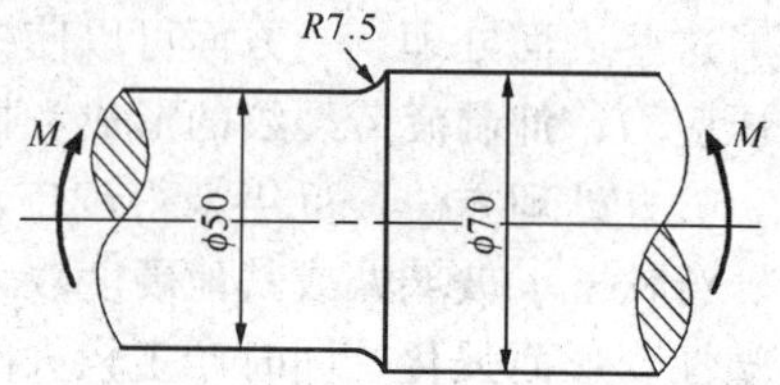


图 13－20　题 13－4 图

13－5　如图 13－21 所示圆轴 $A-A$ 截面上的弯矩 $M=716\text{N·m}$，键槽为端铣加工，已知材料的强度极限 $\sigma_b=600\text{MPa}$，持久极限 $\sigma_{-1}=260\text{MPa}$，若规定的安全因数 $n_f=1.4$，试校核轴 $A-A$ 截面的疲劳强度。

13－6　图 13－22 示阶梯形圆截面轴，危险截面 $A-A$ 上的内力为对称循环的交变扭矩，其最大值 $T_{max}=1.0\text{kN·m}$，轴表面经精车加工，材料的强度极限 $\sigma_b=600\text{MPa}$，扭转疲劳极限 $\tau_{-1}=130\text{MPa}$，疲劳安全因数 $n_f=2$，试校核轴的疲劳强度。

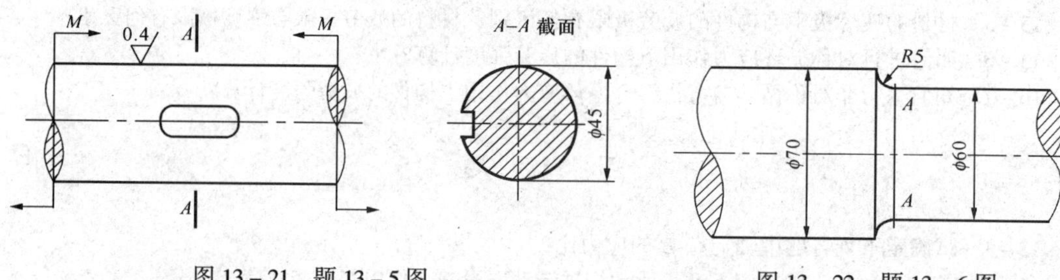


图 13－21　题 13－5 图

图 13－22　题 13－6 图

## 习　题　答　案

13－1　（1）$r=1$；（2）$r=-1$

13－2　$\sigma_m=200\text{MPa}$，$\sigma_a=100\text{MPa}$，$R=0.333$

13－3　$\sigma_{max}=152.8\text{MPa}$，$\sigma_{min}=101.8\text{MPa}$，$\sigma_m=25.5\text{MPa}$

$\sigma_a=127.3\text{MPa}$，$R=-0.666$

13－4　$n_\sigma=1.28$

13－5　$n_\sigma=1.44>n_f$

13－6　$n_\tau=3.25$

# 第十四章 实验应力分析

## §14-1 概 述

通过实验对受力构件的应力、应变进行分析的方法，称为实验应力分析。它在工程实践中应用普遍，且越来越被人们所重视。

以前各章，讲述的是构件受力后的强度、刚度、稳定计算问题，并给出了应力、应变计算的基本方程。但是，解决实际问题时，往往遇到数学计算等各方面困难，在一些场合下，理论分析方法受到限制。当结构及其受力情况较为复杂的时候，理论分析前均要对结构和受力进行简化，这样得到的结果是近似的，计算结果和实际情况吻合程度须经实验应力分析加以验证。此外，理论公式和定律是否正确，也要通过实验应力分析加以验证。

由于电子计算机的发展，应用有限单元法等数值计算的方法使力学计算得到了迅速发展，几乎对所有的问题都可以进行计算。但是这种计算仍然是建立在数学模型基础上，而建立数学模型以及计算过程中，难免出现误差。因此，计算之后仍然需要通过实验应力分析给予验证。事实上，解决工程实际问题时，往往理论计算和实验研究同时进行，其结果互相比对，对解决问题给出有说服力的依据。

当载荷和边界条件未知时，若用理论计算的方法求解，也须采用实验的方法提供必要的参数。所以理论计算和实验研究这两种手段是相辅相成的。

由于现代工业的发展，高温、高速、高压等复杂问题不断涌现，有些问题只能通过实验应力分析加以解决。

实验应力分析方法很多，例如电测法，光弹性法、全息干涉法、云纹法、脆层法等等。其中电测法在工程中的应用已经相当普遍，其次是光弹性法。本章只介绍电测法和光弹性法中基本的入门知识。

## §14-2 电测法简介

工程中在测量非电量（如应力、应变、速度、加速度、扭矩、功率）时，先把它们转换成电量（如电阻、电容、电磁等），再用仪器对这些电量进行测量，从而达到测量非电量的目的。这种测量方法称为电测法。

**一、电阻应变片及其转换原理**

把非电量转换成电量的原件，叫做转换器。由于测量参数不同，转换器的形式规格也不同。有电阻式、电容式、电感式的等等。测量线应变的转换器，是电阻式的，称为电阻应变片，也叫电阻片或应变片。

老式应变片，用直径 $d=0.012\sim0.05$mm 的电阻丝（材料多用康铜、镍铬、镍铁合金，镍铬铝等）绕成栅状，称为敏感栅，将其贴夹在两层薄纸（称为基底）中间，末端用直径

0.1~0.3mm 导线引出，即成为一枚完整的纸基应变片，如图 14-1（a）所示。电阻丝栅两弯头间的距离 $l$ 称为标距。

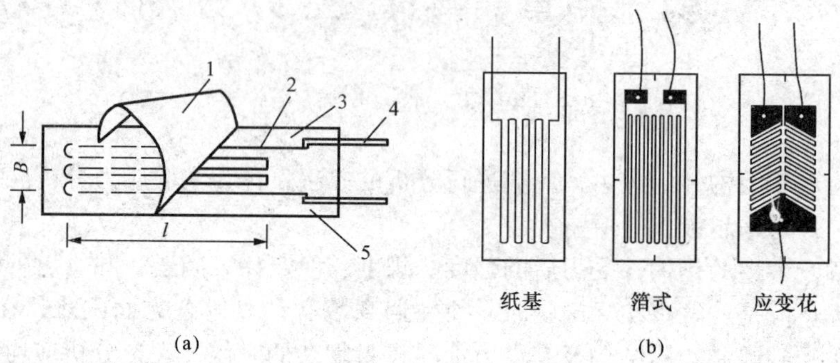


图 14-1

1—覆盖层；2—敏感栅；3—粘接剂；4—引出线；5—基底

纸基应变片现已基本不生产。目前使用的都是箔式应变片，如图 14-1（b）所示。将康铜箔、镍铬箔粘固于胶基上，用光刻和腐蚀技术制成。

若测量构件的变形，将应变片用专用胶水牢固地粘贴在被测构件指定的位置上。构件变形时，应变片中的电阻丝随之变形（伸长或缩短），使敏感栅电阻值 $R$ 发生变化，变化量为 $\Delta R$。这样就把非电量的变形转换成电阻的变化。在一定范围内，电阻相对变化$\dfrac{\Delta R}{R}$和变形的相对变化$\dfrac{\Delta l}{l}$成正比，即

$$\frac{\Delta R}{R} = K\frac{\Delta l}{l} = K \cdot \varepsilon$$

式中：$K$ 为应变片灵敏系数，是表征应变片性能的重要指标之一，与电阻丝材料、绕线形式有关。对于一枚应变片，$K$ 是常数，通过实验测定，通常 $K=1.8\sim3.6$。应变片的敏感栅标准电阻一般为 60、120、300、600Ω。

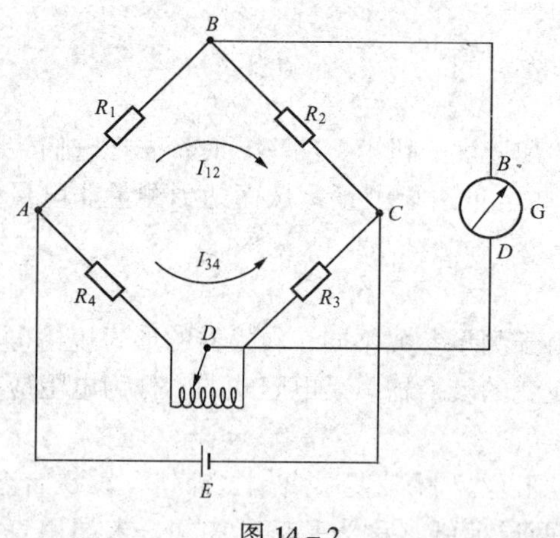


图 14-2

## 二、应变仪及其测量原理

构件变形通常是很小的，引起应变片电阻丝的电阻变化极其微小，必须经过放大才能进行测量。测量构件应变的专用仪器，称为电阻应变仪，简称应变仪。应变仪测量应变的原理如下。

将四个电阻 $R_1$、$R_2$、$R_3$、$R_4$ 接成如图 14-2所示线路——电桥。四个电阻称为桥臂。电阻 $R_1$ 与 $R_3$，$R_2$ 与 $R_4$ 为相对桥臂。$R_1$ 与 $R_2$、$R_3$ 与 $R_4$ 等为相邻臂。$A$、$C$ 两端接电源，$B$、$D$ 两端为输出端，接电流表 G。电桥工作时，流经电阻 $R_1$ 和 $R_2$ 的电流 $I_{12}$为

$$I_{12}=\frac{E}{R_1+R_2}$$

流经 $R_3$、$R_4$ 的电流 $I_{34}$ 为

$$I_{34}=\frac{E}{R_3+R_4}$$

$A$、$B$ 两端电压降 $U_{AB}$ 为

$$U_{AB}=\frac{R_1}{R_1+R_2}E$$

$A$、$D$ 两端电压降 $U_{AD}$ 为

$$U_{AD}=\frac{R_4}{R_3+R_4}E$$

$B$、$D$ 两端电位差 $U_{BD}$ 为

$$U_{BD}=U_{AB}-U_{AD}=\frac{R_1}{R_1+R_2}E-\frac{R_4}{R_3+R_4}E=\frac{R_1R_3-R_2R_4}{(R_1+R_2)(R_3+R_4)}E$$

如果 $B$、$D$ 两端电位相同，则 $U_{BD}=0$，有

$$R_1\cdot R_3=R_2\cdot R_4$$

此时电流表内无电流流过，$I_{BD}=0$，电流表指针指零，这种情况称为电桥处于平衡状态。

把电桥的四个桥臂电阻换成同批号阻值相同的四枚应变片（或只有一个桥臂，如 $AB$ 臂接入应变片）。仍可使 $U_{BD}=0$，$R_1\cdot R_3=R_2\cdot R_4$，电桥自然处于平衡状态，电流表指针指零。但是，由于某种原因其中一枚（或多枚）应变片阻值发生变化 $\Delta R$，电桥平衡被破坏，电流表指针不再指零而偏向一侧。此时调整 $D$ 处的变阻器，使电桥恢复平衡，指针重新指零，从而可测出 $\Delta R$ 值。应变片阻值 $R$ 原本已知，所以可通过式 $\frac{\Delta R}{R}=K\cdot\varepsilon$，求解出应变值。应变值一经测出，其应力即可计算出来。这就是应变仪测量应变（应力）的基本原理。

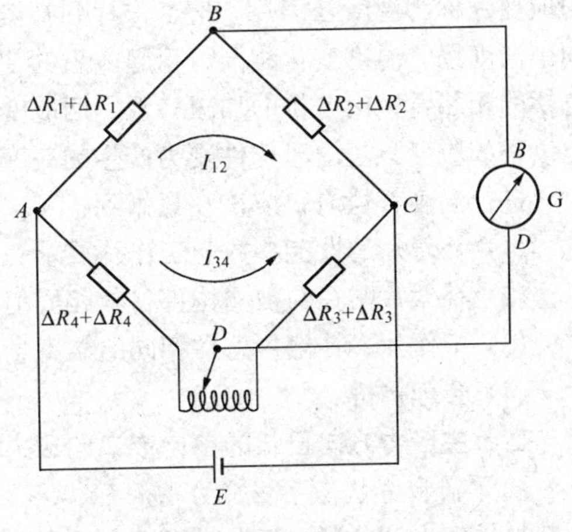


图 14-3

### 三、电桥的重要特性——加减特性

电桥的四个桥臂若用阻值相同的应变片构成，当四个桥臂阻值同时变化，如图 14-3 所示，变化量分别为 $\Delta R_1$、$\Delta R_2$、$\Delta R_3$、$\Delta R_4$，则 $B$、$D$ 两端电位差为

$$U_{BD}=\frac{(R_1+\Delta R_1)(R_3+\Delta R_3)-(R_2+\Delta R_2)(R_4+\Delta R_4)}{(R_1+\Delta R_1+R_2+\Delta R_2)(R_3+\Delta R_3+R_4+\Delta R_4)}$$

将此式展开，忽略 $\Delta R$ 的高次项并注意到

得
$$\frac{\Delta R_i}{R_i}=K\cdot\varepsilon_i\quad i=1\sim4$$
$$U_{BD}=\frac{1}{4}\left(\frac{\Delta R_1}{R_1}+\frac{\Delta R_3}{R_3}-\frac{\Delta R_2}{R_2}-\frac{\Delta R_4}{R_4}\right)E$$
$$=\frac{1}{4}K(\varepsilon_1+\varepsilon_3-\varepsilon_2-\varepsilon_4)E$$

由上式看出，$B$、$D$ 两端电位与各桥臂电阻相对变化的代数和成正比，亦即与各应变的代数和成正比。这一特性称为电桥的加减特性。根据这一特性和实测应变的符号，可以接成不同桥路，就是说根据需要把应变片作为不同的桥臂，在应变仪上读得的应变值 $\varepsilon_{读}$ 将不同，从而可以提高测量精度。

**四、电测中的温度补偿问题**

由于温度变化，构件及粘贴在构件上的应变片就要产生变形，引起电阻值改变，使电桥 $B$、$D$ 两端电位变化。我们把仅仅由于温度变化使应变片产生附加变形而引起电阻的变化导致电桥产生输出的现象称为温度效应。由于温度效应的存在，在应变仪上读得的应变值中包含两部分：一部分是由于构件受力作用引起的应变即是我们要测量的真实应变；另一部分是由于温度变化引起的应变，是不需要的，应设法排除。排除温度效应影响的措施叫做温度补偿。具体办法是：取一枚应变片，将它贴在一块与被测构件材料相同但不受力的物体上，此物体和被测构件处于同一温度场。把贴在构件上的应变片称为工作片，贴在不受力的物体上的应变片称为温度补偿片。把工作片和补偿片作为电桥的相邻臂。因为工作片和补偿片处于同一温度场，温度变化相同，引起电阻的变化（其应变）相同，即产生同号等值应变，又是电桥的相邻臂，由电桥的加减特性，两应变片由于温度变化产生的应变相互抵消，在应变仪上读得的应变只是由于构件受力产生的应变。这样温度变化的影响就被排除了。

进行温度补偿时，应该注意做到：

(1) 补偿片的性能参数与工作片要求一致；

(2) 补偿片贴在与被测构件材料相同但不受力作用的物体上；

(3) 工作片、补偿片处在相同的温度场中；

(4) 合理接桥。

**五、主应力方向已知的单向或二向应力状态下对主应力的测量**

1. 单向应力状态下主应力的测量

杆件产生拉（压）变形时，其上任意一点处于单向应力状态，主应力方向已知。

应变片沿主应力方向粘贴，如图 14-4 (a) 所示。将工作片Ⅰ接到 $A$、$B$ 端，补偿片接到 $B$、$C$ 端 。$A$、$D$ 间和 $D$、$C$ 间两个电阻是应变仪内部的精密无感固定电阻。在外部只能看到 $A$、$B$ 和 $B$、$C$ 两个桥臂，这种接法为半桥接法。在应变仪上的读数即为构件受力的实际应变。

如果在工作片Ⅰ 的对面再贴第Ⅱ 片，并将它接在 $D$、$C$ 两点间，与Ⅰ片成为电桥的相对臂，如图 14-4 (b) 所示，$A$、$D$ 间，$B$、$C$ 间接上补偿片，这样接法称为全桥接法。由于Ⅰ、Ⅱ两片产生的同号等值应变，且在电桥中处于相对臂，由电桥加减特性可知，在应变

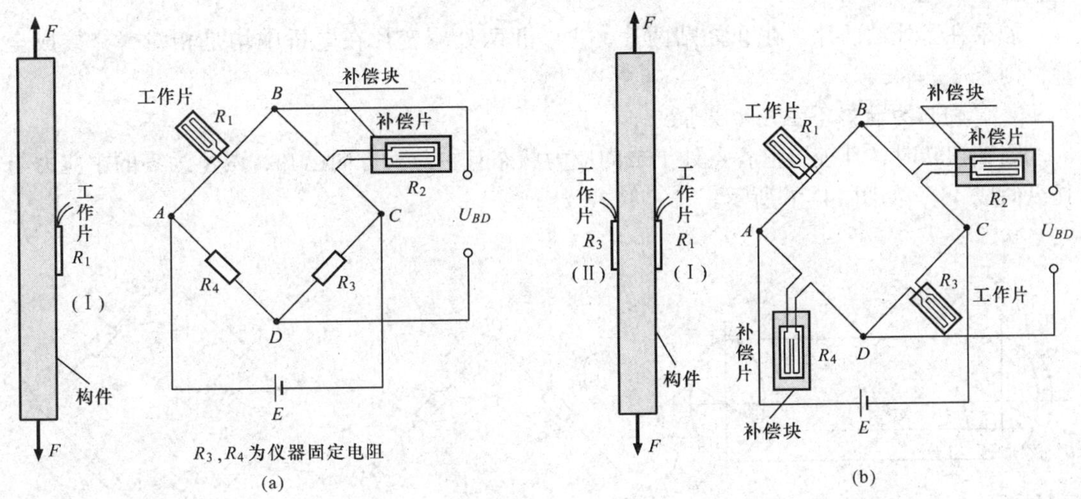


图 14-4

仪上的应变读数是实际应变 $\varepsilon_{实}$ 的 2 倍即 $\varepsilon_{读}=2\varepsilon_{实}$。同时消除了杆件的初曲率的影响。因为杆件初弯曲时，杆件受拉后，在Ⅰ、Ⅱ两片同时产生弯曲应变，其应变数值相等，符号相异，又处在相对臂，应变相互抵消，所以这样接桥测量精度较高，缺点是多使用了应变片。

图 14-5 所示是一悬臂梁，在集中力作用下产生平面弯曲，梁的上、下表层各点处于单向应力状态且主应力方向已知。沿主应力方向粘贴应变片Ⅰ，并且接到电桥 $A$、$B$ 之间成为工作片。补偿片接到 $B$、$C$ 之间，可测出贴片处——测量点的线应变——主应变，从而测量点处应力即刻可以算出。

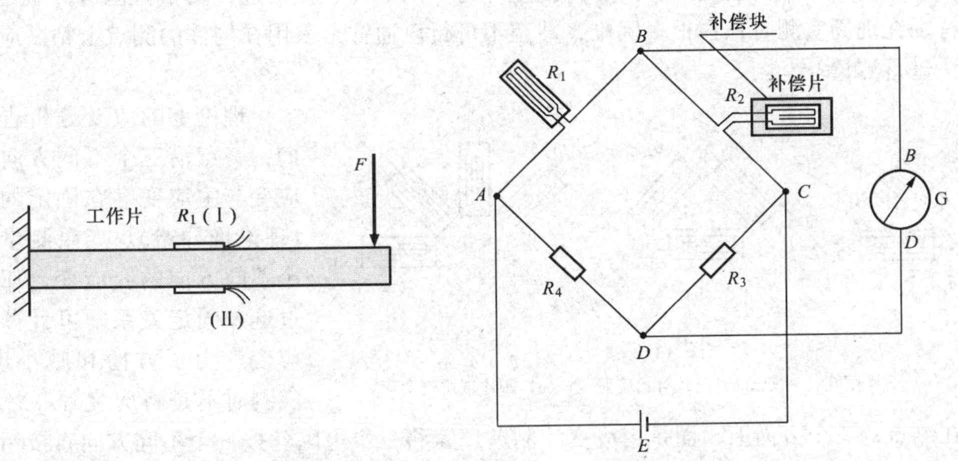


图 14-5

如果在梁的下层与Ⅰ对应点处粘贴Ⅱ片，将其接到 $B$、$C$ 之间，与Ⅰ片构成电桥的相邻臂。因为Ⅰ、Ⅱ两处线应变数值相等，符号相反，又处于电桥相邻臂，使应变读数增大一倍，即 $\varepsilon_{读}=2\varepsilon_{实}$。

如果在Ⅰ处贴两片，在Ⅱ处贴两片，Ⅰ、Ⅱ两处应变片在电桥中均是相对臂，接成全桥，则有 $\varepsilon_{读}=4\varepsilon_{实}$。

2. 二向应力状态下主应力测量

圆轴扭转时，其表层上各点处于二向应力状态且主应力方向已知，两不为零的主应力与其纵向成45°，如图14－6所示。

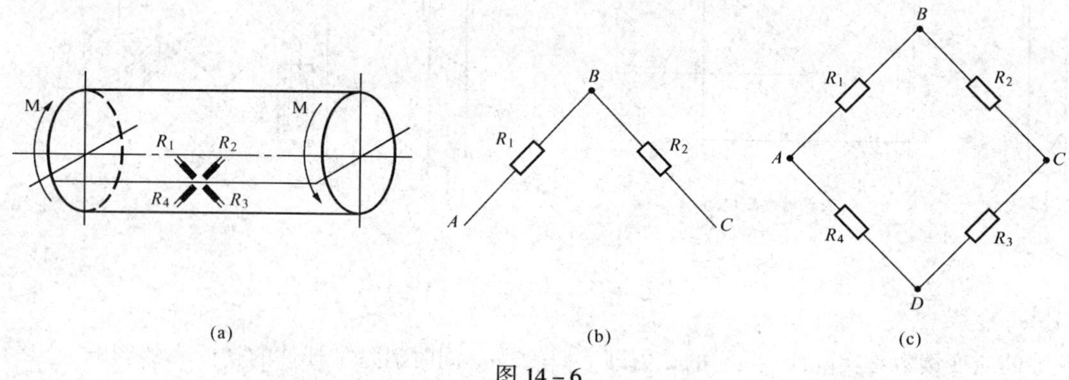


图 14－6

测量主应力时沿主应力方向贴四枚应变片，可按图14－6（b）、（c）所示接成电桥，则应变仪的读数 $\varepsilon_{读}$ 和测点实际应变值 $\varepsilon_{实}$ 关系分别为，$\varepsilon_{读}=2\varepsilon_{实}$ 和 $\varepsilon_{读}=4\varepsilon_{实}$。主线应变测出后，主应力即可算出。

**六、主应力方向未知时对主应力的测量**

很多情况下，受力构件测点的主应力方向是未知的，这时如何测量主应力？可先通过辅助的方法如脆层法测出主应力方向，再沿主应力方向贴片、接桥进行测量。但这样做比较麻烦，特别在现场实测时存在很多困难，甚至不可行。通常是采用在构件的测点上粘贴应变花的办法进行测量。

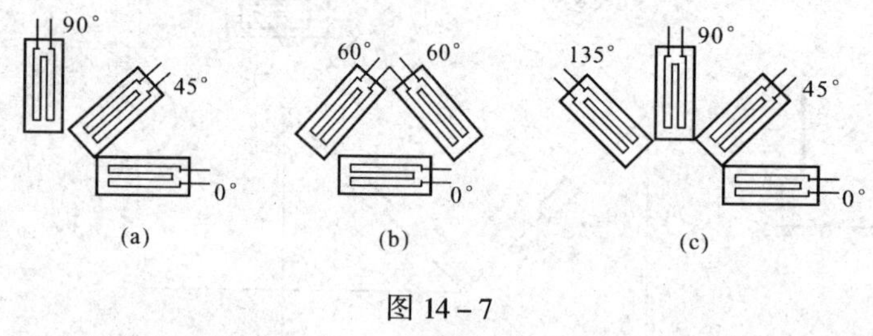


图 14－7

（a）三片直角应变花；（b）三片等角应变花；（c）四片直角应变花

理论上的应变分析告诉我们，一点沿三个不同方向的线应变与主应变存在固定的关系（理论推导略）。如果测量出三个不同方向的线应变，那么通过这一固定关系即可计算出主应变。为了方便和减小误差，实测时不是将应变片一片一片的贴在测点的三个方向上，而是由应变片制造厂家将三个电阻丝按三个不同方向直接精确地固定在同一基底上，形成一个完整的专供主应力方向未知情况下使用的应变片，称为应变花。应变花中三个电阻丝之间夹角通常有如下几种形式，如图14－7所示。通过应变花测量出三个不同方向的线应变后，测点主应变可由下式计算。

应用三片直角应变花时，两个主应变大小为

$$\begin{matrix}\varepsilon_1\\ \varepsilon_2\end{matrix} = \frac{\varepsilon_{0°} + \varepsilon_{90°}}{2} \pm \sqrt{\frac{1}{2}[(\varepsilon_{0°} - \varepsilon_{45°}) + (\varepsilon_{45°} - \varepsilon_{90°})^2]}$$

主应变（主应力）方向为（与0°应变片夹角）

$$\alpha_0 = \frac{1}{2}\mathrm{tg}^{-1}\frac{2\varepsilon_{45°} - (\varepsilon_{0°} + \varepsilon_{90°})}{\varepsilon_{0°} - \varepsilon_{90°}}$$

主应力大小可根据广义胡克定律算得

$$\begin{matrix}\sigma_1\\ \sigma_2\end{matrix} = \frac{E}{1-\mu^2}(\varepsilon_1 + \mu\varepsilon_2)$$

$$= \frac{E}{1-\mu^2}\left[(1+\mu)\frac{\varepsilon_{0°} + \varepsilon_{90°}}{2} \pm (1-\mu)\sqrt{\frac{1}{2}[(\varepsilon_{0°} - \varepsilon_{45°})^2 + (\varepsilon_{45°} - \varepsilon_{90°})^2]}\right]$$

应用三片等角应变花时，主应变大小为

$$\begin{matrix}\varepsilon_1\\ \varepsilon_2\end{matrix} = \frac{\varepsilon_{0°} + \varepsilon_{60°} + \varepsilon_{120°}}{3} \pm \frac{\sqrt{2}}{3}\sqrt{(\varepsilon_{0°} - \varepsilon_{60°})^2 + (\varepsilon_{60°} - \varepsilon_{120°})^2 + (\varepsilon_{120°} - \varepsilon_{0°})^2}$$

主应变方向为

$$\alpha_0 = \frac{1}{2}\mathrm{tg}^{-1}\frac{\sqrt{3}(\varepsilon_{60°} - \varepsilon_{120°})}{2\varepsilon_{0°} - \varepsilon_{60°} - \varepsilon_{120°}}$$

主应力大小为

$$\begin{matrix}\sigma_1\\ \sigma_2\end{matrix} = \frac{E}{1+\mu^2}\left[(1+\mu)\frac{\varepsilon_{0°} + \varepsilon_{60°} + \varepsilon_{120°}}{3} \pm (1-\mu^2)\sqrt{\frac{2\varepsilon_0 - \varepsilon_{60°} - \varepsilon_{120°}}{3} + \frac{(\varepsilon_{60°} - \varepsilon_{120°})^2}{3}}\right]$$

把常见构件受力及其贴片、接桥等情况汇集图表14-1，供参考。

**图表14-1　　常见构件受力、贴片、接桥一览图表（1）**

| 需测应变 | 应变片粘贴位置 | 电桥连接方法 | 测量应变 $\varepsilon$ 与仪器读数应变 $\varepsilon_{变}$ 的关系 |
|---|---|---|---|
| 拉（压） | 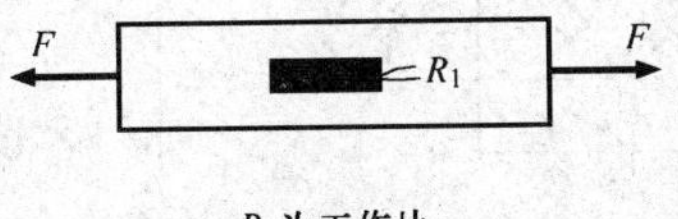 F, $R_1$, F<br>$R_1$为工作片 | 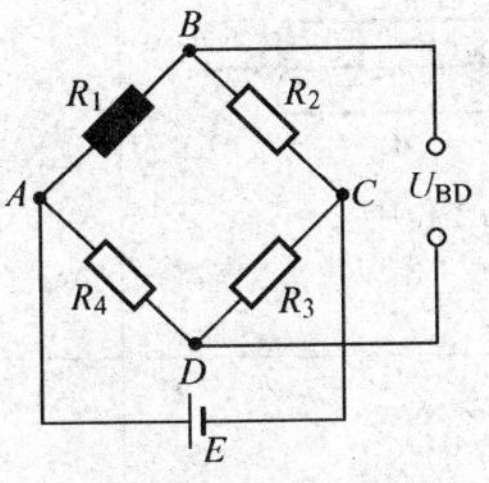 B, $R_1$, $R_2$, A, C, $U_{BD}$, $R_4$, $R_3$, D, E | $\varepsilon = \varepsilon_{变}$ |
| 拉（压） | 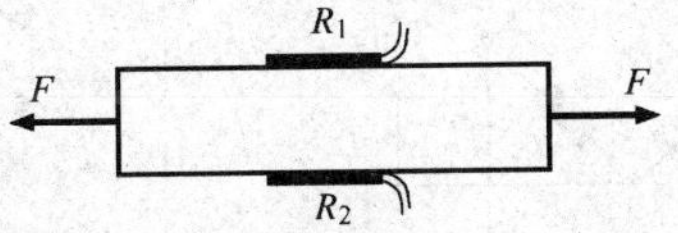 $R_1$, F, F, $R_2$<br>$R_1$、$R_2$ 均为工作片 | 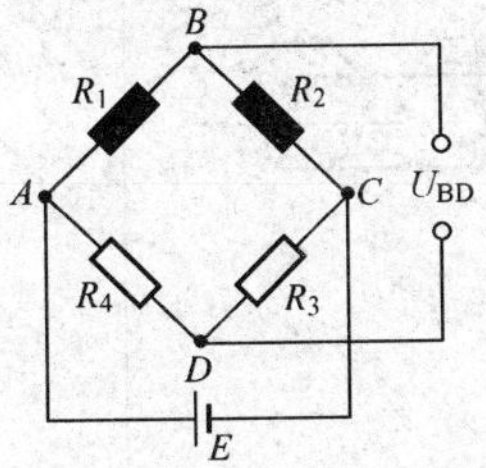 B, $R_1$, $R_2$, A, C, $U_{BD}$, $R_4$, $R_3$, D, E | $\varepsilon = 0$ |

续表

| 需测应变 | 应变片粘贴位置 | 电桥连接方法 | 测量应变 ε 与仪器读数应变 $\varepsilon_{变}$ 的关系 |
|---|---|---|---|
| 拉（压） | 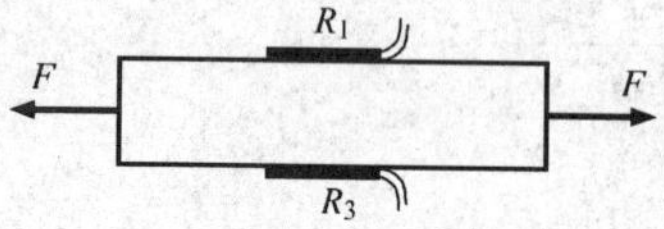 $R_1$、$R_3$ 均为工作片 | 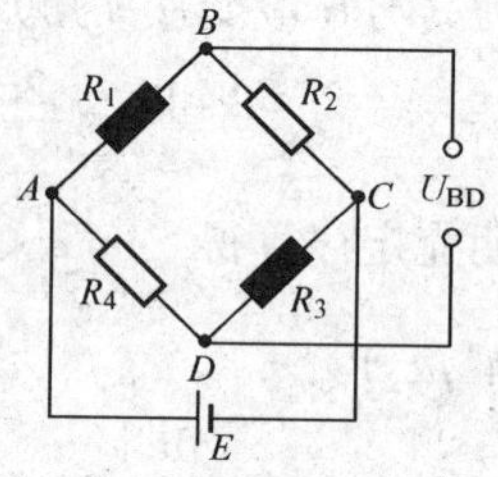 | $\varepsilon=\frac{\varepsilon_{变}}{2}$ |
| 拉（压） | 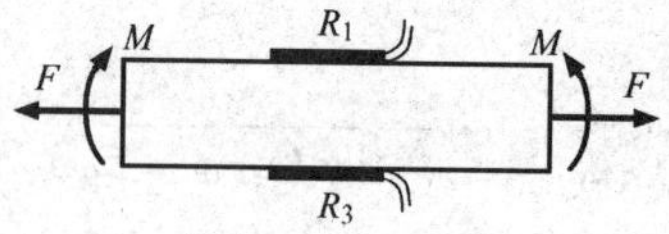 $R_1$、$R_3$ 均为工作片 | 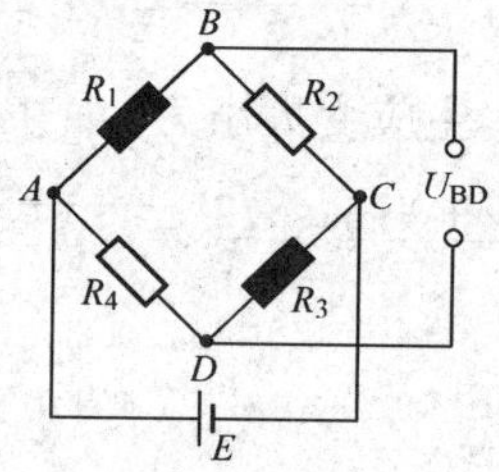 | $\varepsilon=\frac{\varepsilon_{变}}{2}$ |
| 弯曲主应变 | 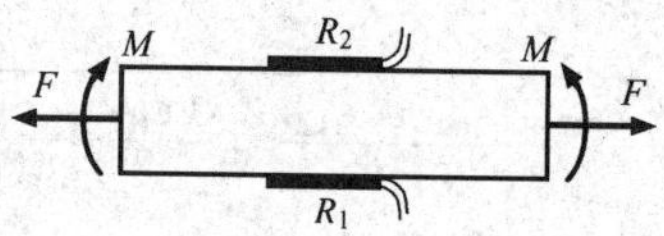 $R_1$、$R_2$ 均为工作片 | 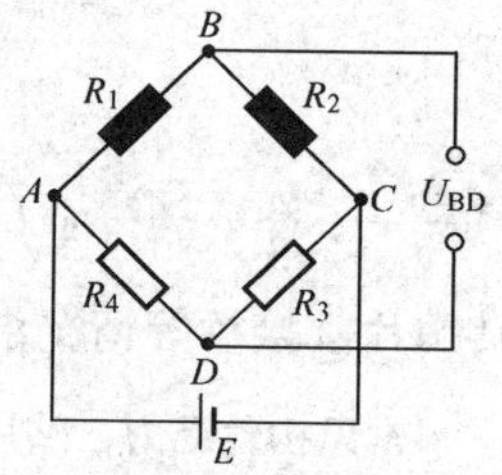 | $\varepsilon=\frac{\varepsilon_{变}}{2}$ |
| 扭转主应变 | 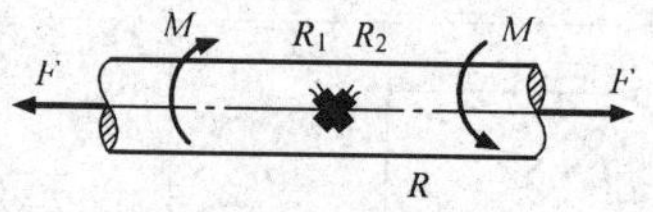 $R_1$、$R_2$ 为工作片 | 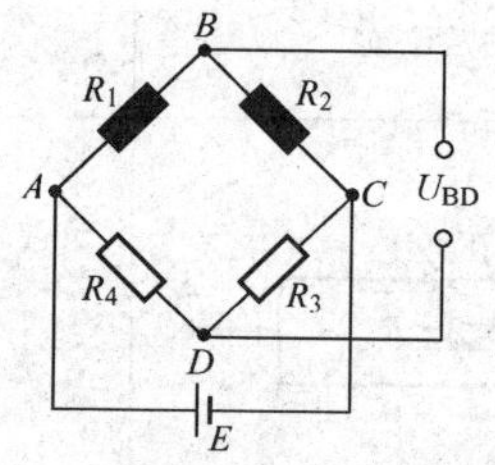 | $\varepsilon=\frac{\varepsilon_{变}}{2}$ |
| 扭转主应变 | 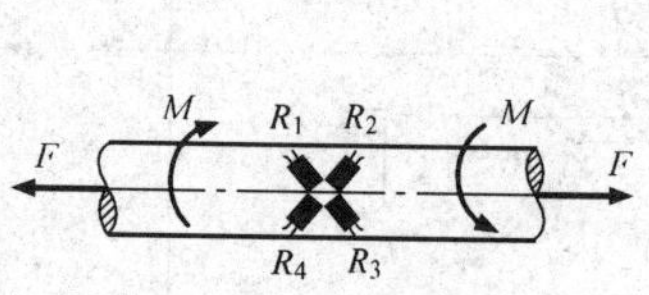 $R_1$~$R_4$ 均为工作片 | 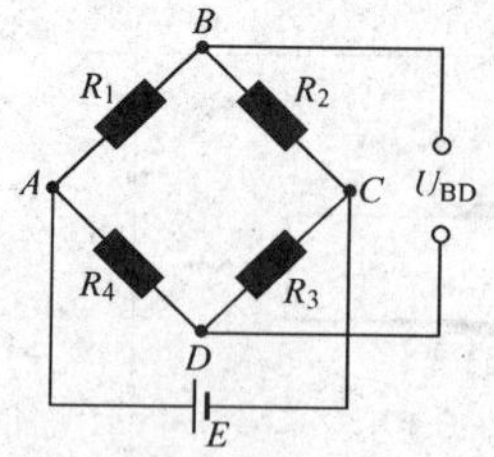 | $\varepsilon=\frac{\varepsilon_{变}}{4}$ |

续表

| 需测应变 | 应变片粘贴位置 | 电桥连接方法 | 测量应变 ε 与仪器读数应变 $\varepsilon_{变}$ 的关系 |
|---|---|---|---|
| 拉（压） | 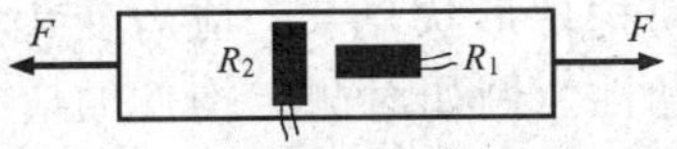 F　$R_2$　$R_1$　F<br>$R_1$、$R_2$ 为工作片 | 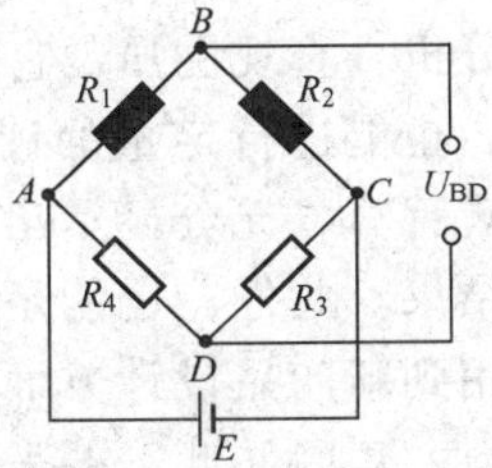 B　$R_1$　$R_2$　A　C　$U_{BD}$　$R_4$　$R_3$　D　E | $\varepsilon=\frac{\varepsilon_{变}}{1+\mu}$ |
| 弯曲 | 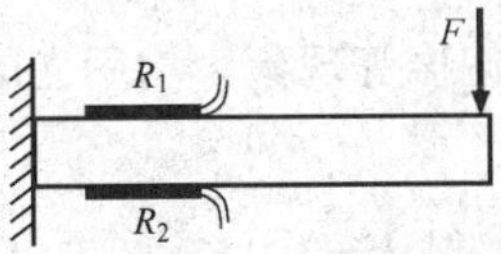 $R_1$　F　$R_2$<br>$R_1$、$R_2$ 为工作片 | 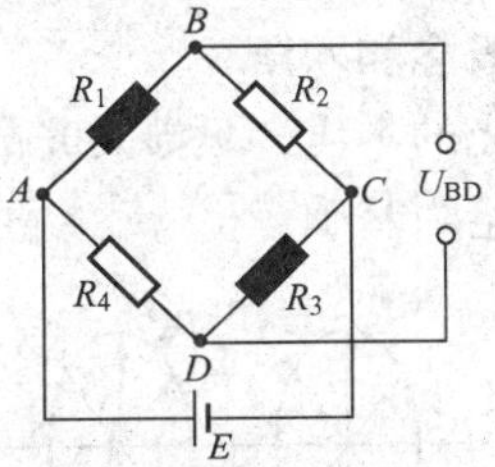 B　$R_1$　$R_2$　A　C　$U_{BD}$　$R_4$　$R_3$　D　E | $\varepsilon=0$ |
| 弯曲 | 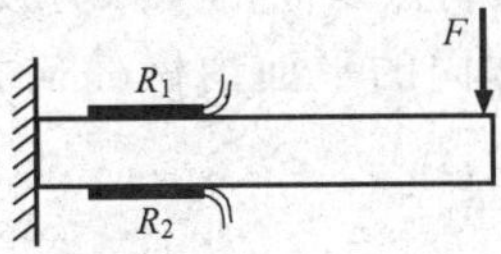 $R_1$　F　$R_2$<br>$R_1$、$R_2$ 为工作片 | 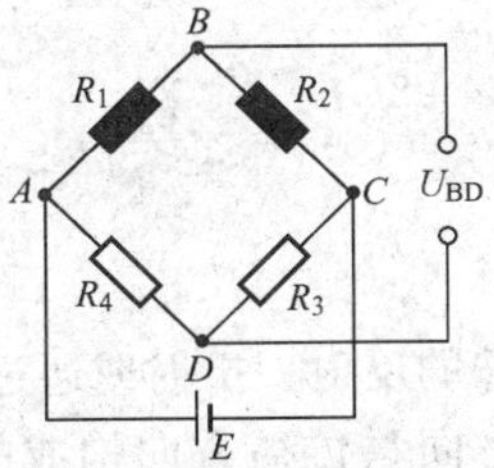 B　$R_1$　$R_2$　A　C　$U_{BD}$　$R_4$　$R_3$　D　E | $\varepsilon=\frac{\varepsilon_{变}}{2}$ |

在这里应指出，以上介绍的只是电测法的基本原理和基本方法，进行实测时，还有很多具体的技术问题，例如贴片技术、应变片的防护、应变片的横向效应以及测量结果的修正等，此不陈述。

## §14－3　实验应力分析中的光弹性法

通过应变片测量应变（应力），虽然广泛利用在工程实测中，但它自身存在一些缺点和不足。它虽然能较准确地测出受力构件某表层上各点处的应变（应力），但如果了解应力大小、方向随其点的位置的变化情况，就要粘贴很多应变片，耗时费力。当构件的形状复杂，应力、应变梯度很大时，往往产生很大误差，有时甚至无法测出。尤其是要想了解构件内部一点乃至随其点的位置变化的应力规律，电测法无能为力。此外对高大构件进行现场测量时，困难较大，电测法不易克服。

通过光弹性法解决应力分析问题，就不存在电测法的缺点。它是用光学敏感材料制成与实际构件相似的模型，在相应的载荷作用下，用偏振光照射，产生光的干涉而出现条纹，通过这些干涉条纹来分析计算得到模型表层或内部各点的应力，最后通过相似理论计算出原型构件上的应力。

光弹性法进行应力分析，直观性强，它像用X光射线透视人体内部一样，清楚地观察到模型内部应力情况，也能进行定量的计算。即使构件形状复杂、应力变化大、理论计算困难的时候也能实现计算，充分显示出它的优越性。例如对测定构件的应力集中系数，能得到十分满意的结果。此外，也能足够准确的解决二向、三向应力状态下的应力分析问题。光弹性法应用到新产品设计方面，对于不同设计方案进行比较，既快捷方便又能获得全面的对比资料。正因如此，越来越被人们所重视。下面介绍的只是光弹性法中最基本的内容。

**一、关于光的基本概念和术语**

在这里，我们不谈光的本质，只涉及光的干涉、光的偏振等现象。均用光的波动性加以解释，并以光的横波理论为基础。

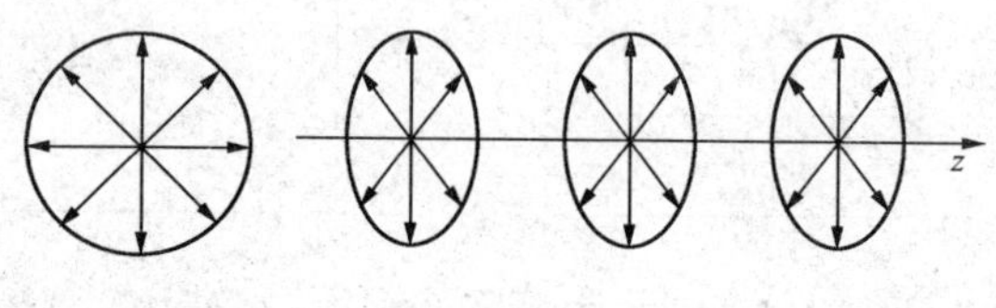


图 14-8

1. 自然光

从光源发出的光波，如太阳光、灯光均为自然光。它以波动的形式向前传播，与在平静的水面上投一石子形成的水面波相似。其特点是向四面八方发射并在垂直于传播方向的平面内做任何方向的振动，如图 14-8 所示。

2. 偏振光

自然光经过一些特殊的反射、折射或通过某些光学元件后，变成只在一个方向振动的光波，称为偏振光。振动方向与传播方向构成的平面为振动平面，与其垂直的平面为偏振平面，如图 14-9 所示。偏振光又有平面偏振光、椭圆偏振光、圆偏振光之分。

3. 白光

由红、橙、黄、绿、青、蓝、紫七种颜色混合的光为白光。这七色光的波长各不相同，在 7600Å ~ 400Å 范围之内。

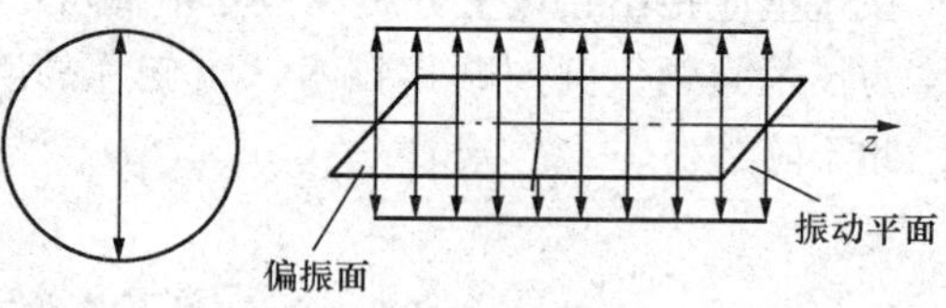


图 14-9

4. 单色光

只有一种波长的光称为单色光。

5. 偏振片和平面偏振光的获得

偏振片是能把照在其上的自然光变成偏振光的光学元件，如图 14-10 所示。光源发出的光垂直照射到偏振片上，会产生双折射光学现象。入射光将沿着互相垂直的两个方向（称为光学主轴）分解成两束平面偏振光。通过偏振片时，一束偏振光被吸收，图中水平面内的偏振光被吸收，另一束偏振光稍被吸收后沿其固定平面（图中铅垂平面）向前传播，这样自然光通过偏振片后就变成一束平面偏振光。

6. 椭圆偏振光

当光垂直入射到一个光学元件——波片上，将产生双折射。沿波片主轴方向被分解为两束振动平面互相垂直、频率相等的偏振光。这两束平面偏振光有一相位差，振动方程为

$$E_x = a\sin(\omega t + \varphi)$$

$$E_y = b\sin\omega t$$

消去参数 $t$，把两束光合成，合成后光波质点运动轨迹方程为

$$\frac{E_x^2}{a^2} + \frac{E_y^2}{b^2} - \frac{2E_x \cdot E_y}{a \cdot b}\cos\varphi = \sin^2\varphi$$

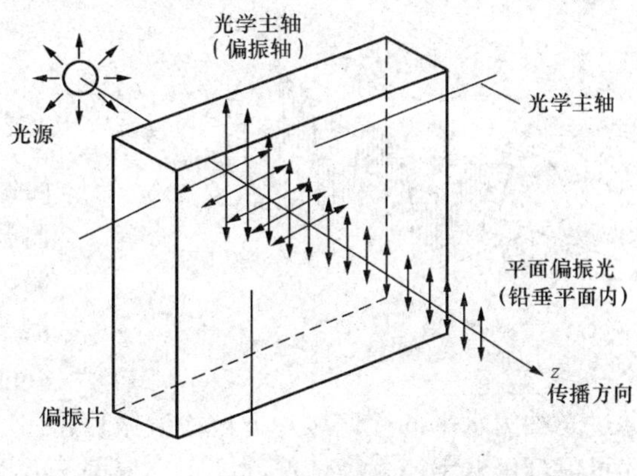


图 14-10

该式是一个中心在原点的椭圆方程。它表明光矢端运动是空间螺旋线，在垂直于传播方向的平面上投影是一个椭圆。

光矢端按椭圆轨迹运动的偏振光，称为椭圆偏振光。椭圆偏振光在空间传播情况如图 14-11 所示。

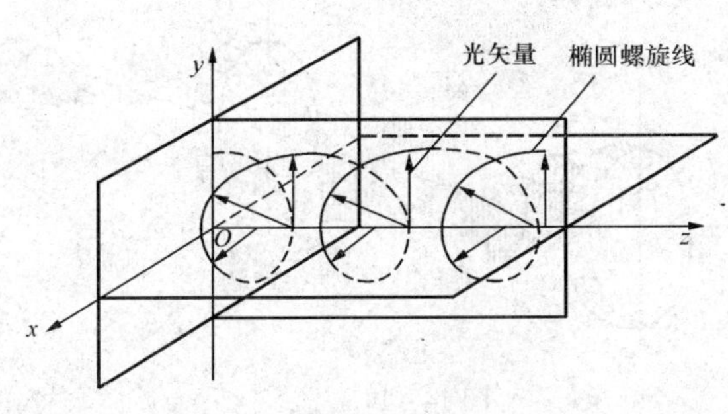


图 14-11

7. 四分之一波$\left(\frac{\lambda}{4}\right)$片和圆偏振光

四分之一波片也是一种重要光学元件。平面偏振光垂直入射四分之一波片被分解成互相垂直的平面偏振光后，其中一束光速相对加快，相应于光速加快的光轴称为快轴。另一束相对减慢，相应于光束减慢的光轴称为慢轴。因传播速度不同，产生光程 $\delta$，此光程差恰恰等于光波波长 $\lambda$ 的$\frac{1}{4}$，这种波片因此得名被称为四分之一波片。平面偏振光垂直射入四分之一波片后，若振动平面与四分之一波片的主轴成 $\varphi = 45°$，则平面偏振光沿两主轴分解。此时两个分量的振幅相等即 $a = b$，但传播速度不同，产生光程差。如果相位差 $\varphi = \pm\frac{\pi}{2}$，代入上式得

$$E_x^2 + E_y^2 = a^2$$

显然这是一个圆的方程。由此可知，两个振幅相等，相位差 $\varphi = \frac{\pi}{2}$，振动平面互相垂直的偏振光合成后，其矢端轨迹是一个圆，光向前传播是一个空间螺旋线。在垂直于传播方向的平面上投影是一个圆。这种偏振光称为圆偏振光，如图 14-12

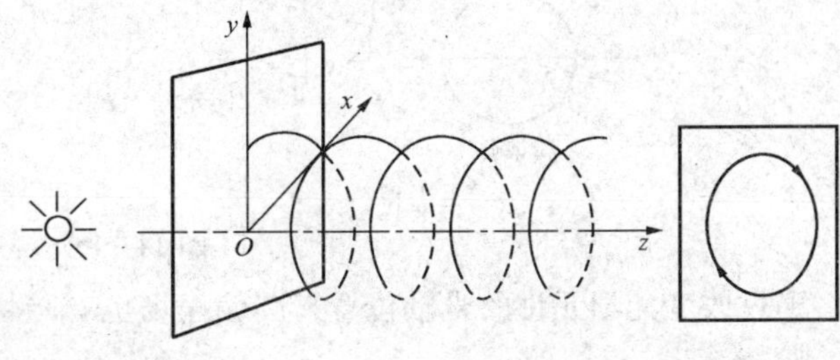


图 14-12

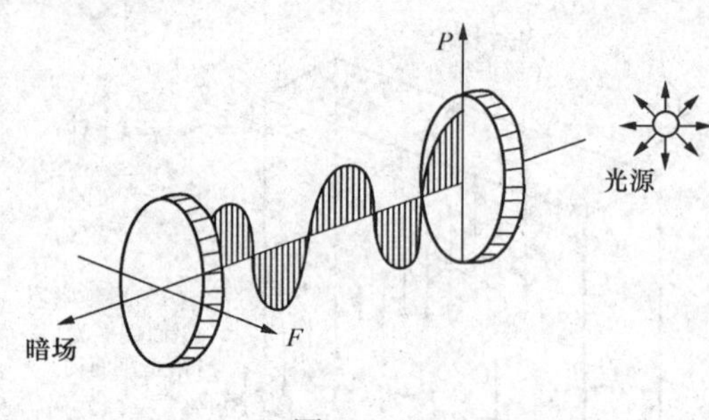


图 14－13

所示。

## 二、偏振场

1. 平面偏振场

光源发出的光透射第一个偏振片即产生平面偏振光，这个偏振片称为起偏振片。该平面偏振光再照射到的偏振片称为检偏振片。两个偏振片的主轴分别叫起偏振轴和检偏振轴，用 $p$，$F$ 表示。当两个主轴相互垂直时，如图 14－13 所示。在铅垂平面内振动的平面偏振光不能通过光轴为水平的检偏振片即被检偏振片遮住。此时逆着传播方向去看将是一片黑暗，即无光投射到屏幕上。这种情况称为正交偏振场，也称暗场。

如果起偏振轴和检偏振轴平行，则通过起偏振片后形成的偏振光可以顺利通过检偏振片，逆着传播方向看去，将看到一片光明，偏振光可以照射到投影幕上。这种情况为平行平面偏振场，亦称明场，如图 14－14 所示。

2. 圆偏振场

如图 14－15 所示。在两个偏振片中间放两个四分之一波片。光源发出的光透射起偏振片后变成铅垂平面内的平面偏振光。它透射到第一片四分之一片后变成圆偏振光。该圆偏振光透过第二片四分之一波片，因为第二片四分之一波片和第一片四分之一波片的快、慢轴对应垂直，又被还原成平面偏振光。所以，在两个四分之一波片之间的偏振光，为圆偏振光，这种光场称为圆偏振场。

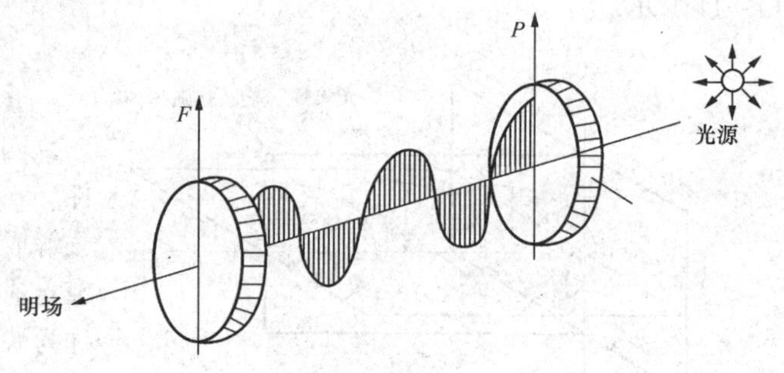


图 14－14

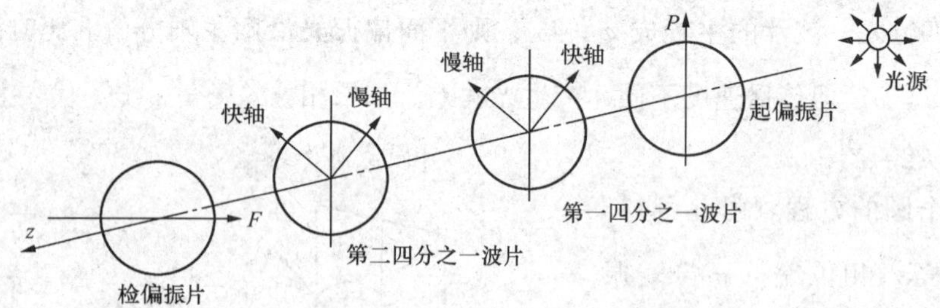


图 14－15

通过改变光学元件的光轴位置，圆偏振场也有暗场和明场之分，图 14－15 所示圆偏振场为暗场。

### 三、受力透明模型在平面偏振场中的效应

1. 二维光弹性的应力——光定律

将透明的模型放到平面偏振光场（例如暗场）中，对其加载，它受到从起偏振片射出的平面偏振光的照射，如图 14-16 所示。

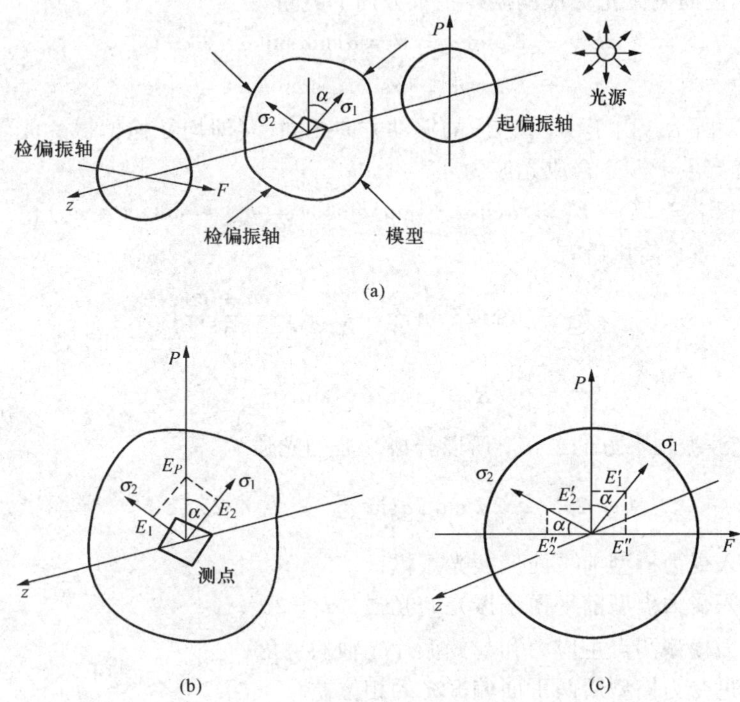


图 14-16

平面偏振光沿模型测点的两个主应力方向分解成两束平面偏振光，如图 14-16（b）所示。因为 $\sigma_1$、$\sigma_2$ 相垂直，所以这两束平面偏振光的振动平面将互相垂直。但这两束平面偏振光在模型中的传播速度不同，与主应力有关。一般情况下因为 $\sigma_1 \neq \sigma_2$，所以产生光程差 $\delta$。此光程差与主应力差（$\sigma_1-\sigma_2$）、模型厚度 $h$ 成正比，写成等式为

$$\delta = ch(\sigma_1 - \sigma_2)$$

此式称为二向应力状态下应力——光定律。式中：$C$ 为模型材料的应力光学系数；$h$ 为模型厚度。

2. 模型在正交平面偏振场中的效应

参看图 14-16，自起偏振片出来平面偏振光为 $E_p = a\sin\omega t$，射到模型立即沿 $\sigma_1$、$\sigma_2$ 方向分解为两个分量，如图 14-16（b）所示，这两个分量为

$$E_1 = E_P\cos\alpha = a\sin\omega t\cos\alpha$$

$$E_2 = E_P\sin\alpha = a\sin\omega t\sin\alpha$$

因为通过模型时产生光程差，使分解后的两束偏振光之相位不同。设沿 $\sigma_1$ 方向的偏振

光相位为 $\varphi_1$，沿 $\sigma_2$ 方向的偏振光相位为 $\varphi_2$。这样从模型透射出的偏振光为

$$E'_1 = a\cos\alpha\sin(\omega t + \varphi_1)$$

$$E'_2 = a\sin\alpha\sin(\omega t + \varphi_2)$$

当它们进入检偏振片时，与检偏振片光轴平行的分量得以通过，与其垂直的被遮住。故两个具有不同相位的偏振光在检偏振片主轴方向的分量为

$$E''_1 = E'_1\sin\alpha = a\cos\alpha\sin\alpha\sin(\omega t + \varphi_1)$$

$$E''_2 = E'_2\cos\alpha = a\sin\alpha\cos\alpha\sin(\omega t + \varphi_2)$$

如图 14－16（c）所示。由于 $E''_1$ 和 $E''_2$ 的振动方向相同，（即均在检偏振片光轴与 $Z$ 轴构成的平面内）两者产生干涉。合成光波为

$$E_A = E''_1 - E''_2 = a\cos\alpha \cdot \sin\alpha[\sin(\omega t + \varphi_1) - \sin(\omega t + \varphi_2)]$$

令 $\varphi = \varphi_1 - \varphi_2$，简化后有

$$E_A = a\sin2\alpha\sin\frac{\varphi}{2}\cos\left(\omega t + \frac{\varphi_1 + \varphi_2}{2}\right)$$

其振幅为

$$R = a\sin2\alpha \cdot \sin\frac{\varphi}{2}$$

因光强是光波振幅平方的二倍，所以合成光波的光强为

$$I = 2R^2 = 2a^2\sin^2 2\alpha\sin^2\frac{\varphi}{2} = I_0\sin^2 2\alpha\sin^2\frac{\varphi}{2}$$

式中　$a$——进入受力模型前平面偏振光振幅；

$I_0$——进入受力模型前平面偏振光的光强，$I_0 = 2a^2$；

$\alpha$——受力模型测点主应力和起偏振片光轴的夹角；

$\varphi$——通过受力模型后两平面偏振光的相位差。

因为 $\varphi = \frac{2\pi}{\lambda}\delta$，则合成光波的光强为

$$I = 2a^2\sin^2 2\alpha\sin^2\frac{\varphi}{2} = I_0\sin^2 2\alpha\sin^2\left(\frac{\pi\delta}{\lambda}\right)$$

上式是极为重要的公式，很多结论都是通过分析此式后得出的，它是光弹性应力分析理论的基础。

**四、应力光图**

合成后的光波光强表达式，表示出光的强弱与一些参数间的关系。如果把光投射到屏幕上，光强处较亮，光弱处较暗。若光强 $I = 0$，则变成完全黑暗。使 $I = 0$ 的有三种情况，如果 $\alpha = 0°$，表示偏振光的振幅为零，亦即没有偏振光，说明没有光源，这与实际情况不符。下面讨论其他使 $I = 0$ 的情况。

1. 等倾线

$\alpha = 0°$，$\frac{\pi}{2}$时，$\sin^2 2\alpha = 0$，使 $I = 0$。因为 $\alpha$ 是主应力与偏振片光轴间的夹角，$\alpha = 0$ 或 $\frac{\pi}{2}$，说明主应力方向与偏振轴重合，亦即受力模型上某一点主应力方向平行起偏轴或检偏

轴，该点将是一个黑点，把这些黑点连接起来为一条黑线，称为等倾线。显然同一条等倾线上各点的主应力方向都相同，可从偏振轴倾角刻度盘上读出，所以各点主应力方向就能够确定。正交偏振轴位于0°度，此时出现的黑线叫做“0”度等倾线。同步转动起、检偏振片，0°度等倾线消失，转过5°、10°、15°……黑线位置不断随之变化，将出现5°、10°、15°……等倾线。将光线投射到屏幕上并描画出这些黑线，得到的条纹图称为等倾线图。

等倾线图是光弹性法进行应力分析不可缺少的重要资料。

中央受集中力作用的简支梁的等倾线如图 14－17 所示。

2. 等差（色）线

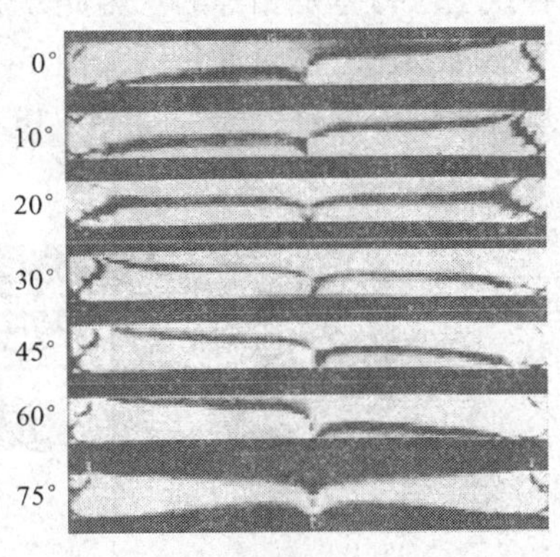

图 14－17

当$\frac{\pi\delta}{\lambda}=n\pi$时，$\delta=n\lambda$（$n=0$、1、2、3、……），$\sin\frac{\pi\delta}{\lambda}=0$，使$I=0$。这说明通过一点两个光波的光程差$\delta$等于入射光波长$\lambda$的整数倍时，两光波将相互抵消，呈黑点。若$\delta$是入射光的半波长奇数倍，$n=\frac{1}{2}$，$\frac{3}{2}$，$\frac{5}{2}$时，两光波相互叠加，呈亮点。$\delta$为波长$\lambda$的其他倍数时，亮度介于最暗最亮之间。满足光程差等于波长的整数倍的各暗点连成的一条黑线，此黑线称为等差线。由于$n=0$、1、2、3……，都满足消光条件，模型内将出现一系列黑色条纹，依次称为0级、1级、2级、3级……等差线。$n$称为条纹级（序）数。当$\delta$是半波长奇数倍，将出现亮点，各亮点连成一条明亮的线，就是半级数条纹。这样在受力模型中就形成了明暗相间的条纹图，此图称为等差线图。

由应力——光定律$\delta=ch(\sigma_1-\sigma_2)$得

$$ch(\sigma_1-\sigma_2)=n\lambda$$

$$\sigma_1-\sigma_2=\frac{n\lambda}{ch}=\frac{nf}{h}$$

式中：$f=\frac{\lambda}{c}$，称为光弹性材料的条纹值，它是与光源发出光的波长以及模型材料有关的常数，单位是kg/cm条。它是光弹性法进行分析应力时定量计算的基本常数，通过实验进行测定。

我们通过上式解算出条纹级数为

$$n=\frac{h}{f}(\sigma_1-\sigma_2)$$

可见，在等差线图上数出的各条纹的条纹级数的大小，表示这条等差线上各点的主应力差（$\sigma_1-\sigma_2$）相等，并且$n$越大，（$\sigma_1-\sigma_2$）越大，反之越小。进行测量计算时，正确数出条纹级数是十分重要的。通常先找到零级条纹并从此数起。

以上是用单色光作为光源出现的现象。如果不用单色光而改用由红到紫七色混合而成的白光做光源，主应力差为零时，七种颜色的光全部被遮盖住，看到黑色。当（$\sigma_1-\sigma_2$）增大

时，由式

$$\sigma_1-\sigma_2=\frac{n\lambda}{ch}$$

看出，模型上一些点的主应力差（$\sigma_1-\sigma_2$）首先达到紫光波长（七种颜色光中紫光波长最短）的整数倍，紫光被消去，其余六色光得以通过，其混合色为黄色。这些黄色点连成一条黄线。其他一些点主应力差（$\sigma_1-\sigma_2$）是另外一种颜色波长的整数倍，而被取消，其余六色形成混合色。这样我们在受力模型上将看到黄、红、蓝、绿的彩色条纹，在颜色相同的条纹上各点主应力差是相等的。因此，这些线条也表示了主应力差值的级别。因为此时的等差线带有不同颜色，称为等色线。图 14－18 中（a）是纯弯曲梁的等差线图，图 14－18（b）是三点弯曲梁的等差线图，图 14－18（c）对径受压圆盘的等差线图。等倾线图和等差线图统称为应力光图。

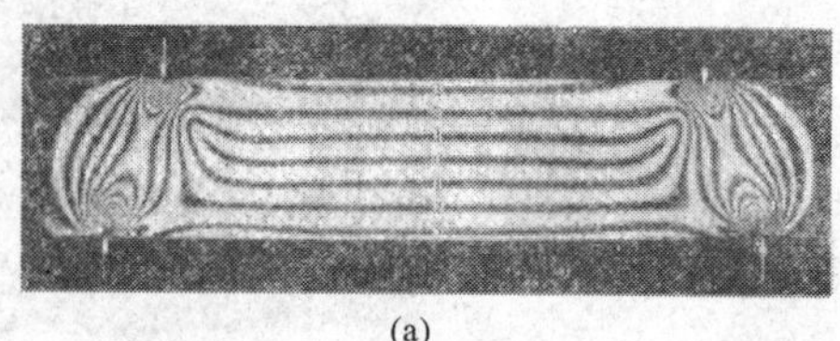

(a)

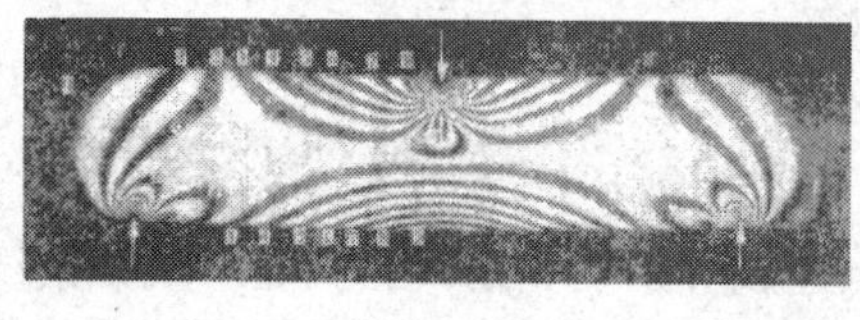

(b)

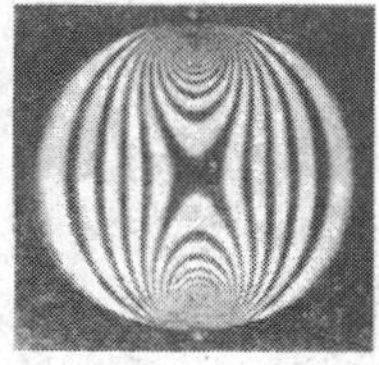

(c)

图 14－18

**五、受力模型在正交圆偏振场（暗场）中的效应——用四分之一波片消除等倾线**

前已指出，使合成光波光的强度 $I=I_0\sin^2 2\alpha\sin^2\frac{\pi\delta}{\lambda}$ 等于零的两个条件即 $\sin^2 2\alpha=0$，$\sin^2\frac{\pi\delta}{\lambda}=0$，从而得到等倾线和等差线。但是这两个条件一般是同时满足的，所以在模型上等倾线和等差线将同时出现。它们会相互干扰使图线模糊不清而难以分辨。如果设法消除等倾线，则能够得到清晰的等差线图，提高测量精度。

通常采用圆偏振场来消除等倾线。为了得到圆偏振场，前已指出，必须在起、检偏振片之间安放四分之一波片，将受力模型放在两四分之一波片之间，参阅图 14－15。从检偏振片射出的合成光波的光强为 $I=2a^2\sin^2\frac{\pi\delta}{\lambda}$（理论推导较繁，从略），我们看到，与正交平面偏振场的光强公式比较，不存在 $\sin^2 2\alpha$。这说明在正交圆偏振场中不存在产生等倾线的条件，因此在受力模型中不会出现等倾线，呈现出的只是等差线，使等差线清晰可见。

**六、等倾线、等差线的分辨、条纹级数计数、主应力方向的确定**

1. 等倾线、等差线的分辨

根据等倾线、等差线的本质区别，通常采用如下方法进行分辨。

在正交平面偏振场中，加上四分之一波片，消除的是等倾线，不消除的是等差线；缓慢同步转动起偏振片和检偏振片，变化的是等倾线，不变化的是等差线；连续改变载荷大小，变化的是等差线，不变化的是等倾线。

2. 条纹级数的计数

确定某条等差线的条纹级数，首先要找到零级条纹（$n=0$），以此采用连续计数的办法确定。这里确定零级条纹的位置是关键的。

不论用白光，还是用单色光，0 级条纹都是一条黑线或一个黑点。这些点上 $\sigma_1=\sigma_2=0$，其光程差 $\delta=0$，称为各向同性点。模型上不直接受力作用的尖角，称为自由尖角，均是各向同性点，条纹级数 $n=0$。纯弯曲时中性层上各点应力均为零，所以呈现黑色零级等差线。

改变载荷大小，亮度不变的点（线）在载荷由小到大逐渐增大时，条纹在条纹级数最大的点生成并向级数低的点移动，这一现象可帮助我们确定条纹级数增、减方向。

有时找不到零级条纹位置，可以采用连续加载的办法加以确定。即看模型内一点，载荷从零逐渐增加到最大值，观察这一过程中该点被消光的次数（即明、暗交替变化的次数）来判断该点条纹级数。

对于非整数级条纹的条纹级数，如果是半数级条纹，可在同一载荷作用下分别用暗场、明场做两次照射，其中暗场中，各等差线条纹级数是整数级，明场中对应的是半次级，如图 14－19 所示。

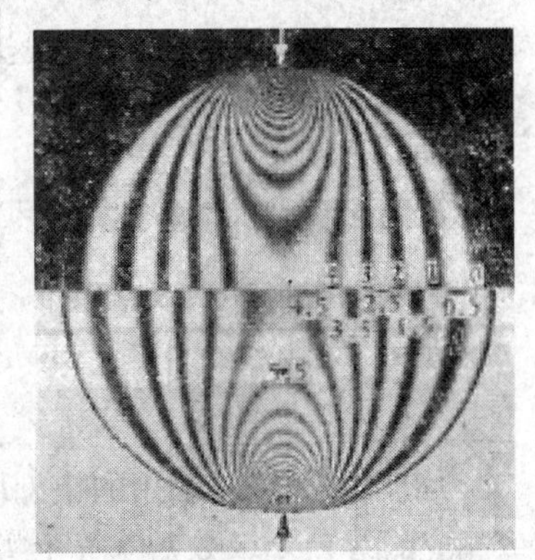

图 14－19

对于其他非整数级次的条纹级数，通常用补偿器加以测定。

3. 确定非整数级条纹级数的方法

为确定非整数级条纹的条纹级数，可在得到的暗、明场中的等差线图上，画出条纹分布曲线，然后在这组曲线上采用内插法或外延法求出被测点的条纹级数。但这种方法精度不高。通常是使用仪器测定，这种方法称为补偿法。

例如，制造一个模型，将其放到被测模型前（或后），如图 14－20 所示。如果实测模型上测点处于单向应力状态，主应力为 $\sigma_M$，补偿模型应力为 $\sigma_B$。逐渐改变 $\sigma_B$ 大小，总有一时

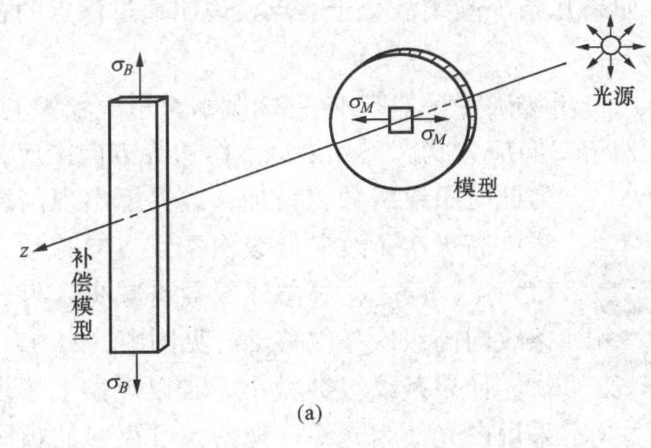


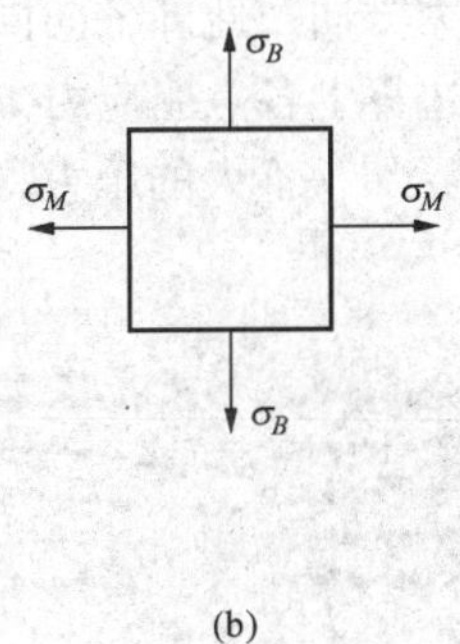


图 14－20

刻达到 $\sigma_M=\sigma_B$，则 $\sigma_M-\sigma_B=0$，使光程差为 $\delta=0$，在投影屏幕上出现黑点，此时 $\sigma_B$ 的值（已知）就是模型上测点的应力 $\sigma_M$。

如果模型上测点处于二向应力状态，如图 14－21（a）所示，它等于图14－21(c)、(d)两种应力状态的叠加。这样在被测模型一侧加补偿模型，逐渐改变补偿模型应力 $\sigma_B$，当 $\sigma_B$ 达到$\sigma_1-\sigma_2$ 时，如图 14－21（d）所示，测该点呈黑点，该单元体的非整数等差线级数即可得到。实测中使用的拉力补偿器，如柯克补偿器就是根据以上原理制造的。

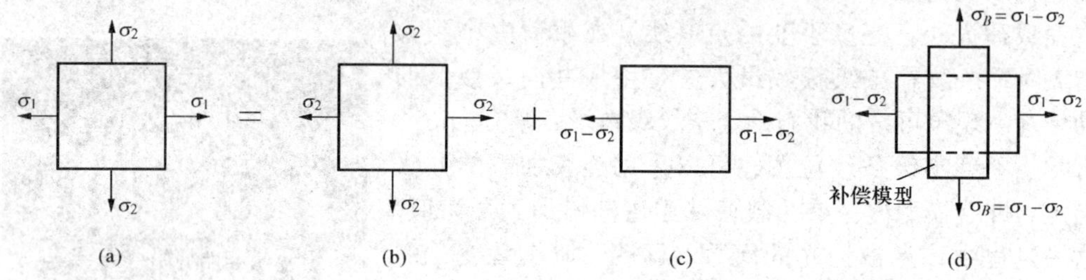


图 14－21

须指出，如果补偿用的模型厚度、材料和实测模型相同，那么，补偿模型上的应力 $\sigma_B$（或相应的等差线级数）就等于实测模型应力（$\sigma_1-\sigma_2$），如果补偿模型材料和厚度与被测模型不同，则被测模型应力 $(\sigma_1-\sigma_2)_M$ 按下式计算：

$$(\sigma_1-\sigma_2)_M=\sigma_B\frac{h_B\cdot f_M}{h_M\cdot f_B}$$

式中 $\sigma_B$——补偿模型应力；

$h_B$、$h_M$——补偿和被测模型厚度；

$f_B$、$f_M$——补偿和被测模型材料条纹值。

4. 主应力方向的确定

若确定被测模型中某一点主应力方向，可同步转动起、检偏振片，两片的光轴恰好与该点主应力方向一致时出现黑点，由偏振片刻度盘上读出的角度值即为主应力之一（$\sigma_1$ 或 $\sigma_2$）与初始位置的角度。在等倾线图中，如果几条等倾线汇交于一点，说明通过该点的各个方向均是主应力方向，此即各向同性点。

模型边界上各点主应力方向，可用钉压法确定。如图 13－22 所示，用一较尖利的小钉，垂直于边界加一不大的压力，使该点处于二向应力状态。如果该点沿边界方向主应力是拉应力此时条纹级数将增加，边界上出现高级次等差线，高级次条纹向低级次条纹方向移动，见图中（1）点。反之，等差线级数将减少，附近低级次条纹向高级次条纹移动，见图中（2）点。

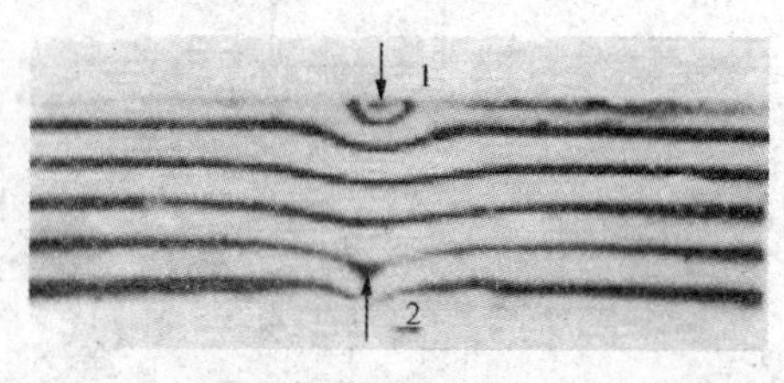


图 14－22

如果条纹级数微小，难以观察上述现象，可采用白光作为光源，观察条纹色彩的顺序以分辨条纹的增减。边界上应力方向还可通过其他方法，例如用简单补偿器，或较为精密的仪器（巴俾涅—索列尔补偿器）加以确定。

**七、模型材料条纹值 $f$ 的测量**

前已指出通过应力——光定律得到 $\sigma_1-\sigma_2=n\dfrac{f}{h}$，式中 $f$ 称为模型材料的条纹值；$h$ 是已知的模型厚度；$n$ 为条纹级数，可通过等差线图计数出来。如果 $f$ 不被确定，其主应力差（$\sigma_1-\sigma_2$）也无法计算。所以，模型材料的条纹值是极为重要的参数之一。

材料条纹值 $f$ 是表征材料性能的重要指标，随材料而异。事前必须进行测定。在这里只介绍一种测定模型材料条纹值方法即通过受压圆盘实验测定。

将圆盘放入光弹仪加力架上并沿直径施加压力如图 14－23（a）所示，描画出圆盘的等差线图，计数圆盘中心的等差线级次 $n$（也可在投影屏幕上直接计数），参看图 14－18（c），则材料条纹值为

$$f=\frac{8P}{\pi Dn}$$

此外，还可通过拉伸、弯曲的办法测定条纹值。

**八、二向应力状态下确定主应力值的方法**

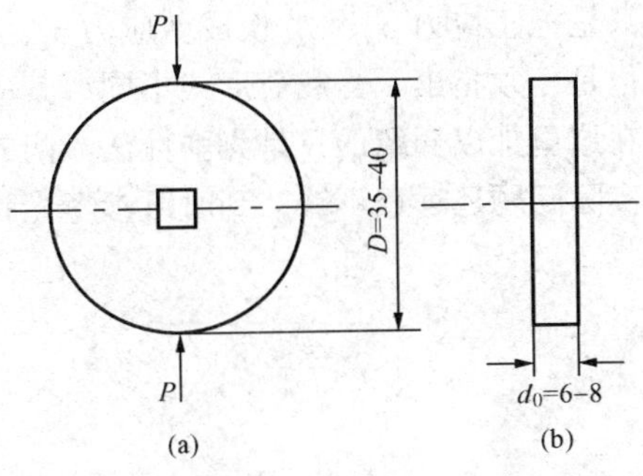

图 14－23

通过偏振场中受力模型得到的等差线图，只能确定模型内各点主应力差值 $\sigma_1-\sigma_2=\dfrac{f}{h}n$，如果测点处于单向应力状态，由此式即可算出 $\sigma_1$ 或 $\sigma_2$。但测点若处于二向应力状态，$\sigma_1$、$\sigma_2$ 均不为零，此外等倾线给出的主应力方向，也并未指出是 $\sigma_1$ 还是 $\sigma_2$ 的方向。因此确定两个主应力大小和方向只依靠等倾线、等差线是不够的，还要想出其他办法才能确定。采用的方法比较多，例如一种方法是设法找到各测点主应力和（$\sigma_1+\sigma_2$），与主应力差（$\sigma_1-\sigma_2$）联立求解；其次还有二向剪应力差法、斜射法等等。

寻求主应力和的办法也较多，其中，测厚法或称侧向应变法是原理较为简单的方法。单元体处于二向应力状态，与 $\sigma_1$、$\sigma_2$ 相垂直的 Z 向无应力作用，如图 14－24 所示。Z 方向的线应变，根据广义胡克定律为

$$\varepsilon_Z=\frac{\Delta h}{h}=-\frac{\mu}{E}(\sigma_1+\sigma_2)$$

所以

$$\sigma_1+\sigma_2=-\frac{E\cdot\Delta h}{\mu\cdot h}$$

式中，$h$ 是模型厚度；$\Delta h$ 是厚度变化量。可见测量出 $\Delta h$，主应力和（$\sigma_1+\sigma_2$）即可获得，与主应力差联立解出 $\sigma_1$、$\sigma_2$。

但是，模型厚度变化极小，难以测量，要求测量仪器十分精密才能获得满意的结果。至

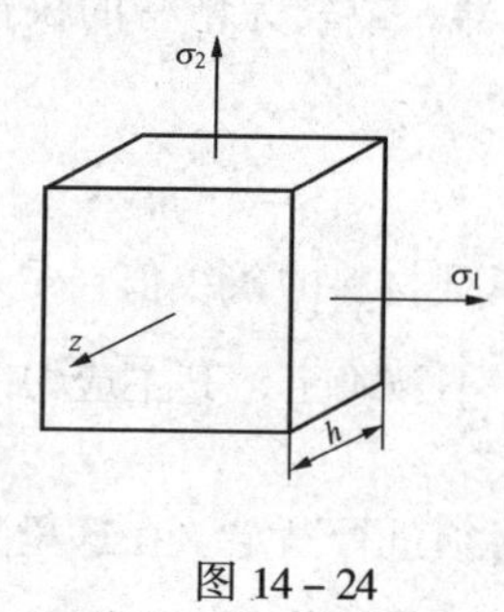

图 14－24

于其他方法在此不再陈述。

## 九、模型应力和实际构件应力的换算

通过光弹性法得到的是受力模型上的应力。但我们最终要求的是实际构件上的应力。所以实验后要将通过光弹性实验得到的模型应力换算成实际构件的应力。

从模型应力换算成实际构件应力，是以相似理论为基础的。对于相似理论我们不作探讨，只介绍相应的转换公式。

对于二向应力状态，应力分布与表征材料性能的弹性常数（如弹性模量 $E$，泊松系数 $\mu$ 等）无关。如果模型与实际构件平面几何尺寸、载荷作用方向和位置均对应相似，则它们对应的各点的应力按下式换算

$$\sigma_g=\sigma_M\frac{P_g}{P_M}\cdot\frac{\alpha_M}{\alpha_g}\cdot\frac{h_M}{h_g}$$

式中：下角标 g 表示实际构件；M 表示模型。所以，$\sigma_g$、$\sigma_M$ 分别为实际构件、模型的正应力；$\frac{P_g}{P_M}$为载荷比；$\frac{\alpha_M}{\alpha_g}$为平面尺寸之比；$\frac{h_M}{h_B}$为厚度之比。如果求构件的剪应力，也通过上式，只是把正应力 $\sigma_g$、$\sigma_M$ 换成剪应力 $\tau_g$、$\tau_M$ 即可以。

但是，须指出，当载荷形式不同，其应力的转换公式也不相同。

在这里加以介绍的只是光弹性法入门的基础知识，还有极其丰富的内容未能涉及，距离解决实际问题还远远不够，到时可参考光弹性有关资料及其专著。

# 附　　录

## 附录A　截面的几何性质

### §A-1　截面的静矩和形心

杆件的应力和变形，不仅取决于外力的大小及杆件的尺寸，而且还与杆件截面的几何性质有关。这些几何量主要包括：形心、静矩、惯性矩、极惯性矩、惯性积、形心主轴和形心主惯性矩等。

**一、截面的静矩、形心**

任意形状的截面如图A-1所示，设截面面积为$A$。在截面平面内选取坐标系$Oyz$，从坐标系任一点（$y$，$z$）处取一微面积$\mathrm{d}A$，$\mathrm{d}A$的坐标分别为$y$和$z$，$z\mathrm{d}A$、$y\mathrm{d}A$分别称为微面积对$y$轴、$z$轴的静矩。那么，遍及整个截面面积$A$的积分

$$\left.\begin{aligned} S_y &= \int_A z\mathrm{d}A \\ S_z &= \int_A y\mathrm{d}A \end{aligned}\right\} \tag{A-1}$$

则分别定义为截面对$y$轴和$z$轴的静矩。

从式（A-1）看出，截面的静矩是对某一定轴而言的，同一截面对不同的坐标轴，其静矩也不同。静矩的数值可能为正、可能为负、也可能等于零。静矩的量纲是长度的三次方。

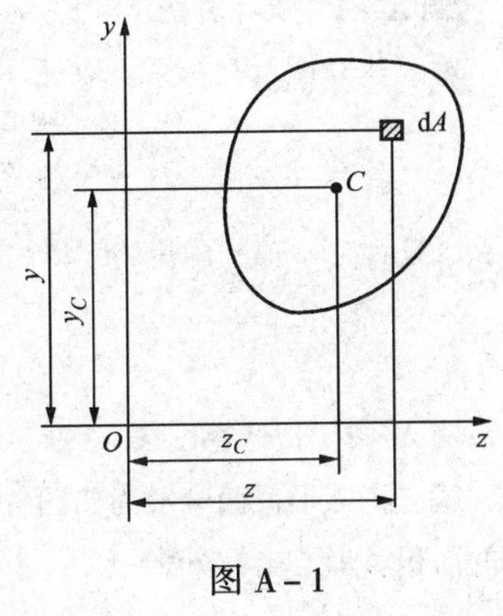

图A-1

设有一均质薄板，其形状与图A-1截面相同。显然，均质薄板的重心与截面的形心是重合的。由合力矩定理可知，均质薄板的重心坐标是

$$\left.\begin{aligned} y_C &= \frac{\int_A y\mathrm{d}A}{A} \\ z_C &= \frac{\int_A z\mathrm{d}A}{A} \end{aligned}\right\} \tag{A-2}$$

式（A-2）是确定截面形心坐标的公式。

**二、静矩与形心之间的关系**

利用式（A-1）可以把式（A-2）改写为

$$y_C = \frac{S_z}{A},\quad z_C = \frac{S_y}{A} \tag{A-3}$$

所以，分别将截面对 $z$ 轴和 $y$ 轴的静矩除以截面面积 $A$，就可得到该截面的形心坐标 $y_C$ 和 $z_C$。若将式（A－3）改写为

$$S_z = Ay_C,\quad S_y = Az_C \tag{A-4}$$

这表明，截面对 $z$ 轴和 $y$ 轴的静矩，分别等于截面面积 $A$ 乘以形心坐标 $y_C$ 和 $z_C$。

从式（A－3）和式（A－4）看出，若截面对于某轴的静矩等于零，则该轴必通过截面的形心；反之，若某一轴通过形心，则截面对该轴的静矩等于零。通过形心的轴称为形心轴。

**三、组合截面的静矩与形心**

当一个平面图形是由若干个简单图形（例如矩形、圆形、三角形等）组成时，由静矩的定义可知，图形各组成部分对某一轴的静矩的代数和，等于整个图形对同一轴的静矩，即

$$S_z = \sum_{i=1}^{n} A_i y_{Ci},\ S_y = \sum_{i=1}^{n} A_i z_{Ci} \tag{A-5}$$

式中：$A_i$ 和 $y_{Ci}$、$z_{Ci}$分别表示第 $i$ 个简单图形的形心的面积及形心坐标；$n$ 为组成该平面图形的简单图形的个数。由于各简单图形的面积及形心坐标都不难确定，所以按式（A－5）计算组合截面的静矩是比较方便的。

将式（A－5）代入式（A－3），则组合截面的形心坐标公式为

$$y_C = \frac{\sum_{i=1}^{n} A_i y_{Ci}}{\sum_{i=1}^{n} A_i},\ z_C = \frac{\sum_{i=1}^{n} A_i z_{Ci}}{\sum_{i=1}^{n} A_i} \tag{A-6}$$

**例 A－1**　试计算图 A－2 所示三角形截面对与其底边重合的 $z$ 的静矩。

**解**　建立图示坐标系。取任一与 $y$ 轴平行的细长条作为微面积 $\mathrm{d}A$，则

$$\mathrm{d}A = b(y)\mathrm{d}y = \frac{b}{h}(h-y)\mathrm{d}y$$

那么，截面对 $y$ 轴的静矩为

$$S_z = \int_A y\mathrm{d}A = \int_0^h \frac{b}{h}(h-y)y\mathrm{d}y = \frac{bh^2}{6}$$

**例 A－2**　试计算图 A－3 所示组合截面形心 $C$ 的位置。

**解**　将 L 形截面分解为如图 A－3 所示的两个矩形Ⅰ和Ⅱ的组合，建立图示的坐标系 $Oyz$。每一矩形的面积及形心坐标分别为

矩形Ⅰ

$$A_1 = 10\times 120 = 1200\mathrm{mm}^2$$

$$z_{C1} = \frac{10}{2} = 5\mathrm{mm},\quad y_{C1} = \frac{120}{2} = 60\mathrm{mm}$$

矩形Ⅱ

$$A_2 = 70\times 10 = 700\mathrm{mm}^2$$

$$z_{C2} = 10 + \frac{70}{2} = 45\mathrm{mm},\quad y_{C2} = \frac{10}{2} = 5\mathrm{mm}$$

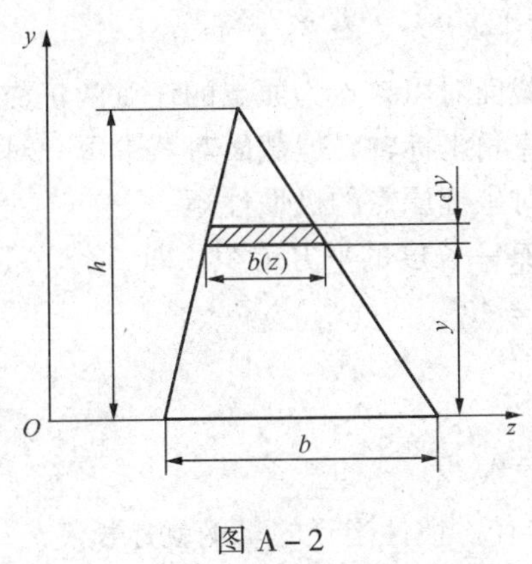

图 A-2

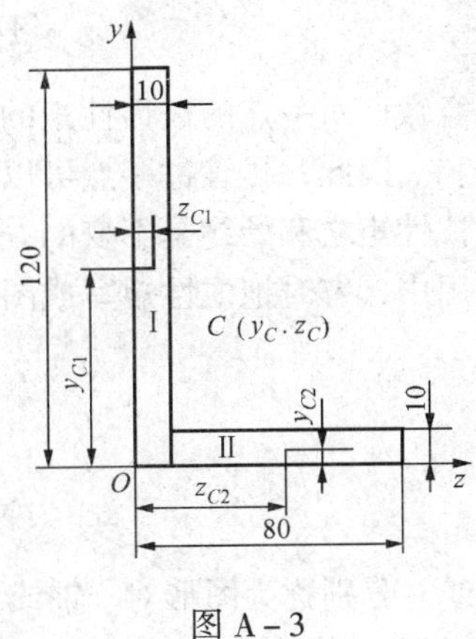

图 A-3

应用式（A-6）求出组合截面形心 $C$ 的坐标为

$$z_C = \frac{A_1 z_{C1} + A_2 z_{C2}}{A_1 + A_2} = \frac{1200 \times 5 + 700 \times 45}{1200 + 700} = 19.7\text{mm}$$

$$y_C = \frac{A_1 y_{C1} + A_2 y_{C2}}{A_1 + A_2} = \frac{1200 \times 60 + 700 \times 5}{1200 + 700} = 39.7\text{mm}$$

## §A-2　截面的极惯性矩、惯性矩和惯性积

### 一、极惯性矩

设任意形状的截面如图 A-4 所示，截面面积为 $A$。在截面平面内选取坐标系 $Oyz$，从坐标（$y$，$z$）处取微面积 $\mathrm{d}A$，$\rho$ 表示微面积 $\mathrm{d}A$ 到坐标原点 $O$ 的距离。遍及整个截面面积 $A$ 的积分

$$I_{\mathrm{p}} = \int_A \rho^2 \mathrm{d}A \tag{A-7}$$

定义为截面对坐标原点 $O$ 的极惯性矩。

从式（A-7）看出，截面的极惯性矩是对某一坐标原点而言的，同一截面对不同的坐标原点，其极惯性矩一般也就不同。极惯性矩的数值恒为正，其量纲是长度的四次方。

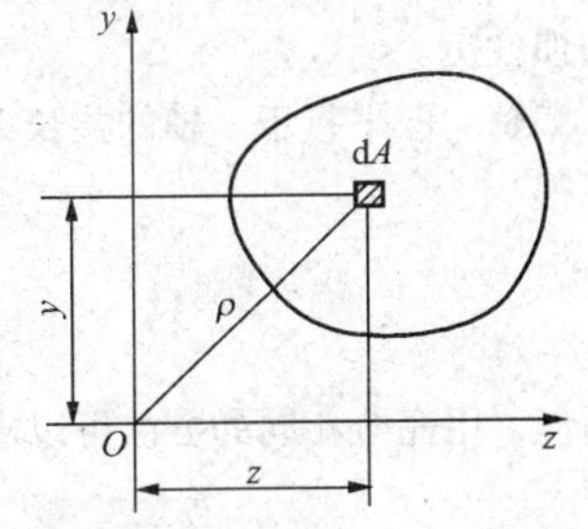

图 A-4

### 二、惯性矩、惯性半径和惯性积

同样对于图 A-4 所示任意形状的截面，遍及整个截面面积 $A$ 的积分

$$I_y = \int_A z^2 \mathrm{d}A,\ I_z = \int_A y^2 \mathrm{d}A \tag{A-8}$$

则分别定义为整个截面对于 $y$ 轴和 $z$ 轴的惯性矩。

在公式（A-8）中，由于 $z^2$ 或 $y^2$ 总是正的，所以 $I_y$ 或 $I_z$ 也恒为正值。惯性矩量纲是长度的四次方。

由图 A-4 可见，$\rho^2 = y^2 + z^2$，故有

$$I_p = \int_A \rho^2 dA = \int_A z^2 dA + \int_A y^2 dA = I_y + I_z \tag{A-9}$$

即任意截面对一点的极惯性矩的数值，等于截面对以该点为原点的任意两正交坐标轴的惯性矩之和。因此，尽管过一点可以作无穷多对直角坐标轴，但截面对其中每一对直角坐标轴的两个惯性矩之和始终是不变的，且等于截面对坐标原点的极惯性矩。

在应用中，有时把惯性矩写成图形面积 $A$ 与某一长度的平方乘积，即

$$I_y = Ai_y^2,\ I_z = Ai_z^2 \tag{A-10}$$

或改写成

$$i_y = \sqrt{\frac{I_y}{A}},\ i_z = \sqrt{\frac{I_z}{A}} \tag{A-11}$$

式中：$i_y$ 或 $i_z$ 分别称为图形对 $y$ 轴或 $z$ 轴的惯性半径。惯性半径的量纲就是长度。

面积元素 $dA$ 与其分别至 $z$ 轴和 $y$ 轴的距离的乘积 $yzdA$，称为该面积元素对于两坐标轴的惯性积。而以下积分

$$I_{yz} = \int_A yz dA \tag{A-12}$$

定义为整个截面对于 $y$、$z$ 两坐标轴的惯性积。

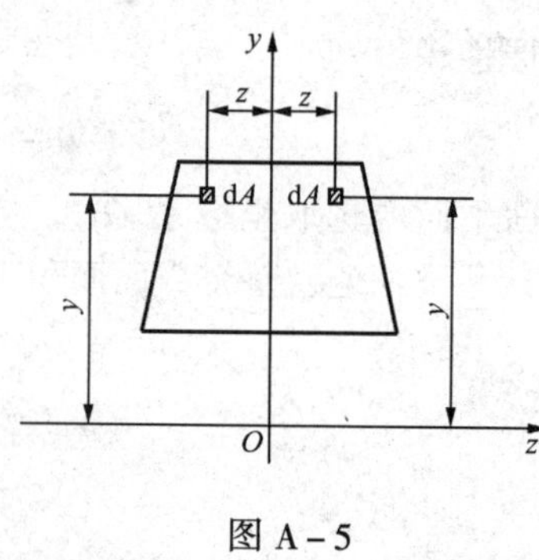

图 A-5

由于坐标乘积 $yz$ 可能为正，也可能为负，因此，$I_{yz}$ 的数值可能为正，可能为负，也可能为零。惯性积量纲是长度的四次方。

若坐标轴 $y$ 或 $z$ 中只要有一个轴为图形的对称轴，如图 A-5 中的 $z$ 轴，这时必有

$$I_{yz} = \int_A yz dA = 0$$

因此坐标系的两个坐标轴中只要一个为图形的对称轴，则图形对这一坐标系的惯性积等于零。

**例 A-3** 试计算图 A-6（a）所示矩形截面对其对称轴 $y$ 和 $z$ 的惯性矩。

**解** 取平行于 $z$ 轴的狭长条作为面积元素，即 $dA = b dy$，如图 A-6（a）所示，根据式（A-8）可得

$$I_z = \int_A y^2 dA = \int_{-\frac{h}{2}}^{\frac{h}{2}} by^2 dy = \frac{bh^3}{12}$$

同理，用完全相同的方法可以求得

$$I_y = \frac{hb^3}{12}$$

若截面高度为 $h$ 的平行四边形，如图 A-6（b）所示，则其对形心轴 $z$ 的惯性矩同样为

$$I_z = \frac{bh^3}{12}$$

**例 A-4** 试计算图 A-7 所示圆截面对其形心轴（即直径轴）的惯性矩。

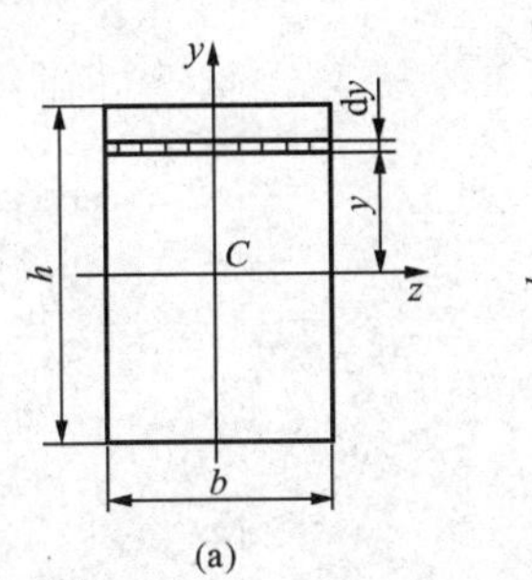

(a)

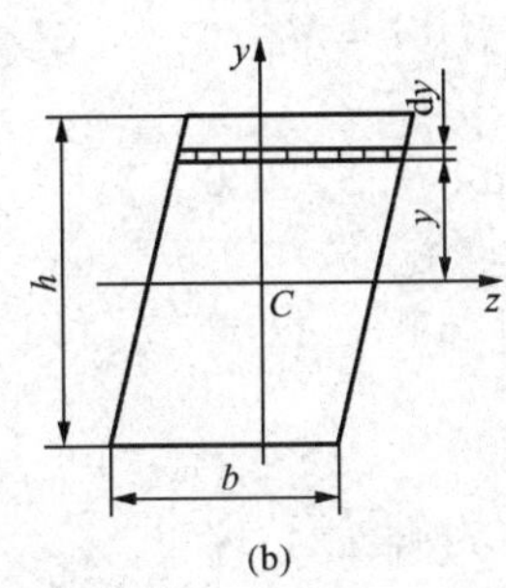

(b)

图 A－6

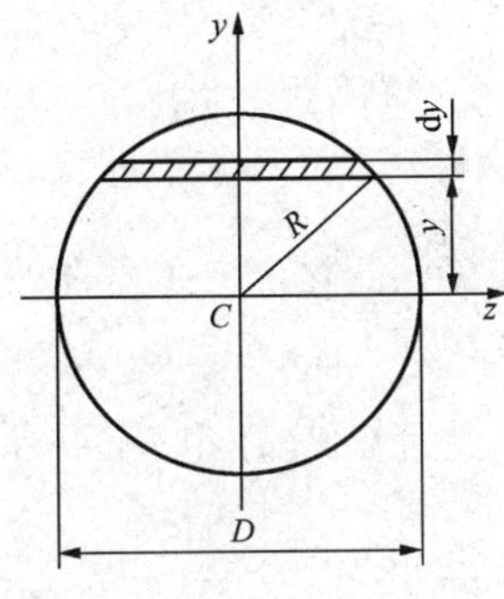


图 A－7

**解**　以圆心为原点，选取坐标轴 $y$、$z$ 如图所示。取平行于 $z$ 轴的狭长条（见图）作为面积元素，即 $\mathrm{d}A=2z\mathrm{d}y$，根据式（A－8）可得

$$I_z=\int_A y^2\mathrm{d}A=\int_{-\frac{d}{2}}^{\frac{d}{2}} y^C\sqrt{\left(\frac{D}{2}\right)^2-y^2\mathrm{d}y}=\frac{\pi D^4}{64}$$

利用圆截面的极惯性矩 $I_{\mathrm{p}}=\dfrac{\pi D^4}{32}$，由于圆截面对任一形心轴的惯性矩均相等，因而 $I_y=I_z$。于是得

$$I_y=I_z=\frac{I_{\mathrm{p}}}{2}=\frac{\pi D^4}{64}$$

对于矩形和圆形截面，由于 $y$、$z$ 两轴都是截面的对称轴，因此，惯性积 $I_{yz}$均等于零。

## §A－3　平行移轴公式　组合截面的惯性矩和惯性积

由惯性矩或惯性积的定义可以看出，同一平面图形对不同的坐标轴，其惯性矩或惯性积一般都是不相同的。但它们之间却存在一定的关系，本节先研究同一平面图形对于两互相平行的坐标轴的惯性矩和惯性积之间的关系。

### 一、平行移轴公式

在图 A－8 中，$C$ 为截面的形心，截面面积为 $A$，$y_C$ 和 $z_C$ 是通过形心的坐标轴。图形对于这对形心轴的惯性矩 $I_{yC}$、$I_{zC}$和惯性积 $I_{yCzC}$为已知，需求图形对另一对轴 $y$、$z$ 的惯性矩 $I_y$、$I_z$ 和惯性积 $I_{yz}$。

若 $z$ 轴平行于 $z_C$ 轴，二轴距离为 $a$；若 $y$ 轴平行于 $y_C$ 轴，二轴距离为 $b$。由图中可以看出

$$y=y_C+b,\quad z=z_C+a$$

则有

$$\begin{aligned}I_z&=\int_A y^C\mathrm{d}A\\&=\int_A(y_C+a^2)\mathrm{d}A\\&=\int_A y_C^2\mathrm{d}A+2a\int_A y_C\mathrm{d}A+a^2\int_A\mathrm{d}A\qquad\text{(a)}\end{aligned}$$

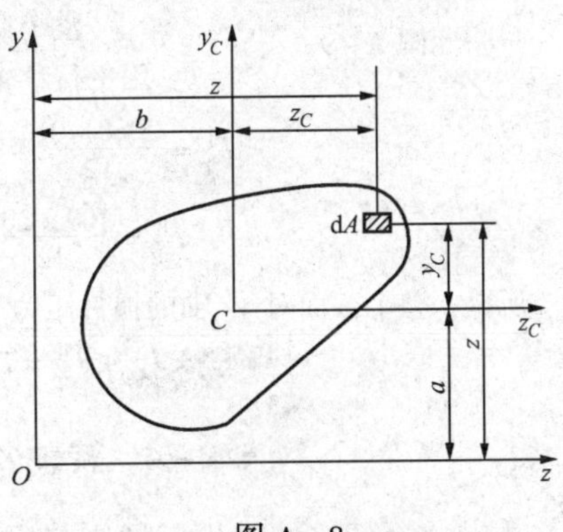


图 A－8

式（a）中的三个积分分别为

$$\int_A y_C^2 \mathrm{d}A = I_{zC}$$

$$\int_A y_C \mathrm{d}A = S_{zC} = 0$$

$$\int_A \mathrm{d}A = A$$

由以上三式及式(a)得

$$\left.\begin{aligned} I_z &= I_{zC} + a^2 A \\ I_y &= I_{yC} + b^2 A \\ I_{yz} &= I_{yCzC} + abA \end{aligned}\right\} \qquad (A-13)$$

公式（A－13）即为惯性矩和惯性积的平行移轴公式。可见，对所有的平行轴而言，图形对形心轴的惯性矩为最小值。

**二、组合截面的惯性矩和惯性积**

工程上遇到的复杂截面，常由简单截面组合而成。而简单截面的几何特性，在有关手册中可以查到。因此，常用平行移轴公式计算组合截面的惯性矩和惯性积，组合截面对某一坐标轴的惯性矩（或惯性积）等于其各组成部分对同一坐标轴的惯性矩（或惯性积）之和。

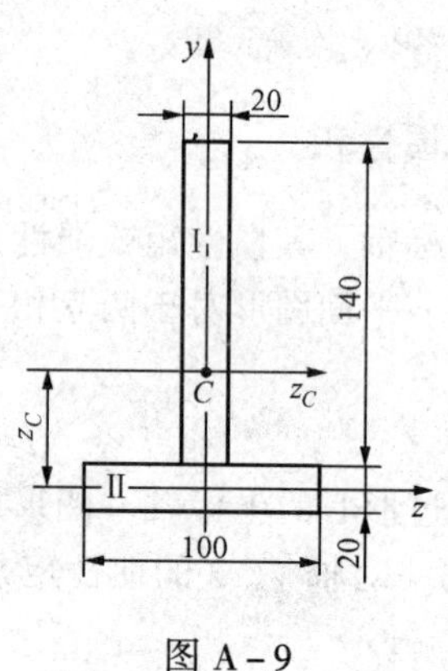


图 A－9

**例 A－5** 试计算图 A－9 所示 T 形截面对其形心轴 $z_C$ 的惯性矩。

**解**

1. 求截面的形心位置

由于截面有一根对称轴 $y$，故形心必在此轴上，即

$$z_C = 0$$

为求 $y_C$，将 T 形截面分解为如图 A－9 所示的两个矩形 Ⅰ 和 Ⅱ。取通过矩形 Ⅱ 的形心且平行于底边的参考轴 $z$，则截面的形心坐标为

$$y_C = \frac{\Sigma A_i y_{Ci}}{A} = \frac{140 \times 20 \times 80 + 100 \times 20 \times 0}{140 \times 20 + 100 \times 20} = 46.7\text{mm}$$

2. 计算惯性矩

整个截面对 $z_C$ 轴的惯性矩应等于两个矩形对 $z_C$ 轴惯性矩之和，利用平行移轴公式，分别计算出矩形 Ⅰ 和矩形 Ⅱ 对 $z_C$ 轴惯性矩为

$$I_{z_C}^{\mathrm{I}} = \frac{20 \times 140^3}{12} + (80 - 47.6)^2 \times 20 \times 140 = 7.69 \times 10^6 \text{mm}^4$$

$$I_{z_C}^{\mathrm{II}} = \frac{100 \times 20^3}{12} + 46.7^2 \times 20 \times 100 = 4.43 \times 10^6 \text{mm}^4$$

所以，整个截面对 $y_C$ 轴的惯性矩为

$$I_{z_C} = I_{z_C}^{\mathrm{I}} + I_{z_C}^{\mathrm{II}} = 7.69 \times 10^6 + 4.43 \times 10^6 = 12.12 \times 10^6 \text{mm}^4$$

## § A－4 转轴公式、截面的主惯性轴和主惯性矩

本节将介绍当一对坐标轴绕其原点转动时，惯性矩、惯性积之间的关系，并利用它来确

定截面主惯性轴，计算截面的主惯性矩。

**一、转轴公式**

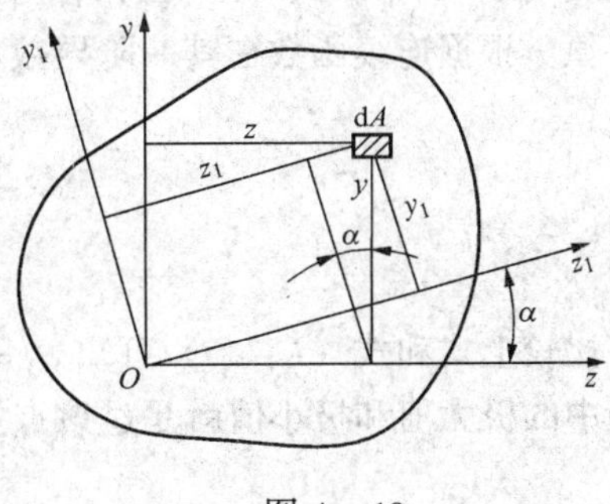

图 A－10

任意形状的截面如图 A－10 所示，它对通过其上任意一点的 $y$、$z$ 两互相垂直坐标轴的惯性矩 $I_y$、$I_z$ 和惯性积 $I_{yz}$ 均为已知，现求在坐标轴旋转 $\alpha$ 角（规定逆时针旋转时为正）后对 $y_1$、$z_1$ 轴的惯性矩 $I_{y1}$、$I_{z1}$ 和惯性积 $I_{y1z1}$。

由图 A－10 可知，微面积 $\mathrm{d}A$ 在新、旧两个坐标系中的坐标（$y_1$、$z_1$）和（$y$、$z$）之间的关系为

$$z_1 = z\cos\alpha + y\sin\alpha \quad y_1 = y\cos\alpha - z\sin\alpha$$

经过坐标变换和三角变换，可得

$$I_{z1} = \frac{I_z + I_y}{2} + \frac{I_z - I_y}{2}\cos2\alpha - I_{yz}\sin2\alpha \tag{A－14}$$

$$I_{y1} = \frac{I_z + I_y}{2} - \frac{I_z - I_y}{2}\cos2\alpha + I_{yz}\sin2\alpha \tag{A－15}$$

$$I_{y1z1} = \frac{I_z - I_y}{2}\sin2\alpha + I_{yz}\cos2\alpha \tag{A－16}$$

以上三式即为惯性矩和惯性积的转轴公式，表示了当坐标轴绕原点 $O$ 旋转 $\alpha$ 角后惯性矩与惯性积随 $\alpha$ 的变化规律。

**二、截面的主惯性轴和主惯性矩**

由公式（A－16）可知，当坐标轴旋转时，惯性积 $I_{y1z1}$ 将随着 $\alpha$ 角作周期性变化，且有正有负。因此，总可以找到一个特殊的角度 $\alpha_0$，使图形对于 $y_0$、$z_0$ 这对新坐标的惯性积等于零，这一对轴就称为**主惯性轴**。对主惯性轴的惯性矩称为**主惯性矩**。当这对轴的原点与图形的形心重合时，它们就称为形心**主惯性轴**。图形对于这一对轴的惯性矩就称为**形心主惯性矩**。如果这里所说的平面图形是杆件的横截面，则截面的形心主惯性轴与杆件的轴线所确定的平面称为形心主惯性平面。

设 $\alpha_0$ 角为主惯性轴与原坐标轴之间的夹角（参看图 A－10），将角 $\alpha_0$ 代入惯性积的转轴公式（A－16），并令其等于零，即

$$\frac{I_z - I_y}{2}\sin2\alpha_0 + I_{yz}\cos2\alpha_0 = 0$$

由上式可求得

$$\tan2\alpha_0 = -\frac{2I_{yz}}{I_z - I_y} \tag{A－17}$$

由式（A－17）解出的 $\alpha_0$ 值可以确定一对主惯性轴的位置。将所得 $\alpha_0$ 值代入公式（A－14）和式（A－15），经简化后得出主惯性矩的计算公式是

$$\left.\begin{aligned} I_{z0} &= \frac{I_z + I_y}{2} + \frac{1}{2}\sqrt{(I_z - I_y)^2 + 4I_{yz}^2} \\ I_{y0} &= \frac{I_z + I_y}{2} - \frac{1}{2}\sqrt{(I_z - I_y)^2 + 4I_{yz}^2} \end{aligned}\right\} \tag{A－18}$$

由公式（A－14）和式（A－15）看出，$I_{y1}$、$I_{z1}$的值是随 $\alpha_0$ 角连续变化的，故必有极大值与极小值。根据连续函数在其一阶导数为零处有极值可确定；当 $\alpha=\alpha_1$ 时，惯性矩取极值，即

$$\frac{\mathrm{d}I_{z1}}{\mathrm{d}\alpha}=0$$

求得

$$\tan 2\alpha_1=-\frac{2I_{yz}}{I_z-I_y}$$

比较上式和式（A－17）可知 $\alpha_1=\alpha_0$。所以可得到以下结论：**图形对过某点所有轴的惯性矩中的极大值和极小值就是过该点主惯性轴的两个主惯性矩。**

## 习　　题

A－1　试求图 A－11 示各截面阴影线面积对 $z$ 轴的静矩。

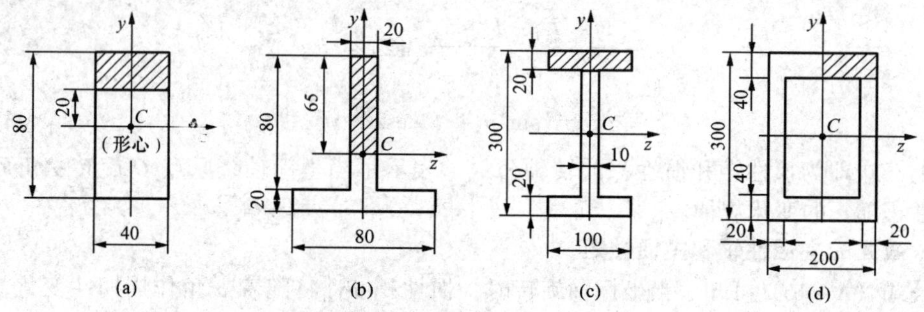


图 A－11　题 A－1 图

A－2　如图 A－12 所示求矩形截面的 $S_z$、$I_2$、$I_{yzC}$、$i_{yC}$。

A－3　如图 A－13 所示计算空心截面对形心轴的惯性半径。

A－4　如图 A－14 所示计算直角三角形的 $I_z$、$I_{zC}$、$I_{z1}$。

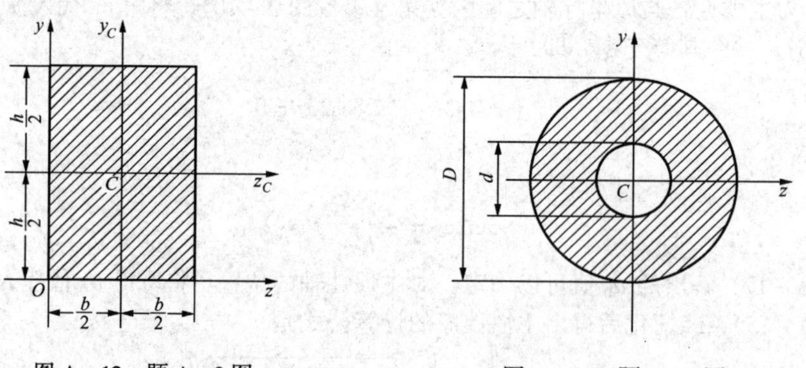


图 A－12　题 A－2 图　　　图 A－13　题 A－3 图

A－5　图 A－15 示为由两根 18a 号槽钢组成的组合截面，如欲使此截面对两个轴的惯性矩相等，问两根的间距 $a$ 应为多少？

A－6　在图 A－16 示的对称截面中，$a=0.16\text{m}$，$h=0.36\text{m}$，$b_1=0.6\text{m}$，$b_2=0.4\text{m}$，求截面对形心主轴 $z_0$ 的惯性矩。

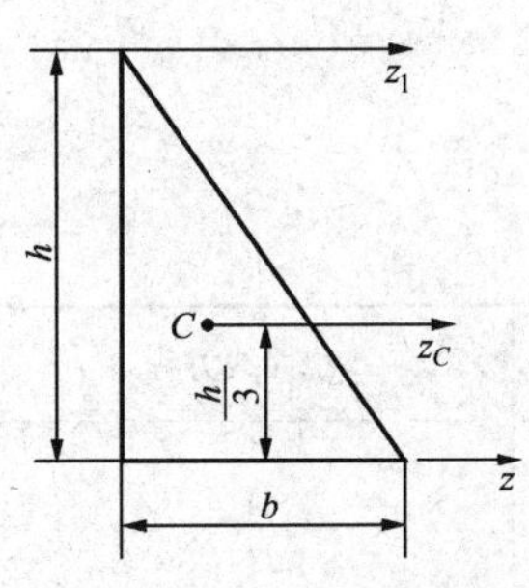


图 A－14　题 A－4 图

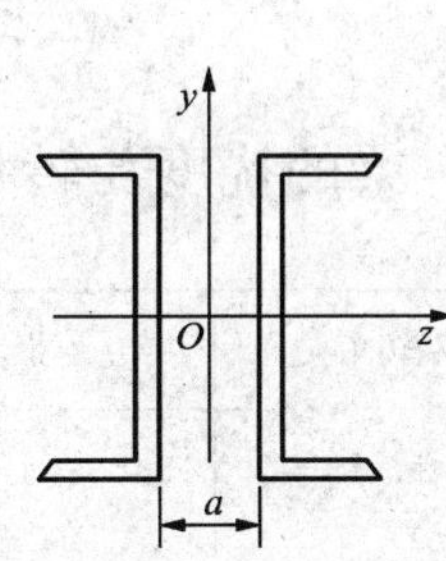


图 A－15　题 A－5 图

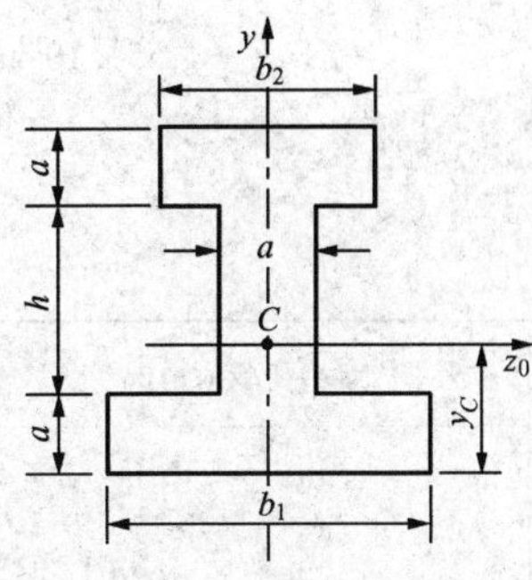


图 A－16　题 A－6 图

A－7　图 A－17 示为工字钢与钢板组成的组合截面，已知工字钢的型号为 40a，钢板的厚度 $\delta=20\text{mm}$，求组合截面形心主轴 $z_0$ 轴的惯性矩。

A－8　试计算图 A－18 示各截面对水平形心轴 $z$ 的惯性矩。

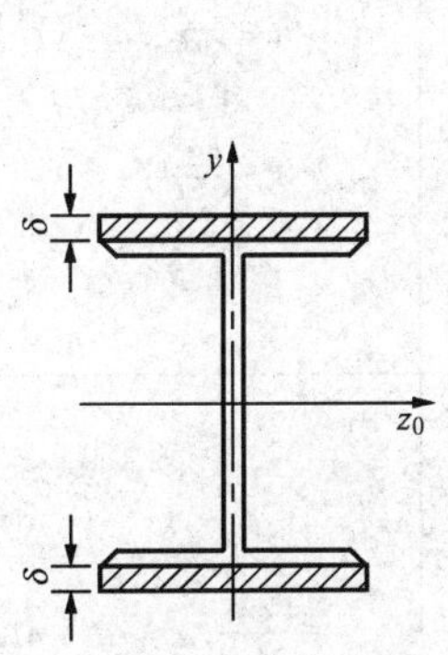


图 A－17　题 A－7 图

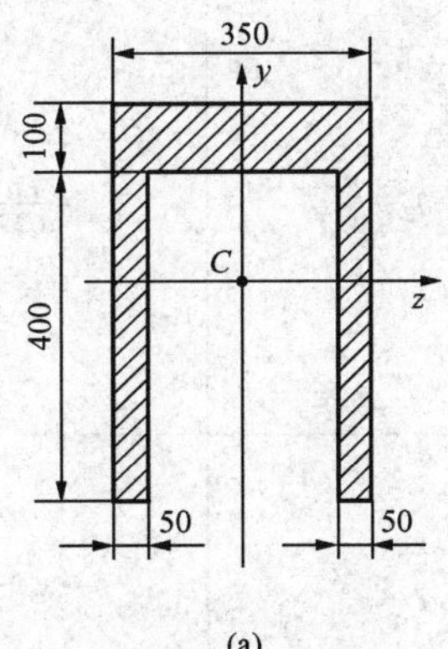


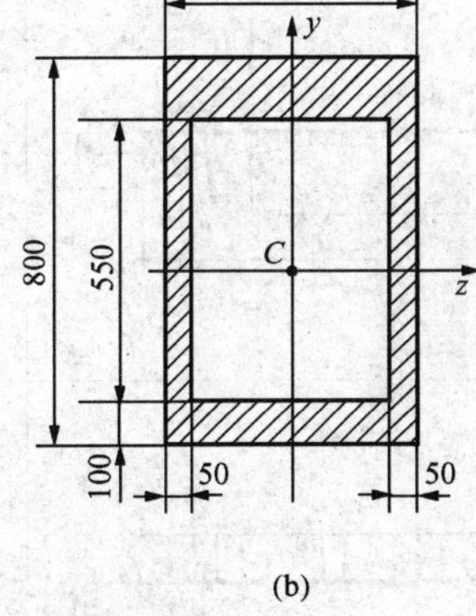


图 A－18　题 A－8 图

## 习　题　答　案

A－1　（a）$S_z=24000\text{mm}^3$　（b）$S_z=42250\text{mm}^3$　（c）$S_z=280000\text{mm}^3$　（d）$S_z=520000\text{mm}^3$

A－2　$S_z=\dfrac{bh^2}{2}$　$I_z=\dfrac{bh^3}{3}$　$I_{yz_C}=0$　$i_{y_C}=\dfrac{b}{2\sqrt{3}}$

A－3　$i_y=i_z=\dfrac{D}{4}\sqrt{1+\alpha^2}$　$\left(\alpha=\dfrac{d}{D}\right)$

A－4　$I_z=\dfrac{bh^3}{12}$　$I_{z_C}=\dfrac{bh^3}{36}$　$I_{z_1}=\dfrac{bh^3}{4}$

A－5　$a=97.6\text{mm}$

A－6 $I_{z_0}=1.15\times10^{-2}\text{m}^4$ $y_C=0.302\text{m}$

A－7 $I_{z_0}=0.468\times10^{-3}\text{m}^4$

A－8 （a）$I_z=1.73\times10^{9}\text{mm}^4$

（b）$I_z=1.55\times10^{10}\text{mm}^4$

# 附录 B 梁的挠度与转角公式

| 序号 | 支承和载荷情况 | 梁端转角 | 最大挠度 | 挠曲线方程 |
|---|---|---|---|---|
| 1 | 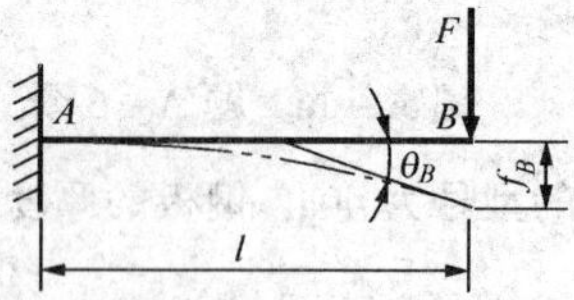 F, A, B, $\theta_B$, $f_B$, $l$ | $\theta_B=\dfrac{Fl^2}{2EI}$ | $v_{\max}=\dfrac{Fl^3}{3EI}$ | $v=\dfrac{Fx^2}{6EI}(3l-x)$ |
| 2 | 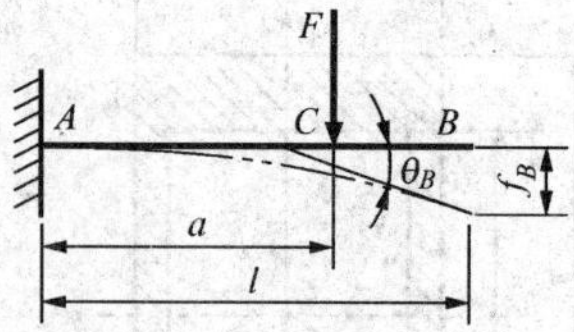 F, A, C, B, $\theta_B$, $f_B$, $a$, $l$ | $\theta_B=\dfrac{Fa^2}{2EI}$ | $v_{\max}=\dfrac{Fa^2}{6EI}(3l-a)$ | $v=\dfrac{Fx^2}{6EI}(3a-x)$<br>$(0\leqslant x\leqslant a)$<br>$v=\dfrac{Fa^2}{6EI}(3x-a)$<br>$(a\leqslant x\leqslant l)$ |
| 3 | 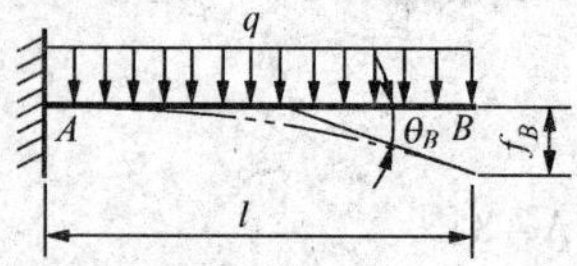 q, A, B, $\theta_B$, $f_B$, $l$ | $\theta_B=\dfrac{ql^3}{6EI}$ | $v_{\max}=\dfrac{ql^4}{8EI}$ | $v=\dfrac{qx^2}{24EI}(x^2+6l^2-4lx)$ |
| 4 | 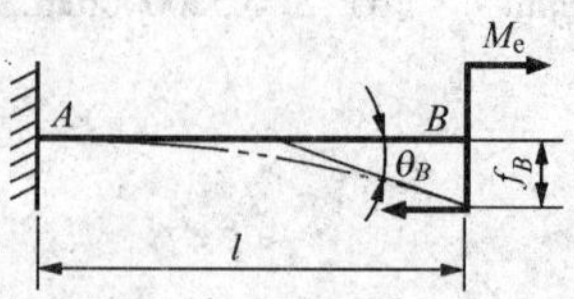 $M_e$, A, B, $\theta_B$, $f_B$, $l$ | $\theta_B=\dfrac{M_e l}{EI}$ | $v_{\max}=\dfrac{M_e l^2}{2EI}$ | $v=\dfrac{M_e x^2}{2EI}$ |

续表

| 序号 | 支承和载荷情况 | 梁端转角 | 最大挠度 | 挠曲线方程 |
|---|---|---|---|---|
| 5 | 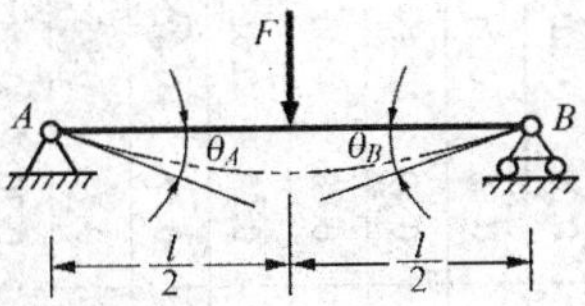 | $\theta_A=-\theta_B=\dfrac{Fl^2}{16EI}$ | $v_{\max}=\dfrac{Fl^3}{48EI}$ | $v=\dfrac{Fx}{48EI}(3l^2-4x^2)$ $\left(0\leqslant x\leqslant\dfrac{l}{2}\right)$ |
| 6 | 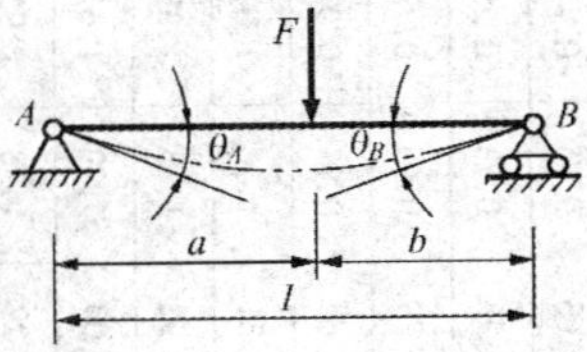 | $\theta_A=\dfrac{Fab(l+b)}{6lEI}$ $\theta_B=\dfrac{-Fab(l+a)}{6lEI}$ | $v_{\max}=\dfrac{Fb}{9\sqrt{3}EIl}(l^2-b^2)^{3/2}$ 在 $x=\sqrt{\dfrac{l^2-b^2}{3}}$ 处 | $v=\dfrac{Fbx}{6lEI}(l^2-b^2-x^2)x$ $(0\leqslant x\leqslant a)$ $v=\dfrac{F}{EI}\left[\dfrac{b}{6l}(l^2-b^2-x^2)x+\dfrac{1}{6}(x-a)^3\right]$ $(0\leqslant x\leqslant l)$ |
| 7 | 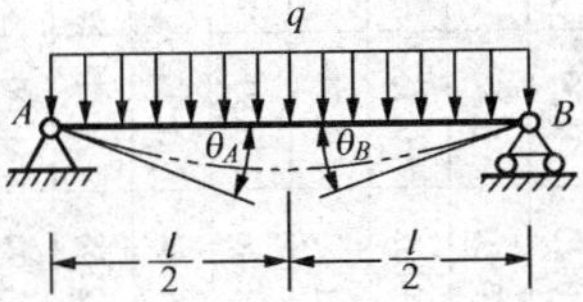 | $\theta_A=-\theta_B=\dfrac{ql^3}{24EI}$ | $v_{\max}=\dfrac{5ql^4}{384EI}$ | $v=\dfrac{qx}{24EI}(-2lx^2+l^3+x^3)$ |
| 8 | 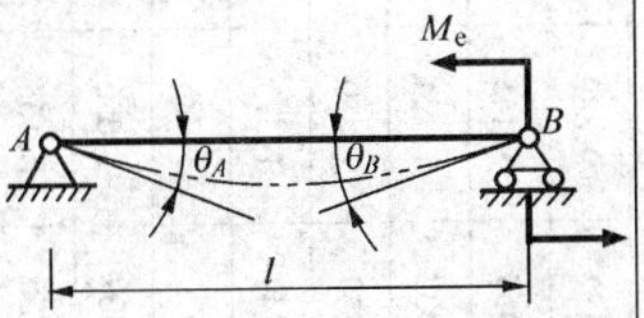 | $\theta_A=\dfrac{M_el}{6EI}$ $\theta_B=-\dfrac{M_el}{3EI}$ | $v_{\max}=\dfrac{Ml^2}{9\sqrt{3}EI}$ 在 $x=\dfrac{l}{\sqrt{3}}$ 处 | $v=\dfrac{M_ex}{6lEI}(l^2-x^2)$ |
| 9 | 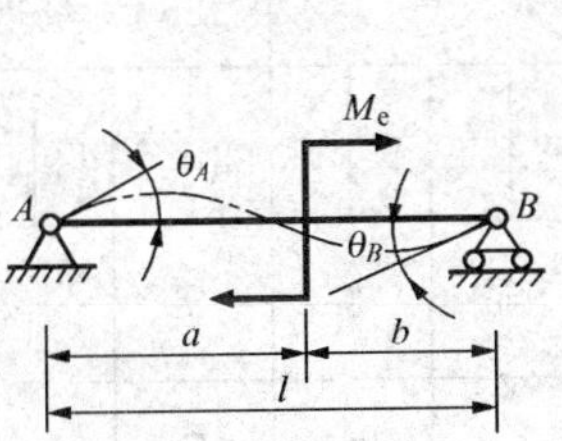 | $\theta_A=\dfrac{M_e}{6EIl}(l^2-3b^2)$ $\theta_B=\dfrac{M_e}{6EIl}(l^2-3a^2)$ | | $v=-\dfrac{M_ex}{6lEI}(l^2-3b^2-x^2)$ $(0\leqslant x\leqslant a)$ $v=\dfrac{M_e(l-x)}{6lEI}(2lx-3a^2-x^2)$ $(0\leqslant x\leqslant a)$ |

# 附录C 型 钢 表

**表 1** **热轧等边角钢（GB 9787—88）**

符号意义：$b$—边宽度；
$d$—边厚度；
$r$—内圆弧半径；
$r_1$—边端内圆弧半径；
$I$—惯性矩；
$i$—惯性半径；
$W$—截面系数；
$z_0$—重心距离。

| 角钢号数 | 尺寸 mm | | | 截面面积 $cm^2$ | 理论重量 kg/m | 外表面积 $m^2/m$ | 参考数值 | | | | | | | | | | $z_0$ cm |
|---|---|---|---|---|---|---|---|---|---|---|---|---|---|---|---|---|---|
| | | | | | | | $x-x$ | | | $x_0-x_0$ | | | $y_0-y_0$ | | | $x_1-x_1$ | |
| | $b$ | $d$ | $r$ | | | | $I_x$ $cm^4$ | $i_x$ cm | $W_x$ $cm^3$ | $I_{x0}$ $cm^4$ | $i_{x0}$ cm | $W_{x0}$ $cm^3$ | $I_{y0}$ $cm^4$ | $i_{y0}$ cm | $W_{y0}$ $cm^3$ | $I_{x1}$ $cm^4$ | |
| 2 | 20 | 3 | 3.5 | 1.132 | 0.889 | 0.078 | 0.40 | 0.59 | 0.29 | 0.63 | 0.75 | 0.45 | 0.17 | 0.39 | 0.20 | 0.81 | 0.60 |
| | | 4 | | 1.459 | 1.145 | 0.077 | 0.50 | 0.58 | 0.36 | 0.78 | 0.73 | 0.55 | 0.22 | 0.38 | 0.24 | 1.09 | 0.64 |
| 2.5 | 25 | 3 | | 1.432 | 1.124 | 0.098 | 0.82 | 0.76 | 0.46 | 1.29 | 0.95 | 0.73 | 0.34 | 0.49 | 0.33 | 1.57 | 0.73 |
| | | 4 | | 1.859 | 1.459 | 0.097 | 1.03 | 0.74 | 0.59 | 1.62 | 0.93 | 0.92 | 0.43 | 0.48 | 0.40 | 2.11 | 0.76 |
| 3.0 | 30 | 3 | 4.5 | 1.749 | 1.373 | 0.117 | 1.46 | 0.91 | 0.68 | 2.31 | 1.15 | 1.09 | 0.61 | 0.59 | 0.51 | 2.71 | 0.85 |
| | | 4 | | 2.276 | 1.786 | 0.117 | 1.84 | 0.90 | 0.87 | 2.92 | 1.13 | 1.37 | 0.77 | 0.58 | 0.62 | 3.63 | 0.89 |
| 3.6 | 36 | 3 | | 2.109 | 1.656 | 0.141 | 2.58 | 1.11 | 0.99 | 4.09 | 1.39 | 1.61 | 1.07 | 0.71 | 0.76 | 4.68 | 1.00 |
| | | 4 | | 2.756 | 2.163 | 0.141 | 3.29 | 1.09 | 1.28 | 5.22 | 1.38 | 2.05 | 1.37 | 0.70 | 0.93 | 6.25 | 1.04 |
| | | 5 | | 3.382 | 2.654 | 0.141 | 3.95 | 1.08 | 1.56 | 6.24 | 1.36 | 2.45 | 1.65 | 0.70 | 1.09 | 7.84 | 1.07 |

续表

| 角钢号数 | 尺寸 mm | | | 截面面积 $cm^2$ | 理论重量 kg/m | 外表面积 $m^2/m$ | 参考数值 | | | | | | | | | | |
|---|---|---|---|---|---|---|---|---|---|---|---|---|---|---|---|---|---|
| | | | | | | | $x-x$ | | | $x_0-x_0$ | | | $y_0-y_0$ | | | $x_1-x_1$ | $z_0$ cm |
| | $b$ | $d$ | $r$ | | | | $I_x$ $cm^4$ | $i_x$ cm | $W_x$ $cm^3$ | $I_{x0}$ $cm^4$ | $i_{x0}$ cm | $W_{x0}$ $cm^3$ | $I_{y0}$ $cm^4$ | $i_{y0}$ cm | $W_{y0}$ $cm^3$ | $I_{x1}$ $cm^4$ | |
| 4.0 | 40 | 3 | 5 | 2.359 | 1.852 | 0.157 | 3.59 | 1.23 | 1.23 | 5.69 | 1.55 | 2.01 | 1.49 | 0.79 | 0.96 | 6.41 | 1.09 |
| | | 4 | | 3.086 | 2.422 | 0.157 | 4.60 | 1.22 | 1.60 | 7.29 | 1.54 | 2.58 | 1.91 | 0.79 | 1.19 | 8.56 | 1.13 |
| | | 5 | | 3.791 | 2.976 | 0.156 | 5.53 | 1.21 | 1.96 | 8.76 | 1.52 | 3.10 | 2.30 | 0.78 | 1.39 | 10.74 | 1.17 |
| 4.5 | 45 | 3 | | 2.659 | 2.088 | 0.177 | 5.17 | 1.40 | 1.58 | 8.20 | 1.76 | 2.58 | 2.14 | 0.89 | 1.24 | 9.12 | 1.22 |
| | | 4 | | 3.486 | 2.736 | 0.177 | 6.65 | 1.38 | 2.05 | 10.56 | 1.74 | 3.32 | 2.75 | 0.89 | 1.54 | 12.18 | 1.26 |
| | | 5 | | 4.292 | 3.369 | 0.176 | 8.04 | 1.37 | 2.51 | 12.74 | 1.72 | 4.00 | 3.33 | 0.88 | 1.81 | 15.25 | 1.30 |
| | | 6 | | 5.076 | 3.985 | 0.176 | 9.33 | 1.36 | 2.95 | 14.76 | 1.70 | 4.64 | 3.89 | 0.88 | 2.06 | 18.36 | 1.33 |
| 5 | 50 | 3 | 5.5 | 2.971 | 2.332 | 0.197 | 7.18 | 1.55 | 1.96 | 11.37 | 1.96 | 3.22 | 2.98 | 1.00 | 1.57 | 12.50 | 1.34 |
| | | 4 | | 3.897 | 3.059 | 0.197 | 9.26 | 1.54 | 2.56 | 14.70 | 1.94 | 4.16 | 3.82 | 0.99 | 1.96 | 16.69 | 1.38 |
| | | 5 | | 4.803 | 3.770 | 0.196 | 11.21 | 1.53 | 3.13 | 17.79 | 1.92 | 5.03 | 4.64 | 0.98 | 2.31 | 20.90 | 1.42 |
| | | 6 | | 5.688 | 4.465 | 0.196 | 13.05 | 1.52 | 3.68 | 20.68 | 1.91 | 5.85 | 5.42 | 0.98 | 2.63 | 25.14 | 1.46 |
| 5.6 | 56 | 3 | 6 | 3.343 | 2.624 | 0.221 | 10.19 | 1.75 | 2.48 | 16.14 | 2.20 | 4.08 | 4.24 | 1.13 | 2.02 | 17.56 | 1.48 |
| | | 4 | | 4.390 | 3.446 | 0.220 | 13.18 | 1.73 | 3.24 | 20.92 | 2.18 | 5.28 | 5.46 | 1.11 | 2.52 | 23.43 | 1.53 |
| | | 5 | | 5.415 | 4.251 | 0.220 | 16.02 | 1.72 | 3.97 | 25.42 | 2.17 | 6.42 | 6.61 | 1.10 | 2.98 | 29.33 | 1.57 |
| | | 8 | | 8.367 | 6.568 | 0.219 | 23.63 | 1.68 | 6.03 | 37.37 | 2.11 | 9.44 | 9.89 | 1.09 | 4.16 | 47.24 | 1.68 |
| 6.3 | 63 | 4 | 7 | 4.978 | 3.907 | 0.248 | 19.03 | 1.96 | 4.13 | 30.17 | 2.46 | 6.78 | 7.89 | 1.26 | 3.29 | 33.35 | 1.70 |
| | | 5 | | 6.143 | 4.822 | 0.248 | 23.17 | 1.94 | 5.08 | 36.77 | 2.45 | 8.25 | 9.57 | 1.25 | 3.90 | 41.73 | 1.74 |
| | | 6 | | 7.288 | 5.721 | 0.247 | 27.12 | 1.93 | 6.00 | 43.03 | 2.43 | 9.66 | 11.20 | 1.24 | 4.46 | 50.14 | 1.78 |
| | | 8 | | 9.515 | 7.469 | 0.247 | 34.46 | 1.90 | 7.75 | 54.56 | 2.40 | 12.25 | 14.33 | 1.23 | 5.47 | 67.11 | 1.85 |
| | | 10 | | 11.657 | 9.151 | 0.246 | 41.09 | 1.88 | 9.39 | 64.85 | 2.36 | 14.56 | 17.33 | 1.22 | 6.36 | 84.31 | 1.93 |
| 7 | 70 | 4 | 8 | 5.570 | 4.372 | 0.275 | 26.39 | 2.18 | 5.14 | 41.80 | 2.74 | 8.44 | 10.99 | 1.40 | 4.17 | 45.74 | 1.86 |
| | | 5 | | 6.875 | 5.397 | 0.275 | 32.21 | 2.16 | 6.32 | 51.08 | 2.73 | 10.32 | 13.34 | 1.39 | 4.95 | 57.21 | 1.91 |
| | | 6 | | 8.160 | 6.406 | 0.275 | 37.77 | 2.15 | 7.48 | 59.93 | 2.71 | 12.11 | 15.61 | 1.38 | 5.67 | 68.73 | 1.95 |
| | | 7 | | 9.424 | 7.398 | 0.275 | 43.09 | 2.14 | 8.59 | 68.35 | 2.69 | 13.81 | 17.82 | 1.38 | 6.34 | 80.29 | 1.99 |
| | | 8 | | 10.667 | 8.373 | 0.274 | 48.17 | 2.12 | 9.68 | 76.37 | 2.68 | 15.43 | 19.98 | 1.37 | 6.98 | 91.92 | 2.03 |

续表

| 角钢号数 | 尺寸 mm | | | 截面面积 $cm^2$ | 理论重量 kg/m | 外表面积 $m^2/m$ | 参考数值 | | | | | | | | | | $z_0$ cm |
|---|---|---|---|---|---|---|---|---|---|---|---|---|---|---|---|---|---|
| | | | | | | | $x-x$ | | | $x_0-x_0$ | | | $y_0-y_0$ | | | $x_1-x_1$ | |
| | $b$ | $d$ | $r$ | | | | $I_x$ $cm^4$ | $i_x$ cm | $W_x$ $cm^3$ | $I_{x0}$ $cm^4$ | $i_{x0}$ cm | $W_{x0}$ $cm^3$ | $I_{y0}$ $cm^4$ | $i_{y0}$ cm | $W_{y0}$ $cm^3$ | $I_{x1}$ $cm^4$ | |
| 7.5 | 75 | 5 | 9 | 7.412 | 5.818 | 0.295 | 39.97 | 2.33 | 7.32 | 63.30 | 2.92 | 11.94 | 16.63 | 1.50 | 5.77 | 70.56 | 2.04 |
| | | 6 | | 8.797 | 6.905 | 0.294 | 46.95 | 2.31 | 8.64 | 74.38 | 2.90 | 14.02 | 19.51 | 1.49 | 6.67 | 84.55 | 2.07 |
| | | 7 | | 10.160 | 7.976 | 0.294 | 53.57 | 2.30 | 9.93 | 84.96 | 2.89 | 16.02 | 22.18 | 1.48 | 7.44 | 98.71 | 2.11 |
| | | 8 | | 11.503 | 9.030 | 0.294 | 59.96 | 2.28 | 11.20 | 95.07 | 2.88 | 17.93 | 24.86 | 1.47 | 8.19 | 112.97 | 2.15 |
| | | 10 | | 14.126 | 11.089 | 0.293 | 71.98 | 2.26 | 13.64 | 113.92 | 2.84 | 21.48 | 30.05 | 1.46 | 9.56 | 141.71 | 2.22 |
| 8 | 89 | 5 | 9 | 7.912 | 6.211 | 0.315 | 48.79 | 2.48 | 8.34 | 77.33 | 3.13 | 13.67 | 20.25 | 1.60 | 6.66 | 85.36 | 2.15 |
| | | 6 | | 9.397 | 7.376 | 0.314 | 57.35 | 2.47 | 9.87 | 90.98 | 3.11 | 16.08 | 23.72 | 1.59 | 7.65 | 102.50 | 2.19 |
| | | 7 | | 10.860 | 8.525 | 0.314 | 65.58 | 2.46 | 11.37 | 104.07 | 3.10 | 18.40 | 27.09 | 1.58 | 8.58 | 119.70 | 2.23 |
| | | 8 | | 12.303 | 9.658 | 0.314 | 73.49 | 2.44 | 12.83 | 116.60 | 3.08 | 20.61 | 30.39 | 1.57 | 9.46 | 136.97 | 2.27 |
| | | 10 | | 15.126 | 11.874 | 0.313 | 88.43 | 2.42 | 15.64 | 140.09 | 3.04 | 24.76 | 36.77 | 1.56 | 11.08 | 171.74 | 2.35 |
| 9 | 90 | 6 | 10 | 10.637 | 8.350 | 0.354 | 82.77 | 2.79 | 12.61 | 131.26 | 3.51 | 20.63 | 34.28 | 1.80 | 9.95 | 145.87 | 2.44 |
| | | 7 | | 12.301 | 9.656 | 0.354 | 94.83 | 2.78 | 14.54 | 150.47 | 3.50 | 23.64 | 39.18 | 1.78 | 11.19 | 170.30 | 2.48 |
| | | 8 | | 13.944 | 10.946 | 0.353 | 106.47 | 2.76 | 16.42 | 168.97 | 3.48 | 26.55 | 43.97 | 1.78 | 12.35 | 194.80 | 2.52 |
| | | 10 | | 17.167 | 13.476 | 0.353 | 128.58 | 2.74 | 20.07 | 203.90 | 3.45 | 32.04 | 53.26 | 1.76 | 14.52 | 244.07 | 2.59 |
| | | 12 | | 20.306 | 15.940 | 0.352 | 149.22 | 2.71 | 23.57 | 236.21 | 3.41 | 37.12 | 62.22 | 1.75 | 16.49 | 293.76 | 2.67 |
| 10 | 100 | 6 | 12 | 11.932 | 9.366 | 0.393 | 114.95 | 3.10 | 15.68 | 181.98 | 3.90 | 25.74 | 47.92 | 2.00 | 12.69 | 200.07 | 2.67 |
| | | 7 | | 13.796 | 10.830 | 0.393 | 131.86 | 3.09 | 18.10 | 208.97 | 3.89 | 29.55 | 54.74 | 1.99 | 14.26 | 233.54 | 2.71 |
| | | 8 | | 15.638 | 12.276 | 0.393 | 148.24 | 3.08 | 20.47 | 235.07 | 3.88 | 33.24 | 61.41 | 1.98 | 15.75 | 267.09 | 2.76 |
| | | 10 | | 19.261 | 15.120 | 0.392 | 179.51 | 3.05 | 25.06 | 284.68 | 3.84 | 40.26 | 74.35 | 1.96 | 18.54 | 334.48 | 2.84 |
| | | 12 | | 22.800 | 17.898 | 0.391 | 208.90 | 3.03 | 29.48 | 330.95 | 3.81 | 46.80 | 86.84 | 1.95 | 21.08 | 402.34 | 2.91 |
| | | 14 | | 26.256 | 20.611 | 0.391 | 236.53 | 3.00 | 33.73 | 374.06 | 3.77 | 52.90 | 99.00 | 1.94 | 23.44 | 470.75 | 2.99 |
| | | 16 | | 29.627 | 23.257 | 0.390 | 262.53 | 2.98 | 37.82 | 414.16 | 3.74 | 58.57 | 110.89 | 1.94 | 25.63 | 539.80 | 3.06 |

续表

| 角钢号数 | 尺寸 mm | | | 截面面积 $cm^2$ | 理论重量 kg/m | 外表面积 $m^2/m$ | 参考数值 | | | | | | | | | | |
|---|---|---|---|---|---|---|---|---|---|---|---|---|---|---|---|---|---|
| | | | | | | | $x-x$ | | | $x_0-x_0$ | | | $y_0-y_0$ | | | $x_1-x_1$ | $z_0$ cm |
| | $b$ | $d$ | $r$ | | | | $I_x$ $cm^4$ | $i_x$ cm | $W_x$ $cm^3$ | $I_{x0}$ $cm^4$ | $i_{x0}$ cm | $W_{x0}$ $cm^3$ | $I_{y0}$ $cm^4$ | $i_{y0}$ cm | $W_{y0}$ $cm^3$ | $I_{x1}$ $cm^4$ | |
| 11 | 110 | 7 | 12 | 15.196 | 11.928 | 0.433 | 177.16 | 3.41 | 22.05 | 280.94 | 4.30 | 36.12 | 73.38 | 2.20 | 17.51 | 310.64 | 2.96 |
| | | 8 | | 17.238 | 13.532 | 0.433 | 199.46 | 3.40 | 24.95 | 316.49 | 4.28 | 40.69 | 82.42 | 2.19 | 19.39 | 355.20 | 3.01 |
| | | 10 | | 21.261 | 16.690 | 0.432 | 242.19 | 3.38 | 30.60 | 384.39 | 4.25 | 49.42 | 99.98 | 2.17 | 22.91 | 444.65 | 3.09 |
| | | 12 | | 25.200 | 19.782 | 0.431 | 282.55 | 3.35 | 36.05 | 448.17 | 4.22 | 57.62 | 116.93 | 2.15 | 26.15 | 534.60 | 3.16 |
| | | 14 | | 29.056 | 22.809 | 0.431 | 320.71 | 3.32 | 41.31 | 508.01 | 4.18 | 65.31 | 133.40 | 2.14 | 29.14 | 625.16 | 3.24 |
| 12.5 | 125 | 8 | 14 | 19.750 | 15.504 | 0.492 | 297.03 | 3.88 | 32.52 | 470.89 | 4.88 | 53.28 | 123.16 | 2.50 | 25.86 | 521.01 | 3.37 |
| | | 10 | | 24.373 | 19.133 | 0.491 | 361.67 | 3.85 | 39.97 | 573.89 | 4.85 | 64.93 | 149.46 | 2.48 | 30.62 | 651.93 | 3.45 |
| | | 12 | | 28.912 | 22.696 | 0.491 | 423.16 | 3.83 | 41.17 | 671.44 | 4.82 | 75.96 | 174.88 | 2.46 | 35.03 | 783.42 | 3.53 |
| | | 14 | | 33.367 | 26.193 | 0.490 | 481.65 | 3.80 | 54.16 | 763.73 | 4.78 | 86.41 | 199.57 | 2.45 | 39.13 | 915.61 | 3.61 |
| 14 | 140 | 10 | | 27.373 | 21.488 | 0.551 | 514.65 | 4.34 | 50.58 | 817.27 | 5.46 | 82.56 | 212.04 | 2.78 | 39.20 | 915.11 | 3.82 |
| | | 12 | | 32.512 | 25.522 | 0.551 | 603.68 | 4.31 | 59.80 | 958.79 | 5.43 | 96.85 | 248.57 | 2.76 | 45.02 | 1099.28 | 3.90 |
| | | 14 | | 37.567 | 29.490 | 0.550 | 688.81 | 4.28 | 68.75 | 1093.56 | 5.40 | 110.47 | 284.06 | 2.75 | 50.45 | 1284.22 | 3.98 |
| | | 16 | | 42.539 | 33.393 | 0.549 | 770.24 | 4.26 | 77.46 | 1221.81 | 5.36 | 123.42 | 318.67 | 2.74 | 55.55 | 1470.07 | 4.06 |
| 16 | 160 | 10 | 16 | 31.502 | 24.729 | 0.630 | 779.53 | 4.98 | 66.70 | 1237.30 | 6.27 | 109.36 | 321.76 | 3.20 | 52.76 | 1365.33 | 4.31 |
| | | 12 | | 37.441 | 29.391 | 0.630 | 916.58 | 4.95 | 78.98 | 1455.68 | 6.24 | 128.67 | 377.49 | 3.18 | 60.74 | 1639.57 | 4.39 |
| | | 14 | | 43.296 | 33.987 | 0.629 | 1048.36 | 4.92 | 90.05 | 1665.02 | 6.20 | 147.17 | 431.70 | 3.16 | 68.24 | 1914.68 | 4.47 |
| | | 16 | | 49.067 | 38.518 | 0.629 | 1175.08 | 4.89 | 102.63 | 1865.57 | 6.17 | 164.89 | 484.59 | 3.14 | 75.31 | 2190.82 | 4.55 |
| 18 | 180 | 12 | | 42.241 | 33.159 | 0.710 | 1321.35 | 5.59 | 100.82 | 2100.10 | 7.05 | 165.00 | 542.61 | 3.58 | 78.41 | 2332.80 | 4.89 |
| | | 14 | | 48.896 | 38.383 | 0.709 | 1514.48 | 5.56 | 116.25 | 2407.42 | 7.02 | 189.14 | 621.53 | 3.56 | 88.38 | 2723.48 | 4.97 |
| | | 16 | | 55.467 | 43.542 | 0.709 | 1700.99 | 5.54 | 131.13 | 2703.37 | 6.98 | 212.40 | 698.60 | 3.55 | 97.83 | 3115.29 | 5.05 |
| | | 18 | | 61.955 | 48.634 | 0.708 | 1875.12 | 5.50 | 145.64 | 2988.24 | 6.94 | 234.78 | 762.01 | 3.51 | 105.14 | 3502.43 | 5.13 |
| 20 | 200 | 14 | 18 | 54.642 | 42.894 | 0.788 | 2103.55 | 6.20 | 144.70 | 3343.26 | 7.82 | 236.40 | 863.83 | 3.98 | 111.82 | 3734.10 | 5.46 |
| | | 16 | | 62.013 | 48.680 | 0.788 | 2366.15 | 6.18 | 163.65 | 3760.89 | 7.79 | 265.93 | 971.41 | 3.96 | 123.96 | 4270.39 | 5.54 |
| | | 18 | | 69.301 | 54.401 | 0.787 | 2620.64 | 6.15 | 182.22 | 4164.54 | 7.75 | 294.48 | 1076.74 | 3.94 | 135.52 | 4808.13 | 5.62 |
| | | 20 | | 76.505 | 60.056 | 0.787 | 2867.30 | 6.12 | 200.42 | 4554.55 | 7.72 | 322.06 | 1180.04 | 3.93 | 146.55 | 5347.51 | 5.69 |
| | | 24 | | 90.661 | 71.168 | 0.785 | 3338.25 | 6.07 | 236.17 | 5294.97 | 7.64 | 374.41 | 1381.53 | 3.90 | 166.65 | 6457.16 | 5.87 |

**注** 截面图中的 $r_1=1/3d$ 及表中 $r$ 值的数据用于孔型设计，不做交货条件。

表 2 热轧不等边角钢（GB 9788—88）

符号意义：$B$—长边宽度； $b$—短边宽度；
$d$—边厚度； $r$—内圆弧半径；
$r_1$—边端内圆弧半径； $I$—惯性矩；
$i$—惯性半径； $W$—截面系数；
$x_0$—重心距离； $y_0$—重心距离。

| 角钢号数 | 尺寸 mm | | | | 截面面积 | 理论重量 | 外表面积 | 参考数值 | | | | | | | | | | | | | | |
|---|---|---|---|---|---|---|---|---|---|---|---|---|---|---|---|---|---|---|---|---|---|---|
| | | | | | | | | $x-x$ | | | $y-y$ | | | $x_1-x_1$ | | $y_1-y_1$ | | $u-u$ | | | | |
| | $B$ | $b$ | $d$ | $r$ | $cm^2$ | kg/m | $m^2/m$ | $I_x$ $cm^4$ | $i_x$ cm | $W_x$ $cm^3$ | $I_y$ $cm^4$ | $i_y$ cm | $W_y$ $cm^3$ | $I_{x1}$ $cm^4$ | $y_0$ cm | $I_{y1}$ $cm^4$ | $x_0$ cm | $I_u$ $cm^4$ | $i_u$ cm | $W_u$ $cm^3$ | $\tan\alpha$ |
| 2.5/1.6 | 25 | 16 | 3 | 3.5 | 1.162 | 0.912 | 0.080 | 0.70 | 0.78 | 0.43 | 0.22 | 0.44 | 0.19 | 1.56 | 0.86 | 0.43 | 0.42 | 0.14 | 0.34 | 0.16 | 0.392 |
| | | | 4 | | 1.499 | 1.176 | 0.079 | 0.88 | 0.77 | 0.55 | 0.27 | 0.43 | 0.24 | 2.09 | 0.90 | 0.59 | 0.46 | 0.17 | 0.34 | 0.20 | 0.381 |
| 3.2/2 | 32 | 20 | 3 | | 1.492 | 1.171 | 0.102 | 1.53 | 1.01 | 0.72 | 0.46 | 0.55 | 0.30 | 3.27 | 1.08 | 0.82 | 0.49 | 0.28 | 0.43 | 0.25 | 0.382 |
| | | | 4 | | 1.939 | 1.522 | 0.101 | 1.93 | 1.00 | 0.93 | 0.57 | 0.54 | 0.39 | 4.37 | 1.12 | 1.12 | 0.53 | 0.35 | 0.42 | 0.32 | 0.374 |
| 4/2.5 | 40 | 25 | 3 | 4 | 1.890 | 1.484 | 0.127 | 3.08 | 1.28 | 1.15 | 0.93 | 0.70 | 0.49 | 5.39 | 1.32 | 1.59 | 0.59 | 0.56 | 0.54 | 0.40 | 0.385 |
| | | | 4 | | 2.467 | 1.936 | 0.127 | 3.93 | 1.26 | 1.49 | 1.18 | 0.69 | 0.63 | 8.53 | 1.37 | 2.14 | 0.63 | 0.71 | 0.54 | 0.52 | 0.381 |
| 4.5/2.8 | 45 | 28 | 3 | 5 | 2.149 | 1.687 | 0.143 | 4.45 | 1.44 | 1.47 | 1.34 | 0.79 | 0.62 | 9.10 | 1.47 | 2.23 | 0.64 | 0.80 | 0.61 | 0.51 | 0.383 |
| | | | 4 | | 2.806 | 2.203 | 0.143 | 5.69 | 1.42 | 1.91 | 1.70 | 0.78 | 0.80 | 12.13 | 1.51 | 3.00 | 0.68 | 1.02 | 0.60 | 0.66 | 0.380 |
| 5/3.2 | 50 | 32 | 3 | 5.5 | 2.431 | 1.908 | 0.161 | 6.24 | 1.60 | 1.84 | 2.02 | 0.91 | 0.82 | 12.49 | 1.60 | 3.31 | 0.73 | 1.20 | 0.70 | 0.68 | 0.404 |
| | | | 4 | | 3.177 | 2.494 | 0.160 | 8.02 | 1.59 | 2.39 | 2.58 | 0.90 | 1.06 | 16.65 | 1.65 | 4.45 | 0.77 | 1.53 | 0.69 | 0.87 | 0.402 |
| 5.6/3.6 | 56 | 36 | 3 | 6 | 2.743 | 2.153 | 0.181 | 8.88 | 1.80 | 2.32 | 2.92 | 1.03 | 1.05 | 17.54 | 1.78 | 4.70 | 0.80 | 1.73 | 0.79 | 0.87 | 0.408 |
| | | | 4 | | 3.590 | 2.818 | 0.180 | 11.45 | 1.79 | 3.03 | 3.76 | 1.02 | 1.37 | 23.39 | 1.82 | 6.33 | 0.85 | 2.23 | 0.79 | 1.13 | 0.408 |
| | | | 5 | | 4.415 | 3.466 | 0.180 | 13.86 | 1.77 | 3.71 | 4.49 | 1.01 | 1.65 | 29.25 | 1.87 | 7.94 | 0.88 | 2.67 | 0.78 | 1.36 | 0.404 |
| 6.3/4 | 63 | 40 | 4 | 7 | 4.058 | 3.185 | 0.202 | 16.49 | 2.02 | 3.87 | 5.23 | 1.14 | 1.70 | 33.30 | 2.04 | 8.63 | 0.92 | 3.12 | 0.88 | 1.40 | 0.398 |
| | | | 5 | | 4.993 | 3.920 | 0.202 | 20.02 | 2.00 | 4.74 | 6.31 | 1.12 | 2.71 | 41.63 | 2.08 | 10.86 | 0.95 | 3.76 | 0.87 | 1.71 | 0.396 |
| | | | 6 | | 5.908 | 4.638 | 0.201 | 23.36 | 1.96 | 5.59 | 7.29 | 1.11 | 2.43 | 49.98 | 2.12 | 13.12 | 0.99 | 4.34 | 0.86 | 1.99 | 0.393 |
| | | | 7 | | 6.802 | 5.339 | 0.201 | 26.53 | 1.98 | 6.40 | 8.24 | 1.10 | 2.78 | 58.07 | 2.15 | 15.47 | 1.03 | 4.97 | 0.86 | 2.29 | 0.389 |

续表

| 角钢号数 | 尺寸 mm | | | | 截面面积 | 理论重量 | 外表面积 | 参考数值 | | | | | | | | | | | | | | |
|---|---|---|---|---|---|---|---|---|---|---|---|---|---|---|---|---|---|---|---|---|---|---|
| | | | | | | | | $x-x$ | | | $y-y$ | | | $x_1-x_1$ | | $y_1-y_1$ | | $u-u$ | | | | |
| | $B$ | $b$ | $d$ | $r$ | $cm^2$ | kg/m | $m^2/m$ | $I_x$ $cm^4$ | $i_x$ cm | $W_x$ $cm^3$ | $I_y$ $cm^4$ | $i_y$ cm | $W_y$ $cm^3$ | $I_{x1}$ $cm^4$ | $y_0$ cm | $I_{y1}$ $cm^4$ | $x_0$ cm | $I_u$ $cm^4$ | $i_u$ cm | $W_u$ $cm^3$ | tanα |
| 7/4.5 | 70 | 45 | 4 | 7.5 | 4.547 | 3.570 | 0.226 | 23.17 | 2.26 | 4.86 | 7.55 | 1.29 | 2.17 | 45.92 | 2.24 | 12.26 | 1.02 | 4.40 | 0.98 | 1.77 | 0.410 |
| | | | 5 | | 5.609 | 4.403 | 0.225 | 27.95 | 2.23 | 5.92 | 9.13 | 1.28 | 2.65 | 57.10 | 2.28 | 15.39 | 1.06 | 5.40 | 0.98 | 2.19 | 0.407 |
| | | | 6 | | 6.647 | 5.218 | 0.225 | 32.54 | 2.21 | 6.95 | 10.62 | 1.26 | 3.12 | 68.35 | 2.32 | 18.58 | 1.09 | 6.35 | 0.98 | 2.59 | 0.404 |
| | | | 7 | | 7.657 | 6.011 | 0.225 | 37.22 | 2.20 | 8.03 | 12.01 | 1.25 | 3.57 | 79.99 | 2.36 | 21.84 | 1.13 | 7.16 | 0.97 | 2.94 | 0.402 |
| (7.5/5) | 75 | 50 | 5 | 8 | 6.125 | 4.808 | 0.245 | 34.86 | 2.39 | 6.83 | 12.61 | 1.44 | 3.30 | 70.00 | 2.40 | 21.04 | 1.17 | 7.41 | 1.10 | 2.74 | 0.435 |
| | | | 6 | | 7.260 | 5.699 | 0.245 | 41.12 | 2.38 | 8.12 | 14.70 | 1.42 | 3.88 | 84.30 | 2.44 | 25.37 | 1.21 | 8.54 | 1.08 | 3.19 | 0.435 |
| | | | 8 | | 9.467 | 7.431 | 0.244 | 52.39 | 2.35 | 10.52 | 18.53 | 1.40 | 4.99 | 112.50 | 2.52 | 34.23 | 1.29 | 10.87 | 1.07 | 4.10 | 0.429 |
| | | | 10 | | 11.590 | 9.098 | 0.244 | 62.71 | 2.33 | 12.79 | 21.96 | 1.38 | 6.04 | 140.80 | 2.60 | 43.43 | 1.36 | 13.10 | 1.06 | 4.99 | 0.423 |
| 8/5 | 80 | 50 | 5 | 8 | 6.375 | 5.005 | 0.255 | 41.96 | 2.56 | 7.78 | 12.82 | 1.42 | 3.32 | 85.21 | 2.60 | 21.06 | 1.14 | 7.66 | 1.10 | 2.74 | 0.388 |
| | | | 6 | | 7.560 | 5.935 | 0.255 | 49.49 | 2.56 | 9.25 | 14.95 | 1.41 | 3.91 | 102.53 | 2.65 | 25.41 | 1.18 | 8.85 | 1.08 | 3.20 | 0.387 |
| | | | 7 | | 8.724 | 6.848 | 0.255 | 56.16 | 2.54 | 10.58 | 16.96 | 1.39 | 4.48 | 119.33 | 2.69 | 29.82 | 1.21 | 10.18 | 1.08 | 3.70 | 0.384 |
| | | | 8 | | 9.867 | 7.745 | 0.254 | 62.83 | 2.52 | 11.92 | 18.85 | 1.38 | 5.03 | 136.41 | 2.73 | 34.32 | 1.25 | 11.38 | 1.07 | 4.16 | 0.381 |
| 9/5.6 | 90 | 56 | 5 | 9 | 7.212 | 5.661 | 0.287 | 60.45 | 2.90 | 9.92 | 18.32 | 1.59 | 4.21 | 121.32 | 2.91 | 29.53 | 1.25 | 10.98 | 1.23 | 3.49 | 0.385 |
| | | | 6 | | 8.557 | 6.717 | 0.286 | 71.03 | 2.88 | 11.74 | 21.42 | 1.58 | 4.96 | 145.59 | 2.95 | 35.58 | 1.29 | 12.90 | 1.23 | 4.13 | 0.384 |
| | | | 7 | | 9.880 | 7.756 | 0.286 | 81.01 | 2.86 | 13.49 | 24.36 | 1.57 | 5.70 | 169.60 | 3.00 | 41.71 | 1.33 | 14.67 | 1.22 | 4.72 | 0.382 |
| | | | 8 | | 11.183 | 8.779 | 0.286 | 91.03 | 2.85 | 15.27 | 27.15 | 1.56 | 6.41 | 194.17 | 3.04 | 47.93 | 1.36 | 16.34 | 1.21 | 5.29 | 0.380 |
| 10/6.3 | 100 | 63 | 6 | 10 | 9.617 | 7.550 | 0.320 | 99.06 | 3.21 | 14.64 | 30.94 | 1.79 | 6.35 | 199.71 | 3.24 | 50.50 | 1.43 | 18.42 | 1.38 | 5.25 | 0.394 |
| | | | 7 | | 11.111 | 8.722 | 0.320 | 113.45 | 3.20 | 16.88 | 35.26 | 1.78 | 7.29 | 233.00 | 3.28 | 59.14 | 1.47 | 21.00 | 1.38 | 6.02 | 0.394 |
| | | | 8 | | 12.584 | 9.878 | 0.319 | 127.37 | 3.18 | 19.08 | 39.39 | 1.77 | 8.21 | 266.32 | 3.32 | 67.88 | 1.50 | 23.50 | 1.37 | 6.78 | 0.391 |
| | | | 10 | | 15.467 | 12.142 | 0.319 | 153.81 | 3.15 | 23.32 | 47.12 | 1.74 | 9.98 | 333.06 | 3.40 | 85.73 | 1.58 | 28.33 | 1.35 | 8.24 | 0.387 |
| 10/8 | 100 | 80 | 6 | 10 | 10.637 | 8.350 | 0.354 | 107.04 | 3.17 | 15.19 | 61.24 | 2.40 | 10.16 | 199.83 | 2.95 | 102.68 | 1.97 | 31.65 | 1.72 | 8.37 | 0.627 |
| | | | 7 | | 12.301 | 9.656 | 0.354 | 122.73 | 3.16 | 17.52 | 70.08 | 2.39 | 11.71 | 233.20 | 3.00 | 119.98 | 2.01 | 36.17 | 1.72 | 9.60 | 0.626 |
| | | | 8 | | 13.944 | 10.946 | 0.353 | 137.92 | 3.14 | 19.81 | 78.58 | 2.37 | 13.21 | 266.61 | 3.04 | 137.37 | 2.05 | 40.58 | 1.71 | 10.80 | 0.625 |
| | | | 10 | | 17.167 | 13.476 | 0.353 | 166.87 | 3.12 | 24.24 | 94.65 | 2.35 | 16.12 | 333.63 | 3.12 | 172.48 | 2.13 | 49.10 | 1.69 | 13.12 | 0.622 |
| 11/7 | 110 | 70 | 6 | 10 | 10.673 | 8.350 | 0.354 | 133.37 | 3.54 | 17.85 | 42.92 | 2.01 | 7.90 | 265.78 | 3.53 | 69.08 | 1.57 | 25.36 | 1.54 | 6.53 | 0.403 |
| | | | 7 | | 12.301 | 9.656 | 0.354 | 153.00 | 3.53 | 20.60 | 49.01 | 2.00 | 9.09 | 310.07 | 3.57 | 80.82 | 1.61 | 28.95 | 1.53 | 7.50 | 0.402 |
| | | | 8 | | 13.944 | 10.946 | 0.353 | 172.04 | 3.51 | 23.30 | 54.87 | 1.98 | 10.25 | 354.39 | 3.62 | 92.70 | 1.65 | 32.45 | 1.53 | 8.45 | 0.401 |
| | | | 10 | | 17.167 | 13.467 | 0.353 | 208.39 | 3.48 | 28.54 | 65.88 | 1.96 | 12.48 | 443.13 | 3.07 | 116.83 | 1.72 | 39.20 | 1.51 | 10.29 | 0.397 |

续表

| 角钢号数 | 尺寸 mm | | | | 截面面积 | 理论重量 | 外表面积 | 参考数值 | | | | | | | | | | | | | |
|---|---|---|---|---|---|---|---|---|---|---|---|---|---|---|---|---|---|---|---|---|---|
| | | | | | | | | $x-x$ | | | $y-y$ | | | $x_1-x_1$ | | $y_1-y_1$ | | $u-u$ | | | |
| | $B$ | $b$ | $d$ | $r$ | $cm^2$ | kg/m | $m^2/m$ | $I_x$ $cm^4$ | $i_x$ cm | $W_x$ $cm^3$ | $I_y$ $cm^4$ | $i_y$ cm | $W_y$ $cm^3$ | $I_{x1}$ $cm^4$ | $y_0$ cm | $I_{y1}$ $cm^4$ | $x_0$ cm | $I_u$ $cm^4$ | $i_u$ cm | $W_u$ $cm^3$ | $\tan\alpha$ |
| 12.5/8 | 125 | 80 | 7 | 11 | 14.096 | 11.066 | 0.403 | 227.98 | 4.02 | 26.86 | 74.42 | 2.30 | 12.01 | 454.99 | 4.01 | 120.32 | 1.80 | 43.81 | 1.76 | 9.92 | 0.408 |
| | | | 8 | | 15.989 | 12.551 | 0.403 | 256.77 | 4.01 | 30.41 | 83.49 | 2.28 | 13.56 | 519.99 | 4.06 | 137.85 | 1.84 | 49.15 | 1.75 | 11.18 | 0.407 |
| | | | 10 | | 19.712 | 15.474 | 0.402 | 312.04 | 3.98 | 37.33 | 100.67 | 2.26 | 16.56 | 650.09 | 4.14 | 173.40 | 1.92 | 59.45 | 1.74 | 13.64 | 0.404 |
| | | | 12 | | 23.351 | 18.330 | 0.402 | 364.41 | 3.95 | 44.01 | 116.67 | 2.24 | 19.43 | 780.39 | 4.22 | 209.67 | 2.00 | 69.35 | 1.72 | 16.01 | 0.400 |
| 14/9 | 140 | 90 | 8 | 12 | 18.038 | 14.160 | 0.453 | 365.64 | 4.50 | 38.48 | 120.69 | 2.59 | 17.34 | 730.53 | 4.50 | 195.79 | 2.04 | 70.83 | 1.98 | 14.31 | 0.411 |
| | | | 10 | | 22.261 | 17.475 | 0.452 | 445.50 | 4.47 | 47.31 | 146.03 | 2.56 | 21.22 | 913.20 | 4.58 | 245.92 | 2.12 | 85.82 | 1.96 | 17.48 | 0.409 |
| | | | 12 | | 26.400 | 20.724 | 0.451 | 521.59 | 4.44 | 55.87 | 169.79 | 2.54 | 24.95 | 1096.09 | 4.66 | 296.89 | 2.19 | 100.21 | 1.95 | 20.54 | 0.406 |
| | | | 14 | | 30.456 | 23.908 | 0.451 | 594.10 | 4.42 | 64.18 | 192.10 | 2.51 | 28.54 | 1279.26 | 4.74 | 348.82 | 2.27 | 114.13 | 1.94 | 23.52 | 0.403 |
| 16/10 | 160 | 100 | 10 | 13 | 25.315 | 19.872 | 0.512 | 668.69 | 5.14 | 62.13 | 205.03 | 2.85 | 26.56 | 1362.89 | 5.24 | 336.59 | 2.28 | 121.74 | 2.19 | 21.92 | 0.390 |
| | | | 12 | | 30.054 | 23.592 | 0.511 | 784.91 | 5.11 | 73.49 | 239.06 | 2.82 | 31.28 | 1635.56 | 5.32 | 405.94 | 2.36 | 142.33 | 2.17 | 25.79 | 0.388 |
| | | | 14 | | 34.709 | 27.247 | 0.510 | 896.30 | 5.08 | 84.56 | 271.20 | 2.80 | 35.83 | 1908.50 | 5.40 | 476.42 | 2.43 | 162.23 | 2.16 | 29.56 | 0.385 |
| | | | 16 | | 39.281 | 30.835 | 0.510 | 1003.04 | 5.05 | 95.33 | 301.60 | 2.77 | 40.24 | 2181.79 | 5.48 | 548.22 | 2.51 | 182.57 | 2.16 | 33.44 | 0.382 |
| 18/11 | 180 | 110 | 10 | 14 | 28.373 | 22.273 | 0.571 | 956.25 | 5.80 | 78.96 | 278.11 | 3.13 | 32.49 | 1940.40 | 5.89 | 447.22 | 2.44 | 166.50 | 2.42 | 26.88 | 0.376 |
| | | | 12 | | 33.712 | 26.464 | 0.571 | 1124.72 | 5.78 | 93.53 | 325.03 | 3.10 | 38.32 | 2328.38 | 5.98 | 538.94 | 2.52 | 194.87 | 2.40 | 31.66 | 0.374 |
| | | | 14 | | 38.967 | 30.589 | 0.570 | 1286.91 | 5.75 | 107.76 | 369.55 | 3.08 | 43.97 | 2716.60 | 6.06 | 631.95 | 2.59 | 222.30 | 2.39 | 36.32 | 0.372 |
| | | | 16 | | 44.139 | 34.649 | 0.569 | 1443.06 | 5.72 | 121.64 | 411.85 | 3.06 | 49.44 | 3105.15 | 6.14 | 726.46 | 2.67 | 248.94 | 2.38 | 40.87 | 0.369 |
| 20/12.5 | 200 | 125 | 12 | | 37.912 | 29.761 | 0.641 | 1570.90 | 6.44 | 116.73 | 483.16 | 3.57 | 49.99 | 3193.85 | 6.54 | 787.74 | 2.83 | 285.79 | 2.74 | 41.23 | 0.392 |
| | | | 14 | | 43.867 | 34.436 | 0.640 | 1800.97 | 6.41 | 134.65 | 550.83 | 3.54 | 57.44 | 3726.17 | 6.62 | 922.47 | 2.91 | 326.58 | 2.72 | 47.34 | 0.390 |
| | | | 16 | | 49.739 | 39.045 | 0.639 | 2023.35 | 6.38 | 152.18 | 615.44 | 3.52 | 64.69 | 4258.86 | 6.70 | 1058.86 | 2.99 | 366.21 | 2.71 | 53.32 | 0.388 |
| | | | 18 | | 55.526 | 43.588 | 0.639 | 2238.30 | 6.35 | 169.33 | 677.19 | 3.49 | 71.74 | 4792.00 | 6.78 | 1197.13 | 3.06 | 404.83 | 2.70 | 59.18 | 0.385 |

**注** 1. 括号内型号不推荐使用。

2. 截面图中的 $r_1=1/3d$ 及表中 $r$ 的数据用于孔型设计，不做交货条件。

**表 3**　　**热轧槽钢（GB 707—88）**

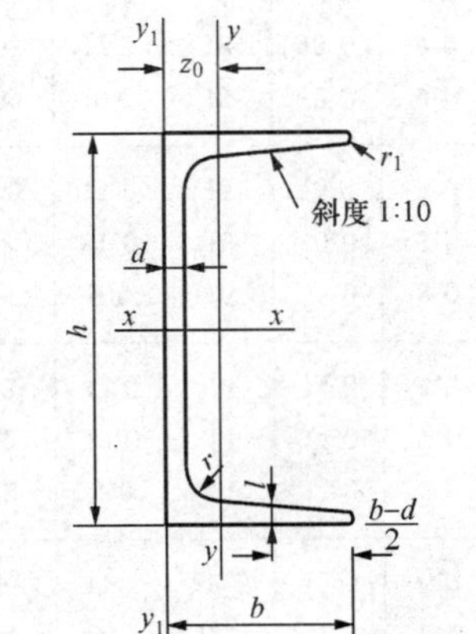


符号意义：$h$—高度；
$b$—腿宽度；
$d$—腰厚度；
$t$—平均腿厚度；
$r$—内圆弧半径；
$r_1$—腿端圆弧半径；
$I$—惯性矩；
$W$—截面系数；
$i$—惯性半径；
$z_0$—$y-y$ 轴与 $y_1-y_1$ 轴间距。

| 型号 | 尺寸 mm | | | | | | 截面面积 | 理论重量 | 参考数值 | | | | | | | | |
|---|---|---|---|---|---|---|---|---|---|---|---|---|---|---|---|---|---|
| | | | | | | | | | $x-x$ | | | $y-y$ | | | $y_1-y_1$ | |
| | $h$ | $b$ | $d$ | $t$ | $r$ | $r_1$ | $cm^2$ | kg/m | $W_x$ $cm^3$ | $I_x$ $cm^4$ | $i_x$ cm | $W_y$ $cm^3$ | $I_y$ $cm^4$ | $i_y$ cm | $I_{y_1}$ $cm^4$ | $z_0$ cm |
| 5 | 50 | 37 | 4.5 | 7 | 7.0 | 3.5 | 6.928 | 5.438 | 10.4 | 26.0 | 1.94 | 3.55 | 8.30 | 1.10 | 20.9 | 1.35 |
| 6.3 | 63 | 40 | 4.8 | 7.5 | 7.5 | 3.8 | 8.451 | 6.634 | 16.1 | 50.8 | 2.45 | 4.50 | 11.9 | 1.19 | 28.4 | 1.36 |
| 8 | 80 | 43 | 5.0 | 8 | 8.0 | 4.0 | 10.248 | 8.045 | 25.3 | 101 | 3.15 | 5.79 | 16.6 | 1.27 | 37.4 | 1.43 |
| 10 | 100 | 48 | 5.3 | 8.5 | 8.5 | 4.2 | 12.748 | 10.007 | 39.7 | 198 | 3.95 | 7.8 | 25.6 | 1.41 | 54.9 | 1.52 |
| 12.6 | 126 | 53 | 5.5 | 9 | 9.0 | 4.5 | 15.692 | 12.318 | 62.1 | 391 | 4.95 | 10.2 | 38.0 | 1.57 | 77.1 | 1.59 |
| 14a | 140 | 58 | 6.0 | 9.5 | 9.5 | 4.8 | 18.516 | 14.535 | 80.5 | 564 | 5.52 | 13.0 | 53.2 | 1.70 | 107 | 1.71 |
| 14b | 140 | 60 | 8.0 | 9.5 | 9.5 | 4.8 | 21.316 | 16.733 | 87.1 | 609 | 5.35 | 14.1 | 61.1 | 1.69 | 121 | 1.67 |
| 16a | 160 | 63 | 6.5 | 10 | 10.0 | 5.0 | 21.962 | 17.240 | 108 | 866 | 6.28 | 16.3 | 73.3 | 1.83 | 144 | 1.80 |
| 16 | 160 | 65 | 8.5 | 10 | 10.0 | 5.0 | 25.162 | 19.752 | 117 | 935 | 6.10 | 17.6 | 83.4 | 1.82 | 161 | 1.75 |
| 18a | 180 | 68 | 7.0 | 10.5 | 10.5 | 5.2 | 25.699 | 20.174 | 141 | 1270 | 7.04 | 20.0 | 98.6 | 1.96 | 190 | 1.88 |
| 18 | 180 | 70 | 9.0 | 10.5 | 10.5 | 5.2 | 29.299 | 23.000 | 152 | 1370 | 6.84 | 21.5 | 111 | 1.95 | 210 | 1.84 |

续表

| 型号 | 尺寸 mm | | | | | | 截面面积 $cm^2$ | 理论重量 kg/m | 参考数值 | | | | | | | |
|---|---|---|---|---|---|---|---|---|---|---|---|---|---|---|---|---|
| | | | | | | | | | $x-x$ | | | $y-y$ | | | $y_1-y_1$ | |
| | $h$ | $b$ | $d$ | $t$ | $r$ | $r_1$ | | | $W_x$ $cm^3$ | $I_x$ $cm^4$ | $i_x$ cm | $W_y$ $cm^3$ | $I_y$ $cm^4$ | $i_y$ cm | $I_{y_1}$ $cm^4$ | $z_0$ cm |
| 20a | 200 | 73 | 7.0 | 11 | 11.0 | 5.5 | 28.837 | 22.637 | 178 | 1780 | 7.86 | 24.2 | 128 | 2.11 | 244 | 2.01 |
| 20 | 200 | 75 | 9.0 | 11 | 11.0 | 5.5 | 32.837 | 25.777 | 191 | 1910 | 7.64 | 25.9 | 144 | 2.09 | 268 | 1.95 |
| 22a | 220 | 77 | 7.0 | 11.5 | 11.5 | 5.8 | 31.846 | 24.999 | 218 | 2390 | 8.67 | 28.2 | 158 | 2.23 | 298 | 2.10 |
| 22 | 220 | 79 | 9.0 | 11.5 | 11.5 | 5.8 | 36.246 | 28.453 | 234 | 2570 | 8.42 | 30.1 | 176 | 2.21 | 326 | 2.03 |
| a | 250 | 78 | 7.0 | 12 | 12.0 | 6.0 | 34.917 | 27.410 | 270 | 3370 | 9.82 | 30.6 | 176 | 2.24 | 322 | 2.07 |
| 25b | 250 | 80 | 9.0 | 12 | 12.0 | 6.0 | 39.917 | 31.335 | 282 | 3530 | 9.41 | 32.7 | 196 | 2.22 | 353 | 1.98 |
| c | 250 | 82 | 11.0 | 12 | 12.0 | 6.0 | 44.917 | 35.260 | 295 | 3690 | 9.07 | 35.9 | 218 | 2.21 | 384 | 1.92 |
| a | 280 | 82 | 7.5 | 12.5 | 12.5 | 6.2 | 40.034 | 31.427 | 340 | 4760 | 10.9 | 35.7 | 218 | 2.33 | 388 | 2.10 |
| 28b | 280 | 84 | 9.5 | 12.5 | 12.5 | 6.2 | 45.634 | 35.823 | 366 | 5130 | 10.6 | 37.9 | 242 | 2.30 | 428 | 2.02 |
| c | 280 | 86 | 11.5 | 12.5 | 12.5 | 6.2 | 51.234 | 40.219 | 393 | 5500 | 10.4 | 40.3 | 268 | 2.29 | 463 | 1.95 |
| a | 320 | 88 | 8.0 | 14 | 14.0 | 7.0 | 48.513 | 38.083 | 475 | 7600 | 12.5 | 46.5 | 305 | 2.50 | 552 | 2.24 |
| 32b | 320 | 90 | 10.0 | 14 | 14.0 | 7.0 | 54.913 | 43.107 | 509 | 8140 | 12.2 | 49.2 | 336 | 2.47 | 593 | 2.16 |
| c | 320 | 92 | 12.0 | 14 | 14.0 | 7.0 | 61.313 | 48.131 | 543 | 8690 | 11.9 | 52.6 | 374 | 2.47 | 643 | 2.09 |
| a | 360 | 96 | 9.0 | 16 | 16.0 | 8.0 | 60.910 | 47.814 | 660 | 11900 | 14.0 | 63.5 | 455 | 2.73 | 818 | 2.44 |
| 36b | 360 | 98 | 11.0 | 16 | 16.0 | 8.0 | 68.110 | 53.466 | 703 | 12700 | 13.6 | 66.9 | 497 | 2.70 | 880 | 2.37 |
| c | 360 | 100 | 13.0 | 16 | 16.0 | 8.0 | 75.310 | 59.118 | 746 | 13400 | 13.4 | 70.0 | 536 | 2.67 | 948 | 2.34 |
| a | 400 | 100 | 10.5 | 18 | 18.0 | 9.0 | 75.068 | 58.928 | 879 | 17600 | 15.3 | 78.8 | 592 | 2.81 | 1070 | 2.49 |
| 40b | 400 | 102 | 12.5 | 18 | 18.0 | 9.0 | 83.068 | 65.208 | 932 | 18600 | 15.0 | 82.5 | 640 | 2.78 | 1140 | 2.44 |
| c | 400 | 104 | 14.5 | 18 | 18.0 | 9.0 | 91.068 | 71.488 | 986 | 19700 | 14.7 | 86.2 | 688 | 2.75 | 1220 | 2.42 |

**注** 截面图和表中标注的圆弧半径 $r$、$r_1$ 的数据用于孔型设计，不做交货条件。

**表 4**　**热轧工字钢（GB 706—88）**

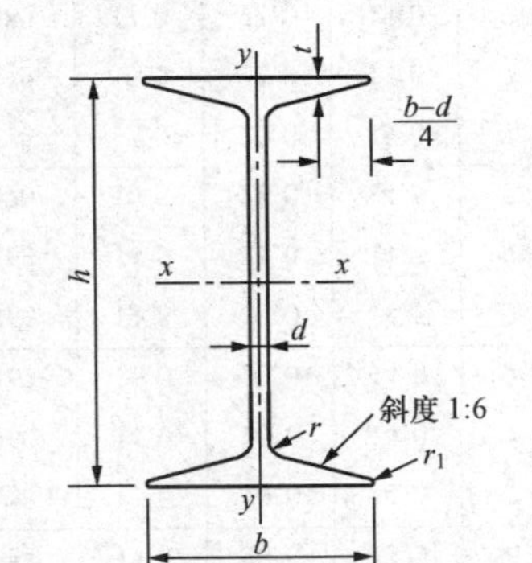


符号意义：

$h$—高度；　　$r_1$—腿端圆弧半径；

$b$—腿宽度；　　$I$—惯性矩；

$d$—腰厚度；　　$W$—截面系数；

$t$—平均腿厚度；　　$i$—惯性半径；

$r$—内圆弧半径；　　$S$—半截面的静力矩。

| 型号 | 尺寸 mm | | | | | | 截面面积 $cm^2$ | 理论重量 kg/m | 参考数值 | | | | | | |
|---|---|---|---|---|---|---|---|---|---|---|---|---|---|---|---|
| | | | | | | | | | $x-x$ | | | | $y-y$ | | |
| | $h$ | $b$ | $d$ | $t$ | $r$ | $r_1$ | | | $I_x$ $cm^4$ | $W_x$ $cm^3$ | $i_x$ cm | $I_x:S_x$ cm | $I_y$ $cm^4$ | $W_y$ $cm^3$ | $i_y$ cm |
| 10 | 100 | 68 | 4.5 | 7.6 | 6.5 | 3.3 | 14.345 | 11.261 | 245 | 49.0 | 4.14 | 8.59 | 33.0 | 9.72 | 1.52 |
| 12.6 | 126 | 74 | 5.0 | 8.4 | 7.0 | 3.5 | 18.118 | 14.223 | 488 | 77.5 | 5.20 | 10.8 | 46.9 | 12.7 | 1.61 |
| 14 | 140 | 80 | 5.5 | 9.1 | 7.5 | 3.8 | 21.516 | 16.890 | 712 | 102 | 5.76 | 12.0 | 64.4 | 16.1 | 1.73 |
| 16 | 160 | 88 | 6.0 | 9.9 | 8.0 | 4.0 | 26.131 | 20.513 | 1130 | 141 | 6.58 | 13.8 | 93.1 | 21.2 | 1.89 |
| 18 | 180 | 94 | 6.5 | 10.7 | 8.5 | 4.3 | 30.756 | 24.143 | 1660 | 185 | 7.36 | 15.4 | 122 | 26.0 | 2.00 |
| 20a | 200 | 100 | 7.0 | 11.4 | 9.0 | 4.5 | 35.578 | 27.929 | 2370 | 237 | 8.15 | 17.2 | 158 | 31.5 | 2.12 |
| 20b | 200 | 102 | 9.0 | 11.4 | 9.0 | 4.5 | 39.578 | 31.069 | 2500 | 250 | 7.96 | 16.9 | 169 | 33.1 | 2.06 |
| 22a | 220 | 110 | 7.5 | 12.3 | 9.5 | 4.8 | 42.128 | 33.070 | 3400 | 309 | 8.99 | 18.9 | 225 | 40.9 | 2.31 |
| 22b | 220 | 112 | 9.5 | 12.3 | 9.5 | 4.8 | 46.528 | 36.524 | 3570 | 325 | 8.78 | 18.7 | 239 | 42.7 | 2.27 |
| 25a | 250 | 116 | 8.0 | 13.0 | 10.0 | 5.0 | 48.541 | 38.105 | 5020 | 402 | 10.2 | 21.6 | 280 | 48.3 | 2.40 |
| 25b | 250 | 118 | 10.0 | 13.0 | 10.0 | 5.0 | 53.541 | 42.030 | 5280 | 423 | 9.94 | 21.3 | 309 | 52.4 | 2.40 |
| 28a | 280 | 122 | 8.5 | 13.7 | 10.5 | 5.3 | 55.404 | 43.492 | 7110 | 508 | 11.3 | 24.6 | 345 | 56.6 | 2.50 |
| 28b | 280 | 124 | 10.5 | 13.7 | 10.5 | 5.3 | 61.004 | 47.888 | 7480 | 534 | 11.1 | 24.2 | 379 | 61.2 | 2.49 |

续表

| 型号 | 尺寸 mm | | | | | | 截面面积 $cm^2$ | 理论重量 kg/m | 参考数值 | | | | | | |
|---|---|---|---|---|---|---|---|---|---|---|---|---|---|---|---|
| | | | | | | | | | x－x | | | | y－y | | |
| | $h$ | $b$ | $d$ | $t$ | $r$ | $r_1$ | | | $I_x$ $cm^4$ | $W_x$ $cm^3$ | $i_x$ cm | $I_x:S_x$ cm | $I_y$ $cm^4$ | $W_y$ $cm^3$ | $i_y$ cm |
| 32a | 320 | 130 | 9.5 | 15.0 | 11.5 | 5.8 | 67.156 | 52.717 | 11100 | 692 | 12.8 | 27.5 | 460 | 70.8 | 2.62 |
| 32b | 320 | 132 | 11.5 | 15.0 | 11.5 | 5.8 | 73.556 | 57.741 | 11600 | 726 | 12.6 | 27.1 | 502 | 76.0 | 2.61 |
| 32c | 320 | 134 | 13.5 | 15.0 | 11.5 | 5.8 | 79.956 | 62.765 | 12200 | 760 | 12.3 | 26.8 | 544 | 81.2 | 2.61 |
| 36a | 360 | 136 | 10.0 | 15.8 | 12.0 | 6.0 | 76.480 | 60.037 | 15800 | 875 | 14.4 | 30.7 | 552 | 81.2 | 2.69 |
| 36b | 360 | 138 | 12.0 | 15.8 | 12.0 | 6.0 | 83.680 | 65.689 | 16500 | 919 | 14.1 | 30.3 | 582 | 84.3 | 2.64 |
| 36c | 360 | 140 | 14.0 | 15.8 | 12.0 | 6.0 | 90.880 | 71.341 | 17300 | 962 | 13.8 | 29.9 | 612 | 87.4 | 2.60 |
| 40a | 400 | 142 | 10.5 | 16.5 | 12.5 | 6.3 | 86.112 | 67.598 | 21700 | 1090 | 15.9 | 34.1 | 660 | 93.2 | 2.77 |
| 40b | 400 | 144 | 12.5 | 16.5 | 12.5 | 6.3 | 94.112 | 73.878 | 22800 | 1140 | 15.6 | 33.6 | 692 | 96.2 | 2.71 |
| 40c | 400 | 146 | 14.5 | 16.5 | 12.5 | 6.3 | 102.112 | 80.158 | 23900 | 1190 | 15.2 | 33.2 | 727 | 99.6 | 2.65 |
| 45a | 450 | 150 | 11.5 | 18.0 | 13.5 | 6.8 | 102.446 | 80.420 | 32200 | 1430 | 17.7 | 38.6 | 855 | 114 | 2.89 |
| 45b | 450 | 152 | 13.5 | 18.0 | 13.5 | 6.8 | 111.446 | 87.485 | 33800 | 1500 | 17.4 | 38.0 | 894 | 118 | 2.84 |
| 45c | 450 | 154 | 15.5 | 18.0 | 13.5 | 6.8 | 120.446 | 94.550 | 35300 | 1570 | 17.1 | 37.6 | 938 | 122 | 2.79 |
| 50a | 500 | 158 | 12.0 | 20.0 | 14.0 | 7.0 | 119.304 | 93.654 | 46500 | 1860 | 19.7 | 42.8 | 1120 | 142 | 3.07 |
| 50b | 500 | 160 | 14.0 | 20.0 | 14.0 | 7.0 | 129.304 | 101.504 | 48600 | 1940 | 19.4 | 42.4 | 1170 | 146 | 3.01 |
| 50c | 500 | 162 | 16.0 | 20.0 | 14.0 | 7.0 | 139.304 | 109.354 | 50600 | 2080 | 19.0 | 41.8 | 1220 | 151 | 2.96 |
| 56a | 560 | 166 | 12.5 | 21.0 | 14.5 | 7.3 | 135.435 | 106.316 | 65600 | 2340 | 22.0 | 47.7 | 1370 | 165 | 3.18 |
| 56b | 560 | 168 | 14.5 | 21.0 | 14.5 | 7.3 | 146.635 | 115.108 | 68500 | 2450 | 21.6 | 47.2 | 1490 | 174 | 3.16 |
| 56c | 560 | 170 | 16.5 | 21.0 | 14.5 | 7.3 | 157.835 | 123.900 | 71400 | 2550 | 21.3 | 46.7 | 1560 | 183 | 3.16 |
| 63a | 630 | 176 | 13.0 | 22.0 | 15.0 | 7.5 | 154.658 | 121.407 | 93900 | 2980 | 24.5 | 54.2 | 1700 | 193 | 3.31 |
| 63b | 630 | 178 | 15.0 | 22.0 | 15.0 | 7.5 | 167.258 | 131.298 | 98100 | 3160 | 24.2 | 53.5 | 1810 | 204 | 3.29 |
| 63c | 630 | 180 | 17.0 | 22.0 | 15.0 | 7.5 | 179.858 | 141.189 | 102000 | 3300 | 23.8 | 52.9 | 1920 | 214 | 3.27 |

注　截面图和表中标注的圆弧半径 $r$、$r_1$ 的数据用于孔型设计，不做交货条件。

# 中英文材料力学词汇对照

（按汉语拼音字母顺序）

## A

安全因数　safety factor

## B

比例极限　proportional limit

闭口薄壁截面杆　thin - walled bar with closed cross section

变形　deformation

变形协调方程　compatibility equation of deformation

边界条件　boundary condition

标距　gage length

泊松比　Poisson ratio

## C

材料力学　mechanics of materials

长度因数　factor of length

长细比　slenderness

超静定问题　statically indeterminate problem

超静定结构　statically indeterminate structure

超静定次数　degree of statically indeterminate problem

超静定梁　statically indeterminate beam

持久极限　endurance limit

冲击载荷　impact load

初应力　initial stress

纯弯曲　pure bending

纯扭转　pure torsion

纯剪切应力状态　shearing state of stresses

脆性材料　brittle materials

脆性断裂　brittle fracture

## D

大柔度压杆　long column，slender column

等强度梁　beam of constant strength

叠加原理　superposition principle

动载荷　dynamics load

动应力　dynamics stress

动荷系数　coefficient in dynamic load

断面收缩率　percentage reduction of area

对称弯曲　symmetric bending

多余约束　redundant constrain

多余反力　redundant reaction

## G

杆件　bar

刚度　stiffness

刚度条件　stiffness condition

刚架　frame

各向同性假设　isotropy assumption

各向异性　anisotropy

各向异性材料　material with anisotropy

功能原理　work - energy principle

构件　member

惯性矩　moment of inertia

惯性积　product of inertia

惯性半径　radius of gyration of an area

广义胡克定律　generalized Hooke law

固定端　fixed end

固定铰支座 fixed support of pin joint

## H

横向 transverse
横截面 cross section
横向变形因数 factor of transverse deformation
横力弯曲 bending by transverse force
荷载 load
胡克定律 Hookelaw
滑移线 slip lines

## J

挤压 bearing
挤压力 bearing force
挤压应力 bearing stress
计算挤压面积 effective bearing surface
极限应力 ultimate stress
极惯性矩，截面二次极矩 second polar moment of area
剪力 shearing force
剪力方程 equation of shearing force
剪力图 shearing force diagram
剪切 shear
剪切胡克定律 Hooke law in shear
剪切面 shear surface
截面法 method of section
截面的几何性质 geometrical properties of an area
截面核心 core of section
结构 structure
静定问题 statically determinate problem
静定梁 statically determinate beam
静荷载 static load
静矩 static moment
局部变形阶段 stage of local deformation
均匀性假设 homogenization assumption

## K

开口薄壁截面杆 thin－walled bar with open cross section
可变形固体 deform able solid
可动铰支座 roller support of pin joint
空间应力状态 state of Triaxial stress
跨 span
跨长 length of span

## L

拉（压）杆 axially loaded bar
拉力 tensile force
拉伸刚度 tension rigidity
拉伸图 tensile diagram
拉伸强度 tension strength
冷作硬化 cold hardening
力学性能 mechanical properties
理论应力集中因数 theoretical stress concentration factor
连续性假设 continuity assumption
连续分布 continuous distribution
连续条件 continuity condition
连续梁 continuous beam
连接件 connective element
梁 beam
临界力 critical force
临界压力 critical compressive force
临界应力 critical stress
临界应力总图 total diagram of critical stress

## M

脉冲循环 fluctuating cycle

## N

挠度 deflection

挠曲线 deflection curve

挠曲线方程 equation of deflection curve

挠曲线近似微分方程 approximately differential equation of the deflection curve

内力 internal force2

内力图 internal force diagram

能量法 energy method

扭转 torsion

扭矩 torsional moment，torque § 3 – 2

扭矩图 torque diagram

扭转截面系数 section modulus of torsion

扭转刚度 torsion rigidity

## O

欧拉公式 Euler formula

## P

疲劳 fatigue

偏心拉伸 eccentric tension

偏心压缩 eccentric compression

平均应力 mean stress

平面假设 plane assumption

平面弯曲 plane bending

平面刚架 plane frame

平面应力状态 plane stress of states

泊松比 Poisson ratio

## Q

强度 strength

强度极限 ultimate strength

强化阶段 strengthing stage

强度理论 theory of strength，failure criterion

强度条件 strength condition

翘曲 warping

切应力 shearing stress

切应变 shearing strain

切应力互等定理 theorem of conjugate shearing stress

切变模量 shear modulus

屈服 yield

屈服阶段 yielding stage

屈服极限 yield limit

屈服强度 yield strength

屈服点应力 yielding point stress

曲杆 curved bar

曲率 curvature

## R

柔度，长细比 slenderness

## S

圣维南原理 Saint – Venant principle

伸长率 specific elongation

失稳 lost stability buckling

失效 failure

松弛 relaxation

塑性变形 plastic deformation

塑性材料 ductile materials

损伤 damage

## T

弹性变形 elastic deformation

弹性阶段 elastic stage

弹性极限 elastic limit

弹性模量 modulus of elasticity

弹性曲线 elastic curve

弹性曲线方程 equation of elastic curve

体应变 volume strain

体积改变能密度 strain energy density of volume change

## W

弯曲 bending

弯矩 bending moment

弯矩方程 equation of bending moment

弯矩图 bending moment diagram

弯曲正应力 normal stress in bending

弯曲切应力 shearing stress in bending

弯曲截面系数 section modulus in bending

弯曲刚度 flexural rigidity

危险截面 critical section

危险点 critical point

位移 displacement

温度内力 temperature internal force

温度应力 temperature stress

稳定性 stability

稳定因数 stability safety factor

稳定条件 stability condition

## X

细长压杆 slender column，long column

线应变 linear strain，strain

线弹性范围 region of linear elasticity

相对扭转角 relative angle of twist

相当系统 equivalent system

相当应力 equivalent stress

相当长度 equivalent length

小柔度压杆 short column

斜弯曲 oblique bending

卸载规律 unloading rule

形心 center of an area

形状改变能密度 distortional strain energy density

形状改变能密度理论 distortional strain energy density theory

形心轴 centroidal axis 61 – 3

许用应力 allowable stress

## Y

压力 compressive force

压缩刚度 compressive rigidity

一点处的应力状态 state of stress at a given point

移轴公式 parallel – axis formula

应力 stress

应力状态 state of stress

应变能 strain energy

应变能密度 strata energy density

应力—应变曲线 stress – strain curve

应力集中 stress concentration

应力圆 stress circle

应力循环 stress cycle

应力比 stress ratio

应力幅值 stress amplitude

约束条件 constrained condition

## Z

正应力 normal stress

中性层 neutral surface

中性轴 neutral axis

轴线 axis

轴向拉伸 axial tension

轴向压缩 axial compression

轴力 normal force

轴力图 normal force diagram

轴 shaft

主惯性矩 principal moment of inertia

主平面 principal plane

主应力 principle stress

主应变 principle strain

转角 slope rotation angle

转轴公式 rotation axis formula

装配内力 assemble internal force

装配应力 assemble stress

最大工作应力 maximum active stress

最大拉应力理论 maximum tensile stress theory

最大伸长线应变理论　maximum elongated strain theory

最大切应力　maximum shearing stress

最大切应力理论　maximum shearing stress theory

自由扭转　free torsion

总应力　overall stress

组合变形　combined deformation

组合截面　composite area

# 参 考 文 献

1. 刘鸿文主编．材料力学．北京：高等教育出版社，2000
2. 孙训方主编．材料力学．北京：高等教育出版社，2002
3. 单辉祖主编．材料力学教程．北京：高等教育出版社，2004
4. 干光瑜主编．材料力学．北京：高等教育出版社，2001
5. 苏翼林主编．材料力学．北京：高等教育出版社
6. 范钦珊主编．材料力学．北京：高等教育出版社，2004
7. 杨伯源主编．材料力学．北京：高等教育出版社，2002